国家第二批新工科研究与实践项目资助教材
中国地质大学(武汉)教材出版基金重点资助教材
高等学校试用教材

油气储层地质学原理与方法
(第二版)

OIL & GAS RESERVOIR GEOLOGY(SECOND EDITION)

主　编　姚光庆
副主编　张　恒　任双坡　蔡忠贤
　　　　姚　悦　周锋德　王国昌
　　　　陈孝君　李嘉光　李　杰

内容提要

储层是石油、天然气、地下水、沉积铀矿、天然气水合物等重要地质资源地下储集体，也是二氧化碳封存储集体。油气储层地质学是石油及天然气地质学与石油工程学科紧密结合发展起来的交叉学科，是常规、非常规油气勘探与开发领域重要的学科分支。本书系统阐述了油气储层地质学的原理和方法，包括油气储层形成与演化的基本原理、油气储层非均质性及其评价通论、非常规储层非均质性及其评价各论、油气储层改造与储层动态变化4个核心领域问题，研究对象以陆相碎屑岩砂岩储层为主，兼顾碳酸盐岩储层、非常规储层，以及二氧化碳封存储层、天然气水合物储层等。理论与实践相结合，地质-工程一体化研究，综合地质、物探、工程和开发动态资料，采用储层非均质性层次分析方法精细研究和解剖储层结构是本书的主要特色。

本书是作者结合自身多年科研实践，并大量吸收国内外油气储层研究的最新成果的基础上编写而成的，内容全面充实，思路新颖，图文并茂。本书可作为石油工程、资源勘查工程、地质工程、海洋油气工程、新能源科学与工程、碳储科学与工程、勘查技术工程等专业学生的教学参考书，也可供相关科技和生产技术人员参考。

图书在版编目(CIP)数据

油气储层地质学原理与方法/姚光庆主编.—2版.—武汉：中国地质大学出版社，2024.5
ISBN 978-7-5625-5794-4

Ⅰ.①油…　Ⅱ.①姚…　Ⅲ.①储集层-石油天然气地质　Ⅳ.①P618.130.2

中国国家版本馆CIP数据核字(2024)第059584号

油气储层地质学原理与方法(第二版)　　姚光庆　**主编**

责任编辑：胡　萌　周　旭　　选题策划：王凤林　　责任校对：何澍语

出版发行：中国地质大学出版社(武汉市洪山区鲁磨路388号)　　邮编：430074
电　　话：(027)67883511　　传　　真：(027)67883580　　E-mail：cbb@cug.edu.cn
经　　销：全国新华书店　　http://cugp.cug.edu.cn

开本：787毫米×1092毫米　1/16　　字数：736千字　　印张：28.75
版次：2024年5月第1版　　印次：2024年5月第1次印刷
印刷：湖北睿智印务有限公司

ISBN 978-7-5625-5794-4　　定价：68.00元

第二版前言

1998年，由姚光庆主编的《油气储层地质学》影印版教材供中国地质大学(武汉)校内石油工程、资源勘查工程专业本科生使用。2005年11月，由姚光庆、蔡忠贤编著的教材《油气储层地质学原理与方法》正式由中国地质大学出版社出版发行。经过多年研究发展，油气储层地质学的研究内容、研究方法有了重大变化，修订出版《油气储层地质学原理与方法》教材势在必行。《油气储层地质学原理与方法》(第二版)教材继续秉持"基础性、简明性、系统性、先进性、实用性"的原则，为编写提供指导思想。

本教材(第二版)与第一版相比，对内容进行了如下修改与扩充：压缩修改"储层层序地层学分析原理"内容至"大尺度储层非均质性评价"章节内；教材内容由原来的11章扩充为19章；新增加章节内容主要包括沉积体系类型与"源-汇"系统、碳酸盐岩储集体类型与特征、小尺度储层非均质性评价、微尺度储层非均质性评价、致密油气储层、页岩油气储层、煤层气储层、天然气水合物储层、地下储气库及封存二氧化碳储层、储层地质力学基础与水力压裂等。

理论与实践相结合，地质-工程一体化研究，综合地质、物探、工程和开发资料，采用储层非均质性层次分析方法精细研究和解剖储层结构是本书的主要特色。本书以储层沉积、储层成岩为基础，重点探讨碎屑岩储层在大、中、小、微4种不同尺度下的非均质特征及评价手段，在详细阐述复杂储层和非常规储层的基本特征与研究方法的同时，介绍了油田开发中油气储层改造及储层动态变化规律。本书包含油气储层形成与演化的基本原理、油气储层非均质性及其评价通论、非常规储层非均质性及其评价各论、油气储层改造与储层动态变化四大篇内容，细分为19章，全部章节较第一版都有修改和补充，增补和修改工作量可谓不小。

本书前言以及第一、三、六、七、八、十三、十六章由姚光庆负责编写；第二章由姚光庆、姚悦负责编写；第四章由蔡忠贤、张恒、李杰负责编写；第五章由张恒、蔡忠贤负责编写；第九章由姚光庆、李嘉光负责编写；第十章由陈孝君负责编写；第十一章由任双坡、姚光庆负责编写；第十二、十五章由周锋德负责编写；第十四、十八章由王国昌负责编写；第十七章由姚悦负责编写；第十九章由任双坡、姚光庆负责编写。全书由姚光庆统稿、修改、定稿。赵晓博、汪新光、张建光、李伟才、李乐、赵耀、黄银涛、樊晓伊、袁晓蕾、文卓、陈金霞、秦飞、张磊、马伟竣、吴群、匡冬琴、陈亚兵、田赤中、李凤霞、舒坤、居子龙、高玉洁、李文静、王刚、潘石坚、刘莉、毛文静、毛千、崔鹏、吴维肖、贺子萧、崔璐、谭明靖、刘涵博、吴兵、王宇涵、王珍珍、董涛、周坤、张瑞雪、兰张健、陈稳、黄巧、杨俊威、唐浩东、吴新洋等为本教材提供了部分资料或清绘了部分图件。

作者在编写教材过程中，得到中国地质大学（武汉）本科生院的支持，也得到中国地质大学（武汉）资源学院专家同事的指导和帮助，并提出宝贵修改意见，在此一并表示衷心的感谢！

由于涉及资料和文献繁多，书中错漏之处难免，敬请读者批评指正！

编　者

2023年6月

第一版前言

油气储集层是油气勘探与开发的一个主要研究对象，储层研究始终贯穿于油气勘探、开发，以至三次采油的全过程。近20年来，油气储层地质学作为石油地质学与油气田开发工程学科的交叉增生学科，已形成了独立的分支学科，并在油气勘探，尤其是油气田高效开发中发挥着越来越大的作用。根据大量文献资料总结，结合作者的认识，油气储层地质学主要是指采用综合技术方法研究储层成因、三维分布、内部构成及孔隙结构等特征，并对不同尺度的储层做出准确评价和预测的学科。它具有自己的理论体系、技术手段和应用领域。陆相碎屑岩储层是我国油气田的主体，研究成果颇具特色。碳酸盐岩储层在中国西部和南方油气勘探与开发中也越来越重要。本书分3篇系统阐述了油气储层形成与演化原理、储层非均质性及评价、油气储层水淹及储层参数变化规律特征3个核心问题，主要目的是服务于油气田的高效开发和高勘探程度盆地隐蔽油气藏的勘探。综合地质、物探、工程和开发资料，采用层次分析方法研究陆相储层是本书的主要特色。

本书以油气储层地质学教学大纲为指导，在1998年校内影印版教材《油气储层地质学》的基础上不断充实和修改，吸收众家之长，听取多方专家意见，最终编撰而成。编写过程中充分吸收了国内外最新的储层方面的研究成果，尤其是我国东部典型陆相储层研究的理论和特色，同时根据作者的教学和科研经验进行了总结与提高。全书内容充实，思路新颖，图文并茂，便于阅读和掌握。

为了突出油气储层地质学的重点和特色，同时能与先期基础课程更好地衔接，本书的指导思想是：以储层沉积、沉积成岩为基础，重点探讨碎屑岩储层在不同尺度下的非均质特征及评价手段，同时介绍油田开发中油层水淹规律与储层动态变化规律。按照这一指导思想，本书包括3篇共11章内容。其中前言，第一、二、三、五、六、七、九、十、十一章和第八章的一、二节由姚光庆负责编写；第四章由蔡忠贤负责编写；第八章第三节由周锋德负责编写，全书由姚光庆统稿。周锋德、王家豪、袁彩萍、魏忠元、唐大卿、吴涛、周波、鲍晓欢、单华生、关富佳、全永旺、焦克波等为本教材提供了部分资料或清绘了部分图件。全书约30万字，插图153幅。

作者在编写教材过程中始终得到中国地质大学（武汉）教务处的支持，得到中国地质大学（武汉）资源学院石油系领导的关心和指导，得到孙永传教授、马正教授、张博全教授的悉心指导，得到赵彦超教授、关振良教授的具体帮助。教材成稿后，承蒙郝芳教授、李忠研究员、徐国盛教授审阅评议，并提出重要修改意见，在此一并表示衷心的感谢！

由于涉及资料和文献繁多，作者水平有限，书中错误之处难免，敬请读者批评指正！

作　者

2005年6月

目录

第一篇　油气储层形成与演化的基本原理

第二篇　油气储层非均质性及其评价通论

第三篇　非常规储层非均质性及其评价各论

第四篇　油气储层改造与储层动态变化

第一章　概　论

第一节　储层地质学的基本概念

油气藏的复杂性和非均质性主要体现在油气储层的复杂性及非均质性上。油气储层是常规油气藏的核心要素，是非常规油气富集地层单元，是油气勘探与开发面临的主要地下对象，是油气田产能关键控制因素。油气储层地质学是以常规与非常规油气储层为研究对象的学科。油气储层地质学已经成为石油天然气勘探与油气田开发工程学科交叉生长发展最迅速的学科点，是地质-工程一体化研究的焦点，并已形成了相对独立的分支学科。

一、储层

储层是油气藏的核心。具有天然储集工业性油气水等能源资源能力的地层单元，统称为储层(reservoir)。随着非常规能源与新能源的不断勘探开发，储层的概念被不断扩展，一般来说，各类地下能源都储集在地下储层之中，或者说储层是常规能源、非常规能源及地质新能源的地下储集单元。

按照储层中被储集的介质与能源类型分类，储层包括石油储层、天然气储层、氢气储层、地热储层、地下水储层、铀储层、天然气水合物(可燃冰)储层、二氧化碳储层、废弃物储层等。储层中储集的介质可以是气体和液体，也可以是固体(铀、可燃冰)。

按照储层岩石类型分类，储层包括砂(砾)岩储层、碳酸盐岩储层、泥页岩储层、煤储层、变质岩与岩浆岩储层等。

按照储层物性分类，储层的储集能力主要由储层的孔隙空间大小(含裂缝空间和洞穴空间)，即孔隙度决定。储层油气水等气态和液态流体的流动能力主要由储层的渗流能力，即渗透率决定。储层的孔隙度和渗透率是储层主要的物性指标，按照孔隙度和渗透率的大小，储层物性类型划分如表1-1所示，表中渗透率为空气渗透率。

按照储层储集空间类型分类，储层包括单介质型、双重介质型、三重介质型、四重介质型。储集空间介质分为粒间孔隙、溶蚀孔隙、溶蚀洞穴、裂缝4种类型。砂(砾)岩储层一般为孔隙型储层，以及裂缝-孔隙型双重介质储层；泥页岩和煤储层一般以裂缝型储层为主；碳酸盐岩储层一般为孔-洞型储层、裂缝-洞穴型储层，以及孔隙型储层和裂缝型储层等多种类型的储层类型。

表 1-1 我国碎屑岩储层物性分类标准(据国家战略资源储备委员会,1997 改编)

分类	孔隙度 φ/%	渗透率 $k/10^{-3}\mu m$
特高孔特高渗	$\varphi \geqslant 30$	$k \geqslant 2000$
高孔高渗	$25 \leqslant \varphi < 30$	$500 \leqslant k < 2000$
中孔中渗	$15 \leqslant \varphi < 25$	$50 \leqslant k < 500$
低孔低渗	$10 \leqslant \varphi < 15$	$5 \leqslant k < 50$
特低孔特低渗	$5 \leqslant \varphi < 10$	$1 \leqslant k < 5$
致密	$5 \leqslant \varphi < 10$	$0.02 \leqslant k < 1$
超致密	$\varphi < 5$	$k < 0.02$

二、储层地质学

储层地质学(reservoir geology)是以地下能源资源储集层为研究对象,以储层形成和演化为理论指导,采用地质、地球物理、实验分析、钻井工程、计算模拟等综合技术方法研究储层成因、三维分布、内部构成和孔隙空间结构等特征,并对不同尺度的储层非均质性做出准确定性与定量评价,准确预测储层属性特征的学科。按照储层中被储集的介质和能源资源类型,可以细分为资源储层地质学、能源储层地质学、油气储层地质学、热能储层地质学等学科。

油气储层地质学是对石油地质学、油气田地下地质学、油气田开发地质学等学科中关于储层部分的系统提升与升华,其基础是储层沉积学理论与油藏描述技术深度融合产生的新的交叉学科点。

油气储层地质学是研究油气储集层岩石类型、形成条件、沉积环境、分布规律、储油性能等特征的学科,即聚焦在储层如何诞生、如何演化、如何分布、如何被后期开发影响等与储层密切相关的从勘探到开发晚期整个过程中的储层问题。因此,油气储层地质学融合了沉积地质学、岩石矿物学、地球物理学、石油地质学、油藏工程学、开发地质学、数学地质学等多学科知识与体系,需要从这些学科的先验性认识出发,去准确而又深入地研究储层、认识储层、评价储层。因此,油气储层地质学研究贯穿着一个油田或者区块的始终。

油气储层地质学具有自己的理论体系、技术手段和应用领域,是一门新近发展起来的独立学科。油气储层地质学广泛应用于油藏地质和油气田开发工程领域,是石油地质及勘探和油气田开发工程之间的重要桥梁与纽带。油气储层地质学处在石油地质学和油藏工程学科的交叉部位,上游与石油地质学等地质学课程相连接,下游与油藏工程等开发工程类课程相连接(图 1-1)。为了理解油气储层地质学与其他相近学科的差异性,以下列出几个主要的学科概念内涵。

石油天然气地质学:它是研究地壳中的油气藏及其形成原理和分布规律的地质学科(何生等,2007)。研究内容主要包括油气藏要素、油气藏形成、油气藏分布、常规与非常规含油气系统等部分。

石油开发地质学：这个学科在国内外涉及内容差别较大。一是，部分学者认为石油开发地质学包括石油天然气生成、存储、运移、聚集成藏、有效勘探、钻井、地层对比、沉积微相、油田构造、地层温压场以及储量计算等多方面内容（张洪，2021）。二是，部分学者将石油开发地质学定义为：合理开发油气田所必须进行的各种油气田和油气层地质研究的学科（张金亮，2008）。三是，部分学者提出石油开发地质学是以地质研究为基础的开发方案，以开发调整措施研究为主要内容的学科。该学科基于油气田的静态地质特征，在对油气藏开发动态进行准确预测的基础上，提出合理的开发技术政策和开发规划设计方案等内容，探索油气田从投入开发直至结束全生命周期内的效益开发解决方案（谢丛姣，2021）。

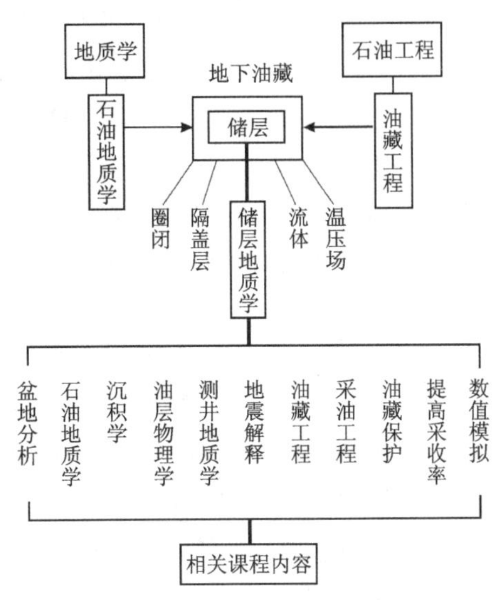

图 1-1 油气储层地质学的学科位置

油气田地下地质学：油气田地下地质学早期与油矿地质学内涵相同。油气田地下地质学是从钻井地质设计、地质录井、地层测试等地质资料的获取方法开始，综合运用地质、地球物理、油层物理、地层测试、分析化验等资料，进行地层及油层对比，研究油气田地质构造、储层特征、温压条件、油气储量计算等地下地质问题，为油田详探和开发方案编制、方案调整提供可靠依据的地质学科（纪友亮，2006）。

第二节 储层地质学研究基本思路

储层是具有天然储集工业性油气水能力的地层单元。对于地层单元而言，有关地层学、岩石学研究的基本思路和方法也适用于储层地质学。而对于储集油气水且具有流动性能力的多孔介质而言，储层地质学研究又有独特的思路。储层研究既要兼顾岩石地层单元骨架（静态），又要关注孔隙空间及其流体流动特性（动态）。动静结合是储层地质学研究的特色。“静态”研究是指对储层空间展布、内部建造结构和岩石物理特性进行精细描述或表征及预测，研究过程强调储层空间上的层次性。“动态”研究是指储层演化、流体动态、油气水分布、与储层相关的岩石物性特征等方面的研究，强调储层演化的时速性。因此，储层层次性研究、储层时空演化时速性研究、储层研究方法综合性研究、储层成因系统性研究以及储层精细化与定量化研究是油气储层地质学研究的基本要求，决定了储层系统全面精细研究的思路。

一、储层层次性

碎屑岩和碳酸盐岩储集体是多层系、多旋回，具复杂结构单元的沉积地质体。地层旋回性分析不仅是地层对比的“金钥匙”，也是储层非均质性研究的重要方法，地质体从长周期旋回、中周期旋回到小周期旋回，甚至微旋回，体现的就是规模（时间）层次性的变化。从巨宏观到微观,不同层次上储层表现出的非均质特性各不相同,对应储层研究的目的、方法和精度均不相同,因此,储层层次性研究是必然的。储层层次性与其他地质体的层次性相同,均有两个基本要素,即层次界面和层次实体。按这两个要素的识别手段和规模大小,在盆地内进行储层研究时,一般分大尺度(gigascopic scale)、中尺度(megascopic scale)、小尺度(macroscopic scale)和微尺度(microscopic scale)4个层次进行工作比较合理。4个层次之下可进一步划分出9个储层层次,即盆地级、油田级、砂组级、砂层级、砂体级、层理级、毫米级、微米级和纳米级。

大尺度储层研究具体包括盆地级和油田级两个层次,研究重点是沉积体系三维空间展布的非均质性,服务于以寻找和探明油气藏为目的的勘探或滚动勘探生产阶段。研究手段以地震为主,结合地质和测井分析。

中尺度储层研究具体包括砂组级和砂层级两个层次,研究重点是储层内部详细三维空间构成建造的非均质性,即强调储层(砂体间)的垂向连通性(connectivity)和横向连续性(continuity),服务于油田开发,尤其是注水开发生产阶段。研究手段以生产测井为主,结合高分辨率地震和精细地质解释分析。

小尺度储层研究具体包括砂体级和层理级两个层次,研究重点是砂体内部建造的非均质性,服务于高含水期油田开发或三次采油生产阶段。研究手段主要采用地面露头与地下类比的方法。

微尺度储层研究具体包括毫米级、微米级、纳米级3个层次,研究重点是孔隙结构及黏土矿物的非均质性,服务于驱油机理、储层保护或储层演化研究。

尽管储层研究是按尺度大小分层次进行的,但各种尺度上储层层次性研究都包括层次划分、层次描述、层次表征、层次建模以及层次动态模拟几个部分。

二、储层时空演化时速性

储层时速性是指储层本身演化、储层内流体(油、气、水)流动和相互作用对储层施加影响的时间与速度总和,即储层动力学演化的时间和速度。研究时段(时间尺度)是指储层从沉积到油层被开发(多次开发)直到油藏废弃这一全过程的动态时间,在这一过程中储层经历的以下几个时期具有重要的研究意义:沉积期、埋藏期、成藏期、抬升期、油藏原始能量衰减期、外来流体或能量注入期。其中,油层被打开(油气被采出)那一时刻是临界点,临界点之前的储层动力学过程是自然地质作用过程,临界点之后的储层动力学过程主要受人为开采方式的控制。每一时期储层内(骨架和流体)均发生着连续不断的物理、物理化学、化学作用和反应,研究这些作用和反应发生的条件、过程及结果是储层动力学的重要内容。孙永传教授(1995)在成岩作用研究中提出的“温度场、压力场、化学场”的概念可以推广应用于开发阶段的储层研究。

储层演化的时速性可以采用过程模拟的方法实现其定量化和动态可视化。油层打开临界点以前的过程模拟属盆地模拟的范畴,临界点以后的过程模拟则属油藏模拟的内容。

很显然不同规模层次上储层内流体流动规律不同,因此本书认为只有将不同层次的“静态”储层纳入“动态”时间坐标轴上进行研究,才能对储层做出切合实际的规律性预测和评价。

三、储层研究方法综合性

储层在地下深处，而我们认识它的手段和方法始终是有限的，对储层的认识只能逼近实际，不可能完全真实，这就是储层研究的不确定性。这种不确定性决定了储层研究是一项系统工程，要求在研究手段、研究资料和研究人员等方面提高综合性，以利于储层评价与预测的准确可靠。研究手段的综合性表现在地质分析技术、测井-地震分析技术、钻井工程、采油工程、油藏工程、实验测试、计算机建模、人工智能等综合研究应用上，这是明确地下储层结构、规模和质量的前提。研究资料的综合性是指对露头、岩芯、工程、物探等各方面的资料综合考虑、全面研究的同时，强调这些资料的配套使用性和准确性，这一工作是储层地质研究的核心。研究人员的综合性强调的是地质、油藏工程、物探、计算机、数学、地球化学等专业人才联合协作攻关，以及各专业人员之间的相互交叉渗透，尤其是作为核心人员的储层地质学家应是“全才”。多学科综合性高的人才是储层研究的可靠保证。因此，也可以说储层综合性研究是油藏优化管理的重要部分。

四、储层成因系统性

油气储层成因与结构极其复杂，且非均质性强，面对精细表征与预测要求，基于盆地沉积学发展起来的“源-汇”系统分析为复杂储层系统研究提供了成因系统性的思路。姚光庆于2021年提出了储层系统研究的“源-径-汇-岩”(sources-route-sink-rock，SRSR)系统分析思路与方法，强调开展基于沉积物(岩)的系统研究，即“源——沉积物物质组成与来源”“径——沉积物搬运过程与路径”“汇——沉积物汇聚堆积环境与变化”“岩——沉积物埋藏成岩过程与成岩相”4个子系统。同时，他认为4个子系统共同决定宏观和微观非均质性属性，共同决定储层质量。储层SRSR系统分析是复杂储层成因研究的新思路，是复杂非均质储层精细表征的技术遵循，为开展复杂常规储层、致密储层、非常规泥页岩储层定量化评价预测提供了新的理论支撑和技术方法。

五、储层定量化精细研究

各类储层研究过程中，追求准确化、定量化、精细化是储层科学研究的必然要求，是油气田开发技术的必然要求。储层研究结果只有准确可靠才是有用的、科学的储层研究，才能科学地服务油气田开发工程实践。储层研究的准确性需要定量化和精细化的指标来表征。随着非常规油气储层研究的深入，尤其是油田进入高含水期后，为了科学经济开发，明确油田剩余油分布规律，提高油田采收率，储层定量化精细研究必然要求更高。储层研究不得不面临分类化、精细化和定量化的新要求，这一方面需要研究思路的更新，另一方面需要先进技术方法的更迭。

储层定量化精细研究要体现在大尺度、中尺度、小尺度和微尺度各个层次储层研究上，要体现在储层“静态”与“动态”相互作用过程与演化时速性研究上，要体现在地质、地球物理、工程工艺、实验室、计算模拟等技术手段综合研究方法上，要体现在“源-径-汇-岩”各个子系统要素的系统化研究上。总之,储层定量化精细研究要贯穿储层研究的始终,是储层地质学研究的基本要求。

第三节 储层地质学研究内容及研究方法

一、主要研究内容

闵豫和石宝衍(1982)曾精辟指出"二次采油开发方式的普遍展开,使以油藏研究为主要内容的油田开发地质学有了很大发展。首先在储层连通方面,引用沉积学原理从成因特征上掌握储层的分布特点,对井间连通性做出科学的判断。进而研究储层内部的非均质性,包括影响水驱油运动途径的各种岩性储油物性因素"。这段话体现了储层地质学要回答的基本问题。经过多年的发展,国内外储层地质学研究突飞猛进,取得了石油开发地质学领域最耀眼的累累硕果。结合多年教学科研实践和国内外储层地质学教材的最新研究内容,作者认为储层地质学研究必须以储层沉积学为基础,以储层非均质性研究为重点,核心任务是准确表征油气田开发的地质和工程问题。本书总结了储层地质学的重点研究内容,主要包括四大篇章内容。

1. 第一篇 油气储层形成与演化的基本原理

油气储层形成与演化的基本原理部分是储层地质学的重要基础,具体包括碎屑岩储层沉积学基础、碎屑岩储层埋藏成岩演化、碳酸盐岩储层沉积学及储层成岩作用基础、碳酸盐岩储集体类型与特征。这一篇章主要研究储层形成的地质背景、沉积过程与沉积相、成岩过程与成岩储集相以及储层埋藏演化原理。该篇章是储层地质学的理论基础,而储层沉积学是油气储层地质学学科体系的基础。油气储层形成与演化的基本原理为寻找和评价优质储层建立理论基础。

2. 第二篇 油气储层非均质性及其评价通论

油气储层非均质性可以理解为各类储层在各个尺度上储层属性的空间变化性(姚光庆,2005),油气储层非均质性及其评价通论部分是储层研究的重点,也是本书重点部分,具体包括储层非均质性研究的层次性,大、中、小、微不同尺度储层非均质性评价,储层裂缝系统评价基础,储层地质模型及建模共 7 章内容。储层非均质性表征主要研究储层三维构成、储层连续性与连通性以及储层特性(如岩性、物性、电性、含油性)的空间展布及定量预测等,储层内流体(油气水)非均质性也是重要研究内容。裂缝型储层是一类常见的特殊储层,在陆相地层中尤为常见。这类储层的研究重点是相对高渗单元三维连通体的展布以及储层内裂缝特性及其空间展布的非均质性。储层建模是储层表征的最高阶段,应用随机建模技术建立由离散到连续的三维储层地质模型是当前储层研究的热点。

3. 第三篇 非常规储层非均质性及其评价各论

非常规储层非均质性及其评价各论部分是本书新增加的内容，重点介绍非常规储层特征，具体包括致密油气储层、页岩油气储层、煤层气储层、天然气水合物储层、地下储气库及封存二氧化碳储层共5章内容。本书中的非常规储层概念是指常规油气及油气藏以外的所有地下能源储集层，可以是页岩油气储层、煤层气储层、致密气储层，也可以是天然气水合物等新能源储层，还可以是地下储气库及二氧化碳储层。非常规储层种类繁多，性质各异，开采方式不同，因此储层研究内容也有明显差异。

4. 第四篇 油气储层改造与储层动态变化

油气储层改造与储层动态变化部分聚焦开发措施背景下，人工干预后储层的变化规律及其表征，具体包括储层地质力学基础与水力压裂、储层敏感性分析与储层动态变化规律两章内容。油田开发过程中流体（油气水，尤其是剩余油）的四维表征、储层特性的四维表征以及油藏优化管理是3项重大任务，其中动态储层研究是重点。动态储层研究注重储层保护技术、油层水淹规律、剩余油分布、储层特性（尤其是物性）的动态变化以及流体流动单元的精细表征等内容的研究，始终关注油田开发不同阶段剩余油分布及其动态变化规律。根据储层的四维表征成果可以制订科学经济的油藏开发策略或调整对策，实现油藏优化管理。

二、主要研究方法

储层地质学是地质学、地球物理学、油藏工程、计算机建模等学科新的交叉点，研究思路和研究内容决定了储层地质学研究手段与方法的综合性特点。储层地质学的研究方法通常可按研究手段来划分，如岩石学方法、沉积学方法、实验室方法、地球物理方法、油藏工程方法、数学与计算机方法等。这里具体强调8类重要而独特的储层研究方法，研究流程如图1-2所示。

1. 地质露头-岩芯精细沉积学分析方法

该方法以真实沉积物第一手实物资料为基础，应用现代沉积学理论分析储层沉积相构成（重点是微相或成因相），建立沉积体的概念模型。通过良好的露头剖面以及现代沉积剖面实现对砂体构型单元的精细表征，建立不同类型储层结构与构型单元的储层地质知识数据库。

2. 遥感、无人机及探地雷达探测与定位技术

现代信息技术（卫星遥感技术、无人机技术）与经典沉积学理论相结合，分析河流体系不同区域地貌特征差异，描述不同地貌发育的沉积物特征，构建沉积模式，对河道砂体的解译提供现代技术支持。通过遥感信息模拟三维地质模型，实现远程实时监测目的，使遥感技术成为现代地质研究的有效手段之一。探地雷达剖面能更广泛地描述很多沉积相，描述地质背景、各种沉积相之间的关系，在分析地面真实数据和实验室数据时，可以结合雷达地层学，得到完整的沉积解释。

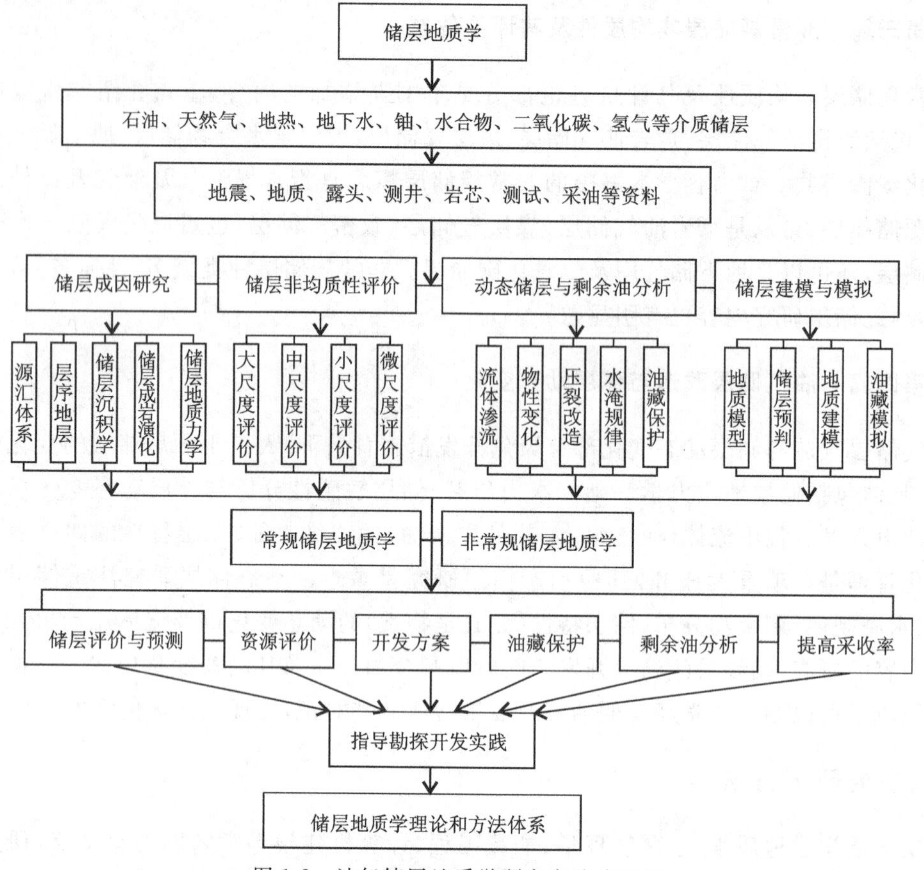

图 1-2　油气储层地质学研究方法流程图

3. 地质-地震-测井综合分析方法

该方法以地质分析为基础，充分利用地震资料三维连续性和测井资料垂向高分辨率的优势，构建三维储层格架，分析储层宏观非均质性，表征储层特性参数。该方法是地下储层研究最重要、最基础、最有效的方法，"井-震"结合可以解决地下储层大、中、小不同尺度非均质性评价问题，可以建立准确的地质模型。

4. 地质-工程一体化分析方法

地质-工程一体化，就是围绕提高平均单井产能这个关键问题，以三维模型为核心，以地质-储层综合研究为基础，在油气藏勘探开发的不同阶段，针对遇到的关键性挑战，开展具有前瞻性、针对性、预测性、指导性、实效性和时效性的动态研究和及时应用(胡文瑞，2017)。要解决各种复杂储层的难题、提升整体效益，必须探索出一条以储层研究为中心、多学科多信息相融合、多种工程技术相协同的管理和作业模式，也就是必须采用地质-工程一体化分析方法来组织和指导科学研究与油气生产。

5. 储层测试实验分析方法

储层参数获取与成岩作用演化都需要大量岩芯测试实验数据，微观毫米、微米、纳米尺度储层孔隙空间表征更离不开先进的实验分析方法。这些分析方法包括岩石学分析方法、沉积学分析方法、油层物理分析方法、渗流力学分析方法、扫描电镜分析方法、微纳米孔隙结构 CT 扫描分析方法、包裹体分析方法、同位素分析方法、黏土矿物分析方法等。

6. 储层表征中复杂性学科分析方法

储层非均质性评价与预测技术离不开先进数学方法的引进与使用，这些数学方法包括分形、浑沌、神经网络、线性与非线性统计学等。各类人工智能方法在储层表征与建模领域发挥越来越大的作用，这些方法的应用使准确的储层定量化预测成为可能。

7. 储层定量化建模技术

在建立的地质模型基础上，应用先进的数学方法(如随机条件模拟等)建立三维储层定量化模型。实现对储层特性的定量化、自动化评价与预测，尤其是储层“四性”的评价与预测。建立准确的储层模型并在油气田开发工程中实时应用，提高油气采收率，是储层表征的最高阶段和最终要求。应用计算机强大的制图与显示功能，实现不同层次、多角度、任意切片的三维储层动态显示，为油藏优化实时管理和决策创造条件。

8. 数值模拟及油藏工程动态响应验证法

油田开发的一系列数据或资料从不同方面反映了地下储层特征，利用这些资料完全可以反推预测储层。这也是动态储层必不可少的研究方法。同时，这一方法在储层研究与提高油气采收率之间建立起了桥梁，可使储层研究成果直接应用于采油工程。

第四节　储层地质学研究发展简史与趋势

一、储层地质学的发展简史

储层地质学是在现代沉积学、岩石成岩作用、地球物理学等相关学科基础上逐渐发展起来的。现代油气勘探开发与计算机融合发展起来的油气藏描述技术，加速了储层地质学的发展，并使储层地质学逐步走向成熟。

1. 油气储层地质学兴起阶段(1940—1980 年)

1934 年，E. H. McCollough 首先提出“圈闭”(traps)这一术语，用来表示不同性质的油储体，凡是能聚集并保存油气的地质体，都称作圈闭。“圈闭学说”极大地扩展了油气勘探的视野和领域。圈闭可理解为储集层中能够聚集并保存油气的场所，而聚集并保存油气的圈闭称为油气藏。“圈闭学说”的提出和应用是现代石油地质学的标志，储层是圈闭的核心要素。因此,油气勘探中是否含有圈闭,圈闭中是否有好的储层受到格外重视。

20 世纪 40 年代,石油开采创新性地采用污水回注技术,这一技术带来油田开发的一次历史性革命,注水开发当时称为二次采油,这一历史性的变革是开发地质学产生并逐步成熟、独立的主要契机和动力(裘亦楠等,1997)。注水开发油田,必然带来对地下储层细分、储层物性、结构、连通性研究的更高要求。1946 年苏联专家 M. Ф. 密尔钦克编纂出版的《油矿地质学》和 1949 年美国专家 L. M. LeRoy 编纂出版的《地下地质学》是油气储层地质领域的经典著作。1975 年,苏联专家马克西莫夫编写了《油田开发地质基础》。1979 年,美国塔尔萨大学的迪基正式编纂出版了《石油开发地质学》,标志着油矿地质学趋于成熟。

我国油气田开发地质学的成熟应归功于 20 世纪 60 年代初大庆油田的开发(裘亦楠等,1997)。大庆油田是非均质性相当严重的陆相多油层油田,实施了早期保持地层压力的内部注水开发方案。从 1960 年到 1964 年,突破了陆相碎屑岩储层的分层对比技术和测井定量解释分层孔隙度、饱和度、渗透率的技术。在此基础上,提出了油砂体的概念,指出了注水开发中控制油水运动的基本单元是油砂体,形成了一套以油砂体为核心的储层地质研究方法。这是大庆油田实施分层开采、实现长期高产稳产的基础,至今仍发挥着重要作用(裘亦楠等,1997)。

20 世纪 70 年代,随着注水开发技术的发展,储层非均质性对采收率的影响暴露得更为明显。由于油价上涨,三次采油技术受到重视。在美国,各种先导试验纷纷出现,工业性应用也具有一定规模,促使开发地质工作向更深层次发展。最具代表性的是沉积相分析被引进到开发地质的储层研究中,储层地质学(reservior geology)初露端倪。美国《石油工艺》杂志 1977 年 7 月专刊刊出了 1976 年美国石油工程师协会秋季年会上两个专题小组讨论沉积相与储层连续性、非均质性的论文。

我国对储层沉积相的研究始于 20 世纪 60 年代初期。在 1964 年形成油砂体理论以后,当即提出进一步开展"微观沉积学"的研究,即把过去以盆地大区域为研究对象和以岩相古地理分析为主体的沉积学理论和方法引进到油田范围内,来研究油砂体的沉积成因、分布和储层性质。而美国直到 1982 年,在由美国石油地质学家协会出版的《碎屑岩沉积环境》专著中,才明确提出了"微环境"(microenvironment)的概念。

20 世纪 70 年代以来,以深层砂岩次生孔隙的发现为标志,碎屑岩储集层的成岩作用研究取得了巨大进展,一定程度上大大推动了深层储层研究。1979 年,V. Schmidt 等首次系统地阐述了砂岩次生孔隙的成因类型、识别标志和地下分布特征,认识到地下深部砂岩次生孔隙发育的普遍性和对油气聚集的重要性。从此,砂岩次生孔隙的研究得到了广泛深入的开展。1984 年,Surdam 在研究矿物氧化剂与次生孔隙的形成时认为,在许多重要的油气储层中硅酸盐骨架颗粒的溶解可构成孔隙的重要部分,并认为有机酸是深层次生孔隙形成的主要介质。储层成岩作用的突破性成果为储层孔隙结构成因机制、储层微观非均质性和深层储层评价提供了理论基础。

可以认为,储层沉积学与储层成岩作用加入石油开发地质学和油矿地质学之中,为储层地质学诞生提供了重要基础,储层沉积学和储层成岩作用是储层地质学研究的核心地质理论。

2. 油气储层地质学快速发展阶段(1980—2000 年)

20 世纪 70 年代开始,随着计算机在石油工业的应用,地震勘探与测井资料实现了数字化。同期油藏描述的概念是由斯伦贝谢公司提出的,当时该公司以测井为主,推出了一个油藏描述服务系统软件(reservoir description services,RDS)。20 世纪 80 年代以来,各石油公司与研究者将油藏描述扩展为利用地震、测井、地质等多学科来研究油气藏的特征。目前已形成一套综合的油气藏研究方法。油藏描述是以沉积学、构造地质学和石油地质学的理论为指导,利用地质、地震、测井和计算机手段,定性分析和定量描述油藏在三维空间中特征的一种综合研究方法。油藏描述的内容包括油藏类型、储层内部结构、外部几何形态、沉积与油藏规模大小、储层参数变化和流体分布状况。储层沉积学与储层地质学是油藏描述研究的核心内容。油藏描述的目的是对油藏各种特征(圈闭、储层、流体)进行三维定量描述和预测(于兴河,2015)。

早在 1971 年美国的 MacKenzie 就首次提出"储层地质学"的概念,着重从储层的沉积特征、油层对比及砂体连通性等方面进行了论述(于兴河,2015)。但是,作者认为直到 1985 年第一届国际储层表征技术研讨会在美国得克萨斯州正式召开,1986 年 L. Lake 和 H. Carroll 主编的会议论文集 *Reservoir Characterization* 在美国科学出版社出版,"储层地质学"才正式诞生!储层地质学之所以形成独立学科,主要是储层层次表征技术与储层建模在储层非均质性研究中广泛应用。

以第一届国际储层表征技术研讨会为标志,以储层描述为核心的储层地质学进一步飞跃。一向以讨论石油地质勘探技术为宗旨的期刊 *Advancing the World of Petroleum Geosciences* 也在 1988 年 10 月为开发地质出版专刊大声疾呼"还储层地质以本来面貌"。此后 AAPG 每年的 4 月刊成为发表以开发地质论文为主的专刊。

同期,1985 年 A. D. Miall 提出了砂岩构型单元概念,并在河流砂体露头研究中加以应用,这标志着厚层砂体结构解剖研究找到了一种可行的方法。1987 年 R. W. Tillman 主编了 *Reservoir sedimentology*。1987 年裘亦楠主编了《碎屑岩储层沉积基础》,并由石油工业出版社出版,该书中正式把储层的沉积学研究从沉积岩石学中独立出来。20 世纪 80 年代后期,层序地层学的兴起运用为研究储层宏观结构格架创造了条件。高分辨率层序地层学是以露头、测井、岩芯和三维高分辨率地震反射资料为基础,以旋回性等时沉积层序地层学为理论指导,建立不同层次尺度下的沉积地层格架,并对地下油气储层、烃源岩和隔夹层进行评价与预测的一项新理论和新技术(邓宏文等,2002)。1998 年,曾洪流提出"地震沉积学"的概念,为精细解释平面储集体分布提供了新的方法。三维高分辨率层序地层学及地震沉积学的兴起,使得地层学研究可以深入到小层序、层组乃至小层尺度,大大提高了地层格架的研究精度,尤其为油气田开发过程中储层的详细研究创造了条件。

1989 年第二届国际储层表征技术研讨会进一步推动储层表征技术发展,不同尺度表征技术不断完善。20 世纪 90 年代储层随机建模技术和大量储层建模软件相继问世(Haldorsen and Damsleth,1993),储层数字化技术方兴未艾,主要建模软件包括 Petrel、StatMod、Gridstat、Monarch、STORM、PowerModel、RC^2 等。

储层地质学研究的快速发展带动了国内专著和教材的集中大量出版发行，国内主要代表作包括：1991 年薛培华编著的《河流点坝相储层模式概论》，1996 年戴启德、纪友亮主编的《油气储层地质学》，1996 年吴元燕等主编的《油气储层地质》，1997 年裘亦楠等编著的《油气储层评价技术》，1998 年罗明高主编的《定量储层地质学》，1998 年方少仙、侯方浩主编的《石油天然气储层地质学》，1998 年吴胜和、熊琦华主编的《油气储层地质学》，1998 年强子同主编的《碳酸盐岩储层地质学》，1999 年马永生、梅冥相、陈小兵等编著的《碳酸盐岩储层沉积学》等。

3. 油气储层地质学成熟发展阶段(2000 年至今)

美国地质调查局(United States Geological Survey，USGS)的 J. W. Schmoker 和 D. L. Gautier 等(1995)针对含油气盆地中致密砂岩、煤层、页岩等非常规储层中油气大面积聚集分布、圈闭与盖层界限不清、缺乏明确油气水界面等特点，提出了“连续型油气聚集”的概念。这个概念在非常规石油地质理论发展中具有里程碑意义，是非常规石油地质理论科学发展的重要标志和理论内核(邹才能等，2013a)。基于这一概念，致密砂岩气、页岩气、盆地中心气、煤层气、浅层微生物气和天然气水合物等非常规天然气资源进入了新的开发评价阶段。

2010 年被称作中国石油工业正式开启的“非常规油气元年”。2010 年中国海相页岩气被发现，致密油气成为非常规油气的新亮点，2011 年中国颁布了致密油气行业标准，至此中国油气工业进入了常规与非常规并重发展的“黄金时代”。

近年来，储层沉积学、储层成岩作用、储层表征与建模、储层实验测试等储层相关领域在理论与技术方面都有了长足发展(Garzanti et al.，2015；邹才能，2019；Zou et al.，2008)，尤其是致密油气储层表征和页岩油气储层孔隙结构方面的研究成果丰硕(邹才能，2019)，满足了新形势下油气勘探开发的需要。随着油气勘探与开发的深入，无论是常规油气储层还是非常规油气储层，都需要越来越精细的研究来对复杂(含深部)储层作出准确评价和预测。对于低渗、致密砂砾岩、泥页岩等复杂碎屑岩储层而言，由于其宏观和微观层面非均质性强、“甜点”成因控制因素复杂，精细表征与评价预测研究面临巨大挑战(朱如凯等，2017)。

进入 21 世纪，储层地质学得到了飞速发展，诸如地震沉积学、数字岩芯技术、细粒沉积学、高温高压岩石实验科学、高精度微纳米成像技术、非常规储层地质学、储层岩石物理与化学理论模型、成岩数值模拟、水驱溶液体系与机制、储层地球化学、水力压裂与酸化对储层改造、多相渗流模拟与成像、储层裂缝三维多尺度建模等技术，促使了储层地质学从宏观到微观，从静态的岩石物性分析到动态储层品质演化剖析，从定性的沉积相带划分过渡到定量的多属性多尺度储层空间建模，从简单的岩石物性刻画到实时的岩矿、多相渗流与孔隙结构动态变化的成像与高精度的表征。这些技术极大地丰富了储层地质学在多尺度研究内容中的理论深度与准确精度，为勘探新目标、挖潜剩余油、提高采收率这一终极目标不断提供技术支撑。目前高精度、纳米尺度储层分析技术日益完善，数字化油田、数字化工厂广泛应用，智能化油田投入生产。

二、储层地质学未来发展趋势

随着信息化、智能化技术与传统地质、地球物理方法的不断融合，高含水期油田提高采收率技术不断进步，非常规油气资源开发不断深入，地热、碳封存、砂岩铀矿、天然气水合物等新能源不断开发，无论是广义的（能源）储层地质学还是狭义的（油气）储层地质学未来一定会有重要发展。概括起来储层地质学未来发展方向包括但不限于以下12个方面：①露头、地下细分沉积微相与构型单元融合划分识别技术；②细粒碎屑沉积学与成岩作用；③深层超深层致密储层表征与甜点评价；④微纳米储层分析技术和纳米孔隙空间表征技术；⑤细分储层知识数据库与储层智能化知识图谱建设；⑥“源-径-汇-岩”储层成因系统化与差异化比较研究；⑦全尺度复杂储层精细刻画与高精度定量表征技术；⑧基于流动单元的油气水流动特性与水淹规律研究；⑨实时3D地下储层地质模型构建与软件化实现；⑩智能化储层微观孔喉表征与3D建模；⑪地热、CO_2封存、天然气水合物储层系统化研究；⑫基于透明化储层的数字油气田、基于大数据信息化的三维透明储层等。

第一篇

油气储层形成与演化的基本原理

沉积盆地内储层的形成与演化，总体上受沉积盆地的成因与充填演化控制。储层沉积学与储层成岩作用是油气储层地质学的基本原理，是分析储层形成与演化的具体理论依据，描述储层、研究认识储层和改造储层必须从成因上掌握储层的沉积与演化过程。认识储层沉积和演化过程是认识盆地与油气形成和演化的窗口。本篇具体包括碎屑岩储层沉积学基础、碎屑岩储层埋藏成岩演化、碳酸盐岩储层沉积学及储层成岩作用基础、碳酸盐岩储集体类型与特征4章内容。

第二章　碎屑岩储层沉积学基础

储层沉积学(reservoir sedimentology)作为沉积学的一个应用分支,兴起于20世纪70年代。直接背景是石油勘探转入成本投入更高的海洋和边缘地区,而油田开发进入迫切需要提高石油采收率技术(enhanced oil recorery,EOR)的新阶段。随着储层地质学的发展,储层沉积学作为储层地质学的重要理论基础之一,地位越来越明显。应用现代沉积学的理论方法来描述、解释和预测储层的特征和行为是储层沉积学的本质。储层研究需要考虑从物质产生、搬运、汇集到规模聚集这一完整过程,这一过程的每个环节对储层宏观和微观非均质性均产生重要影响,储层类型和质量千变万化的差异性及非均质性也由此产生(Garzanti et al.,2015)。

储层沉积学研究的关键是沉积体系的精细构成分析(或是次级沉积微相三维分析)。识别各种类型的沉积体系及其次级沉积微相单元,并且掌握每一种体系内各级砂体的非均质特性是作者研究的目的。本书重点介绍常见的从陆地到海洋重要沉积体系的储层特征,包括冲积扇、河流、三角洲、扇三角洲、滨岸、深水等沉积体系形成的储集体类型及特征。

第一节　沉积体系类型与“源-汇”系统

一、“沉积体系”与“沉积相”

沉积相,一般理解为特定的沉积环境及其所形成的沉积物特性总和,包含环境和物质两个方面的基本内容。

沉积体系,一般理解为在沉积过程中,三维空间上有成因联系的沉积体集合,包含沉积体三维格架和内部构成分析两个特色内容。

本书中仍使用“相”“亚相”和“微相”概念,鉴于“相”这一术语应用十分广泛,并有不同理解,考虑到全书的统一性和生产单位的习惯用法,本书中作者对“相”这一概念的使用限定如下。

(1)将沉积相概念基本等同于沉积体系加以应用,即沉积相分析不仅指环境意义和岩石物质表现,也注重三维上有成因联系的各级成因单元“体”的分析。在尺度等级上将二者等同看待。

(2)沉积体系内部(即沉积相内部)成因单元“体”的分级划分,仍使用“亚相”“微相”这些传统沉积学概念。当然由于“沉积相”含义的转化,“亚相”和“微相”必然是指更低级规模的有成因联系的三维地质体，如分流河道微相应指单一分流河道砂体。有多支分流河道砂体时，可以使用“微相单元”术语，如微相单元A、B、C等或1、2、3等。

(3)在特别界定下，“相”有专门的含义，如“岩性相”“测井相”“地震相”“岩石物理相”等都有严格定义。

“岩性相”(lithofacies)是指由一定岩石特征限定的岩石单位，这些岩石特征包括粒度、成分、沉积构造、成层性等。在野外经常依据“岩性＋沉积构造类型”进行命名，如块状层理砂砾岩相。

“测井相”(logfacies)是指反映沉积体特征的测井特征综合。沉积体特征包括粒度、成分、结构、构造、粒序、成层性以及层内流体性质等。

“地震相”(seismicfacies)是反映沉积体及沉积地层特征的地震反射特征综合。

“岩石物理相”(petrophysical facies)可理解为水力系统相似的层段储层岩石物理特性的综合。

(4)“成因单元”“时间单元”中的“单元”相当于建造块(building block)，即它们本身无尺度概念，在使用中，可以根据情况进行限定，如沉积体系有单元A、B、C等，微相也有单元A、B、C等。

二、碎屑岩储层沉积体系类型与空间分布

自然界存在的沉积环境千差万别，其中以与水体活动有关的沉积环境及其沉积物(体)最为广泛。具有油气勘探和开发研究意义的水动力沉积体系分为碎屑岩沉积体系和碳酸盐岩沉积体系两大类。人们为了描述上的方便，根据沉积过程和沉积特征的差异把常见的碎屑岩沉积体系分为海相、陆相、海陆过渡相等大类，具体的沉积体系可以细分为冲积扇体系、河流体系、三角洲体系(海相或者湖相)、扇三角洲体系(海相或者湖相)、滨岸沙坝体系、湖相细粒沉积体系、海相细粒沉积体系、深水沉积体系(深海或者深湖)等。无论是在现代地貌条件下，还是在古代地质历史记录中，这些沉积体系的类型、形状、大小、构成、厚度、油气储集能力等属性都存在巨大的差异，甚至同类沉积体系在时间和空间上发育规模、类型、沉积体特征也是差异巨大的。

尽管如此，各类沉积体系的典型特征区别还是清楚的，这也是我们研究的基础和共同约定。图2-1展示了从高山区到平原区，再到湖(海)区不同地貌条件下沉积体系的展布规律，即沉积体系的谱系图。图中清楚地表明了各沉积体系的相互成因联系与演化过程，任何一个沉积体系都有其前期发展基础和后期演化结果。确立沉积体系受地形地貌控制，同时它们之间有相互联系的思想，对在实际工作中准确快速判别沉积体系有重要指导意义。

三、沉积体系的“源-汇”系统要素

每一种沉积体系及其形成的沉积体，都是沉积物质经过动力作用侵蚀、搬运、汇聚的结果，这一过程就是沉积体系的“源-汇”系统。“源区”和“汇区”是通过搬运“路径”紧密联系在

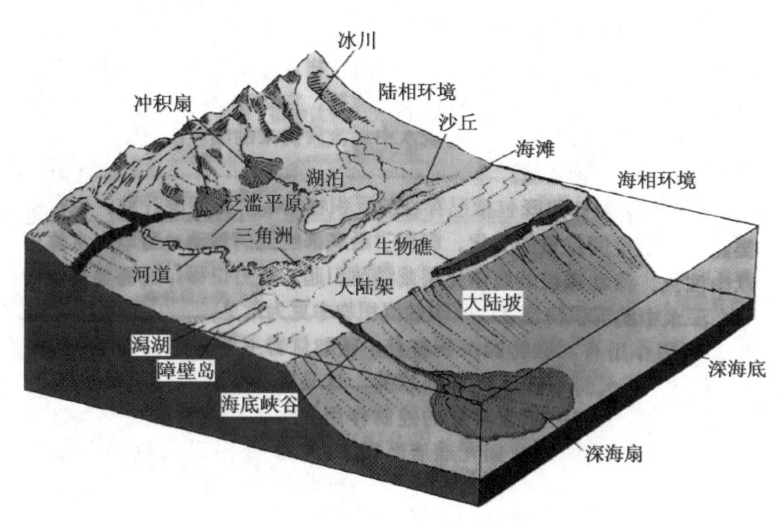

图 2-1　不同地貌条件下沉积体系的谱系图

一起的,路径系统(sediment routing systems)是贯穿始终的要素(Allen,2008,2017),因此有的学者把"源-汇"系统具体称为"源-渠-汇"(source,conduit and sink)耦合系统(庞雄等,2007)或者"源-径-汇"(sources,pathways and sinks)系统(Kuzyk et al. ,2008)。沉积物从剥蚀源区(source)通过搬运路径系统(route)到沉积区汇聚(sink),沉积物在沉积区进一步埋藏成岩形成岩石(rock),这一全过程就是本书所称的"源-径-汇-岩"系统(SRSR)(姚光庆和姜平,2021)。从储层角度看,"岩"子系统将松散沉积物变为致密岩石,"源-径-汇"构建了储层宏观空间位置、空间结构、物质基础和存在背景,而成岩作用经过物理和化学的变化实现了微观层面物质平衡和孔隙结构重构。整体上看,"源-径-汇-岩"系统的各个子系统是相互关联的,尤其对储层成因机理和储层质量评价而言,该系统关联性研究对储层成因机理研究及储层质量评价有指导意义。从目前有关储层系统化的研究阶段看,储层"源-径-汇-岩"系统的研究还处于初级阶段,对其系统构成要素及其关联性研究刚刚开始,"源-径-汇-岩"系统研究最终要落脚到复杂储层成因及油气"甜点"评价上,目前也仅仅是初步研究。储层"源-径-汇-岩"各系统全要素构成综合表见表 2-1。

储层"源"子系统:沉积物供应区,在山地区以侵蚀剥蚀地质作用为主汇聚沉积物质,在大陆架或者滨海(湖)平原地区以相对可容纳空间过剩的堆积区为物源供应区。一级要素包括物源区岩石类型、物源区地貌景观、物源区位置、物源区供应能力 4 个方面,可分解为 12 个二级要素。在多级源汇系统中,上游(或者地形较高处)的汇聚沉积物,也可以作为下一个系统的源区,比如大陆架边缘沉积一般是海底沉积物的直接源区。储层"源"子系统要素控制储层物质成分、结构和规模等属性特征。

储层"径"子系统:沉积物搬运与聚集区,代表沉积物流经路径,是"源-汇"系统中变化最大的子系统。一级要素包括断面(控制砂体形态)、沟谷(影响砂体形态)、坡降与水系结构(控制砂体结构)、水系规模(控制砂体规模)4 个方面,可分解为 13 个二级要素。各类沉积单元中，“径”最常见的表现形式是水道。按照水动力大小和作用过程，水道系统建议采取六级命名方式（分别为下切谷、侵蚀水道、补给水道、主干水道、次生水道、末端水道）来表示不同沉积位置的“径”体系。按照水系分布状态，水道系统有平行、分叉、汇聚、分散等样式存在。按照尺度等级，水道系统长度大到上千千米、几百千米、几十千米，小到几米。“径”子系统要素主要控制条带状河道砂体储层宏观位置与结构、规模、物性等属性特征。

储层“汇”子系统：沉积物聚集区，也可以是下一级源汇系统的供给物源区。一级要素包含了全部沉积体系类型，最常见的类型有冲积扇沉积体系、河流沉积体系、三角洲沉积体系、扇三角洲沉积体系、滨岸沉积体系、深水沉积体系等。每一个要素可以按照基准面位置（高、中、低），沉积规模（大型、中型、小型），沉积层序（前积、加积、退积、侧积），水道分异程度（强、中、弱）等几个方面讨论其次级要素单元。“汇”子系统要素主要控制储层沉积相类型、结构、规模、物性等属性特征。

表 2-1　储层“源-径-汇-岩”各系统全要素构成综合表

<table>
<tr><td colspan="13">储层“源”子系统要素</td></tr>
<tr><td colspan="3">物源区岩石类型</td><td colspan="3">物源区地貌景观</td><td colspan="4">物源区位置</td><td colspan="3">物源区供应能力</td></tr>
<tr><td>变质岩类岩石</td><td>岩浆岩类岩石</td><td>沉积岩类岩石</td><td>山区</td><td>丘陵</td><td>低凸起</td><td>远距离搬运</td><td>中距离搬运</td><td colspan="2">近距离搬运</td><td>供应充足</td><td>供应中等</td><td>供应短缺</td></tr>
<tr><td colspan="13">储层“径”子系统要素</td></tr>
<tr><td colspan="3">断面
（控制砂体形态）</td><td colspan="3">沟谷
（影响砂体形态）</td><td colspan="4">坡降与水系结构
（控制砂体结构）</td><td colspan="3">水系规模
（控制砂体规模）</td></tr>
<tr><td>单断</td><td>断阶</td><td>断槽</td><td>“U”形谷</td><td>“V”形谷</td><td>“W”形谷</td><td>平行</td><td>分叉</td><td>汇聚</td><td>分散</td><td>大型持续</td><td>中型稳定</td><td>小型随机</td></tr>
<tr><td colspan="13">储层“汇”子系统要素</td></tr>
<tr><td colspan="2">冲积扇沉积体系</td><td colspan="2">河流沉积体系</td><td colspan="2">三角洲沉积体系</td><td colspan="3">扇三角洲沉积体系</td><td colspan="2">滨岸沉积体系</td><td colspan="2">深水沉积体系</td></tr>
<tr><td colspan="13">基准面位置（高、中、低），沉积规模（大型、中型、小型），沉积层序（前积、加积、退积、侧积），水道分异程度（强、中、弱）</td></tr>
</table>

因此，从源汇系统思路出发，沉积盆地的沉积体系和沉积砂体都可以划分为特定的“源汇”区，不同“源汇”区里的储集体存在不同的储层非均质性质，这对细化储层沉积学研究有积极意义。

第二节　冲积扇储集体

一、概述

冲积扇(alluvial fans)是山口陆地上形成的粗粒沉积体。冲积扇典型特征为碎屑物以砾石为主,粒级范围大,从巨砾到泥质都可沉积,搬运和沉积的间歇性较大;坡降较大,平均为5°,变化于1°～25°之间,一般很少超过10°。

按照气候条件,冲积扇分为旱扇和湿扇两种类型。干旱气候条件下沉积的冲积扇称为干扇,占冲积扇总量的80%以上,以间歇性水流为主,发育单一主河道,在洪水期泥石流沉积物较多。潮湿气候条件下沉积的冲积扇称为湿扇,以常年性河流为主,河道分异化明显,潮湿气候条件下的冲积扇以河流水携沉积物为主。碎屑物从山区向冲积扇搬运,搬运方式可分为河流水携搬运和泥石流搬运两种,这两种搬运过程形成了不同的沉积微相类型,即河道沉积、漫洪席状沉积、筛积物和泥石流等。

1. 河流水携搬运

河流水携搬运产生3种沉积物。

(1)河道沉积(stream channel deposits):切入冲积扇的河道从扇首到扇底呈放射状散开,一次洪泛事件通常仅一条或几条河道活动,大多数是废弃的。河道的移动、改道、充填和废弃,就是沉积过程。冲积扇上河道的河型一般属辫状河。河道形状多变,由于互相截切而很难辨认原形。河道底部常有滞留沉积物,切割-充填构造常见。河道沉积物呈透镜状,为分选很差的砾石和砂。砾石可呈叠瓦状,砂可能呈交错层理。河道沉积在扇根和扇中部分占重要地位。

(2)漫洪席状沉积(sheet flood deposits):是洪水溢出河道在冲积扇上形成宽而浅的漫流沉积物。沉积物成席状,由很多砾石和砂透镜体条带组成。沉积物比河道沉积要细,细粒碎屑物增多,分选相对较好,出现交错层理、平行层理,细粒砂中也有波痕层理,砾石叠瓦状排列较发育。

(3)筛积物(siece deposits):当水流由于某种原因很快减弱时,从较老的粗碎屑沉积物间隙渗滤流动,把砾石间的细粒碎屑物带走,形成了碎块支撑的砾石层,或称开放式骨架砾石层(open framework gravel),这种沉积物即为筛积物,以具有特高的渗透率在储层中出现。形成筛积物的原因说法不一,但这一种沉积物在实际冲积扇储层中是存在的。

2. 泥石流搬运

泥石流(debris flow)形成于短期很突然的剧烈洪泛,是沉积物和暴雨降水混合,由重力作用引起的块体流动。大小不一,分选很差的砾石由细粒碎屑物支撑着向下搬运。泥石流始发于较大的坡度,形成后则由于其具有高密度可以在较缓的坡上搬运一定的距离。泥石流沉积物分选甚差,包括巨砾、中砾和很细的基质,砾石杂乱无定向排列,不成层,具有突变边界。

当基质中泥质含量较高而粗碎屑较少时，则称泥流(mud flow)。泥流沉积一般单期厚度不等，通常几十厘米至几米，但由于沉积物是泥质砾岩或砾状泥岩，从储层意义上属于不渗透隔层，它的存在使冲积扇砂砾岩体储层的非均质性变得更加复杂，降低了扇体的连续性。

二、沉积特征

通常将冲积扇分为扇根(fan head)、扇中(mid-fan)和扇端(fan base)3个亚相(图2-2、图2-3)。3个亚相带内岩石相、微相、沉积序列等沉积特征有显著差异(图2-3)。

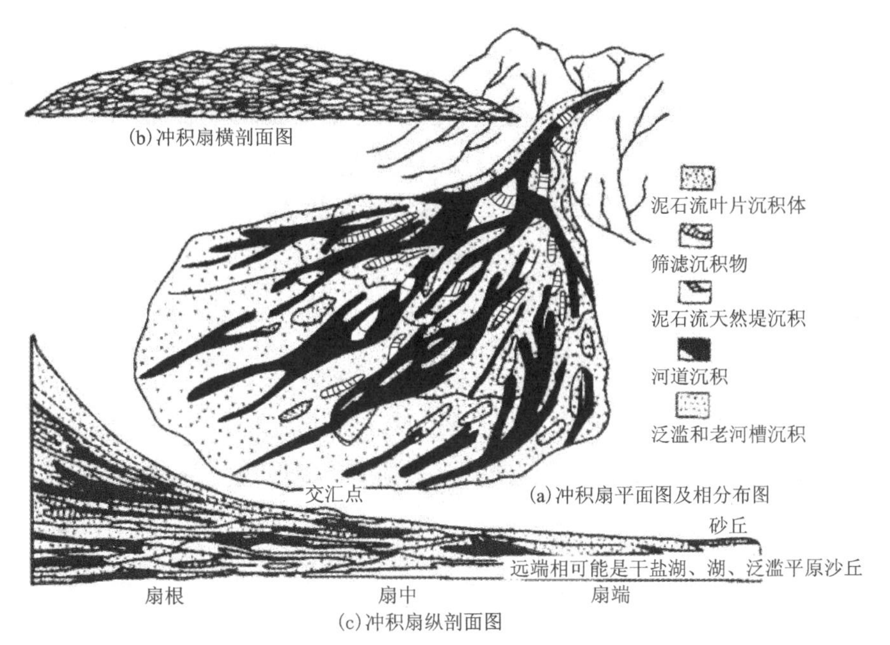

图2-2　一种理想的冲积扇沉积体地貌形态图

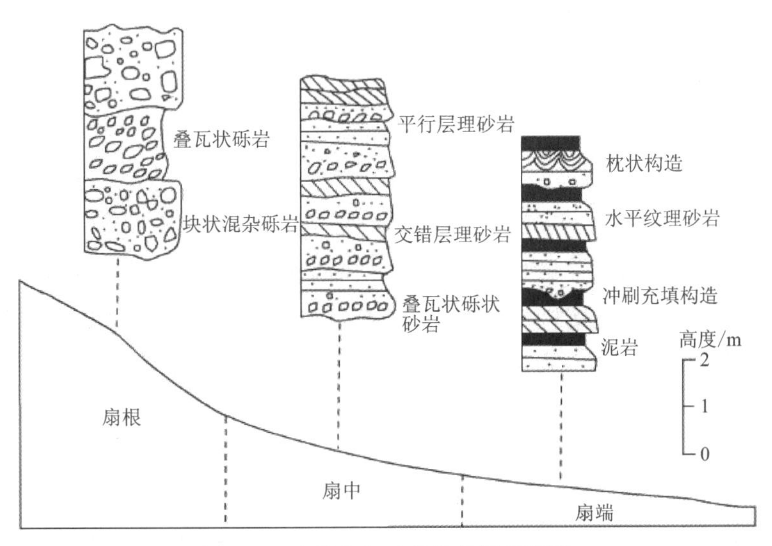

图2-3　冲积扇各亚环境的沉积序列

1. 扇根

扇根分布在冲积扇顶部峡谷部位。近源、粗粒、混杂是扇根沉积物的特点。扇根岩石相多为混杂块状砾岩、砂砾岩,少量砾石层可见递变层理。洪水末期也沉积一些砂砾岩、砂岩相,可见牵引流沉积构造。扇根的沉积物多见泥石流,微相类型主要有主槽、侧缘槽、槽滩、漫洪带等微相。

2. 扇中

在冲积扇体内,扇中起始于限制性河道散开形成多条辫状河道之处,结束于扇顶主要河道末端。扇中亚相是冲积扇的主体,也是冲积扇储层最为集中的部位。岩石相以砂砾岩、砂岩相相互叠置为主体,可见平行层理和交错层理,有河道冲刷构造,反映出以辫状河道微相为主体的沉积特征,伴随有心滩、河道间、河道侧翼等河流相的沉积微相存在。沉积过程表现出顶底快速突变的特点,是洪水型沉积。微相类型主要有辫流河道、辫流砂岛、漫流带等。

3. 扇端

随着扇体顶部河道分叉增多,河道沉积特点逐渐消失,沉积物开始进入相对开阔、坡度更小的地区,预示着扇端沉积体的开始。扇端典型的岩石相主要是砂岩相、含砾砂岩相,间夹细粒的粉砂、泥岩岩相,沉积构造也更加丰富。扇端有意义的储集微相是径流水道和席状砂微相。

冲积扇不论是在古代地层中,还是在现代沉积中都有分布,在干旱或半干旱气候条件下,以及区域构造背景比较活跃的地区最为发育。我国自中新生代以来形成了许多内陆盆地,特别是一些断陷盆地,在盆地边缘常分布有冲积扇沉积,如准噶尔盆地克拉玛依的二叠系—三叠系、酒泉盆地的白垩系等。目前在克拉玛依油田发现有大型冲积扇储层,其沉积模式如图2-4所示。

三、储层特征

1. 宏观储层形态

从大尺度上讲,冲积扇储集体是一套整体连通的储层,其宏观形态即为典型的扇形体或朵叶体,剖面形态为楔状体或透镜体(图2-2)。就冲积扇扇体大小而言差异极大,扇体长度可从数百米至100余千米,扇体连续叠置厚度也可从数十米到数千米不等。

2. 层内砂体非均质特征

岩性相类型多、横向相变化快、粗细碎屑和沉积序列混杂、砾石有定向性是冲积扇内部砂体非均质性的鲜明特色。层内均一砂体(砾岩体)连续极差、不同粒度(不同物性)隔挡层极为发育(图2-5)。层内砂体在测井曲线中表现出“强齿化”的特征(图2-6)。

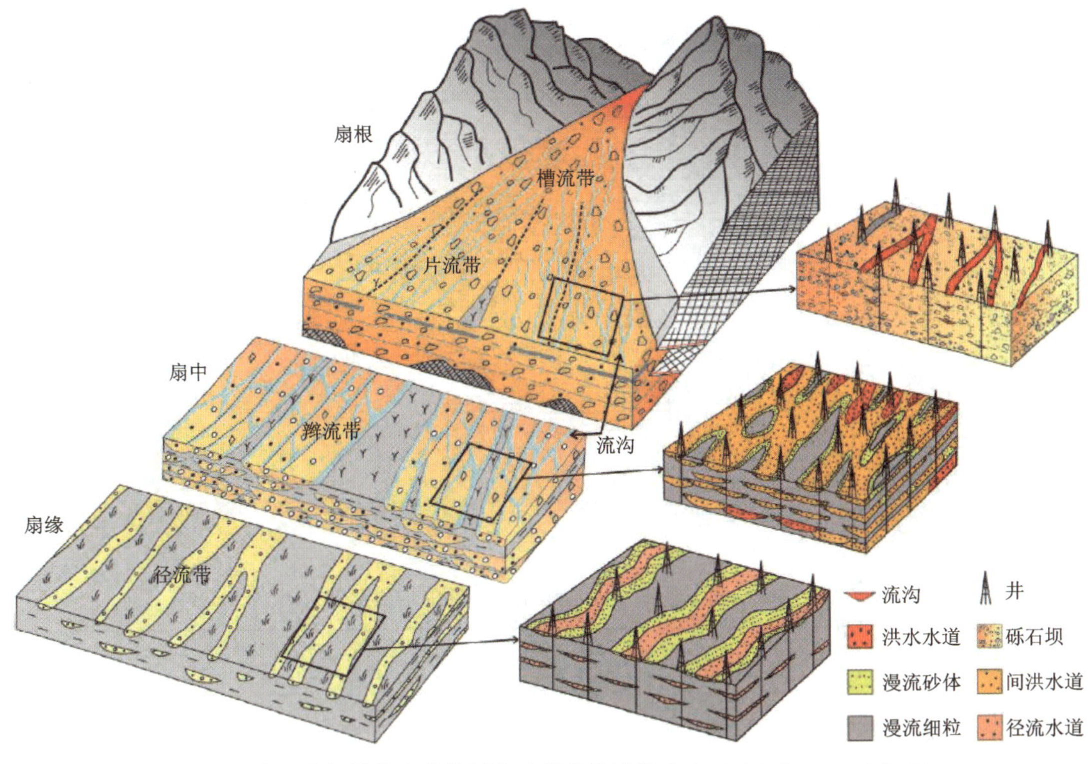

图 2-4 碎屑流与辫状水道控制的冲积扇构型样式(据吴胜和等,2010,有修改)

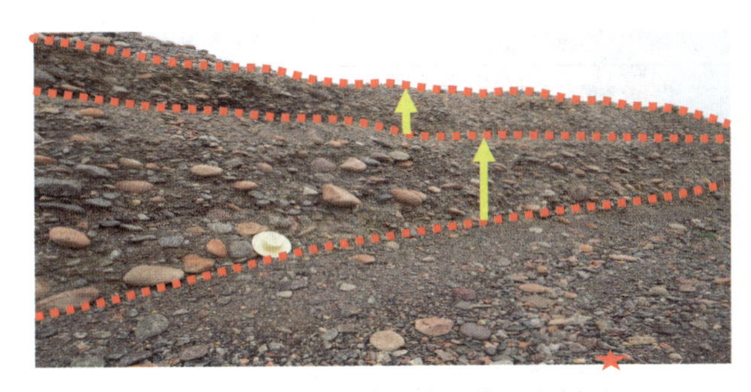

图 2-5 新疆白杨河冲积扇现代沉积剖面

注:下层为含砂砾岩;中层为砾石定向的砾岩;上层为交错层理砂砾岩。

3. 储层物性、孔隙结构特征

受微相控制的岩性相类型复杂多样,必然造成冲积扇储层物性变化较大,渗透率极差可高达数百倍以上,且即使是同一岩性相内物性和孔隙结构的变化也具有较强的非均质性。表 2-2 表示了克拉玛依油田冲积扇各微相带内的储层参数变化,储层具有巨大的相带非均质性变化。图 2-7 反映的是该储层复杂的孔隙结构变化,表明了多峰态的孔隙吼道大小分布。冲积扇粒级变化大、分选差、混杂,致使孔隙类型复杂多样,孔隙直径不均一,孔径分布具有多峰特征。复杂的孔隙结构是冲积扇砾岩储层的另一个重要特征,这给物性和含油性的解释以及石油开采带来了一些特殊问题。

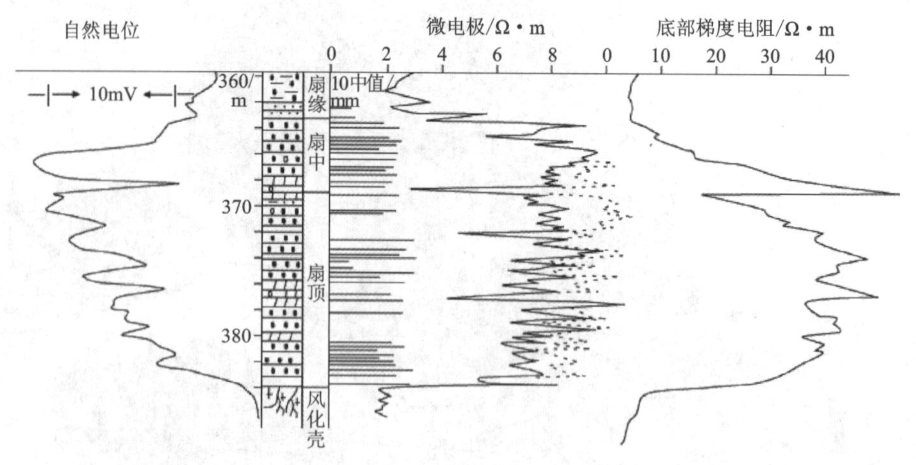

图 2-6 克拉玛依冲积扇垂向层序与电性特征

表 2-2 克拉玛依油田三区三叠系冲积扇各相带的地质参数(据张纪易,1981)

相带部位	扇根亚相				扇中亚相		
	主槽	侧缘槽	槽滩	漫洪带	辫流河道	辫流砂岛	漫流带
砂砾岩厚度/沉积厚度/%	97.5	100	82.2	22.5	84.5	70.5	33
砾岩厚度/砂砾岩厚度/%	96.5	60	89.5	36.9	94	61.8	0
中值/mm	3.69	1.95	2.75	2.0	1.8	1.88	0.11
分选系数	6.01	3.34	4.66	13.45	5.57	5.87	8.85
泥质含量/%	9.95	8.55		35.75	14.56	13.9	39.3
平均渗透率/$10^{-3}\mu m^2$	521	323		<1	556	283	13.2
渗透率级差/倍	296	227	45.5		53	76.3	16.1
石油储量百分比/%	44	6.5	14.5	0	20	15	0

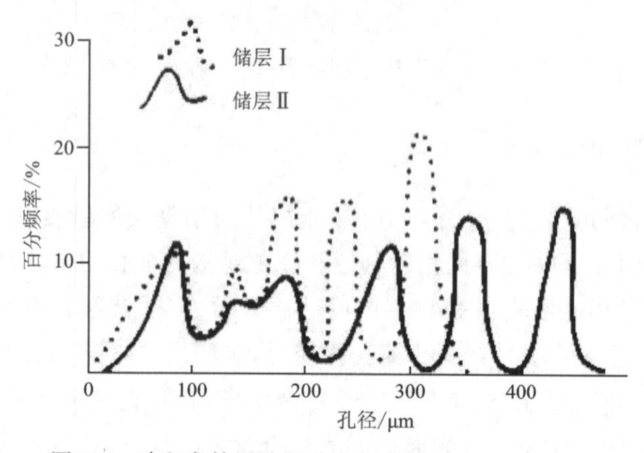

图 2-7 冲积扇储层孔径分布频率图(据裘亦楠,1987)

从上述分析可以看出，冲积扇砾岩体有岩性相对复杂、相变极快、物性非均质极强、孔隙结构复杂等诸多不利于油田开发的因素，但也有有利于油田开发的一面，就是冲积扇砂砾岩体具有连续性较好、厚度较大的特点。对冲积扇油气储层来讲，细致研究岩性、物性和含油性之间的关系是经济、科学地开发此类油田的关键。

第三节　河流储集体

一、概述

河流(fluvial river)的定义：河流是陆地表面上经常或间歇有水流动的线性天然水道，是陆地上最活跃、最有生气的侵蚀、搬运和沉积地质营力(林春明，2019)。河流是流水从陆地流向湖泊或海洋的通道，也是把碎屑物质从陆地搬运到海洋和湖泊中去的主要营力。在河流搬运过程中伴随有沉积作用，形成广泛的河流沉积，在构造条件适宜的情况下，沉积厚度可达千米以上。

河流砂体是陆上沉积最广泛、最重要的储集体之一。在我国中、新生代含油陆相盆地中由河流砂体构成油气储层的油田很多且储量很大，诸如孤岛、孤东、北大港、萨尔图、马岭等油田都是河流相储层，前 3 个大油田储层以辫状河流沉积为主，后两个分别为曲流河流沉积和网状河流沉积砂体。

1. 河流形态(河道型式)

在地表，河流形态千姿百态，典型形态可分 4 种型式，即顺直河道、辫状河道、曲流河道和网状河道(图 2-8)。在实际分类中可根据 Rust(1978)提出的河流形态分类指标进行划分(表 2-3)，其中，河道辫状指数是指平均每个蛇曲波段中河道砂坝的数目；弯曲度是指河道长度与河谷长度之比。

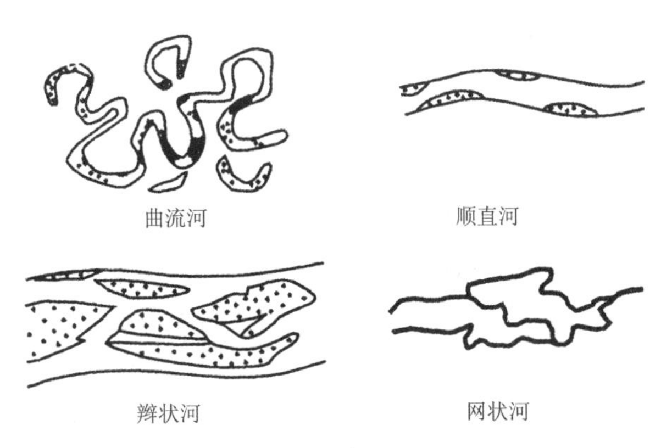

图 2-8　河流形态分类图(据 Miall，1977)

表 2-3 河流形态分类指标

弯曲指数	单河道(辫状指数＜1)	多河道(辫状指数＞1)
低弯曲度(弯曲指数＜1.5)	顺直河	辫状河
高弯曲度(弯曲指数＞1.5)	曲流河	网状河

从储层研究角度看，河流形态基本反映了砂体平面形态，对砂体平面追踪和预测具有极大价值。作者认为，河道的宽度和深度(厚度)两个参数对认识河流沉积作用及储层至关重要，因此在河流形态分类指标中，可加入宽/厚值参数来描述河道砂体的宏观形态。通常，宽/厚值由大到小反映了河道从上游向中下游平原的过渡变化，即辫状河→曲流河→网状河的变化。

顺直河道主要发育在扇三角洲和三角洲平原中，表现为分流河道，故将其放在扇三角洲及三角洲储集体一节中论述。网状河在陆相盆地中较不常见，不做重点介绍。因此本节把辫状河和曲流河储集体作为重点讨论。

2. 河流微相单元

无论是哪一种河流，其地貌特征就是河谷。河谷内的沉积物分为河道沉积和溢岸沉积两大类。前者包括河底滞留沉积、边滩(点坝)沉积或心滩坝沉积、河道充填等，是河道正常沉积的产物。溢岸沉积则是在河道边缘或以外地带沉积的，是天然堤、决口扇(水道)、泛滥盆地的产物。很显然河道沉积是富砂沉积，是形成河流储层的主体和骨架。而溢岸沉积是伴生相，是富泥沉积，储层质量极差，或是非储层。因此，河道的沉积、搬运、演化特征是作者最为感兴趣的。

当然在曲流河和辫状河中，这些微相单元的叫法有些不同，但其地貌含义都是相同的。在曲流河中主要的微相单元名称有河底滞留、点砂坝、天然堤、决口扇、废弃河道、洪泛平原等。在辫状河中常见的微相单元有心滩、砂坝、河道充填、溢岸等。

3. 河流一般沉积过程与沉积特征

1)沉积物的搬运和堆积

河流通过河道内的水流对沉积物进行搬运。搬运方式有 2 种或 3 种，一种是底负载搬运(推移质)；另一种是悬浮负载方式搬运，或有两种的混合负载搬运，混合负载搬运方式通常随水流能量的变化而发生显著变化。水流能量主要受洪水期、枯水期控制。河道内由于水流与底床表面先期沉积物的相互作用，可以形成各种底形(如小波痕、大波痕、巨波痕等)，这些底形的迁移结果，就是河流沉积物中的各种沉积层理。A. D. Miall(1985)提出的河流砂体沉积构型分析就是考虑底形(波痕)迁移形成的砂体非均质变化而提出的。

河流沉积物主要通过侧向加积和垂向加积相互作用而形成。前者是因为河道侧向移动而使沉积物在凸岸沉积的。侧向加积是曲流河中点砂坝形成的主要过程。这种作用通常形成河流剖面的下部层序。垂向加积作用是指悬浮物质垂直向下沉淀或心滩(纵坝)向下游方向加积的作用过程，表现出的结果是厚度的增加。

2)一般沉积特征

河流沉积砂体尽管随不同河流形态而发生变化，但它们的沉积特征必然有其共性的方面。图 2-9 为河流砂体平面和剖面形态特征。

(1)砂体形态：河流砂体的形态分平面和剖面形态。平面上河流砂体表现为宽带状、条带状、透镜状和树枝状(图 2-9)，这都是由河流形态所决定的。剖面上河流砂体均为"上平下凸状"，这是因为河道底部均有侵蚀作用发生(图 2-9)。

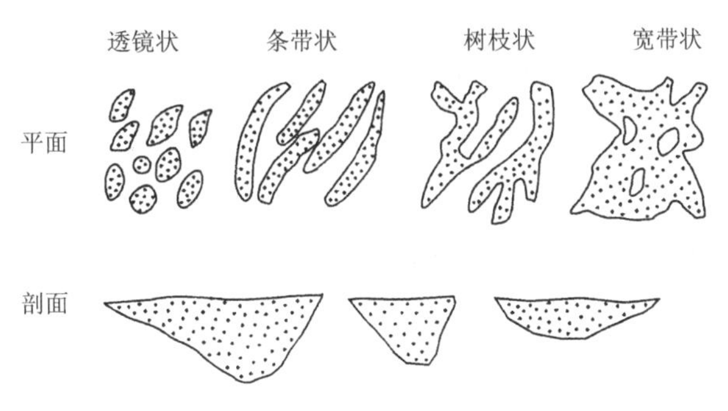

图 2-9　河流砂体平面和剖面形态特征

(2)沉积序列：底部冲刷，向上粒度变细是河流作用(单期)最重要的必要条件，也是河流作用最重要的识别特征之一。在这一序列中沉积层理的发育也存在规律，下部以大型交错层理(槽状)为主，向上变为平行层理、中—小型交错层理，砂体顶部为弱小水流形成的小型波状或水平层理。这种沉积序列决定了储层的物性变化也为向上变小的"钟状形态"。

二、辫状河砂体(braided river deposits)

辫状河是指河道弯曲指数小于 1.5 且辫状指数大于 1 的低弯曲多河道河流体系，多河道在河床内被心滩分割为辫状交织在一起。

1. 沉积特征

辫状河一般发育于冲积平原上游地区，多介于冲积扇与曲流河之间的冲积平原。辫状河形成主要是受季节性的湍急洪水流量控制，其次是较大坡降。这两个基本条件使得辫状河流形成独特的岩性相、微相和层序特征。

岩性相：岩石相以交错层理砾岩、砂砾岩、粗砂岩为主，层理类型多样、规模较大、岩性较粗，也常见块状基质支撑砾石或不明显层理砾岩相。粒度特征反映洪水性水流作用。

微相：辫状河流主要砂体是心滩部位的沉积，叫心滩坝，可分为纵坝和横坝，其次为河道沉积，进一步分为主干河道、次级河道。低级别河道容易改道，可形成废弃河道。辫状河道宽，有一定限制性，通常溢岸沉积微不足道(图 2-10)。

沉积序列：单期洪水流作用结果，沉积的层序通常为向上变细的正粒序，下部以砂砾岩、砾岩为主，中部为含砾砂岩、粗砂岩，向上过渡为中—细砂岩，沉积构造也从大型—巨型交错

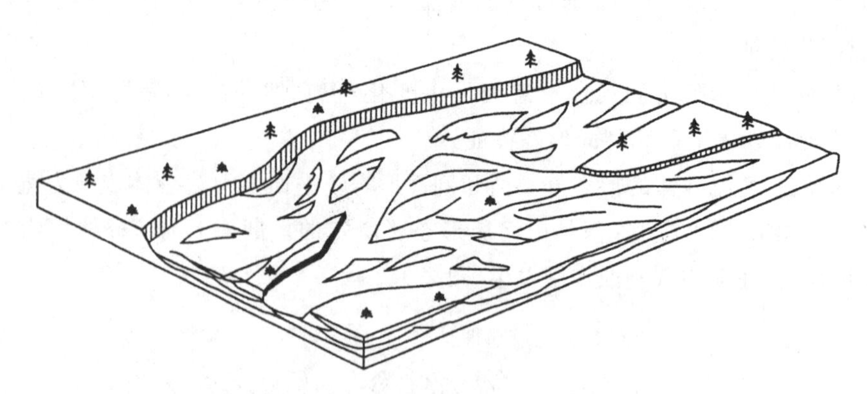

图 2-10　辫状河沉积平面模式示意图(据 A. D. Miall,1985)

层理至以小型交错层理为主。辫状河所处地貌、物源、气候等自然地理环境千差万别,辫状河流的沉积组合序列也千差万别,目前不可能也不能建立单一的沉积模式。辫状河可以是砾石质、砂砾质,也可以是以砂质为主的河流。

2. 储层特征

1)砂体几何形态和连续性

辫状河流以河道宽而浅为特征,在一个河道断面上可以出现多个心滩坝,而河道废弃充填也以砂质为主,因此一个时间单元砂体的几何形态可以反映古河流规模,河流宽度决定了成因单元砂体的侧向连续性。

然而,辫状河流岸质松,以砂质沉积为主,一般具有侧向迁移十分迅速的特点。例如印度科西河,在 18 世纪中期到 20 世纪中期向西移动了 170km。辫状河砂体在一定冲积平原范围内,多个时间单元的砂体侧向连接成大面积分布的多边砂体的机率很高。

2)层内砂体非均质性

辫状河心滩坝的基本沉积方式是垂向加积,层内垂向上粒序变化反映了各次洪泛事件能量大小的波动及其所携碎屑物的粗细,总体上表现为复合正韵律或不明显正韵律。辫状河砂体内垂向变化不像曲流河砂体那样是典型的“向上变细”粒序(图 2-11)。这种“不规则”粒序特征与辫状河心滩坝砂体层内渗透率呈无规则的垂向变化相一致。在垂向上粒度、孔隙度、渗透率、含油饱和度等储层参数均显示出复杂的变化规律。

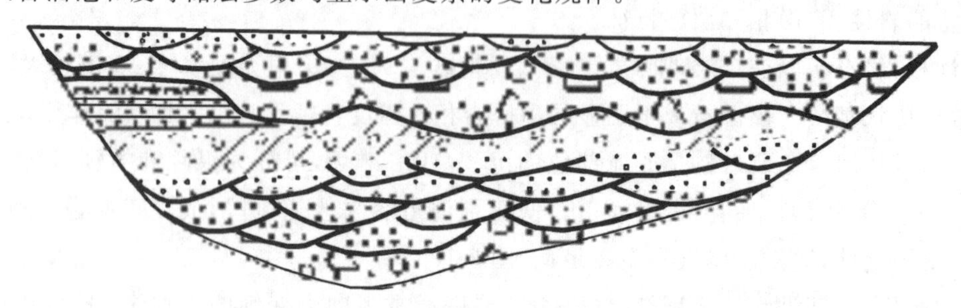

图 2-11　辫状河砂体内垂向结构变化图

此外，由于河道快速演化，顶层微相相变较快，心滩主体砂体反映在级差上，渗透率非均质性比曲流河砂体要小。辫状河道沉积中通常悬移质沉积较少，导致层内不稳定泥质夹层稀少或甚至没有，这又是心滩坝层内非均质性的一个重要特点。

辫状河沉积中，体积上居次要的废弃河道砂体属于充填式沉积，其层内粒序呈现向上变细的正韵律性，渗透率总体也具有向上减小的趋势。在慢速废弃过程中夹有一些细粒薄层，整个砂层的垂直渗透率明显减低。岩石记录中，废弃河道砂体往往与下部辫状河心滩坝砂体或主河道砂体发生连续变化。

辫状河砂体在注水开发中还须注意一个问题：在平行层理（往往具良好剥离线理）发育的砂层段内，层理面常成为薄弱结合面，破裂压力很低，当注水压力稍高时就裂开成为水串通道，引起油井暴性水淹问题。如我国新疆克拉玛依油田 S_3^6 油层在一些开发区出现过这一现象（裘亦楠，1987）。

3）微观孔隙结构特征

砾石辫状河沉积砾岩的孔隙结构特征与冲积扇砂砾岩体类似，同样可以存在双模态结构和开放式骨架结构（图 2-12）。

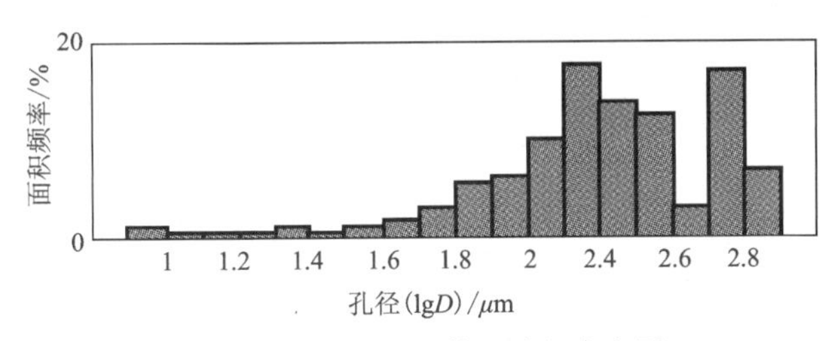

图 2-12　辫状河砂体和孔径直方图

砂质辫状河沉积的砂岩储层，除具一般砂岩孔隙结构特征以外，与其他河流砂体不同之处是一些辫状河砂体中泥质含量很少，砂岩垂直渗透率与水平渗透率非常接近，有利于石油开采中流体密度差引起的重力作用充分发挥。

三、曲流河砂体(meandering river deposits)

曲流河是指河道弯曲指数大于 1.5 的高弯曲度单一河道的河流体系，高弯曲度类似蛇曲，又名蛇曲河。

1. 沉积特征

曲流河道通常广泛发育在冲积平原中下游广阔地区，与辫状河道相比，曲流河发育的地貌更加平缓，河水供给相对稳定，为典型的常年性河流，河道单一且稳定。由此形成的河道宽深比较小，推移质负载与悬浮质负载之比变小，岩性以中—细砂岩为主。

曲流河河道形态和水动力学条件决定了其最重要的沉积过程为河道迁移，即凹岸侵蚀，凸岸沉积，这一过程持续进行，就可以不断改变河道的弯曲度，形成曲流河特有的点砂坝沉积。点砂坝砂体是曲流河最重要的储集砂体。前已说明，河道侧向迁移，沉积物侧向加积是点砂坝形成的主要原因。除了点砂坝外，曲流河中较重要的微相还有废弃河道、决口扇、天然堤、串沟等(图 2-13)。河道和点砂坝是曲流河的骨架砂体微相,天然堤、决口扇是伴生微相,沉积背景相为泛滥平原。

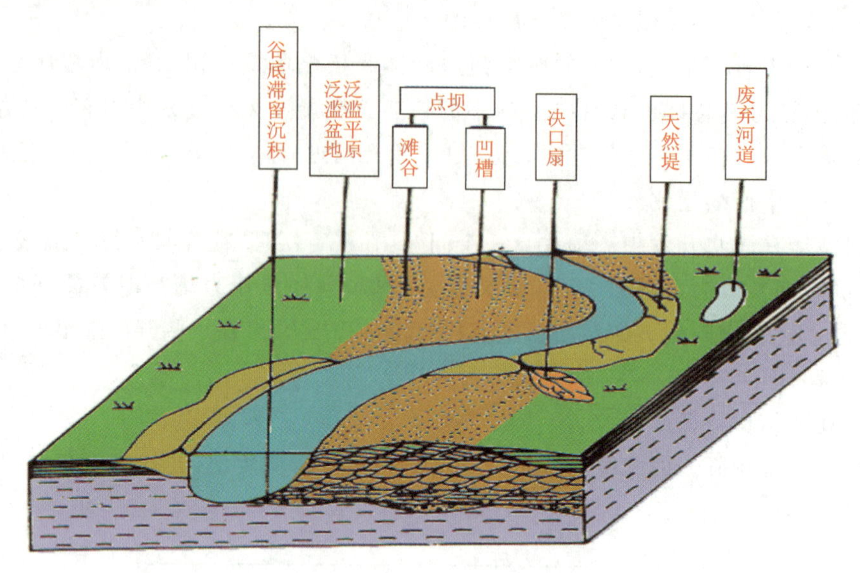

图 2-13　曲流河沉积微相单元(据 D. K. Davies et al. ,1991)

1)点坝沉积

点坝沉积构成了曲流河道层序的主体。该层序具有典型的向上变细的粒序特征。底部为河道冲刷面,之上常为河道底砾滞留沉积砂砾岩相、块状构造,为点坝层序第一层。第二层通常为大型槽状或楔状交错层理中—粗砂岩相,分选、磨圆较好,厚度占点坝厚度的 2/3 左右。层理规模由下而上逐渐变小,间夹平行层理细砂岩相。第三层为平行层理细砂岩相,或小型交错层理砂岩相。第四层为波状到水平层理粉砂岩相,是点坝层序的最顶部。层序之上通常被泛滥平原地细碎屑沉积所覆盖。由河道侧向迁移形成点坝复合体的沉积过程如图 2-14 所示。这种大型复合体是由多个侧积单元侧向加积而成的,随着河道弯曲度增大,最终发生颈部截直,河道内充填泥质沉积物被废弃。

2)废弃河道沉积

河道发育过程中,由于截直或冲裂发生,可使一段或整个活动河道废弃,形成废弃河道沉积(图 2-15)。颈部截直形成牛轭湖沉积,河道突然废弃,河道冲填序列以泥为主,下部含有少部分砂岩。而流槽截直相对突然废弃河道速度较慢,冲填序列以砂为主,厚度也较大(图 2-16)。在古代记录中,废弃河道砂体与曲流河点坝砂体是连通的,有时很难单独划分出废弃河道沉积单元。

3)河道伴生微相沉积

天然堤、决口扇、流槽(或串沟)经常伴生于河道周围。它们的特点是规模小、岩性细,通常构不成良好有效的储层,但它们在地下有时可以起到串道点坝砂体的作用(尤其是串沟和决口扇),从而改善砂体的连通性。

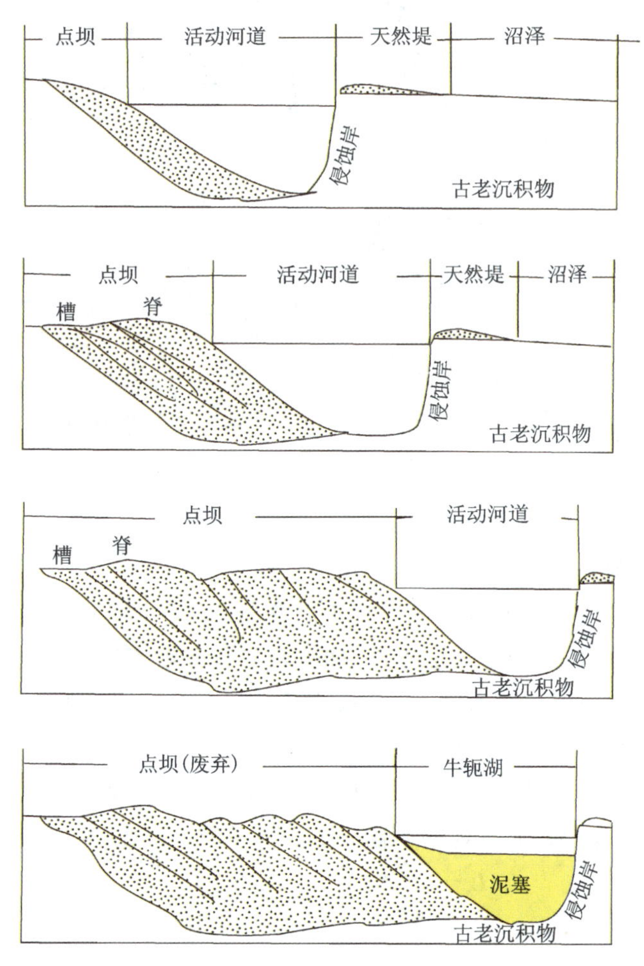

图 2-14　点坝形成模式图(据 D. K. Davies,1991)

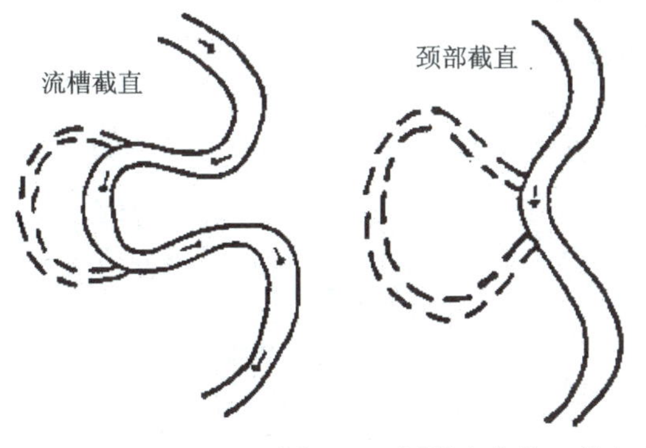

图 2-15　河道废弃的 3 种方式

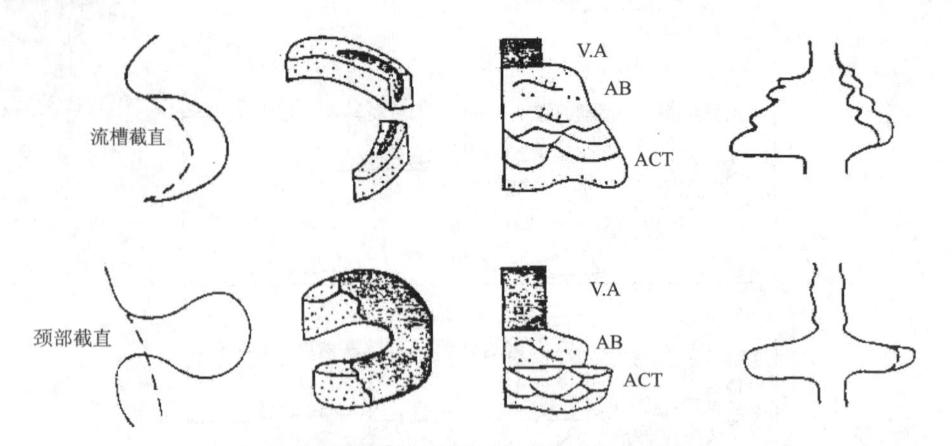

V. A. 垂向加积作用；ACT. 活动河道；AB. 废弃河道

图 2-16　流槽和颈部截直作用所造成的沉积序列比较(据 Walker,1978,有修改)

2. 储层特征

1)砂体几何形态与连续性

河道及点坝复合体所形成的砂体是通常所说的曲流带砂体。曲流河道砂体几何形态很显然是带状或宽带状的,但由于弯曲度不同(即点坝发育程度不同),河流砂体的形态也有较大变化。通过对现代曲流河进行研究,人们总结了一些有关砂体参数的规律性统计结果,这些结果将有助于古代河道砂体连续性空间预测。

图 2-17 表示了曲流河河曲长度(L)、宽度(W)、砂体(水体)厚度(h)、振幅(A)、平均曲率半径(r_m)等参数意义。Leopold 等(1960)建立了如下平均关系式。

$$L = 10.9W^{1.1} = 4.7r_m{}^{0.9}$$

$$A = 2.7W^{1.1}$$

Collinson(1978)计算美国东 Texas 地区 Travis Peak 曲流河时,建立了如下关系式。

$$W_{max} = 65.6h^{1.54}$$

式中:W_{max}为最大河道带宽度(m);h 为平均河道深度(m),在古代岩石记录中可用点坝砂体厚度代替。

通过这些公式(必要时可进行修正),可以计算出曲流河道带状砂体的一些重要参数。

作为储集体的曲流河砂体,通过密集钻井、测井资料,能较准确地确定其平面和剖面形态。例如大庆油田某层曲流河砂体平面上砂体呈蛇曲状,凸岸点坝形态明显;剖面上河流迁移砂体呈上平下凸状,厚 8m 左右,河道宽度近 2000m(图 2-18)。

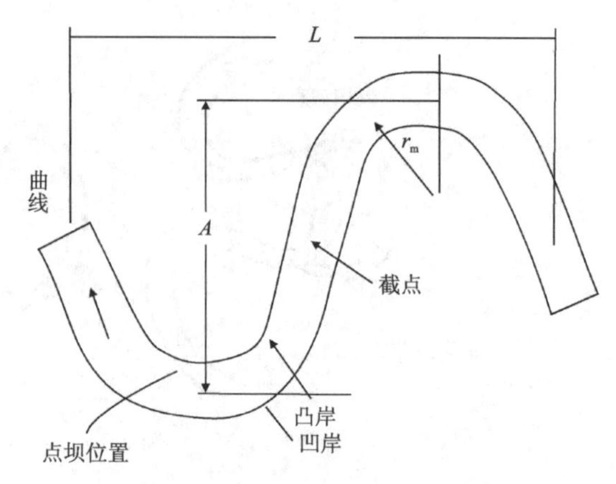

L.河曲长度(波长);A.振幅(波高);r_m.平均曲率半径

图 2-17　曲流河几何形态术语

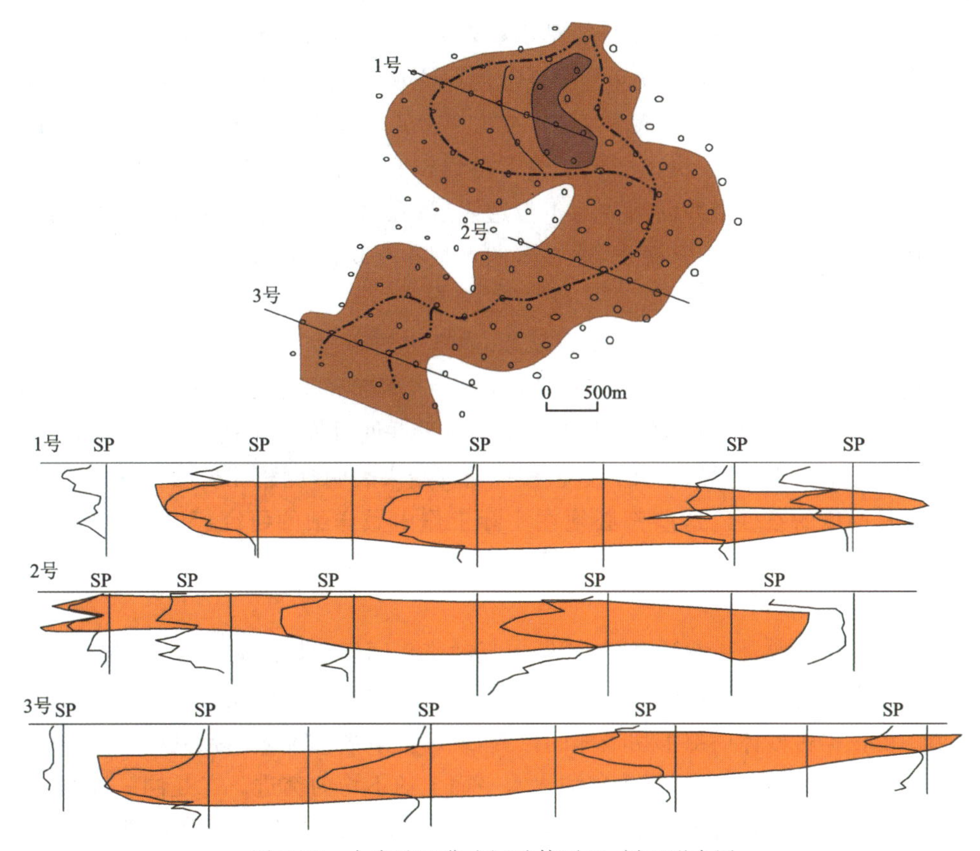

图 2-18　大庆油田曲流河砂体平面、剖面形态图

2)层内砂体非均质性

曲流河点坝砂层内渗透率非均质性反映点坝层序的特点，呈典型的向上变低特点。最高渗透率段总是处于底部段，向上逐渐比较均匀地减低，到顶部波痕纹层粉砂段最低。底部和顶部的最大/最小渗透率段级差可高达 40 倍，甚至更多，从单样品估计可在 100 倍以上。层内渗透率变异系数(以小层段统计)从 0.7 到大于 1.0，是各类河流砂体中非均质程度比较严重的一类(图 2-19)。在串沟坝比较发育时，层内渗透率变异系数情况有所改善。

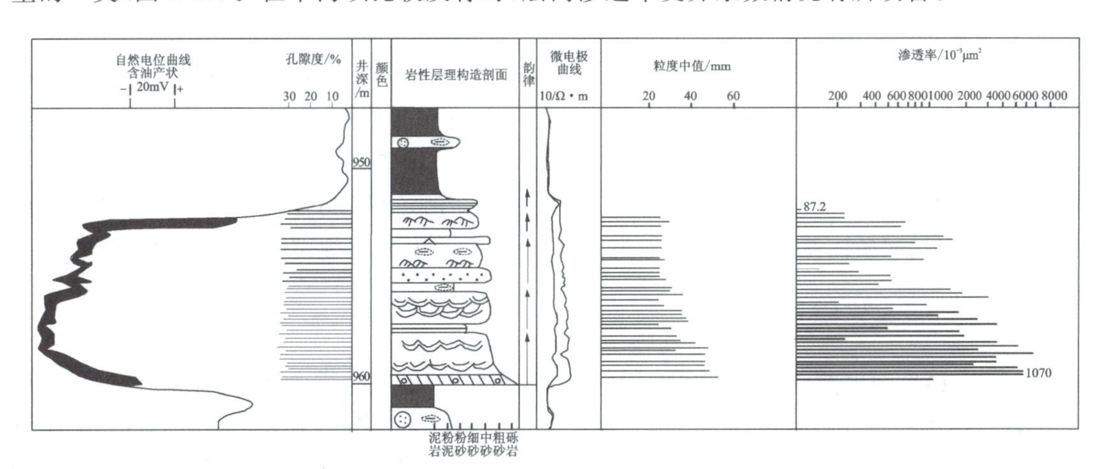

图 2-19　点坝砂体内储层岩性及物性非均质性变化(据裘亦楠，1987)

点坝砂层内非均质性另一重要特征是不稳定薄泥质夹层的分布比较复杂。点坝砂体内的不稳定薄泥质夹层可出现以下几种情况:①侧积体顶脊间洼地的充填,这往往出现在砂体顶部,连续性较差;②侧积体间的侧积泥岩,披覆于上点坝部分;随时可因暴露干裂而被下次洪泛事件打碎成泥砾,也可在快速沉积条件下得到较好的保存,成为点坝砂内部一种重要的隔层;③底部泥砾密集时,使冲刷面成为不渗透隔层;在多期点坝砂叠合时,特别要注意冲刷面的这一特性;④顶部泛滥平原泥岩,这在多期点坝相互切割叠加时才能成为砂体内部连续性较好的隔层。

总之,曲流河砂体层内非均质性较为复杂,最高渗透率段位于底部和渗透率向上逐渐变小的特点使注水开采时注入水易沿底部层段串流。上半部泥质隔层分布复杂,扩大水淹厚度后更加复杂,而且表现为水淹厚度大小的变化在注采井间没有一定的规律性,离注水井近的油井水淹厚度可能小于较远的油井。数值模拟研究结果表明,侧积泥岩的存在给注气驱油创造了扩大波及厚度的条件。这些都必须在实际工作中做详细的研究,具体分析储层的沉积条件。

3)平面非均质性

曲流河砂体平面渗透率非均质性,实际上反映了不同侧积体之间下点坝部分的渗透率非均质性。具体表现为两个方面的渗透率方向性:一是沿古河流最大能量流线的渗透率方向性异常高值。可根据古砂体底部下切最深的位置,或厚度最大部位来间接判断。这一位置是点坝砂体粒度最粗的分布带,它明显控制注入水平面上的不均匀突进。二是同一注水井点上反映出来的注入水优先向古河流下游方向突进的方向性。这是由河流砂体内部结构特点所引起的,如层理面总是向下游方向倾斜。

四、网状河砂体(anastomosing river deposits)

网状河是指河道弯曲指数大于 1.5 的高弯曲度多条河道的河流体系,河道弯曲类似结网。

构造上持续沉降,在气候相对稳定的滨海冲积平原地区形成的河道稳定、低弯曲度、侧向受限制而又互相联结的多河道河流称为网状河。河道沉积物以悬浮负载为主。由于河道稳定,湿地下沉,因此形成窄而厚的河道砂体是网状河的最大特点。

沉积微相以河道充填为主,伴生有决口扇和天然堤,背景相为沼泽湿地(泛滥盆地)。岩性相以细粒粉砂、细砂岩相为主,沉积构造以中—小型交错层理和水平层理为主。

网状河道是网状河砂体的骨架,其他砂体微不足道。河道砂体呈窄而厚的条带状,宽/厚值极小,这是网状河区别于其他河流形态的特点。单期河道仍为下粗上细,但旋回性没有曲流河明显。网状河砂体储层在古代岩石记录中较少见,且其砂体规模(厚度、面积)较小。

五、河流储集体综述

综上所述,河流沉积体系分异出的辫状河、曲流河、网状河 3 类沉积体系亚类,其对应的河道水动力类型大致可分为底负载型、混合负载型和悬浮负载型 3 种。3 类河道沉积类型形成的储层特征有一些基本共性,但也具有明显的差异。W. E. Galloway(1977)以底负载、混合负载和悬浮负载来区分河道类型,并简要总结了各河道类型的砂体特征(图 2-20)。

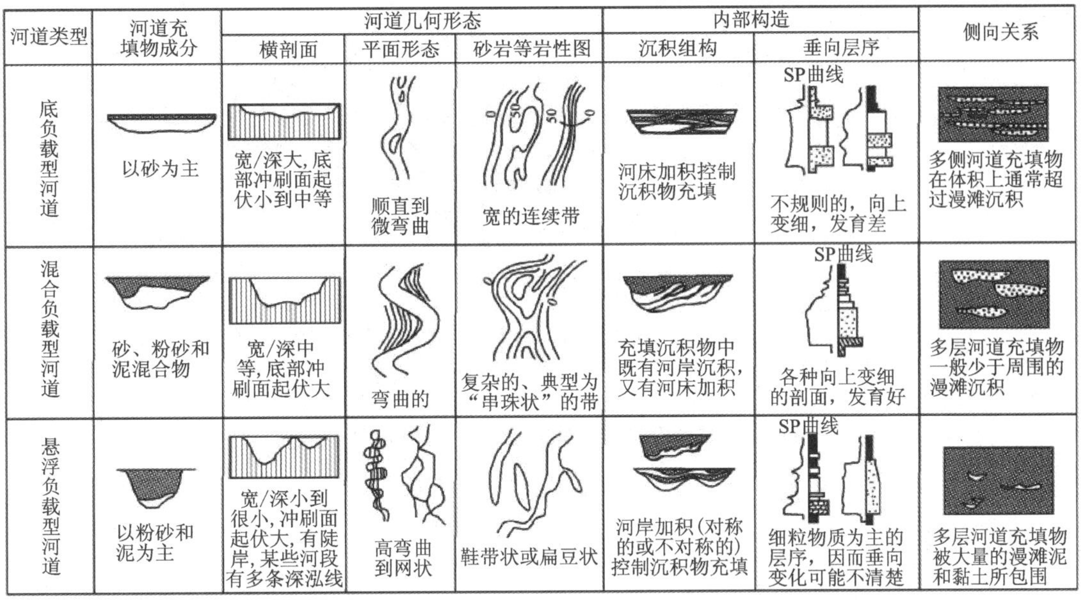

河道类型	河道充填物成分	河道几何形态			内部构造		侧向关系
		横剖面	平面形态	砂岩等岩性图	沉积组构	垂向层序	
底负载型河道	以砂为主	宽/深大,底部冲刷面起伏小到中等	顺直到微弯曲	宽的连续带	河床加积控制沉积物充填	SP曲线 不规则的，向上变细，发育差	多侧河道充填物在体积上通常超过漫滩沉积
混合负载型河道	砂、粉砂和泥混合物	宽/深中等,底部冲刷面起伏大	弯曲的	复杂的、典型为“串珠状”的带	充填沉积物中既有河岸沉积,又有河床加积	SP曲线 各种向上变细的剖面，发育好	多层河道充填物一般少于周围的漫滩沉积
悬浮负载型河道	以粉砂和泥为主	宽/深小到很小,冲刷面起伏大,有陡岸,某些河段有多条深泓线	高弯曲到网状	鞋带状或扁豆状	河岸加积(对称的或不对称的)控制沉积物充填	SP曲线 细粒物质为主的层序，因而垂向变化可能不清楚	多层河道充填物被大量的漫滩泥和黏土所包围

图 2-20　底负载型、混合负载型和悬浮负载型河道段的形态和沉积特征及沉积物(据 Galloway,1977)

河道砂体储层特征的基本共性,主要表现在以下 5 个方面。①河道砂体平面上主要表现为条带状;剖面上主要表现为上平下凸的透镜状。②河道砂体层内表现为向上变细的复合韵律的岩性变化。③受岩性相和沉积序列的旋回性影响,层内渗透率非均质性共同表现为最高渗透率段处于底部,并向上逐渐变低。详细物性特征随砂体不同而变化较大。④渗透率平面上的非均质性,除受砂体形态和宏观岩性变化的控制外,各种河流砂体都可能存在因沉积构造引起的渗透率方向性变化(各向异性)。⑤砂体内部侧向连续性变化(垂直古水流方向上)取决于侧向加积与垂向加积单元体的配置关系。无论是侧积泥岩还是河道充填泥岩层都会增加砂体的非均质性。它们作为砂体中的阻隔层(夹层)对油气开发意义重大。

三类河道砂体储层特征的差异性,则主要表现在以下 5 个方面。

(1)河流砂体的宏观形态取决于河型和河流规模,不同河道砂体,或同一种河道类型的不同规模砂体其宽/厚值变化大(图 2-21)。尽管数据点较分散,但选择特定形态的河道充填可大大地减小这种分散程度(主要数据取自 Fielding 和 Crane,1987),图中粗线圈起来的点是简单的曲流河河道砂体。

(2)河道类型不同则主流线不同,砂体弯曲度和主力砂体位置不同,在生产中高渗层位置也不同。

(3)河道类型不同砂体内部夹层成因和展布规律不同,影响渗流的效果不同。

(4)地层中作为实际储层的河流体系砂体的垂向、横向连续性,取决于沉积和构造背景,即与河道类型关系密切。河流体系连通程度与河道砂体密度存在必然关系。

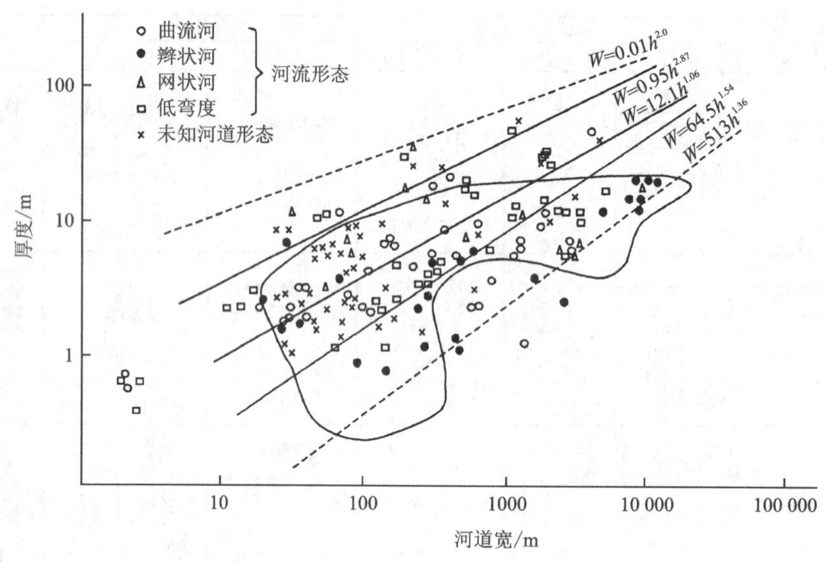

图 2-21 河道充填砂体的宽度与厚度的交会图

(5)即使是同一种河道类型,不同地区的发育保存程度也存在极大的差异,即河道砂体的多样性是永恒的,这在生产中要特别注意。

第四节 三角洲储集体

一、概述

三角洲沉积体系是海(湖)陆过渡带的沉积物。向陆方向为搬运大量碎屑物质的河流,向海(湖)方向为可供容纳大量碎屑的潜在空间。因此三角洲可形成巨厚的碎屑沉积物,其中,主要为厚层砂岩体。三角洲砂体除了具有厚度大、面积大、储层质量高等优越条件外,还紧邻湖、海生油凹陷区,具备形成大型、特大型油田的潜在有利条件。国内外许多大型油气田或高产油气区均与三角洲沉积有关,如美国墨西哥湾岸油区、中国大庆油田、长庆油田、大港油田、胜坨油田、中原濮城油田等。

1. 三角洲的概念与分类

三角洲是指河流进入静止水体时,在河口沉积形成的碎屑沉积体。三角洲平面形态不仅包括在古老概念中的三角形(△),还包括鸟足状、尖头状或其他多种形状。控制三角洲形态的主要因素是河流能量、波浪能量和潮汐能量的相互关系。另外,地貌形态(尤其是水深、坡降等)对控制三角洲形态也有重要影响。

现在普遍认同 Galloway 在 1975 年提出的三端点三角洲的分类法,即按沉积物输入量、波浪能量、潮汐能量 3 个端点,将三角洲分为河控三角洲、浪控三角洲和潮控三角洲三大类

(图 2-22)。它们对应的形态分别为鸟足状、朵状、尖头状,典型三端点三角洲所沉积砂体厚度分布如图 2-23 所示。

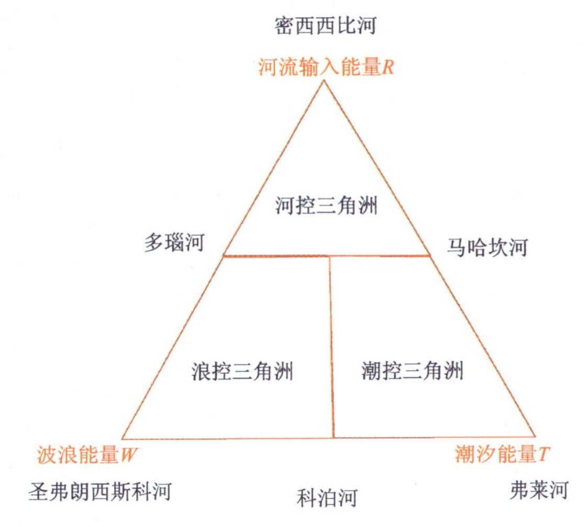

图 2-22　入海三角洲三端点分类图(据 Galloway,1975)

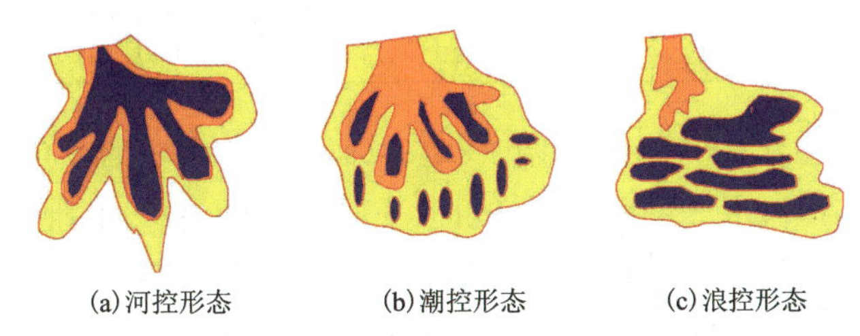

图 2-23　三角洲沉积砂岩分布图(据 Coleman and Wright,1975)

注:黑色区域为较厚砂岩区。

在 Galloway 分类的基础上,许多学者对三角洲进行了详细划分,提出了多种方案。Orton 和 Reading(1993)提出了按输入沉积物的粒度对三角洲进行分类的方法,他们将三角洲分为泥质、砂质、砂砾质、砾质 4 种三角洲组合。在此作者将正常三角洲和辫状河三角洲统称三角洲,而扇三角洲作为单独的沉积体系在下一节中论述。在河控三角洲中,浅水三角洲独特的分流河道发育特征引起人们的特别注意,并在实践中应用此术语。这些分类方法显然有助于对三角洲沉积、储层进行进一步描述和认识。应该说明的是实际三角洲存在许多过渡类型,其特征也不仅只受一种能量控制。在古代岩石记录中,潮控三角洲较少见,尤其在湖相盆地,潮汐作用微乎其微。较多见的是河流与波浪双重控制,且以河控为主的三角洲类型。在我国陆相碎屑岩三角洲体系中三角洲主要是鸟足状河控三角洲类型,其中大部分为浅水三角洲类型。辫状河三角洲应该也较发育,但由于对其特征认识不够,许多辫状河三角洲没有被识别出来。

2. 三角洲微相单元划分

三角洲由 3 部分组成,即三角洲平原、三角洲前缘和前三角洲。陆上部分为三角洲平原,冲积平原主河流进入沿海平原,因坡降明显减小,发生分支,形成一些分支河流后入海。三角洲平原的范围就是从分支点开始,直到岸线,两侧以最外边的分支河流为界线。水下沉积部分向海依次分三角洲前缘和前三角洲。三角洲前缘是砂质沉积最集中部分,不仅砂体厚度大,而且砂岩含量高,平均含砂量可达75%。前三角洲带位于三角洲前缘向海一侧,由悬移质沉积物组成,有很好的生油条件,已不属于储层砂体。三角洲平原、三角洲前缘和前三角洲被称为三角洲的3个亚相带(表2-4),这种正常(偏深水型)三角洲被认为是具垂向"三层结构"的典型划分方法。这种类型的三角洲通常发育在水体较深和构造较活跃的背景下。

表2-4 正常三角洲与浅水三角洲沉积亚相、微相单元划分

正常三角洲		浅水三角洲	
亚相	微相	亚相	微相
三角洲平原	主分流河道、次级分流河道、天然堤、决口扇、河道间湾、河间湾等	上三角洲平原	主分流河道、次级分流河道、天然堤、决口扇、河道间湾、河间湾等
三角洲前缘	河口坝、远砂坝、水下分流河道等	下三角洲平原	次级分流河道、河道间湾、河道末梢席状砂等
前三角洲		水下三角洲平原	水下分流河道、河道间、薄层席状砂等

与上述类型相反,发育在较浅水、广阔、稳定、以河流作用为主的三角洲,人们通常称为浅水三角洲。就相带而言,浅水三角洲以在三角洲平原较发育,而三角洲前缘亚相不发育为特征,由此决定了三角洲分流河道是整个三角洲砂体的骨架和核心,而三角洲前缘砂体不发育。鉴于它本身的特征,Coleman等(1975,1981)将浅水三角洲分为上三角洲平原(UDP)、下三角洲平原(LDP)、水下三角洲平原(SDP)3个部分,3个亚相带划分的界线上部是最大高潮线、下部是正常海岸线,这种划分突出了浅水三角洲的特色,因而被广泛引用。在我国东部陆相盆地中,广泛存在浅水三角洲沉积体系。大庆长垣背斜、濮城中央隆起带等均发现浅水三角洲发育。

河控三角洲微相划分较统一,特征易识别。平原亚相通常进一步划分为分流河道、分支间、天然堤等微相。三角洲前缘亚相进一步分为河口坝和远砂坝微相,若经湖、海水改造也称为席状砂微相。这些微相的沉积特征很容易识别。

二、沉积特征

针对我国陆相三角洲沉积以河控三角洲沉积体系为主这一特色,本书仅对河控正常三角洲和河控浅水三角洲的沉积特征及储层特征进行重点论述。

1. 正常三角洲

这里的正常三角洲概念是相对于特殊的、非正常的浅水三角洲而言的。河流携带大量物质推进到相对较深水的静止水体中时,在河口形成展开的具有"底积层""前积层""顶积层"三层结构模式的三角洲沉积序列(图2-24),对应于分异很好的前三角洲、三角洲前缘和三角洲平原 3 个亚相带。在海岸或湖岸具有较大坡度的沉积斜坡是正常三角洲三层结构模式成因的最重要的前提条件，同时要有大量河流携带来连续供给的物质基础。该类三角洲常见岩性相、微相及层序特征(图 2-25)。从图中可以看出，层序底部为前三角洲泥岩沉积，向上粒度变粗，过渡为三角洲前缘沉积，河口坝砂岩体结束反粒序旋回，三角洲前缘之上覆盖三角洲平原沉积体。这种总体“下细上粗”的反粒序沉积序列，是识别正常三角洲的一个重要特征。

沼泽
向海
三角洲前缘粉砂与砂
海平面
沉积面
前三角洲粉砂质黏土
等时线
远滨黏土
原始沉积面

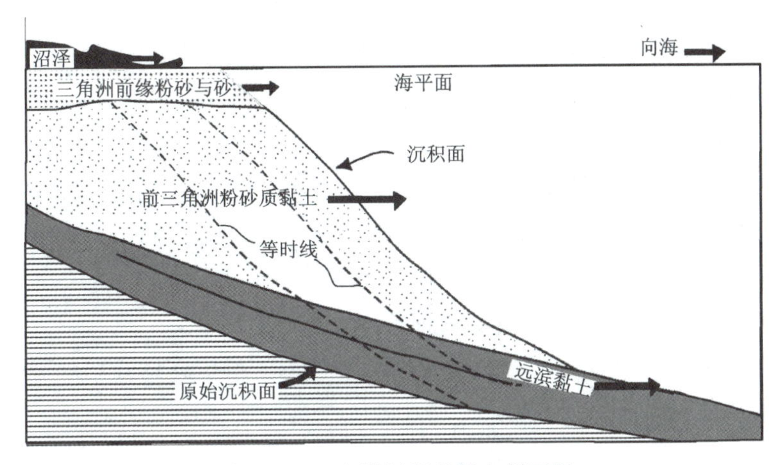

图 2-24　三角洲沉积的纵向剖面图

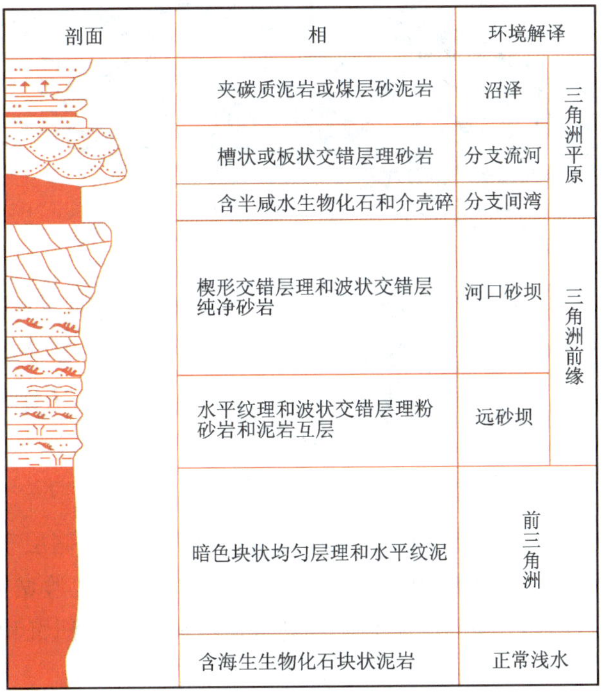

剖面
相
环境解译
夹碳质泥岩或煤层砂泥岩
沼泽
槽状或板状交错层理砂岩
分支流河
含半咸水生物化石和介壳碎
分支间湾
三角洲平原
楔形交错层理和波状交错层纯净砂岩
河口砂坝
水平纹理和波状交错层理粉砂岩和泥岩互层
远砂坝
三角洲前缘
暗色块状均匀层理和水平纹泥
前三角洲
含海生生物化石块状泥岩
正常浅水

图 2-25　河控三角洲的沉积序列(据孙永传和李蕙生，1986)

正常三角洲在一定时期内某个位置上集中发育形成一个三角朵叶体。岩石记录中的三角洲沉积体系是由多个不同位置的朵叶体垂向叠置而累积起来的总体表现(图 2-26)。由于受水进、水退变化,岸线变化,物源供给变化,气候变化及构造活动的影响,三角洲朵叶体也变化很大,发育过程表现为“生成—发育(建设)—废弃”这样的循环变化。不同朵叶体的发育位置、规模特征是我们认识三角洲宏观储层的重要因素,对预测三角洲砂体也是极为重要的。

2. 浅水三角洲

浅水三角洲的沉积特征是前缘相不发育,取而代之的是从陆地到水下延伸的分流河道异常发育,明显区别于正常三角洲(图 2-27)。与正常三角洲相比,浅水三角洲不具有“三层”结构,分流河道与浅海(湖)相至三角洲平原相中任一微相切割接触、三角洲朵叶体不明显。海岸或湖岸具有广阔且平缓的沉积地貌是浅水三角洲形成的最重要前提条件。2022 年夏季鄱阳湖赣江浅水三角洲分流河道砂体因干旱出露良好,分流河道分叉和展布形态较好地展示在世人面前(图 2-28)。

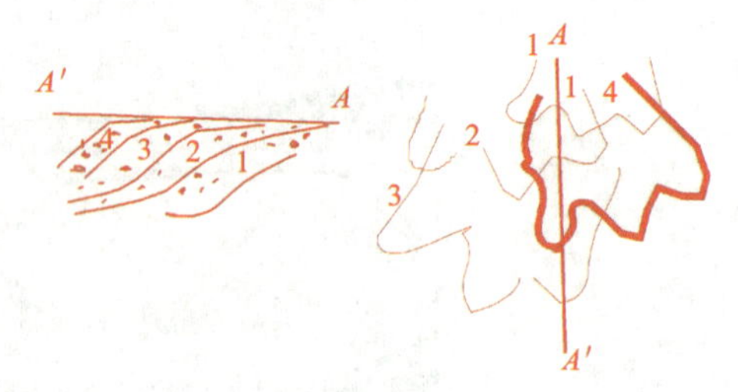

图 2-26 三角洲朵叶复合体组合示意图

注:1、2、3、4 代表朵叶发育由老到新的序号。

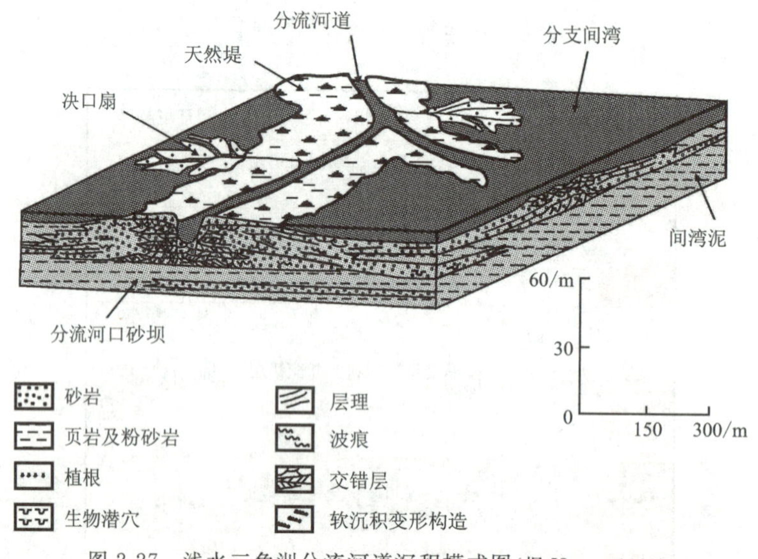

图 2-27 浅水三角洲分流河道沉积模式图(据 Horne,1988)

浅水三角洲广泛发育,并控制煤的分布、厚度和质量。对油气储层来说,浅水三角洲的独特意义更在于其分流河道砂体的沉积特征。姚光庆等(1994)发现濮城油田和新民油田分别在沙二下段($Es_2^下$)和泉四段(K_1q^4)发育了较典型的湖相浅水三角洲沉积,并总结了分流河道的沉积构成特征。

1)岩性相

分流河道及其相关的常见岩性相分为 6 类(表 2-5)。岩石相单元在砂体内部不同的组合形式构成了分流河道砂体垂向层序的复杂特征。

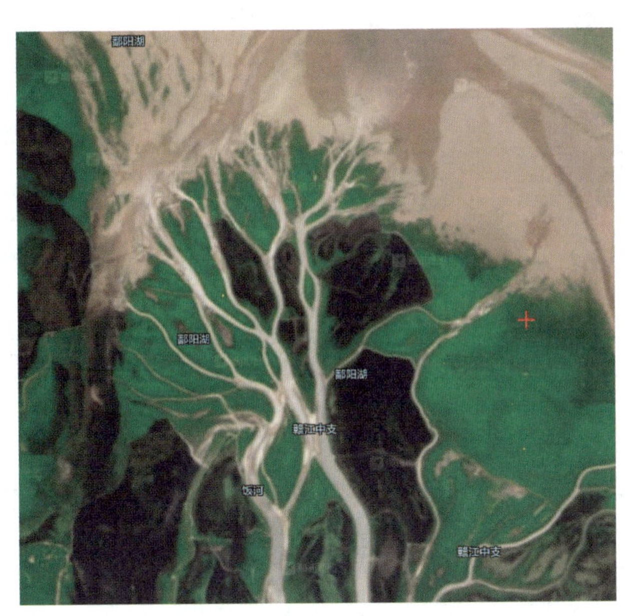

图 2-28 鄱阳湖赣江浅水三角洲分流河道砂体分布示意图

表 2-5 分流河道砂体岩石相、岩石物理相划分表

岩石相	内部结构特征	成因解释
泥砾岩-含泥砾砂岩相	正粒序，与冲刷面伴生，泥砾大小混杂，具有一定的定向排列	单向水流侵蚀的产物
钙质细砂岩-粉砂岩相	块状或高角度层理，致密无孔隙，位于河道砂体底部	成岩碳酸盐胶结的产物
正粒序交错层理细砂岩-粉砂岩相	颗粒均匀变化，平缓交错层理到波状层理，厚度较大，河道砂体主体	单向中—高流态、水流沉积的产物
浪成交错层理粉细砂岩相	以“人”字形或鱼刺状层理为主，分选较好，有时见介壳碎片	双向湖水作用改造或对称波纹迁移的产物
生物扰动粉砂岩夹泥岩相	河道层序顶部生物扰动构造发育，常夹多层泥岩薄层	低流动，生物活动改造的产物
反粒序粉砂岩相	河道下伏小型反粒序砂岩，层薄	湖水低能波浪作用的产物

2）分流河道砂体垂向层序特征

分流河道砂体层序的共同特征是：砂体底部有冲刷面或突变面；下部一般存在泥砾砂岩相；砂体主体为交错层理细砂岩—粉砂岩单元；单期沉积层序为正粒序等。按水流势能的变化规律，可以将分流河道砂体的垂向层序分为 5 种基本类型（图 2-29）。

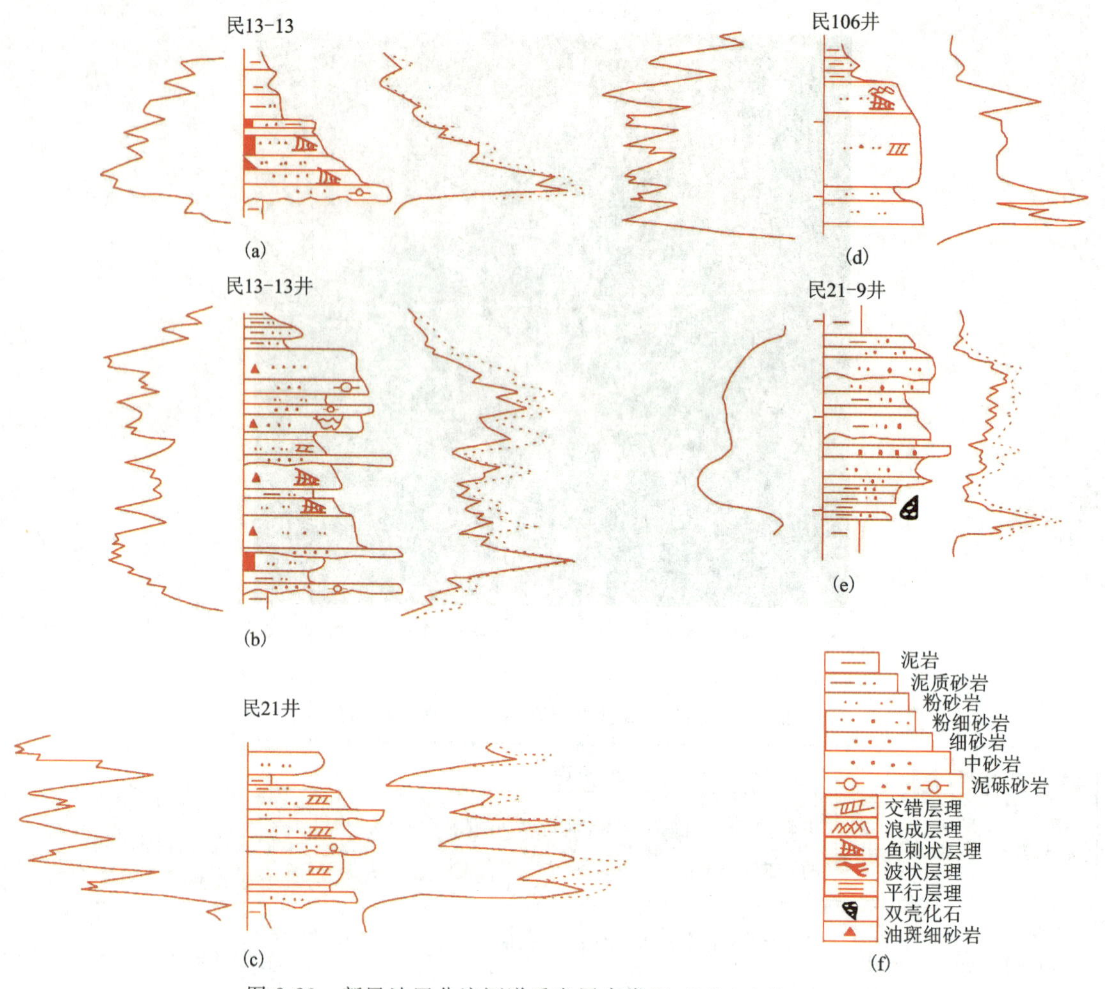

图 2-29 新民油田分流河道垂向层序类型(据姚光庆等,1995)

注:左侧为自然伽马曲线,右侧为微电极曲线;(a)(b)(c)(d)(e)代表不同的层序类型。

(1)正常层序类型:反映一期完整的水流势能由强变弱的过程,表现为典型的正粒序特征。砂体厚度一般小于4m,GR曲线为齿化钟形(Sh型)[图2-29(a)]。

(2)厚度较大的多期叠加层序类型:水流势能多期变化,砂体冲刷叠加呈较厚层、粒序较均一的层序特征。砂体厚度变化较大,一般5~20m不等。GR曲线表现为厚层齿化箱形(T型)或齿化钟形(Sh型)[图2-29(b)]。

(3)水流势能由弱变强多期叠加层序类型:总体显示反粒序,每期沉积由正粒序组成。砂体厚度一般5m左右。GR曲线形态为齿化漏斗形(H型)或宽指形(Q型)[图2-29(c)]。

(4)受波浪改造的废弃河道层序类型:河道层序中上部受波浪改造发育浪成交错层理砂岩相。GR曲线齿化箱形或钟形[图2-29(d)]。

(5)底部具渐变段的层序类型:河道正常层序底部发育有小型反旋回砂层。GR曲线以底部渐变的钟形形态为主[图2-29(e)]。

三、储层特征

1. 分流河道砂体储层

1)砂体形态及连续性

分流河道砂体单支具有顺直型河道特点,但河道规律差异极大。濮城油田和新民油田开发井网间距一般为250~400m,局部为150m。如此小的井距为研究分流河道砂体的展布提供了有利条件。从砂体剖面图上看(图2-30),河道砂体单层厚度相差悬殊,平均在2~8m之间,但小砂体厚度仅1.5m,局部厚砂体可达20余米。砂体形态为透镜状,河道宽仅400~500m。砂体之间的连通性可通过砂岩百分比数值反映出来,当砂岩百分比大于35%时,砂体间的连通性明显变好,当砂岩百分比小于30%时,砂体间的连通性较差。透镜状条带状砂体侧向连续性差是开发这类分河道砂体的主要难题。

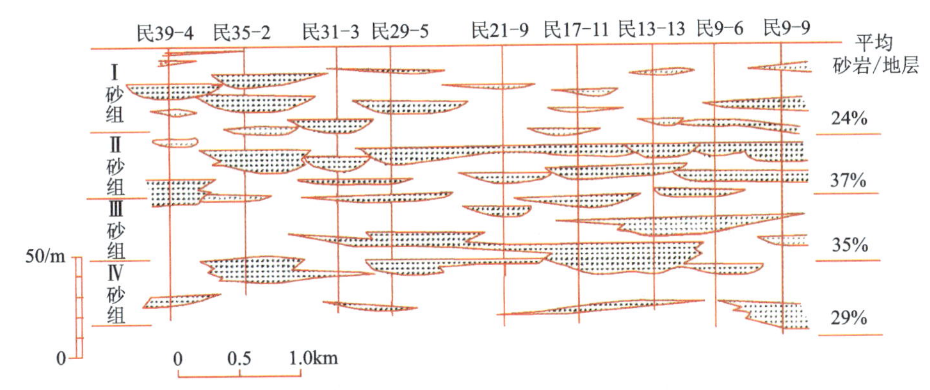

图2-30 新民油田扶余油层(K_1q_4)民39-4井—民9-9井砂体剖面图(据姚光庆等,1995)

以时间单元为制图单位作出的砂体等厚图能清楚地显示出分流河道砂体的空间分布规律(图2-31)。分流河道平面形态都表现为条带状或鸟足状或豆荚状,砂体宽度不等,以顺直型河道为主。分流河道延伸可达2000m,甚至达5000m。分流河道砂体在垂向演化中,按稳定发育程度大致可分为两种类型:第一类是相对稳定型河道。河道在多期水流作用下相对稳定,在两个或两个以上时间单元内稳定存在。此类河道多为主河道或是受非沉积因素(如断层、地貌等)控制的河道。第二类是随机型河道。每期河道的发育位置变化不定,具有填平补齐式的沉积特征。这类河道主要是多级分支河道系统,一般位于下三角洲平原前缘,其砂体厚度一般小于第一类河道砂体。

2)物性平面特征

濮城油田及新民油田各时间单元物性图表明分流河道砂体储层的物性分布严格受砂体宏观展布的控制。分流河道砂体物性平面分布的总体趋势与砂岩厚度、微相单元的分布一致,也表现为鸟足状或条带状。与砂体宏观展布有所不同的是物性值的离散程度更大、不稳定性更强,反映出物性分布在平面上具有更大的随机性。河道砂体表现出的宏观孔隙度14%~16%;个别超过20%,储层渗透率一般为$0.5\times10^{-3}\sim2\times10^{-3}\mu m^2$;个别部位达$4\times10^{-3}\mu m^2$

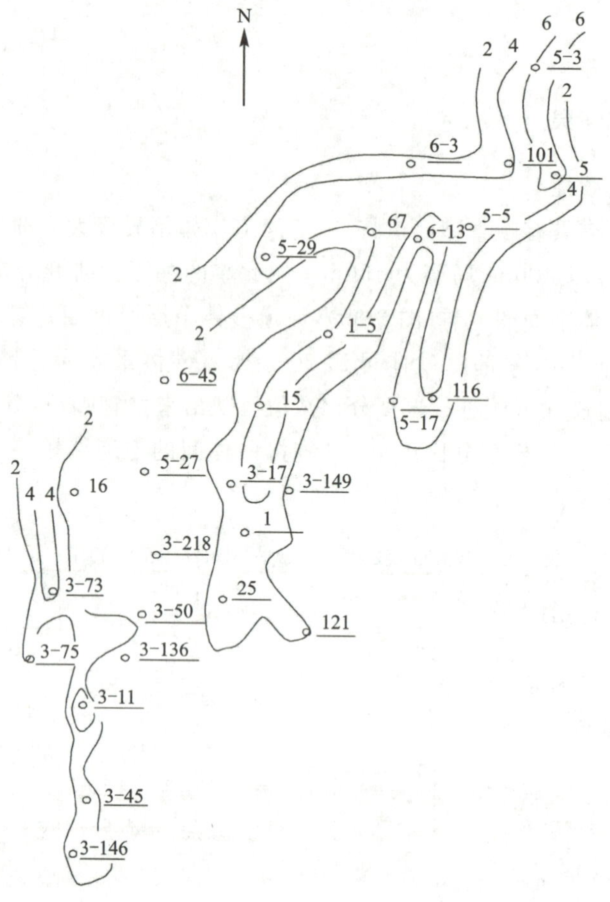

图 2-31　濮城油田 Es_2 Ⅱ-5 时间单元砂岩等厚图(厚度单位为 m)

以上。尽管由公式得到的物性值有一定误差,应用效果表明井间物性值的大小差异还是反映了储层物性本身的变化,这些相对变化对确定河道砂体储层中的主流方向是重要的。

3)砂体层内特征

尽管分流河道砂体层序特征复杂,但基本规律是"下粗上细",这一规律对应于物性则是下高上低(图 2-32)。因此,在注水过程中极易沿河道砂体中下部发生指状水进,造成水淹。但分流河道极不稳定,产生的多期河道使组合砂体内部的物性变化更为复杂,在油田开发中要注意分清单支河道砂体的走向是至关重要的。

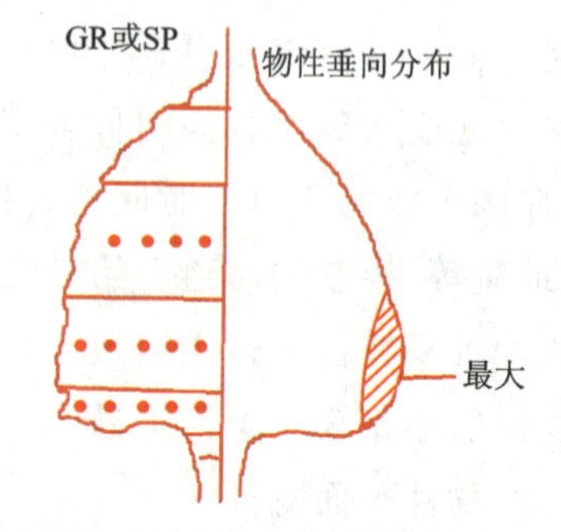

图 2-32　分流河道砂体沉积序列与物性分布示意图

2. 三角洲前缘砂体储层

1)砂体形态及连续性

前缘砂体包括河口坝和席状砂(或远砂坝)。储集性好、厚度大的砂体主要是河口坝。河坝和席状砂在平面上相互连通组成统一的前缘砂体。与河道砂体相比,河口坝砂体长、宽、规律相近,呈宽带状或席状(图 2-33),位于分流河道入海(湖)口处。

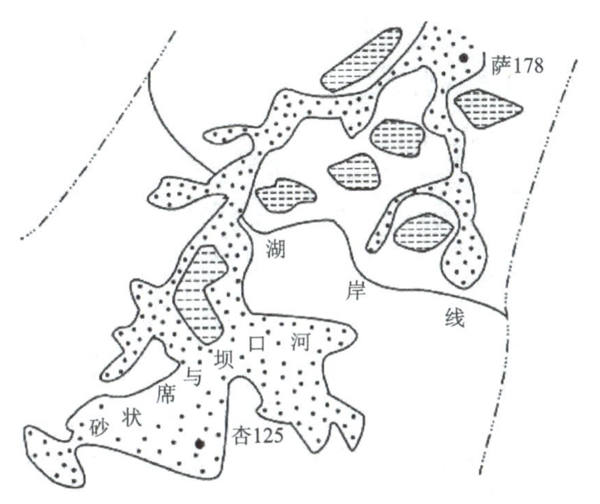

图 2-33　前缘砂体平面分布(大庆油田萨Ⅱ油层)(据裘亦楠,1982)

很显然前缘砂体的连续性较好,多个三角洲朵叶复合后,前缘砂体在垂向和横向上都有较好的连续性,这类储层油田的开发相对较经济,开发效果也好。

2)砂体物性特征

前缘砂体的平面物性一样受砂体形态控制。但相对来说,物性分布受河口坝主体部位的位置控制更明显,从坝主体(核部)向边缘部位直到远砂坝,显示物性渐变的特点,因而采用内插法勾绘物性图一般能反映储层实际情况。

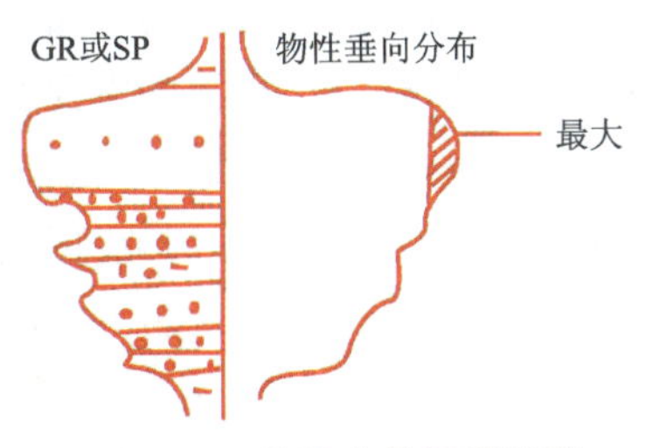

图 2-34　前缘砂体沉积序列与物性垂向分布示意图

从层内物性分布看(图 2-34),与河道序列的物性分布恰恰相反,物性最大值位于河口坝中上部,前缘砂体序列的顶部。由于河口坝砂岩较纯净、分选较好,因此其绝对值也往往高于河道砂体的物性值。但值得注意的是,河口坝的规模直接影响对前缘砂体的整体评价。例如在浅水三角洲体系中,河口坝极不发育,前缘部位多为小型反旋组成的薄层席状砂体,这时前缘储层的物性肯定没有河道主体部位好,甚至主要是低孔低渗、低含油饱和度的差油层。综上所述,三角洲砂体主要有两大类组成,即前缘砂体(河口坝砂体)和分流河道砂体。这两类砂体在油气储层中占有重要地位,但它们在砂体形态、层序特征、物性分布以及开发措施和效果上存在极大的差异,这已在国内外油田开发实践中得到了证实。开发三角洲砂体油气储层时,要特别注意区分这两类砂体,为此首先应正确认识三角洲的类型,即分清三角洲是以分流河道为主体的浅水三角洲,还是以前缘河口坝为主体的正常三角洲。

第五节　扇三角洲储集体

一、概述

扇三角洲的定义为:从邻近高地推进到静止水体中的冲积扇。从中我们可以理解,只有冲积扇进入静止水体(湖或海)才称为扇三角洲。扇三角洲是三角洲的一种极端类型,它是冲积扇与辫状河三角洲之间的一种过渡类型(图 2-39),这决定了扇三角洲的沉积特征既有冲积扇的特征又有辫状河三角洲沉积特点。

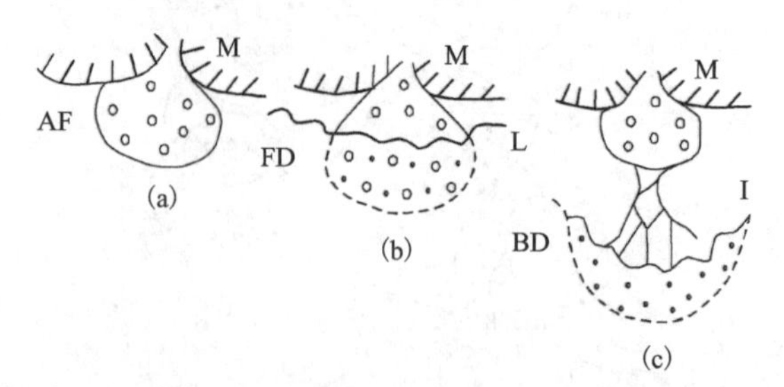

M. 山区;L. 岸线;AF. 冲积扇;FD. 扇三角洲;BD. 辫状河三角洲

图 2-35 冲积扇(a)、扇三角洲(b)、三角洲(c)差异比较图

尽管如此,在古代岩石记录中严格区分它们还是有一定困难的,尤其是辫状河三角洲与扇三角洲的区别更加困难,这也是人们极易将它们合二为一的原因。扇三角洲与冲积扇的区分可以通过看扇体是沉积在冲积平原上还是沉积在湖或海的水体中进行判断。但扇三角洲扇体上也有明显河道化的辫状河道发育,因而与辫状河三角洲容易混淆,它们的区别主要有如下几点。

(1)扇三角洲包括冲积扇的所有过程,如碎屑流、片流等河道化不明显;辫状河三角洲由限定性差的底负载辫状河道控制,河道化明显。

(2)沉积物输入量:扇三角洲为瞬时的、风暴性的流量;而辫状河三角洲为洪水型的。这是区别不同类型三角洲的重要基础。

(3)碎屑流发育是扇三角洲区别于其他三角洲的重要特征。陆上扇三角洲平原上的碎屑流,直接演化为水下碎屑流,区别于三角洲前缘相沉积。

(4)一般说来,扇三角洲沉积物受湖、海能量改造,破坏程度较小,而三角洲废弃时有明显的湖、海水改造迹象。

(5)沉积背景上的区别:扇三角洲沉积过程实际上受构造活动控制,即相距近的物源区与沉积区存在强烈的差异升降运动。而三角洲处于相对稳定的构造背景下,主要由不同类型的常年性河流控制着其沉积过程。

扇三角洲在前陆盆地和板内裂谷盆地中较常见,并构成重要油气区储集体。我国东部陆相中新生代断陷盆地中,发育典型的粗粒扇三角洲沉积体系,最著名的就是南襄盆地双河扇三角洲(过去称为水下扇、近岸浊积扇等)(孙永传和李蕙生,1986)。中生代侏罗系扇三角洲以内蒙古开鲁盆地包日温都扇三角洲为代表。双河和包日温都油田(藏)均为高产轻质油田,含有丰富的石油地质储量,前者古近系油气储量近亿吨,后者侏罗系油气储量为 1500 万 t,它们共同之处是均发育在小型单断盆地的边界断裂下降盘位置,紧邻生油凹陷。

二、沉积特征

1. 概述

扇三角洲的发育背景与冲积扇类似,需要独特的构造条件、物源供给条件、气候及水动力条件等，最重要的是沉积物紧邻湖泊或者海洋等大型水体。泌阳盆地古近系核桃园组双河扇三角洲是较典型的油田代表，是国内最早研究较成熟的扇三角洲，尽管以前人们将其称为水下冲积扇或近岸浊积扇。它处于泌阳凹陷南部断裂带，核桃园组时期（Eh），边界大断裂内乡-桐柏断裂分割了两个地貌单元，其南部（上升盘）为桐柏山区，北部则为凹陷湖泊，这为冲积扇直接入湖创造了条件。

滦平盆地下白垩统西瓜园组扇三角洲露头发育完整，由多个连续的湖泊-扇三角洲沉积旋回组成，曾被"中国地层标志化石及重点层型剖面"项目确定为"金钉子"，是前人研究扇三角洲野外露头的首选地点。该扇三角洲与双河扇三角洲沉积背景类似，属于陡坡粗粒近源扇三角洲沉积，快速堆积，非均质性强，盆地发育受边界断裂带控制。

2. 岩石相及沉积微相单元

粗粒扇三角洲岩性相的独特之处是具有递变层理砂砾混杂的泥石流与河道化牵引流条件下形成的交错层理砂砾岩交互并存。在滦平露头剖面可以识别出 16 种岩石相。

扇三角洲次级相单元的划分，普遍采用与三角洲近乎相同的术语。同样分为扇三角洲平原、扇三角洲前缘和前扇三角洲 3 个亚相。扇三角洲平原为扇三角洲陆上部分与冲积扇陆上部分相同。前缘以下为水下部分。进一步微相单元有辫状河道、分支河道、泥石流、河道间、河口坝、席状砂等。根据野外沉积学观察，建立了滦平扇三角洲沉积模式如图 2-36 所示。

拓展学习　　滦平扇三角洲沉积体系岩石相类型及特征

三、储层特征

1. 形态及岩性特征

扇三角洲砂砾岩储层宏观平面形态多为扇形或舌形、指形等；剖面形态为楔状体（图 2-37）。砂体内部岩性并非均一是其重要特征，一般规律是由平原至前扇三角洲岩性依次变细，含油岩性从粉砂岩到砂砾岩。但统计结果表明，粗粒扇三角洲储层中含砾砂岩以上粒级的岩性一般占 50%以上，中细砂岩仅占 25%左右（图 2-38）；占绝大部分的砂砾岩成分和结构成熟度较低。

2. 砂（砾岩）体宏观非均质性

不同微相单元的砂砾岩体及细粒沉积物在空间上交互叠置，决定了砂体规模上粗粒扇三角洲宏观非均质程度高。具体表现为：①夹层类型多、分布规律不明显；泥质阻隔层作为非渗透夹层存在，另外不同类型的岩性体也互为夹层存在，影响流体的渗流特征。②同一时间层面上，砂砾岩体横向相变快，难以追踪砂体的连续性。

以包日温都扇三角洲为例，砂砾岩储层概念化的非均质模型如图 2-39 所示。

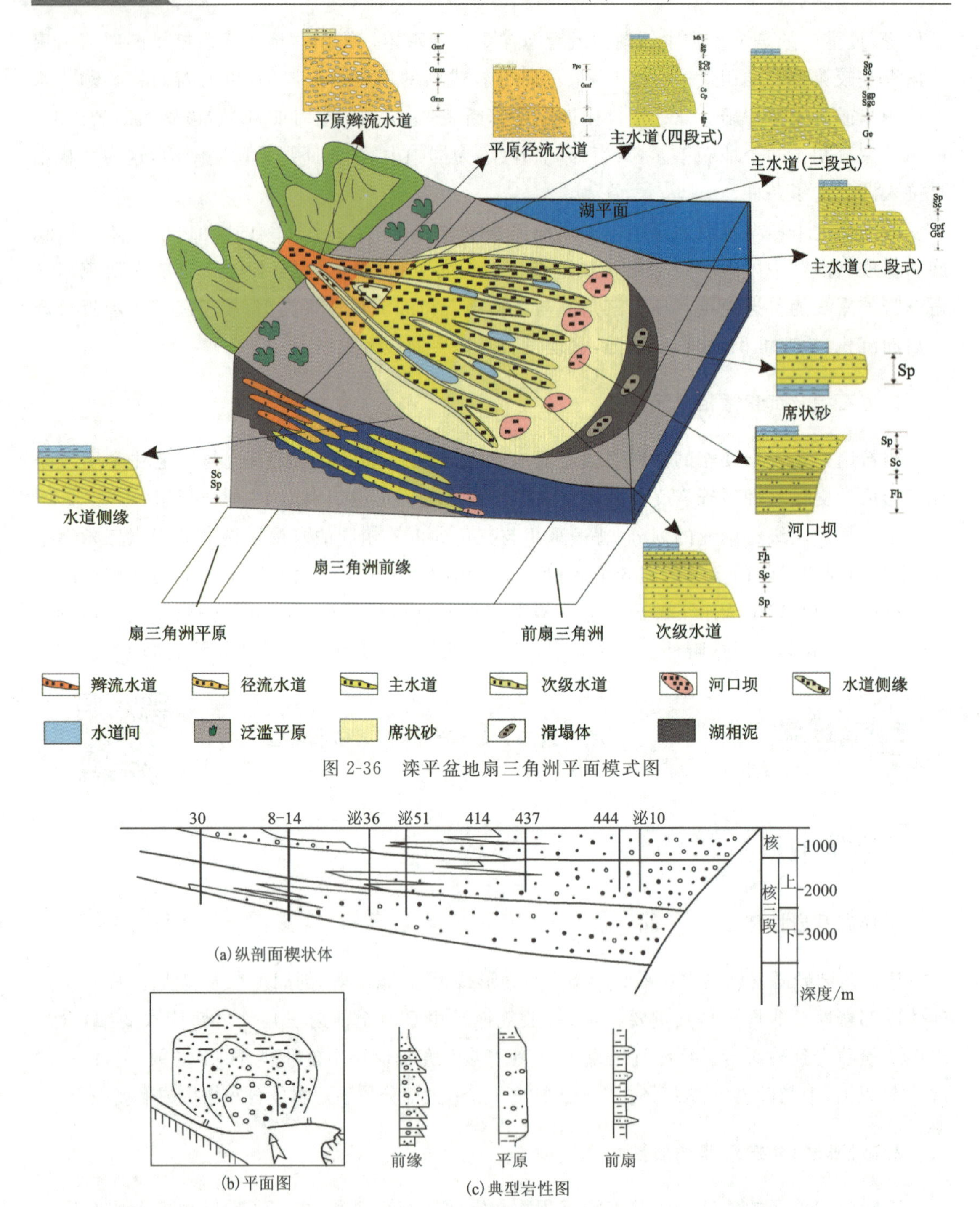

图 2-36　滦平盆地扇三角洲平面模式图

图 2-37　泌阳双河扇三角洲平面与剖面形态和岩性示意图

3. 砂砾岩储层物性特征

由于复杂的岩性组合和极快的相变过程，使储层物性变化较大(表 2-6)，这是粗粒扇三角洲砂砾岩储层的另一个重要特点。

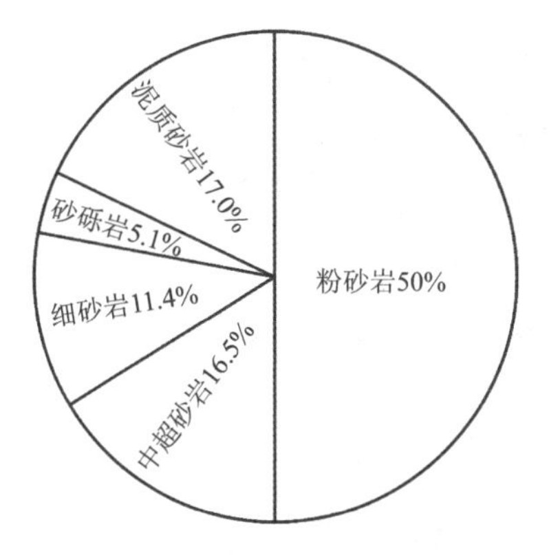

图 2-38　包日温都扇三角洲含油岩性统计图

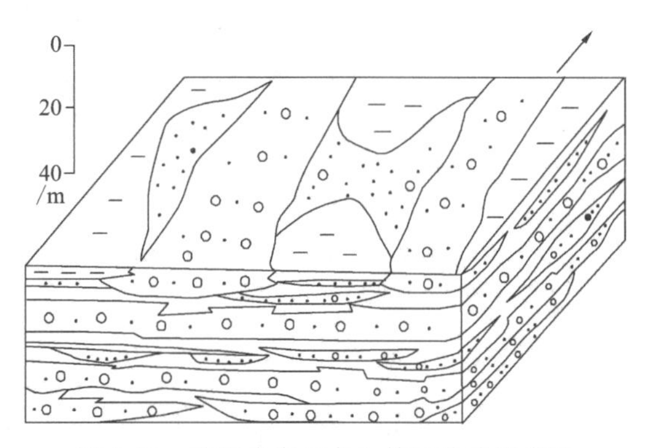

图 2-39　砂砾岩扇三角洲储层非均质模型

表 2-6　包日温都粗粒扇三角洲储层特征

储层分类		Φ/%			$k/10^{-3}\mu m^2$			P_c/MPa			$R/\mu m$		
		最大值	最小值	平均值	最大值	最小值	平均值	最大值	最小值	平均值	最大值	最小值	平均值
Ⅰ		29.3	24.3	26.26	371	126.4	247	0.098	0.023	0.052 3	20	13.425	16.077
Ⅱ	Ⅱ$_1$	27.69	14.02	19.24	86.6	2	37.73	0.309 8	0.027	0.132 6	15.738	1.807	8.889
	Ⅱ$_2$	24.8	8.25	17.75	51	<1	16.96	0.998	0.145	0.373 3	3.97	0.466	3.001
Ⅲ		20.1	7	13.36	11	<1	<1	7.757	1.722	3.901	10.019	0.02	0.518

Ⅰ类：占储层7.3%，属中—高孔、中渗储层，主要是牵引流型辫状水道含砾砂岩、砂砾岩相。

Ⅱ$_1$类：占储层25%，属中孔、低渗储层，主要对应辫状水道砂砾岩储层沉积。

Ⅱ$_2$类：占储层36.8%，属中—低孔、低渗储层，对应碎屑流、混杂辫状水道粗粒沉积或粉细砂岩沉积。

Ⅲ类：占储层30.9%，属非有效储层，主要是泥质粉砂岩细粒沉积或泥质支撑的泥石流沉积。

第六节　滨岸滩坝储集体

一、概述

受海（湖）水能量控制，并在海（湖）岸带沉积形成的碎屑岩砂体，主要包括两类，一是滩砂，二是坝砂（包括沿岸坝、障壁坝或岛），可以将它们统称为滨岸滩坝砂体。滨岸滩坝砂体形成于两类滨岸环境，即障壁滨岸带和无障壁滨岸带（或称滨海平原）（图2-40）。无障壁滨岸带主要由海滩—沿岸砂坝沉积构成，障壁滨岸带主要由障壁岛（坝）—潟湖沉积构成，二者相似之处是向海一侧可分出前滨、临滨（滨面）和陆架几个相带。

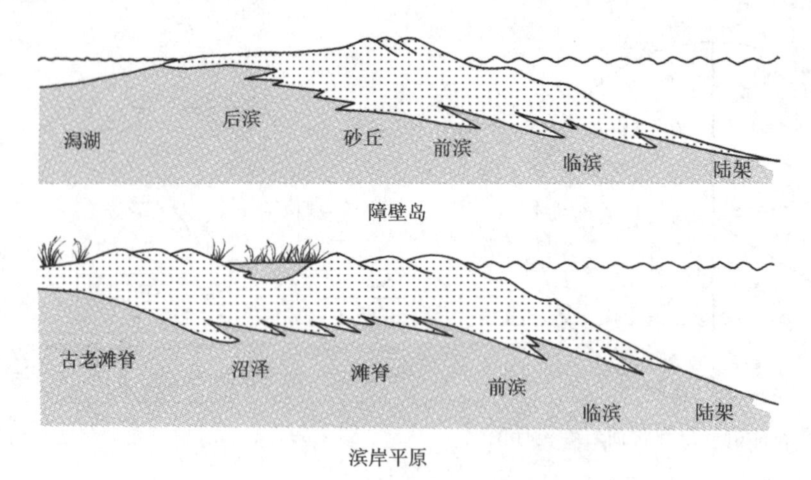

图 2-40　滨岸带的障壁/潟湖和滨海平原环境

由于湖泊水流能量较弱、面积小、物源供给多物源等因素,滨岸砂体一般不发育。典型的滨岸砂体都沉积于海洋环境中。不过湖泊中的湖滩、沿岸坝砂体也可以构成良好的储油层,如苏北凹陷等。笔者近年在南海珠江口盆地东沙隆起斜坡带识别出较典型的障壁型滨岸沉积体系(海相环境——珠海组、珠江组、新近系),本章主要依据这一沉积体系对滩坝砂体的沉积和储层特征进行分析。

二、沉积特征

1. 岩性相、微相

滩坝砂体岩性相最大特点就是表现出双向海水水流作用特点。通过对 HZ26-1 油田取芯井岩芯观察分析,识别出 12 种岩性相,它们是障壁滨岸沉积体系有储集意义的岩性相(表 2-7)代表。与其他沉积体系岩性相比就会发现,滩坝沉积的岩性相一般不常见水流冲刷面,而发育双向变化的交错层理,多见平缓均一厚度的交错层理和介壳生物碎片,常见对称水流波痕等独特特征。这些特征是识别滩坝沉积的主要相标志。

表 2-7　HZ26-1 油田储层岩性相

岩石单元	代号	成因解释
向上变细的大型交错层理砂砾岩	GS-UF	强风浪或台风形成的粗粒沉积物
向上变细的交错层理砂岩	S-UF	单相或双向水流形成的河道类砂体
向上变粗的交错层理砂岩	S-UC	水流能量逐渐加强形成的砂体
双向变化的交错层理砂岩	S-DD	波浪能量为主导形成的砂体
含泥(砂/砂砾)块状砂岩	Sgm	波浪破碎带沉积
平缓交错层理或块状层理中细砂岩	Scm	正常波浪改造的产物
钙质胶结砂岩	Scc	成岩胶结产物
波状交错层理砂岩夹薄层泥岩	Sr	波基面上弱波浪能量沉积

续表 2-7

岩石单元	代号	成因解释
生物扰动砂泥互层/砂泥混杂	Fb	波基面附近弱能量沉积
含植屑或煤线的砂泥互层、砂质泥岩	Mp	三角洲湾或海湾沉积
深灰色含砂泥岩、泥岩	M	波基面下正常海底沉积
含介壳碎片的碳酸盐岩	C	海滩波浪破碎带沉积或风暴沉积

常见微相类型有海滩、障壁坝、沿岸沙坝、潟湖、潮水道、下临滨、陆架泥等单元。由于它们所处水深不同、受湖水影响的程度不同，因而其沉积特征较易识别，鉴于有单独详细的专著论述它们的特征，故在此不多述。

2. 沉积序列

海滩砂体为厚层均质砂体，河井相表现为箱状形态，内部以平缓交错层理为主。常与潟湖和潮水道间互并存(图 2-41)。

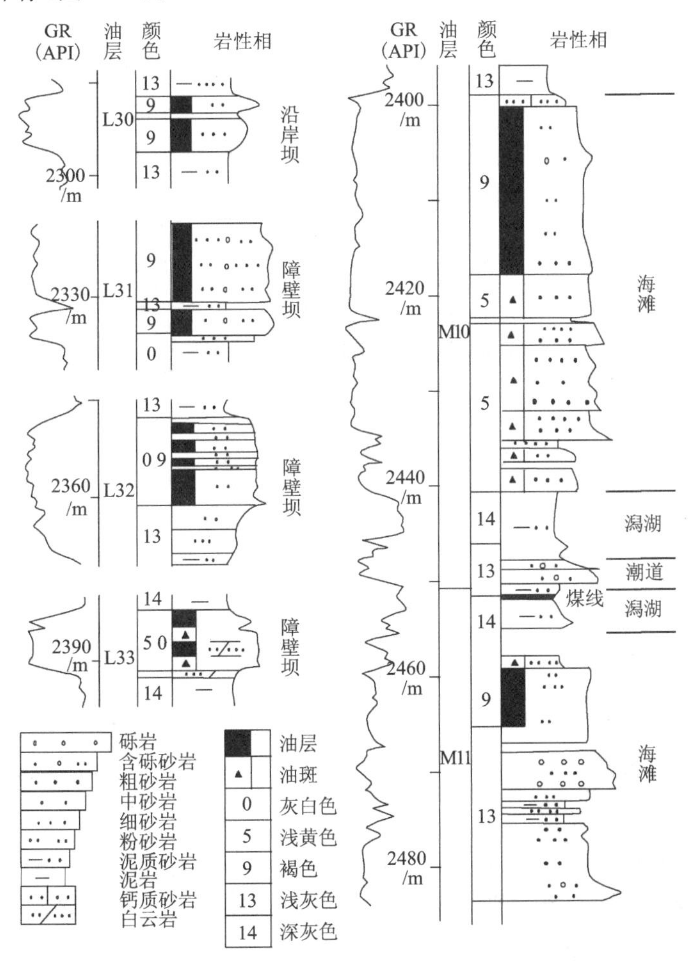

图 2-41　HZ26-1-2 井 L30～M12 层垂向层序(据姚光庆等，1994a)

障壁坝砂体总体为较厚层漏斗形—箱形复合砂体。内部钙质砂岩夹层发育,沉积构造以交错层理为主。

沿岸坝砂体与障壁坝相比,规模明显变小,砂岩粒度变细。曲线形态以宽指形为主,砂体顶、底部以快速渐变为主。"人"字形双向交错层理发育,生物扰动构造也相对更为发育。

三、储层特征

1.砂体形态与连续性

海滩砂体是典型的大面积席状砂体,砂体连续性极好,剖面上为厚层块状砂体(图2-42)。沙坝砂体为宽带状平行于海岸线分布的规模较大的砂体,剖面上为板状或透镜状砂体,连续性好。滩坝砂体是各类沉积体系中连续性最好的碎屑岩储层,因而油田开发过程中,可以仅用少量井就能控制整个油藏的开发,并能取得稳产、高产。

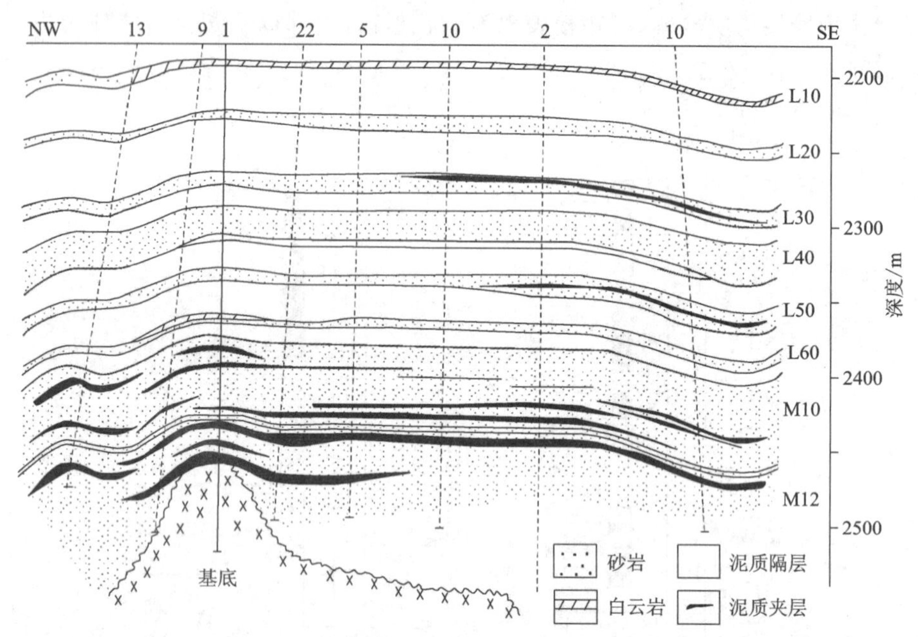

图2-42　HZ26-1油田砂体储层剖面图(据ACT改编,1989)

2.砂体内部非均质特征

滩坝砂体相对其他类型的砂体储层而言,内部非均质性不强,相对均质性较好,其内部宏观非均质性主要表现为两个层次上:一是砂体内的低渗透夹层的存在;二是层理规模上层理组合特征。

夹层的存在是影响滩坝砂体流体流动及砂体连通性的主要因素,在滩坝中主要有泥质、泥质粉砂岩沉积夹层和钙质成岩夹层。通过测井图版可以建立起识别夹层的标准。夹层的存在使得层状滩坝储层内部出现"夹心"。滩坝砂体为典型"夹心"层状储层地质模型。

砂体内部层理规模上的层理组合,直接影响着储层渗透性的各向导向性。通过现代沉积识别出滩坝砂体层理组合型式与所处岸带(微相)位置有极好的对应性。前人将层理组合型式分为4种类型,从较深水的临滨地带到高潮线以上的后滨地带分别为小型波状+前积纹层、平行纹层+前积层、向海倾斜的前积层和平行纹层+海倾前积层,它们纵向和横向上的叠置,会影响注水开发的驱替程度及三次采油的开发效果。

3.储层物性

毫无疑问,滩坝砂体是海相碎屑岩储层中物性最好的一类储层。它的物性好表现为孔隙度、渗透率绝对值大,整个砂体内部物性非均质系数小。孔隙度一般在18%~24%之间,均质性极好,渗透率一般在$800\times10^{-3}\sim2000\times10^{-3}\mu m^2$之间,变异性比孔隙度明显高,属于高孔、高渗储层。

因此对此类砂体物性的研究重点在于渗透率的各向异性及渗透率随层理组合和夹层变化的细微变化上。

第七节　深水沉积储集体

一、概述

深水沉积广义上包含深海和深湖两大类沉积环境,储集体类型包括深水细粒沉积体和深水扇(水道)粗粒沉积体两大类。狭义上深水沉积单指海洋深水沉积,海洋环境下的深水沉积体主要沉积于半深海—深海水深背景下的深海洋盆或深海平原,水体深度一般大于200m,多数大于1000m,甚至更深。

湖相深水沉积,通常称为深湖相沉积。湖相深水沉积具有湖盆面积相对较小、周边多物源供给充分和沉积体类型多样等特点,湖底细粒沉积与粗粒沉积物交互发育,沉积部位位于湖盆沉降中心水体最深部位,容易发育砂岩、碳酸盐岩、蒸发岩、泥页岩等多种类型岩性混合在一起的混合岩。

研究证明,无论沉积体是深湖还是深海,粗粒还是细粒,都发现了大量油气、甲烷水合物的分布聚集。深水粗粒沉积体是海洋油气勘探的重点目标,未来油气潜力巨大。深水细粒沉积体已经是页岩油气的主力储层,其储层特征在本书第十章单独介绍。本节主要以海洋深水沉积体为例,说明深水细粒和粗粒沉积体沉积过程及沉积特征。

实际上,海洋地貌是复杂多变的,在不同盆地类型和海域海底中的地形特征差异巨大。图2-43显示了南海海域大陆架到洋盆中央地形地貌的变化,也说明着海洋水动力过程是复杂多样的,存在风力搬运、重力搬运和底流搬运三大搬运营力。

二、深水细粒沉积特征

泥页岩,即细粒沉积岩(fine-grained sedimentary rock),是指主要由颗粒粒级小于62.5μm的细粒沉积物组成(含量大于50%)的沉积岩。泥页岩这一术语,实际上是泥岩(mudstone)或泥状岩(mudrock)与页岩(shale)的统称。

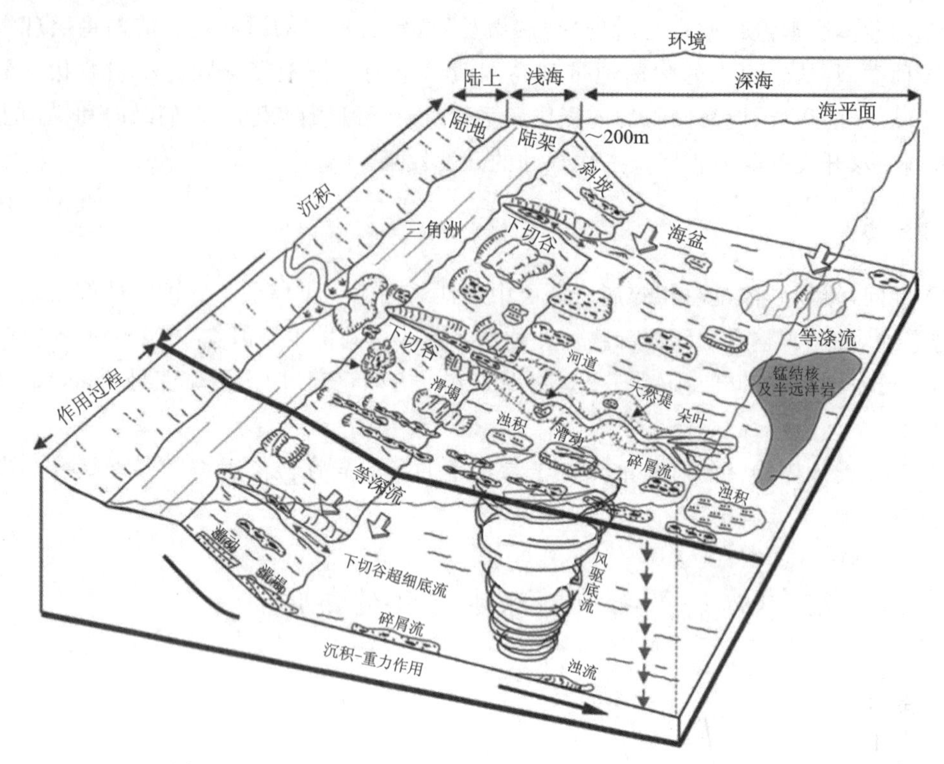

图 2-43　深海沉积物分布及水动力类型(据 Shanmugam,2000)

进入 21 世纪之后,受美国“页岩气革命”的影响,人们对泥页岩微观非均质性特征日益关注,识别出了丰富多样的沉积构造现象,揭示了泥页岩可在多种水动力条件下形成的现象。其中,Schieber 于 2007 年在 *Science* 上发表的水槽实验文章表明纹层状页岩可在高能水动力条件下形成,打破了传统认知。

1. 海相泥页岩岩相分类方案

Lazar 等(2015)总结提出了一套基于颗粒粒度、层理特征和矿物成分为要素进行命名且简单实用的命名方法。在结构(粒度大小)方面,沿用了三端元分类法,分别以砂级、粗泥级和细泥级作为 3 个端元(图 2-44)。其中,细泥级(黏土级—极细粉砂)颗粒粒度小于 8μm;中泥级(细粉砂—中粉砂级)颗粒粒度为 8～32μm;粗泥级(粗粉砂级)颗粒粒度为 32～62.5μm;砂级粒度范围为 62.5～2500μm。根据这个分类标准,泥岩被定义为粉砂级及以下颗粒含量大于 50%的细粒沉积岩。在泥岩范畴内,当砂级颗粒含量在 25%～50%之间时,定义为砂质泥岩。当砂级颗粒含量小于 25%时,泥岩又可以进一步划分为粗粒泥岩(粉砂岩)、中粒泥岩(狭义的泥岩)和细粒泥岩(黏土岩)。

层理方面,Lazar 等(2015)将层理根据大小级别分为纹层、纹层组和层,并根据纹层的连续性(连续或者不连续)、形态(板状、波状或者曲线状)和几何关系(平行或者不平行)对层理进行了划分,层理的厚度和形态特征反映了不同的沉积条件。

在矿物成分方面,Lazar 等(2015)参照砂岩和碳酸盐岩的分类方法,以黏土矿物含量、石英含量和碳酸盐矿物含量为端元，以50%为含量界线，将细粒沉积岩分为黏土质、硅质和钙质（图2-45）。另外，若其他的成岩成分（如磷酸盐、长石、有机质等）含量显著，则可以对三端元法进行部分修正。比如，磷酸盐含量位于0.2%～20%范围的可称为磷酸质泥岩，而磷酸盐含量大于20%则称为磷块岩；TOC含量在2%～25%的称为碳质泥岩，而TOC含量在25%～50%的称为干酪根质泥岩或者煤质泥岩。

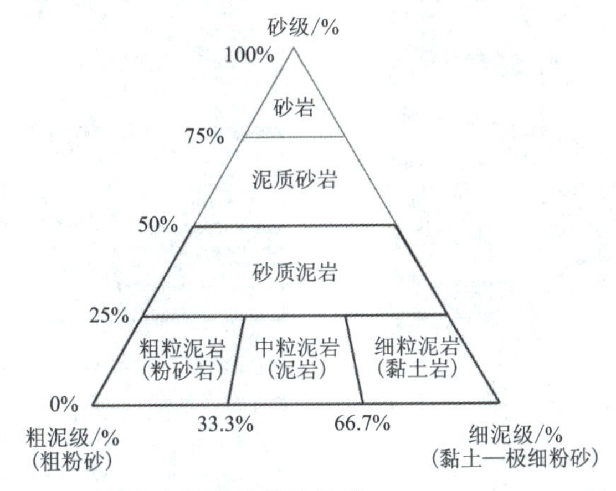

图2-44　泥页岩命名原则的颗粒粒度（据Lazar et al.，2015，有修改）

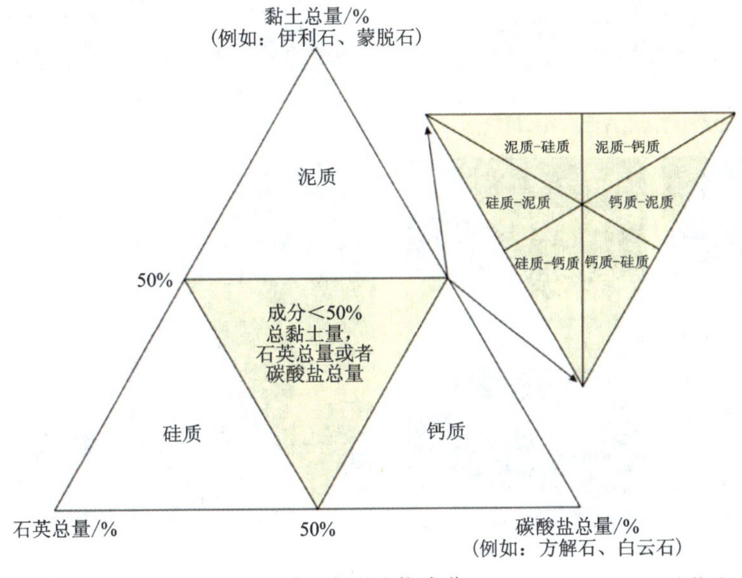

图2-45　细粒沉积岩命名原则的岩石矿物成分（据Lazar et al.，2015，有修改）

2. 海相泥页岩的沉积过程及沉积特征

随着现代海洋沉积学、海洋油气勘探开发的快速发展，以及甲烷水合物勘探进展的不断推进，现代和古代海洋沉积物（岩）观察探测的不断深入，泥岩中丰富的沉积构造特征及沉积过程逐渐被认识（图2-46）。由于组成泥岩的矿物颗粒粒径相对较小，长久以来泥岩往往被解释为沉积在较深水、低能的环境中。近年来对泥岩沉积过程的研究证实，泥岩可以在相对浅水、高能的环境中沉积这一观点正在逐渐被更多的学者所接受。沉积动力方面,不仅受到河流—三角洲洪水流(异轻流和异重流)的持续影响,也会受到风暴、滑塌重力、大洋底流等多种动力因素影响。因此泥岩沉积环境的水动力条件可能比以往认识的要更强且更为复杂。

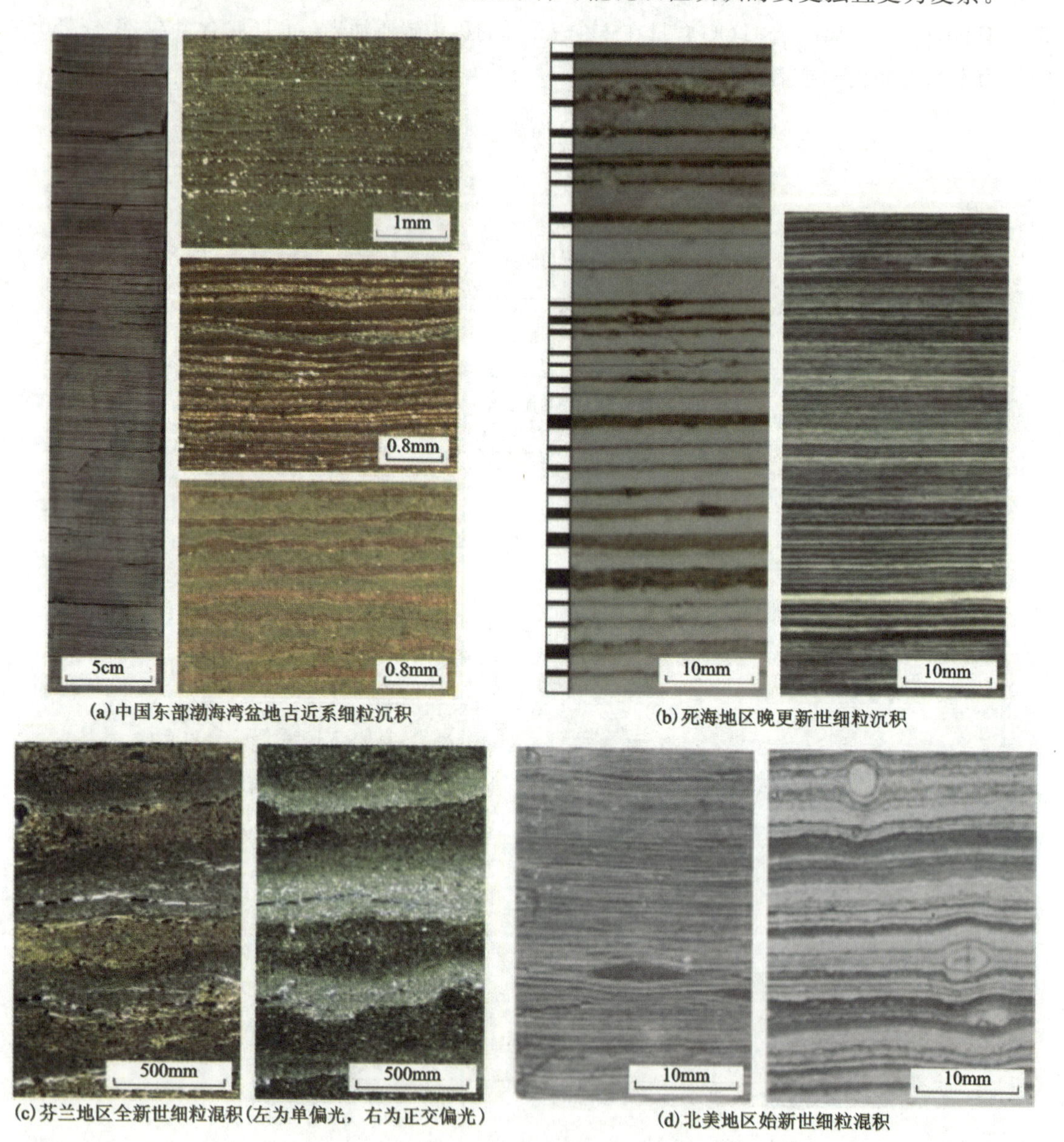

图 2-46　全球重点地区细粒混合沉积发育特征

对于以泥页岩为主的非常规油气储层,有机质的沉积和保存以及储层的岩石物理性质均在根本上受到沉积背景以及多种过程(沉积物来源、沉积过程及速率、生物扰动、成岩作用等)耦合的影响,因而对泥岩岩相和沉积相精细分析显得更为重要。细粒的沉积(物)岩不仅包括泥页岩、粉砂岩、细砂岩等碎屑岩,也包括碳酸盐岩、火山碎屑岩等,以及不同组分形成的混积岩。主要研究内容为以下几个方面(邱振和邹才能,2020):①细粒沉积(物)岩的物质组分、岩石类型、沉积构造(纹层等)、岩相等特征研究及成因分析;②富有机质泥页岩沉积特征、地质事件沉积响应特征、沉积过程与模式等研究,阐明有机质富集机理;③混合复杂细粒储集岩沉积特征、地质事件沉积响应特征、成岩作用及储集空间表征等研究,明确优质储层发育机制。

施振生等(2020)认为细粒沉积物质来源有碎屑成因、生物成因和生物化学成因3种类型。碎屑成因沉积物主要来源于土壤的物理和化学风化产物,少量来源于火山灰和陆源有机质。前人研究表明,晚古生代和更年轻土壤层的风化作用产物主要是黏土矿物、石英及少量长石和岩屑。硅质碎屑组分中,黏土级颗粒(<2μm)矿物主要为黏土矿物,多来源于化学风化作用,而粉砂级颗粒(2~62.5μm)矿物主要为石英,多来源于物理风化作用。生物成因沉积物主要有2种来源:一是生活于水体中或沉积物-水界面处生物的残骸;二是透光带中初级生产力生产的有机碳。生物化学成因物质主要是指由底栖微生物群落通过捕获与黏结碎屑沉积物,或经与微生物活动相关的无机或有机诱导矿化作用在原地形成的沉积物或沉积岩。它的物质成分可由碳酸盐岩、磷块岩、硅质岩、铁岩、锰岩和有机质页岩等组成,也可由硫化物、黏土岩和各种碎屑岩组成。细粒物质可以以单颗粒(包括碳酸盐单晶矿物)、絮凝颗粒、泥质内碎屑、岩屑、有机-矿物集合体("海洋雪")及浮游动物粪球粒等形式搬运和沉积。

泥页岩作为非常规油气资源源岩和储层的潜力大小与泥页岩中的有机质含量密切相关。泥岩中有机质丰度受到3个主要因素的控制:有机质的生产,在沉积过程中因氧化作用对有机质的消耗(生物以有机质作为营养来源),以及其他碎屑矿物(如陆源碎屑和钙质生物碎屑)的稀释作用。一般而言,前三角洲、内陆棚、外陆棚相对来说具有发育有机质富集层段的潜质。沉积环境距离岸线的远近在第一程度上决定了陆源碎屑矿物对有机质的稀释作用。在外陆棚环境中,水体上部的海相有机质产量相对较高,陆源碎屑矿物的稀释作用整体比较低。因此有机质在外陆棚环境中的富集主要由有机质的保存条件,包括生物对有机质的消耗和埋藏效率所决定,这两点又在根本上由沉积速率决定。这也解释了为什么在外陆棚的半远洋和远洋环境中伴随浪成波纹层理沉积的泥质夹层中有机质相对富集(埋藏相对较快)。但是深海由于复杂的流态变化、水体温度压力变化、外来物质混合作用,以及埋藏保存条件影响等,泥页岩中的有机质含量显示了巨大的非均质性变化(图2-46)。

细粒沉积存在风力搬运、重力搬运和底流搬运三大搬运营力。风力搬运有沙尘暴和火山灰两种方式。沙尘暴的形成需要大面积分布的物源区和合适的信风模式;而火山灰的形成与火山喷发有关,并可在区域上形成良好标志层。重力搬运有4种类型,即低密度流搬运、与河流三角洲相伴生的浊流搬运、波浪和水流引发的重力流搬运以及风暴作用引发的离岸流搬运。低密度流搬运常形成于河流入海处,搬运距离一般为几十千米,甚至可达上百千米。浊流的形成常与三角洲前缘滑塌、河流的异常洪水作用及小型干旱河流产生的高密度流有关,地形坡度通常大于0.7°,搬运距离一般为几千米。波浪和水流引发的沉积物重力流与底层泥质沉积物再活化有关,在重力驱动下,可沿坡度为0.03°的斜坡离岸搬运。风暴作用引发的离岸流形成的沉积物远端主要或完全由泥质组成,其形成地形坡度为0.03°~0.7°。由于受风暴浪基面的限制,以上营力搬运泥质沉积物的距离均很有限,一般小于100km。而对于陆缘海或陆表海上千千米的细粒沉积物搬运,风力或潮汐引发的底流搬运起到关键作用,其搬运距离可达1000km。

三、深水水道(扇)沉积及储层特征

自 Bouma 于 1962 年建立起深水浊积扇沉积序列模式(鲍马序列)以来,深水粗粒沉积学研究成果不断涌现,相关领域油气藏勘探也不断有重要发现。近年来,现代及古代大型峡谷深水水道不断被发现,现代恒河三角洲供源的孟加拉湾深水海底扇是世界上最大的海底扇,其延伸长度达到 3000km。现代亚马逊海底扇水道和墨西哥湾密西西比河海底扇水道都是世界上著名的深水水道,其单支水道直线长度都大于 2000km,其规模完全不逊于陆地上的大江大河。

1. 深水水道(扇)分类

Mutti 和 Lucchi(1978)按照大陆架边缘供源特点与地貌形态识别出 4 种海底扇沉积类型(图 2-47),大大推进了人们认识海底沉积体系的规律。按照"源-径-汇"的要素分析(姚悦等,2020),图 2-47(a)陆架边缘峡谷扇为单源-单径-多条分散水道扇类型,图 2-47(b)三角洲放射状水道扇为单源-多径-多条分散水道扇类型,图 2-47(c)陆架边缘多源扇群为多源-多径-多条并行水道扇类型,图 2-47(d)滑塌扇为滑塌作用形成的水道化不明显的海底扇。

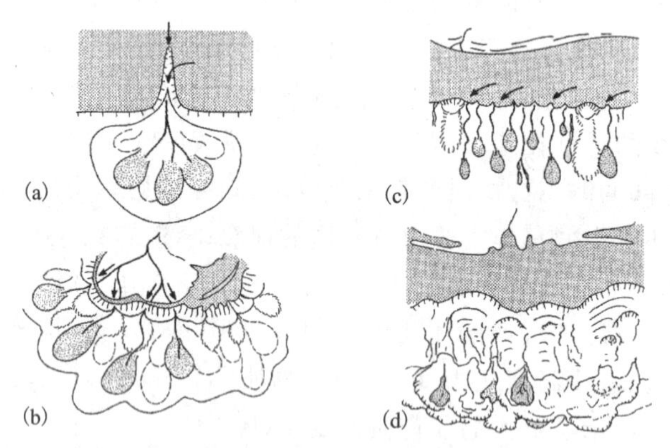

(a)陆架边缘下切谷单源下切谷-多条分散水道扇体系;(b)delta distributaries 单源-多条供给分散水道扇体系;(c)陆架边缘线性原多源-多径-多条侵蚀并行水道小型扇体系;(d)slope failure 滑塌扇体系

图 2-47　深水沉积体类型划分图(据 Mutti and Lucchi,1978)

拓展学习

深水水道分类拓展

2. 深水水道(扇)粗粒沉积特征

1)水道化深水扇体沉积特征

普遍认为,深水海底扇的沉积物包括深水水道充填物(深切谷、峡谷水道和侵蚀水道等)、舌形体、滑动、滑塌,这些沉积物可能是滑塌、碎屑流、浊流等深流和半远洋物质,深水海底扇沉积机理的复杂性与难识别性使深水海底扇的沉积相模式一直是探索的焦点,日益活跃的海洋石油工业也推动了这项科学研究的发展。1978 年 Walker 等建立了海底扇平面沉积模式(图 2-48),提出了“上扇地区单一补给水道、中扇/下扇地区叠置扇叶状体”的 3 部分组成的综合扇模式。补给水道、辫状水道、下切水道、朵叶构成了深水扇的水动力主体网络系统,此模式的内部网状水道部分是重要的储集体勘探目标。这些砂体内部没有受到互层泥岩的分隔,因为网状水道一般发育于坡度较陡、沉积物供应量很大的高能体系。该模式可以认为是大型单一供给物源系统条件下理想的沉积模式和砂体成因模式。

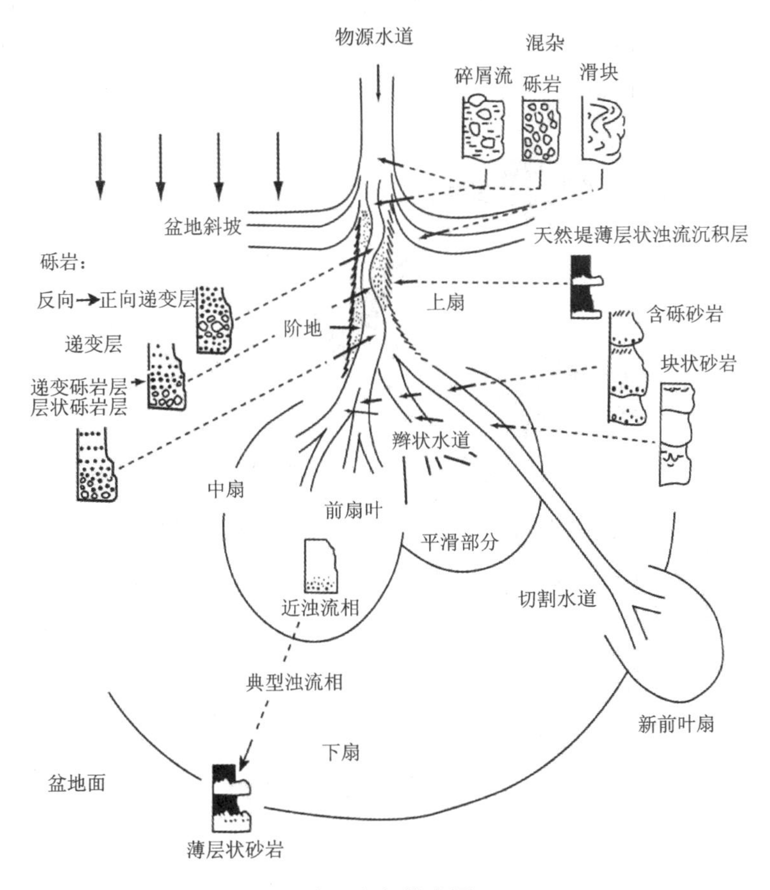

图 2-48　海底扇沉积相模式图(据 Walker,1978)

我国南海东方气田区在黄流组沉积时期,发育典型的水道化海底扇沉积砂体,构成该气田的主力储层(图 2-49)。黄流组一段水道化海底扇体发育多期水道-朵叶体系,每一期次规模大小不等沉积位置不同,多期叠置构成了巨厚砂体储层。根据地震反射特征所识别的规模、形态、结构特征,结合其成因与水动力大小,DF13 区内海底扇水道体系可以分为Ⅰ～Ⅳ级,分别为侵蚀充填型补给水道、下切充填型主干水道、迁移改造型次生水道和随机型末端水道。

Ⅰ级水道:侵蚀充填型补给水道,主要特征有靠近物源区发育,水动力能量强,物源供给充足,地震剖面上呈“U”形,连续性好,地震反射特征为较强振幅,伽马曲线表现为厚层箱状,砂体厚度多大于 25m,局部河道中心位置砂体厚度达 70m 以上,砂体宽度 400m 左右。

Ⅱ级水道:下切充填型主干水道,多位于侵蚀水道下游,水道砂体厚度中等,地震反射特征为中等振幅,连续性好,呈窄"V"形,伽马曲线显示少量泥岩夹层,砂体厚度多小于25m,砂体宽度350m左右。

Ⅲ级水道:迁移改造型次生水道,受到潮汐流和波浪流的改造,水动力强弱交替,导致砂体侧向迁移,地震上呈不对称"V"形,中等连续,水道底部强振幅,多期次砂体侧向叠置,伽马曲线表现为钟形,多期砂体叠置,含泥岩夹层,砂体厚度为20~25m,砂体宽度在300m左右。

Ⅳ级水道:随机型末端水道,远离物源方向,沉积物下切能力弱,砂体薄,规模小,地震剖面上呈蠕虫状、短轴状,反射特征为强振幅,低连续性,伽马曲线表现为薄层箱状,砂体厚度为15~20m,砂体宽度小于200m。

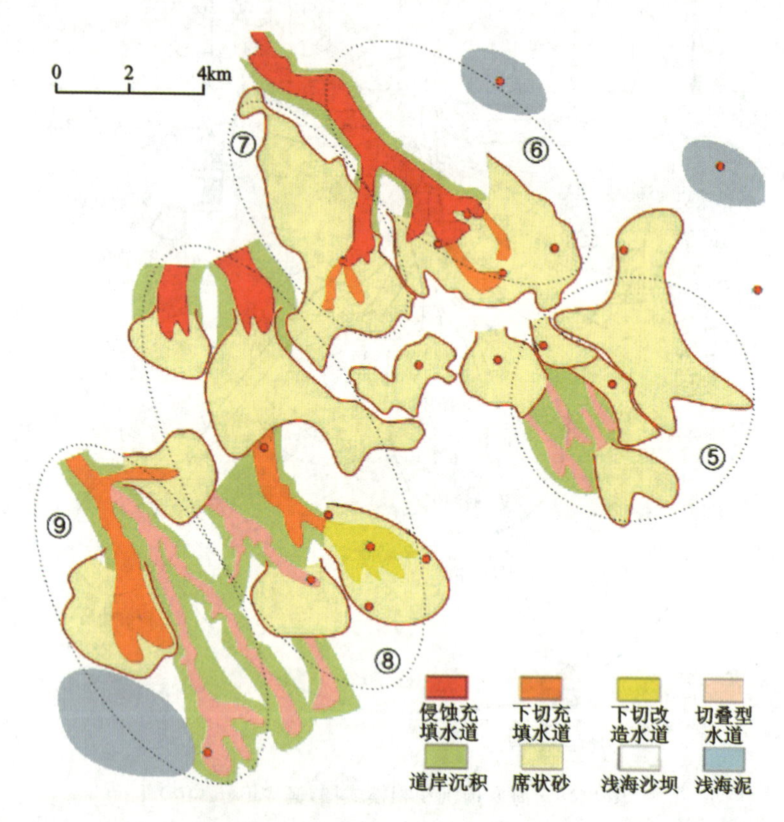

图2-49　DF13气田黄流组一段水道化海底扇体期次展布图

2)深水长水道沉积特征

深水长水道一般为独立发育的超过主体海底扇扇体本身长度的超长海底水道,现代和古代海底广泛发育多种类型的长水道。一般沉积体规模超过几百千米,底端可以发育小型朵叶体,上游一般为大型三角洲物源供源(图2-50)。

研究者们试图建立一个基于"源-径-汇"系统新的深水水道分类方案。从现代深水水道的许多实例分析可以看出,深水沉积物直接供源位置来自大陆架,具体形式包括单源和多源两种类型,供源体系有河流三角洲、海湾、浅海斜坡等,根据供给距离长短和供给量,还可以细分为长源供给与短源供给、饱和供给与欠饱和供给。深水水道搬运主要路径位于大陆斜坡,

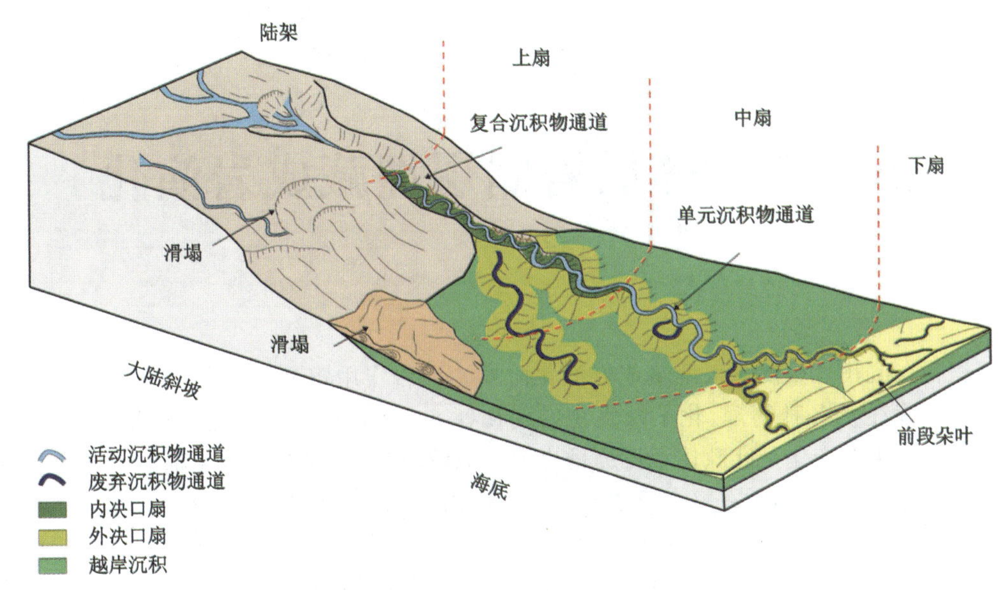

图 2-50 海底长水道发育模式图(据 Lemay,2020)

分为单径和多径两种类型,发育方式有陡坡与缓坡、限制性与非限制性、汇聚沟谷与并行沟谷的区别。深水水道汇聚区以海底平原为主体,分为单条水道和多条水道两种类型,发育方式有长距离、短距离、弯曲、顺直、分散、限制性、非限制性等(表 2-8)。深水水道命名方式考虑采用“源+径+汇”三要素命名方法,如“单源-单径-单水道类型”等。按照表 2-9 给定的三要素和名称类型,可以组合产生 8 种类型名称。

表 2-8 基于“源-径-汇”系统要素的深水水道结构分类表

要素	水道类型	发育样式	发育位置
源区	单源	三角洲,海湾,浅海斜坡; 长源供给,短源供给; 饱和供给,欠饱和供给	滨岸及大陆架
	多源		
径区	单径	陡坡,缓坡; 限制性,非限制性; 汇聚沟谷,并行沟谷	大陆斜坡
	多径		
汇区	单条	长距离,短距离, 弯曲,顺直,分散, 限制性,非限制性	斜坡底及海底平原
	多条		

拓展学习

尼日尔深水水道形状随时间迁移变化示意

第三章 碎屑岩储层埋藏成岩演化

沉积物在沉积之后便进入埋藏成岩演化阶段。成岩作用定义为沉积物沉积之后到变质作用之前所发生的各种物理、化学及生物的变化(Gumbel,1868)。在这一过程中,碎屑岩沉积物所经历的主要变化是孔隙体积压缩排出大量流体,在生油窗范围内生油岩排出大量油气持续充注到储集体中,同时在整个成岩作用过程中由于水岩持续作用会发生一系列矿物沉淀和溶解,由此会彻底改变储层的原始沉积面貌,大大增强储层成分的复杂性和孔隙结构的非均质性。碎屑岩经历的成岩作用过程,不同程度地对原始沉积的储集体进行改造,其结果是砂(砾)岩储层要么在中深部地层中仍保持有较高的储集物性(或产生裂缝和溶孔),要么储集性能较差,成为低渗致密储层(也可伴生有微裂缝产生)。

储层成岩作用具体包括如下几个物理、化学作用过程:压实作用、压溶作用、胶结作用、交代作用、水化及脱水转化作用、重结晶作用、溶解作用等。这些作用发生过程是有时序性和阶段性的。成岩作用主要化学控制反应是盆地内水(流体)-岩(石)相互作用过程,水-岩相互反应是矿物生成、溶解、转化及孔隙改造的根本化学反应,反应的进行及其结果受控于成岩场背景(包括温度场、压力场、化学场),更大范围内受控于盆地地质流体的动力学过程。

储层成岩作用的研究目前仍主要依赖于测试分析技术。常规测试技术包括显微镜分析(普通薄片或铸体薄片)、物性分析、压汞分析、岩石成分分析、岩石粒度分析、元素分析等,先进测试技术包括黏土矿物分析(XRD)、扫描电镜分析(SEM)、电子探针分析、阴极发光(CL)、微米—纳米CT扫描、微观图像分析、同位素分析、流体包裹体分析等。在大量分析测试数据的基础上,结合对岩石学的地质综合分析,就可以搞清储层孔隙和裂缝形成及演化规律,正确指导对常规储层、非常规复杂储层和深部储层的评价。

第一节 碎屑岩成岩作用基础

1. 储层成岩子系统

沉积物从剥蚀源区(source)通过搬运路径系统(route)到沉积区汇聚(sink),沉积物在沉积区进一步埋藏成岩形成岩石(rock),这一全过程就是"源-径-汇-岩"系统(SRSR),这4个子系统联合作用共同决定了储层多级尺度的物质存在和内在性质。从储层角度看,"岩"子系统将松散沉积物变为致密岩石,"源-径-汇"构建了储层宏观空间位置、空间结构、物质基础和存在背景,而成岩作用经过物理和化学的变化实现了微观层面物质平衡和孔隙结构重构[图3-1(a)]。无论在常规油气还是非常规油气勘探开发过程中,储层"甜点"评价与"源-径-汇-岩"

系统紧密相关的储层沉积相、储层成岩相、储层孔隙相及储层有效厚度为4个主要指标体系[图3-1(b)]。

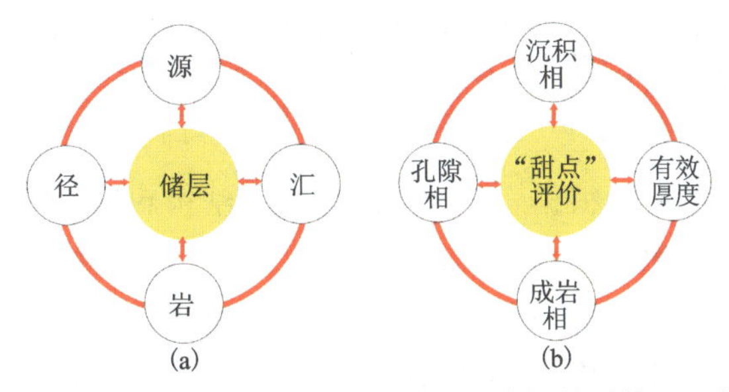

图3-1 储层"源-径-汇-岩(a)"及储层甜点评价系统(b)要素图

第二章讲述了"源-径-汇"3个子系统的内涵和构成要素。成岩作用过程构成了储层"岩"子系统的内涵。沉积物埋藏后成岩作用区,在这一系统内固体物质、流体、能量长时间相互作用,水-岩物理、化学作用效果显著,是储层形成过程中最复杂的作用系统。成岩系统要素包含岩石类型、岩石结构、成岩埋藏史、成岩动力学(场)、成岩相、渗透性单元、孔隙相7个方面,次级要素参数复杂多变。"岩"子系统按照物质时空演化包含两部分"源-汇"系统:一部分以沉积物搬运为主的沉积"源-径-汇"系统(沉积物和沉积环境),固体搬运物质来自沉积源区;另一部分为埋藏过程中流体物质交换成岩"源-汇"系统(成岩作用及成岩场或成岩环境),成岩相物质来自水-岩相互反应引起的物理和化学的变化。在"岩"子系统内,沉积物最终变为岩石,成为非均质性强的储层,同时,伴生油气水的生成运聚与成藏。"岩"子系统要素主要控制储层致密程度、孔隙结构、物性大小、裂缝程度、水介质、温压条件等特征。

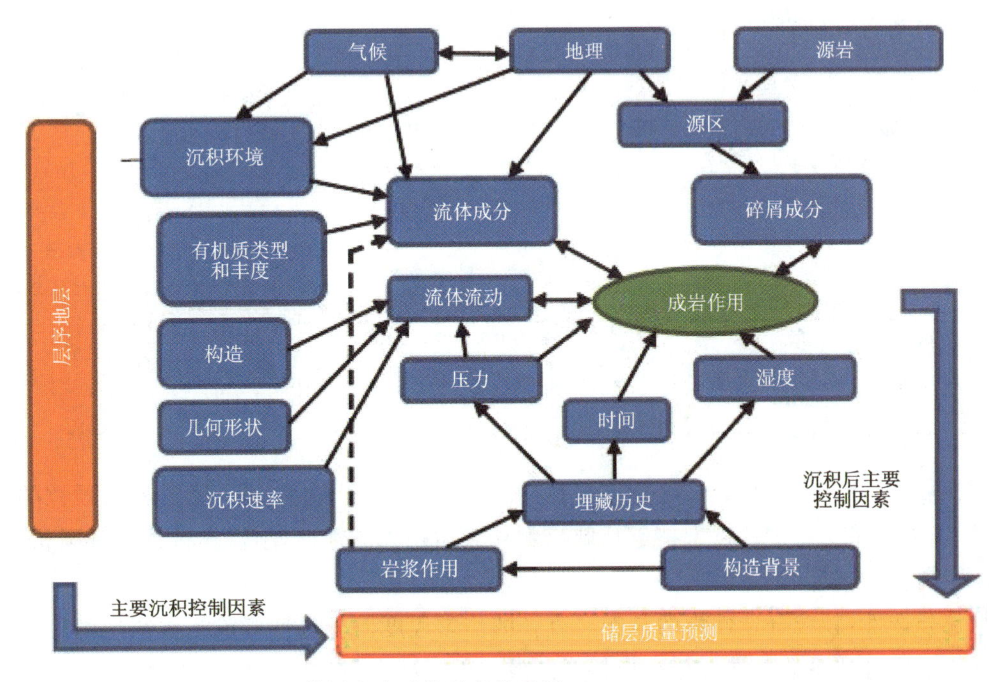

图3-2 储层成岩系统要素关系图(据Morad S. et al.,2013)

2. 成岩作用物质基础

成岩作用发生在沉积物沉积之后,成岩作用的物质基础就是沉积物本身。具体物质基础表现为沉积岩类型、沉积岩结构、沉积岩成分类型 3 个主要方面。

1)沉积岩类型

沉积岩类型千差万别,一般根据岩石的成因、成分、结构和构造等要素把沉积岩划分为陆源碎屑沉积岩、火山碎屑沉积岩、内源沉积岩三大类。其中,陆源碎屑沉积岩是油气储层的主要部分,包括砾岩、砂岩、粉砂岩、泥质岩,内源沉积岩主要为碳酸盐岩、煤层、油页岩、硅质岩、铝土、岩石膏、盐岩等,是以化学作用、生物化学作用或者生物作用成因为主的岩石类型。各类沉积岩类型埋藏之后都会经历成岩作用过程,使得沉积物演变成岩石。本节主要以碎屑砂岩的结构、成分变化为关注点加以介绍。

2)沉积岩结构

岩石结构(texture of rocks):一般理解为组成岩石的矿物的结晶程度、大小、形态以及晶粒之间或晶粒与基质之间的相互关系。它主要包括颗粒粒度(颗粒直径)、颗粒形状、颗粒分选性、岩石致密胶结程度、孔隙结构等。

颗粒粒度(颗粒直径):粒度是反映碎屑岩结构成熟度的主要参数。分析粒度就是分析碎屑岩颗粒的大小以及粒度的分布(图 3-3)。颗粒的最大视直径:用十进制(d,mm)或以伍登-温特华斯标准(φ)表示。$\varphi=-\log_2 d$。如果岩石粒度有混杂,定名时一般以含量大于 50%的作为定名的基本名称,含量在 50%~25%之间的以"XX 质"表示;含量在 25%以下的则以"含 XX"表示。例如某岩石中的碎屑颗粒含量在 80%以上,但砾级只有 20%,其他则为砂级,该岩石可命名为含砾砂岩。

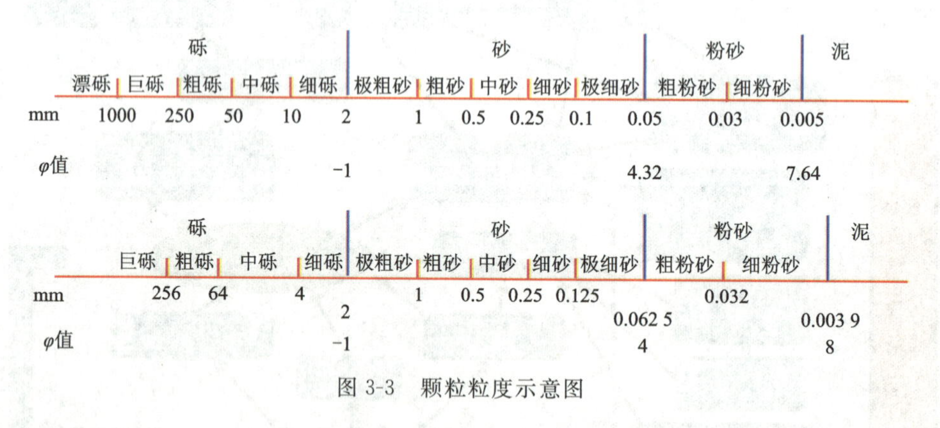

图 3-3 颗粒粒度示意图

颗粒形状(磨圆度):在镜下分别用极棱角、棱角、次棱角、次圆、圆、极圆表示颗粒的形状(图 3-4)。颗粒形状一定程度上能够反映出颗粒搬运距离的远近,刚性颗粒越接近圆状,表明其搬运距离相对越远。

颗粒分选性:颗粒分选性指的是颗粒直径的均匀程度。分选性好就是沉积层中的颗粒直径接近。根据分选系数差异可分为极好、好、较好、中等、差、极差 6 级(图 3-5)。

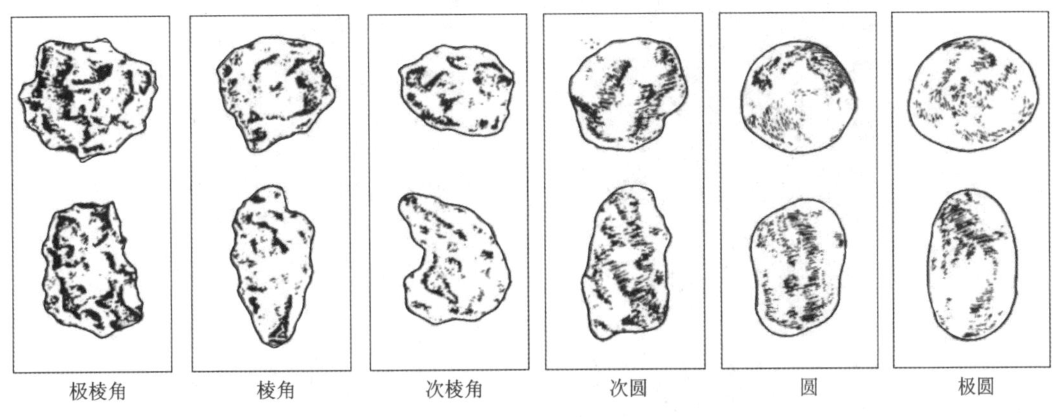

图 3-4　颗粒的磨圆形状分类图

3)沉积岩成分类型

一般砂岩矿物颗粒成分以长石、石英、岩屑为主,其他成分为辅。按照长石、石英、岩屑颗粒相对含量作为砂岩岩石类型划分的主要依据,砂岩 3 个端元所代表的碎屑物质组分为 Q(石英)端元、F(长石)端元和 R(岩屑)端元。根据各种组分含量的不同将砂岩划分为:①石英砂岩;②长石石英砂岩;③岩屑石英砂岩;④长石砂岩;⑤岩屑长石砂岩;⑥长石岩屑砂岩;⑦岩屑砂岩(图 3-6)。

Garzanti(2016,2019)对于砂岩岩相分析方法和命名方案进行了系统地总结,并提出了优化的分类命名方案,以提升砂岩(砂)碎屑颗粒统计结果的可靠性和数据的可对比性(图 3-7)。

3.成岩作用动力要素

1)地层温度

地层温度大小是成岩作用进行的重要条件和动力因素,一般持续高温环境下成岩物理和化学作用过程强烈,成岩变化剧烈。温度不仅是成岩作用强弱程度的决定因素也是砂岩成岩作用物质转化的重要影响参数。地层温度大小严重影响最终砂岩储层质量的好坏。

地温梯度(geothermal gradient)又称地热梯度、地热增温率,指地球不受大气温度影响的地层温度随深度增加的增长率。随着地质演化的进行,沉积盆地存在现地温梯度与古地温梯度的差异。我国沉积盆地平均地温梯度为 1.5～4.00℃/100m,平均值约为 3.20℃/100m,东部及西南部盆地地温梯度高于西北部,地质历史晚期形成的盆地高于地质历史早期形成的盆地。我国南海莺歌海盆地已钻探地层压力最高达 104.7MPa,压力系数达 2.32,最高地层温度达 251.7℃,平均地温梯度为 4.55℃/100m,属于典型的高温超压环境。

2)地层压力

随着沉积物埋藏深度的增加,地层承受的压力会越来越大。地层压力又称孔隙流体压力,指地层孔隙内的油、气、水的压力,一般表现为地下地层与地表连通的静液柱压力(静水压力)。

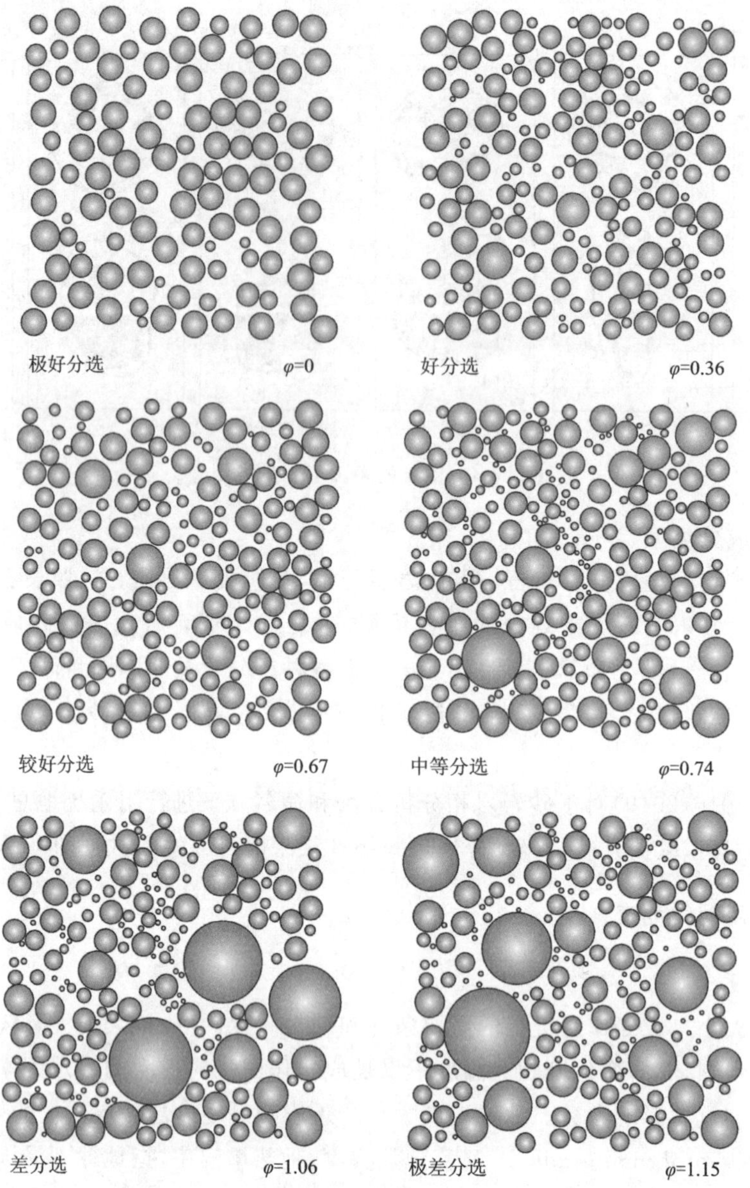

图 3-5　岩石颗粒分选示意图(据杰伦,2001)

注:图中 φ 为分选系数。

正常压实情况下,孔隙流体压力与静水压力一致,其大小取决于流体的密度和液柱的垂直高度,凡是偏离静水压力的流体压力称为异常地层压力(abnormal pressure),简称异常压力。当孔隙流体压力低于静水压力时称为异常低压或欠压,这种现象主要发现于某些致密气层砂岩和遭受较强烈剥蚀的盆地;当孔隙流体压力高于静水压力时称为异常高压或超压,其上限为地层破裂压力(相当于最小水平应力),可接近甚至达到上覆地层压力。

压力系数大于 1.2 的地层压力称为异常高地层压力,造成异常高压的主要原因有以下 6 种。

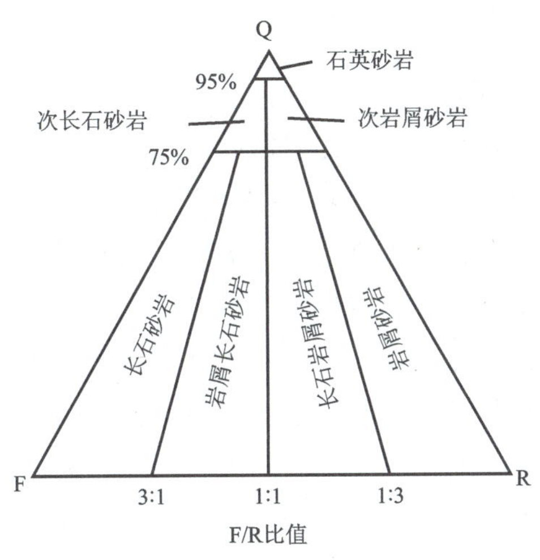

图 3-6　福克(1974)的砂岩分类图

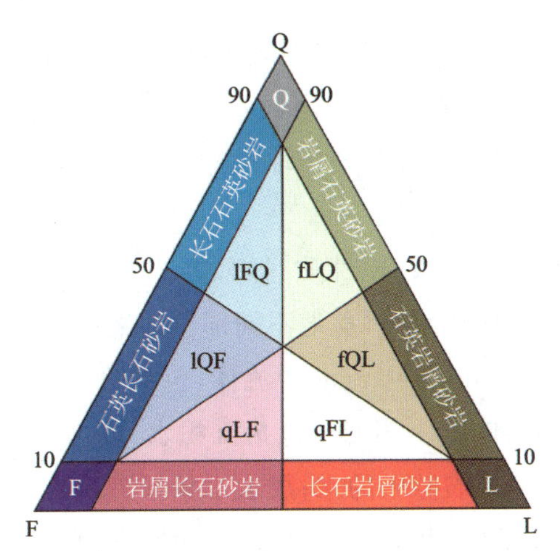

Q. 石英砂岩;F. 长石砂岩;L. 岩屑砂岩;lFQ. 岩屑长石石英砂岩;lQF. 岩屑石英长石砂岩;qLF. 石英岩屑长石砂岩;qFL. 石英长石岩屑砂岩;fQL. 长石石英岩屑砂岩;fLQ. 长石岩屑石英砂岩

图 3-7　Garzanti(2019)的砂岩分类方法图

(1)泥岩欠压实:在泥质沉积物的成岩埋藏不断压实过程中,由于泥岩中的流体排出受阻或来不及排出,孔隙体积不能随上覆负荷的增加而有效地减小,从而使泥岩层中的孔隙流体承受了一部分上覆沉积物颗粒的质量,泥岩的孔隙度高于相应深度正常压实孔隙度、孔隙流体压力高于静水压力,这种现象称为欠压实。在沉积盆地中,浅层泥岩一般处于正常压实状态,泥岩的孔隙度随深度的增加有规律地降低,地层压力为静水压力;当埋深达到一定深度后,泥岩开始处于欠压实状态,泥岩的孔隙度开始偏离正常压实趋势,形成异常高孔隙度和异常高压。

(2)蒙皂石脱水:蒙皂石所含的层间水比孔隙空间中的自由水具有更大的密度,在成岩阶段温度不断增大的作用下,蒙皂石所含的层间水释放为自由水后将占有更大的体积。如果在泥岩排液受阻的情况下,这种水的释放很容易引起孔隙流体压力的升高,进而形成异常高压。

(3)有机质生烃:干酪根成熟后将生成大量油气,而油气的体积大大超过原来干酪根本身的体积,这些不断生成的新生流体进入烃源岩的孔隙空间,将使孔隙流体体积增大。在正常压实的情况下,多余的流体将被排出烃源岩;而在欠压实阶段,由于排液受阻,油气的生成必然造成孔隙压力的增大,促进异常高压的形成,引起烃类的排出。

(4)流体热增压:任何流体都具有热胀冷缩的性质。当地温升高时,烃源岩孔隙中的油、气、水都会发生膨胀。在开放的体系内,体积膨胀增加的流体将排出烃源岩,流体压力仍保持静水压力;在封闭和半封闭的体系内,体积的膨胀必然导致压力的增大,促进异常高压地层的形成,成为排烃动力。

(5)构造应力:构造运动产生的地应力作用在地层上,将引起地层的压缩和变形,造成地层孔隙空间的减少,从而引起烃源岩内部压力的增加,因而构造应力成为异常高压形成的一个重要原因。构造作用增压主要发生于压性盆地中,在前陆盆地山前带具有普遍意义。

(6)深层热流体:由于火山、泥底辟、断裂等的诱发,大量热流体从盆地深层沿着疏导层进入储层中,造成局部地层压力异常增高。典型代表是莺歌海盆地的泥底辟发育,造成深层热流体大量上涌,从而形成异常高温和异常高压地层。

3)盆地流体系统

盆地流体系统是指盆地流体的成分、性质、循环样式和驱动机制。多孔介质沉积地层中存在以地层水为主体的各种流体或气体,盆地不同部位的地层内流体处于活跃状态。盆地流体指任何占据沉积物孔隙裂隙和在其中流动的流体,包括盆地内产生、流动的内部流体和产生于外部而流入盆地的外部流体。内部流体包括沉积水、成岩水、烃类。沉积水系指沉积物在堆积过程中保存于岩石孔隙或裂隙中的水;成岩水系指沉积物在成岩作用和烃类生成过程中,由于物理化学作用所产生的水,如黏土矿物转化(蒙脱石向伊利石转化)脱出的层间水,有机质向烃类转化分解出的水。外部流体包括由大气降雨时渗入到地下岩层中的渗入水、从深层岩浆或热液中游离出来的初生水、变质作用过程中所形成的变质流体。盆地流体分别对应于压实驱动流、重力驱动流和滞流(无水流)3 种水流循环样式。

4)地质时间

国内外油气田主要发现于古生代、中生代和新生代盆地,古生代寒武纪距今 5.42～4.85 亿年,中生代三叠纪开始于 2.5 亿年前,新生代新近纪开始于距今 2300 万年,一直延续了 258.8 万年。沉积地层在地下埋藏几百万年、上千万年,乃至几亿年的地质时间,成岩动力作用一直持续进行,因此成岩作用对储层的改造极大。以时间为轴,做出地层埋藏过程、温度压力变化及其与油气生成时间的关系图,可以反映成岩动力要素及其变化历史,这个图就是埋藏史图(图 3-8)。

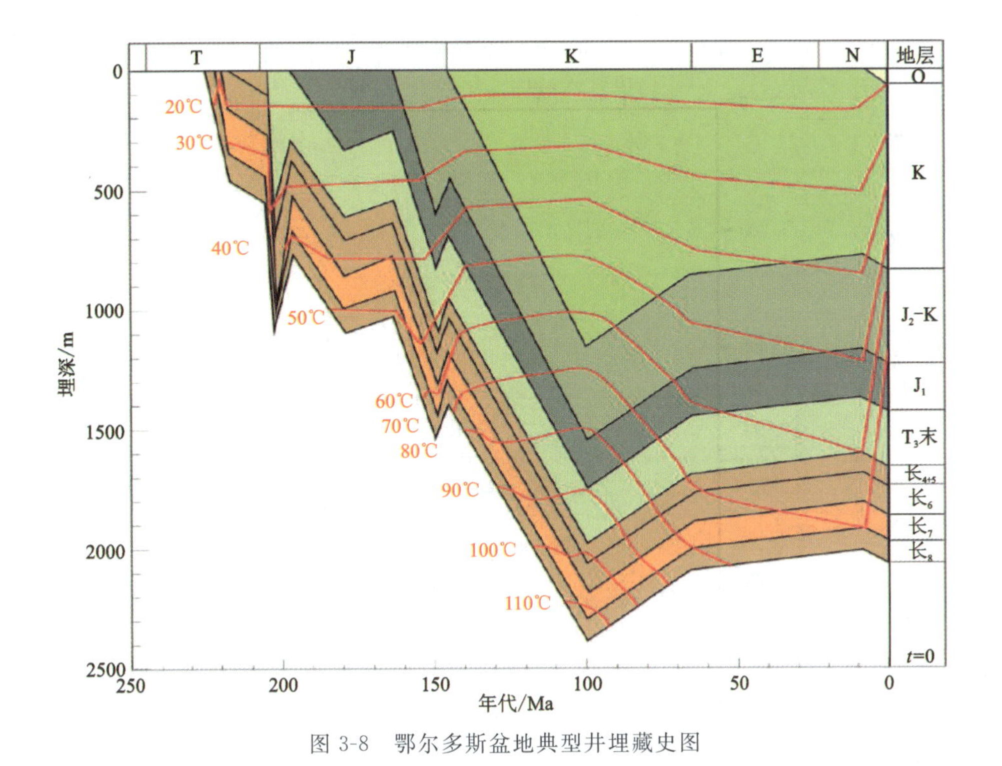

图 3-8　鄂尔多斯盆地典型井埋藏史图

第二节　储层压实作用

一、压实与压溶作用概述

在上覆沉积物和水体静压力或构造变形压力的作用下，沉积物(岩)减少其孔隙空间和总体积而变致密的作用称压实作用。若压实是由砂粒滑动、转动、位移、变形、破裂等物理作用引起的称机械压实作用(简称压实作用)。若压实是由砂粒接触部位发生溶解、嵌合引起的则称压溶作用。压实作用意味着碎屑岩孔隙度和潜在孔隙度不可逆的消除，是砂质沉积物固结成岩的重要作用之一。

机械压实作用主要发生在沉积物未固结的中成岩早期阶段，它对原始孔隙度的破坏是惊人的。对石英砂岩来说损失相对较少，孔隙度减少 13%～16%；对岩屑砂岩来说可使其孔隙度减少 28%(图 3-9)。压实程度随埋深的增加而加强，可通过显微镜观察压实的微观现象，依此判断其压实强度。

现象Ⅰ——碎屑颗粒的重新排列组合：从初始的游离状态达到最紧密的堆积状态，这可以通过颗粒间相互接触关系反映出来(图 3-10)。

现象Ⅱ——单个碎屑形变：塑性岩屑挤压变形，甚至会形成假杂基；软矿物变形、破裂(如云母)；刚性矿物压裂或破碎等。它们的表现都反映出压实的强烈程度。

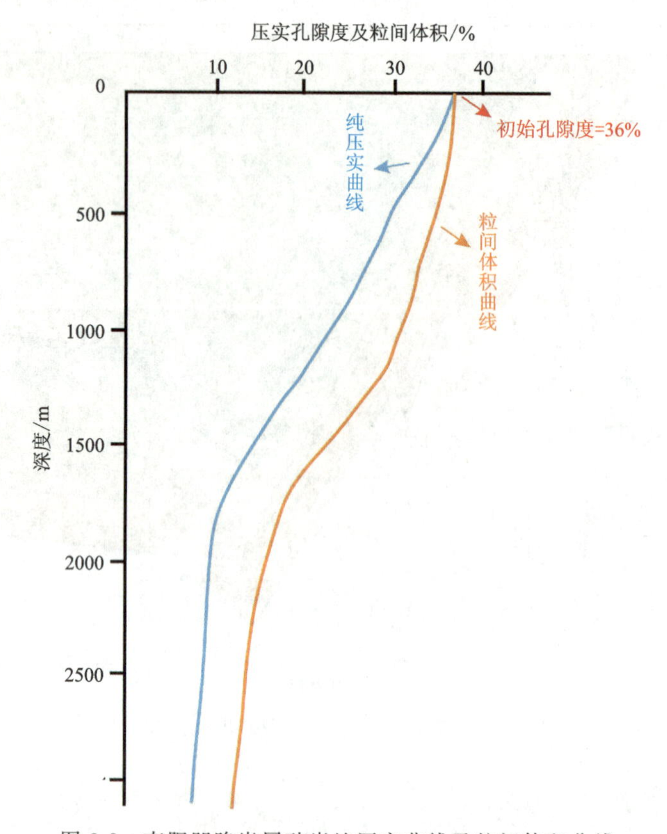

图 3-9　南阳凹陷岩屑砂岩纯压实曲线及粒间体积曲线

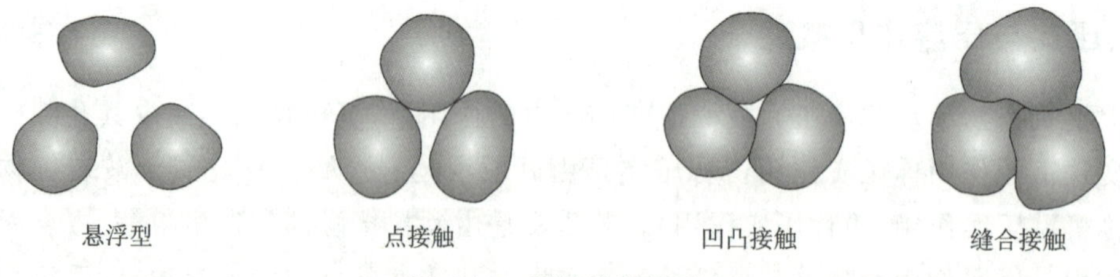

图 3-10　颗粒接触类型

压溶作用是化学现象,它一般发生在机械压实达到一定程度之后(点接触之后),颗粒接触位置上晶格变形和溶解。据研究,压溶现象在石英砂岩和碳酸盐岩中较常见,而在陆相长石类、岩屑类砂岩中较少见,这是由于塑性或软性矿物的存在使压力发生变化并转移,不能产生压溶。石英颗粒的压溶,产生凹凸或缝合接触,同时会在孔隙空间中产生石英增生。

二、正常压实作用对孔隙的破坏

鉴于在陆相碎屑地层中,压溶作用不发育,故以下讨论压实与孔隙关系时,仅指机械压实作用。

1. 压实一般规律

在正常条件下，埋深与孔隙度的关系一般满足 Athy(1930)方程：

$$\Phi(z)=\Phi_0 \cdot e^{-cz}$$

由此也可以改写为：

$$\Delta t=\Delta t_0 \cdot e^{-kz} \text{或} \Phi=\Phi_0 \cdot e^{-mp}$$

式中，$\Phi(z)$、Φ 表示埋深为 z 或压力为 p 时的孔隙度；Φ_0 表示原始孔隙度；Δt 表示埋深为 z 时的声波时差；Δt_0 表示地表处的声波时差；c、k、m 表示压实系数(与压实速率、沉积物粒度、分选性有关)；p 表示地层压力(kg/cm^2)；e 表示自然对数。

一般对压实规律的研究，都建立在此基本原理之上，由此可见对一种岩性而言(Φ_0、c 为常数)，Φ 与 z 为指数关系。事实证明，在正常压实条件下，大部分砂岩或泥岩的孔隙度符合此指数规律。当然，此公式明显的问题是没考虑时间因素，而地层经历时代跨越几百万年乃至几十亿年，这一因素肯定对孔隙度是有影响的，在埋深和地温相似条件下，压实强度随地层时代变老而增加。Scherer(1987)曾给出过正常压实条件下，年代与砂岩孔隙度的负对数关系(实例研究得出的地方性规律)：

$$\Phi=18.60+4.73\times \ln Q+17.37/S_0-3.8\times H-4.65\times \ln My$$

式中，Φ 表示孔隙度；Q 表示石英含量；H 表示埋深；S_0 表示分选系数；My 表示年代。

2. 砂岩原始孔隙度

在压实实验研究中，砂岩原始孔隙度(Φ_0)可以测定得到，它主要与砂岩分选性有关。而在古代砂岩中，原始孔隙度的大小只能通过其分选性近似恢复其值。Sherer(1987)建立了如下关系式计算 Φ_0。

$$\Phi_0=20.91+(22.9/\text{trask 分选系数 } S_0)$$

$$S_o=\sqrt{\frac{Q_1}{Q_2}}$$

式中，Q_1、Q_2 分别表示粒度累积为 25%和 75%时对应的粒径值。

按此公式，砂岩分选系数一般在 1～2.5 之间，故通常砂岩沉积时的原始孔隙度一般在 30%～45%之间。

3. 压实与胶结的关系

压实与胶结作用均使储层孔隙大幅度减少，但后者仅减少粒间孔隙，而不降低粒间体积。压实则不仅降低粒间孔隙，也降低粒间体积，并使之不能恢复。就破坏孔隙的程度而言，一般压实作用明显强于胶结作用，甚至是胶结作用的 2～3 倍。

图 3-11 这种形式是由 Housknecht(1987)首次提出的。图中有 3 个重要参数，分别为粒间体积、粒间孔隙、粒间胶结物。它们之间的关系为：

$$\text{粒间体积}=\text{粒间孔隙}+\text{粒间胶结物}$$

由此得知：

$$压实破坏的孔隙百分比=\Phi_0-粒间体积/\Phi_0\times100\%$$

$$胶结破坏的孔隙百分比=粒间胶结物/\Phi_0\times100\%$$

图3-11反映了砂岩压实作用与胶结作用综合关系，可以定量计算压实强度、胶结程度，可用来判断成岩相类型。

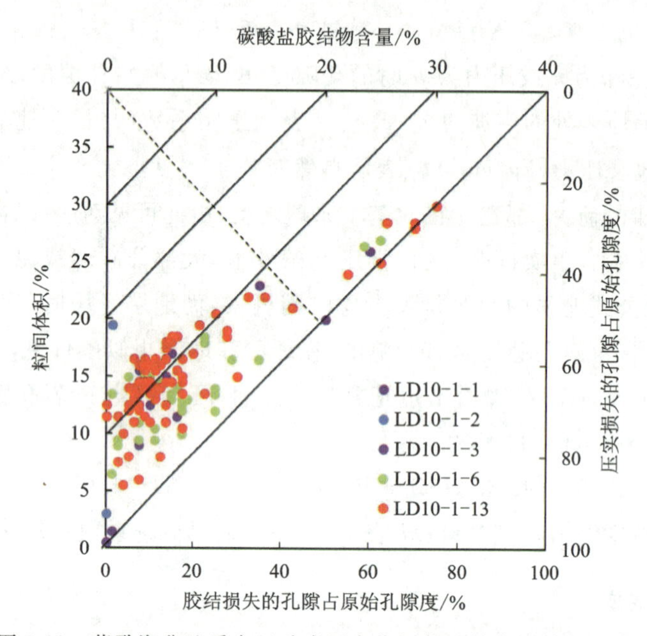

图3-11　莺歌海盆地乐东区砂岩压实作用与胶结作用综合关系图

三、不均衡压实与孔隙度异常

地层压实分正常压实和不均衡压实两种情况。前者是地层充分压实，内部流体充分排出，不出现异常孔隙带(欠压实带)。不均衡压实主要是盆地埋藏速度不均一造成的。与正常压实情况相反，在压实过程中，如果地层流体不能充分排出，孔隙流体不得不负载部分上覆岩层的压力，这就是不均衡压实，结果就出现异常地层压力，伴随有异常孔隙度带。造成压实不均衡的主要原因是沉积埋藏速率异常，即地层以极快速率迅速深埋，地层流体来不及排出即被封闭。

南海莺歌海-琼东南盆地异常高地层压力和深层优质储层(异常高孔隙度带)主要是晚中新世至今以来地层迅速埋藏造成压实和排液不均衡引起的。类似情况在渤海湾等盆地中普遍存在。正因为如此，全世界许多沉积盆地中，在埋藏达4000m以下时仍保存有较高的孔隙带。

第三节　储层胶结、交代作用——自生矿物的形成作用

储层胶结作用是一种重要的化学成岩作用，是指自生矿物在沉积物孔隙中沉淀并使沉积物固结为岩石的作用。交代作用是指矿物溶蚀的同时被沉淀出来的新矿物所置换(矿物置换

作用)，新生成的矿物与被溶矿物没有相同的化学组分，但往往有原矿物的形态特征，如方解石交代长石等。与胶结和交代作用相关的自生矿物的形成作用还有蚀变和重结晶作用。蚀变是矿物的溶蚀、水化过程，形成与原矿物化学组成相近的新矿物，如长石高岭土化等。重结晶作用是指矿物晶形结构的变化，成分变化不大。储层中自生矿物的形成作用主要是胶结作用，其次是交代作用，并且交代作用与胶结作用形成过程和成岩相特征类似，故可以将它们放在一起讨论。常见的自生胶结交代矿物有石英、长石、碳酸盐(方解石、白云石、菱铁矿等)、黏土矿物，其次还有石膏及铁质矿物类。

1. 自生石英、长石胶结作用

1)胶结物特征

石英、长石新生成的胶结物又称增生或加大，它们的主要岩石特征如下。

(1)质纯：电子探针、阴极发光等方法证实，石英增生成分为纯净的 SiO_2；长石增生成分为纯净的钾长石或钠长石，是碱性长石和斜长石固溶体系列中极为纯净的端元组分。

(2)有痕加大：在显微镜或阴极发光观察下，常见加大部分与原颗粒之间有一条黏土膜界线，很容易识别自生加大部分。

(3)自生晶形完好：在显微镜或 SEM 观察下，自生石英或长石外缘晶面平直、棱角分明，显示未经磨损的完好晶形，是典型原地自生的标志。

(4)强烈增生可形成镶嵌状胶结：通过显微镜、阴极发光、SEM 等方法较容易识别此种结构类型。镶嵌结构常存在于石英砂岩或深埋古老岩石中。

(5)多期连续增生：在地层中石英和长石根据成岩环境的变化可以多期次生长，第一期生长可能小于 1000m 即开始，随着深度增加，总趋势是增生强度加大。增生期次和形成温度可通过阴极发光和包裹体分析技术测定。

2)胶结物的形成

石英和长石的自生沉淀都需要有富含较高浓度氧化硅的大量孔隙流动水，其次还要有适当的温压、水介质条件，对长石沉淀来说要有足够的 Na^+/H^+ 或 K^+/H^+ 比值。

SiO_2的主要来源可能有以下几种。

(1)成岩过程中，石英颗粒压溶或细粒 SiO_2 硅质矿物溶解，直接释放出 Si^{4+}。

(2)硅酸盐类矿物(主要是斜长石)的溶解补充许多 SiO_2 成分：

$$\underset{\text{长石}}{2KAlSi_3O_8} + 2H^+ + H_2 \longrightarrow \underset{\text{高岭土}}{Al_2Si_2O_5(OH)_4} + 4SiO_2 + 2K^+$$

(3)黏土矿物成岩转化(主要是蒙脱石演化)会提供大量 Si^{4+}。

(4)$5K^+ + 8Al^{3+} + \text{蒙脱石} \longrightarrow \text{伊利石} + Na^+ + 2Ca^{2+} + 2.5Fe^{3+} + 2Mg^{2+} + 3Si^{4+} + 10H_2O$

饱和 Si^{4+} 的孔隙水可直接沉淀出纯净的石英，作为石英胶结物附着在石英碎屑颗粒边缘，并逐渐向孔隙内增生扩大。

具备了高浓度的溶解氧化硅及足够 Na^+ 或 K^+ 离子，有些不稳定的中间系列长石发生溶解后就会向稳定的钠长石或钾长石转化，形成自生长石胶结物，Na^+ 取代 Ca^{2+} 的反应如下：

$$CaAl_2Si_2O_8 + 2Na^+ + 2Cl^- + 4SiO_2 \longrightarrow NaAlSi_3O_8 + Ca^{2+} + 2Cl^-$$

3)对储层的影响

自生石英、长石胶结物的形成,毫无疑问对储层孔隙起破坏作用,降低了储层质量。其破坏程度取决于自生胶结物的发育程度。在地层中,石英、长石胶结物的含量变化差别较大,通常占岩石的0~25%不等。通过显微镜和SEM识别,自生石英可划分出3种形态,即锥形、楔形和环边形(图3-12),其破坏孔隙的强度由弱到中等再到强烈,环边形类型基本相当于嵌状结构,残存粒间孔隙极少。地层中石英胶结强度受控于很多因素,与地质有关因素可能有以下几种:①随埋深增加,石英胶结程度增强;②古老岩石中比年轻岩石中石英胶结物更发育;③结构和成分成熟度高的砂岩(尤其是石英砂岩中)硅质胶结物相对更发育;④颗粒表面的黏土膜有阻止石英增生的功能;⑤烃类流体进入砂岩孔隙将阻止石英等胶结物的生成;⑥异常高压带内,胶结物的增生变慢或停止。

在陆相储层中,由于主要是较低成熟度的岩屑类砂岩,硅质胶结物的程度一般仅为锥形,个别达楔形,含量一般很低,普遍为2%~5%,很少达到8%。总体上对储层的影响不太严重,不过对4000m以下地层硅质胶结的影响是不能忽略的。因为石英胶结物不像碳酸盐胶结物那样会发生去胶结作用(即溶解),石英一旦沉淀下来,将永久保存,随埋深和时间增加,累积增生的石英将会严重影响深部储层。

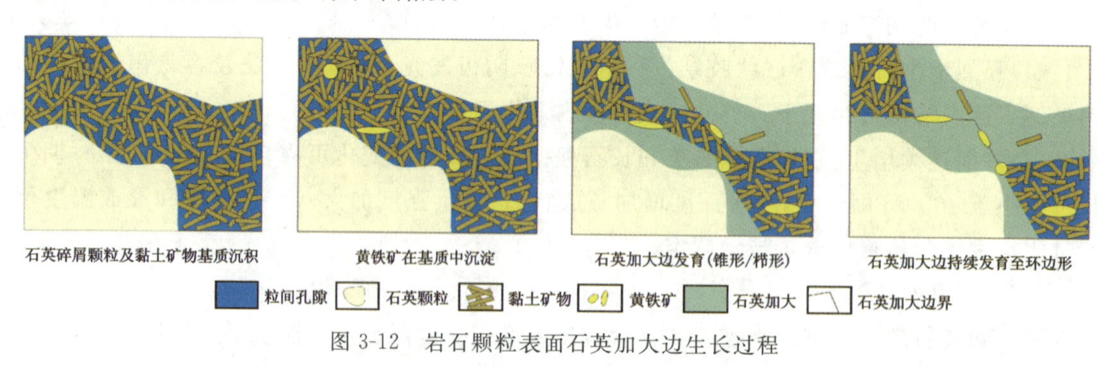

图3-12 岩石颗粒表面石英加大边生长过程

2. 碳酸盐矿物胶结、交代作用

碳酸盐胶结物是砂岩中存在含量较高的一类自生矿物,对砂岩中孔隙有严重破坏作用。常见的碳酸盐胶结矿物有方解石、白云石和菱铁矿,其中方解石和白云石最常见。下面主要以南阳凹陷古近系桃核园组砂岩为例,介绍碳酸盐胶结、交代作用及其对储层的影响(姚光庆等,1990)。

1)碳酸盐胶结物的岩石矿物和地球化学特征

据染色铸体片显微镜观察及阴极发光和电子探针等资料,核桃园组砂岩中碳酸盐胶结物的矿物成分为方解石和白云石。按含铁量的多少又可将其分为无铁、贫铁和富铁方解石(或白云石)3种亚类。其镜下染色特征,铁、镁、锰氧化物含量、产状和分布特征如表3-1所示。

表 3-1　碳酸盐胶结物的岩石学特征

特征	无铁方解石	贫铁方解石	富铁方解石	无铁白云石	贫铁白云石	富铁白云石
染色特点	鲜红色	红紫色、紫红色	暗紫色	无色	亮(浅)蓝色	深蓝色
FeO/%	0	0.05～0.8	一般大于 1.0	0.0	小于 5.0	6～16
MgO/%	1.0	0.2～0.4		20.23	17.03	10～12
MnO/%	0.1	0.06～0.45		0.03～0.16	0.14	0.26～0.65
产状	交代、胶结	以胶结为主		以交代为主	胶结、交代	胶结、交代
分布特征	主要分布在北部斜坡三角洲砂体中			主要分布在南缘扇三角洲砂体中		

注:氧化物含量由龙 22 井、龙 17 井、魏 156 井 9 件样品的电子探针确定。

碳酸盐胶结物在岩石中有两种产状,即胶结(充填孔隙)和交代(交代碎屑或先期自生矿物)。根据核桃园组砂岩中自生碳酸盐的胶结、交代程度,分别划分出 4 种类型(图 3-13),即嵌晶式胶结、孔隙式胶结、斑块状胶结和星点状胶结,完全交代、残余交代、局部交代和边缘交代。

(1)嵌晶式胶结:碎屑颗粒多不接触,碳酸盐胶结物充填全部孔隙,彼此相互连片,并强烈交代颗粒,矿物成分以无铁方解石为主,其含量一般为 15%～20%,个别可达到 35%。

(2)孔隙式胶结:颗粒以点-线接触为主。碳酸盐胶结物几乎充填全部粒间孔隙,但互不相连,伴生的交代作用亦较弱。矿物成分以含铁方解石或白云石为主,其含量为 10%～15%。此种胶结式样反映岩石压实程度较强。

(3)斑块状胶结:碳酸盐胶结物仅局部发生胶结交代作用,其含量为 5%～10%,因而砂岩的孔隙度较高。常见到碳酸盐多期生长的环带现象,其产出顺序由内至外依次为无铁方解石(或白云石)—贫铁方解石(或白云石)—富铁方解石(或白云石),反映出随时间的推移含铁量有增多的趋势。此类胶结形式最为常见。

(4)星点状胶结:碳酸盐胶结物含量一般小于 5%,其砂岩孔隙度常大于 10%。

碳酸盐胶结物的 4 种交代类型,无论埋藏深浅,其矿物成分都表现为无铁型,反映出交代型矿物比同期胶结型矿物的含铁量低的特点。美国湾岸地区 Frio 组砂岩中的碳酸盐胶结物也有类似特点。核桃园组砂岩中被交代的碎屑颗粒主要为长石,岩屑次之。

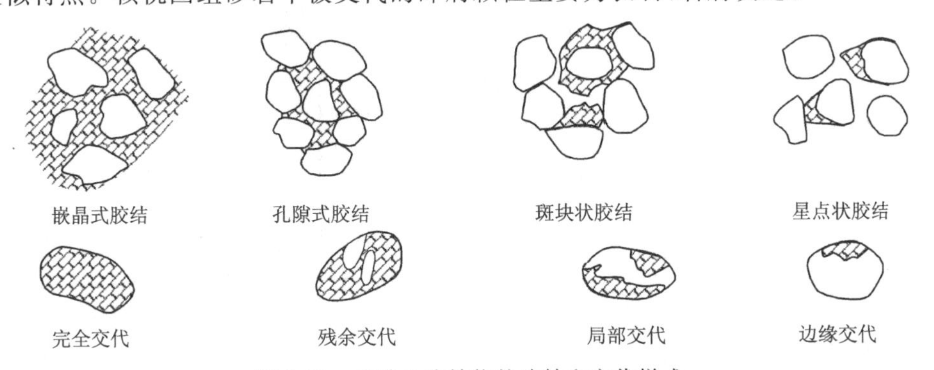

图 3-13　碳酸盐胶结物的胶结和交代样式

砂岩中碳酸盐胶结物的稳定同位素地球化学($\delta^{13}C$、$\delta^{18}O$)测定结果如表 3-2 所示。从表中可以看出:①本区方解石与白云石的 $\delta^{13}C$ 值无大的差异,但 $\delta^{18}O$ 值则有明显区别,反映二者成岩环境的差异;②贫铁方解石类的 $\delta^{13}C$、$\delta^{18}O$ 值十分接近,反映其形成时间相近且有近似的来源;③碳酸盐矿物的 $\delta^{13}C$ 值与有机碳的 $\delta^{13}C$ 值(约为−23‰,或−12‰,其中颗粒碳占5%)相差甚远,说明有机质热演化后的脱羧基作用不是碳酸盐矿物形成的直接过程,而仅对它有改造作用。

表 3-2　碳酸盐胶结物的氧、碳同位素值

采样点	深度/m	碳酸盐矿物类型	$\delta^{13}C$/‰		$\delta^{18}O$/‰	
			数值	平均	数值	平均
魏 134 井	1 363.65	贫铁方解石	−3.06		−13.69	
龙 22 井	2 325.9	贫铁方解石	−2.69		−13.59	
龙 22 井	2 068.0	贫铁方解石	−7.31	−4.67	−12.55	−12.73
魏 156 井	2 337.5	贫铁方解石	−5.60		−11.11	
红 10 井	1 601.4	白云石		−4.42		−8.04

2)碳酸盐胶结物在砂体中的分布及其识别

(1)地层中碳酸盐胶结物的分布。统计结果表明,纵向上,莺歌海盆地东方区碳酸盐胶结物含量随着埋深的增大呈现增加的趋势,铁方解石和铁白云石在 3000~3200m 达到峰值(图 3-14),最高可超过 30%。这是因为同生成岩阶段——早期成岩阶段,压实作用等埋藏成岩作用较弱,方解石主要以泥晶的形式分布于粒间表面(图 3-14),晚期由于埋深增大,成岩环境变为相对高温高压的强还原环境,并且伴随着有机质热解和 CO_2 的运移、黏土矿物脱水,孔隙中产生大量的 Fe^{2+}、Mg^{2+}、Ca^{2+} 与 CO_3^{2-} 结合,主要形成铁方解石和铁白云石。碳酸盐胶结可对储层质量产生重要影响,随着胶结物含量的增大,面孔率减小,特别是铁方解石造成原生孔隙率减少到 20%。

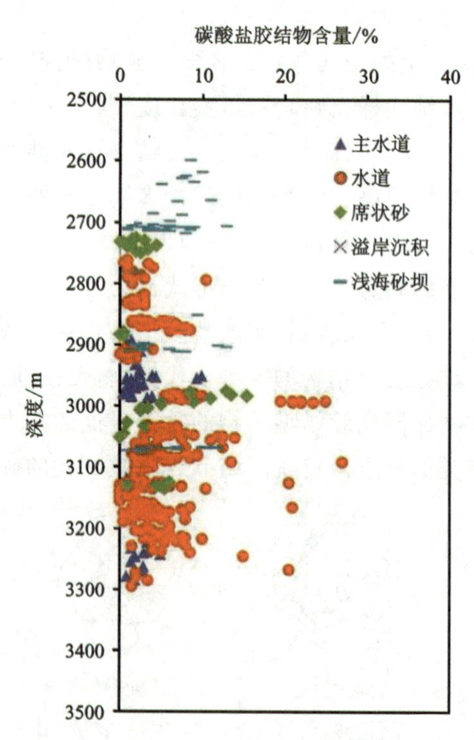

图 3-14　莺歌海盆地东方区碳酸盐胶结物含量与埋藏深度的关系

(2)砂体中钙质砂岩的分布及其测井识别。砂体中碳酸盐矿物胶结的致密砂岩通常被称为钙质砂岩,在岩芯中,钙质砂岩为灰白色或绿灰色致密坚硬的不含油砂岩,具贝壳状

断口，断面上可见碳酸盐矿物的亮晶面。经岩石与电性关系对比发现，利用微电极测井曲线，结合其他测井曲线能有效地识别钙质砂岩。其识别标志为：反映钙质砂岩的测井曲线峰值尖锐、幅度大、微电位与微梯度测井曲线重合或仅具有小的幅度差。由于微电极测井曲线电极距短，探测范围小，对划分薄的渗透层与非渗透层非常有利。测井曲线的应用，扩大了对砂体中钙质砂岩的研究范围，从而能更全面地认识钙质砂岩的分布规律。在对钙质砂岩宏观识别标志研究的基础上，研究者剖析了三角洲砂体中钙质砂岩的分布特征，其结果反映出沉积相对钙质砂岩分布有明显的控制作用。主要认识如下。

①三角洲前缘相中的远砂坝或席状砂微相，其单层厚度小于 30cm 的薄层砂岩几乎全部被钙质呈嵌晶式胶结，储集性极差。微电极测井曲线表现为尖锐、高幅和齿状的特点。在沉积层序中可单独出现或位于河口坝微相之下（图 3-15）。

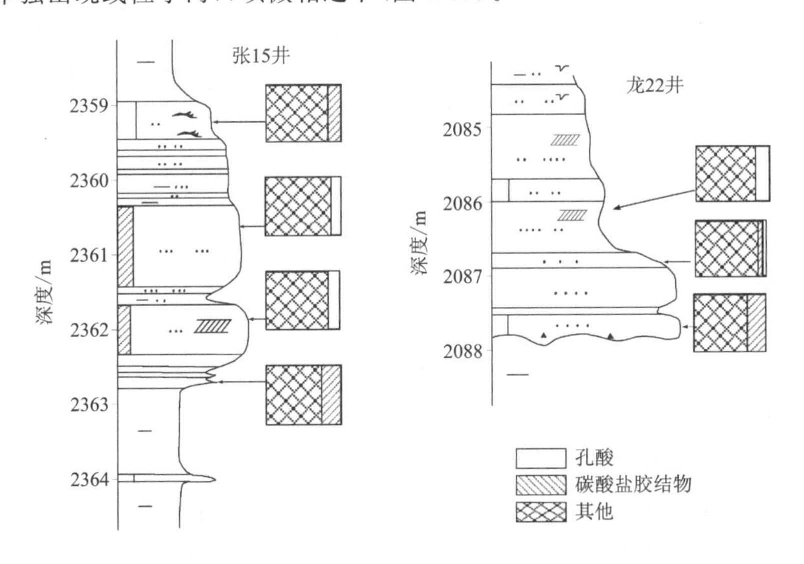

图 3-15　碳酸盐胶结物含量的垂向变化与三角洲砂体类型的关系

②三角洲前缘相中河口坝或水下河道成因的较厚层砂体，常局部强烈地被钙质所胶结。它们在砂体中常以“顶钙”“中钙”或“底钙”的形式集中分布，即形成如 Fathergill（1955）、Werner（1961）所称的钙化带。“顶钙”和“底钙”分别位于砂体与泥岩相接触的顶、底边缘带，其厚度一般为 20～30cm。当厚层砂体中部粒度发生变化时，常发育有“中钙”。钙化带的发育程度受砂体岩相组合类型的控制，如河口坝与水下河道钙化带的发育程度有明显差异。正韵律的水下河道砂体，其“底钙”异常发育，河道滞留沉积物几乎均被嵌晶式方解石胶结，但“顶钙”常不发育；河口坝砂体则与之相反，其“底钙”常不发育，而“顶钙”在水进条件下可形成，在水退时则不发育（图 3-16）。

③分布于三角洲间湾或前三角洲较深水泥岩中的薄层或透镜状生物扰动粉砂岩，其钙质胶结作用最强烈；而浅不区分支流间洼地的含植屑粉-细砂岩则不被胶结。

微电极测井曲线对比表明，钙质砂岩在横向和平面上的分布规律与垂向层序中分布的特点一致。在横向剖面中，钙质砂岩不连续，呈串珠状分布，这主要是受相变、构造起伏等因素控制。在平面上，随着砂/泥比的增加，即从远砂坝到河口坝亚相，钙质砂岩厚度与砂岩总厚

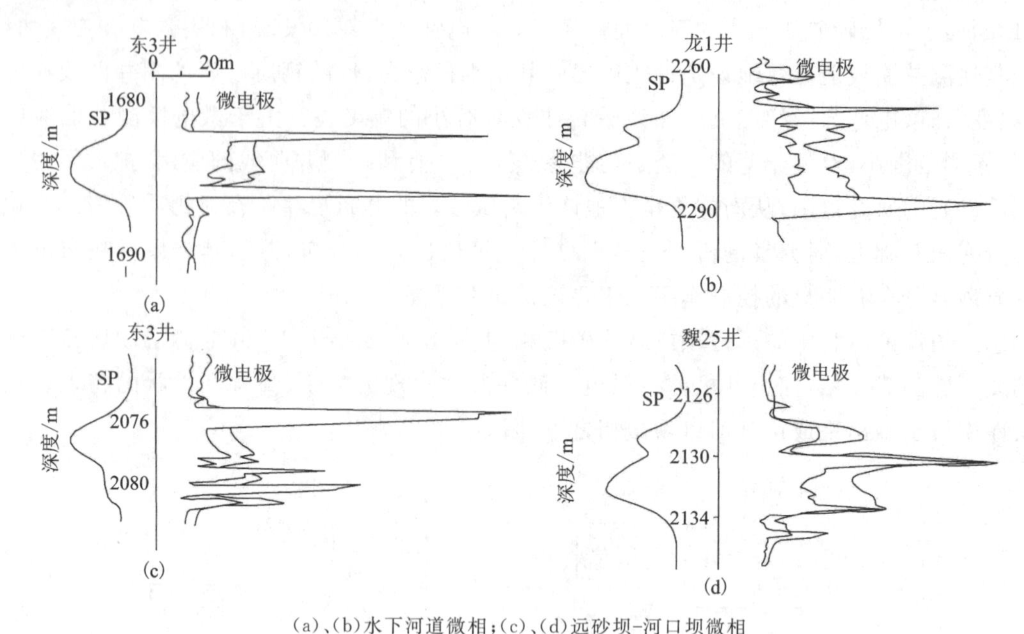

(a)、(b)水下河道微相;(c)、(d)远砂坝-河口坝微相

图 3-16　三角洲前缘相中钙质砂岩的测井曲线特征

度之比明显减少。

综上所述,砂体中钙质砂岩的分布在宏观上明显受沉积相控制,即靠近厚层湖相泥岩的砂体边缘易受碳酸盐胶结,而远离湖相泥岩的砂体则往往未被碳酸盐胶结。这一分布特征反映了钙质砂岩的形成特点。

3)砂体碳酸盐胶结物的成因探讨

(1)碳酸盐胶结物含量与地温的关系。通常,随着地层埋藏深度的增加,温度、压力也相应升高,这将导致砂岩孔隙中的流体成分、流动性等化学、物理性质发生变化,从而造成各种矿物的相应沉淀。碳酸盐胶结物的产生也遵循这一规律。由于地温随深度的增加而不断升高,孔隙水中的 pH 值也相应增加,而碳酸盐矿物的溶解度则明显降低,即在砂岩孔隙水中碳酸盐矿物的饱和度不断增加,从而有利于碳酸盐矿物的形成。因此,碳酸盐含量在总体上表现出随深度增加而增加的趋势。

(2)碳酸盐胶结物的基本成因机理。众所周知,在泥岩压实过程中释放出大量饱和的碳酸盐压实流体,当它们进入邻近的砂体内时,由于过饱和碳酸盐的沉淀,便形成了不同形式的"顶钙"与"底钙"现象(图 3-17)。这是因为泥岩中地层的压力相对较高,碳酸盐矿物的溶解度也相应较高,但当流体进入砂体中时压力骤降,使其溶解度明显降低,于是碳酸盐矿物便在砂体边缘沉淀下来,并形成钙质砂岩。这一砂、泥岩之间的相互作用过程便是碳酸盐胶结物的基本成因机理。

(3)碳酸盐胶结物的物质来源。碳酸盐胶结物的物质来源一般有"内源"和"外源"两种。所谓"内源"是指物源来自砂体内部,而"外源"则是指由大气水、压实水或黏土脱水带来的砂体以外的物质供应。核桃园组砂岩中碳酸盐胶结物的物质来源以泥岩压实过程中所提供的物质为主,而"内源"次之。其依据如下。

①碳酸盐胶结物沿砂体边缘的分布特征(图 3-17)表明，其物源主要来自与砂岩等邻近的泥岩区。

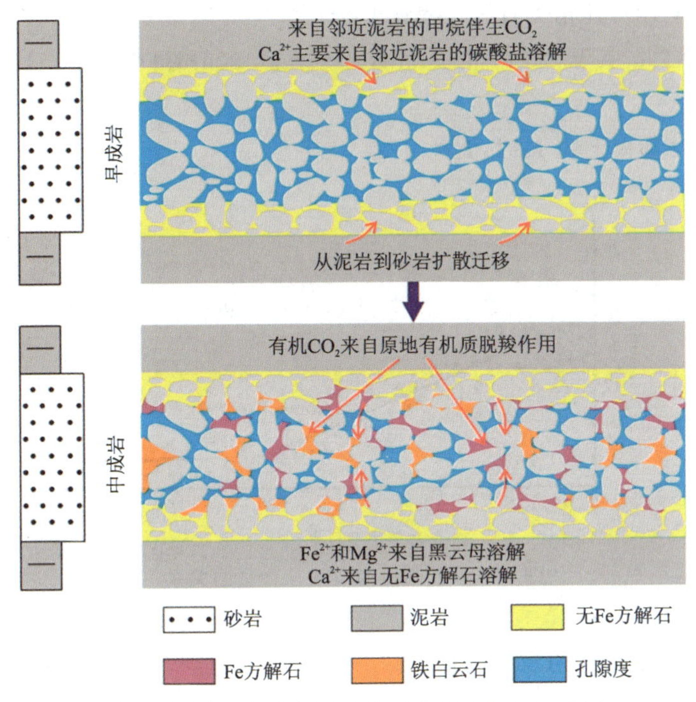

图 3-17　沙四段砂岩中碳酸盐胶结作用分布规律及演化路径示意图(据 Jia and Cao,2021)

②泥岩本身具备提供大量物质和载体的条件，泥岩中的分散状碳酸盐矿物在遭受压实过程中易溶解释放 Ca^{2+}、Mg^{2+}、CO_3^{2-} 等离子；黏土矿物的转化，尤其是伊/蒙混层演化过程中也产生大量的 Ca^{2+}、Mg^{2+}、Fe^{2+} 等离子，并且随着埋深的增加，释放出的 Mg^{2+}、Fe^{2+}、Mn^{2+} 等离子也随之增加，因而使碳酸盐胶结物从无铁向贫铁和富铁方向演化。另外，有机质热演化过程中释放出的 CO_2，在适当条件下可转化为 CO_3^{2-}、HCO_3^-，这也是其物质来源之一。计算表明，本区泥岩压实过程中所排出的流体是砂岩原始孔隙体积(36%)的 10～15 倍，如此大量的流体连续不断地进入砂岩中，为携带大量矿物质提供了保证。

③砂岩成岩变化的研究表明，砂体本身也部分地提供了物质来源。例如骨架颗粒(主要是长石)的大量溶解和蚀变可提供 Ca^{2+}；碳酸盐矿物本身的溶解也为之提供了物源；云母等富铁、镁矿物的蚀变增加了富铁、镁碳酸盐矿物的物质供应，这在凹陷南缘地区表现得更为突出。

沙四段砂岩在成岩演化过程中主要识别出两种 CO_2 地球化学体系。第一种在早期成岩阶段，邻近泥岩有机质的微生物甲烷化作用产生 CO_2 体系，导致泥岩、砂岩接触面附近的有色方解石普遍沉淀。第二种是中成岩作用中有机质脱羧作用形成的有机 CO_2 体系。该模型表明，有机二氧化碳的存在显著地改变了模拟系统的地球化学环境，并导致碳酸盐和硅酸盐相的各种改变。

4)碳酸盐胶结物与孔隙度的关系

碳酸盐胶结物是降低砂岩孔隙度的重要因素。实测碳酸盐含量与实测孔隙度的关系呈明显的负相关(图 3-18),其相关直线方程如下。

(1)当碳酸盐含量小于 20%,相关系数 $\gamma=-0.9064$ 时,$\Phi_z=20.1524-0.8138\times w(CO_3^{2-})$。

(2)当碳酸盐含量大于 20%时,$\Phi_z=4.4$。

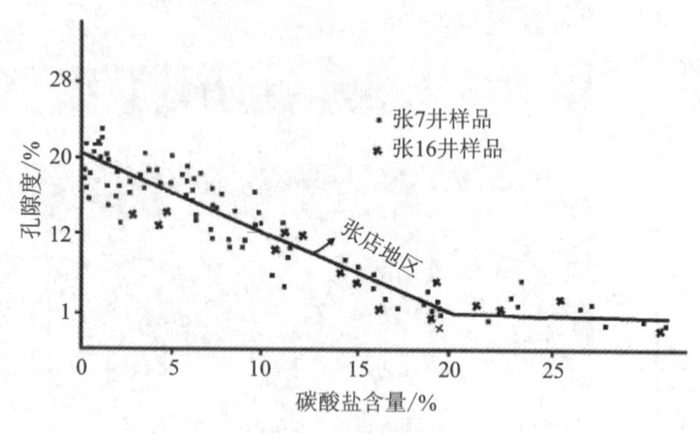

图 3-18 孔隙度与碳酸盐含量的关系

3. 自生黏土矿物胶结作用及其转化

黏土矿物是砂岩储层中普遍发育的一类胶结物,尽管其绝对含量不及碳酸盐胶结物多,但自生黏土矿物本身对油气层保护具有重要意义,同时其成岩演化过程中的转化作用具有重要的石油地质学意义。因而研究自生黏土矿物类型、演化、形成机理等成岩特征,具有特殊的意义。

1)矿物类型、产状

砂岩中常见的黏土矿物有高岭石、蒙脱石、伊利石和绿泥石等,按其生成方式分自生和他生两种。他生黏土矿物指来源于母岩并随沉积物一块沉积埋藏保存下来的黏土矿物。自生是指沉积物(岩)成岩过程中新生成的黏土矿物。就对储层影响而言,自生和他生黏土矿物对储层孔隙——喉道的堵塞,以及动态敏感性是一样的,应一视同仁。但自生黏土矿物含量高低及其产状又有其特殊的研究价值和实际应用意义,因而是岩石学家和油藏开发专家研究和关注的重点。

通过显微镜,尤其是通过扫描电镜(SEM)观察,可以识别出黏土矿物类型和产状,X-衍射分析(XRD)是定量确定矿物含量及其演化阶段(结晶度)重要方法。另外差热分析、化学分析等方法在黏土矿物分析中也常用。储层中主要黏土矿物类型的识别特征见表 3-3。

自生黏土矿物的产状样式可以分为 6 种(图 3-19):①孔隙衬垫(pore lining),绿泥石、伊利石等常见;②孔隙充填(pore filling),高岭石最常见;③交代蚀变,长石、云母等蚀变为高岭石、伊利石等;④裂隙充填(fracture filling),高岭石等多种黏土矿物;⑤分散状,高岭石、绿泥石、蒙脱石等少量时的分布状态;⑥黏土桥状(clay bridge),多种矿物分布状态。

表 3-3 主要黏土矿物在扫描电镜下的特征(据陈丽华等,1986)

构造类型	黏土矿物族	代表黏土矿物	化学分子式	X-衍射图谱 d(001)	扫描电镜单体形态	扫描电镜集合体形态
两层构造铝硅酸盐	高岭石族	高岭石、地开石等	$Al_4(Si_4O_{10})(OH)_8$	7.1～7.2	假六方鳞片状	书页状、蠕虫状、手风琴状
	埃洛石族	埃洛石	$Al_4(Si_4O_{10})(OH)_8$	10.05	针状、管状	细微的棒状集合体
三层构造铝硅酸盐	蒙脱石族	蒙脱石、囊脱石	$(Al/Mg)_2(Si_4O_{10})(OH)_2 \cdot 4H_2O$	Na-12.99 Ca-15.50	棉絮状	皱成鳞片状、蜂窝状、絮状集合体
	伊利石族	伊利石、海绿石	$[K/Cl/Al(AlSi_3)O_{10}](OH)_2 \cdot mH_2O$	10	片状、蜂窝状、丝缕状	薄片状、碎片状、羽毛状集合体
混合层构造铝硅酸盐	绿泥石族	各种绿泥石	Fe、Mg、Al 的层状硅酸盐含 OH^-	14/7.14/3.55/4.72	针叶片状、玫瑰花朵状、绒球状	薄片状、鳞片状、鳞片状集合体
链状构造铝硅酸盐	海泡石族	山软木等	$MgAl_2(Si_4O_{10})(OH)_2 \cdot 4H_2O \cdot nH_2O$	10.40/3.14/2.59	棕丝状	丝状、纤维状集合体

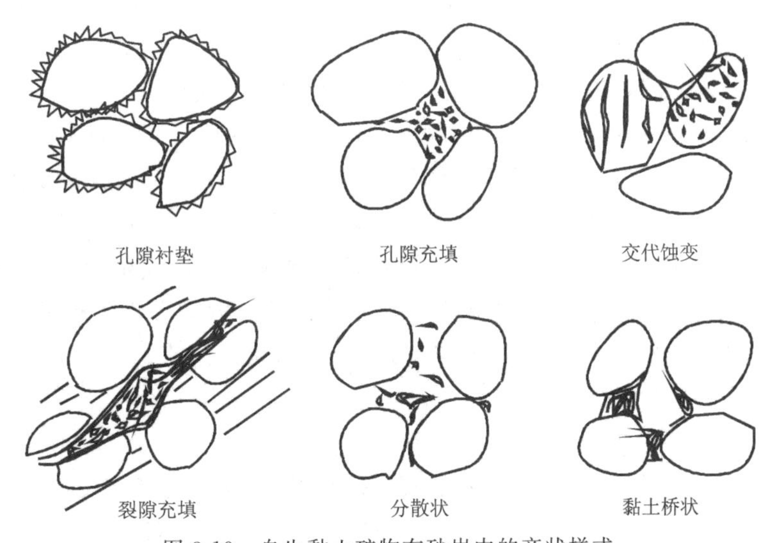

图 3-19 自生黏土矿物在砂岩中的产状样式

2)黏土矿物成岩转变及其意义

黏土矿物在成岩过程中表现出极不稳定的特性,随着埋藏深度加深、压力增大、地温增高、物理化学环境的变化等条件改变极易发生转变。黏土矿物转变表现为层间水的释放及层间阳离子的替代,使黏土矿物晶体结构与成分产生变化。这种转变是有一定规律的,是不可逆的,是受成岩强度控制的。因而研究储层中的黏土矿物,可以得出成岩进行的强度和许多重要古地温、地层压力等参数。

(1)高岭石随地温增加而减少,直至消失。研究表明,高岭石在早期成岩阶段丰富,影响孔隙连通,在晚期阶段消失。高岭石消失的温度因盆地不同变化较大,一般为80～190℃。不过高岭石不稳定的原因更重要的是与地球化学环境有关(pH值、离子浓度等)。

(2)蒙脱石转变为伊/蒙混层或蒙/绿混层。随埋深和地温增加,蒙脱石逐渐变为伊利石/蒙脱石混层(I/S)或绿泥石/蒙脱石混层矿物(C/S),前者发生在富K^+介质条件下,后者要求富镁环境。在岩石记录中,I/S混层最常见,研究意义较大。

蒙脱石向I/S混层转化,通常伴生有大量脱水发生。Bust(1969)将蒙脱石向伊利石的转化分为3个阶段:①孔隙水通过机械压实由70%减少至30%。矿物结构、组分变为I-S混合型黏土。②生成混层黏土矿物I/S。黏土脱去层间结合水(受热力作用),失水量为被压实体积的10%～15%。此阶段与油气生油窗吻合故对油气初次迁移意义重大。此阶段内的混层矿物晶体结构为无序状态。③随温度继续升高,蒙脱石或I/S混层脱去最后的残余层间水,而转变成以伊利石矿物为主,且剩余的少量伊/蒙混层也为有序混层。

蒙脱石向伊利石转化中,生成的I/S混层矿物本身的结构、有序度、矿物含量的变化是人们最感兴趣的。通常用I/S混层中蒙脱石含量(或伊利石含量)来定量表示I/S混层的演化阶段,并以此判定成岩阶段(见本章第五节)。I/S混层中蒙脱石的演变曲线在不同盆地中演化规律有惊人的相似性,一般自上而下分为5个带,即蒙脱石带、渐变带、第一迅速转化带、第二迅速转化带、第三迅速转化带。从实例中,可以看出I/S中S向I的转化不是渐变型的,而是有几次明显的突变。这种转化对应着重要的石油地质学意义。同样C/S混层中蒙脱石的转化也有完全类似I/S混层演化的特点。

(3)研究意义。黏土矿物演化(主要是蒙脱石向伊利石演化及其伴生混层黏土矿物演化)的不可逆过程及这一过程中的脱水作用,对石油地质学和油藏工程方面具有重要意义:①是确定成岩阶段的重要标志矿物(详见本章第五节),对成岩矿物的形成提供重要物质来源;②估算凹陷内古地温梯度及进行古地温标定;③确定生油门限,一般第一迅速转化带顶界也刚好是生油层进入低成熟阶段的门限,第二迅速转化带顶界为成熟生油门限;④预测次生孔隙发育带及油气层分布范围,黏土矿物转化及脱水作用伴有大量富含阳离子及有机酸的流体排出,有利于形成次生孔隙,并储存油气;⑤黏土矿物演化及脱水对油气初次运移有重大影响,是初次运移的主要动力和载体。

3)黏土矿物对储层影响

黏土矿物对储层物性影响较大,主要是增加孔喉弯曲度和粗糙程度,甚至堵塞喉道,使渗透率大大降低。不同矿物类型和不同产状对渗透率的影响有所不同,以绿泥石为例,通常桥状黏土和孔衬黏土的产状样式对渗透率影响最大,而绿泥石环边有时会抑制石英加大,保护部分孔隙。

黏土矿物是引起油层污染(损害)的主要矿物,因此在油藏工程中,高度重视黏土矿物类型、含量及其产状的研究,同时黏土矿物也是动态储层研究的重要对象。储层敏感性主要由黏土矿物微粒引起，诸如水敏性、速敏性、盐敏性、酸敏性、碱敏性等多种储层的敏感性会严重影响采油工艺的增产措施，甚至严重破坏油层(详见第七章)。

第四节 储层中矿物溶解作用与次生孔隙的形成

矿物溶解与次生孔隙成因理论是20世纪70年代以来，研究成岩作用最重要的突破和发展，这一理论不仅大大推动了有关次生孔隙及储层成因理论的基础研究，而且在油气勘探和开发中产生了巨大影响，尤其在隐蔽岩性油气藏和深层油气藏的勘探中发挥了重要作用。

1. 可溶解的矿物质

现已发现可溶解的矿物质包括碎屑颗粒和自生矿物两大类。碎屑颗粒的溶解主要包括长石(斜长石为主)、岩屑、盆内碎屑、云母等颗粒的溶解，其中长石颗粒或长石质岩屑的溶解最为普遍。由于长石等碎屑是组成砂岩岩石的骨架颗粒，所以它们的溶解也称为骨架颗粒溶解(framework grain dissolution，FGD)。

自生矿物的溶解是指自生胶结物或交代物的溶解，其中自生碳酸盐矿物的溶解(去胶结作用)是最常见、最重要的溶解作用。除此之外，还有沸石、黏土矿物等的溶解作用。

无论是碎屑颗粒还是自生矿物，在成岩过程中只要有合适的地球化学条件、温度、压力及足够长时间的作用过程，它们就会发生不同程度的溶解，产生次生孔隙或改造原有的孔隙。矿物质的溶解(反应结果)不是物质的消失，只是物质的转移，表现形式有3种：一是位置转移，即某一层段矿物溶解，而该矿物在另一层段内相继重新沉淀(如碳酸盐矿物)；二是成分转移，即一种矿物溶解伴生有一种或多种矿物重新生成沉淀(如长石溶解)；三是化学转移，即矿物溶解后，无新生成矿物，游离的离子在水介质中存在，改变介质化学性质。

2. 砂岩中孔隙结构类型

从客观描述孔隙结构出发，Schmidt等(1979)按孔隙产状、形状、大小等结构特征，在砂岩中划分出5种孔隙结构类型：粒间孔隙结构、特大孔隙结构、铸模孔隙结构、组分内孔隙结构、裂隙结构。每一种孔隙结构包含几种更具体的结构类型，它们构成砂岩孔隙结构的系列(表3-4)。

表3-4 砂岩孔隙结构类型系列(据Schmidt et al.，1979)

孔隙结构类型大类	孔隙结构类型细分
粒间孔隙结构	正常的粒间孔隙结构
	缩小的粒间孔隙结构
	扩大的粒间孔隙结构
特大孔隙结构	有组构选择的
	无组构选择的

续表 3-4

孔隙结构类型大类	孔隙结构类型细分
铸模孔隙结构	颗粒印模
	胶结物印模
	交代物印模
组分内孔隙结构	粒内的
	基质内的
	胶结物内的
	交代物内的
裂隙结构	岩石裂隙
	颗粒裂隙
	粒间裂隙

上述5种孔隙结构类型可以是全由次生孔隙组成的(如铸模孔隙、组分内孔隙、裂缝孔隙),但更重要的是原生和次生或多种次生成因的混合成因孔隙,即混合孔隙(hybrid pore)(如粒间孔隙、特大孔隙等)(图3-20)。大部分次生孔隙为混合成因的,而且多为“原生+次生改造”型混合成因孔隙。次生溶解之所以发生,原因很简单,必须有提供大量孔隙流动的孔隙空间,原生孔隙的存在为孔隙溶解流动提供了通道,可以设想无原生孔隙的致密砂岩,不可能形成大规模的矿物溶解。

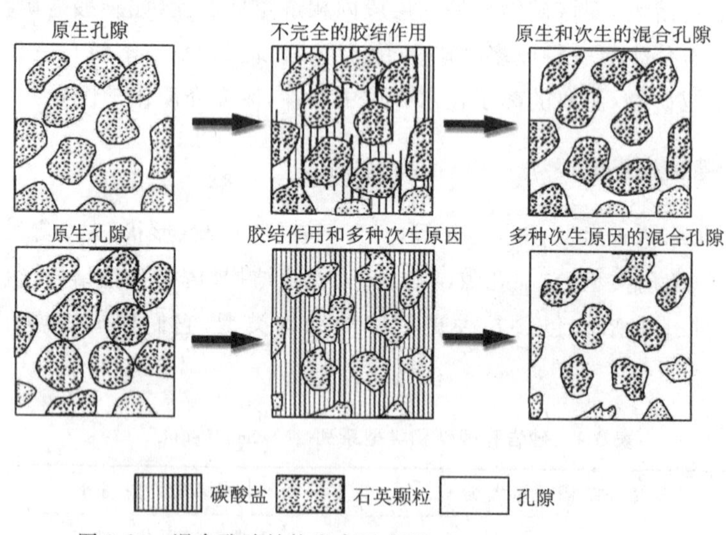

图3-20　混合孔隙结构发育示意图(据 Schmidt et al.,1979)

3. 次生孔隙的识别标志

1)岩石学标志

通过显微镜观察,可以识别一些重要的岩石学标志来判定次生孔隙的存在及其发育过程。最重要的岩石学标志有以下 8 种(图 3-21)。

(1)部分溶解:颗粒或胶结物的不完全溶解,并在孔隙附近有残余物,残余物质有明显的溶蚀外貌。

(2)印模:指颗粒、胶结物或交代物完全溶解后的铸模。

(3)排列的不均一性:单个残余颗粒或孔隙次生标志不明显时,颗粒或孔隙分布的不均一性是判定次生孔隙的重要标志。这是因为次生溶解作用有选择性,易溶组分被溶解掉(包括选择颗粒和胶结物)后,未溶物质的分布必然出现排列上的不均一。

(4)特大孔隙:直径比相邻颗粒大得多的特大孔隙很常见,它们为次生孔隙提供了很好的证据。大多数特大孔隙是有组构选择的,并且主要是可溶性沉积碎屑、透镜状基质或其交代物选择性溶解的产物。

(5)伸长状孔隙:孔喉明显扩大并串联多个孔隙的伸长孔隙是次生孔隙的标志之一,其成因显然是混合成因的。

(6)溶蚀的颗粒:主要表现在颗粒边缘参差不齐,并与伸长孔隙、特大孔隙共生。

(7)组分内孔隙:组分内溶孔是矿物溶解造成的。按溶解程度分为粒内溶孔、蜂窝状孔隙,并逐渐过渡到溶解残余孔隙。组分内溶孔一般遵循结构选择性溶解的原则。

(8)张开的颗粒裂隙:主要是由于压实致密颗粒出现微裂缝,而后进一步溶蚀所致。

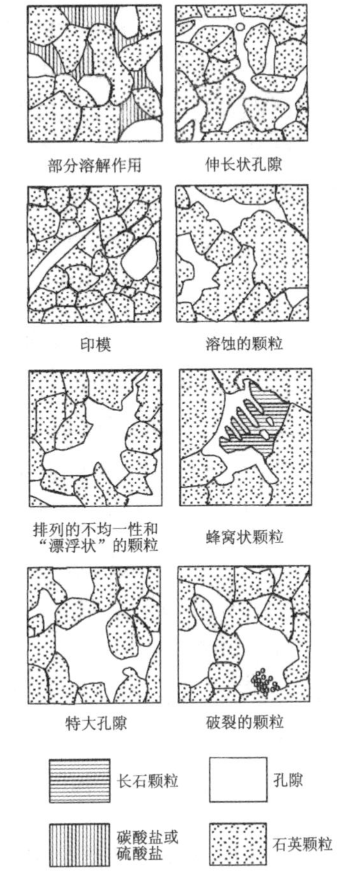

图 3-21 鉴别砂岩次生孔隙的岩石学标志(据 Schmidt et al.,1979)

目前利用 SEM 或显微镜薄片观察定量判定次生孔隙发育程度是困难的。不过新开发的图像分析软件系统可以定量判定颗粒的溶蚀程度,进而推判次生孔隙所占岩石总孔隙的比例。

2)其他标志(间接标志)

统计孔隙度或与孔隙度相关的参数(声波时差、层速度等)随埋藏深度的变化规律,可以得出次生孔隙的发育带及其发育程度。此种方法只有在证实地下储层中无其他原因(如欠压实等)致使孔隙度保存或扩大条件下才有效。此外,在有不整合面存在的地层中,若在不整合面附近有明显的孔隙或裂缝异常,也可以断定是由次生溶蚀造成的。储集层的某些物理特性也可以为次生孔隙的存在提供间接证据。

4. 次生孔隙的成因机理探讨

一般认为,矿物溶解是在碳酸和有机酸作用下水岩相互作用而造成的。酸性地层水包括浅层大气水和深层地层水两种类型。

1)浅层大气水淋滤作用

大气水中溶解有大量CO_2,显酸性,易于溶解碳酸盐岩矿物和长石类物质,造成地层产生溶孔、溶洞和次生孔隙。尤其在不整合面之下,由于风化淋滤形成良好流体输导系统,浅层大气水十分活跃,经过酸性地层水长期与岩石相互作用势必造成部分矿物质大量溶蚀,形成丰富的次生储集空间,形成良好的油气藏。这样的实例不仅在碳酸盐岩油藏、变质岩和火山岩油藏中常见,在砂岩地层中也很普遍。

浅层大气水淋滤作用形成的次生孔隙空间,在不整合面以下明显随深度增加而减少。

2)深层有机酸溶解作用

1982年以来,Surdam对次生孔隙的形成曾做过系统的实验研究。结果显示,导致碳酸盐,特别是铝硅酸盐溶解的主要原因是孔隙水中的羧酸。

羧酸是由有机质泥岩在成岩过程中脱羧而形成的,在孔隙水中可产生游离的H^+离子,由此可以与易溶组分发生有机-无机成岩反应导致矿物溶解。

实验也表明,有机酸较碳酸有更强的侵蚀能力,尤其是对铝硅酸盐矿物(主要是斜长石)。就酸的化学性质而言,实验表明,有机酸比碳酸分解出H^+的效率高6～350倍;而有机酸盐类的溶解度(如醋酸钙)是碳酸盐的10^3～10^4倍。这就能保证Ca^{2+}等溶解离子保存在水中,防止形成$CaCO_3$而再沉淀。

Curtis和Surdam等人的实验证实,在羧酸溶液中能够大大增加铝的活泼性,并使其变成有机络合物[$Al(C_2O_4)_2$]的方式转移出去,增加硅铝酸盐矿物的溶解能力,反应式为:

$$CaAl_2Si_2O_8+2H_2C_2O_4+8H_2O+4H^+\longrightarrow 2H_4SiO_4+2(AlC_2O_4\cdot 4H_2O)+Ca^{2+}$$

5.矿物溶解及次生孔隙的形成对储层的改造

1)有利方面

毫无疑问,次生孔隙的形成扩大了砂岩孔隙空间,增加了油气饱和度,更重要的是次生孔隙发育带往往位于较深层,这对提高深部储层质量无疑也是至关重要的。至于次生孔隙占总孔隙的比例因地区和岩性、时间等因素而相差较大。

碳酸盐胶结物的溶解,使原本致密的砂岩变为有效储层,不仅增加了有效孔隙空间,同时也消除了砂体内部对流体流动的隔挡,增大了孔隙连通程度,有利于油气开发。

2)不利方面

矿物溶解产生次生孔隙的同时,也可以在其位置或原地产生一些副产物而填塞部分原有孔隙,如长石溶解一般伴有高岭石和石英的自生沉淀,势必减少原有孔隙。这种结果往往不仅减少了孔隙,而且降低了渗透性,因为新生成的黏土矿物对渗透率破坏更大。

由于矿物的溶解(往往是矿物选择性溶解),增大了孔隙结构的非均质性,使油层质量受到破坏,影响开发过程中的驱油效率。

由于溶蚀、伴生黏土矿地沉淀等原因,增加了孔隙和喉道的曲折程度和表面粗糙程度,从而使渗透率下降。这种情况时有发现,即孔隙度相对高了,而渗透率并没有增加或有所降低(图3-22)。

3)次生孔隙发育程度的岩石学控制因素

岩石的结构成熟度和成分成熟度直接影响砂岩中次生孔隙的发育程度。具体而言，分选较好，泥质杂基较少、原生孔隙较高的砂岩易产生次生孔隙，并在较大深度段内保存下来。成分上石英砂岩类岩石次生孔隙多为碳酸盐矿物溶解所致；而长石类砂岩或岩屑砂岩次生孔隙的成因复杂，通常以 FGD 溶解为主。FGD 溶解作用遵循选择性溶解规律，包括结构选择性和成分选择性两种情况。结构选择性是指沿单个颗粒结构薄弱地带首先溶解，如颗粒裂纹附近、长石双晶结构、颗粒形态部位等。成分选择性是指首先溶蚀成分上相对不稳定的颗粒或颗粒内组分，如斜长石聚片双晶结构中斜长石成分易溶而钾长石成分保留，故容易形成格子状残余或蜂窝状残余，再如长石加大边(钠长石)保存完好，而原颗粒却全部溶蚀掉等，这些岩石学观察都是矿物选择性溶解的证据。

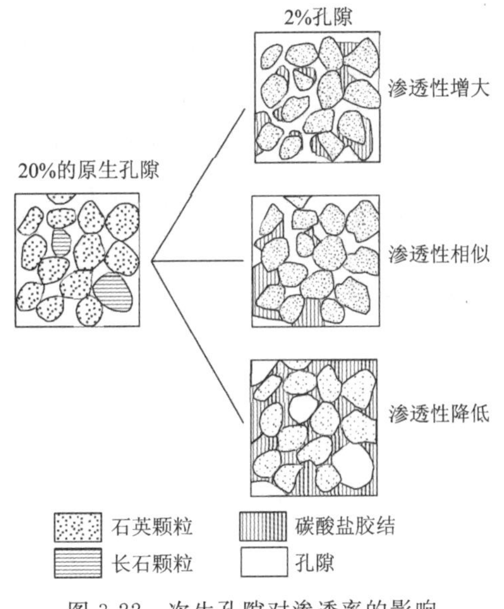

图 3-22 次生孔隙对渗透率的影响

(据 Schmidt et al.,1979)

第五节 储层成岩阶段划分及成岩相

储层中各类成岩作用的发生是有时序、有期次进行的，成岩结果和反应随温度、介质性质、压力等物理、化学条件改变而改变。综合各种标志确定各类成岩作用发生的时序及其特征是评价地下储层成岩演化的关键。成岩阶段的划分要考虑综合指标，进行综合研究。

1.成岩阶段划分依据

1)自生矿物的分布及其形成顺序

储层中最常见的自生矿物有各类碳酸盐矿物、沸石矿物、硫酸盐矿物、石英和长石的加大，以及其他偶见矿物。碳酸盐矿物如方解石、白云石、含铁白云石、铁白云石和菱铁矿等；沸石类如方沸石、浊沸石、片沸石和钠沸石等；硫酸盐矿物如石膏、硬石膏和重晶石等。各种自生矿物的形成要求一定的物理、化学条件和环境，随着地层温度、压力及孔隙水性质的变化，会出现不同类型的自生矿物，它们能指示岩石的形成发展过程，所以还可结合自生矿物中包裹体均一温度的测定等资料来划分成岩阶段。

2)黏土矿物转化(特别是 I/S 混层黏土矿物的转化)

通过对我国主要含油气盆地黏土矿物的研究，发现随着埋藏深度及温度的增加，蒙脱石存在两种演变途径：一种是经 I/S 混层向伊利石转化；另一种是经 C/S 混层向绿泥石转化，但以前者为主。根据 I/S 混层的演变特点，可见蒙脱石→无序混层→部分有序混层→有序混层→卡尔克博格式有序混层→伊利石的完整演变过程，据此可以与成岩阶段划分相对应(表 3-5)。

表 3-5　成岩阶段划分方案及其标志(据裘亦楠和薛叔浩,1994)

<table>
<tr><th colspan="5">成岩阶段划分方案</th><th rowspan="2">I/S 混层黏土矿物转化带</th><th rowspan="2">有机质热成熟阶段</th><th rowspan="2">镜质体反射率 R_o/%</th><th rowspan="2">最大热解峰温度 T_{max}/℃</th><th colspan="2" rowspan="2">孢粉颜色和热变指数 TAI</th><th rowspan="2">温度/℃(顶界)</th></tr>
<tr><th colspan="3">方案Ⅰ</th><th colspan="2">方案Ⅱ</th></tr>
<tr><td rowspan="2">早成岩</td><td colspan="2">A</td><td colspan="2">成岩期</td><td>蒙皂石带 S 层＞70%</td><td>未成熟</td><td>＜0.35</td><td>＜430</td><td colspan="2">黄色＜2</td><td></td></tr>
<tr><td colspan="2">B</td><td rowspan="5">后生期</td><td>早</td><td>渐变带 S 层 50%～70%</td><td>半成熟</td><td>＜0.5</td><td>＜435</td><td colspan="2">深黄色＜2.5</td><td>60～70</td></tr>
<tr><td rowspan="4">晚成岩</td><td rowspan="2">A</td><td>A1</td><td rowspan="3">中</td><td>第一迅速转化带 S 层 35%～50%</td><td>低成熟</td><td>～0.7</td><td>～440</td><td>～2.7</td><td rowspan="2">橙色—褐色</td><td>80～90</td></tr>
<tr><td>A2</td><td>第二迅速转化带 S 层±20%</td><td>成熟</td><td>～1.2</td><td>～460</td><td>～3.7</td><td>95～110</td></tr>
<tr><td colspan="2">B</td><td>第三转化带 S 层＜15%</td><td>高成熟</td><td>～2</td><td>～±480</td><td>～4</td><td>暗褐色—黑色</td><td>140～150</td></tr>
<tr><td colspan="2">C</td><td>晚</td><td>混层消失带</td><td>过成熟</td><td>2～4.5</td><td>±500</td><td colspan="2">黑色</td><td>＞175</td></tr>
</table>

3)孔隙带划分

根据岩石的结构、构造特点及其物理性质变化,孔隙带可以分成原生孔隙带、混合孔隙带、次生孔隙带及紧密压实裂缝发育带。

4)有机质成熟度指标

根据镜质体反射率、孢粉颜色、热变指数及最大热解峰温等指标划分有机质的热成熟阶段,有机质成熟度指标与成岩阶段划分及混层转化带的对应关系见表 3-5。

2. 各成岩阶段的标志概述

国内石油天然气研究和生产部门对成岩阶段的统一划分进行了规范,将成岩阶段分为同生期、早成岩期、晚成岩期和表生期 4 个期次,并进一步划分为若干个亚期。

1)同生期

同生期指沉积物堆积后,与上覆水体尚未脱离接触,即在其表层所发生的变化。同生期的成岩标志有海绿石、鲕绿泥石的形成,同生结核的形成沿层理面分布的菱铁矿微晶及斑块状泥晶,分布于粒间及颗粒表面的泥晶碳酸盐。

2)成岩期

成岩期指沉积物已脱离沉积时的水体,在埋藏过程中,经胶结、石化成岩,直至变质作用之前所发生的一切物理化学变化。本期可细分为早成岩期和晚成岩期。

(1)早成岩期:指沉积物由未固结至石化成岩的阶段。它又可分 A、B 两个亚期。

早成岩 A 期的标志有:①地层经受过的最高古地温小于 70℃;②有机质未成熟,R_o＜0.35%,孢粉颜色呈黄色,热变指数小于 2,最大热解峰温小于 430℃;③岩石疏松,尚未固结,原生粒间孔隙发育，石英一般未见加大，长石溶解也较少，有的见早期碳酸盐胶结；④砂岩和泥岩富含蒙脱石黏土矿物，也包括蒙脱石层在混层中占70%以上的无序混层黏土矿物，统称蒙脱石带；⑤砂岩中可见少量自生高岭石，伊利石多为他生。

早成岩B期。沉积物在埋藏过程中，由于胶结作用开始固结成岩，其标志有：①地层经受过的古地温为70～85℃；②有机质半成熟，R_o<0.5%，孢粉颜色呈深黄色，TAI<2.5，T_{max}<435℃；③岩石有的被碳酸盐胶结，半固结至固结，原生孔隙仍发育，可见少量次生孔隙；④泥岩中的黏土矿物，蒙脱石开始明显向伊利石/蒙脱石(I/S)混层转化，蒙脱石层在混层中占50%～70%，属无序混层(按有序度类型)，可称无序混层带，如按转化带划分属渐变带；⑤砂岩中有的仍可见蒙脱石或无序混层矿物，自生高岭石较普遍，伊利石仍以他生为主；⑥薄片中开始出现石英次生加大，属Ⅰ级加大，加大边窄或有自形晶面，扫描电镜下可见石英小雏晶，呈零星或相连成不完整晶面。

(2)晚成岩期：指岩石固结后在深埋环境下直至变质作用之前所发生的一切变化。根据I/S混层黏土矿物的演化和有机质热成熟度指标，可分为A、B、C共3个亚期。

晚成岩A期的标志有：①地层古地温的变化范围为85～140℃；②有机质成熟，R_o=0.5%～1.2%，孢粉颜色呈橙色—褐色，TAI在2.5～3.7之间，T_{max}在435～460℃之间；③岩石中可见晚期含铁碳酸盐类胶结物，特别是铁白云石，常以交代、加大或胶结形式出现；④长石等碎屑颗粒及碳酸盐类胶结物常被溶解，有的可见溶蚀残余，次生孔隙发育；⑤砂层中石英次生加大属Ⅱ级，在薄片下观察，大部分石英和部分长石具次生加大，自形晶面发育，有的见石英小晶体，在扫描电镜下，多数颗粒表面被较完整的自形晶面所包裹，有的自生晶体向孔隙空间生长，堵塞孔隙；⑥砂岩中的黏土矿物可见自生高岭石和I/S混层矿物，扫描电镜下可见丝状自生伊利石和叶片状、绒球状自生绿泥石，其他自生矿物有时可见钠长石、浊沸石等；⑦泥岩中的I/S混层黏土矿物，在A期包括两个转化带，即第一和第二迅速转化带，并结合有机质热成熟度指标，将A期区分为A_1和A_2两个亚期。

A_1期属部分有序混层，蒙脱石层占35%～50%，称为第一迅速转化带，其顶界古地温在80～90℃，有机质低成熟，R_o在0.5%～0.6%之间，孢粉颜色为橙色，TAI范围在2.5～2.7之间，T_{max}范围在435～440℃之间，岩石中次生孔隙开始发育，自生高岭石和石英加大普遍。

A_2期属有序混层，蒙脱石层约占20%，顶界温度95～110℃，有机质成熟R_o范围在0.5%～1.2%之间，孢粉颜色为橙色—褐色，TAI范围在2.7～3.7之间，T_{max}范围在440～460℃之间，为油气主要生成阶段。

晚成岩B期的标志有：①古地温变化范围为140～170℃；②有机质高成熟R_o=1.2%～2.0%，孢粉颜色为暗褐色—黑色，TAI范围在3.7～40之间，T_{max}范围在460～480℃之间，有凝析油和湿气产出；③砂岩中石英次生加大为Ⅲ级，薄片下几乎所有石英和长石具加大边且边宽，多呈镶嵌状，扫描电镜下，颗粒之间自生晶体相互连接，岩石已较致密，有裂缝发育，有的含有铁碳酸盐类矿物，高岭石含量明显减少或缺少，可见浊沸石、钠长石；④泥岩中有伊利石和蒙脱石层小于15%的有序混层矿物(即卡尔克博格式有序混层)，有序厚度为$R\geqslant3$，称为第三转化带。

由于蒙脱石层小于15%的有序混层，有时在伊利石含量较高的X衍射谱图中不易区分，所以在中国石油天然气总公司的成岩阶段划分初步方案中曾统称为伊利石带。但二者仍应尽可能加以区分。

晚成岩C期。相当于苏联学者划分的后生作用晚期，有机质热演化的变生作用期，达普尔斯的层状硅酸盐平衡变化阶段及斯密特的中成岩过成熟阶段。其标志有：①古地温大于170℃；②有机质过成熟，$R_o>2.0\%$，孢粉颜色为黑色，$T_{max}>500℃$，只产出干气；③岩石极致密，孔隙极少但裂缝发育，砂岩中可见晚期碳酸盐类矿物及钠长石、榍石等自生矿物；④石英加大属Ⅳ级，颗粒间呈缝合状接触，自形面消失；⑤砂岩和泥岩中代表性黏土矿物为伊利石及绿泥石，成分较单一，称为伊利石-绿泥石带。

3)表生期

表生期指沉积物固结深埋之后，因构造抬升暴露或接近地表，受到大气淡水的淋滤等作用。其主要标志有：①含低价铁矿物(如黄铁矿、菱铁矿等)的褐铁矿矿化及褐铁矿浸染现象；②碎屑颗粒表面的氧化膜；③半月形碳酸盐矿物胶结及重力胶结；④渗流充填物；⑤表生钙质结核；⑥石膏化；⑦表生高岭石；⑧溶蚀现象。

3. 储层成岩相

1)成岩相的内涵

Carvalho等(1995)提出，应以岩石学及岩石物理特征作为识别“成岩储集相”依据，后来成岩储集相被看作是成岩相，是研究储层成岩作用对储集岩石作用结果的描述词语，是成岩作用的物质表现概念，涉及成岩作用及其产物等内容，是与沉积岩石相对应的概念。

自成岩相的概念提出以来，不同的学者对成岩相的理解不同，其侧重点和定义也不尽相同。成岩相(diagenetic facies)普遍被认为是成岩历史中不同成岩作用的综合结果。不同成岩相说明原始沉积物由于矿物成分、岩石成分的变化，地理位置、构造形态、水化学性质或盆地热史的差异，在成岩演化过程中经历了不同类型和程度的压实作用、溶蚀作用、沉淀作用、胶结作用和交代作用(邹才能等，2008)。郑荣才(2007)认为，在特定沉积和成岩物理化学环境中的物质表现和成岩作用组合与演化的总体特征就是成岩相，包括碎屑物沉积时物理化学环境、碎屑沉积物固结成岩方式和成岩过程孔隙水演化历史3方面内容，可反演储层形成过程中各成岩阶段孔隙水的性质与储层发育关系。因此，不同成岩相组合控制了不同的储层孔隙发育特征和储集物性。邹才能(2008)认为，成岩相的内涵是在成岩与构造等作用下，沉积物经历一定成岩作用和演化阶段的产物，包括岩石颗粒、胶结物、组构、孔洞缝等综合特征，是构造、流体、温压等条件对沉积物综合作用的结果。其核心内容是现今的矿物成分和组构面貌，主要是表征储集体性质、类型和优劣的成因性标志。综合国内外研究成果，所谓成岩相是指在一定成岩环境下各种成岩作用反映在岩石的岩石学、矿物学和地球化学特征上的综合物质表现。

2)成岩相的划分依据

成岩相是决定碎屑岩储集层的储集性能及其油气富集的核心要素，代表成岩环境和成岩矿物的综合。近年来，国内外学者对成岩相总结了多套分类方案，邹才能(2008)根据成岩作用和成岩相的成岩机制和勘探需要，提出了成岩相的4步评价法：①沉积成岩环境分析，确定成岩相宏观分布规律；②确定单井成岩相类型及模式，编制单井成岩相分布图；③通过测井相分析和地震相预测，确定成岩测井相及其岩性和孔渗分布，探求无取芯井间成岩相类型及分布；④成岩相综合分析评价，根据勘探需要编制相应的成岩相平面、剖面分布图，实现了半定量—定量预测有利成岩相带的目的。结合沉积成岩环境，通过深入探讨成岩相的成因机制，可以更好地预测各种成岩相的空间分布，从而为评价和预测有利储集体、开展精细油气勘探服务。

一般来说，成岩相的划分应考虑成岩作用、沉积物所经历的成岩阶段、成岩过程中的指示标志矿物、主要成岩事件及成岩演化序列。目前国内外学者主要根据成岩矿物、成岩事件、成岩环境等进行成岩相的划分和命名，直接反映了成岩作用和成岩阶段的特征。

姚光庆等(2018)利用各种研究手段对涠西南凹陷流三段储层的成岩作用和成岩矿物进行精细研究，并在高度总结其成岩演化规律的基础上，利用成岩作用强度将研究区储层划分为五大类，分别为弱压实-弱胶结相、中等压实-中等溶蚀相、强压实-中强溶蚀相、强压实-充填相、致密碳酸盐胶结相。根据压实作用和胶结作用综合图(图 3-23)来进行成岩相的划分是定量评价成岩相的有效方法，该方法充分考虑了压实作用、胶结作用以及溶蚀作用对岩石的影响程度。利用粒间孔隙体积的压缩程度来表示岩芯薄片规模的储集层的压实状况，提出与储集层物性相联系的视压实强度概念，即

$$视压实率=\frac{初始孔隙度-压实后粒间体积}{初始孔隙度}\times100\%$$

其中，细砂岩原始粒间体积一般取 35%～40%，压实后粒间体积为实际储集层铸体薄片的粒间孔隙体积、胶结物体积和杂基体积之和。视压实强度越大，岩芯薄片规模的储集层粒间体积越小，孔隙损失越多。

视胶结率反映粒间胶结物占粒间体积的比率：

$$视胶结率=\frac{胶结物体积}{胶结物体积+粒间孔体积}\times100\%$$

溶蚀率反映溶蚀作用对储层改造的强弱：

$$溶蚀率=\frac{溶蚀孔体积}{100-初始孔隙度}\times100\%$$

定量计算结果划分成岩相标准如表 3-6 所示，视压实率、视胶结率以及视溶蚀率数据可以从铸体薄片分析中获取。

表 3-6　成岩指数与成岩作用强度对照表

成岩指数	指标		
	>70%	30%～70%	<30%
视压实率	强压实	中等压实	弱压实
视胶结率	强胶结	中等胶结	弱胶结
溶蚀率	强溶蚀	中等溶蚀	弱溶蚀

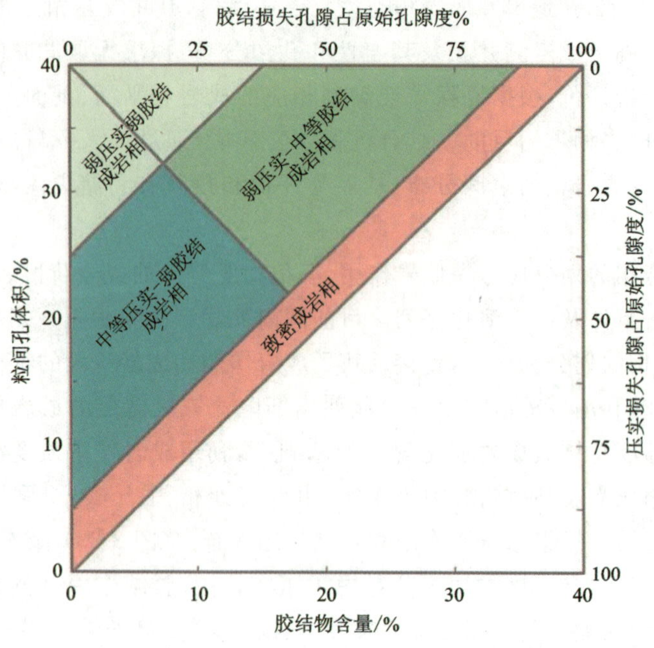

图 3-23　压实作用和胶结作用综合图

成岩相的命名方法建议:采用成岩程度+成岩相的命名方式,压实、胶结、溶蚀 3 种作用强度可以强调 2 种或者 3 种,如弱压实弱胶结强溶蚀成岩相、强压实强胶结成岩相。次级成岩相一般针对各类具体的胶结物类型加以强调,如致密碳酸盐胶结成岩亚相、黏土矿物胶结成岩亚相等。

第四章　碳酸盐岩储层沉积学及储层成岩作用基础

碳酸盐岩作为一种盆地内源沉积，在岩石矿物组成、沉积物的形成和堆积机制以及后期成岩改造等许多方面与碎屑岩存在很大差别（表4-1），从而使得碳酸盐岩储层的形成也较碎屑岩复杂，具有多样性特征。储层的形成和发育不仅与沉积作用有关，而且还与成岩改造及其构造作用存在密切关系。因此，要开展碳酸盐岩储层地质研究不仅需要了解其沉积学的基础知识，同时还必须掌握基本的成岩改造特征。

表4-1　现代和古代碳酸盐岩与硅质碎屑岩的沉积特征比较（据碳酸盐岩气田地质与勘探编委会，1996修改）

沉积特征	碳酸盐岩	硅质碎屑岩
沉积范围	大多数碳酸盐沉积物沉积于温暖的浅水环境	不受气候约束，全球均有沉积
成因与搬运距离	主要为海相成因，搬运距离短或原地沉积	主要为陆源成因，搬运距离长
粒径	反映骨骼、生物产物及沉积颗粒大小	反映环境中的水动力能量
颗粒成分	反映沉积环境	反映碎屑物源区
泥质	指示生物产物或微小晶体的物理-化学沉淀	只表示悬浮碎屑细粒物的沉降
砂（屑）体	主要由局部产生的颗粒组成，水动力条件一般不发生变化	仅由水流和波浪作用形成
胶结作用	沉积物在沉积环境中普遍胶结	沉积环境中的沉积物一般保持未固结状态
礁丘原地生长	礁丘原地生长形成地形起伏构造	无类似过程
周期性暴露影响	可导致孔隙和矿物成分产生成岩变化	对孔隙和矿物成分影响不大
孔隙度预测	由于早期成岩作用的影响，与沉积环境有关的孔隙度难以预测	可预测与沉积环境有关的孔隙度

第一节　碳酸盐岩储集体沉积学基础

现代碳酸盐岩沉积学研究表明，碳酸盐岩主要是在化学、生物及生物化学作用下形成的，沉积于温暖、水浅、清洁且具有良好透光性的沉积水域中，它的分布与气候、纬度、地形及海平面变化具有密切的关系。大量现代碳酸盐岩沉积区主要分布于南北纬35°之间广阔、温暖的浅水台地上(Wilson,1975)。因此,对碳酸盐岩沉积学的研究几十年来主要集中在对碳酸盐岩台地的研究方面。

一、碳酸盐岩台地的概念及其分类

台地是海域中任何一个水平面或接近水平的较平坦而广阔地域的一般称谓,它非常广阔,宽可达1000米至数千千米,通常形成于克拉通地区,为浅海覆盖,与深海以斜坡为界。碳酸盐岩台地可以出现于所有的古构造环境中,但最主要的是被动大陆边缘盆地和克拉通盆地。

碳酸盐岩台地具有不同的形态。根据现代碳酸盐岩沉积边缘的特征,Read(1985)将其划分成均匀缓坡(如波斯湾和澳大利亚的沙克湾)、末端变陡的缓坡(如墨西哥尤卡坦)、镶边陆架(如佛罗里达和昆士兰)、孤立台地(如巴哈马和大查戈斯)以及沉积大陆架(如布莱克台地)5种类型(图4-1)。

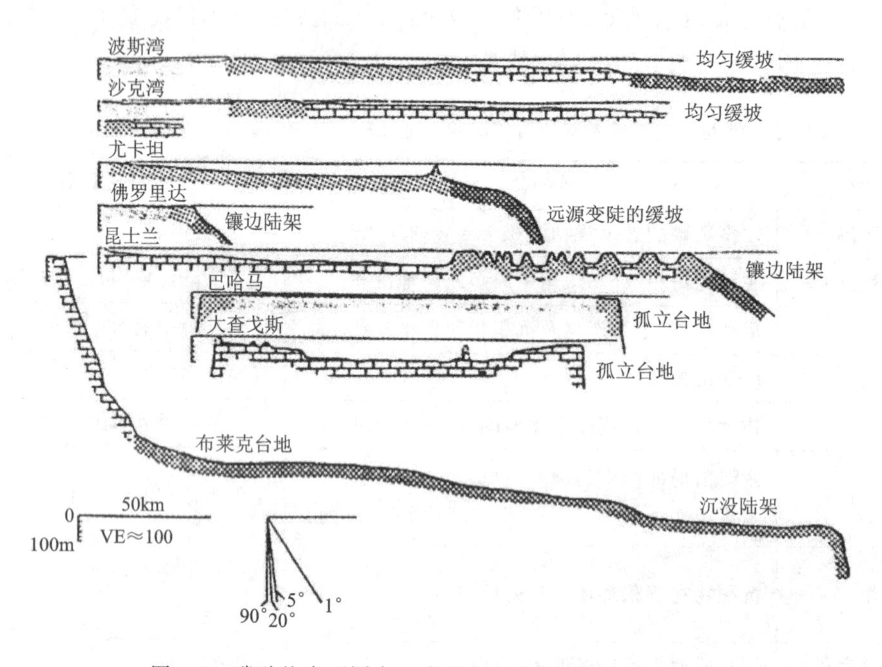

图4-1　碳酸盐岩不同台地类型的形态特征(据Read,1985)

均匀缓坡,一般以相对一致的缓斜坡(一般小于1°),几米/千米延伸进入到盆地。

远源变陡的缓坡,具有一些缓坡的特征(台地上从搅动的浅水均匀过渡到波基面以下)以及具有一些镶边陆架的特征(斜坡相包含了丰富的滑塌、角砾和异地灰砂),但与镶边陆架不同的是主要坡折没有出现在高能边缘的向海边缘,而是出现在高能砂滩的向海方向数千米以外,因此深水中的角砾缺乏来自浅水的砂和礁碎屑。

镶边碳酸盐岩陆架,主要是指波浪搅动的外边缘以坡度的明显增加进入深水为标志(通常小于60°)。沿着陆架边缘它们具有半连续到连续的镶边或障壁,并限制了陆架内的海水循环和波浪作用(Ginsburg and James,1974)。

孤立台地，一般位于裂谷型的大陆边缘或过渡壳上，台地宽几十千米到几百千米，水深几十米到几百米，周围被深水包围，部分这样的台地可以形成环礁，特别是具有深的潟湖和上升的边缘时。

沉没台地是当缓坡、镶边陆架、孤立台地的沉陷速率或海平面上升速率超过其自身向上建造的速率时，遭受初始沉没或完全沉没（透光带以下）而形成的（Kendall and Schlager，1981）。

二、碳酸盐岩台地相模式

碳酸盐岩台地沉积相模式的研究是自20世纪70年代开始广泛掀起的，至80年代达到高潮。其间国外比较有代表性的模式有Shaw（1964）和Irwin（1965）的陆表海模式，Ahr（1973）的陆表海模式、Wilson（1975）的碳酸盐岩台地模式及台地边缘分类、Tucker（1980）的沉积模式、Read（1985）的台地类型及其相应的相带模式、James和Kendall（1992）的台地分类及其相带模式等。国内关仕聪（1980）也曾针对我国南方古生界碳酸盐岩台地的特征建立了一个相应的沉积模式。这些模式中大部分是根据某一种类型的台地所建立的，能够比较系统地从不同台地类型角度去考虑相带类型和分布差异性的是Read（1985）的模式。由于台地类型与相带发育之间关系密切，本节将以Read（1985）的模式为基础，按照主要台地类型来分述相带分布。

1. 碳酸盐岩缓坡

碳酸盐岩缓坡是较缓的斜坡（一般小于1°），斜坡向下没有明显的坡折，就进入到比较深的低能沉积（Ahr，1973）。受台地形态的影响，缓坡在水动力上的特征是远洋波浪在向陆地方向运动过程中由于逐步触及海底而逐渐减弱，至近滨地带波浪才完全破碎并冲刷海底，形成一个能量条件相对较强的高能带。

关于缓坡的沉积环境，Wright（1986）、Buxton和Pedley（1989）、Tucker和Wright（1990）以及Burchette和Wright（1992）、马永生等（1999）均对此进行过划分。

由于外缓坡和盆地在沉积相特征上不易区分，因此，本节采用Tucker和Wright（1990）的划分方案，由滨岸向海方向依次划分为后缓坡、浅缓坡、深缓坡和盆地4个沉积环境（图4-2）。

后缓坡：包括潮汐作用带及以上的环境，亚环境包括潮坪和潟湖，水动力特征以潮汐作用为主，同时气候对水体盐度、生物群及其矿物的沉淀起主要控制作用。

浅缓坡：指潮汐作用带以下至正常浪基面之间的水域，水动力特征以波浪作用为主。

深缓坡：指正常浪基面与风暴浪基面之间的水域。由于正常波浪作用触及不到海底，因此水动力特征以风暴作用为主。

盆地：靠近陆地的一侧为风暴浪基面延伸至密度跃层，特大风暴潮可能影响海底沉积作用，因此水体尚具有一定的流通性。靠近海洋的一侧为密度跃层以下的静水环境，水体氧逸度很低，还原性强。

碳酸盐岩缓坡的沉积相模式因缓坡形态不同而存在差异，可以分为均匀缓坡沉积相带模

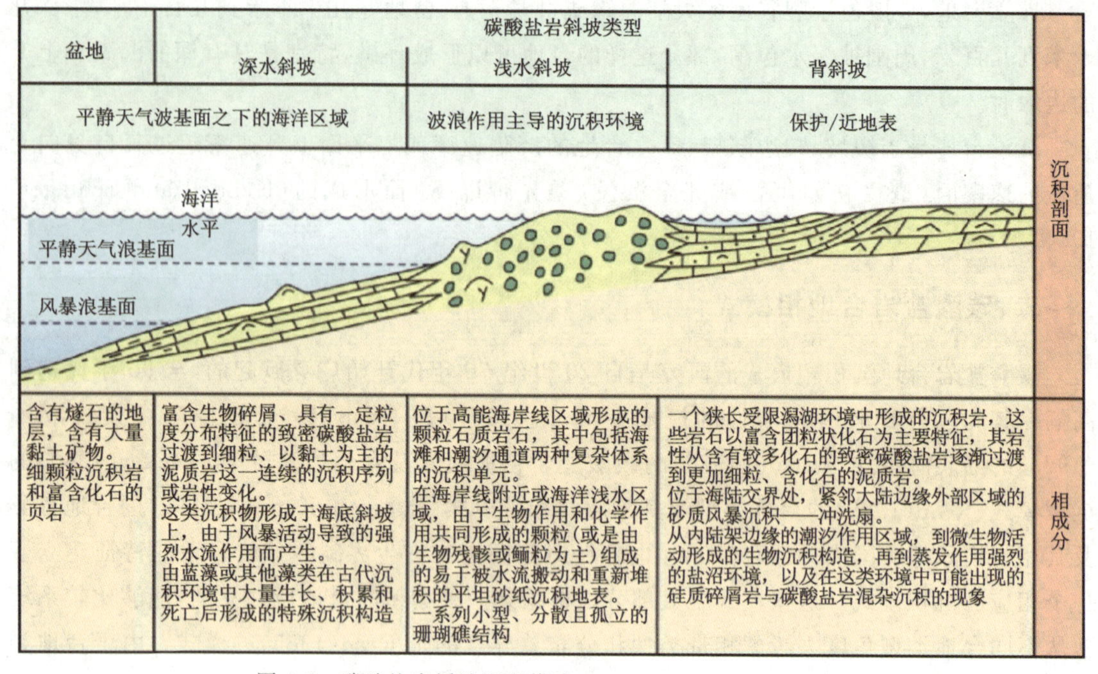

图 4-2　碳酸盐岩缓坡沉积模式(据 Tucker and Wright,1990)

式和远源变陡缓坡沉积相带模式。

均匀缓坡的相单元由陆地向海方向包括:①潮坪和潟湖相,代表了后缓坡环境的沉积产物;②骨骼碎屑或鲕粒/球粒浅滩复合体,对应于浅缓坡环境的沉积产物;③较深缓坡泥质的粒泥灰岩和泥灰岩,含开阔海生物群、完整化石、结核状层理和向上变细的风暴层序以及潜穴构造,也可以出现胶结作用强烈的下斜坡生物建隆;④外缓坡或盆地相灰泥岩及页岩夹层,少见角砾和浊积岩(图 4-3)。

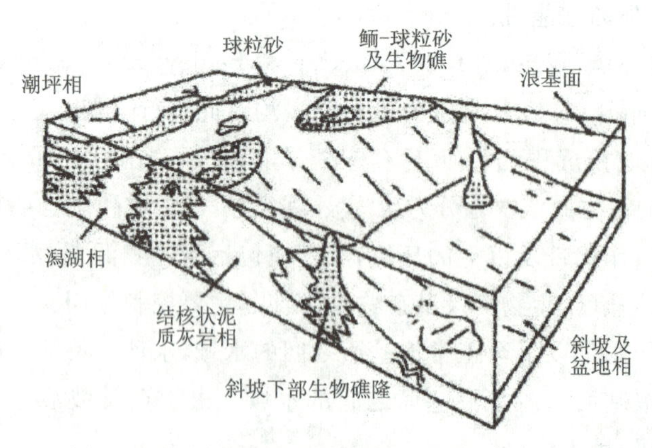

图 4-3　均匀缓坡的沉积相带模式(据 Read,1985)

远源变陡的缓坡在近滨地带的沉积相带发育与均匀缓坡相类似,但在浅水砂滩复合体的向海方向,与均匀缓坡具有差异。当缓坡能量条件较低时,较深缓坡环境中一般广泛发育灰泥岩席,而当缓坡能量较高时,则广泛发育灰砂席。此外,最重要的区别在于斜坡和盆地相,由于存在一个陡的边缘，因此，除了发育灰色—黑色均等层理的泥灰岩和粒泥灰岩以及纹层状的泥页岩外，还发育大量滑动、截切构造和滑塌角砾岩(图 4-4)。

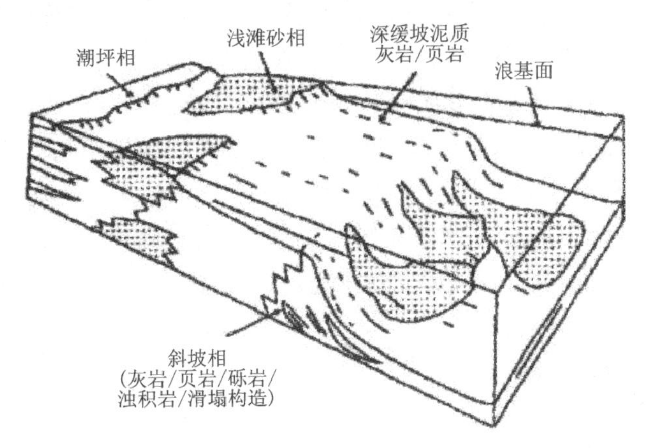

图 4-4　远源变陡缓坡沉积相带模式(据 Read,1985)

2. 镶边碳酸盐岩陆架

镶边可以由障壁礁、骨骼或鲕粒砂或岛屿组成。镶边碳酸盐岩陆架很可能在低纬度陆棚地区发育，也常见于热带区板块聚合带边缘火山弧或沉积弧区。由于高纬度地区(温-冷水陆棚)造礁生物不繁盛，所以镶边碳酸盐岩陆架在这些地区是不发育的，而以碳酸盐岩缓坡模式为主。

Read(1985)根据陆架边缘的特征进一步将其划分成沉积或加积边缘型、跃积边缘型和侵蚀边缘型 3 种类型。不同类型镶边陆架的相带构成，特别是台地边缘的相带特征具有一定差异。

沉积或加积边缘型指台地边缘的沉积作用超过了相对海平面的上升，导致陆架的前积和垂向加积，且以前积作用为主，因此这种边缘常缺乏高的陡崖(图 4-5)。主要沉积相单元包括：①潮坪和潟湖，局部发育斑点礁和骨骼滩；②陆架边缘骨骼或鲕粒砂；③陆架边缘礁；④环台地或前斜坡灰砂、角砾和半远洋灰泥层；⑤下斜坡/盆地边缘钙质浊积岩、页岩、席状和渠状角砾；⑥深水远洋和半远洋灰泥、远源浊积岩和页岩。

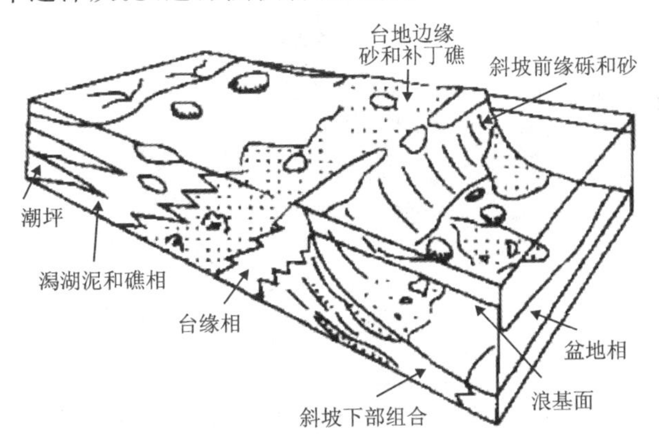

图 4-5　沉积或加积型镶边陆架沉积相带模式(据 Read,1985)

对于这种类型的台地,Wilson(1975)还根据斜坡的角度以及水动力能量强弱进一步分成3类:低能型边缘,主要以灰泥丘或生物碎屑丘的堆积为主,灰泥丘之后有砂滩;中等能量的边缘,主要以圆丘礁的堆积为主,礁丘之后有砂滩;高能边缘,主要发育骨架礁和倒石锥。

跃积边缘型主要出现在台地边缘具有快速垂向加积作用情况下,侧向加积作用很少。因此,这种类型的台地边缘一般易于形成陡崖或冲沟状斜坡(图 4-6)。沿台地边缘的相带主要包括:①礁和灰砂及砾;②陡崖(200m 或更高,代表了沉积物从边缘到斜坡的越过);③陆架边缘礁;④环台地倒石锥;⑤具有冲沟的跃积斜坡灰泥;⑥下斜坡近源浊积岩、角砾岩和灰泥;⑦盆地远源浊积岩、灰泥和页岩。沉积相带上与沉积或加积边缘的区别在于礁前发育环台地边缘倒石锥,有时斜坡上还发育被灰砂和灰砾充填的沟壑。

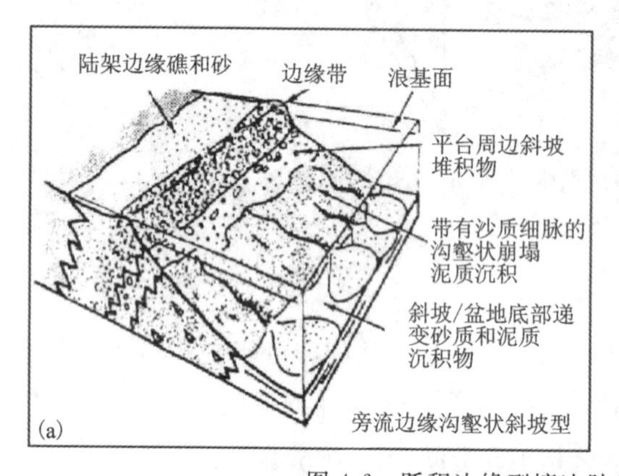

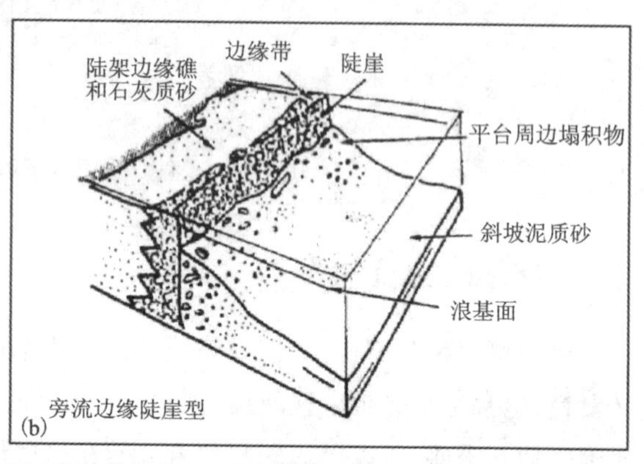

图 4-6 跃积边缘型镶边陆架沉积相带模式(据 Read,1985)

侵蚀边缘型镶边陆架以发育高耸陡峭的悬崖为特征(可达 4km 高度),礁镶边着台地边缘,并且上陡崖的几百米暴露在海面以上。受洋流、潮汐流及其波浪作用影响,被侵蚀的陡崖岩石垮塌形成环台地边缘倒石锥和环台地砂。因此,沿台地边缘的相带主要包括:①礁和灰砂及砾;②陡崖(200m 或更高,代表了沉积物从边缘到斜坡的越过);③环台地倒石锥(图 4-7)。

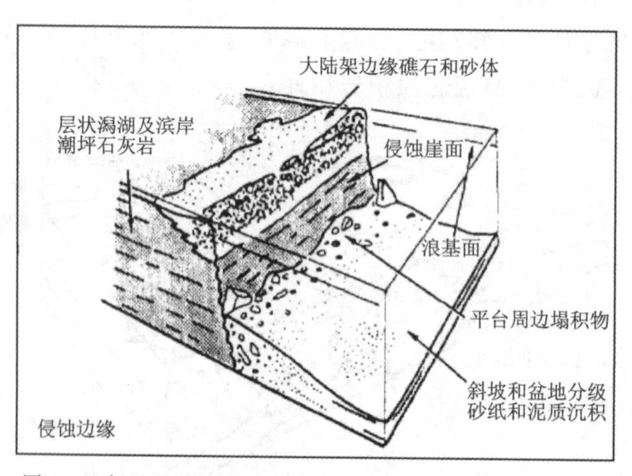

图 4-7 侵蚀边缘型镶边陆架沉积相带模式(据 Read,1985)

3. 孤立台地

孤立台地宽几十米至几百千米，位于裂谷型大陆边缘或过渡壳上，周围被深水包围。部分这样的台地称为环礁，特别是具有较深的潟湖和上升的边缘时。但它们不同于真正的海洋环礁，因为这些环礁主要以洋壳上的火山为基础建立的。孤立台地与其他类型台地的主要区别之一在于边缘有迎风和背风之分。

孤立台地的边缘可以呈现类似于缓坡的缓倾斜型，但更常见的是类似于镶边陆架陡坡边缘。孤立台地的相带包括：①台地内部潟湖相；②台地边缘礁、滩相；③边缘陡崖；④台地边缘倒石锥和环台地砂；⑤滑塌重力流和沟壑跃积斜坡相（主要由远洋灰泥和被灰砂和灰砾充填的沟壑组成）；⑥下斜坡和盆地边缘浊积岩及软泥或岩礁；⑦盆地相末梢浊积岩和软泥（图 4-8）。

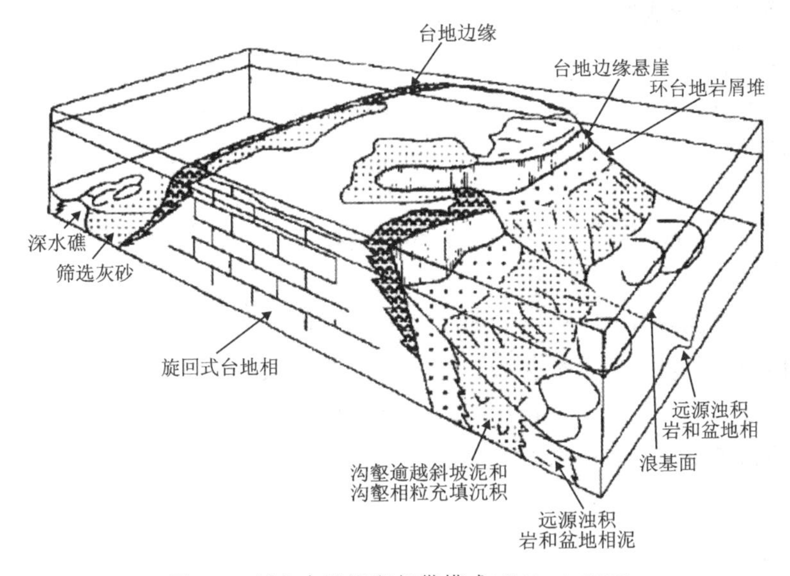

图 4-8　孤立台地沉积相带模式（据 Read，1985）

4. 沉没台地

碳酸盐岩台地的沉没问题在于向上建造的速率一般大于构造沉陷的速率和海平面上升的速率。碳酸盐岩台地（礁）的增长速率最大，为 1～10m/千年。而在被动大陆边缘台地长期的构造沉陷速率一般为 1～10cm/千年，在前缘台地的构造沉陷速率超过 50cm/千年，这些速率远小于礁和骨骼滩的堆积速率，因此沉没要求脉冲式的沉陷和海平面上升必须大于平均或生物群落的回弹速率。

按照 Read（1985）的划分，沉没台地可进一步分成初始沉没的台地和完全沉没的台地。

初始沉没台地是指台地表面仍位于透光带内，因此沉没后的碳酸盐岩沉积系统仍然可以得到恢复。大多数古代陆架上加积的形式更为常见，但相比之下，许多现代台地反映了冰川后海平面的迅速上升造成的初始沉没。这样发育了相对较深的潟湖以及上升的塔礁、斑点礁和台地边缘。完全沉没台地是指台地被完全沉没至透光带以下，碳酸盐岩沉积无法得以有效恢复,由此造成台地发育终止或消亡。

当沉陷速率或海平面上升超过向上建造的速率时,缓坡、镶边陆架、孤立台地遭受初始沉没或完全沉没(透光带以下)(Kendall and Schlager,1981)。在开阔海中,透光带一般可达到100m。沉没后的台地可以被硬底、深水结核状的泥质灰岩、远洋碳酸盐岩、环台地倒石锥覆盖且具有大量硬底的密集段或者非沉积作用的水下不整合或化学沉积(包括锰结核、磷酸盐等)发育。

对于初始沉没,因沉没台地的类型不同,系统恢复的相带特征具有一定差异。海平面迅速上升形成的沉没缓坡,显示了盆地和深缓坡相上超于浅缓坡碳酸盐岩之上。在较深的下斜坡缓坡相和下斜坡建造可以直接被化学沉积与斜坡/远洋或半远洋相覆盖。

海平面迅速上升形成的沉没镶边陆架,显示了上升的台地边缘以及深潟湖和下斜坡塔礁的发育。海平面上升形成的沉没孤立台地,造成边缘的上升及深的内台地。镶边和孤立台地的沉没可以导致镶边礁的后退并在其前面留下一个深的沉没陆架。当相对海平面上升减缓时,镶边陆架上又可出现边缘的向上建造。在缓坡和镶边台地沉没过程中,大量孤立的建造可以发育于沉没的台地上。

第二节　碳酸盐岩储集体的成岩改造

碳酸盐沉积物自沉积以后,可先后经历同生/早期海水成岩作用、早期淡水-海水成岩作用、埋藏成岩作用以及表生期大气淡水成岩作用(抬升地表)等多个成岩环境和复杂的成岩改造阶段。主要的成岩作用类型包括胶结作用、机械压实作用、化学压溶作用、溶蚀作用、白云岩化作用、重结晶作用和破裂作用。其中,有些成岩作用对储集性能的改善是建设性的,有些则是破坏性的。

一、破坏性成岩作用

1. 胶结作用

碳酸盐岩中各种胶结矿物以孔壁附着和基质微孔隙充填的形式出现,主要胶结矿物包括方解石、白云石、石膏和硬石膏、硅质矿物(如石英)等。胶结作用可以发生在原始海底、早期大气淡水、表生期大气淡水以及地下埋藏等各种成岩环境条件下,不同成岩环境下所形成的胶结物在形态和岩石学特征上具有一定的差异性。一般来说,海底成岩环境下形成的胶结物具有纤状、叶片状结构(文石和镁方解石),大气淡水渗流带胶结物具有新月形、悬垂形结构,埋藏胶结物具有粗粒、嵌晶状结构。由于这些胶结物形成的成岩环境不同,往往具有不同的元素地球化学记录,特别是Fe、Mn、Sr等元素含量差异显著,因此可利用阴极发光显微镜进行区分。

胶结作用对储层的影响表现在两个方面,消极的一面是充填孔隙使储集层质量降低,积极的一面是可使得碳酸盐岩沉积物过早岩化,这样可进一步抵抗机械压实作用和化学岩溶作用,使得一部分原始孔隙如粒间孔、溶孔、窗格孔等得以保存。

2. 机械压实作用

机械压实作用主要发生于尚未岩化的颗粒灰岩中，主要以下列3种机制减小孔隙度：①塑性颗粒的变形；②脆性颗粒破碎；③固体颗粒的旋转与滑动。在无塑性颗粒情况下，压实作用通常可使孔隙度损失10%，灰泥经机械压实所减少的孔隙度可以高达30%；如果塑性含量高，压实作用可使得所有的粒间孔隙消亡(Jonas and McBride,1977)。

3. 化学压溶作用

化学压溶作用是一种中期成岩事件，通常在埋藏深度超过500m以后才开始出现，因此属于埋藏环境中的成岩产物。它以缝合线的发育为典型标志，可以出现在颗粒支撑及灰泥支撑的组构中。颗粒支撑结构的岩石经化学压溶，原始的点接触转变成长条状、凹凸状微缝合接触。束状缝和溶解缝主要形成于泥质支撑的组构岩石中。柱状缝合线则发育在岩化的颗粒支撑和泥质支撑组构中。压溶作用可导致颗粒灰岩的原始粒间孔隙消失，并使得地层厚度大幅度减小。

二、建设性成岩作用

1. 溶蚀作用

溶蚀作用是碳酸盐岩储层形成的主要成岩作用之一，其成因机制复杂，且可以贯穿于岩石的整个沉积、埋藏和抬升剥蚀过程中，因此它是碳酸盐岩储层成岩作用研究的主要对象。目前不同的学者有不同的分类方案，概括起来主要有以下几种：一是根据溶蚀作用与岩石组构关系将其分为选择性溶蚀作用和非选择性溶蚀作用；二是根据溶蚀作用发生的时间将其分为同生溶蚀作用、近地表溶蚀作用、埋藏溶蚀作用和晚期与断层或不整合有关的溶蚀作用等；三是主要根据溶蚀作用的成因机制将其分为大气淡水溶蚀作用、混合水溶蚀作用、与硫酸盐还原作用有关的溶蚀作用、与酸性流体有关的溶蚀作用等。

1)选择性溶蚀作用和非选择性溶蚀作用

选择性溶蚀作用：属于一种早期成岩事件。由于海平面下降，沉积后不久的沉积物被暴露于大气淡水渗滤带条件下，大气淡水对岩石进行有选择的溶蚀。溶蚀对象主要是由文石、高镁方解石等不稳定矿物组成的鲕粒、生物碎屑等颗粒，以形成鲕模孔及生物模孔为主。由于岩石处于渗流带，水体自上而下流动，从颗粒上部向下渗透，颗粒上部容易被溶蚀形成孔，下部不易被溶蚀而被保留。

非选择性溶蚀作用：发生在埋藏期，含有机酸、CO_2及H_2S的酸性水对碳酸盐岩进行溶蚀，溶蚀作用不是针对易溶物质或矿物，而是对全岩进行溶蚀，形成了丰富的晶间溶孔、溶洞及溶缝。

选择性溶蚀作用与非选择性溶蚀作用两者存在很大的区别，主要表现在以下几个方面：①形成时间不同，前者发生在准同生-早期成岩阶段，后者发生在深埋成岩阶段；②流体性质不同，前者水体为大气淡水，孔隙中充填方解石，后者为咸水，含大量有机酸、CO_2及H_2S，对非选择性溶蚀起了重要作用;③溶蚀作用方式不同,前者是选择性溶蚀,主要对岩石中的易溶颗粒或矿物进行溶蚀,后者溶蚀没有选择性,对全岩进行溶蚀;④溶蚀作用结果不同,前者以形成鲕模孔、生物模孔为主,后者以形成晶间溶孔、溶洞及溶缝为主。

2)早期溶蚀作用、埋藏溶蚀作用和晚期表生溶蚀作用

早期溶蚀作用主要发生于沉积物沉积后不久,高频海平面变化,可以导致其间歇性地暴露于大气水条件下,从而受到大气淡水的影响,使得不稳定的矿物(文石、高镁方解石和盐类)发生溶解。从溶蚀作用的机理上看,可以单独由大气淡水引起,也可以由海水-淡水混合作用造成。

埋藏溶蚀作用主要由以下几种流体机制产生:①不同物理化学性质孔隙水的混合作用;②无机矿物转化时产生的酸性流体、有机质热演化产生的富含 CO_2 的酸性流体活动;③深部上升热流体的冷却作用。因此,埋藏溶蚀作用可以发生于具有先存孔渗性的层状地层中,也可以沿着断裂发生。

晚期表生溶蚀作用主要发生在地层被构造抬升期间,分布于不整合面以下一定深度范围内,是大气淡水溶蚀和混合水溶蚀共同作用的结果。长期的风化淋滤溶蚀作用可以形成大规模的岩溶系统,形成重要的碳酸盐岩储集体。世界上许多重要的碳酸盐岩油气田均与这种溶蚀作用有关,我国塔河油田奥陶系碳酸盐岩储集体就是在这种溶蚀作用下形成的。

3)混合水溶蚀作用、与硫酸盐还原作用有关的溶蚀作用、与酸性流体有关的溶蚀作用和与冷却作用有关的溶蚀作用

混合水溶蚀作用首先是由 Bogli(1964)提出的,认为当两种饱和的 $CaCO_3$ 溶液发生混合时会产生 $CaCO_3$ 不饱和的溶液,从而重新对 $CaCO_3$ 具有溶解性。他用 $CaCO_3$ 在 CO_2 水溶液中的溶解度曲线来解释混合溶蚀作用。以水溶液中的平衡 CO_2 为横坐标,以 $CaCO_3$ 的溶解度为纵坐标,可得到如图 4-9 所示的曲线。在该曲线上,W_1(4.70,121.29)和 W_2(372.3,605.56)处的水溶液与 $CaCO_3$ 正好处于平衡状态,当两点处的水溶液以不同的比例混合时,混合水的成分落在 W_1 与 W_2 的连线 W_1W_2 上。当混合比例为 1∶1 时,混合水的成分处在 W_1 和 W_2 连线的中点 T 上,该点处的平衡 CO_2 含量为 188.5mg/L,$CaCO_3$ 溶解量为 363.425mg/L。由于在水溶液中的平衡 CO_2 含量等于 96.412 5mg/L 时,即可溶解 363.425mg/L 的 $CaCO_3$(图中 C 点),故混合作用在溶液中产生了 92.087 5mg/L 的平衡 CO_2 盈余(即 TC 的长度),该盈余量中只有一部分(BT)用于继续溶解 $CaCO_3$,其余部分则仍保持为平衡 CO_2。达到溶解平衡时,混合水中的 $CaCO_3$ 溶解量为 435.686mg/L,平衡 CO_2 含量为 156.699mg/L(图中 A 点),故混合作用所增加的 $CaCO_3$ 溶解量为 72.261mg/L(图中直线 AB 的长度)。在图 4-9 中,直线 TA 是通过 T 点作 DE 的平行线而得到的,D 点处的坐标为(44,0),E 点处的坐标为(0,100),因此过 T 点作 DE 的平行线表示的是每溶解 100mg 的 $CaCO_3$,需消耗 44mg 的平衡 CO_2。

在上述混合溶蚀作用的基础上,Plummer(1975)、Busenberg 和 Plummer(1982)、Back(1984)提出了盐水-淡水混合腐蚀效应。基本结论是:当方解石过饱和的海水同方解石呈平衡状态的淡水混合后会降低方解石的饱和度,使混合溶液变成不饱和水而重新对方解石具有侵蚀性。混合水的这种非饱和特性可能是由于离子力的影响引起的(通过离子络合物和非离

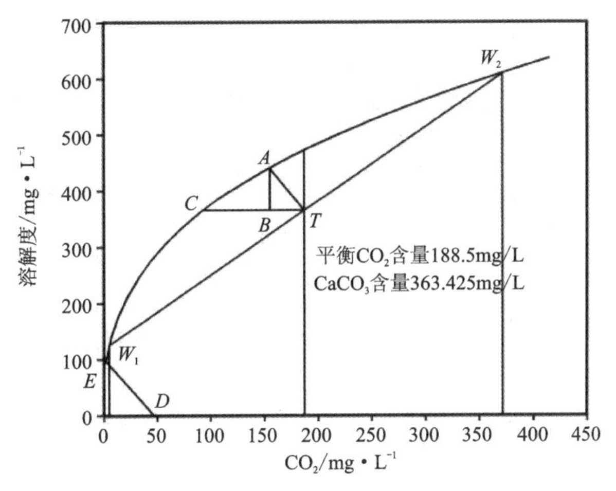

图 4-9　混合水溶蚀作用图解(据 Bogli,1964)

子组分的形成引起的有效浓度或活度的降低)。因此,一个对于方解石饱和的淡水,在没有加入更多 CO_2 的情况下,与咸海水混合后会变得更具有侵蚀性。

与酸性流体有关的溶蚀作用可以出现在多种条件下,地表大气淡水的溶蚀作用(为具有一定 p_{co_2} 的酸性流体)、埋藏过程中来自无机矿物的转化时产生的酸性流体、有机质热演化产生的富含 CO_2 的酸性流体均对碳酸盐岩矿物具有强烈的溶蚀性,可以形成局部或广泛的溶蚀孔隙。

与硫酸盐还原作用有关的溶蚀作用属于一种有机物质-岩石-流体之间的耦合作用,包括两种不同的反应类型:一种是热化学硫酸盐还原反应(TSR),主要发生在 80～200℃之间的高温成岩环境下;另一种是生物硫酸盐还原反应(BSR),主要发生在 0～80℃之间的低温成岩环境下(Machel,1997)。前者对油气的意义更为重要。高温作用下硫酸盐与烃类之间的 TSR 反应可以产生包括硫化氢、有机酸、碳酸和沥青等一系列产物(Machel,1990),从而对反应现场的岩石特别是白云岩产生强烈的溶蚀作用,成为埋藏期间白云岩中溶蚀孔隙形成的主要机制之一。加拿大不列颠哥伦比亚省中泥盆统斯莱弗波因特组气藏的白云岩储层、阿尔伯塔省 Brazeau 河地区的上泥盆统 Nisku 组的白云岩化礁储层(Manzano,1990,1997),以及阿拉伯联合酋长国阿布扎比地区上二叠统—下三叠统 Khuff 组白云岩化储层(Worden et al. ,1996)均与这种成因类型的溶蚀作用有关。

深部热流体的上升冷却作用也是碳酸盐岩地层中产生局部规模溶蚀作用的机理之一,Giles 和 Boer(1989)曾详细描述过冷却地层水对碳酸盐矿物的溶解作用机制,在初始状态下处于平衡并含有碳酸钙的孔隙水因遭受冷却作用而使其所含有的碳酸钙变得不饱和(冷却作用可使方解石的溶解度改变)。因压实作用从沉积物中释放出来的流体可以沿断层向上运移,从而在断层附近发生流体的冷却作用。在断层停止提供流体通道的部位,便可导致流体向与之相邻的岩石渗透。如果这种岩石含有方解石并具有一定的渗透率,碳酸盐矿物的溶解作用便可在此发生。

2. 白云岩化作用

白云岩化作用是碳酸盐岩地层中极为普遍的一种成岩现象,遍布于整个地质历史时期。灰岩地层经白云岩化后,岩石的物理化学性质和结构构造的变化,导致岩石的物性特征得到了明显的改善,从而使得白云岩在许多盆地中成为一种重要的油气储层。

由于白云岩化的形成机理与其空间分布关系密切,为了能从地质控制机理角度把握其分布的内在规律,达到空间预测的目的,对白云岩成因的研究长期以来一直是白云岩研究的核心问题,目前按照白云岩化作用的形成环境和白云岩化作用的特征提出了不同的白云岩化模式(图 4-10)。

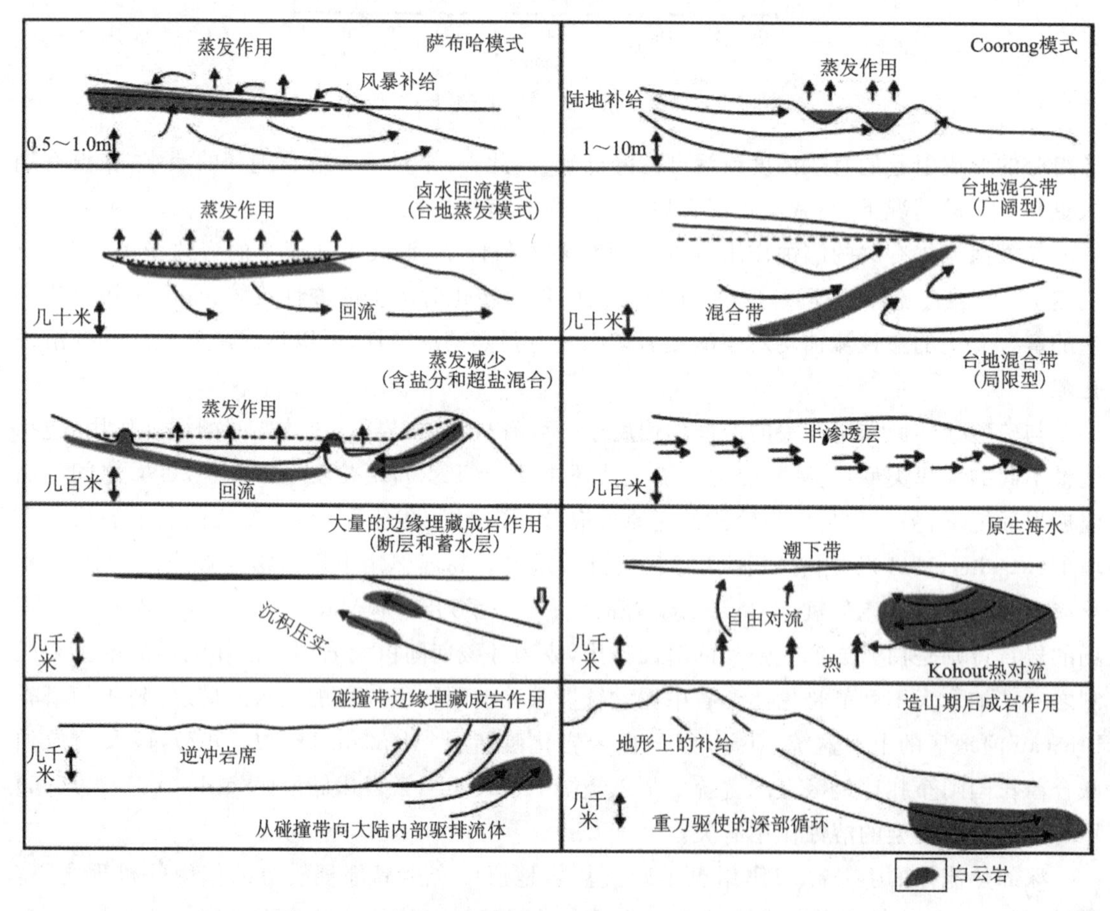

图 4-10　不同类型的白云岩化作用模式(据 Warren,2000)

1)蒸发泵模式

该模式是由 Hus 和 Siegenthaier(1969),Makenzie 等(1980)提出的,按照这个模式,必须有 3 种作用——先是海水泛滥,其后是盐沼表面的毛细管蒸发作用,最后是蒸发泵吸,3 种作用相结合才能实现白云岩化作用。当文石、石膏、硬石膏相继沉淀后,Mg^{2+}/Ca^{2+} 值可从 7 增加到 27。通过不断的海水泛滥和连续的蒸发泵吸作用,一方面不断给白云岩提供含 Mg^{2+} 的新鲜海水,以补充白云岩表面附近因蒸发而损失的地下水和白云岩化作用而减少的 Mg^{2+};另一方面白云岩化作用则可释放出Ca^{2+}，进一步促使更多的硬石膏发生沉淀。

目前，该模式对含Mg^{2+}海水的补充机制仍有争议，将蒸发泵吸作用作为主要海水补给机制的最大质疑在于海水通过多孔沉积物向大陆方向流动的速度太慢，不足以为白云岩化作用提供充足的Mg^{2+}源，而海水泛滥则可直接造成潜水面的快速上下波动（波动的垂直距离约为10cm），使得具有很高Mg^{2+}/Ca^{2+}比的水迅速增加。

2）渗透回流模式

渗透回流模式是Adams和Rhodes(1960)针对区域规模白云岩化作用所提出的第一个成因模式，在该模式中，开阔海的海水首先向陆方向进入超盐度的潟湖后被蒸发，产生石膏沉淀，结果提高了海水的Mg^{2+}/Ca^{2+}值，这些高Mg^{2+}/Ca^{2+}值、高密度海水随后向下渗入沉积物中，并通过向海倾斜的地层渗出（即回流）。回流过程中交代文石和镁方解石。因此其流动形式正好与蒸发泵吸模式相反。其中，新鲜海水补充潟湖水以及卤水向海渗出的循环就是Mg^{2+}不断输送给沉积物的途径。

渗透回流模式中，回流溶液的Mg^{2+}含量很高，使得Mg^{2+}/Ca^{2+}值接近于9。但回流速度不大，Deffeyes(1965)通过对博内尔地区的计算表明，回流流速为2×10^{-6}cm/s。

渗透回流假说的现代实例都是小规模的，如博内尔岛的潟湖和加勒比海等，主要发生在滨线及其附近。

3）混合水（或稀释）模式

该模式是在Badiogamani(1973)基于Hanshaw(1971)的设想和Land(1973a,b)提出的盐质解离模式的基础上发展而来的一种假设。该盐质解离模式提出，当淡水和5%～30%浓度的海水混合时，得到一种文石、镁方解石及方解石含量不足，而白云石含量过多的溶液，这种溶液是白云岩化的理想条件。

另外咸溶液的稀释过程比较缓慢和稀释的地下混合水中因白云石沉淀导致的CO_3^{2-}浓度相对增高是促使白云石发生沉淀的动力条件。

上述机理控制下的白云岩化作用主要发生在大气淡水和海水混合带中，白云岩化所需的Mg^{2+}主要来自海水，输送机理是由地下淡水流动引起的海水连续循环。

4）库隆模式（混合水白云岩化的变种）

20世纪20年代，人们就已经认识到澳大利亚南海岸的库隆潟湖是一个白云岩生成区。但没有蒸发岩与之共生。该潟湖属于一个季节性湖，冬季由于气候潮湿，地下水渗出而被灌满，夏季则因蒸发而部分或完全干涸。在地下水渗出时一方面导致潟湖内海水被稀释，另一方面由于地下水呈碱性，CO_3^{2-}离子浓度高，从而促使白云石（或菱镁矿）以0.5～1μm的非晶质球粒状集合体形式或直接以凝胶状形成沉淀。

对Mg^{2+}的来源存在两种解释，靠近海岸形成的白云石可能直接来源于海水，而较远的内地形成的白云石可能来源于地下水，其中有些可能来源于基性火山岩的风化，离子的输送途径是地下水流。

由于地下水在白云岩化作用起着主导作用，因此库隆模式被认为是上述一般性混合水模式或稀释模式的特殊类型。

5)埋藏压实作用模式

该模式由 Illing(1959)、Griffin(1965)和 Jodry(1969)提出。埋藏期间细粒沉积物的压实和黏土矿物遭受与深度有关的连续矿物变化，不仅导致孔隙水不断向外排放，为孔隙水提供了一个附加来源，而且黏土矿物转化过程中矿物晶格释放出的一部分离子(包括 Mg^{2+})也随排放溶液进入到孔隙中，这些含 Mg^{2+} 的压实水携带着 Mg^{2+} 可以渗过相邻的石灰岩(如碳酸盐岩礁体)，引起白云岩化作用。

该模式提出后因适逢准同生白云岩化模式的兴起而曾被冷落，但之后，随着对黏土矿物和共生非晶质矿物的成岩变化以及埋藏期间有机质的成烃转化方面的研究有了新的进展，重新引起了地质学者对该模式的讨论。

埋藏白云岩化的另一个限制因素是释放到溶液中的 Ca^{2+} 几乎等于或大于 Mg^{2+}。

白云岩之所以能成为世界上许多碳酸盐岩油气田的优质储层，是因为白云岩化作用改善了毛细管特性(Murray and Pray，1965；Wardlaw，1976)。古代特别是古生代深埋藏白云岩通常要比灰岩具有更高的孔隙性。白云岩化作用通常可以导致储层具有独特的几何体和孔隙分布样式。研究白云岩化作用的控制因素有助于预测储层的位置、几何体和连续性。

Sun(1995)通过对世界范围内 31 个沉积盆地 64 个白云岩油气田储层的统计和综合分析，大多数含油气白云岩储层(54/64)属于广泛的潮缘带或是在大规模的蒸发陆架/盆地环境中由早期白云岩化作用形成。其中，有 46%的早期成因白云岩储层受到了白云岩化后成岩作用，主要是喀斯特化作用、破裂作用和埋藏侵蚀作用的改造。有 14 个含油气白云岩储层(组或群)出现在非蒸发的碳酸盐岩层序中，分布上主要与下列几种情况有关。

(1)地形高地/不整合(如 Anadarko 盆地志留系的 Hunton 群、阿尔伯塔盆地中泥盆统的 Sulphur Point 组、伊利诺伊盆地下石炭统的 Ste. Genevieve 组、Ragusa 盆地下侏罗统的 Siracusa 组、Valencia 湾的上侏罗统和中 Luconian 台地的中—上中新统)。

(2)台地边缘建造(如阿尔伯塔盆地上泥盆统的 Slave Point、Leduc 和 Nisku 组，坎宁盆地上泥盆统的 Nullara 组)。

(3)断裂/裂缝(如密执安盆地中奥陶统的 Trenton-Black 河组、阿尔伯塔盆地上泥盆统 Swan Hills 和 Wabamun 组)。

3. 重结晶作用

在碳酸盐岩地层中，由于早期矿物的热力学具有不稳定性，在埋藏过程中随着温压条件的改变，常常通过晶体的溶解—再沉淀这样一个晶粒增大过程来获得其矿物的稳定性，这个过程在矿物学上属于同质多象转变，在化学动力学上属于热动力驱动的过程(Heydari et al.，2002)。比如具有标准吉布斯自由能 $\Delta G_f^0=-269.78$kcal/mol 的文石向标准吉布斯自由能为 $\Delta G_f^0=-269.53$kcal/mol 的低镁方解石转化过程是由热动力学驱动的。其方程由 Garrels 和 Christ(1965)给出：

$$CaCO_3(\text{文石})+H_2O \longrightarrow CaCO_3(\text{方解石})+H_2O$$

$\Delta G_r^0=-0.25$kcal/mol，ΔG_r^0 为反应的标准吉布斯自由能。由于该值小于零，因此反应自发向右边进行。

在石灰岩中，重结晶作用一般对储集性能并没有明显的改善，相反可能降低了储层的孔渗性。但对白云岩来说，早期白云岩化形成的泥—微晶白云岩可以通过重结晶作用增加白云岩的晶径和孔径。虽然白云岩的重结晶作用很少增加孔隙，但通常可以使微孔隙转变成大孔隙，这样就改善了岩石的毛细管特性，提高了其储渗性能。

4. 破裂作用

破裂作用在碳酸盐岩地层中非常普遍，从成因机制上构造应力作用引起岩石破裂是最主要的，另外还有成岩裂缝、水力破裂裂缝等多种类型。从形成时间上，构造裂缝可以发生在岩石固结以后的任何阶段。从分布特征上，除了区域性的构造裂缝之外，大部分裂缝分布具有聚群状特点，在地层中的分布是非均质性的。

裂缝对于储集性能的改善主要体现在渗透性方面，它是碳酸盐岩不同类型孔隙之间相互连通形成连通性网络的重要介质。因此对裂缝体系不仅要研究裂缝的成因、期次，更重要的是研究裂缝的密度、方向、充填状况及其现今应力场的关系等。

详见第十一章有关储层裂缝特征的介绍。

第五章　碳酸盐岩储集体类型与特征

第一节　碳酸盐岩孔隙类型及其特征

一、碳酸盐岩孔隙分类方案概述

碳酸盐岩孔隙的研究可追溯至20世纪50年代,它是认识碳酸盐岩储集体的基础。学术界目前报道的碳酸盐岩孔隙分类方案主要有4种,包括:①Archie(1952)提出的方案,他认识到在10倍的显微镜下不能观察到所有的孔隙空间,因此将孔隙空间分为基岩孔度和可见孔隙;②Chouqutte和Pray(1970)提出的方案,即将碳酸盐岩孔隙分为组构选择性孔隙、非组构选择性孔隙和难以判断组构选择性孔隙;③Lucia(1983)提出的方案,即将碳酸盐岩孔隙分为粒间孔隙和孔洞孔隙;④Arh(2008)提出的方案,即将碳酸盐岩孔隙分为沉积型孔隙、成岩型孔隙和裂缝。

二、碳酸盐岩孔隙地质成因分类方案

碳酸盐岩孔隙地质成因分类主要依据Chouqutte和Pray(1970),Arh(2008)提出的方案。他们对碳酸盐岩孔隙类型的划分旨在突出孔隙形成机制的差异性。

1. Chouqutte和Pray(1970)提出的孔隙划分方案

在大量的碳酸盐岩微观薄片研究的基础上,Chouqutte和Pray(1970)提出了基于组构选择性的碳酸盐岩孔隙划分方案,将碳酸盐岩孔隙划分为组构选择性孔隙和非组构选择性孔隙(图5-1)。

组构选择性是指孔隙的发育严格受控于岩石中的颗粒、晶体或者其他岩石组构,孔隙并未切割这些岩石组构的边界。非组构选择性是指孔隙一般或者潜在地切割原始颗粒和沉积组构的边界,因而这些孔隙的尺寸往往比任何一个原始的岩石组分要大一些。

组构选择性孔隙包括粒间孔、粒内孔、晶间孔、铸模孔、窗格孔、遮蔽孔和生物格架孔。非组构选择性孔隙包括裂缝、溶扩裂缝、孔洞和洞穴。此外,还有一些孔隙类型难以判识其组构选择性,如角砾、生物钻孔、地洞和收缩孔隙。

Chouqutte和Pray(1970)提出的孔隙划分方案与孔隙形成的溶蚀作用类型密切相关,组构选择性孔隙是碳酸盐岩经历组构选择性的溶蚀作用形成的,非组构选择性孔隙往往与非组

构选择性的溶蚀作用相关。因此，当用于分析确定孔隙成因和演化时，该分类方案有很大的优越性，在地质勘探领域得到了广泛的应用。此外，Chouqutte 和 Pray(1970)在孔隙分类方案中正式提出了“vug”一词，即孔洞孔隙。

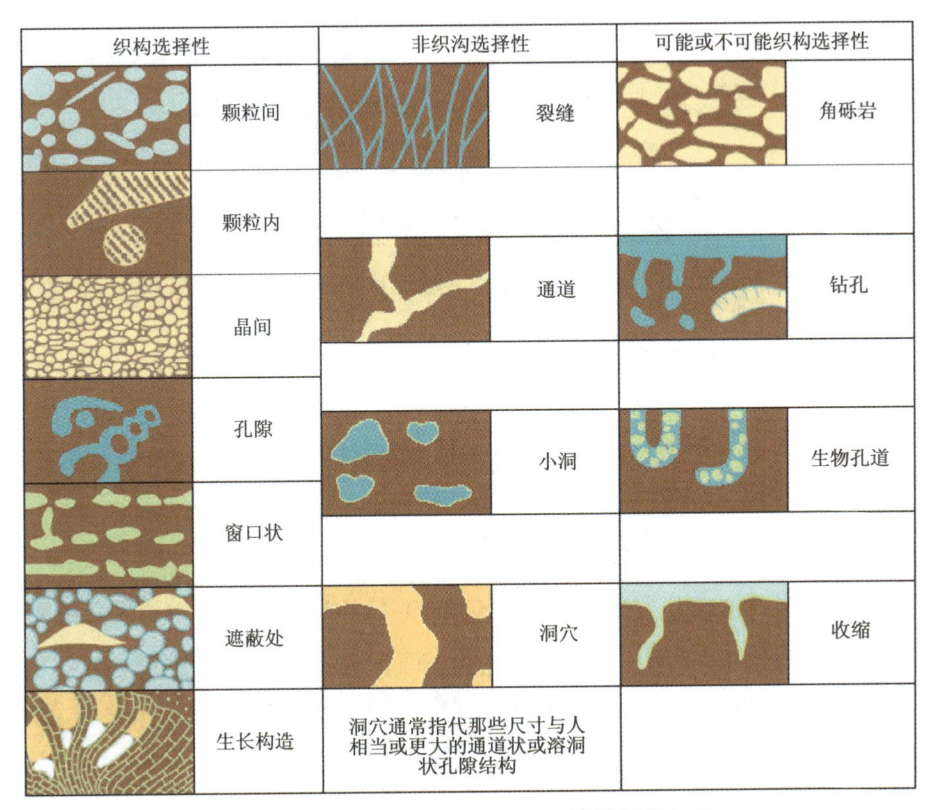

图 5-1　Chouqutte 和 Pray(1970)孔隙划分方案

2. Arh(2008)提出的孔隙划分方案

Arh(2008)提出的碳酸盐岩孔隙类型划分方案强调孔隙形成的主控因素的差异性，将碳酸盐岩孔隙分为沉积型孔隙、成岩型孔隙和裂缝(图 5-2)。

沉积型孔隙是指由碳酸盐岩原始沉积组构控制的孔隙，包括粒间孔、粒内孔、窗格孔和生物礁孔隙，还包括骨架内孔隙、骨架间孔隙、叠层石孔洞和建造孔洞等。成岩型孔隙是指由成岩改造作用控制的孔隙，这些成岩改造作用包括建设性成岩作用和破坏性成岩作用，孔隙类型主要包括岩溶作用和白云岩化作用过程中形成的孔隙，如大型的岩溶洞穴、岩溶孔洞、溶扩裂缝和白云岩晶间孔隙等。裂缝的形成往往与储集岩的构造破裂作用相关，因此单独作为一类分出。

Arh(2008)提出的碳酸盐岩孔隙类型分类方案不仅适用于微观尺度碳酸盐岩孔隙的描述，而且也适用于宏观尺度碳酸盐岩储集体的描述，详见本章第二节碳酸盐岩储集体类型划分。

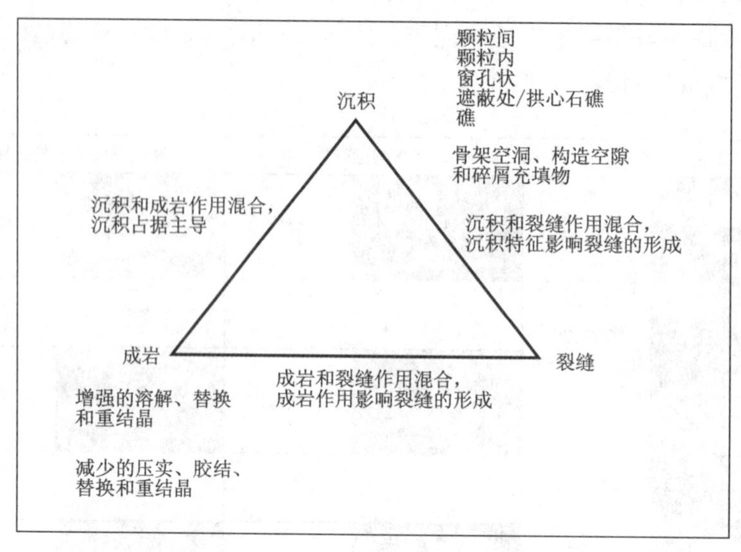

图 5-2　Arh(2008)提出的孔隙划分方案

三、碳酸盐岩孔隙岩石物理分类方案

碳酸盐岩孔隙岩石物理分类的主要代表有 Lucia(1983)提出的碳酸盐岩孔隙划分方案。该分类基于岩石组构和孔隙空间之间的关系。Lucia(1983)认为诸如颗粒大小、分选、粒间孔的数量、孤立溶孔的数量以及是否有接触溶孔等因素控制着岩石的孔隙度、渗透率以及含油气饱和度。因此，他将碳酸盐岩孔隙分为粒间孔隙和孔洞孔隙。

Lucia(1983)将粒间孔隙定义为分布在颗粒或晶粒之间的孔隙，孔隙之间的连通性较强。他论证了颗粒间的孔隙和晶体间的孔隙在岩石物理性质方面具有相似性，因此，在此分类中都用粒间孔隙来描述它们。粒间孔隙中存在 3 种不同的岩石物理特征(即孔渗关系)，第一种存在于颗粒灰岩、白云岩化颗粒岩、粗晶以颗粒为主的白云化泥粒岩、粗晶以泥质为主的白云岩中；第二种存在于以颗粒为主的泥粒岩、以粉晶—中晶颗粒为主的白云化泥粒岩、以中晶泥质为主的白云岩中；第三种存在于以泥质为主的灰岩、以粉晶泥质为主的白云岩中。因此，按照颗粒和晶粒组构的含量、颗粒和晶粒的大小等可进一步进行分类(图 5-3)。

Lucia(1983)将孔洞孔隙定义为出现在颗粒或晶体的内部，或明显的比颗粒和晶体大的孔隙空间。因此，他将孔洞分成了两个尺度，一个尺度小于颗粒或者晶粒，另一个尺度大于颗粒或晶粒。根据孔洞的连通状态可将其进一步划分为孤立的孔洞孔隙和连通的孔洞孔隙(图 5-4)。

孔洞孔隙空间被定义为：①要么在粒内、要么比颗粒大得多(一般大于 2 倍)；②孔隙空间只通过粒间孔隙相互联系。孤立的孔洞孔隙在成因上是组构选择性的。在以颗粒为主的组构里，可以出现铸模孔、复合铸模孔(颗粒边界溶解造成)、化石内孔隙以及粒内微孔隙；在以灰泥为主的组构里，主要有铸模孔(如蒸发岩晶体、化石的铸模孔)、化石内孔隙、遮蔽孔。其中蒸发岩晶体、化石的铸模孔、复合铸模孔均为比粒径大得多的具有组构选择性特点的孤立

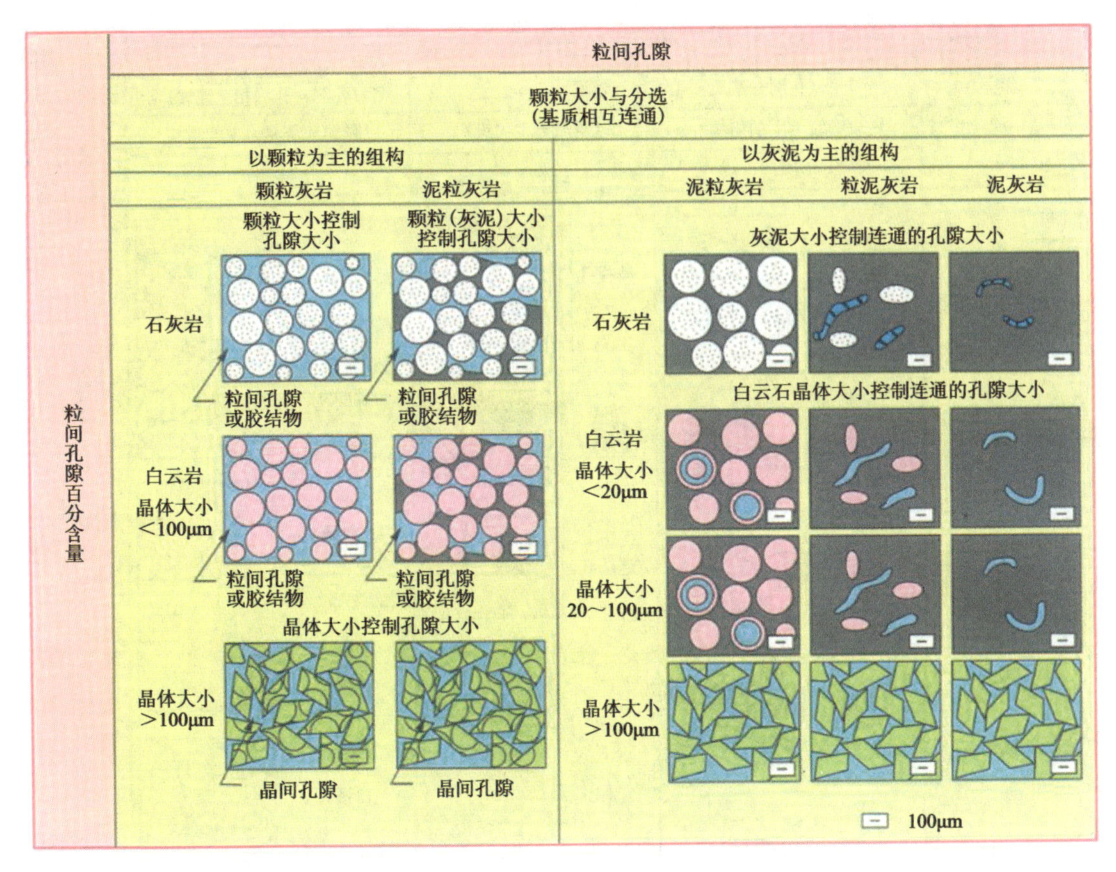

图 5-3　根据颗粒、晶粒大小和分选建立的粒间孔隙类型划分(据 Lucia,1983)

晶洞。孤立的晶洞的孔隙度介入到粒间孔隙中能增加总孔隙度,但渗透率没有多大提高,因此在只考察岩石渗流性时,仅考虑粒间孔就可以了。

连通的孔洞孔隙被定义为:①孔隙空间比颗粒大得多;②形成了一个广泛的相互联系的孔隙体系。连通的孔洞孔隙在成因上是非组构选择性的。洞穴、砾间孔、裂缝、溶蚀扩大裂缝在整个储集层可形成一个典型的具有相互联系的孔隙体系,网格状孔隙空间在整个储集层中也往往是相互联系的。上述这些孔隙一般比粒级大得多,因此列入连通的孔洞孔隙(图 5-4)。Lucia(1995)的研究表明,连通的孔洞孔隙体系的渗透率主要与裂缝宽度有关,而且对裂缝孔隙度极其微小的变化很敏感。

Lucia(1983)的孔隙分类方案同 Archie(1952)提出的孔隙分类方案一样突出了碳酸盐岩孔隙空间的岩石特征。基于岩石特性的碳酸盐岩孔隙空间最常见和最重要的孔隙类型是颗粒和晶体之间的粒间孔,其他的孔隙空间可以统一划为孔洞。Lucia(1983)的分类更能精确的反映岩石特征的基本差异,试图构建起岩石组构和岩石物理特性之间的桥梁。因此,与碳酸盐岩孔隙地质成因分类方案不同,该分类方案在油藏开发阶段被广泛地应用。

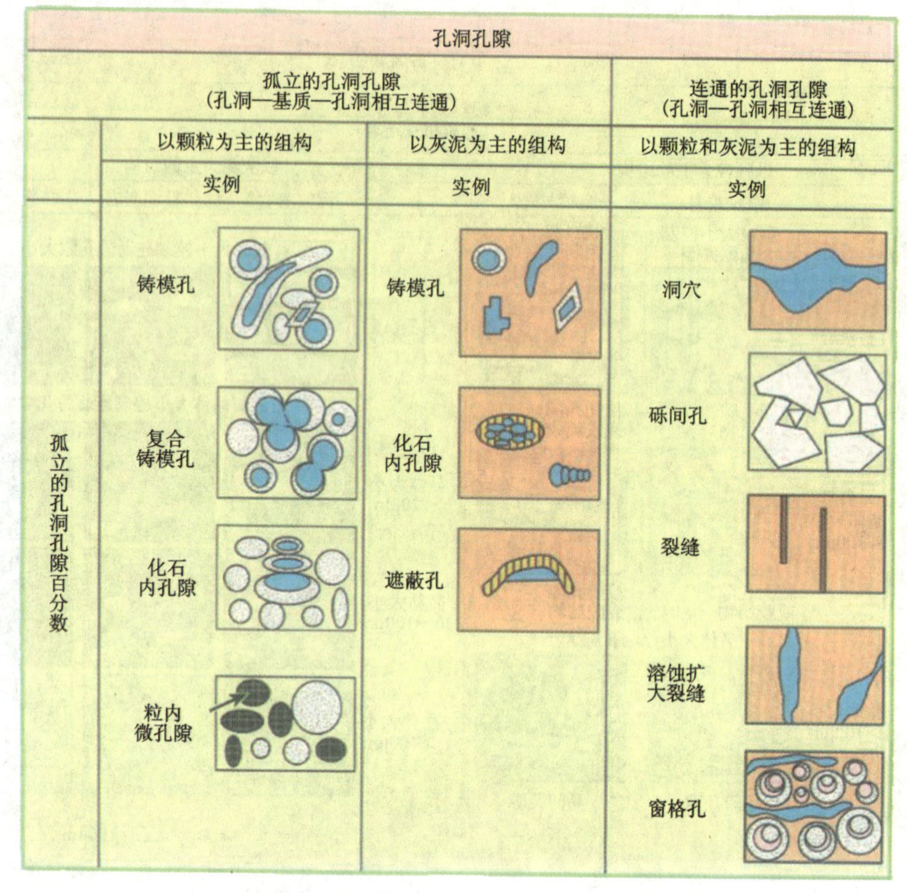

图 5-4　根据孔洞的相互连通情况所建立的孔洞孔隙空间类型分类(据 Lucia,1983)

第二节　碳酸盐岩储集体类型划分

关于碳酸盐岩储集体的分类,不同的学者根据不同的原则,提出了不同的分类方案。碳酸盐岩储层类型划分的研究可以划分为两个阶段,第一阶段是 20 世纪七八十年代初,主要根据储层的孔隙类型陆续提出了一些分类方案;第二阶段是 20 世纪八九十年代初,随着碳酸盐岩沉积相沉积环境研究所取得的进展,逐步将沉积相、沉积环境结合到储层的划分中。

第一阶段中具有代表性的碳酸盐岩储层划分方案有以下几种。

(1)H. H. Rieke(1972)以孔隙系统组合特征为基础,将碳酸盐岩储层划分为粒间-晶间孔隙型、溶洞-溶解孔隙型和裂缝-基质孔隙型 3 类。

(2)苏联学者 K.H・巴格林采娃(1977)将孔隙类型与孔渗性大小相结合,提出了孔洞-孔隙型及孔隙型、孔隙型及裂缝-孔隙型、孔隙-裂缝型及裂缝型三大类 7 个亚类的划分方案。

(3)该时期,国内学者因对四川盆地碳酸盐岩油气勘探和开发需要,结合该盆地碳酸盐岩储层特点也提出过一些相应的分类方案,如唐泽尧(1980)和陈定宝(1981)等提出的以孔隙类型为主导的分类方案。唐泽尧(1980)将碳酸盐岩储层划分为裂缝-孔隙型、裂缝-洞穴型、孔隙型和裂缝型;陈定宝(1981)同时考虑孔隙类型和渗透性能,将碳酸盐岩储层划分为孔洞-孔隙型和裂缝-孔隙型。

可以看出,这一阶段对碳酸盐岩储层的认识和划分主要考虑的是储层内部的储集空间类型,因此所提出的各种划分方案明显具有描述主义色彩。

第二阶段中具有代表性的分类方案包括 Tyler 等(1984)、Roehl 和 Choquette(1985)、美国能源部(1990)及其国内学者贾振远(1992)提出的分类方案。

(1)Tyler 等(1984) 根据美国得克萨斯州碳酸盐岩储层(油藏)的驱动机理及其形成的沉积环境提出了一个初步的储层成因及驱动机理——油藏采收率分类格架。划分出的储层成因类型包括环礁/点礁、台地边缘、开阔陆架/缓坡、局限台地、与不整合有关的 5 种。

(2)Roehl 和 Choquette(1985)根据储层发育的形成机制,将碳酸盐岩储层划分为两大类 9 个亚类。第一大类为与沉积背景相关的储层,可进一步划分为潮下带至潮上带白云岩储层、陆架和斜坡上的碳酸盐砂储层、生物礁和泥储层、碎屑沉积型储层和远洋细粒沉积型储层。第二大类为与成岩作用相关的储层,可进一步划分为与不整合面相关的白云岩和石灰岩储层、断裂裂缝型储层和埋藏成岩作用形成的储层。

(3)美国能源部(1990)基于美国 TORIS 数据库中已有的 450 个碳酸盐岩油藏,将碳酸盐岩储层类型划分为沉积成因的储层、成岩改造的储层和构造控制的储层三大类 18 个亚类。其中,沉积成因的储层根据沉积环境不同进一步划分成湖泊、潮缘带、浅陆架、陆架边缘、礁、斜坡/盆地和盆地 7 个亚类。成岩改造的储层根据成岩作用类型不同进一步划分出压实-胶结型、颗粒强化型、与蒸发岩有关的白云岩化型、白云岩化型、块状溶解型、硅化型 6 个亚类。构造控制的储层又进一步根据变形构造类型不同划分为非构造型、断裂型、褶皱型、天然裂缝-孔隙型和断裂/褶皱复合型 5 个亚类。

(4)国内学者贾振远(1992)也提出了一个类似的划分方案,认为碳酸盐岩储集体可依据成因不同分成三大类,即沉积作用形成的储层(沉积相和沉积环境控制的)、成岩作用形成的储层和构造作用形成的储层。其中,沉积作用形成的碳酸盐岩储集体包括礁储集体、滩储集体、白垩储集体、重力流储集体、核形石储集体。成岩作用形成的碳酸盐岩储集体包括白云岩化作用形成的储集体、表生作用形成的风化壳储集体、岩溶作用形成的碳酸盐岩储集体、压溶作用形成的储集体。构造作用形成的储集体包括裂缝型储集体、盐丘型储集体、压力封闭型储集体。

显然,该阶段的分类原则已摒弃了纯粹描述主义的思想,主要趋向于从储层形成的机制上进行划分,属于成因分类方案。

本书在综合考虑目前分类原则发展趋势以及油气储集体研究的基础上,将碳酸盐岩储集体划分为沉积型储集体、成岩型储集体和构造型储集体(表 5-1)。

根据 C&C Reservoirs 公司(1998)对全球碳酸盐岩大型油气藏储集体类型的统计结果,不同类型的储集体发育时代上存在一定差别(表 5-2)。生物礁储集体主要发育于白垩系—第三系(古近系+新近系),泥盆系—石炭系发育程度也较高;碳酸盐岩滩储集体主要分布于侏罗系—白垩系,其次是石炭系—二叠系;白垩储集体主要发育于白垩系—第三系(古近系+新近系);白云岩化储集体主要集中在寒武系—奥陶系、泥盆系—石炭系和第三系(古近系+新近系)3个时期;碳酸盐岩古岩溶储集体及裂缝型储集体在整个显生宙均有发育。

表 5-1 碳酸盐岩储集体的成因分类

成因类型	储层类型
沉积作用为主	礁储集体
	滩储集体
	白垩储集体(较少见)
成岩作用为主	碳酸盐岩古岩溶储集体
	结晶白云岩储集体
构造作用为主	裂缝型储集体

表 5-2 C&C Reservoirs 公司(1998)不同时代碳酸盐岩储集体类型统计表

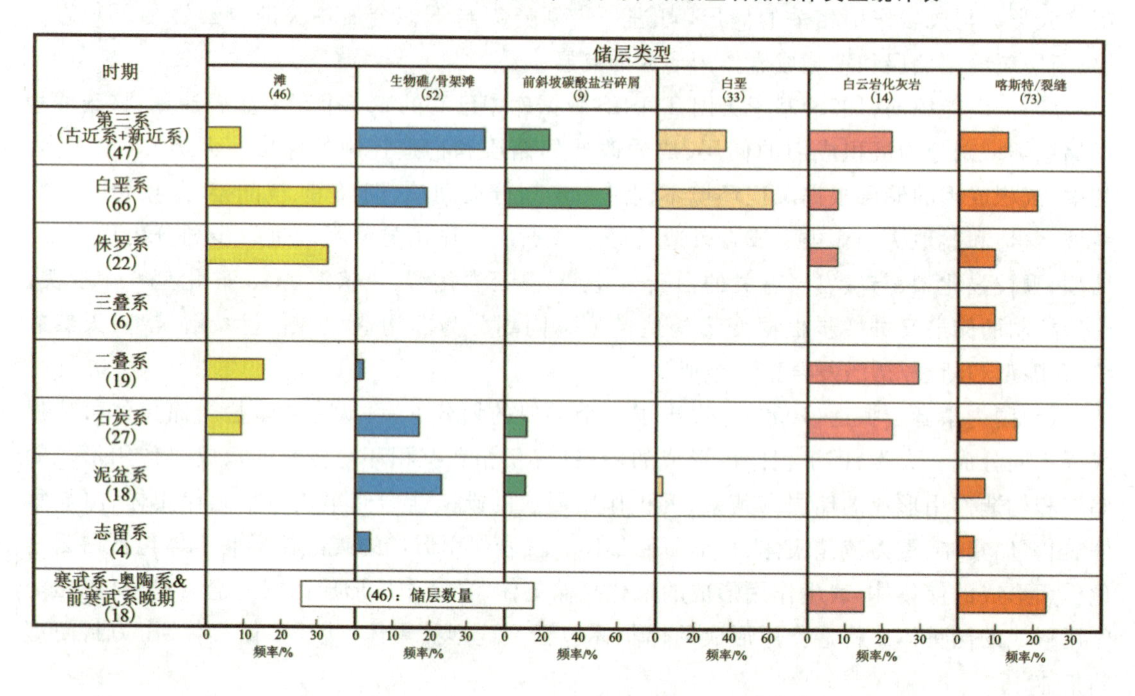

第三节 碳酸盐岩主要储集体特征

一、礁储集体

1. 礁的油气储集意义

礁是由生物形成的碳酸盐岩堆积,同时具有足够大的规模以造成地形幅度的差异性

(James,1985)。根据礁的古地理位置和集合形态的差别,可划分为块礁(点礁)、台隆环礁、台地边缘礁、塔礁、堤礁(环礁)(曾鼎乾,1988)。

C&C Reservoirs 公司(1998)的统计资料表明,礁油气田占世界范围内已经发现的碳酸盐岩油气田的24.5%。中东阿联酋(Alsharhan A S,1987,1993;Lyndon A Yose,2006)、哈萨克斯坦滨里海盆地(Cook et al.,1994;张家青,2011)、北美阿尔伯塔盆地(Lucia,1999)和密西根盆地(Catacosinos,1991;Michael,2000;Barnes,2008)、墨西哥湾(Paul M,2003)、印度西部近海(阿拉伯海)(Droste J B,1975)及我国的渤海湾盆地济阳坳陷、珠江口盆地和塔里木盆地塔中隆起等地区均发现了生物礁型油气藏(范嘉松,1996;周新源等,2006;蔡希源等,2007;胡诚等,2010)。

尤其是1916年在墨西哥湾白垩系的黄金带(Golden Lane)内开发的阿苏尔4号井日产原油高达35 620t(Paul M,2003)。此外,我国东部济阳坳陷第三纪(古近系+新近系)的平方王礁体,自1967年发现以来至今已打出4口日产超千吨的高产油井(范嘉松,1996)。我国西部塔里木盆地塔中Ⅰ号坡折带2005年发现第一个奥陶系生物礁型凝析气田,探明加控制石油地质储量1.5×10^8t(油当量)(周新源等,2006)。

2. 礁的相结构特征

目前广为应用的是James(1978,1984)根据礁生态学和岩石学所建立的两个相模式。这两个模式的差异在于横向相分异特征,相分异明显的为条带礁模式,相分异不明显的为点状礁模式。

第一个模式将礁的内部结构划分为5个相带,从海向陆方向依次为前礁、礁前、礁顶、礁坪和礁后(图5-5)。

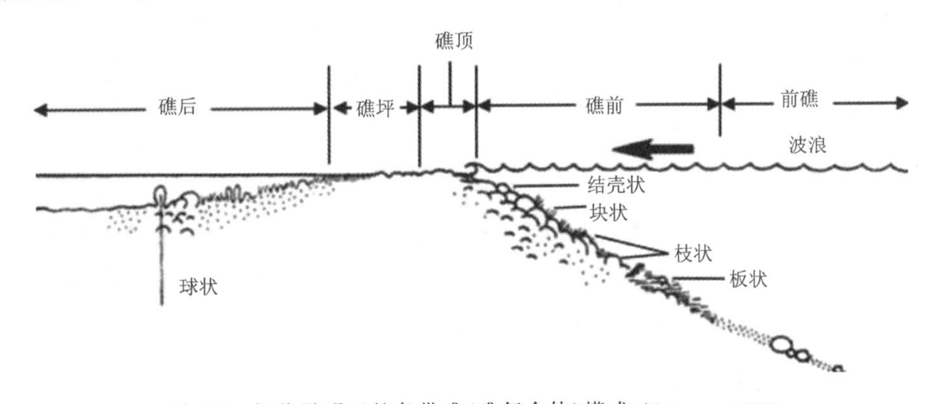

图5-5　相分异明显的条带礁(礁复合体)模式(据James,1978)

前礁带位于前礁斜坡带的坡角部位,水深较大,一般在波基面以下,底栖生物少、缺少造礁生物。前礁带沉积物多为灰泥,混有浅水搬运而来的生物骨屑和因风暴浪打击从浅水礁体上崩塌下来的礁岩碎块。因此,该带的岩石类型以薄—厚层状甚至块状骨架颗粒岩和泥粒岩为主。

礁前带位于拍岸浪向下延伸至波基面,坡度较陡,又称前礁斜坡带。造礁生物分异度大,可以呈半球状、枝状、柱状至席状等各种生态样式存在。前礁带形成的主要礁灰岩有格架灰岩、障积灰岩和少量黏结岩。

礁顶带位于礁向海边缘,属于礁生长的最高部位,上限位于平均低潮线附近,下限大致可延伸到波浪带深度。该带是生物礁生长最迅速的地带,生物组成取决于风浪强度,风浪强度大时,一般主要为席状生长的结壳生物;风浪强度中等至较强时,除结壳生物外,还可以出现扁平及短小粗壮的枝状生物;风浪强度中等时,则出现球状和半球状生物,并伴有丛状生长的枝状生物。礁顶带最具代表性的礁灰岩是格架灰岩和黏结灰岩。

礁坪带位于礁缘内侧,是礁体不断向海推进形成的礁岩平台,礁坪范围可从几米到几百米。礁坪顶面位于平均低潮线以下,表面散布着被风浪抛撒上来的大小不等的礁块、生屑和灰砂。低洼区则称为礁塘,有造礁生物和寄居生物生长。礁坪外带存在许多活着的块状和枝状造礁生物,内带以死礁为主。因此礁坪的主要礁灰岩类型为礁块、生屑组成的碎块灰岩、生屑灰岩,偶尔夹杂障积灰岩和格架灰岩。

礁后带位于礁坪的背风处,海水比较平静,从前礁簸选过来的灰泥等细粒悬浮物多在这里沉积下来形成富泥的相。该带的底栖生物是能适应泥砂海底的类型,如海百合、钙质绿藻、腕足类、介形类、软体类等。礁后带造礁生物主要为短粗的树枝状和较大的球状,其典型礁灰岩类型是障积灰岩和漂砾灰岩,偶尔含有以生屑粒泥岩和泥粒岩为基质的格架灰岩。

礁坪、礁顶、礁前的岩石组成主要是造礁生物以不同方式原地建造形成的礁灰岩(格架灰岩、黏结灰岩和障积灰岩)。它们构成礁的主体与核心,因此又称礁核相。

第二种模式将礁体沉积相划分为礁核、礁翼和礁间 3 个相带(图 5-6)。

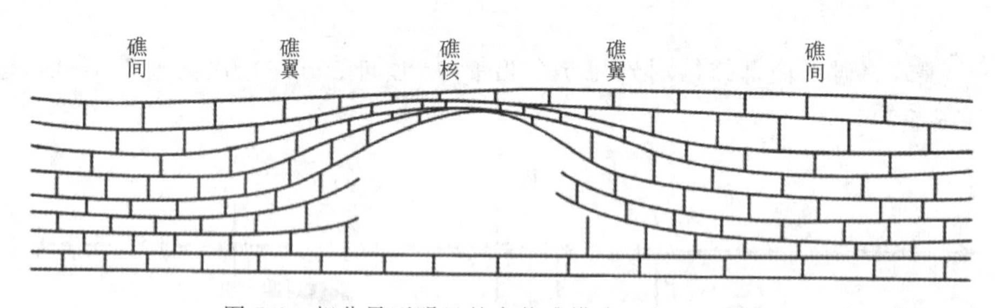

图 5-6　相分异不明显的点状礁模式(据 James,1984)

礁核相为块状非层状,通常为结核状或扁豆状碳酸盐岩块体,由原始礁灰岩组成。礁翼(侧)相(或倒石锥)由来自礁核的物质组成的层状灰质砾岩和灰质砂构成,自礁核向外倾斜变薄。礁间相与礁的形成无关,属于正常浅海低能沉积的石灰岩。

3. 礁的主要储集空间类型

生物礁的孔隙类型非常复杂,不仅具有多种原生孔隙类型,同时由于礁的原生孔渗性,易于遭受成岩流体的改造而发育大量次生孔隙,特别是同生期与表生期岩溶作用和白云岩化作用可使礁的孔隙类型发生彻底改造。但它之所以能成为重要的储集体类型,主要是因为礁的原生孔隙性。生物礁的原生孔隙类型包括遮蔽孔、生物体腔孔、格架孔、粒间孔。生物礁的次生孔隙类型包括铸模孔、晶洞、溶沟、洞穴等,主要分布在礁核相中。

4. 礁储集体物性分布模型

由于生物礁发育大量原生孔隙，因此一般具有较高的孔隙度和渗透率，孔隙度一般大于10%，渗透率在 $100\times10^{-3}\mu m^2$ 以上。根据20世纪70年代的统计资料，世界上有8口日产万吨的井，其中有4口井产自礁(墨西哥湾黄金港3口，利比里亚伊占里斯1口)。

礁体内部的物性分布并不是非常均匀的，物性变化比较大，这种非均质性主要是礁体内部的相带及其所遭受的成岩作用不同造成的(Alsharhan A S，1987；Collins，2006)。

1)礁不同相带中储集物性的差异性

受内部相带的控制，一般来说，礁核相带的孔隙度和渗透率较高，而礁侧相则很低。例如中东地区阿联酋Bu Hasa油田礁顶的孔隙度达20.5%～27%、渗透率为 $12\times10^{-3}\sim120\times10^{-3}\mu m^2$，礁后潟湖的孔隙度为10%～16.5%、渗透率为 $1\times10^{-3}\sim12\times10^{-3}\mu m^2$，礁前的孔隙度为2%～6%、渗透率为 $1\times10^{-3}\sim10\times10^{-3}\mu m^2$(Alsharhan A S，1993)。我国珠江口盆地流花油田礁顶的孔隙度为16.5%～17.2%、渗透率为 $70.9\times10^{-3}\sim147.2\times10^{-3}\mu m^2$，礁前平均孔隙度为12.1%、平均渗透率为 $111.29\times10^{-3}\mu m^2$，礁坪平均孔隙度为11%、平均渗透率为 $46.7\times10^{-3}\mu m$(胡诚等，2010)。

2)礁储集体物性模型实例

加拿大阿尔伯塔省上泥盆统Swanhill礁建造的岩性及相带划分剖面如图5-7所示，礁体由8个岩性相构成，包括具颗粒基质的漂砾灰岩(沙滩)、具细砂基质的漂砾灰岩(斜坡砂)、具灰泥基质和颗粒基质的漂砾灰岩与潮坪组合(潟湖)、具中粒基质的漂砾灰岩和碎块灰岩(礁坪和砂裙)、具粗粒基质的黏结灰岩/碎块灰岩(边缘)、具灰泥和细砂基质的碎块灰岩(中斜坡)、具灰泥基质的碎块灰岩(下斜坡)和粒泥岩/泥晶灰岩(盆地)。

该套礁体中孔隙的大小分布主要受颗粒大小、分选、基质粒间孔隙控制。在黏结岩附近的岩性相大碎屑间的孔隙通常被砂级颗粒充填，因此砂级颗粒大小控制了孔隙大小，有时大碎屑间直接为孔隙，这时大碎屑的大小控制了孔隙的大小。而在礁内部的潟湖相和礁的向海方向的翼部，大碎屑间通常被灰泥充填，但有时可出现以颗粒为主的泥粒岩。生产特征表明，高的产能井主要位于礁建造的边缘区，即碎块灰岩中。而潟湖相及其翼部相中只在以颗粒为主的层中具有产能。

二、滩储集体

1. 滩的油气储集意义

滩属于一种颗粒支撑的碳酸盐岩沉积体，是在高—较高的水动力能量条件下形成的，沉积过程中受水动力作用的改造比较强烈，因而容易形成良好的以原生和次生粒间孔隙为主的储集体。世界范围内发现的不少碳酸盐岩油气田属于这种类型的储层。其中，大中型碳酸盐岩滩油气田包括：美国湾岸东部上侏罗统Smackover组中发现的Vocation油田(Budd and Loucks，1981；Moore，1984)、Illinois盆地密西西比亚系St. Louis组和Ste. Genevieve组中发现的North Bridgeport油田(Mast and Howard，1991)，中东卡塔尔地区上二叠统—下三叠统

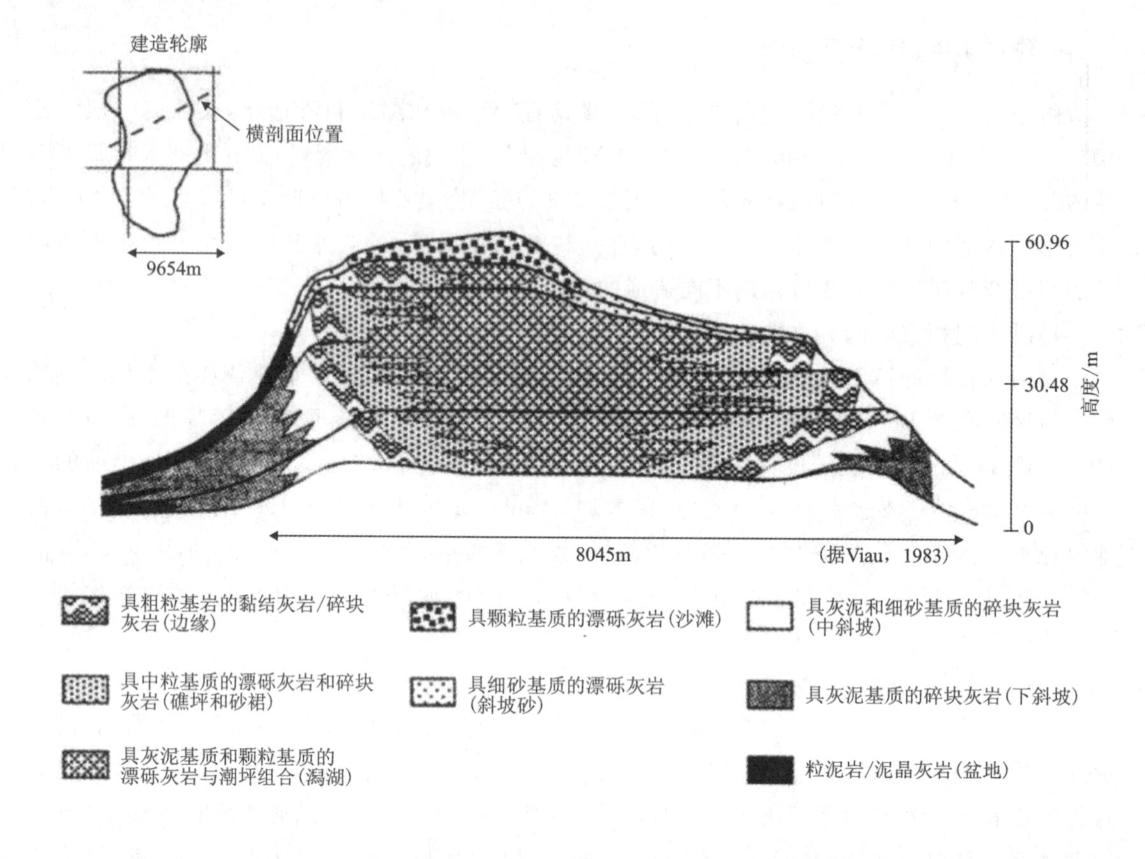

图 5-7 加拿大阿尔伯塔上泥盆统 Swanhill 礁建造的岩性及相带划分剖面(据 Lucia,1999)

Khuff 组中发现的 North 气田、沙特阿拉伯上侏罗统 Arab 组中发现的 Ghawar 油田(Clerke and Mueller,2008),欧洲荷兰北—东部中三叠统 Muschelkalk 组中发现的 Dutch De Wijk 气田(Borkhataria et al.,2006)以及中国扬子地台上—中三叠统飞仙关组中发现的普光和元坝气田(马永生,2006)。

2. 滩的相结构特征

国内学者一般根据滩体的发育位置、颗粒的组成及形态等进行滩体划分。根据滩体的发育位置将其分为台地边缘滩、台内滩和滨岸滩(赵路子,1985),根据颗粒类型可将滩体划分为鲕滩、砂屑滩、砾屑滩和生屑滩微相等。

台地边缘滩是指位于台地边缘的浅滩,台地边缘水体浅、能量高,是形成浅滩的有利场所。台地边缘滩总体上呈带状平行于台地边缘展布,规模一般较大。

台内滩是指零星散布于台地内部的浅滩(也称台内点滩),一般规模大小不等。通常情况下点滩的形成往往与台地内部局部海底高地有关。

滨岸滩沿着海岸分布,长轴与海岸平行,自上而下可以划分为 3 个成因带,即前滨、临滨和外滨。前滨波浪作用较强,形成颗粒灰岩;临滨则由于波浪作用较弱,沉积物主要为颗粒灰岩和泥粒灰岩;外滨波浪作用影响较小,沉积物主要为泥粒灰岩和粒泥灰岩。可以看出,滩相岩石自上而下颗粒越来越细，粒屑含量越来越少，呈反递变序列。

国外学者侧重于从滩体形成的沉积背景及所形成滩体的集合形态来开展滩体类型划分，Handford(1988)提出了3种不同背景下的鲕粒沙滩模式，包括缓坡鲕滩模式、陆架鲕滩模式和镶边陆架边缘鲕滩模式(图5-8)。

与缓坡有关的沙滩常常沿沉积走向延伸，翼部为沉积盆地。这些沙滩层序向上变浅，具有前积特征。颗粒岩旋回性堆积，形成下超式"S"形地层段。地层剖面中，许多沙滩沉积通常相互连接合并形成几十英里(1英里＝1 609.34m)至几百英里长(走向范围)、几英里至几十英里宽的沉积带。

陆架鲕滩由薄的旋回单元构成，通常以潮间带和潮上带为顶。沙滩相既可以广泛分布(反映了陆架范围内的迅速前积)，也可以局限分布。尽管Wilson(1975)指出沙滩相样式在整个陆架上是不规则的，但并不是随机样式分布，它们出现于地形和水动力能量相互耦合作用的地区。

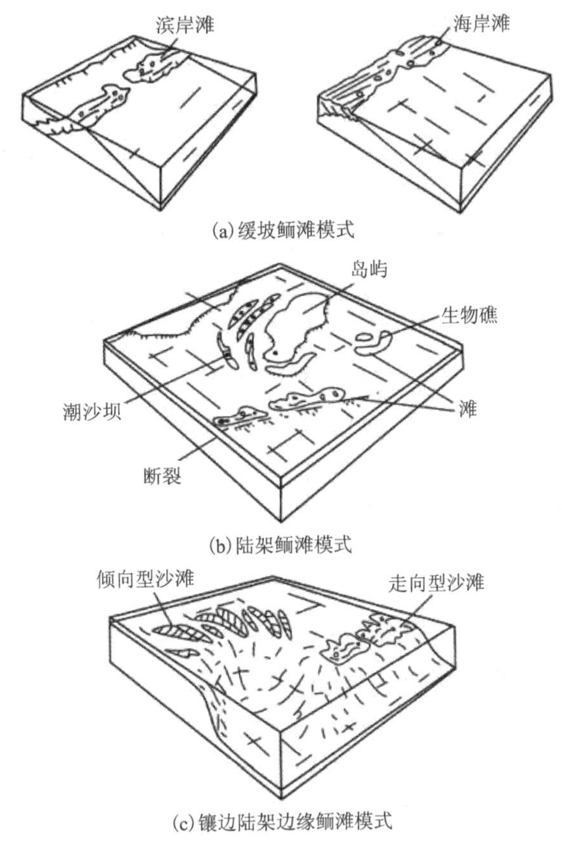

图5-8　不同台地背景下鲕粒沙滩发育模式
(据Handford,1988)

镶边陆架边缘背景下，鲕滩形成于波浪和海流撞击海底的陆架坡折部位。尽管沙滩通常沿走向延伸，但在潮汐流较强的部位(如在港湾状的陆架边缘)也可形成倾向延伸的砂体。在那些沉积作用与海平面上升保持同步的区域，砂体沿陆架边缘向上堆积形成厚的旋回层序。陆架边缘鲕滩通常可沿走向延伸数十英里，但宽只有几英里。

3.滩的主要储集空间类型

滩的储集空间一般可以分为两大类：第一大类是原生孔隙，该类孔隙多与原始颗粒等沉积组构的类型和结构有关，包括粒间孔、粒内体腔孔以及与生物活动有关的潜穴孔和网格状鸟眼孔，另外也可见到与收缩作用有关的裂缝。第二大类是次生孔隙，该类孔隙则与不同时期和不同类型的成岩改造作用(如岩溶作用和白云岩化作用)有关，主要由粒内溶孔、铸模孔、溶蚀缝洞、晶间孔和微孔组成。其中，原生粒间孔和次生溶孔及溶蚀扩大孔是滩储集体的主要孔隙空间，其次是粒内溶孔铸模孔和晶间孔。

4. 滩储集体的物性分布模型

滩储集体的原生粒间孔隙度可以高达 45%～47%(Enos and Sawatsky,1981;Budd,2002),实测的孔隙度一般在 2%～30%之间。滩储集体物性条件强烈的差异性不仅与其所处的沉积相带有关,也与其所经历的差异成岩演化过程密切相关。

1)不同类型滩相中储集物性的差异性

台地边缘滩与台内滩相比,由于台地边缘滩处于强水动力作用环境,冲刷充分,易形成良好的粒间孔隙,同时规模也比较大,因而形成的储集体孔渗条件更加优越。

尽管从颗粒类型上来说,滩可分为鲕滩、生物碎屑滩和内碎屑滩等多种类型,但一般具有储集地质意义的滩主要为鲕滩和生物碎屑滩,且鲕滩物性多数情况下要好于生物碎屑滩。

2)同种滩相、不同相带和岩性组合中储集物性的差异性

岩性与沉积相带的差异决定了滩内部物性特征的非均质性,横向上一般由颗粒灰岩组成的临滨相物性特征最好,孔隙度可达到 30%左右,渗透率平均在几百个毫达西以上。而泥粒岩前滨相由于含有一定量的灰质基质,孔渗性相应减弱。垂向上,滩的物性表现为明显的旋回性,对于每一个向上变浅旋回,由下向上随着颗粒含量增加,灰泥基质减少,岩石结构变化,能量条件增强,物性变好。

3)滩储集体物性模型实例

台地边缘滩储集最为典型的实例是我国川东北普光气田。该油田主要产层是下三叠统飞仙关组。飞仙关组沉积时期继承了下伏上二叠统长兴组沉积期形成的镶边台地背景,自东向西沉积环境包括开阔台地、台地边缘、台缘斜坡、深水海槽,普光气田位于台地边缘浅滩相带上,自北西向南东呈条带状展布,该相带水体能量较高,颗粒分选较好(赵文光,2010)。储层的岩性主要有深灰色、灰色薄—中层状含泥质、泥质灰岩、鲕粒灰岩、鲕粒白云岩、藻纹层白云岩和石膏等(魏国齐等,2005),以鲕粒白云岩和残余鲕粒白云岩为主,颗粒之间点、线接触,鲕粒含量 50%～75%(张学丰等,2011)。通过对普光地区三叠系飞仙关组储层物性分析,其孔隙度范围为 2%～28.86%,主要分布在 6%～12%之间,渗透率范围在 0.01×10^{-3}～$3354\times10^{-3}\mu m^2$ 之间,以大于 $1\times10^{-3}\mu m^2$ 为主(赵文光,2011)。根据不同相带单井储层的测井评价结果来看,台地边缘颗粒滩相储集物性最强(李杰,2018)。其中,普光 2 井鲕粒白云岩孔隙度为 2.36%～21.14%,平均值为 9.73%($n=169$),残余鲕粒白云岩孔隙度为 1.95%～21.98%,平均值为 8.74%($n=161$),糖粒状残余鲕粒白云岩孔隙度为 3.17%～28.86%,平均值为12.71%($n=122$),含砂屑泥晶白云岩孔隙度为 1.02%～17.24%,平均值为 3.61%($n=164$)。

滨岸滩储集体典型地质实例是沙特阿拉伯的 Ghawar 油田。该油田主要产层是上侏罗统 Arab 组 D 层。它沉积在一个坡度为 5°的缓坡上,沉积环境包括缓坡内部、缓坡顶、缓坡中部和缓坡外部,向西变为潟湖相硬石膏,向东变为盆地相泥质岩类,储层主要发育在缓坡中下部至缓坡外部(Peter K S,2005)。Arab 组 D 层储层的岩石类型可以分为颗粒型、泥质-颗粒型和泥质型。颗粒型主要以颗粒灰岩为主,泥质-颗粒型主要以泥粒灰岩-粒泥灰岩为主,泥质型以灰泥灰岩为主。Arab 组 D 层的孔隙度达 3%～33%,孔渗关系分成了 3 个带(Salih Saner and Ali Sahin,1999)。①灰泥岩带:低孔渗带,孔隙度为 3%～18%,渗透率为

$0.1\times10^{-3}\sim100\times10^{-3}\mu m^2$。②泥质-颗粒带：过渡带或混合带，孔隙度为3%～27%，渗透率为$0.5\times10^{-3}\sim200\times10^{-3}\mu m^2$。③颗粒岩带：高孔渗带，孔隙度为20%～34%，渗透率为$10\times10^{-3}\sim2000\times10^{-3}\mu m^2$。颗粒岩带属于高孔渗带，是因为大量粒间孔的存在。对于灰泥岩带来说，流体主要是通过晶间孔隙流动，从而导致了孔渗关系的不同；而对于过渡带来说，孔渗关系主要是依据岩相的分布比例。颗粒型的孔隙度和渗透率是最高的，很好地反映了该区域内岩相类型和分层的非均质性(图5-9)。

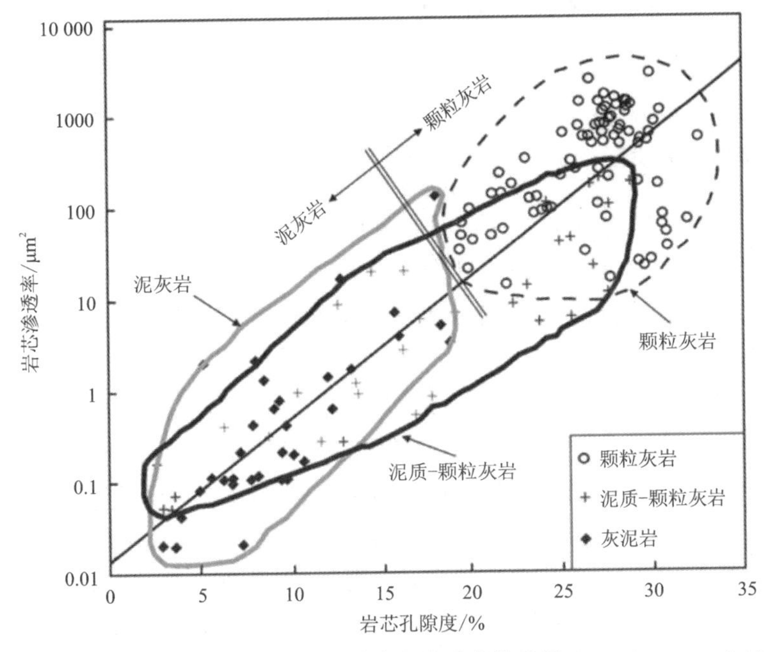

图5-9 上侏罗统Arab组D层不同岩性的孔隙度和渗透率关系图(据Salih Saner and Ali Sahin,1999)

三、碳酸盐岩古岩溶储集体

1. 古岩溶储集体的油气储集意义

岩溶，英文称为Karst，源于印欧语系的Karra/gara。它是指欧洲及中东大陆碳酸盐岩台原(carbonate plateau)的岩石及其衍生物(奇特的地貌特征)。经过100多年的发展，岩溶的概念逐步得到完善，具有代表性的定义有两个：①任美锷(1983)将岩溶定义为岩溶作用及其所产生的水文现象和地貌现象的总称。其中，岩溶作用是指地表和地下对可溶性岩石的破坏与改造作用，包括化学过程和机械过程。②Ford和Williams(2007)将Karst定义为由高溶解性的岩石与发育良好的次生孔隙(裂缝)组合所构成的具有独特水文结构、地貌形态的地质单元。因此，岩溶被认为是水溶性岩石宏观溶蚀现象的总和：一是具有独特水文地貌的地形(Ford and Williams,1989)；二是作为一种地质环境(Huntoon,1995)或者作为一种具有特殊性质的地下水(流体)流动系统(Worthington and Ford,2009;Klimchouk,2015)。

据估计全球有20%～30%的可采储量与古岩溶储层有关(Fritz and Wilson,1993)。典型岩溶(喀斯特,karst)控制的油气储层包括得克萨斯州、俄克拉何马州及亚拉巴马州的下奥陶统 Ellenburger、Arbuckle 和 Knox 碳酸盐岩,西得克萨斯的志留系—泥盆系储层,西得克萨斯二叠系的 San Andres 组,怀俄明和蒙大拿州 Williston 盆地中的密西西比 Madison 群碳酸盐岩,西班牙 Valencia 海湾 Casablanca 油田的侏罗系碳酸盐岩,墨西哥黄金巷油田白垩系的 El Abra组碳酸盐岩,中东阿联酋迪拜的 Fateh 油田的白垩系,中国渤海湾盆地任丘油田的震旦系和奥陶系碳酸盐岩,四川盆地威远气田震旦系—寒武系白云岩,鄂尔多斯盆地中部气田的奥陶系碳酸盐岩,以及塔里木盆地塔河-轮古油田奥陶系灰岩。这充分证明,古岩溶是碳酸盐岩地层中一种重要的油气储集体,因此古岩溶研究对于指导我国碳酸盐岩油气田勘探开发具有重要价值。

2. 古岩溶储层成因类型划分

20 世纪 90 年代以来,关于岩溶储层的成因类型,国内外学者提出了各自的分类方案。概括起来,这些划分方案主要考虑了以下几个方面的因素:一是岩溶流体的性质、来源和水动力样式;二是岩溶储层的几何形态和控制因素;三是岩溶作用时间和阶段、沉积环境、构造形态、岩溶水性质的综合考虑。

从岩溶流体角度建立岩溶储层成因划分方案的观点主要是国外学者提出的。Mazzullo 和 Chilingarian(1994)提出了正常大气水、混合水、埋藏大陆架岩石中析出的大气水、上升的水热流体、硫磺酸岩溶、冷水岩溶、蒸发岩层间岩溶等多种类型。Ford 和 Williams(2007)根据岩溶水性质和来源的不同,划分了 3 种类型岩溶,即大气淡水岩溶、深源热水岩溶和混合水岩溶。大气淡水包括承压型、非承压型以及两者的混合;深源热水根据来源不同分为富含 CO_2、富含 H_2S 等;混合水专指海岸带淡水和海水的混合。Klimchouk A B(2009)按照 Choquette 和 Pray(1970)提出的碳酸盐岩三段成岩阶段理论[早期(同生)成岩阶段、中期成岩阶段和晚期(表生)成岩阶段]及岩溶水溶解动力学机制的差异,划分了 3 种类型的岩溶,即同生岩溶、表生岩溶和深成岩溶。同生岩溶发育于海岸带环境,岩溶发育于高基质孔隙和渗透率的地层之中;表生岩溶发育于非承压条件,岩溶水自上向下运动,不受限制;深成岩溶发育于承压条件,岩溶水自下向上运动,岩溶水在起源上可能是年轻的火山水,或是从沉积盆地里排出的原生沉积水、大气淡水(如向斜的下面),或者是这些水按一定比例的混合水。

Klimchouk A B(2009)划分方案中的表生岩溶和同生岩溶分别相当于 Esteban(1991)提出的一般岩溶模式和加勒比型岩溶模式。此外,表生岩溶和深成岩溶在水力边界条件、洞穴形成区域地球化学和物理条件、地下水(流体)流动和洞穴形成水动力条件以及相应岩溶系统演化轨迹等方面存在差异,从而导致两者在空间分布、水文地质作用、地貌表现、孔洞-洞穴系统的特征上明显不同(Klimchouk,2015)。

考虑岩溶储层的几何形态和控制因素的划分方案是 Esteban(2004)年提出来的,将岩溶储层划分为埋藏潜山型喀斯特、台原型喀斯特和建造型喀斯特 3 类(图 5-10)。埋藏潜山型喀斯特是指喀斯特化作用产生的储层发育于山或丘原之下,上覆盖层厚度和相变明显,反映了古地形的高低。潜山的形成与不整合前或同期的断裂有关,圈闭很大程度上取决于埋藏前的古地形。相关的不整合通常为一级层序边界。台原型喀斯特是指发育于广阔的喀斯特平原

(台原)上,可以出现一些侵蚀残丘或宽的古高地,但其高度和翼部的地形梯度很低,不能描述为潜山。储层的厚度和特性在给定的区域很容易对比,变化不大。多数多层状的台原储层被认为是受沉积旋回中叠加了大型喀斯特基准面下降的影响。储层非均质性的主要原因是喀斯特化前后的断裂作用,导致渗透性管道的强化和渗透性障壁的发育。相关不整合通常为二级层序界面。建造型喀斯特是指以受建造几何形态控制的上凸型透镜体为特征的喀斯特,这种透镜体包括台地边缘滩、礁和丘。最好的储集体通常发育于沿礁核和滩中部的主要不整合面之下。建造型喀斯特是可以发育于三级层序界面的大型喀斯特,有比较好的近水平储层带,并被灰泥质的海侵单元分隔。该分类为油气勘探与开发学家提供了一个描述岩溶储层地质特征的方案。

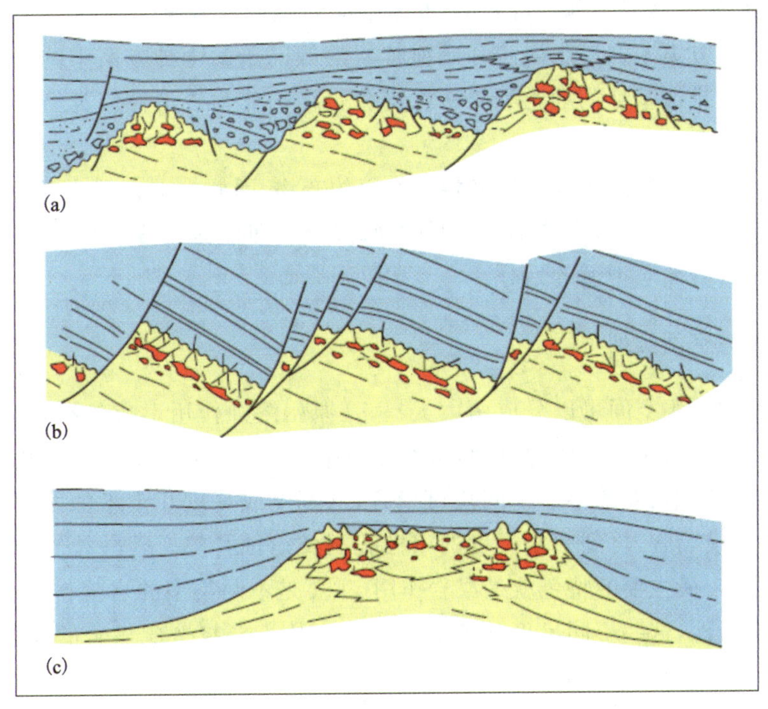

(a)埋藏潜山型喀斯特;(b)台原型喀斯特;(c)建造型喀斯特

图 5-10　古岩溶储层成因分类(据 Esteban,2004)

国内学者结合我国塔里木盆地、四川盆地和鄂尔多斯盆地深层海相碳酸盐岩层系古岩溶油气藏的勘探实例,在致力于寻找以不整合面相关暴露型岩溶为勘探目标的背景下,提出了 4 种代表性的岩溶储层划分方案。①赵永刚(2006)、钱一雄(2006)和尤东华等(2010)划分了 3 种岩溶类型,即同生期岩溶、表生期岩溶和埋藏期岩溶。其中,根据沉积相类型,将同生期岩溶进一步划分为台缘滩型、台缘礁型、台内滩型、潮坪型和蒸发潮坪型;根据区域构造形态,表生期岩溶进一步划分为岩块构造型和平缓褶皱型;根据埋藏岩溶水性质及来源,将埋藏期岩溶进一步划分为埋藏有机溶蚀、压释水岩溶和热水岩溶。该方案不仅考虑了岩溶作用时间和成岩阶段的差异性,而且体现了沉积环境、构造形态和岩溶水性质的影响。②王振宇等(2008)、倪新锋等(2009)、沈安江等(2010)划分出(准)同生岩溶、风化壳岩溶和埋藏岩溶 3 种类型。该方案与第①种方案总体思路一致,不同的是:在表生期岩溶的基础上,考虑不整合面暴露时间的差异性,新增了以短期暴露为主的层间岩溶,并将两者合称为风化壳岩溶;此外,针对埋藏岩溶,除了流体性质之外,也强调了流体来源的差异,划分出原源埋藏岩溶和异源埋藏岩溶。③赵文智等(2013)划分了2种岩溶类型,即潜山区岩溶和内幕区岩溶。前者进一步划分为灰岩潜山和白云岩潜山,后者进一步分为层间岩溶、顺层岩溶和断控岩溶。该分类方案中的潜山区岩溶和内幕区的层间岩溶相当于第②种分类体系中的风化壳岩溶,顺层岩溶储层和受断裂控制的岩溶储层是基于储层分布控因所提出的新的表述术语或储层类型,此方案并没有考虑同生岩溶和埋藏岩溶等类型。④张宝民等(2009)划分了2种岩溶类型,即基准面岩溶和非基准面岩溶,分别受到不同级次层序地层界面和构造-断裂控制。其中,基准面岩溶可分为潜山岩溶、礁滩体岩溶和内幕岩溶;非基准面岩溶可分为顺层深潜流、垂向深潜流和热流体岩溶。该分类方案中的潜山岩溶和礁滩体岩溶等同于第①种方案中的表生期岩溶和同生期岩溶。以岩溶排泄基准面理论和岩溶垂向分带结构作为岩溶储层类型划分的依据是本分类方案独具的特色。

岩溶储层的发育是岩溶水与储集岩相互作用的产物,因此本书在综合考虑岩溶储层成因的基础上,强调采用Klimchouk A B(2009)的划分思想,即依据岩溶水性质、来源及岩溶水动力学样式来进行岩溶储层类型的划分。

3. 古岩溶储集空间类型

古岩溶储层的储集空间可以分成两大类:一是原始溶蚀作用形成的孔隙,二是改造型孔隙。原始溶蚀孔隙主要指岩溶作用时期,由溶蚀作用产生的各种类型和大小的溶蚀空间。其大小跨度非常大,各种尺度的溶蚀空间均可发育,从宽度或高度几十米的大型洞穴系统或孤立洞穴,到米级规模洞穴,再到中小尺度的溶蚀孔洞及溶蚀孔隙。碳酸盐岩储层区别于其他不同类型的储集体,最主要的特色就是成岩作用(主要是不同类型的岩溶作用)导致的孔隙尺度的多样性和多变性,这些不同尺度的孔隙在空间上的组合将造成显著的尺度效应,即不同尺度之下储集特征呈现显著差异。

本书结合国内学者关于喀斯特含水介质(陈文俊,1981;陈雨孙和边际,1988;邹成杰等,1994)和古岩溶缝洞介质类型(侯加根等,2012;胡向阳等,2014)的划分,根据尺度大小,对古岩溶储集空间类型提出如下划分方案(表5-3)。

表5-3 不同类型古岩溶储集空间

类型	规模和尺度	分布特征
微孔	微观,从纳米到微米	各带均有分布
溶孔		
溶隙	从数毫米到数厘米	
孔洞		

续表 5-3

类型	规模和尺度	分布特征
溶穴	米级规模洞穴（洞径 0.5～2.0m）	主要分布在潜水面之上
洞隙		
溶管		
溶道	大型洞穴（洞径＞2.0m）	主要分布在潜水面或之下
溶洞		

微米到纳米级溶蚀孔隙包括粒间溶孔、铸模孔、粒内溶孔、晶间孔、晶内溶孔、溶扩裂缝以及常规显微镜下难以识别的颗粒内部微孔隙。这些微尺度孔隙的形成往往与不同类型的岩溶作用、白云岩化作用和交代作用均有关。

毫米到厘米级溶蚀孔洞和溶隙，既涉及组构选择性溶蚀孔隙，又涉及非组构选择性溶蚀孔隙。前者往往与同生岩溶作用有关，后者则主要与表生岩溶作用或深成岩溶作用有关。美国佛罗里达州东南部更新世 Biscayne 含水层中发育的多层状分布的溶蚀大孔隙是早成岩期混合水岩溶作用下形成的(Cunningham et al.,2009)。我国塔里木盆地塔中隆起中下奥陶统的裂缝-孔洞系统是典型的表生期大气淡水岩溶作用形成的产物(潘建国等,2012)。

米级规模的洞穴包括溶穴、洞隙和溶管。其中，溶穴的发育形态为等轴近球形，由孔洞溶蚀扩大形成，该类洞穴形态比较规则，径向和纵向延伸都不大。洞隙是裂缝局部或全部溶蚀扩大形成的洞穴，该类洞穴纵向延伸距离大于径向延伸距离。溶管为径向延伸较长的溶蚀管道，由近水平连续水流作用溶蚀形成，多被不同程度的机械流水沉积物充填。米级规模的洞穴在钻井上根据充填程度的差异呈现出放空、漏失、溢流等响应；常规测井有自然伽马值增大、孔隙度值突变、声波时差异常跳波等响应；电成像资料上表现为明显的大段暗色条带等。因此，通过对电成像资料的图像分割和常规测井的综合分析可以识别米级洞穴的类型。

大型洞穴的洞径大于 2.0m，包括溶道和溶洞。溶道多为大型地下水管流通道，国外学者称之为综合性排驱系统(Ford and Williams,1989)，而溶洞则是相对孤立的洞穴。由于钻井仅能揭示井孔洞穴垂向厚度，对径向延伸长度无法预测，因而仅通过钻测井资料不易分辨溶道和溶洞，需要结合物探资料来进行研究。

改造型孔隙是指原始溶蚀孔隙特别是大型洞穴形成时或形成之后，各种地质作用对它改造所产生的孔隙，最重要的地质作用是洞穴形成期由牵引流和密度流产生的碎屑质充填作用，以及洞穴形成期和埋藏期伴随产生的重力垮塌作用。这些孔隙主要包括：①原始溶洞在遭受充填垮塌后残存的空间；②洞顶带的破裂裂缝；③洞穴内各种垮塌角砾岩内的缝隙；④洞穴内各种硅质碎屑充填物中的孔隙(主要粒间孔)。

4. 古岩溶储集体物性分布模型

古岩溶储集体成因类型多样，20 世纪末期国内外大量的文献均集中在同生期大气淡水-海水混合水岩溶和表生期大气淡水岩溶。Palmer(1991)研究表明，表生期大气淡水岩溶是目前世界范围内所发现的大量岩溶体系的主体，占目前已知洞穴系统的90%。21世纪以来，以Klimchouk(2009)为代表的学者提出了深成岩溶理论，并指出以往很多被认为是表生岩溶的储集体实际上是深成岩溶作用的产物。但是，从全球油气勘探的角度来看，目前作为规模性勘探目标的古岩溶储集体主要以不整合面以下暴露型大气淡水岩溶储层为主。因此，本节主要论述该类储集体的物性分布模型。

1)岩溶垂向分带结构模型

岩溶系统垂向储集结构的分带性主要是受大气淡水在重力作用下的流动型式和相互作用规律决定的。按照地表大气淡水的运动特点，由上向下可以划分为两个水流型式不同的带，即渗流带和潜流带，二者以潜水面为界，潜水面之上为渗流带，大气淡水主要以沿着先存裂缝网络作垂向流动为主，且水流运动相对较分散；潜水面之下为潜流带。来自渗流带中垂直下渗的淡水到达潜流面时，流动形式发生转化，变为潜水基准面控制下的近水平流动，并且通过渗流带的下渗调整，水流运动变得相对比较集中。除了上述流动形式之外，Mylroie和Craig(1988)及Carew(1993)还提出了两个混合作用带对岩溶作用具有重要影响。第一个混合作用带由渗流带和潜流带大气淡水混合作用形成，沿潜水面分布；第二个混合作用带出现在接近海岸的碳酸盐岩岩溶区，由大气淡水与海水的混合作用形成，一般发育于潜流带之下。上述大气淡水运动规律及其与海水相互作用的分带性是地表岩溶垂向分带结构的重要基础。

尽管目前在岩溶分带结构上，不同学者针对不同地区建立了一些不尽相同的模式(图5-11)，但概括起来，可以将岩溶的垂向储集结构由上而下划分成5个带。

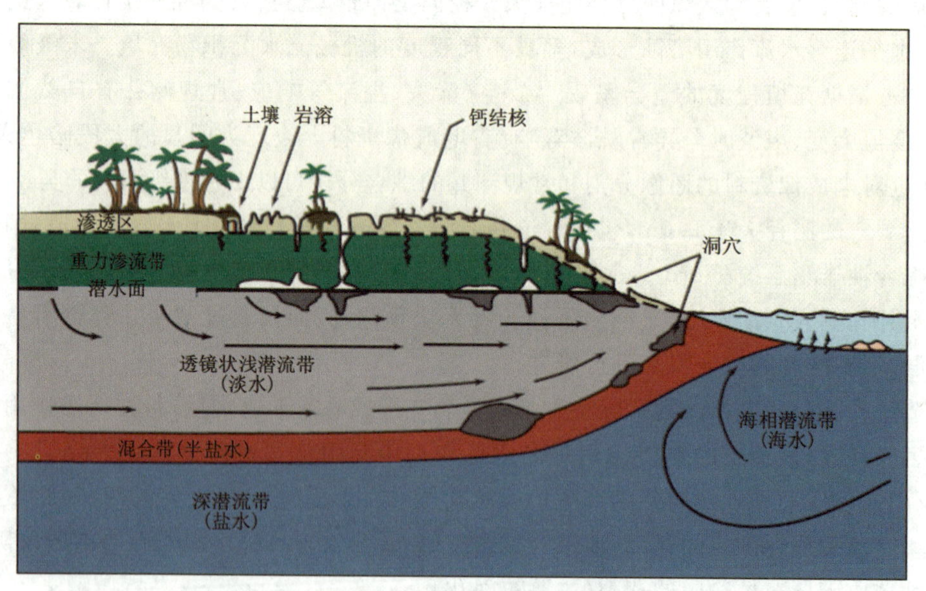

图5-11 岩溶发育水力学图解及其相应的垂向分带结构(据Choquette et al.,1988)

(1)破碎带，该带位于古风化壳最上部，相当于表生喀斯特，其厚度可达几米至十几米。破碎带在不同情况下可以表现为不同的形式，如Craig(1988)和Tinker等(1995)曾在所建立的岛屿水动力模式中提出了一个表层土壤化作用带。

破碎带在储集空间类型上主要发育破裂裂缝，形成角砾状孔隙，此外占重要地位的还有大量刻蚀形成的溶孔和溶洞，以及落水洞、坑凹洞。

（2）大气淡水渗流带，位于破碎带之下，大气淡水以垂向渗流为主，水流渗透较快，因此储集空间主要是由先存裂缝体系发生垂向淋滤和溶解作用所形成。大多数溶洞属于渗流带型（Bretz，1942；Bogli，1980；Jennings，1985），洞内侵蚀作用限制于洞道底板和较低部位的洞壁，因而主要沿竖洞向下进行。

（3）大气淡水渗流和潜流混合带，Mylroie 和 Carew（1993）认为渗流淡水和潜流淡水的混合可以形成小规模的溶解孔洞。Tinker 等（1995）则通过对巴哈马、圣安德勒斯岛的研究认为，在岛的向内陆地区，渗流和潜流混合作用带与岛边缘的泄水区一样，洞穴最发育，溶解作用最活跃。关于这种大气淡水混合带的强烈溶解作用是可以用具有不同 $CaCO_3$ 饱和度和不同 CO_2 分压（ρ_{CO_2}）溶液的混合作用机理来加以解释的。

混合带的溶解作用最强，常形成各种形态的以大洞穴为主的储集空间，如廊道式洞穴、岩屋式洞穴、侧缘洞以及树枝状洞穴等，另外还发育裂缝洞。

（4）大气淡水潜流带，水流以大气淡水潜水面控制下的横向渗流为主，但由于潜水面在不同地区具有不同的高度，因此潜流带的水流运动总体表现为潜水基准面控制下的阶地状。水流体系具有类似于地表径流一样的分布特征，反映了潜流带的水流运动呈现出明显的汇聚性，所形成的洞穴以潜流带型为主（Bretz，1942；Bogli，1980；Jennings，1985），即洞内的侵蚀作用均匀发生于溶洞周边。大多数潜流带型溶洞横剖面呈椭圆形，常见到溶坑、共生通道、洞顶半通道、顶垂通道等发育。溶坑产生于洞壁或洞顶，可一直向上延伸几十米，终止于引导它扩大的封闭节理内。共生通道是指溶蚀横剖面中部分堆积有河流碎屑的潜流带通道或潜水面通道，一般具有加积的底面和稳定上升的溶解顶面。洞顶半通道是在较大通道完全被碎屑物充填时，在通道顶部发育的较小规模的曲折通道，这种通道的发育主要是为了排泄已被堵塞通道中的水流。顶垂通道是指发育在洞壁或洞顶的复杂交织的溶道网。

因此潜流带主要以各种洞穴、溶洞、溶道等的发育为特征。洞穴的规模比混合带小，形态多为横向延伸。如果溶道发育，溶蚀作用较强，则可形成海绵状洞穴。

（5）大气淡水和海水混合带，该带主要出现在海岸带附近，向陆相方向逐渐过渡到潜流带或隔水层。

根据 C&C Reservoir 公司的报道（1998），古岩溶垂向结构分带中，储集岩的孔渗条件自渗流带向潜流带呈逐步改善的趋势，潜水面之下孔渗条件逐步变差（图 5-12）。其中，上部渗流带一般厚度为 0～20m，平均孔隙度为 1.2%，下部渗流带厚度为 50～75m，平均孔隙度为 0.6%，潜水面之下的浅潜流带厚度为 20～30m，平均孔隙度为 1.9%，深潜流带厚度可达 200m，平均孔隙度为 0.4%（图 5-12）。

塔河油田奥陶系实钻井揭示了典型的岩溶垂向分带结构，包括表层岩溶带、垂直渗流带和水平潜流带（邹胜章等，2016）。张恒和蔡忠贤等（2022）研究指出塔河油田不同钻井垂向上所揭示的缝洞叠置结构多样，包括表层致密段＋渗流带洞穴段＋潜流带裂缝孔洞段、表层致密段＋渗流带裂缝孔洞段＋潜流带洞穴段、表层致密段＋渗流带裂缝孔洞段＋潜流带致密段、表层和渗流带裂缝孔洞段＋潜流带洞穴段、表层岩溶带-水平潜流带均为裂缝孔洞段、表

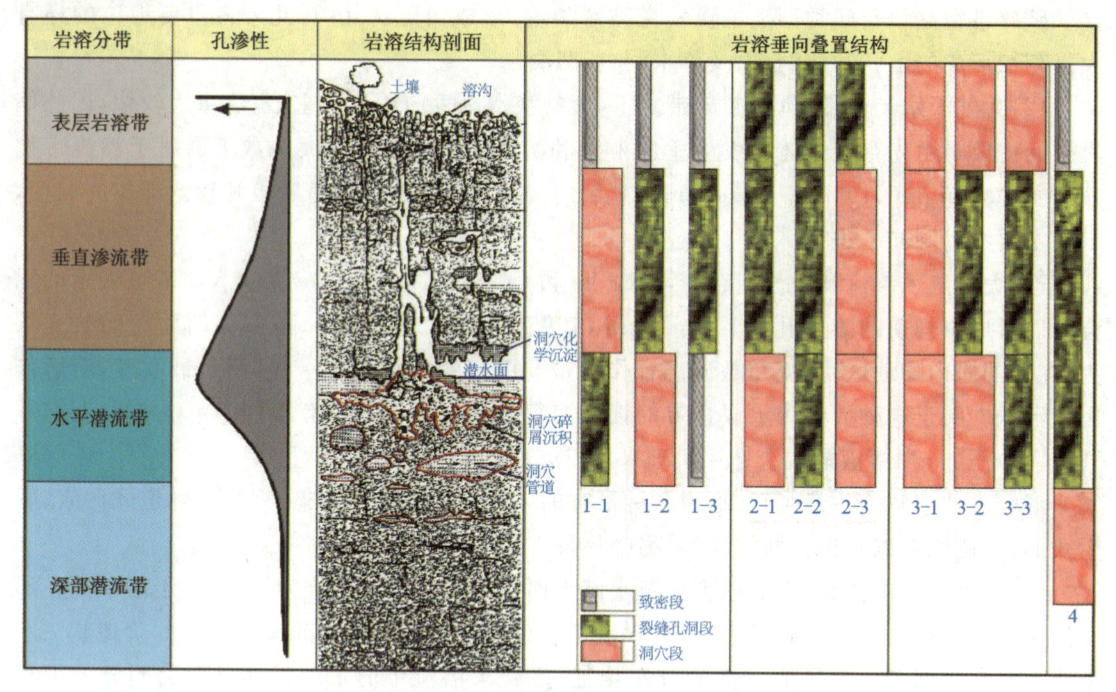

图 5-12　岩溶垂向分带、缝洞叠置结构模型及孔渗关系(据 C&C Reservoir 公司,1998 修编)

层裂缝孔洞段＋渗流带-潜流带洞穴段、表层岩溶带-水平潜流带均为洞穴段、表层洞穴段＋渗流带裂缝孔洞段＋潜流带洞穴段、表层洞穴段＋渗流带-水平潜流带裂缝孔洞段、表层致密段＋垂直渗流带-水平清流带裂缝孔洞段＋深部潜流带洞穴段(图 5-12)。

2)表层岩溶带缝洞结构模型

在岩溶垂向分带结构的基础上,一些学者主张在垂直渗流带上部还应该进一步划分出一个带——表层岩溶带(Ford and Williams,1989;Jones,2004)。

表层岩溶带(epikarst)最早源自 Mangin 于 1973 年提出的 Epikarstic Aquifer 的概念,即储集了部分渗透水岩溶体浅层部分,是一个饱水带。这个饱水带具有以下特征:①浸透、渗滤速度缓慢,分散在细裂纹中;②快速集中的渗流水通过扩溶裂缝和垂向输导管道流动;③饱水带的水最终汇流到落水洞和竖井系统中。因此,表层岩溶带水流分为快速流动和缓慢流动两种类型,其中快速流分布在与竖井流和渗透流相接的部位。

表层岩溶带具有地貌学和水文学双重属性。从岩溶地貌的角度来理解,土壤及沉积覆盖和地表溶沟地貌(karren)就是表层岩溶带;同时,该带内发育典型的水文作用过程,即对流体具有储集、分离、再分配以及充注进入渗流带等功能。因此,Williams(2012)将表层岩溶带定义为岩溶地区的浅层部分,其中压力释放、风化和溶解作用强烈,岩石裂隙和裂纹发育,并在大型碳酸盐岩之上形成了一个更具渗透性和孔隙的区带。

表层岩溶从岩溶岩表面一直向下延伸几米到几十米,Williams(1983)从水文学的角度,将该带划分为土壤层、地表裂隙带和皮下层 3 部分。其中,裂隙带往往被陆源砂泥质充填,皮下层是一个悬托含水层(subcutaneous karst aquifer),具有一定的水平径流特征,是表层岩溶带具有储集意义的部位。此外,C&C Reservoir 公司(1998)提出了一个典型的岩溶残丘单元中表层岩溶带储层发育模式，认为岩溶残丘的斜坡部位具备最有利的水动力学条件，孔隙度最为发育，而残丘的核部和底端孔隙相对不发育。

张恒等(2022)对塔河油田主体区奥陶系表层岩溶带缝洞储层结构进行了研究，建立了两种表层岩溶带发育模式(图 5-13)。

岩溶残丘的缓坡往往是地表岩溶水的重要补给部位。同时，这些地貌部位提供了相对有利的水力梯度，使得地表水在向沟谷汇流的过程中，充分地向地下转换，当地表裂隙较为发育时，极容易向岩层渗滤、侵蚀，且发生水岩反应，促进溶蚀作用的发生，因此这些部位表层岩溶带厚度相对较厚，且形成地表裂隙＋洞隙、溶扩裂缝段＋洞隙和溶扩裂缝段等缝洞结构样式。岩溶残丘的核部由于应力相对集中，极容易产生高角度张性裂缝，并伴有溶蚀，然而该地貌部位不利于地表水的汇聚和存储，多呈现溶扩裂缝段、溶扩裂缝段＋洞隙的缝洞结构，局部可见机械流水沉积。岩溶残丘之间的平地部位是地表正负地形之间的纽带，由于水力梯度急剧降低，其表层岩溶带厚度相对较低，往往发育高角度裂缝。岩溶地貌低部位(如山底坡脚等)，随着岩溶水中碳酸盐岩饱和度的增加以及水力梯度的降低，其侵蚀及溶蚀能力降低，岩溶作用弱化。沟谷部位作为排泄区，其内部往往发育显著灰岩夹泥质纹层沉积，具有显著的机械流水沉积特征[图 5-13(a)]。

同时，在沟谷发育的地区，部分实钻井揭示的表层岩溶带厚度亦相对较高，往往是受到沟谷底部断裂裂缝的控制。作为地表水系汇聚的地区，岩溶水流量大，在断裂和裂缝的输导之下，极容易形成局部的溶蚀，产生裂隙段＋洞隙的缝洞结构样式[图 5-13(b)]。

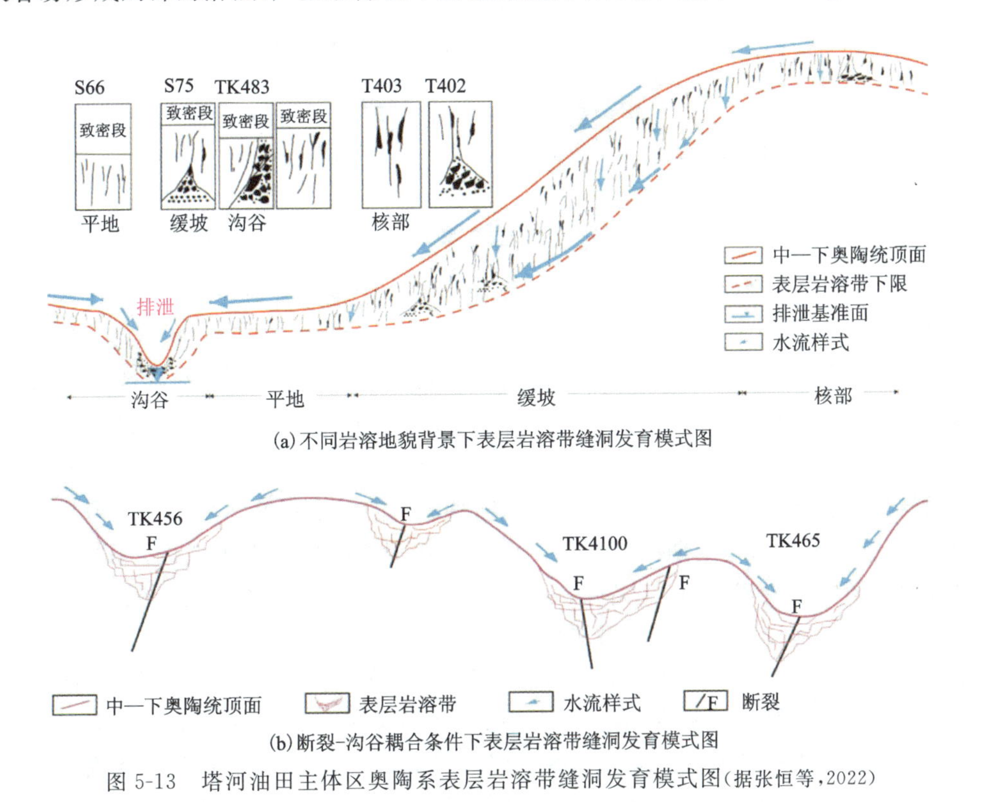

(a) 不同岩溶地貌背景下表层岩溶带缝洞发育模式图

(b) 断裂-沟谷耦合条件下表层岩溶带缝洞发育模式图

图 5-13　塔河油田主体区奥陶系表层岩溶带缝洞发育模式图(据张恒等，2022)

3)岩溶洞穴结构模型

(1)岩溶洞穴平面结构样式。岩溶洞穴总体上可以划分为孤立洞穴和大型综合性洞穴系统(Ford and Williams,2007)。孤立洞穴一般是指与水的输入或输出点之间没有被任何最小尺度的管道(小于管流临界值的管道)连接的洞穴。而大型综合性洞穴系统是指水的输入和输出点间由突破临界值甚至更大直径的岩溶管道连续延伸所构成的岩溶管道系统(Ford and Williams,2007)。

孤立洞穴一般可以表现为一定长度的单洞道,也可以表现为一个长宽高近于等维的相对比较大的洞穴。洞穴周围还可以发育少量小型分支洞道。大型综合性洞穴系统一般是由多分支洞道构成的复杂系统,平面上可以表现出多种样式。其中,单洞道洞穴可细分为线状洞道、棱角状洞道和弯曲洞道;多洞道洞穴可细分为分支状洞道、网络迷宫洞道、汇合洞道、海绵网络洞道和枝状迷宫(图 5-14)。

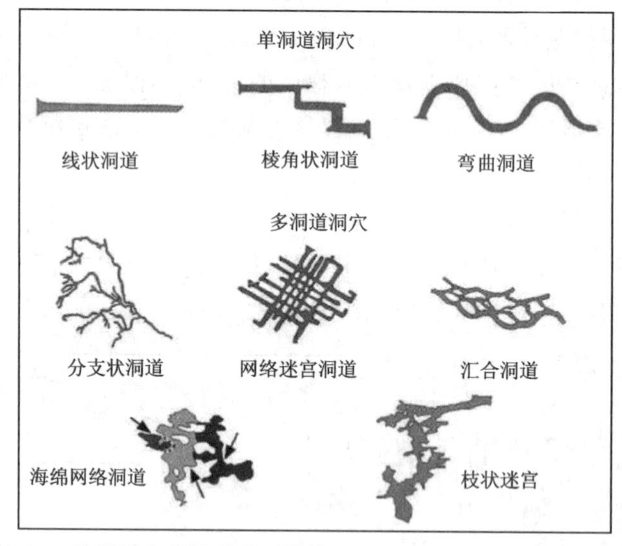

图 5-14　单洞道和多洞道平面样式(据 White,1988;Palmer,1991 修改)

根据张恒和蔡忠贤等(2022)的研究,塔河油田上奥陶统北部剥蚀区发育 20 条大型岩溶洞道,自东向西呈现出不同类型的洞道样式。其中,东部岩溶台原区发育 1～8 号岩溶洞道,主要表现为南北向汇流的单支状和迷宫状;西部岩溶斜坡区发育 9～20 号岩溶洞道,9～10 号岩溶洞道表现为大型树枝状,其主干洞道南北向汇流、分支洞道东西向汇流,11～20 号岩溶洞道主要表现为单支状、局部呈不规则的短洞道,呈北东—南西向或近南北向汇流(图 5-15)。

(2)岩溶洞穴垂向分层结构。洞穴层是喀斯特流域内一组由基本处于相似海拔高度洞道组成的网络,是构造相对稳定期由相对稳定的局部排泄基准面控制形成的。因此,一个洞穴层可以理解为同阶段岩溶作用的产物。一个喀斯特流域内多个洞穴层包含了局部排泄基准面响应于区域性排泄变化而导致的局部基准面幕式下降的历史。

根据李源和蔡忠贤(2016)的研究,塔河油田主体区发育 3 个稳定的洞穴层,代表了 3 级岩溶台面控制下的 3 期排泄基准面的变迁。张恒和蔡忠贤(2022)进一步对塔河西部斜坡区岩溶台面和洞穴层进行了研究。与主体区类似识别出来 4 个岩溶台面,每个台面中发育一条深切的沟谷,并控制一个稳定洞道层的发育(图 5-16、图 5-17)。

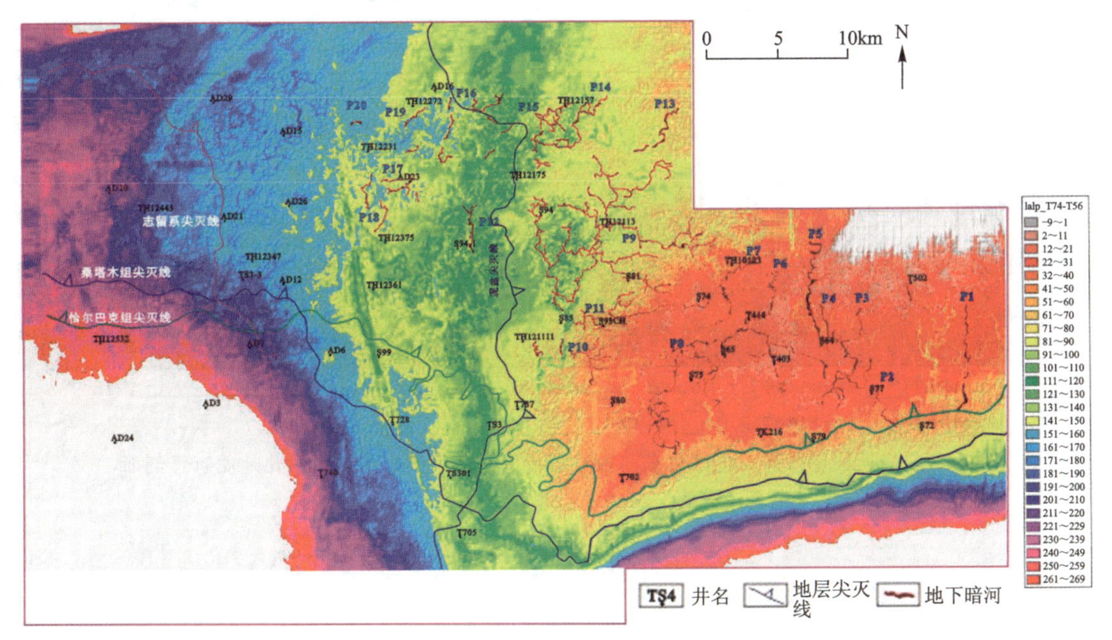

图 5-15　塔河油田奥陶系大型岩溶洞道形态学样式与岩溶古地貌叠合图(据张恒等,2022)

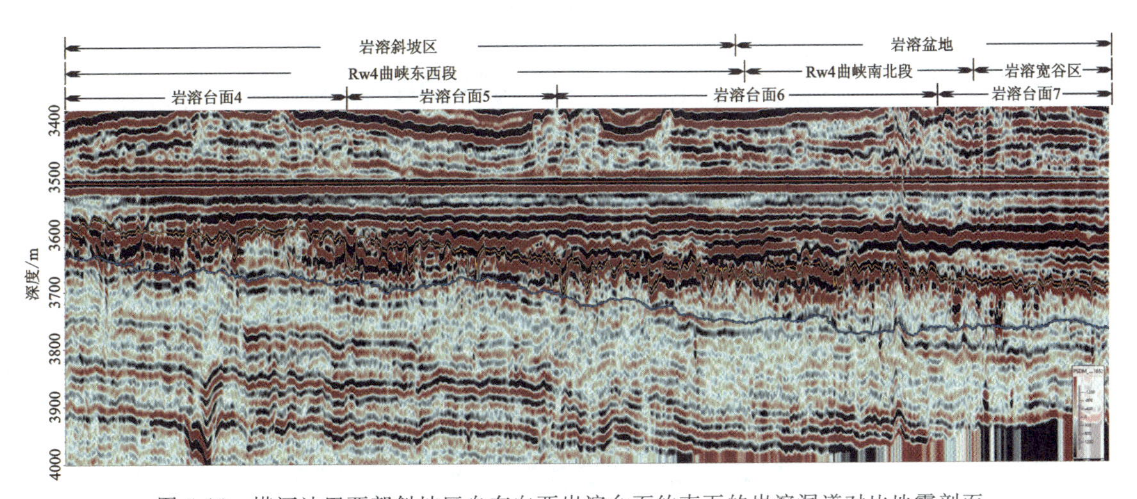

图 5-16　塔河油田西部斜坡区自东向西岩溶台面约束下的岩溶洞道对比地震剖面

4)岩溶洞穴埋藏演化模型

(1)单个溶道的埋藏演化模型。近地表条件下形成的洞穴系统随着埋藏深度的增加将逐步演变成古洞穴系统,溶道作为洞穴系统的基本组成单元,也将随之经历复杂的改造历史。

从地质作用角度看,单个溶道是地表条件下溶蚀挖掘的结果,局部还伴随着相应的沉积作用,进入埋藏过程后,溶蚀挖掘以及洞穴沉积将终止,取而代之的是破裂作用、机械压实作用和重力垮塌作用等的发生。因此埋藏条件下的古洞穴溶道是上述过程综合作用的结果。图 5-18 是 Loucks(1999)提出的单个溶道从近地表潜流带中发育,然后在渗流带中被改造,最后至埋藏期间经历机械压实和重力垮塌等多个阶段多种作用改造的演化历史模型。

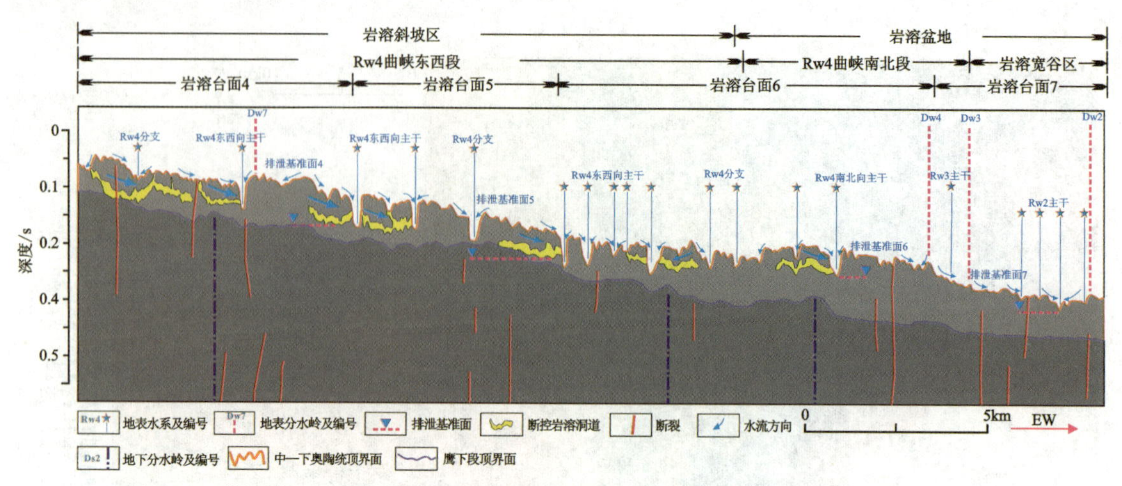

图 5-17 塔河油田西部斜坡区自东向西岩溶台面约束下的岩溶洞道对比地质解释剖面

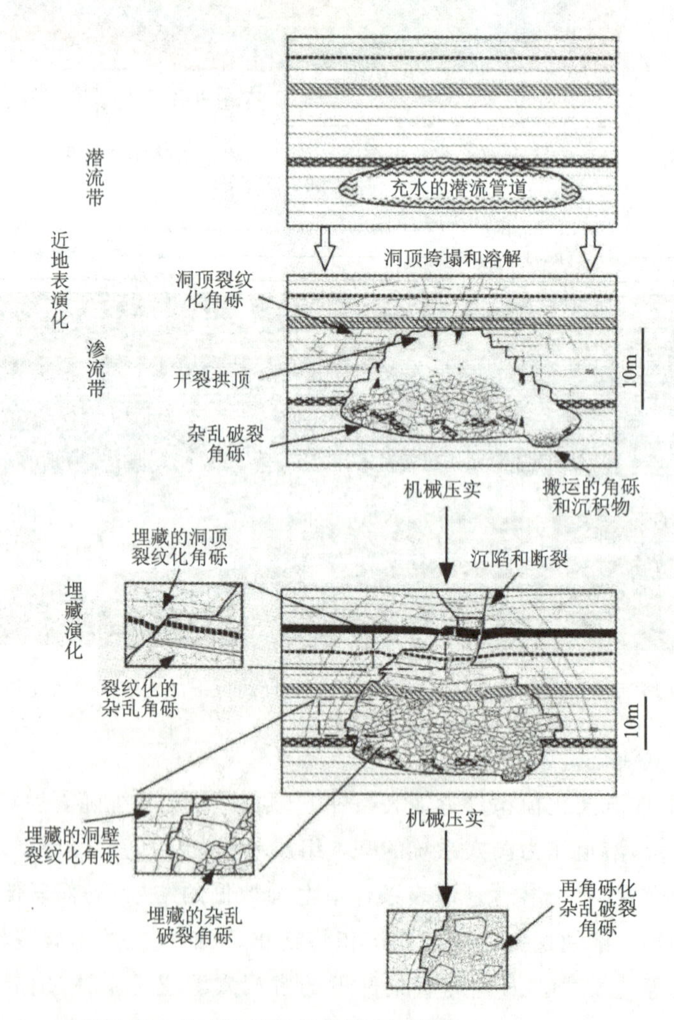

图 5-18 单个溶道的演化历史模型(据 Loucks,1999)

洞穴溶道在地表条件下的改造主要受基准面控制，当基准面下降时，潜流带的溶道可以被废弃变成渗流带的一部分，从而使得溶道形态发生改变，形成深的溶蚀谷和竖洞。

洞穴垮塌则是整个洞穴演化过程的重要组成部分(White and White，1969)，进入埋藏以后，洞顶和洞壁处于由上覆地层产生的应力作用，在拱顶形成拉张洞壁、洞壁产生剪切应力作用(White，1988)。应力带内应力通过岩块的破裂而释放，结果形成一个破裂的拱顶和洞壁。随着机械压实作用的进行，洞顶和洞壁岩石不断破裂，最终在其自生重力作用下产生垮塌，垮塌角砾杂乱堆积于溶道内。垮塌体之上则受差异压实的影响，相对完整的地层发生破裂，形成埋藏的洞顶裂纹，以及被碎屑松散一致密充填的杂乱堆积角砾，并出现沉陷和断裂。

连续的埋藏一方面导致了对原先形成的破裂碎屑更广泛的机械压实，引起具有大孔洞的块体进一步破裂、角砾化并紧密堆积在一起，最终小角砾占据了碎屑的主体。另一方面围岩中产生更多的破裂作用以及杂乱角砾，这种机械过程进一步将裂纹化角砾和裂缝的体积向围岩扩展，导致角砾化带不像简单的原始溶道那样，而主要由被应力裂缝叠置连接压实的杂乱角砾组成，从这个由压实的杂乱角砾组成的较大的带向外是裂纹、杂乱角砾和裂缝组成的带。

(2)洞穴体系的埋藏演化模型。早期埋藏压实过程中，横剖面上原始溶道周围角砾化的范围是增加的，但单个洞穴周围角砾化带的增加不能解释一些古洞穴系统中可见到的宽达几千米的角砾化带发育。因此 Loucks(1999)认为，大多数洞穴储层不是孤立垮塌溶道的产物，而是连接的垮塌古洞穴体系。一个大的垮塌古洞穴储层的发育是几个阶段发育的结果，这个概念可以称之为连接垮塌古洞穴假设。

按照这个概念，一个复合不整合上每一次持续的陆地暴露周期均可导致洞穴的发育和部分垮塌(图 5-19)。而每一次区域性海平面上升期间，喀斯特和洞穴体系的发育活动就停止并部分被沉积物充填。复合不整合上埋藏前的古洞穴系统是由垂向剖面上在跨度几百米范围内分布的相隔紧密的溶道组成的。许多溶道可以部分垮塌或被碎屑充填。而喀斯特表面可以发育被角砾、陆地和海相沉积物充填的沉落洞体系。

当多幕式洞穴系统沉陷至较深的地下时，未充填溶道的洞壁和洞顶岩石就发生垮塌形成破裂角砾和裂缝。这些角砾和裂缝从垮塌的溶道向外扩展，与系统内其他垮塌溶道的裂缝相互交切。结果由裂纹、镶嵌状角砾及裂缝将洞穴溶道内的杂乱角砾相互连接起来。

5)断溶体储层结构模型

随着古岩溶缝洞型储层研究的持续推进，除了表层岩溶缝洞结构、古岩溶暗河结构之外，近年来从油气圈闭的角度提出了一种新的岩溶储层结构，即断溶体或断控型岩溶缝洞(鲁新便等，2015；程洪等，2020)，此后又进一步提出了断控缝洞型储层(胡文革等，2022；云露和朱秀香，2022；黄诚等，2022)。

“断溶体”或“断控型岩溶缝洞”是一种特殊的由断裂带控制的岩溶储集体，为上奥陶统覆盖区碳酸盐岩受多期次构造挤压作用后，沿深断裂带发育一定规模的破碎带，经多期岩溶水沿断裂下渗或局部热液上涌致使破碎带内断裂、裂缝被溶蚀改造而形成的柱状溶蚀孔、洞储集体(鲁新便等，2015)。按照其形态结构的差异性，可划分为条带状、夹心饼状和平板状 3 种类型，断溶体的平面网络样式和剖面结构与断裂的结构样式具有密切的关联性。条带状断溶

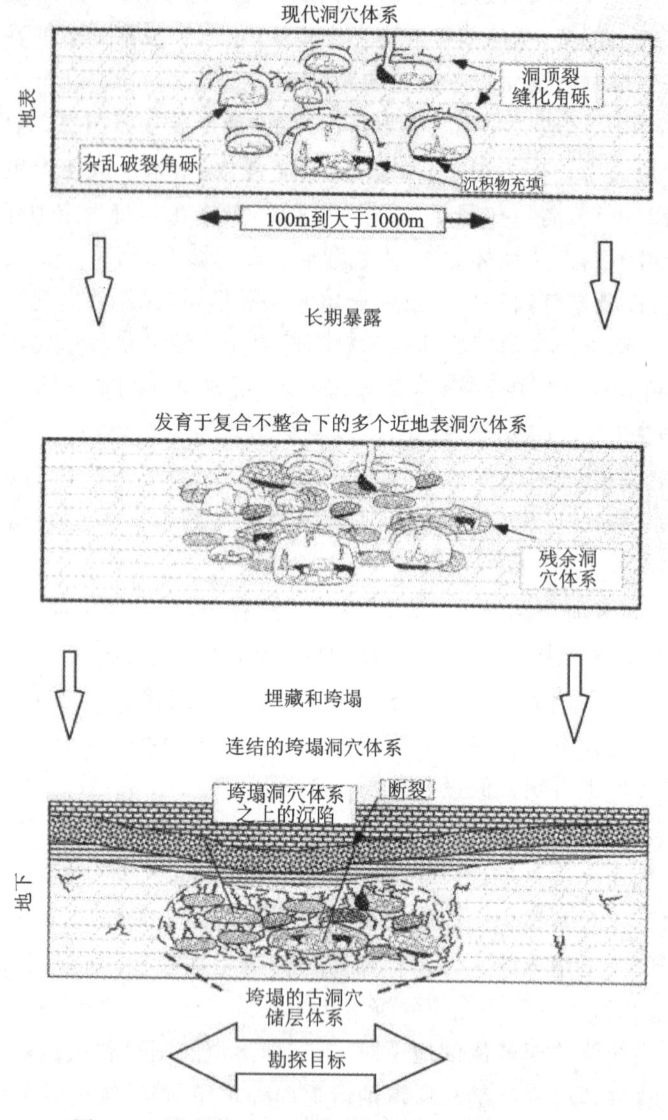

图 5-19 洞穴体系的岩石历史模型(据 Loucks,1999)

体储层以溶洞型和孔洞型为主,主要发育在中—下奥陶统风化壳以下 240m 以内,以托甫台地区、10 区南部及 8 区最为典型。夹心饼状断溶体储层以孔洞型和裂缝-孔洞型为主,主要发育在中—下奥陶统风化壳以下 120m 以内,以 10 区北部地区和 12 区东部最为典型。平板状断溶体储层以裂缝-孔洞型和裂缝型为主,主要发育在中—下奥陶统风化壳以下 160m 以内,以托甫台地区、10 区南部及 8 区和 12 区西南部最为典型(图 5-20)。

程洪等(2020)基于塔北隆起三维地震资料和精细相干属性进一步完善了断溶体圈闭的分类体系,将其划分为主干断溶带圈闭、分支断溶带圈闭和内幕断溶带圈闭 3 种基本类型。根据断裂结构的平面形态差异,进一步划分出纺锤状圈闭、板状圈闭、"X"或"Y"字形圈闭、"卜"字形圈闭、夹心饼状圈闭、菱格状圈闭和团块状圈闭 7 个亚类。

圈闭(油藏)类型		油藏模式示意图		发育位置	储层类型	主要分布区
		平面	A—A′ 剖面			
断溶体油藏	条带状	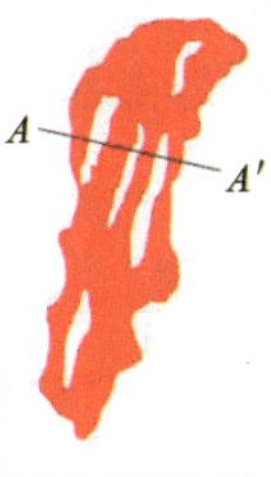	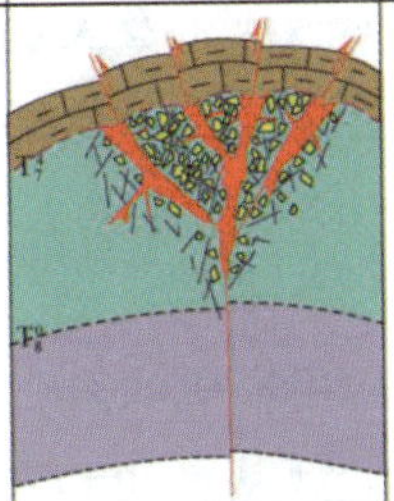	中—下奥陶统，进入 T_7^4 界面以下0～240m	溶洞型储集体、孔洞型储集体	托甫台地区、10区南部及8区
	夹心饼状	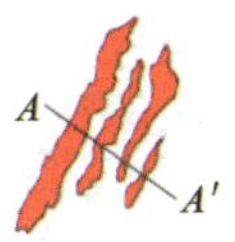	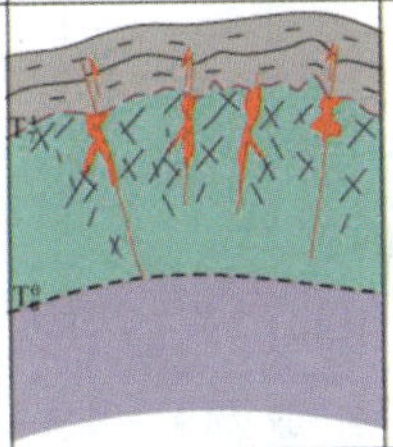	中—下奥陶统，进入 T_7^4 界面以下0～120m	孔洞型储集体、裂缝-孔洞型储集体	10区北部地区、12区东部
	平板状	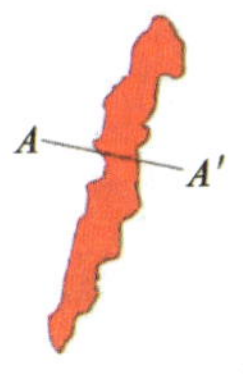	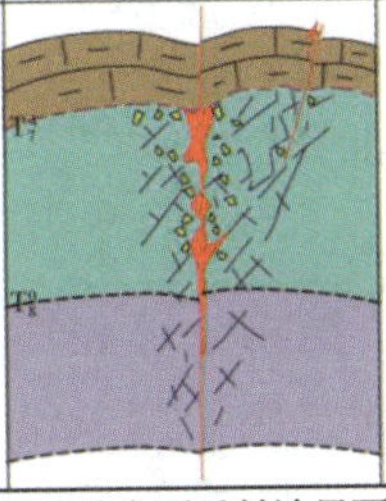	中—下奥陶统，进入 T_7^4 界面以下0～160m	裂缝-孔洞型储集体、裂缝型储集体	托甫台地区、10区南部及8区、12区西南部

注：T_7^4为加里东中期Ⅰ幕构造成的不整合面反射波界面；T_8^0为寒武系顶反射波界面。

图 5-20　塔河油田奥陶系断溶体储层结构模型(据鲁新便等，2015)

四、结晶白云岩储集体

1. 白云岩储集体的油气储集意义

白云岩是组成碳酸盐岩的第二大岩类，仅次于石灰岩，因此在油气资源勘探中居于重要地位。国内外的许多碳酸盐岩油气田的储集层是白云岩构成的。据统计，世界碳酸盐岩储层中有50%为白云岩储层。在北美，白云岩中的可采储量约占到碳酸盐岩可采储量的80%(Zenger et al.，1980)。在苏联、西北欧和南欧、北非和西非、中东以及远东，白云岩储层也占有重要的比例(Sun，1995)。例如美国威灵斯顿盆地、伊利诺伊盆地中的奥陶系和密西西比系白云岩油气储层、欧洲中部二叠系盆地的Zechstein白云岩油气储层、苏联列诺-都古斯克油气田的寒武系—奥陶系白云岩储层等均是世界上非常重要的白云岩油气产层，中东重要的阿斯玛里组碳酸盐岩油气储层中，白云岩储层也占有一定比例。我国也已在白云岩地层发现了大量的油气资源，如四川盆地普光气田三叠系飞仙关组、威远气田和安岳气田震旦系灯影组、鄂尔多斯盆地奥陶系的马家沟组以及塔里木盆地寒武系阿瓦塔格组—肖尔布拉克组均是我国目前重要的白云岩油气产层。因此，白云岩储集体的研究对于油气的进一步勘探甚至开发具有重要意义。

2. 白云岩储集岩岩类划分

依据成因,白云岩化作用可以贯穿在整个沉积-埋藏成岩及表生作用的各个阶段,因此自然界中,各个阶段由不同机制的白云岩化作用所产生的白云岩类非常复杂,一般可以分成三大类。

1)同生-准同生白云岩

是指沉积后不久尚未脱离海水环境的白云岩化作用形成的岩石,这种交代白云岩中白云石晶粒比较细小,因此,岩石结构没有破坏。岩石类型基本可以按照 Dunham(1962)或者 Folk(1962)的分类方案进行定名。

泥晶白云岩指由小于 5μm 的白云石晶粒组成的岩类。

微晶白云岩指由 10～30μm 的白云石晶粒组成的岩类。

藻叠层石白云岩指由藻纹层和泥晶白云石纹层相间组成的岩类。

颗粒白云岩指由生物碎屑、内碎屑、鲕粒、球粒等组成颗粒,泥-微晶白云石胶结形成的岩类,一般依颗粒类型不同进一步可分为生物碎屑白云岩、内碎屑白云岩、鲕粒白云岩、球粒白云岩等。

2)具残余结构的白云岩

是指白云岩化作用不是很强烈,没有将原始岩石结构全部破坏,仍然保留部分岩石的原始结构面貌。这种类型的岩石中原始沉积结构(特别是原始颗粒结构)与交代后的晶粒结构并存,Dunham(1962)或者 Folk(1962)的分类方案无法满足这种岩石结构的分类和描述。针对该类岩石类型划分,我国学者毕义泉(2001)和张学丰等(2011)先后提出了关于残余结构白云岩的划分方案。

其中,毕义泉(2001)根据碳酸盐岩结构组分的类型、交代强度及可识别性将次生白云岩的残余结构分为交代残余结构、交代影像结构、交代晶粒结构三大类,每类还可根据具体的结构组分类型进一步划分和命名。张学丰等(2011)则根据颗粒与基质或胶结物是否基本清晰可分(即是否可分别确定各自所占的百分含量)和颗粒(专指具内部原始结构的颗粒,如鲕粒或豆粒)内部结构是否大部分被保留两个基本原则,将残余结构分为残余粒屑结构、残余粒形结构和残余影像结构三大类,并给出具体的分类命名方法。

3)结晶白云岩

是指原始岩石结构破坏强烈,完全由各种晶粒白云石组成的岩类。这一类岩石相当于毕义泉(2001)残余结构白云岩分类中的交代晶粒结构白云岩。一般按晶粒大小可进一步分为粗晶白云岩、中晶白云岩、细晶白云岩、粉晶白云岩等(表 5-4)。

表 5-4 白云岩结晶粒度划分(据 Chatalov,1971)

晶体大小/mm	命名
＞1	非常粗晶
0.5～1	粗晶

续表 5-4

晶体大小/mm	命名
0.25～0.5	中晶
0.125～0.25	细晶
0.063～0.125	非常细晶
0.032～0.063	极细晶
0.004～0.032	微晶
<0.004	隐晶

3. 白云岩储层成因类型划分

白云岩储层的分类主要有两种方法：一种是依据白云岩所处的沉积环境进行分类；另一种是依据白云岩的成因进行分类。

1）Sun（1995）提出的方案

通过对世界范围内白云岩储层的研究，Sun（1995）发现绝大多数白云岩储层出现于下列4种情况中：以潮缘为主的碳酸盐岩，与蒸发潮坪/潟湖有关的潮下带碳酸盐岩，与盆地范围蒸发岩有关的潮下带碳酸盐岩，与地形高低/不整合面、台地边缘建造或断裂/裂缝有关的非蒸发岩层序中。

2）白云岩成因分类方案

从上述Sun（1995）对白云岩储层的划分可以看出，通过对全球许多白云岩储层的分析统计，他试图通过将白云岩储层的发育与白云岩化成因相结合来建立白云岩储层的形成模式。其中将白云岩化流体水文学、水化学控制下的白云石晶体成核增长与孔隙生成相结合确实较好地解释了与蒸发潮坪/潟湖有关的潮下带白云岩储层的形成机制。但到目前为止，有关其他白云岩化成因模式与白云岩储层发育的关系仍不十分清晰。由于储层物性是基于白云岩成因基础上发育的，因此尽管白云岩化成因类型划分并不属于直接的白云岩储层分类方案，即不能简单地将白云岩化成因类型与储层划等号，但了解白云岩化的成因类型仍是深入研究白云岩储层的前提和基础。目前按照白云岩化流体来源及其流体驱动体系提出的代表性的白云岩化模式已在上一章成岩作用中详细论述。

4. 白云岩储集空间类型

白云岩之所以能成为良好的油气储层，主要是因为在不同类型的成岩作用（特别是不同阶段、不同成因机制的白云岩化作用）之后可以形成一系列不同成因、不同大小的孔隙空间和渗流网络，从而改善了岩石的毛细管特性（Murray and Pray，1965；Wardlaw，1976）。

白云岩中最重要的储集空间是晶间孔、铸模孔、晶洞（溶孔或孔洞）及裂缝（Roehl and Choquette，1985），除此之外还有晶内孔、针孔、粒间孔等。

晶间孔——主要见于结晶白云岩中，属于晶粒间的格架孔隙，由晶粒的无序排列造成。

Moore 把这种具有晶间孔的结晶白云岩称为砂糖状白云岩。

铸模孔——常发育于泥-微晶白云岩中,主要是由于蒸发岩矿物(石膏、硬石膏等)发生溶解作用而形成。我国华北地台奥陶系马家沟组泥-微晶白云岩中和四川盆地嘉陵江组白云岩中均能见到这类孔隙。

晶洞(溶孔)——由胶结物甚至部分颗粒或晶粒溶解而成,在各类白云岩中均可出现,成因上可以与各个阶段的溶解作用有关。我国四川盆地的嘉陵江组和灯影组的藻黏结白云岩、结晶白云岩,鄂尔多斯盆地奥陶系马家沟组中的泥-微晶白云岩、结晶白云岩,以及任丘古潜山油田震旦系雾迷山组中的藻黏结白云岩中均发育有大量这类孔隙。

裂缝——由成岩和构造作用形成,一般按尺度可分为微裂缝、显裂缝和断裂。

晶内孔——主要是白云石晶体内部发生局部溶解作用所形成,常常是去白云岩化作用的产物。

针孔——主要分布于泥-微晶白云岩中,一般只有几个微米甚至几十微米大小。成因上这种孔隙常与早期溶解作用有关。我国鄂尔多斯盆地马家沟组泥-微晶白云岩储层中发育有这类孔隙。

粒间孔——属于颗粒白云岩中的原始孔隙类型,因此一般地层时代较新,古生代地层中很难见到,因为长期成岩历史过程可以导致这种孔隙类型遭受严重破坏。

5. 白云岩储集体物性分布模型

白云岩化模式是从成因角度去阐述地质历史中多种类型白云岩的形成过程,不同成因机制的白云岩化作用可以形成相同或不同的白云岩结构,从而影响白云岩的物性。而白云岩化过程本身还伴随着多种孔隙形成作用。除此之外,白云岩形成后的成岩改造也会对白云岩孔隙产生重要影响。这些因素导致地质历史中白云岩有时可以成为重要的油气产层,但也有些则非常致密。大量的研究表明:白云岩孔渗性与埋藏深度、白云岩化程度(即白云石含量)、白云石的大小和结晶程度等存在一定关系。部分白云岩化模式形成的白云岩在物性上也表现出一定的规律性。

1)白云岩孔隙度与埋藏深度的关系

Lucia(1999)发现上新统—更新统白云岩要比同期石灰岩更缺乏孔隙,如 Bonaire 岛上新统—更新统白云岩化石灰岩平均孔隙度为 25%,而同期白云岩的平均孔隙度仅为 11%,可能反映了其过白云岩化。与这种关系相比,古生界的白云岩通常要比石灰岩更为多孔。Halley 和 Schmoker(1983)认为,白云岩的孔隙并不像石灰岩那样随着埋深的增加而迅速降低。在较浅的深度,石灰岩具有比较高的孔隙度,而在较深的深度,白云岩要比石灰岩更为多孔。这是因为在深层—超深层条件下,白云石的抗压实能力更为强烈。近年来,我国四川盆地、塔里木盆地深层发现的大量的油气藏为白云岩油气藏,充分地证明了这一点。

此外,与 Ehrenberg(2005)所发表的全球碳酸盐岩基质孔隙度数据相比,四川盆地和塔里木盆地深层基质孔隙度取值范围远远高于其所发表的 50%数据点分布的范围线(Hao et al., 2015)。很显然,随着深度的增加,我国深层海相碳酸盐岩层系基质孔隙度并没有呈现幂指数降低的趋势,其中依然保存优质的碳酸盐岩储集体。

2)白云岩孔隙度与白云石含量的关系

关于白云岩化程度对白云岩本身的孔隙发育起什么作用讨论已久。Murray(1960)在研究加拿大Saskatchewan省的密西西比白云岩时，观察到当白云石含量不超过50%时，白云岩的孔隙度随白云石含量增加而略微减小，当白云石含量超过50%，达到80%～90%时，孔隙度迅速增加至30%。Powers(1962)在阿拉伯上侏罗统白云岩中也观察到类似的结果，即当白云岩化作用从5%增加到75%时，孔隙度和渗透率是随之降低的。而白云石含量超过75%后，白云石晶体网络对于发育有效的晶间孔变得非常充分，当白云石含量达到80%时，孔隙度达到最大值，随后孔隙度和渗透率又出现均匀降低，但仍然存在比较好的孔渗性，直到白云石含量达到95%，岩石才变得致密和非渗透。

由上可以看出，虽然在导致孔隙度增加和降低的白云石含量降低的原因上各个地区有差异，但共同的结果是，白云岩的孔隙度与白云石含量并不是简单的正相关关系，而是三段式结构，Sun(1995)从晶体增长与孔隙度演变角度进行了解释，即当白云石含量超过75%后，白云石晶体就构成了空间支撑格架，可以抵制进一步的压实和相应的孔隙度丢失。一旦原始碳酸盐沉积物完全被白云石交代，连续增加的碳酸盐和镁导致晶体逐步增大，白云石晶体相互连接，必然导致孔隙度的降低。根据反应式

$$2CO_3^{2-}+Mg^{2+}+Ca^{2+}=CaMg(CO_3)_2$$

孔隙度降低的程度正比于所增加的碳酸盐和镁的数量，与白云化流体的体积和性质有关。当比较高的白云岩化流体经过碳酸盐时，大多数孔隙被充填，在原先的碳酸盐被完全交代后，假如白云石晶体的增长被阻止了，那么白云岩孔隙就可以得到最好的保存。

3)白云石晶体大小、自形程度与物性的关系

关于白云石结构(包括晶体大小、自形程度)与岩石物性特征(包括孔隙度、渗透率、毛细管压力)的关系开展的研究工作相对较少。20世纪七八十年代部分学者在这方面曾做过一些探索。Wardlaw(1976)将白云岩的孔隙体系描述为由席状孔喉连接的多面体或四面体。当晶体增大时，孔隙几何体将发生变化，最终孔喉网络将被打断，导致渗透率降低。Lucia(1983)将这种孔隙充填称为过白云岩化。Woody等(1996)通过对密苏里州东南部寒武系Bonneterre白云岩和Derby-Doe Run白云岩及下奥陶统Gasconade白云岩的微观分析，提出白云岩的储层物性不同程度地取决于白云石晶体的自形程度。e型面状白云石渗透率随孔隙度变化强烈，具有均一的孔喉大小、连通性好的孔隙体系。s型面状白云石渗透率低于e型面状白云石，且渗透率并不随孔隙度增加而迅速增加，不存在均一的孔喉大小、连通性好的孔隙体系，这可能与成岩期间连续胶结作用有关。非面状白云石没有明显的孔渗关系，没有或具有很差的连通孔隙体系和大的孔喉比值。

4)原始石灰岩的结构对白云岩物性的影响

白云岩的结构受原始石灰岩结构的影响，在以灰泥组构为主的岩石中，白云石晶体可与泥晶大小相似，也可比交代的泥晶大很多。通常白云石晶体大小范围为几微米至200μm，而一般石灰岩泥晶大小为1～10μm。这种碳酸盐灰泥白云岩化后可使晶体从小于20μm增大到大于20μm，相应的孔隙也增大了。灰泥组构岩石白云岩化后所导致的晶体增大很大程度上增加了流体在岩石中的流动性，从而改善了其毛细管特性。但由晶体变大引起的孔隙增大

可由随白云岩化流体输入的镁和碳酸盐导致的附加白云石而相互抵消，甚至物质的净增加量可导致孔隙的整体损失和相应孔隙度的减小(Lucia,2007)。

颗粒岩通常由大于白云石晶体的颗粒组成，因此白云岩化作用并不能对孔隙特征产生明显的影响，泥粒岩也是如此。但颗粒岩交代产生的白云石晶体大于100μm时将会明显改善物性特征(Lucia,2007)。

白云岩化期间孔隙结构的重排可导致孔隙度的增加。比如当200μm的白云石大晶体占据曾被小于20μm的方解石和文石晶体占据的空间和这些小晶体间的微孔隙时，白云石晶体既交代了方解石晶体又占据了原先这些小晶体间的微孔。由于白云石晶体占据的空间要比先存方解石晶体占据的空间大，Ca^{2+}、Mg^{2+}及CO_3^{2-}必定会被输送至正在增长的白云石晶体位置，导致原先的小晶间孔隙变为大的晶间孔隙，孔隙结构发生重组。Ca^{2+}、Mg^{2+}和CO_3^{2-}存在两个基本的来源：①碳酸盐晶体附近的溶解；②区域性的地下水。Murray(1960)曾将这两种来源分别称为局部源和远源，前者可产生晶间孔，后者则产生白云石胶结物。

5)典型白云岩化模式下的物性分布

Lucia和Major(1994)通过观察发现Bonaire岛和South Florida岛上新统—更新统碳酸盐岩中的白云岩孔隙比同时代的石灰岩低。对此，他们给出了白云岩化作用三阶段的解释理论：刚开始时白云岩交代灰岩，会产生一定的孔隙；继续交代石灰岩和先前的白云岩，白云岩化越充分，孔隙度越高；再有多余卤水时，随着白云石饱和卤水的不断供给，会继续沉淀白云石，孔隙度反而会下降。Saller和Hendeson(2001)提出了类似的观点，建立了卤水回流型白云岩化模式来展示白云岩储层物性的变化过程(图5-21)。

值得注意的是白云岩化流体来源于潮上环境，流体数量则与潮上环境的历史有关，流动路径受下伏石灰岩渗透性构造的控制。假如流体数量有限，那么只有潮坪相才能被白云岩化。假如产生的白云岩化流体数量丰富，则下伏数百米的潮下带沉积物均可发生白云岩化。

Saller和Hendeson(2001)通过对得克萨斯州西部的中部盆地两个油田(North Riley and South Cowden油田)白云岩化的二叠系碳酸盐岩研究认为，孔隙度的分布并不严格受沉积相控制，孔隙度趋向于向盆地方向增加，这一结果很大程度上是二叠纪时期局限陆架内的潟湖产生的超盐度蒸发卤水以地下流体密度差驱动的浅回流型水动力体系形式平行地层向盆地下倾方向流动所致。

李杰等(2018)通过对四川盆地普光气田DW2、DW1和DW102井取芯段白云岩岩石结构观察，指出DW2取芯段上部鲕粒内部被微晶白云石交代而粒间孔充填白云石胶结物；DW2取芯段下部鲕粒同样被微晶白云石交代，但无白云石胶结物；DW1井取芯段鲕粒被粉晶白云石交代，岩石薄片中隐约看到鲕粒外形；DW102井取芯段为粉—细晶白云石组成的晶粒白云岩。他认为以上白云岩的岩石结构差异分布特征与美国Central Basin台地Smackover组和Bonaire岛上新世—更新世白云岩完全一致(图5-22)。因此，Saller和Henderson(2001)建立的渗透回流白云岩化模式和白云岩体中物性与岩石结构的分布规律可能是一种普遍现象，因此该模式也可用来揭示宣汉—达县地区飞仙关组优质储层段白云岩的成因和储层分布规律。

第二种典型的白云岩化模式为构造热液白云岩化。构造控制的热液白云岩化作用指的

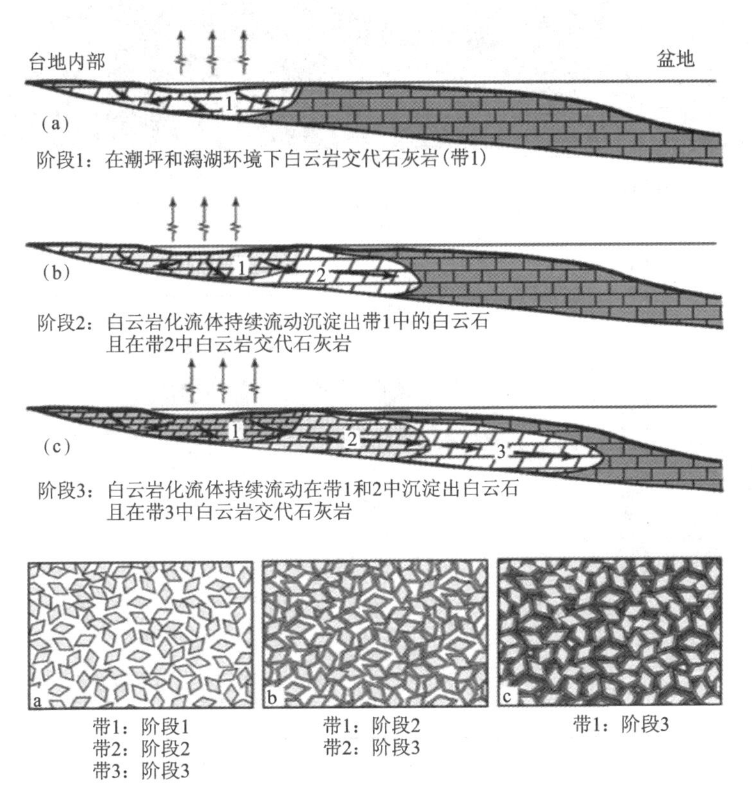

图 5-21　潮坪或蒸发潟湖白云岩化及物性演变模式(据 Saller and Hendeson,2001)

注:白云岩化开始于带 1,一旦白云岩化流体的镁离子消耗殆尽,继续保持向盆地方向的流体就不能导致进一步的白云岩化作用;新增加的白云岩化流体通过带 1 将会导致白云石胶结作用,也即围绕早期形成的白云石增长,当没有更多方解石交代时,向下流动时过量的镁离子就会形成新的白云石;初始白云岩化交代形成晶体结构疏松的网,但随时间推进白云石胶结作用发生,孔隙度就会降低。

是在断裂的输导下,富镁热液尤其是卤水在温度和压力升高后侧向侵入渗透性较好的围岩中形成的白云石化作用。走滑断层的一些特征对热液流体的流动十分有利,由于矿化作用和白云岩化作用,流体在向上流动过程中优先沿着旋转断块的角部等特定部位运移,并在纵向管体和雁列凹陷中发育白云岩。

走滑断层通常显示垂直-亚垂直的几何形态,从底部向上扩张,在上部变为更斜或雁列式的剪切单元,这些走滑断层通常因基底岩石的剪切和错位而形成,而扭张-膨大部分对于流体向上流动和聚集至关重要,这些断层会切割台地碳酸盐岩序列之下的砂岩或碳酸盐岩含水层,造成热液流体周期性充注到幕式活动断层中。

在热液白云岩中,最早的组构是剪切力作用形成的微裂缝,它们通常被鞍状白云石胶结物充填,代表了岩石大规模断裂前剪切应力作用以及从断裂系统向宿主石灰岩内注入热液流体的开始。当宿主石灰岩中基质白云岩化作用开始进行时,会导致钙质生物碎屑、早期方解石胶结物甚至石灰岩基质广泛溶解形成溶孔,同时还形成了大量席状晶洞,一般情况下这些晶洞被鞍状白云石胶结。

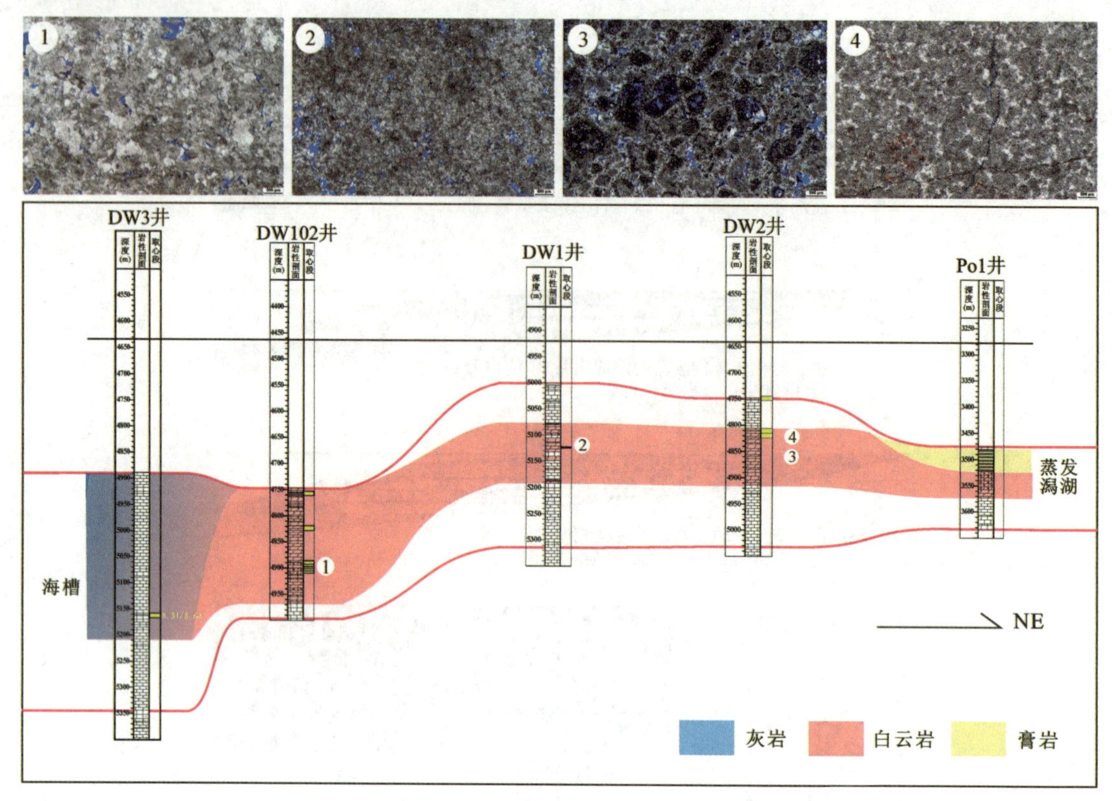

图 5-22　宣汉-达县地区飞仙关组储层白云岩岩石结构演化(据李杰等,2018)

6)白云岩储层的孔渗关系模型

碳酸盐岩储层孔渗关系的研究是储层地质学研究的热点问题,由于该类储集岩往往遭受了多期成岩作用的改造,孔隙度与渗透率的关系异常复杂。与碎屑岩储层不同的是碳酸盐岩储层中孔隙度与渗透率并不呈现出明显的线性关系。

近年来,围绕碳酸盐岩孔渗关系的研究,学术界提出了一系列的理论与实验模型。根据不同的岩石微观参数,Nelson(1994)总结了 3 种孔渗关系模型,包括基于颗粒大小和分选的关系模型、基于孔隙比表面积的关系模型和基于孔隙维度的关系模型。Babadagli 和 Al-Salmi(2004)进一步将孔渗关系模型细分为孔隙尺度和油田尺度模型。其中,孔隙尺度模型除了包括上述 3 种模型之外,还包括基于分形概念的模型;油田尺度的模型主要包括基于测井数据的多元线性回归模型和人工神经网络模型。

此外,为了揭示岩石组构与岩石物理性质之间的关系,Jennings 和 Lucia(2003)提出了一个基于岩石结构数(rock-fabric number)的孔渗关系模型。岩石结构数反映了颗粒的大小等基本组构信息,每一种岩石结构对应一个线性的孔渗关系。在 Jennings 和 Lucia(2003)研究的基础上,Lønøy(2006)为了解决以往的碳酸盐岩分类方案中孔隙度-渗透率相关系数不理想的问题。将碳酸盐岩中的主要孔隙类型进行细分,添加了均匀状和补丁状的孔隙分布状态,并且还考虑了泥晶灰岩(云岩)的微孔隙,以提高孔隙度-渗透率相关性。

值得关注的是水力流动单元的研究给出了关于孔渗关系模型的新的进展。Amaefule 等(1993)基于 Kozeny-Garman 方程建立了一个参数 FZI(flow zone indicator),并用它来开展储层渗透率的评价。随后，Marzaei-Paiaman 等(2015,2018)提出了一个修订的参数 FZI*，并指出 FZI* 是孔隙度和渗透率的函数，与 FZI 相比更能反映流体的流动行为，且在岩石分形的应用中具有更高的精度。张昭等(2021)通过塔里木盆地寒武系的样品展示了这种关系，如图 5-23所示，将 FZI 按照 2ln(FZI)+10.6 进行取整数换算获得 DRT，不同类型的样品可通过 FZI 或 DRT 展现不同的关系，揭示了碳酸盐岩孔渗关系的复杂性和多样性。

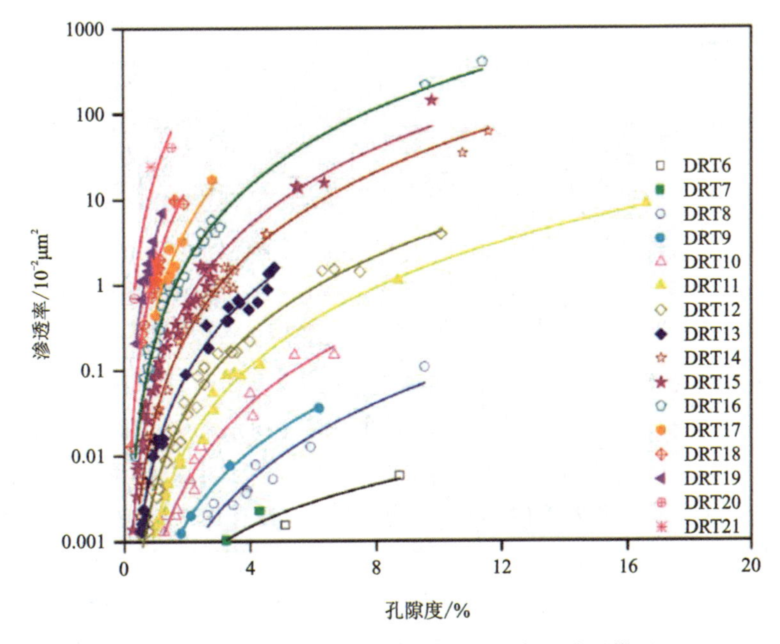

图 5-23　基于 FZI-DRT 分析的白云岩孔隙度与渗透率的关系模型(据张昭等,2021)

五、裂缝型碳酸盐岩储层

控制裂缝发育的因素很多，有地层的褶皱变形作用、地层断裂破裂作用、地层岩性、地层埋藏深度、岩层厚度等，归纳起来可以分成构造和地层两方面(Dholakia et al.,1988;Gross et al.,1995)。因此对裂缝模型的建立主要分成两种情况加以讨论。

1. 褶皱构造的裂缝发育模型

在褶皱过程中，裂缝与几个应力状态有关，图 5-24、图 5-25 分别代表了最大主应力与地层面平行和垂直作用的两种地质情况。

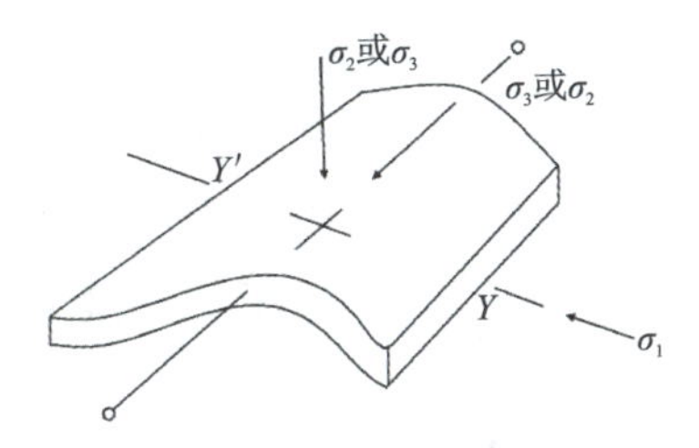

图 5-24　最大主应力平行于地层面垂直于褶皱轴

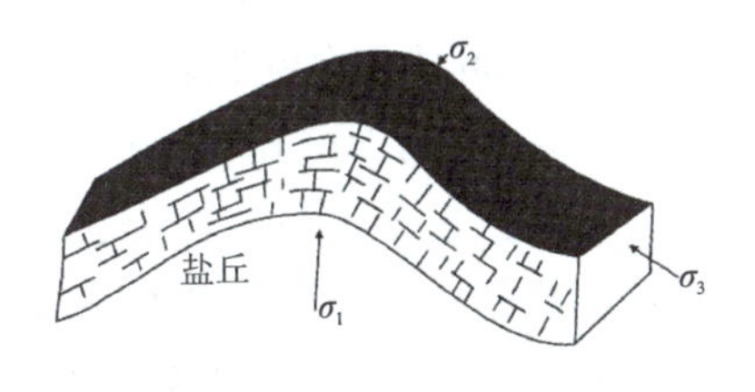

图 5-25　最大主应力垂直于地层面和褶皱轴

其中，挤压褶皱作用(即纵弯褶皱作用)可以根据最大主应力方向的不同形成两种不同的褶皱裂缝样式，它们是所有褶皱构造裂缝中最重要的。

当最大主应力 σ_1 垂直于褶皱轴向时，主应力与裂缝样式如图 5-26(a)所示，3 个主应力中，σ_1、σ_3 平行于层理面，σ_2 垂直于层理面。这样就会产生一系列横向裂缝和相应的共轭裂缝。当最大主应力 σ_1 平行于褶皱轴向时，各主应力与裂缝样式如图 5-26(b)所示，主要产生一系列纵向裂缝和共轭裂缝。

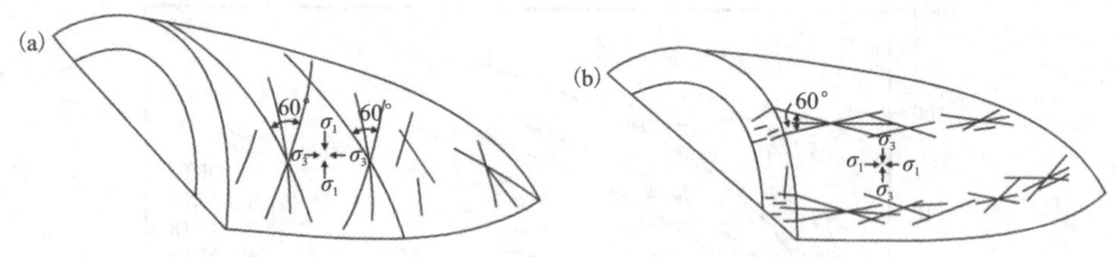

(a)σ_1、σ_3 作用于层理面(σ_1 垂直于褶皱走向)σ_2 垂直于层理面时的裂缝体系；(b)σ_1、σ_3 作用于层理面(σ_1 平行于褶皱走向)σ_2 垂直于层理面时的裂缝体系(据 Stearms and Friedman，1972)

图 5-26　最大主应力方向不同所形成的褶皱裂缝样式

通过大量野外观察，Stearn 和 Friedman(1972)认为，上述两种裂缝样式可以发育于同一层中，形成综合性裂缝系统。一般来说，样式 1[图 5-26(a)]先于样式 2[图 5-26(b)]。在产生样式 1 裂缝过程中，岩层发生褶皱，在产生样式 2 裂缝过程中，引力作用是对已形成的褶皱进行改造。样式 1 中的裂缝常常发育时间较长，规模较大，具有均一的方向，这些特征有利于大范围的流体流动；样式 2 中的裂缝长度较小，常在几英寸(1 英寸＝0.54cm)至几英尺(1 英尺＝0.305m)变化，裂缝沿褶皱轴方向排列，常常包含所有 3 个主应力方向的裂缝。样式 1 中的张性裂缝可以终止于横向裂缝(左或右)，剪切裂缝可以终止于张性裂缝或它们的共轭裂缝中。因此样式 1 中，单条或几条裂缝之间具有较好的连通性，但样式 2 中裂缝密度更大，对流体流动更有效。

2. 断层裂缝发育模型

断裂带作为一种复杂而多变的应力、应变状态，可看成是一个具有限宽度、在短期或长期比周围岩石更具渗透性的一个带(Moretti，1998)。这个有限宽度的渗透性带主要与应力释放时产生的裂缝体系有关。

理论上，断裂面是一个剪切面，大多数与断层形成相伴生的裂缝都是与断层平行的剪裂缝、与断层共轭的剪裂缝或等分这两个剪切方向锐夹角的扩张裂缝。这 3 个方向与实验室破裂实验中 3 个潜在的方向相对应。它们是相对于发生断层的局部应力状态发育而形成的。

实际上，与断裂相伴生的破裂作用样式是非常复杂的，不同性质的断裂，甚至同一断裂的不同部位，应力作用的差异将导致破裂作用样式的不同，Petit(2000)曾就此建立了 4 种相关的节理发育概念模型。一是逆断层顶部引起的与圆柱形褶皱变形有关的节理；二是在反转铲型断裂的逆牵引构造上发育的与非圆柱形变形有关的扇形节理；三是沿正断层发育的斜交和平行节理；四是位于断裂弯曲和尖灭部位的节理群。

断裂带具有特定的内部结构分带性，一般由断裂岩和损害带两部分组成(Aydin，2000)，断裂岩构成了断裂带的核部，一般由细粒物质组成，这些细粒物质主要由摩擦和撕裂作用形成，具有比围岩更低的孔隙度和渗透率。断裂损害带是断裂岩两侧围岩中由与断裂作用相关的节理或剪切节理构成的一个高密度节理带(图 5-27)。

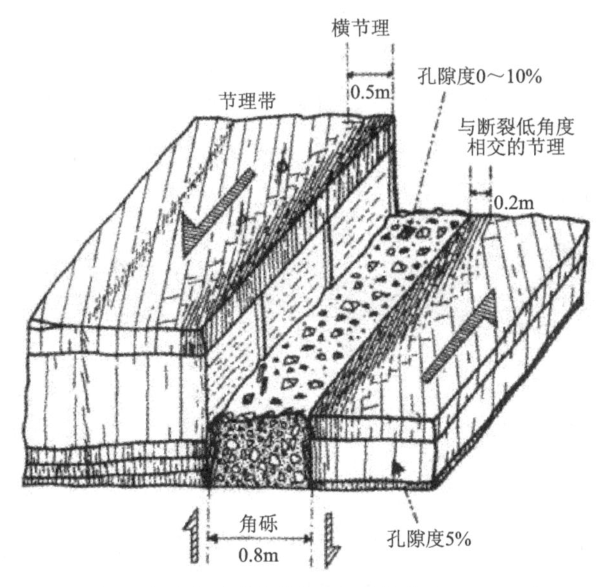

图 5-27　白云岩中发育的断裂带分带结构(据 Antonellini,2000)

而由断裂核和损害带组成的断裂带的宽度则与断裂位移有关。Knott(1994)和 Walsh(1998)等通过大量野外观察统计表明，二者之间存在一个比较宽的线性关系。随断裂位移的增加，对于一个给定的位移值，其厚度变化幅度值可达 2.5～3 个级次(Hull,1988;Walsh,1998)。

3. 裂缝的层控性模型

地层中裂缝在垂向上的延伸有长、有短，但均是有限的，不同长度的裂缝在穿越一定的岩性组合后都将会终止，这样可以将具有不同延伸长度的裂缝视为限定在不同尺度的岩性组合中，换句话说，对于某一个特定的界面来说，可以观察到裂缝的终止和穿越现象。Olding(1999)将裂缝分布的这种特性称为层控和非层控性。

裂缝系统的层控性主要由岩石地层的力学性质决定，岩石地层的力学性质则直接与岩性密切相关。如果相邻岩层之间几乎没有力学联系，单条节理基本上局限在单层内，这时就会发育层控系统，如爱尔兰西部石炭系克莱尔群的伯尔伦灰岩，1～2m 厚的块状灰岩层被横向连续的层面或几厘米厚的页岩层所分开，从而有效地分离了相邻岩层的力学机理，大部分裂缝终止于该层面上，同时在上下相邻岩层中，裂缝方向、裂缝密度和裂缝发育型式均存在差别。

大量的观察表明，裂缝发育的层控性并不一定与沉积地层完全相对应，这主要是因为不同的岩性地层可以具有相同的岩石力学性质，因此对于一个特定的自然地层剖面，可依岩石力学性质划分分级系统，该分级系统将不同于诸如沉积旋回那样的其他分级系统。

为了描述自然地层剖面中地层的这种力学性质，Gross(1993，1995)提出了力学单元的概念，即一个力学单元代表了裂缝发育相对独立的一个或更多的地层单元(图5-28)。力学单元内，裂缝通常跨越整个单元厚度并终止于自然边界层面上。伴随许多裂缝终止的这种自然层面可称为“力学界面”。

这样，由力学地层组成的层序控制了岩石地层中裂缝的初始化和终止。力学单元内的垂直裂缝(节理)通常初始化于裂纹，并终止于力学界面上。在由层状脆性/韧性岩石构成的地层中，裂缝初始化于脆性层中，并终止于与韧性层的接触界面上。在相对均一的地层中，裂缝可以终止于因滑动或局部剥离而形成的力学界面上。

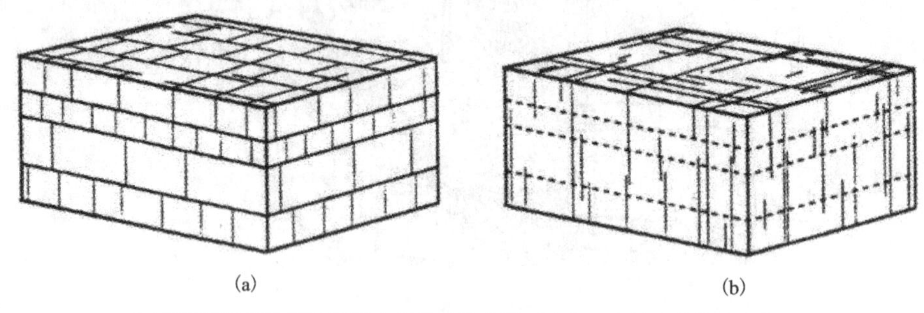

(a)层状脆性韧性岩石地层力学单元示意图；(b)均一地层力学单元示意图

图5-28 力学单元及其裂缝的层控性(据Antonellini，2000)

界面的性质控制了裂缝的终止，力学单元的厚度或力学界面的间隔则控制了裂缝的密度。因此通过确定力学单元的界面来划分地层剖面的力学单元，进而预测裂缝发育密度是建立这种力学单元层控模型的主要目的。

Underwood(2003)通过统计研究表明，在力学单元厚度和裂缝密度之间存在以下关系：①当裂缝密度(D)乘以厚度(T)等于1时，该力学单元已被裂缝所饱和；②当裂缝密度(D)乘以厚度(T)小于1时，表明该力学单元应变作用不强，属于低构造应变环境；③当裂缝密度(D)乘以厚度(T)大于1时，表明该力学单元是高应变条件下力学层序贯破裂的结果。

Ladeira和Price(1981)除获得了力学单元厚度越大裂缝密度越低这样一个重要结论外，还注意到另外一种现象，即当力学单元厚度超过1.5～2.0m后，裂缝密度接近于一个常数，这样裂缝的密度就无法用上述$DT=1$的关系来加以预测。

大量研究还表明，多数情况下，力学单元中的裂缝发育是不饱和的，这主要是低应变作用的结果。当力学单元厚度增加时，裂缝发育趋向于过饱和。

陈兰朴和张恒等(2023)对塔里木盆地柯坪地区西克尔大峡谷奥陶系露头的裂缝发育特征进行了研究，揭示了地层界面对层控裂缝的控制特点(图5-29)。

4. 洞穴垮塌裂缝模型

关于洞穴垮塌裂缝的形成机制及其模型，Loucks(1999)和Handford(2004)指出，随着层状灰岩中的洞穴房被渗流和潜流大气水挖掘、扩大，洞顶和洞壁周围地层将在上覆地层的负载作用下产生一个局部性的应力场，未获支撑的顶部岩层受到张应力作用，而洞壁部位受到

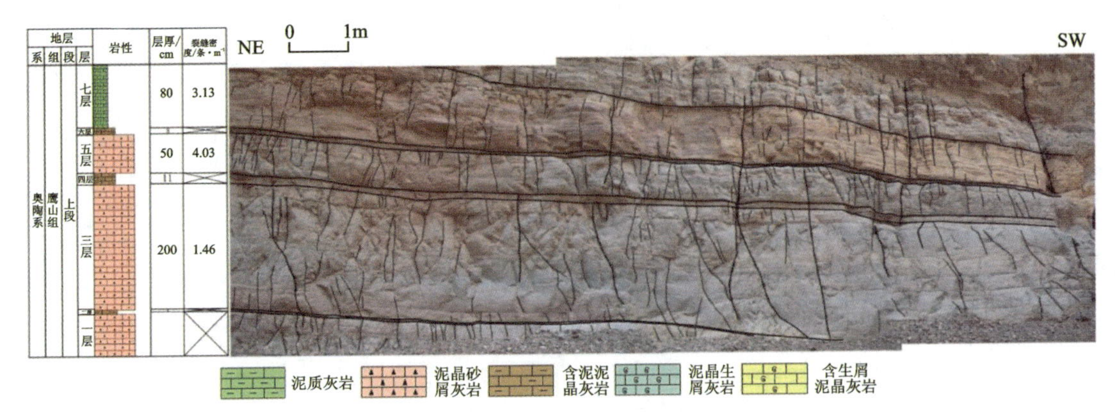

图 5-29　塔里木盆地西克尔大峡谷奥陶系露头层控裂缝剖面(据陈兰朴和张恒,2023)

剪应力作用(图 5-30)。在张应力和剪应力作用下,洞顶岩层将产生相应的张裂缝,洞壁岩层将产生剪裂缝。洞顶和洞壁破裂地层在重力作用下将发生垮塌,并于洞穴顶部形成一个上凸的几何形态以便获得一个更稳定的构形。随着埋深的增大,应力负荷增大,导致破裂的再调整和重新裂隙化,裂缝带不断向围岩传播,该过程形成了一个由破裂镶嵌、角砾岩构成的洞穴-裂缝发育模型。

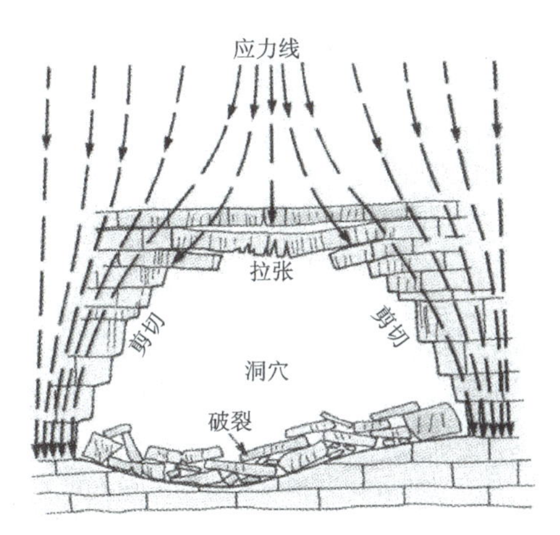

图 5-30　溶道埋藏时因上覆负载作用造成的洞顶张力和洞壁剪切应力示意图(据 White,1988)

第二篇

油气储层非均质性及其评价通论

人们在油气勘探和开发生产实践中所遇到各类储层地质问题均可归结为储层非均质性问题。为了解决这些复杂的问题，人们从各个方面予以关注和研究，如地质分析、地震分析、测井分析、实验室分析、油藏工程分析、物理与计算模拟分析等，由此发展起来了与这些技术和方法相关的许多具体储层评价方法与技术。储层非均质性评价是储层地质学有关技术方法中的核心问题，储层非均质性的描述、表征、建模和预测，都是基于科学的、先进的、实用的技术方法之上。该篇内容以储层形成和演化基本原理为指导，重点讨论针对碎屑岩储层非均质性及其评价通用的技术和方法，尤其是不同尺度储层评价内容与技术方法分章论述，主要包括储层非均质性研究的层次性、大尺度储层非均质性评价、中尺度储层非均质性评价、小尺度储层非均质性评价、微尺度储层非均质性评价、致密裂缝性储层评价、储层地质模型与储层建模7章内容。

第六章　储层非均质性研究的层次性

人们对物质的基本认识是:宇宙空间无限,物质无限可分,对物质的认识有层次。储层作为油气勘探、开发的物质对象,无论是从本身特征还是沉积成因角度分析均具有层次性。从认识物质、识别储层属性的技术方法角度看,储层层次性问题就更加突出,层次分析是储层非均质性研究认识论和方法论的基本问题。

第一节　储层层次表征方案

一、相关概念

客观地描述储层地质特性与准确有效地建立储层特性模型是我们理解和预测储层的两个方面(Lasseter et al.,1986)。在实际研究工作中,面对地下复杂的非均质性储层要很好地做好这两个方面的工作既是困难的,也是非常重要的。与此相关的几个概念包括储层非均质性(reservoir heterogeneity)、储层描述(reservoir description)、储层表征(reservoir characterization)、储层模型(reservoir model)、储层建模(reservoir modeling)等。

1. 储层非均质性

储层各级层面属性的空间变化性就是储层非均质性,人们在油气勘探和开发实践中所遇到的许多储层静态与动态问题都可归结为储层非均质性问题(姚光庆,2005)。

2. 储层描述

储层描述兴起于计算机广泛应用的20世纪80年代初期,是以地质、测井资料为主,配合地震解释分析和实验室分析手段,全面客观描述三维储层成因、展布以及内部结构变化的一项地下储层综合研究技术。

3. 储层表征

1985年,首届国际储层表征讨论会召开,会上在储层描述的基础上将储层表征定义为“定量确定储层性质,识别地质信息及其空间不确定性变化的方法”。研究内容包括地质特征、物性参数分布及空间可变性、模拟参数的确定及流体流动等。很显然,储层表征的内涵在储层研究的精细程度、定量化、油藏流体动态变化、建模等方面均超越了通常意义上的储层描述,实际上储层表征是储层描述的新阶段。从定量化角度来说，建立储层地质模型是储层表征的最高阶段。

4. 储层层次与层次要素

储层单元三维空间结构上的等级性就是储层层次性。沉积地层层序是分级别有层次的，如层序地层学中的大层序、超层序、层序、小层序组、小层序、层理组、层理、纹层组、纹层（Van Wagoner，1990）；生物-岩石地层学中的界、系、统、组、段、亚段、层组、层段等都是不同规模的地层层序单元。储层作为地层单元的一部分必然有层次性，这是客观存在的，每个层次都有两个要素，即层次界面和层次实体。要确定（或限定）某一层次规模大小就必须从界面和实体两个方面进行界定。储层层次界面根据其规模大小可以是层序地层界面、构造界面、岩相界面、层理界面，甚至在微观上可以是颗粒界面等。层次实体是我们研究的对象，描述的重点是其非均质性变化。界面的识别是各级层次规模识别和划分的关键，层序地层学、生物地层学、沉积学、测井地质学、地震地层学等学科知识是划分各级界面的主要理论基础。

5. 层次表征与层次建模

在对储层进行研究的过程中不可避免地会涉及选择最佳描述尺度（层次表征问题）及建立相应级别的储层模型（层次建模）的问题。合理选择储层描述尺度不仅能充分利用油田现有资料用于准确描述储层非均质性，而且分级建立的储层地质模型能及时正确地指导油田勘探开发地进行，避免建立的模型与生产脱节。分级建立储层地质模型符合客观事物的认识规律，有利于分层次逐步认识储层非均质程度。油田勘探开发的不同阶段也要求有不同内容的储层地质模型与之对应，根据研究的详细程度，在某一储层级别上分别对应概念模型、静态模型和可预测模型（裘亦楠，1991）。

储层层次研究中，关键问题是科学、实用的层次划分问题，这实际上也是储层描述尺度与储层地质模型级别划分的问题。因此，储层描述尺度划分、储层模型级别划分也是储层层次划分，其三者是统一的。

二、现有储层层次表征方案评述

储层层次性是客观存在，随储层沉积学、储层非均质性描述、储层建模研究的深入，人们不断认识它、识别它，并广泛应用于实际研究工作之中。国内外许多沉积学家、油藏工程学家从不同角度对储层非均质性层次描述做过论述，较有代表性的关于储层描述尺度的划分方案有以下 7 种。

1. Pettijohn（1973）野外观察的方案

以河流沉积储层非均质性为例，主要考虑储层沉积厚度规模、界面、层理性等沉积属性的差异，提出了 5 级储层层次划分方案（图 6-1），由大到小分别为：储层层系规模（百米级）、储层砂体规模（十米级）、储层层理规模（米级）、储层纹层规模（毫米级）和储层孔隙规模（微米级）。此种划分方案没有与研究手段相联系，分级规模与地层界面的对应关系不够明确。

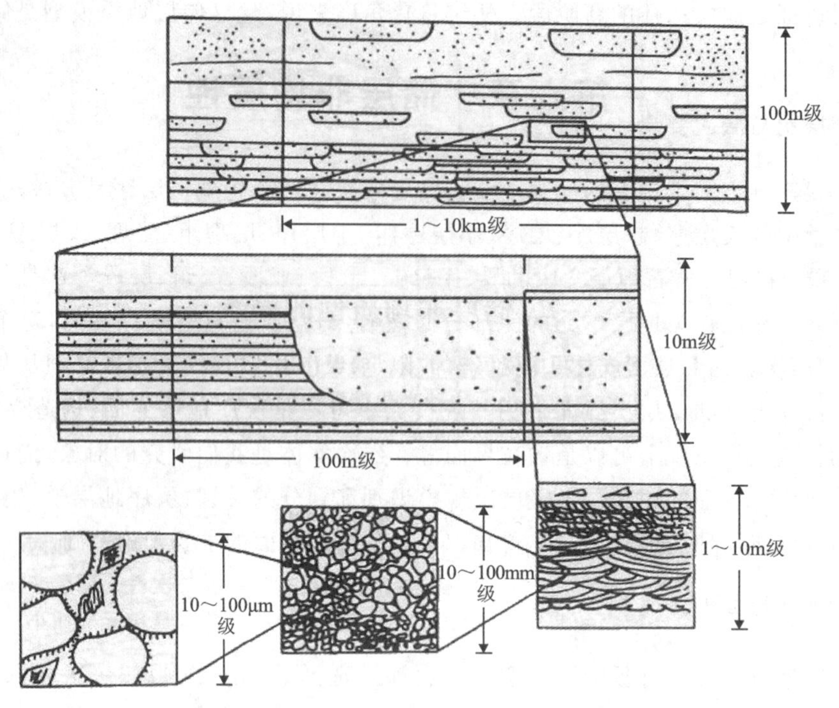

图 6-1　以河流沉积储层为例的储层非均质性层次划分(据 Pettijohn,1973)

2. Allen(1983)按层理界面分级描述方案

Allen 在 1977 年召开的第一届河流沉积学研讨会上,首次将建筑学术语“architecture”引入河流沉积体系中,“fluvial architecture”(河流构型)的概念用来描述河流沉积体系中不同层次岩性和形态与三维叠置关系。此后,Allen(1983)第一次明确提出了河流沉积体系中的界面分级,并识别出河流砂体内部 8 种构型单元(architecture element)。他认为 1 级界面为单个交错层系的界面;2 级界面指交错层系组或成因上相关的一套岩石相组合界面;3 级界面为一组构型要素或复合体的界面,或明显的冲刷面(图 6-2)。

3. Heldorsen 和 Lake(1984)油藏建模的方案

Eldorsen 和 Lake(1984)提出了储层描述的 4 种尺度:特大尺度(gigascopic scale)是指整个储集层规模;粗视尺度(megascopic scale)是指油田模型网格化尺度,即油藏模拟尺度;宏观尺度(macroscopic scale)是指岩芯分析尺度;微观尺度(microscopic scale)是指孔隙规模尺度。在此基础上,Nolen-Hoeksema(1991)进一步明确了每种描述尺度的作用及研究手段(图 6-3)。该方案是应用最为广泛的储层分级描述方案,广泛见于国内外文献之中,并适合于油藏建模与数字模拟的需要。此方案不足之处是把模拟尺度仅分为一种,实际上需要更细的划分。

1989 年 6 月在第二届国际储层表征会议上,正式采用这 4 个规模级别的储层描述方案,并分设 4 个小组进行分组报告。

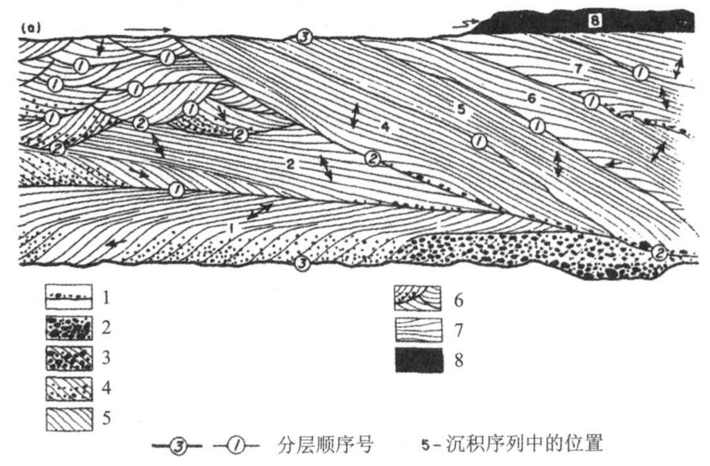

1. 细脉状泥岩、碎屑岩；2. 块状结构；3. 交错层理粉砂岩；4. 交错层理中砾砂岩；5. 交错层理砂岩；6. 槽状交错层理砂岩；7. 平底式结构砂岩；8. 泥岩

图 6-2　威尔士边陲德文郡褐色砂岩岩相和界面概要（据 Allen，1983）

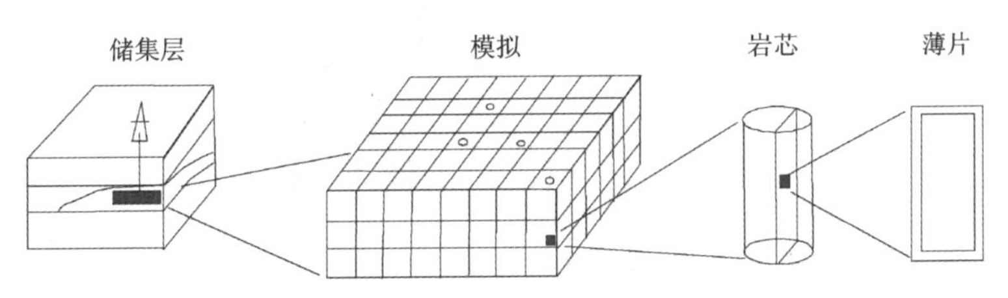

图 6-3　储层描述的 4 级层次划分（据 Nolen-Hoeksema，1990）

4. Weber(1986)非均质性的方案

在考虑储层规模大小的同时，也考虑流体流动的非均质性变化，即考虑储层层次非均质性对流体流动的影响，是 Weber(1986)方案的重要体现。该方案对储层规模大小的认定主要是从地质界面规模出发来认定的，也是颇具新意的，共有 7 个级别（图 6-4）：封闭、半封闭、未封闭断层，成因单元砂体，成因单元内的渗透带，成因单元内的夹层，纹层和交错层理，微观非均质性，封闭、开启裂缝。此方案对储层研究尺度规模的认定不够严格。

5. 按储层沉积界面系统描述储层方案

Miall(1985，1988，1991，1996)在 Allen(1983)按层理界面分级描述方案的基础上，系统建立了一套河流相的储层构型界面分级方案及分析方法，并将储层构型定义为"储层及其内部构成单元的几何形态、规模、方向及相互叠置关系"。通过野外岩石露头观察分析，将河流沉积体系中的沉积界面分为 6 级，规模由小到大分别为①级、②级、③级、④级、⑤级、⑥级，它们分别对应不同规模的底形迁移面或者水动力沉积界面（图 6-5）。

6. W. J. E. Van De Graaff 和 P. J. Ealey(1989)的方案

从油藏模拟的角度出发，将储层的非均质性分为 4 级：油田级（1～10km）、储层级（0.1～

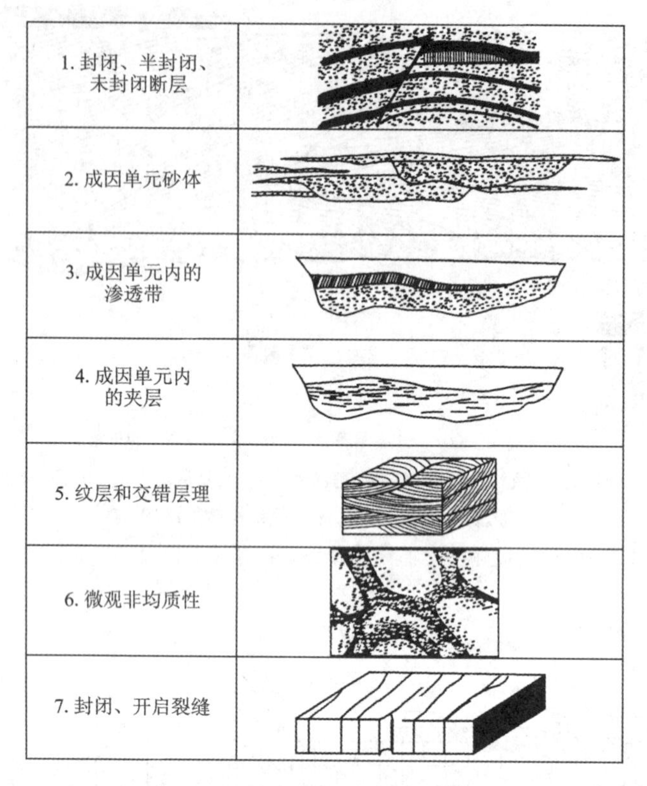

图 6-4 基于对流体流动影响的储层非均质性规模划分(据 Weber,1986)

1km)、油层到原生砂体级(0.01～0.5km)、层理级(1cm～1m),并详细说明了各级别上储层描述的重点内容。这种方案强调了储层非均质性的层次性和储层模型的实用性。与 Pettijohn(1973)的方案类似,此种划分方案没有与研究手段相联系,分级规模与地层界面的对应关系不够明确。

7. 国内生产部门普遍采用的划分方案(裘亦楠,1992)

按肉眼对储层非均质性的识别程度分出宏观非均质性和微观非均质性两种尺度,对宏观非均质性通常按平面、层间、层内进行描述。此方案在国内应用面广,与油田开发实际结合紧密。但没有真正从规模上对宏观储层进行尺度划分,平面、层间、层内等术语的使用界定不够明确。

以上 7 种典型划分方案分别强调了碎屑岩储层研究中的不同方面,划分的目的和研究侧重点各有不同,但都是针对储层描述展开的,反映了储层不同尺度其内部结构非均质性属性特征。实际上,地层学本身就是对地层单位进行科学分级的学科,地层对比过程中笔者采用不同等级的地层术语描述不同等级的地层,如地质年代单位有宙、代、纪、世、期、亚期,对应时间地层单位有宇、界、系、统、阶、亚阶,岩石地层单位有群、组、段、层等。按照地层旋回性分级,分为长期旋回、中期旋回、短期旋回等术语,按照层序地层单位分级,分为一级层序(巨层序)、二级层序(超层序)、三级层序(层序)、四级层序(准层序组)、五级层序(准层序)、六级层

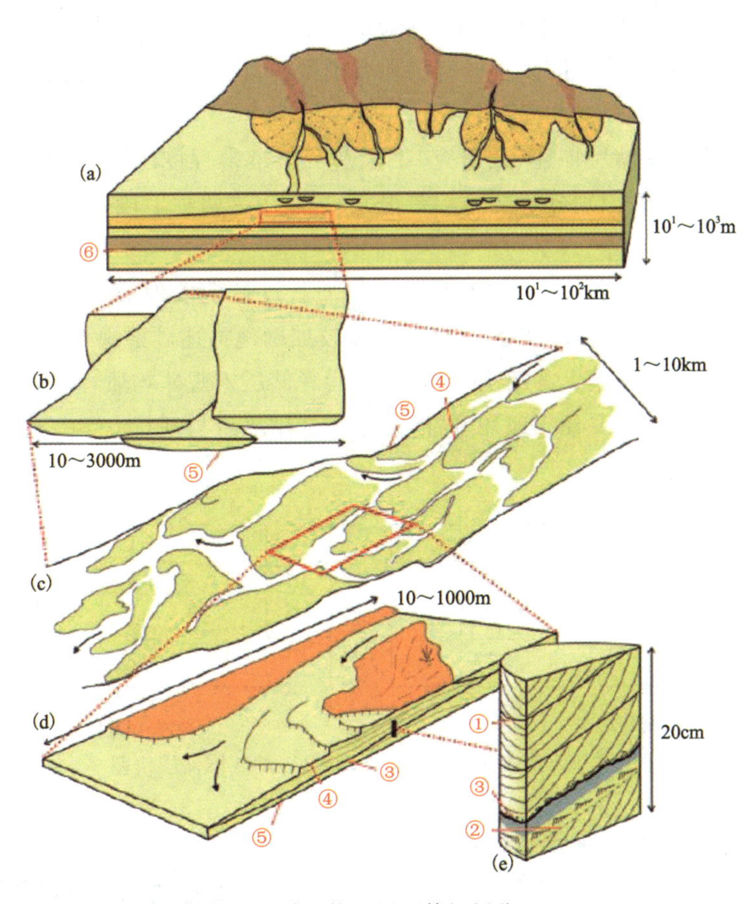

图 6-5　河流体系沉积单元构型界面等级划分(据 A. D. Miall,1996)

注:图中从(a)图到(e)图代表沉积体规模由大到小,图中①②③④⑤⑥符号表示界面等级由小到大的 6 个级别代号。

序术语来描述,对于含油层段比较熟悉的油层单位有含油层系、油层组、油层、小层、单层等。这些都是地层单位的层次表征方案,在不同研究领域层次划分和表征的内涵大同小异。

另外,碳酸盐岩储层表征可以参照以上方法,但由于其储层为双孔介质或三孔介质(岩洞、溶洞、洞穴、裂缝等发育)的特殊性,也有许多学者单独对碳酸盐岩储层表征做过详细研究。

第二节　储层层次划分与分级描述

一、储层层次划分原则

无论采用哪种储层层次划分方案,具体在储层描述或选择建立储层模型时,作者在实际科研工作中体会到要重点考虑以下 5 条储层层次划分原则。

(1)储层分级能从成因地层中得到解释,分级界面具有地层意义和成因意义。要考虑油田现行的地层单元划分习惯,如统、组、段、亚段、砂层组、小层(或时间单元)等实用地层单元。

(2)分级建立的储层地质模型应反映不同层次的储层内在非均质性,并服务于油田勘探开发的不同阶段。这就要求不同级别的储层地质模型各自有不同的研究内容,解决不同的地质问题。

(3)储层层次建模受储层描述(或研究)手段及资料丰富程度的制约,如地震资料与相对密集的钻井资料对储层的识别分辨能力相差很大,自然用这两种手段建立的模型应分属不同等级。

(4)储层描述的资料相同时,储层本身的非均质程度影响着地质模型的精度。图 6-6 表示了储层非均质程度的两种极端实例,3 口钻井能较准确地描述砂层规模上的海滩-障壁坝砂体,而不能正确描述砂层规模上的河道砂体,因为后者储层宏观非均质程度高。

(5)储层规模分级方案要便于应用和推广,术语选用尽量与现行方案一致。

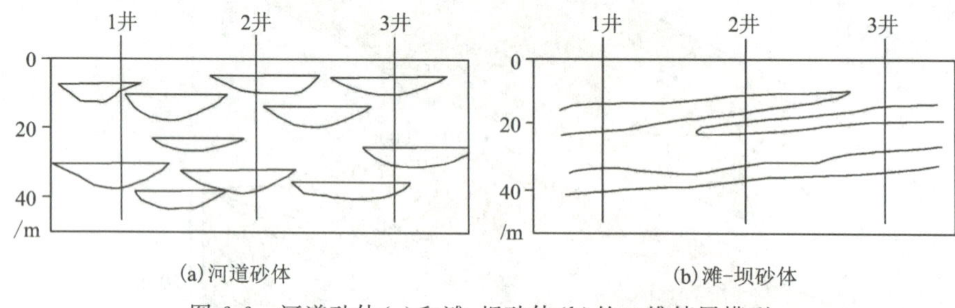

图 6-6　河道砂体(a)和滩-坝砂体(b)的二维储层模型

二、本书储层层次划分方案

综合前人成果,考虑上述原则,作者在 1995 年将储层描述分为大、中、小、微 4 个尺度等级,对应英文名称分别是 gigascopic scale、megascopic scale、macroscopic scale、microscopic scale。大、中、小、微 4 个尺度与油田常用的地层单元术语也有对应关系,一般分别代表油田层系规模储层、层组规模储层、层理组规模储层和微观储层规模(图 6-7)。在研究工作和生产实际中,各级层面储层研究需要细化,大、中、小、微 4 个尺度可以进一步细分为 9 级储层等级规模,各自在储层表征中建立 9 级储层地质模型。按储层规模由大到小分别是:盆地级(Ⅵ级)、油田级(Ⅴ)、砂组级(Ⅳ)、砂层级(Ⅲ)、砂体级(Ⅱ)、层理级(Ⅰ)、毫米级(－Ⅰ)、微米级(－Ⅱ)、纳米级(－Ⅲ)。这 9 种级别包括了沉积盆地内油气储层研究的完整系统。在具体地区(盆地、油田、露头)储层研究中,可根据实际情况

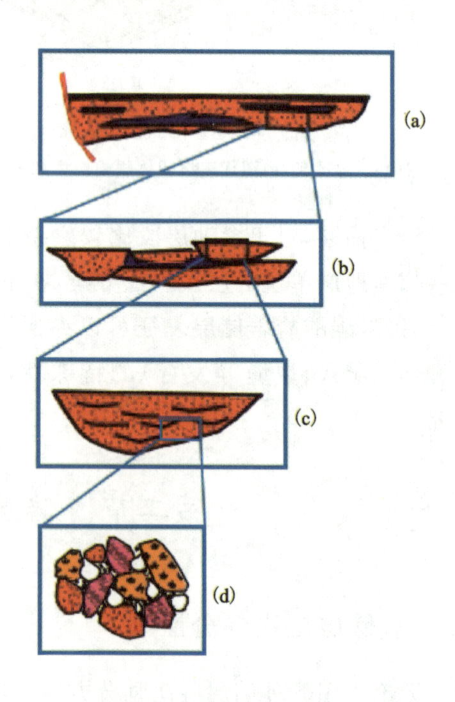

(a)大尺度;(b)中尺度;(c)小尺度;(d)微尺度

图 6-7　大、中、小、微储层表征 4 个尺度方案

选择某一个或几个级别上进行储层描述和建模。其中－Ⅰ级、－Ⅱ级和－Ⅲ级可统称为微观级，主要用于建立孔隙结构模型。各级别上储层模型特点、非均质性表征重点内容及对应研究手段综合于图 6-8 中。

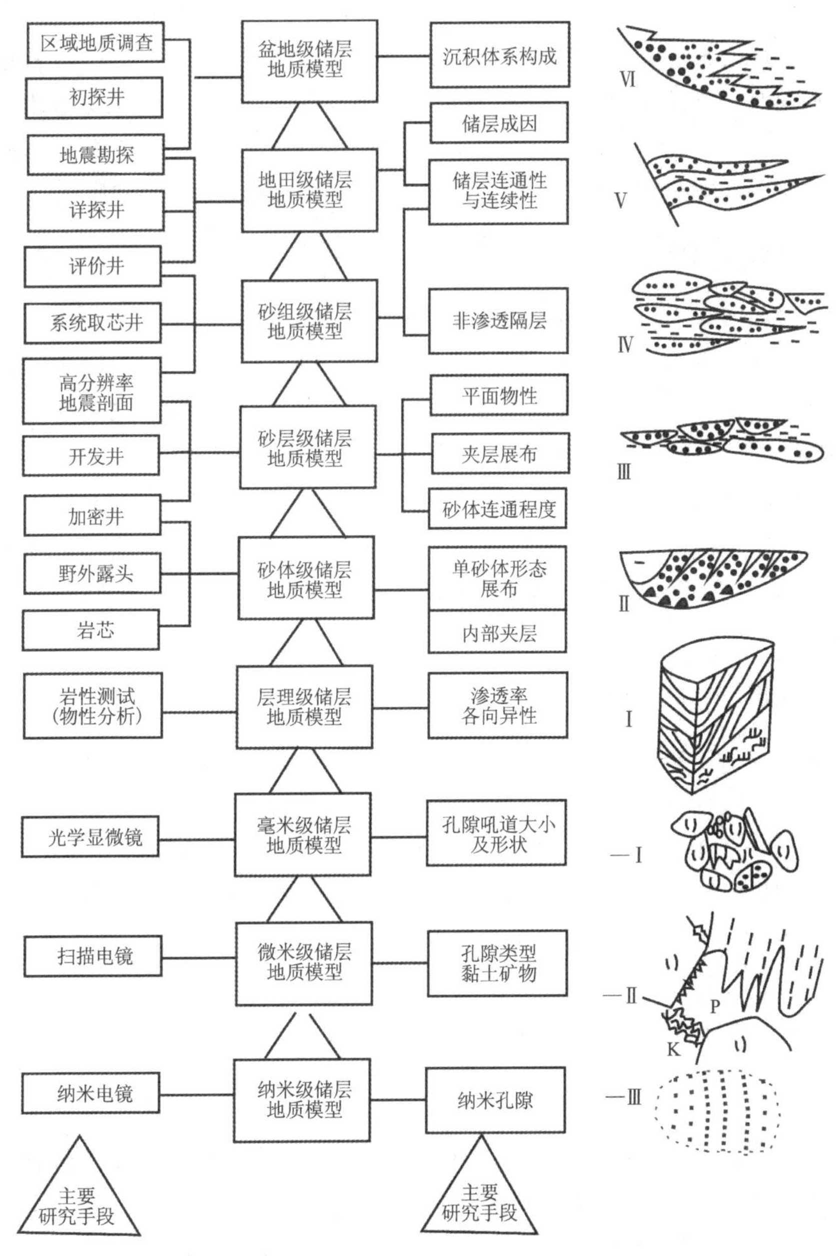

图 6-8　储层层次划分综合方案(据姚光庆，1994，有修改)

考虑到储层研究中，尤其是储层非均质性评价过程中所依赖的研究手段，参考 Heldorsen 和 Lake(1984)的 4 级方案，作者将 8 级储层等级，合并为大尺度、中尺度、小尺度、微尺度 4 种常用规模，盆地级＋油田级为大尺度层次，砂组级＋砂层级为中尺度层次，砂体级＋层理级为小尺度层次，毫米级＋微米级为微尺度层次。

三、不同层次规模储层描述概述

1. 盆地级储层(Ⅵ级)

盆地级储层规模相当于地层单元的组或统。储层描述以沉积体系为对象,重点是沉积体系的外部沉积构成,包括储层形态、范围、厚度及层面起伏等特征。盆地级储层建模以地震勘探手段为主,少数探井及区域地质调查(包括野外露头研究)资料对认识沉积体系的构成是必不可少的。该储层模型一般服务于区域储层预测,为寻找有利详探区提供依据。

2. 油田级储层(Ⅴ级)

盆地内二级构造带上的油田规模或相当于油田范围的储层级别,一般对应地层单元段或亚段。模型所反映的主要内容是储层的垂向连通性及横向连续性。因此建模过程中储层成因解释及砂体类型识别要做更细致的工作。研究表明,砂/泥值是反映储层垂向连通性的重要参数,对非均质程度极高的分流河道储层来讲,一般当砂/泥值大于0.5时,其砂体连通性才显著增加(Allen,1978)。研究手段仍以地球物理勘探为主,其中测井资料的应用显得更加重要,储层的主要参数均来自测井数据的处理。有限的岩芯资料、地层测试及分析资料是沉积相分析的重要基础。油田级储层模型一般应用于油田开发前期地质研究中,指导油田开发方案的设计。

3. 砂组级储层(Ⅳ级)

砂组级与通常使用的砂层组规模相当。该级别的地质模型不仅要反映储层的连通性及连续性,还要对储层内明显的低渗透或非渗透阻隔层的分布、厚度、岩性等进行分析。同时还要研究储层物性的宏观展布。一般来说,砂组规模是地震资料所能够区分的最小地层单元,所以,地质相、测井相、地震相三者之间的转换是储层研究的重点内容。为配合高分辨精细处理的地震资料,要有资料齐全的测井系列和取芯资料(系统取样),且井网密度达到百米级。该级别上的储层模型常直接用于油藏模拟,模拟的结果用于指导油田开发方案的实施及二次采油方案的制定(或实施)。

4. 砂层级储层(Ⅲ级)

此级别相当于国内地层比对中的最小单元——小层或时间单元。储层研究重点是砂层平面物性的非均质性,要解决砂层内夹层展布及砂体连通程度这一难题。砂岩成岩作用也应作为研究的内容之一,重点考虑胶结作用及次生孔隙形成作用对储层非均质性的改造程度。研究手段以开发井网下(一般井距300～500m)测井和钻井资料为主,大型野外露头也是良好的二维研究现场,遥感图像技术、无人机图像技术是露头研究必不可少的新手段。建立该级别地质模型的技术关键是合理划分小层,这要求从关键井研究出发,用成因地层学的观点根据储层沉积特点合理划分沉积层序,找准各级地层单元界面,最后通过井间对比完成在三维空间上对砂层的描述。该模型也常用于油藏模型,确定剩余油宏观分布,为老油田挖潜及二次采油方案的调查服务。

5. 砂体级储层(Ⅱ级)

砂体或称单砂体规模相当于单期成因砂体单元。该级模型平面上重点反映砂体的形态展布,垂向上重点表示砂体垂向渗透率剖面。对一些侧向迁移的砂体(如点砂坝)还必须搞清内部泥质夹层的存在形式。目前不同的垂向层序对应的垂向渗透率变化规律已经得到了较好的认识(裘亦楠,1985)。砂体垂向成岩相分布及其成因研究也比较成熟。但是单砂体,尤其是水道型砂体的空间形态展布一直是研究难点。为此,要建立准确的砂体级二维或三维模型一般要在露头出露良好的野外进行,现代沉积学研究是必不可少的类比研究手段。遥感技术、探地雷达技术的应用大大扩展了对现代沉积体的空间表征手段。可采用类比的方法将野外建立的模型用于相同成因的地下砂体储层中,借此搞清规模的剩余油分布,提高油气采收率。

6. 层理级储层(Ⅰ级)

层理级规模由层理组界面限定(相当于 Miall 提出的 2 级界面)。研究层理级的意义在于确定层理类型、组合及其规模。为了解渗透率的各向异向性服务,一般平行于前积纹层方向注入流体驱油效果最佳。实际工作中单砂体内部夹层、构型单元、流动单元、成岩相类型研究都属于该级别研究。建立这种小规模模型的目的是确定油气水流动单元的渗流特性及剩余油分布规律。在岩芯中就能看到由于层理面、纹层面控制含油不均一性的现象。对层理的研究除了岩芯观察外,主要是测试分析,如密集定向渗透率测试、压汞、粒度分析等。高分辨率地层倾角测井(SHDT)也能识别层理面的倾向和倾角。水淹资料及其他动态分析数据能够很好地确定储层流动特性,也是层理级及砂体和储层研究的重要资料。

7. 毫米级储层岩石结构(一Ⅰ级)

毫米级储层研究主要针对溶蚀大孔隙、颗粒结构和主要自生矿物展开。对砂岩储层而言,通过岩石薄片显微镜分析是最常规的研究手段。毫米级岩石成分、颗粒大小、分选及磨圆性质、自生矿物类型及结构是岩石相类型划分的主要研究级别,也是原生孔隙类型及大溶蚀孔隙相研究的主要级别,对沉积学和储层成岩作用具有重要意义。

8. 微米级储层孔隙结构(一Ⅱ级)

常规砂岩储层孔隙直径一般为 5～50μm,微米级孔径是砂砾岩和大部分碳酸盐岩储层孔隙结构研究尺度,一般通过大部分储层实验分析和测试手段都可以准确表征这个尺度孔隙结构,建立的模型属孔隙结构模型。研究内容包括孔隙类型、喉道大小及形态、岩石结构、黏土矿物产状、成岩标志等。微米级是常规砂岩及致密砂岩孔隙相及次生孔隙研究的主要级别。这些微观级别上的储层描述对储层质量评价、含油产状、油藏动态分析等具有重要参考价值。

9. 纳米级孔喉结构(一Ⅲ级)

非常规储层以纳米级孔喉系统为主,局部发育毫米级至微米级孔隙(邹才能,2013)。常规分析测试手段分辨率有限,场发射扫描电镜、聚焦离子束(FIB)、纳米CT等先进设备能有效直接识别储层中纳米级孔喉类型和分布,结合气体吸附法、核磁共振法、小角散射法等方法可以表征纳米孔隙结构。

在油田不同勘探和开发阶段储层非均质性评价研究所采用的技术方法与规范要求是不同的,或者说储层描述的手段、方法和内容是不同的。为此,也有研究者建议按不同的生产阶段建立评价储层标准,如按单井储层评价、区域储层评价、开发储层评价、储层敏感性评价及储层动态评价进行分别研究。笔者考虑到储层非均质性有其内在的层次性和规律性,对它的认识是从“大”到“小”、从“粗”到“细”、从“定性”到“定量”逐渐、逐次展开的,这就使得研究者必须面对这样的问题:要在什么尺度上进行储层非均质性评价?因此,本书依据储层非均质性层次划分综合方案,分章节来论述不同研究尺度储层非均质性及其评价方法。

第七章　大尺度储层非均质性评价

大尺度上的储层规模相当于是盆地(凹陷)内的多个或者单个沉积体系范围,其研究目标是有利圈闭内的有利储层储集带,具体包括盆地级和油田级两个层次的研究。很显然,这一尺度上的储层研究,主要服务于不同程度的勘探过程及油田初期开发,以寻找并探明油气田为目的,以评价区域储层甜点区为目标。主要研究手段为地质-地震储层描述方法,主要研究内容包括沉积体系分析、储层连续性分析、油藏非均质模型及其应用等。

第一节　储层沉积相与层序分析

一、沉积相分析

1.沃尔索相律

沉积相是指特定沉积环境及其形成的沉积物(岩)特征的综合(孙永传,1984)。完整的、准确的沉积相概念,包括两层含义:一是反映沉积岩的物理、化学、生物学的全部特征;二是揭示的沉积环境信息。沉积相分析是储层地质研究最重要的基础,在大尺度级别及盆地储层研究资料偏少的阶段,沉积相基本分析对沉积体的成因、分布及其储层评价有重要价值。

以相序连续性原理为基础对某沉积环境归纳出的带有普遍意义的沉积相的空间组合形式,称为沉积相模式。相模式和相标志是恢复和再现沉积环境的两把钥匙。

沃尔索指出:“只有那些没有间断的,现在能看到的相互邻接的相和相区,才能重叠在一起”(Walther,1894),换句话说,只有横向上成因相近且紧密相邻而发育着的相,才能在垂向上依次叠覆出现而且没有间断。相序连续性原理(沃尔索相律)为在野外露头、单井等一维剖面上开展的岩石相描述信息转化为平面相模式提供了理论支持,为大尺度区域沉积相分析创造了条件(图7-1)。

2.相标志分析

沉积相地质分析方法主要是依据钻井岩芯、野外岩石露头、现代沉积物这3种直接沉积体开展沉积学、储层地质学的观察、描述和分析。对于油田地下储层而言,钻井取芯资料是唯一直观研究储层的方法,野外岩石露头观察和现代沉积考察只能作为近似沉积物的类比研究。因此岩芯(含钻井岩屑)是识别、确认地下古沉积体系唯一的直接实物证据,岩芯分析成

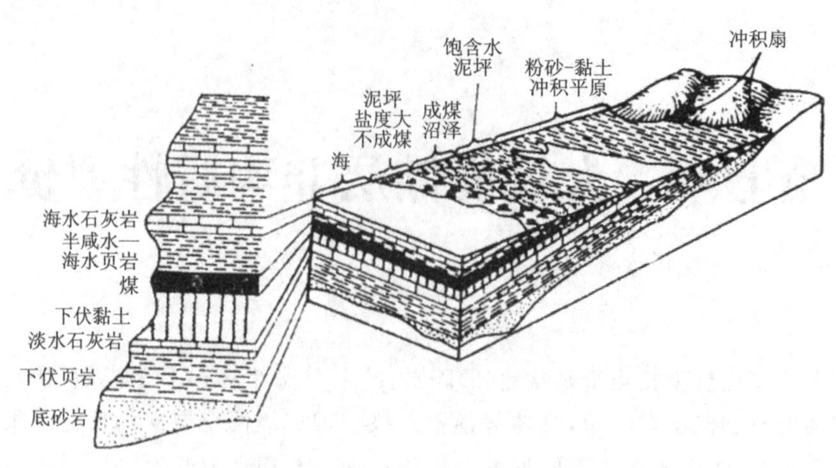

图 7-1　沃尔索沉积相相率示意图(据 Walther,1894)

为沉积学分析最基础、最重要的工作。

依据这些直接资料进行沉积相地质分析主要开展以下 4 个方面的工作。

1)相标志观察分析

(1)岩石学标志。岩石学标志是沉积体系识别的主要标志,是重点观察描述内容。岩石学标志主要有岩性与成分、结构与粒度、沉积构造等。

岩性与成分——包括颜色、岩石类型、岩性组成、矿物成分等。

结构与粒度——包括岩石结构、碎屑颗粒结构、粒度特征等。有关概率累积曲线图、C-M 图等粒度分析图中可以得出许多参数,如分选系数、泥质含量、粒度中值等对储层性质有重要影响。

沉积构造——包括各种层理及层面构造是识别沉积相、判定水动力状态及能量的主要标志,因而一直被人们所重视。

(2)古生物标志。古生物和古生态资料是确定沉积环境的有效标志,而且还可指示沉积时的水深、盐度、浊度。遗迹化石在解释微环境方面得到了广泛应用。观察内容包括生物类型、个体特征、群体特征、生物产状、产出岩层性质、生物活动遗迹等。

(3)地球化学标志。应用岩石或生物介壳中的微量元素(如 B、Sr、Ba 等)、同位素(C、O、S 等)以及有机地化资料来解释环境。

2)沉积序列与沉积模式分析

由于大部分相标志的环境解释有多解性,因此,在沉积相解释中要综合各种相标志进行分析。沉积序列分析方法就是一种较实用的、有效的综合方法。

沉积序列分析首先是划分和识别“岩石相”,在此基础上分析岩石相垂向组合关系,即微相单元识别,不同微相单元的垂向组合就构成了沉积体系的沉积序列。一般来说不同沉积体系其微相单元和沉积序列是不同的,这是我们识别沉积体系的关键。

在沉积序列识别的基础上,可以建立不同沉积体系典型的垂向模式。沉积模式分析方法在沉积相分析中起到了“标准”的作用,在实际工作中得到广泛应用。通用沉积模式可以指导具体沉积学分析,并由此建立地方沉积模式的多样性。地方沉积模式又可丰富和完善某种沉积相模式。

3)沉积体系制图分析

在沉积相和高分辨率层序地层学分析的基础上,可以通过“点”“线”“面”“体”的图件来描述沉积体系一维、二维、三维空间变化。沉积学制图(包括高质量的层序地层学图件)常用的图件有柱状图类、剖面图类、平面图类、立体三维图类。

(1)柱状图类:沉积相综合图、测井曲线图等。

(2)剖面图类:地质剖面图、沉积相剖面图等。

(3)平面图类:分等值线类和分区类。①等值线平面图:等厚图、等孔图、等渗图、百分比等值线图件等。②分区类图:相平面分区图、岩性分区图、模式图等。

(4)立体三维图类:栅状图、三维模式(型)图等。

随着计算机技术的发展,大量沉积学类图件已基本可以由计算机完成,这大大解放了科技人员的生产力,使他们有更多的时间用于解释、修改图件,并使图件更精美,更容易交流和出版。

4)岩石样品实验室分析

岩石粒度、岩石成分、岩石结构、黏土矿物成分、元素含量、岩石地球化学等定性和定量描述内容需要通过实验室地质分析得到,岩石的这些属性参数是识别沉积体系和沉积相判别分析的重要资料,也是岩石成岩作用研究必不可少的重要基础资料。

二、层序分析

1.储层层序

层序地层学是20世纪70年代末发展起来的独立分支学科,是沉积学、盆地动力学和地层学完美结合的产物,以沉积体系和地震地层学分析为基础,综合研究“由不整合面或其对应的整合面所限定的一套整合的、成因上有联系的等时地层单位”的学科。储层层序地层学分析是高分辨率层序地层学基本原理在油气储层研究中的具体应用。实践证明,储层层序地层学分析对认识储层大尺度空间三维构成及其控制因素、高精度储层等时性储层单元划分对比、高精度储层非均质性等储层属性有重要指导意义。高分辨率层序地层学是以露头、测井、岩芯和三维高分辨率地震反射资料为基础,以旋回性等时沉积层序地层学为理论指导,建立不同层次尺度下沉积地层格架,并对地下油气储层、烃源岩和隔夹层进行评价和预测的一项新理论和新技术(邓宏文等,2002)。国外以 Van Wagoner(1990)、Mitchum 和 Vail(1991)、Cross(1993,1994)等学者为代表。

层序(sequence)是一套相对整合的、成因上有联系的地层,其顶和底以不整合和可以与之对比的整合面为界的地层单元(Vail,1977)。

层序是层序地层分析中的基本单位,它由一套体系域组成。全球海平面变化是层序发育的主要控制因素,随海平面的变化可形成低位、海(水)进、高位等体系域(图7-2)。各体系域与储、盖层发育密切相关,所以海平面变化可以决定生储盖及其组合类型。

2. 沉积体系和体系域

沉积体系是指在沉积环境和沉积作用过程方面有成因联系的三维岩相组合(Fishe,1967)。沉积体系概念和方法主要是在20世纪六七十年代盆地分析研究发展完善起来的,与地震地层学发展密切相关。李思田(1996)认为沉积体系是成因上被沉积环境和沉积过程联系起来的相的三维组合。一般为处于统一水动力、具有相同的源汇系统的沉积相组合。

体系域:层序地层学认为,体系域是同一时期内具有成因联系的沉积体系的组合(Vail,1988)。按照层序结构和演化进程,层序内的体系域划分为早期底部的低位体系域(LST)、水进体系域(TST)以及高位体系域(HST)(图7-2)。

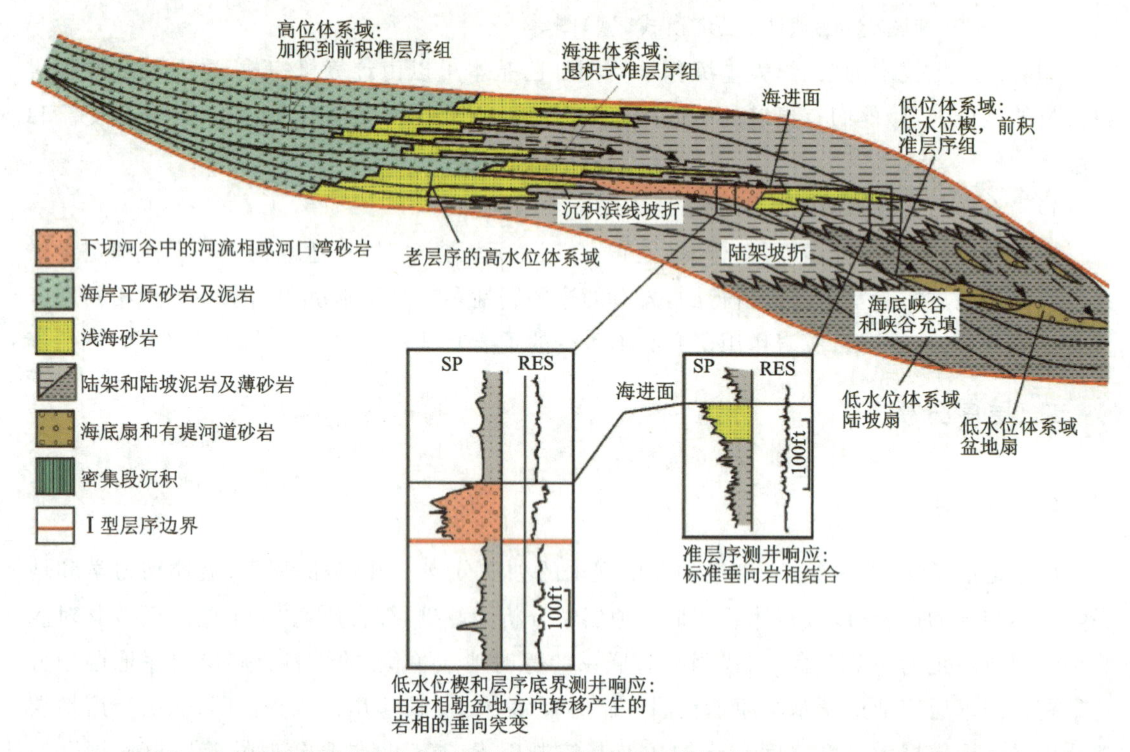

图7-2 具有陆架坡折的盆地内沉积的Ⅰ类层序的体系域构成(据Van Wagoner et al.,1988)

低位体系域(LST)是在以相对海平面下降(亦即全球海面降落速度超过退覆坡折带处的沉降速度)和随后的相对海平面缓慢上升阶段中沉积的。通常由盆底扇、斜坡扇、低位扇、低位进积楔和深切谷组成。典型的盆底扇以重力流沉积砂体为主,常见鲍玛层序,一般位于盆地平原区域。斜坡扇一般位于大陆斜坡中部或者底部的重力流体系,以重力流水道为主。低位扇是受沉积物经由陆架通过活跃的下切谷时的海底扇沉积作用控制的。低位进积楔以较细的楔形陆坡沉积为主。深切谷是指因海平面或者基准面下降,陆地河流或者水下河道向盆地方向延伸扩展并侵蚀下伏地层的深切河流体系及其充填物。

海(水)进体系域(TST)是在海平面快速上升期形成的沉积体。最活跃的沉积体系有陆架三角洲、滨海体系、湾岸平原等海陆交互沉积。以发育一个或多个退积式准层序组为特征,海进体系域通常具有较其他体系域更低的砂岩百分比。因此，海进体系域常常是顶积层储层的良好封闭层。

高位体系域（HST）以随地史时间的相对海面上升为特征，早期发育加积结构、晚期发育进积结构。高位体系域常发育前积的三角洲富砂沉积体系，河道砂岩体变得较普遍和较连续，是大型储集体形成的关键期。

3. 储层单元叠加样式变化

在层序地层中，低位、海进和高位体系域内沉积物体积分配决定了连续沉积地层单元的叠加样式。地层单元的叠加样式受长期基准面上升和长期基准面下降两种变化形式控制，表现结果是退积和进积两种沉积层序的变化。通过沉积速度与容纳空间的比值变化可以反映小层序内沉积砂体的叠置方式，这种变化分为加积、退积和进积 3 种形式（图 7-3）。不同叠置方式决定了砂体垂向组合规律和横向连续性变化规律，对储集砂体预测、地层对比、开发井网布置等方面都有重要影响。

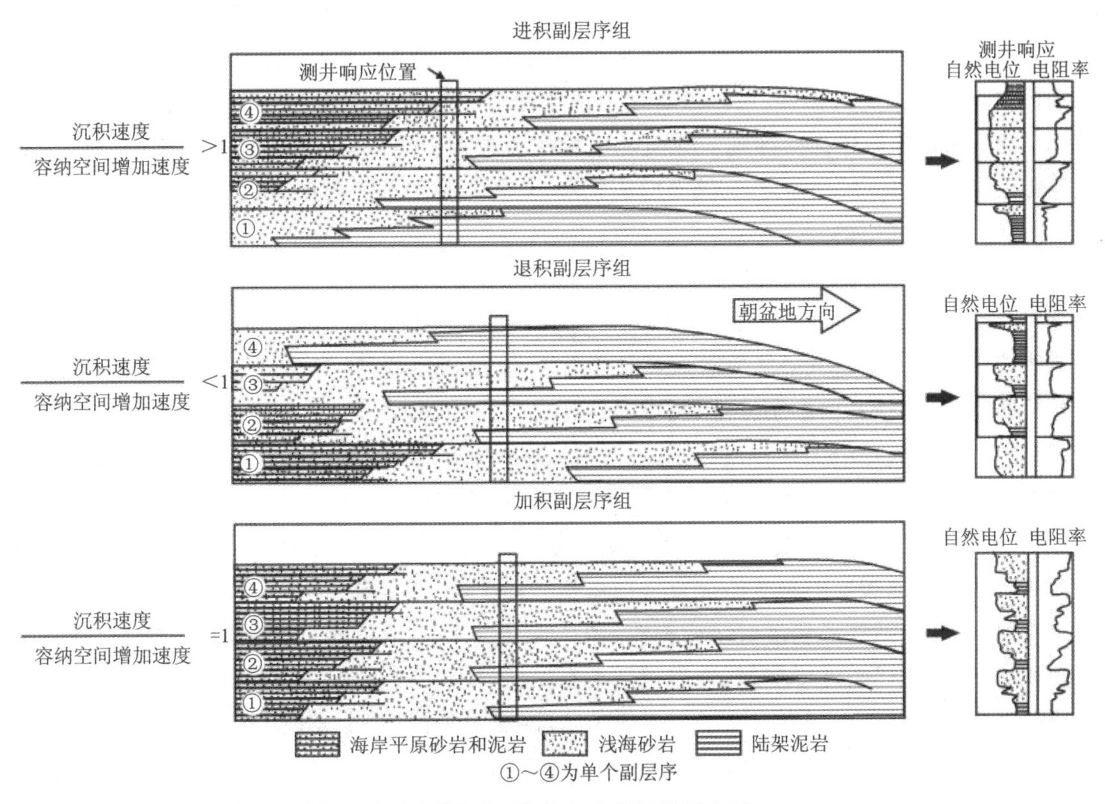

图 7-3　剖面和测井记录反映的加积、退积和进积沉积样式图（据 Wagoner et al.，1988）

拓展学习　　陆相断陷盆地浅水三角洲储层分布实例

第二节 储层地震解释

地震资料因测网分布均匀、密度大、剖面具较好的横向连续性等优势在大尺度储层沉积体系分析及储层横向预测中起主导作用。利用地震资料结合测井地质数据标定,在进行层序地层划分并建立区域等时性地层格架的基础上,能很好地确定沉积体系的外部几何形态和空间分布(地震相)。同时,根据地震反射结构能基本了解体系内部储层的构成组合关系。

一、地震地层界面识别

地震、测井、岩芯、露头等综合资料联合应用是开展高分辨率储层层序地层学研究的重要方法,各类技术之间既要相互支撑,又要各自解决问题。当然,无论哪种方法都要从识别地层界面开始。

不同级别类型的地层单位在成因上是相似的。它们的区别主要是形成时间的长短和界面面积的大小。这些地层单位的界面是根据以下 3 个准则确定的:①结构变化,包括岩性突变、粒序突变、成分变化;②地层终止,底部边界包括上超、下超、截断(削蚀),顶部边界包括截断(削蚀)、顶超;③以虫孔(潜穴)、植物根须或土壤带为标志的准整合(Van Wagoner,1990)。图 7-4 表示的是分辨层面的准则。界面的连续性有很大变化,从某些纹层组的几平方英寸到某些层或层组的几千平方英里。界面形成较快,从几秒钟到几千年。因此在其所涉及的面积范围内实质上是同时的。

二、地震相分析

地震相(Seismic facies)是反映沉积体及沉积地层特征的地震反射特征综合。利用地震资料反射特征(包括几何形态特征、物理参数特征、关系参数特征等),建立沉积体系与地震响应之间的特征参数对应关系,可以较好地开展沉积体系宏观特征研究,这种方法就是地震相分析方法。经过各种准确处理过的高分辨率地震剖面是地震相正确分析的可靠保证(图 7-5)。

Sangree(1977)专门阐述了主要地震反射参数的地质意义,主要涉及几何参数、物理参数等。各类地震相地震反射参数的综合特征概括于图 7-6～图 7-8。

几何参数:包括外形和反射结构参数(图 7-6、图 7-7)。地震相外部形态是与沉积体系形态一致的,受沉积体系外形控制,地震相外形有席状、楔状、透镜状、扇状、丘状、充填状等。地震相反射结构是反映地震相单元内部宏观结构特征的参数,常常表现为“S”形、斜交形、叠瓦状、发射状、杂乱状等,还要特别注意地震相与背景相的交切关系,如上超、顶超、下超等交切现象。

物理参数:包括反射振幅、连续性、频率等参数(图 7-8)。反射波振幅分为强、中、弱、无反射等几种等级,反映地层反射界面对波的反射能力大小。反射波连续性分为好、中、差 3 个等级,是界面连续性的表现。反射频率分为高频、中频和低频 3 个等级,是地层界面频率的体现。

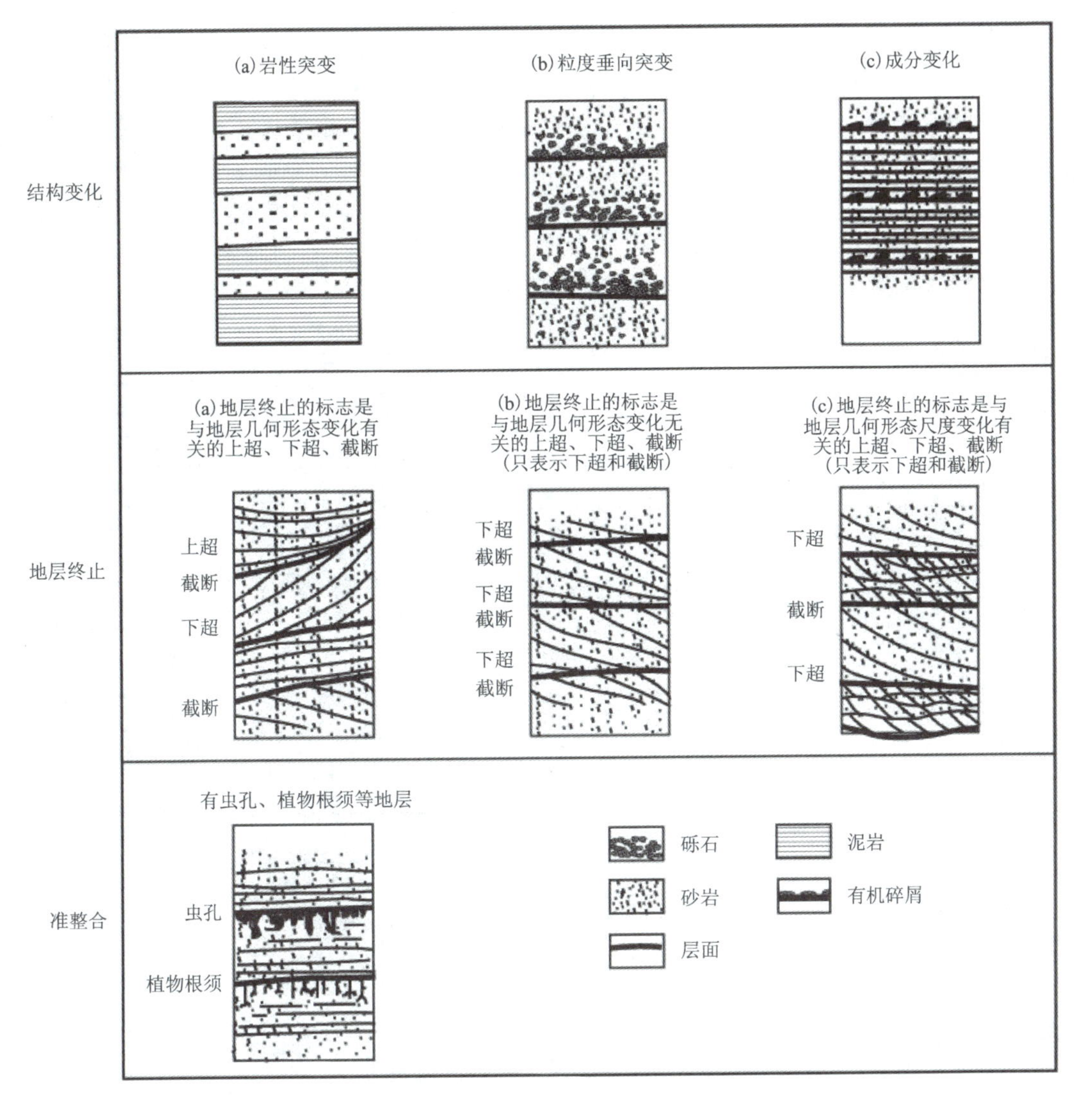

图 7-4　地层终止界面识别准则(据 Van Wagoner,1990)

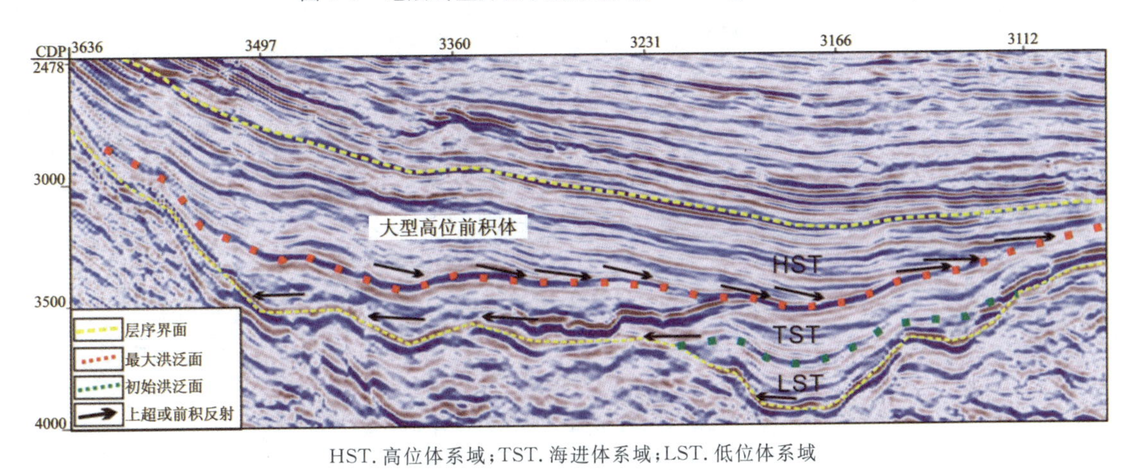

HST. 高位体系域;TST. 海进体系域;LST. 低位体系域

图 7-5　地震反射剖面及其界面关系图(据朱红涛,2014)

综合上述反射特征,可以对地震相进行分类和命名,如高振幅高连续席状充填地震相、高振幅高连续“S”形和斜交前积地震相、中振幅中连续亚平行反射地震相、低振幅低连续平行或空白反射地震相等。结合地质分析、测井分析就可以完成地震相与沉积相的转换,达到利用地震资料解释沉积相的目的。

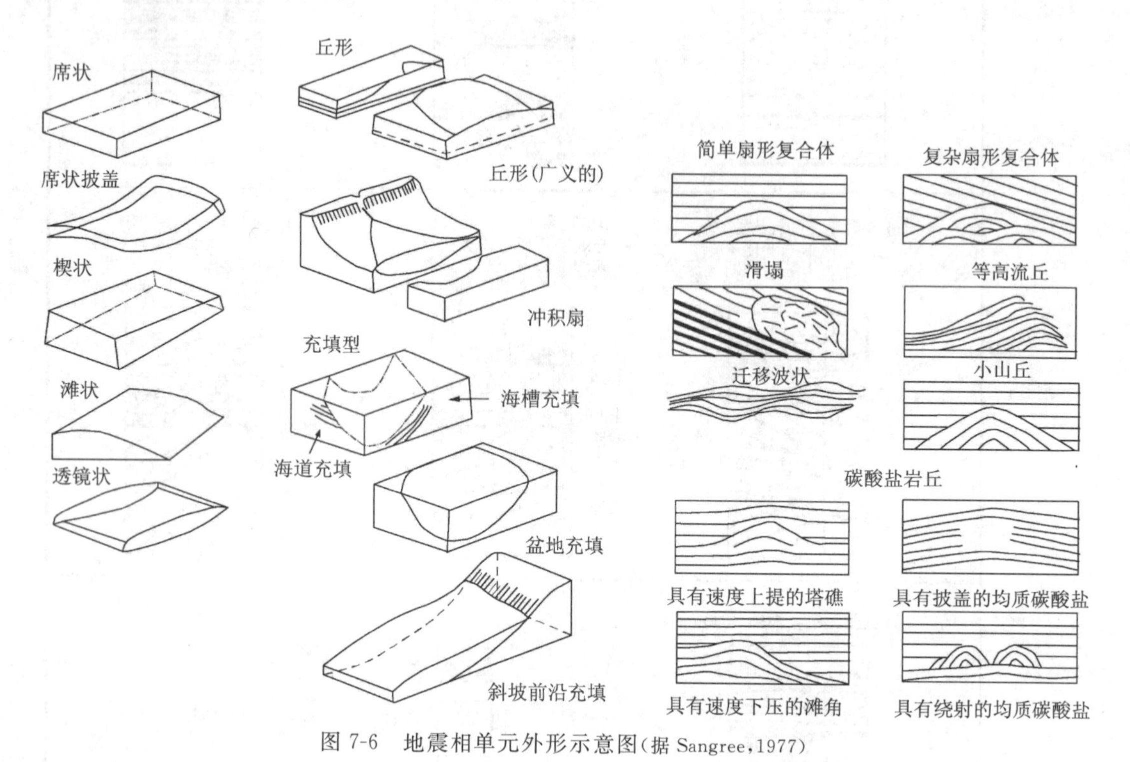

图 7-6 地震相单元外形示意图(据 Sangree,1977)

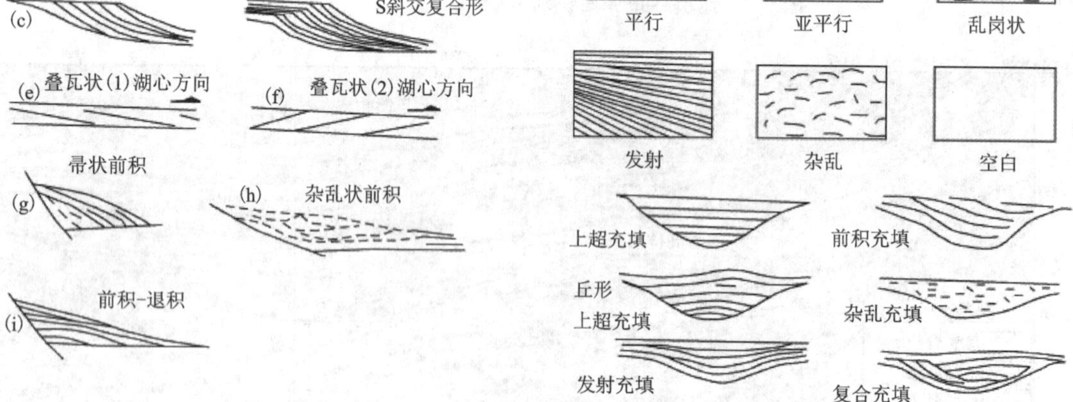

图 7-7 地震相反射结构示意图(据 Sangree,1977)

三、地震沉积学分析

1998 年，曾洪流等首次使用了“地震沉积学”一词，认为地震沉积学是利用地震资料来研究沉积岩及其形成过程的一门学科。它是通过地震岩性学、地震地貌学的综合分析，研究地层岩性、沉积成因、沉积体系和盆地充填历史的学科。近年来，地震沉积学在中国得到了较为广泛的应用。在目前技术条件下，地震沉积学体现为地震岩性学和地震地貌学的综合。地震沉积学经济实用的两项关键技术是地震道 90°相位化和地层切片。

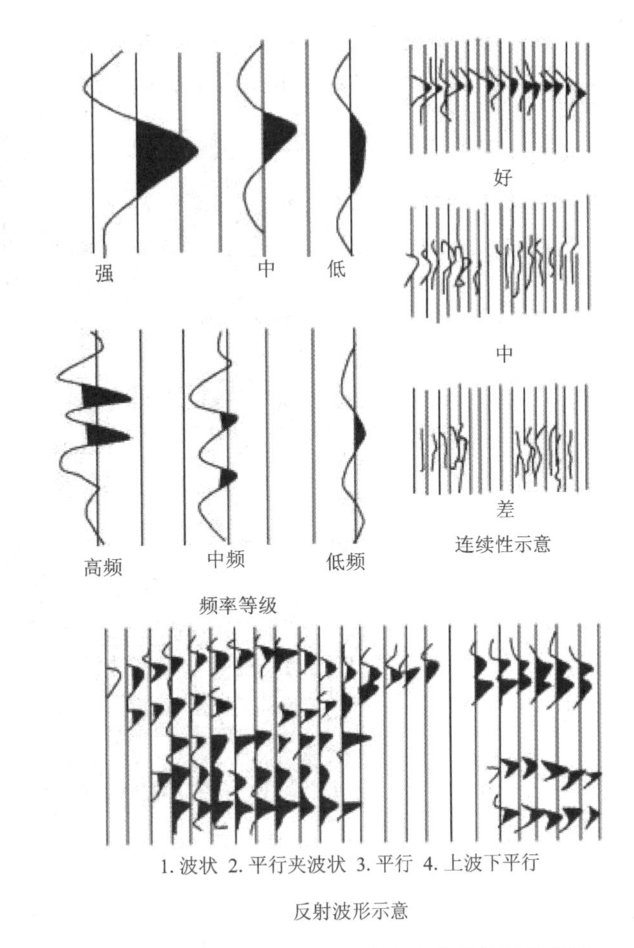

图 7-8　地震相振幅、频率、连续性及波形特征示意图
（据 Sangree，1977）

地震沉积学研究的手段和方法不仅包括常规的地震等时地层格架的解释与建立，也应包括地震资料的信息处理和提取，如地震属性提取和地震反演等方法与技术，目的就是应用定量地震信息对建立的等时地层格架内的地层进行沉积信息的客观反映和沉积相解释与分析。相对于层序地层学所建立的三级或“三级半”地层等时格架而言，在地震沉积学中可以建立更为精细的等时地层格架，从理论上说，1/4 波长是地震沉积学中等时地层格架的划分极限。地震沉积学可以建立从 1/4 波长到几个波长的地层格架，可建立包括层序地层学所能划分出的等时格架一直到贴近油气开发的砂组，甚至更细的地层格架。对于地震沉积学而言，越是在小时窗内的等时地层，应用地震技术定量化计算的属性参数越能真实地反映地层沉积相。从层序地层学和地震地层学的对比看，地震沉积学对小时窗等时格架内沉积相划分明显优于层序地层学。此外，地震沉积学与地震地层学相比，其进步在于它认识到地震资料的频率成分控制地震反射同相轴的倾角和内部反射结构，不同频段的地震数据反映的地质信息是不同的。低频资料地震同相轴偏重于反映岩性界面信息，而高频资料地震同相轴偏重于反映等时沉积界面信息。由于不同频率的地震信号对各种尺度地质体的敏感度不同，在对特定地质体厚度变化进行刻画和对地质体横向不连续性进行描述时，可在频率域内对每个频率所对应的振幅进行分析，进而排除时间域内不同频率成分的相互干扰。因此分频解释技术就显得十分重要，其实际上是一种分频段解释的方法，一般从原始地震资料中提取高、中、低不同频段信息经过振幅增益后，针对实际需要，通过井震结合观察选用相应频段的地震数据体，如利用高频数据体进行等时沉积界面解释等。

对于单向发育砂体、薄层砂体，或者3个维度发育不全的沉积体，地震沉积学方法的识别意义大，尤其是对薄层和岩溶体识别有独到之处(图7-9)。

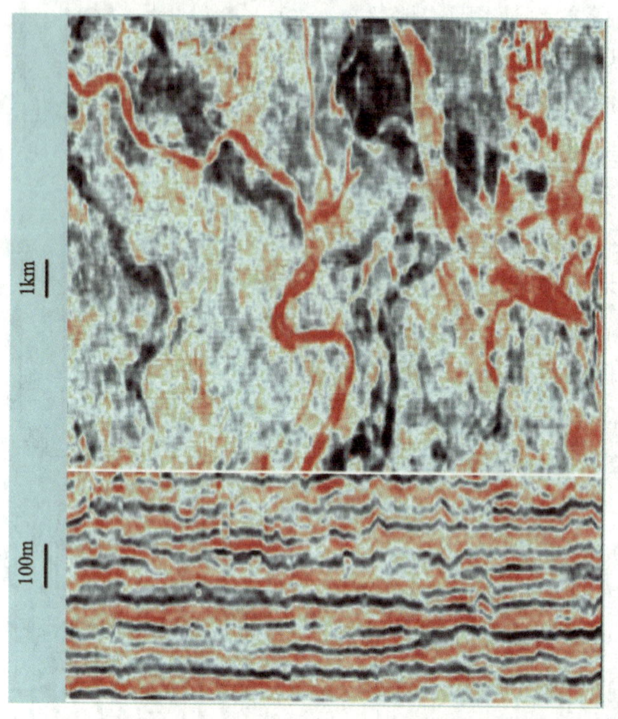

图7-9　河道充填砂体水平方向和纵向方向地震成像对比(据曾洪流，2004)

第三节　储层连通性及储层地质模型评价

一、盆地尺度储层沉积体系的展布

不同盆地类型及其演化制约沉积体系类型、规模、展布及其空间变化规律。中国东部以中新生代为主的断陷盆地广泛发育。以胜利油田沾化凹陷为例，凹陷陡坡带、凹陷带到缓坡带，沉积体系依次为冲积扇、扇三角洲、湖底扇、深湖相、三角洲沉积体系、河流沉积体系。有利油气聚集带主要位于靠近深湖相的周边的扇三角洲、湖底扇、三角洲砂体。边界断裂控制沉积边界及沉积规模，次级断裂控制局部油田级沉积体系发育位置及储集层厚度(图7-10)。垂向上看，盆地底部为快速裂陷期发育的粗粒冲积扇沉积体系，向上过渡到断陷盆地典型的湖相沉积体系组合，即中心深湖周边发育扇三角洲和三角洲环绕，一般到顶部盆地消亡期发育坳陷型河流三角洲沉积体系，湖盆逐渐消失。按照沃尔索相率，剖面上展示的各种相带，在平面上依次出现，呈现围绕湖中心环形分布，主要储集层和油气田也具有呈环状分布规律的特点，物源来自两侧的隆起区，缓坡带物源搬运距离中等长度，陡坡带物源搬运距离较近。

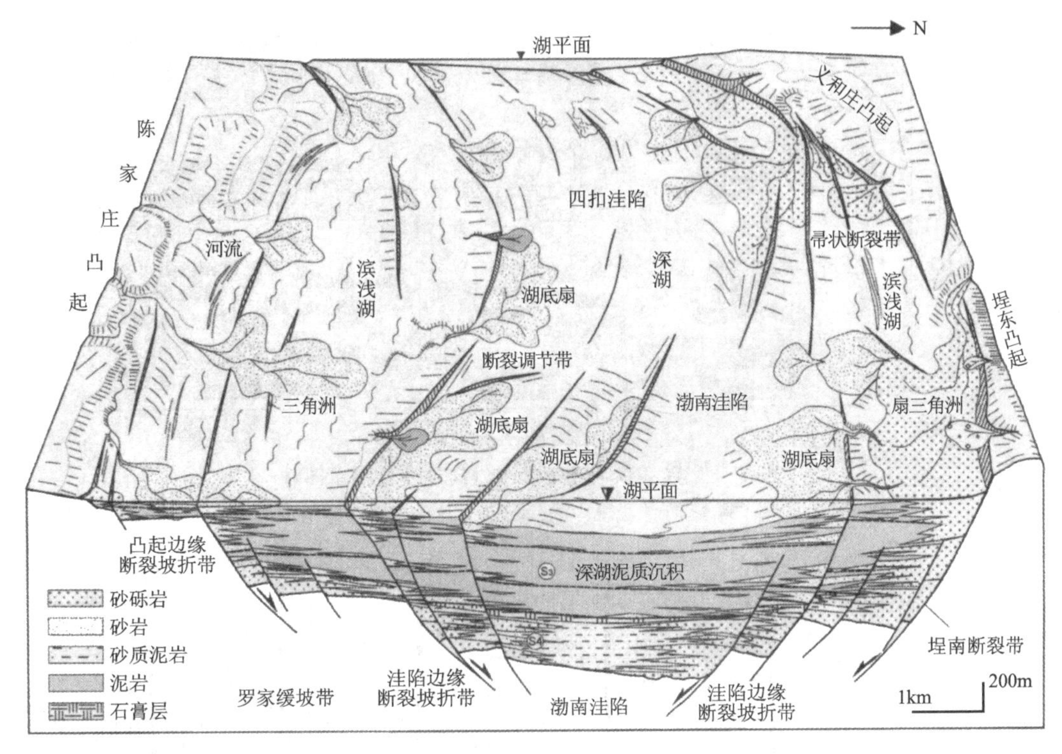

图 7-10 沾化凹陷沙河街组沙三期构造古地貌与沉积体系分布样式(据林畅松,2003)

二、油田尺度储层连通性与连续性分析

所谓储层连通性是指储层在垂向上堆积接触的紧密程度。储层连续性通常是指储层在横向(平面上)的延续程度。目前对储层这两个宏观属性特征参数还没有统一的定量描述方法。一般而言,在不同尺度上和不同资料手段上描述储层连续性与连通性的指标与方法有所不同。Clark 等(1996)用图 7-11 形象地表示了条带状砂体的连续性(continuity)和连通性(connectivity)的内涵,图中连续性坐标用砂体宽/厚值表示,连通性坐标用单元间接触面积百分比表示。

在实际工作中,尤其是大尺度储层研究工作中,所要求的几个参数(宽度、单元面积、接触面积等)几乎一无所知,因此必须寻求其他指标来表示储层连续与连通性特征。大尺度储层的连通性通常采用以下几个指标加以描述。

1. 砂岩百分含量

砂岩百分含量指垂向剖面上砂岩总厚度与地层厚度之比,单位为%。显然,比值越大说明储层连通性越好。Allen 等(1978)通过统计和模拟条带状河道砂体的实例,建立了砂岩百分含量与砂体连通性的关系(图 7-12),并被许多学者所接受和推广。研究表明,砂岩含量小于 30%时,为孤立砂体;砂岩含量为 30%~50%时,砂体间有一定连通性;砂岩含量大于 50%时,有大面积连通砂体;砂岩含量大于 70%时,连通性极好。同样对非河道类砂体,这一指标也具有重要实用意义。

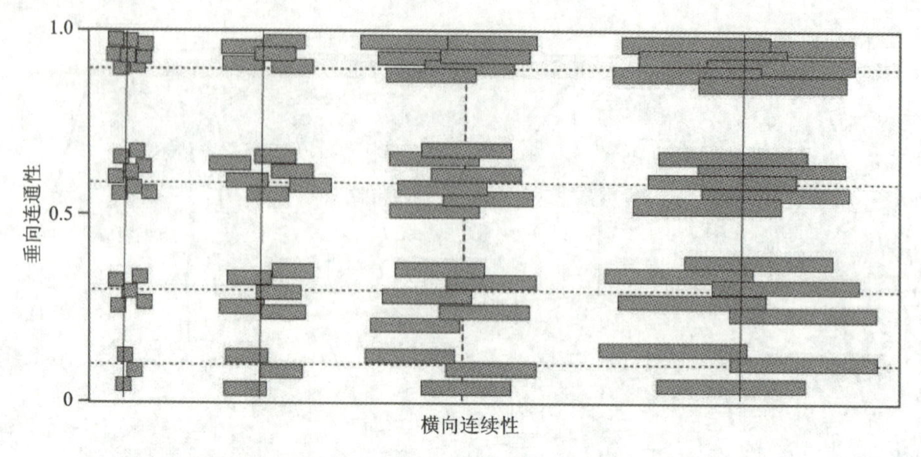

图 7-11　砂体横向连续性与垂向连通性关系图

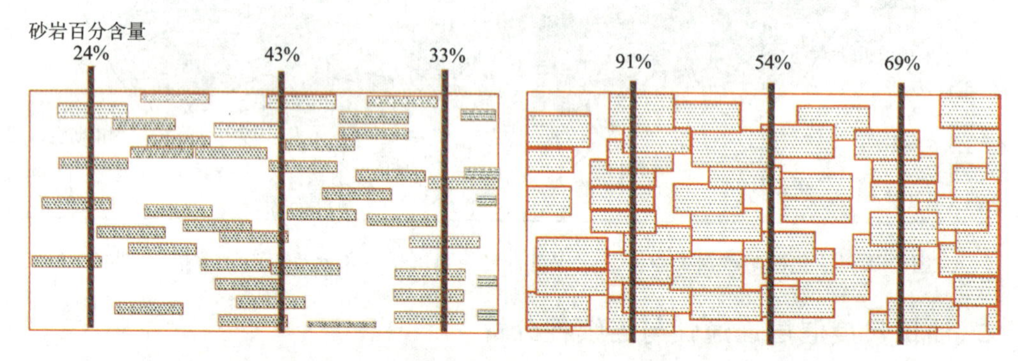

图 7-12　砂岩百分含量与条带状砂体的连通程度(据 Allen et al.,1978)

2. 分层系数

分层系数指研究层段内砂层的层数,以平均单井钻遇砂层层数表示(钻遇砂层总层数/统计井数)。一般分层系数越大,层间非均质性越严重,储层连通性越差。

大尺度储层横向连续性的描述通常用砂体的面积、长度、宽度等参数表示,显然有时定量确定这些参数也是困难的。储层的横向连续性首先取决于储层沉积相或沉积微相类型,经详细的储层沉积学研究后,井间多方法对比追踪就成了关键问题。在实际工作中对非条带状类型储层,通常采用"连续系数"(有时也叫连通系数)这一指标,它是指一定范围内砂层连通的井数与此范围内所有井数之比。为了排除不同钻井密度的影响,可对其进行校正,称其为"换算连续系数 E_C"

$$E_C=\left(\frac{\text{连通井数}}{\text{总井数}}\right)\times \text{井间距}$$

三、油田尺度储层非均质性模型及应用

大尺度储层非均质性的研究,可以建立概念性或者宏观的储层非均质性模型,这类模型对指导早期油田开发方案的制定是至关重要的。尽管模型是概念性的,但它应明确沉积体类

型、规模、大尺度上砂体的连续性与连通性、油水界面等油藏基本参数。图7-13表示在不同时间阶段对油藏模型认识的差异性和重要性，早期模型认为是相对均质的储层，但实际上油藏内部结构可能复杂得多。图7-14表示东方气田井震结合揭示的确定性砂体连通性结构剖面图。该模型揭示了气层组砂体连通性及气水关系，为气田开发方案制定提供了模型依据。

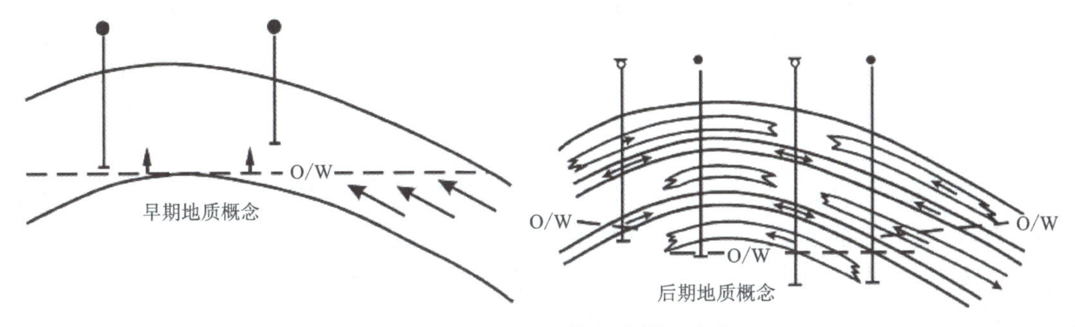

图7-13　大尺度油藏砂体结构模型变化图

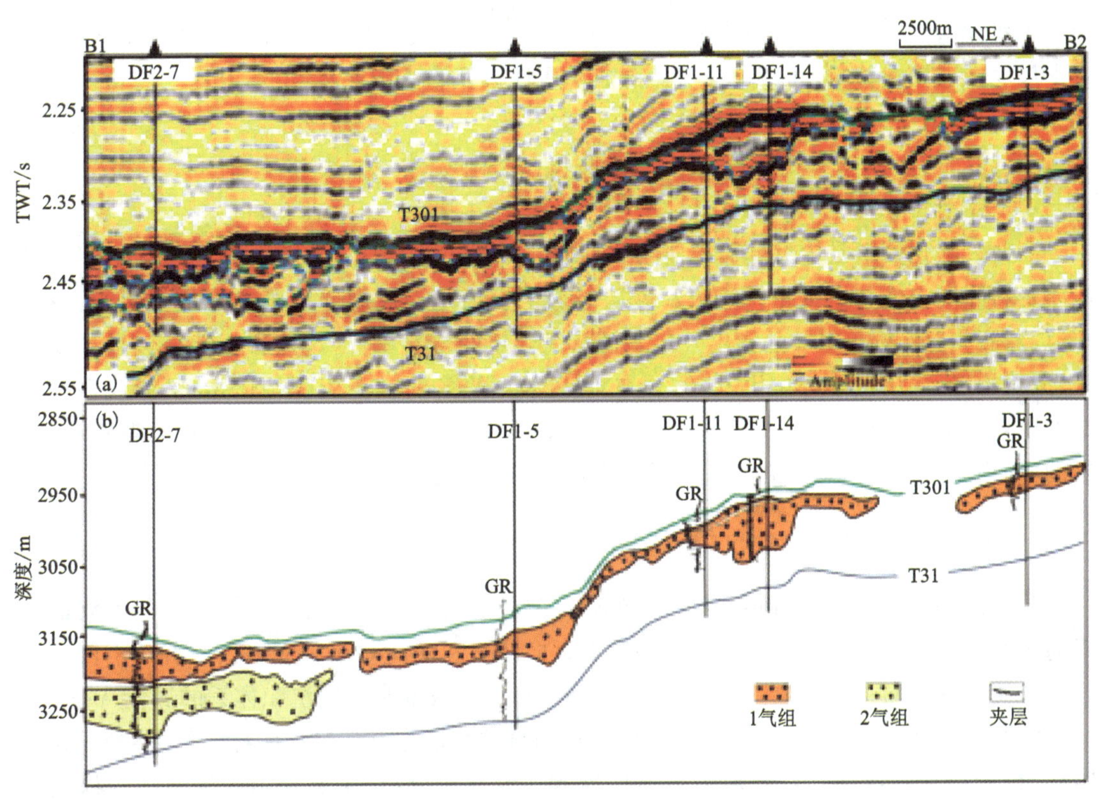

图7-14　东方气田黄流组含气储层砂体连通结构图(据YAO,2021)

建立大尺度上尽可能准确的油藏模型是储层描述及非均质性研究的重点之一，所建立起来的符合实际的储层宏观模型在大尺度储层研究中主要有以下一些具体作用：①圈定油水边界；②划分开发层系；③制定开发方案；④概算油气储量；⑤预测油藏工程、采油工程潜在问题。

第八章　中尺度储层非均质性评价

中尺度储层规模包括砂组(油组)级和砂层(小层)级两个层次。研究范围局限在油藏(田)内部,研究目标是储层内部的详细构成,包括砂层数、层厚、宽度、面积、物性空间展布、隔夹层等。该尺度储层研究服务于油田开发,尤其是注水(气)开发的二次采油全过程。由于油田注水开发延续时间长,因此中尺度上的储层研究是该类油田储层非均质性研究的重点。由于在开发阶段钻井数量大、测井资料丰富,因而中尺度储层研究势必要以开发井点资料为主开展工作,配合岩芯、大规模露头和高精度地震资料。另外油田生产动态资料也经常用于佐证中尺度储层属性特征,尤其可证明储层非均质性模型的正确性。

第一节　测井沉积相分析方法

测井数字化资料是中尺度储层非均质性研究的最主要数据,利用测井资料配合高分辨率地震资料开展定性与定量化砂组级和砂层级储层表征是该尺度储层研究的主要手段。我们知道"岩石相"(lithofacies)是指由一定岩石特征限定的岩石单位,这些岩石特征包括粒度、成分、沉积构造、成层性等(Miall,1984)。在野外经常根据"岩性+沉积构造类型"命名岩石相。在油田地下地质研究过程中,第一手的岩芯资料少见,而作为第二手的测井和地震资料是普遍的,利用测井资料信息研究沉积储层方法称为测井相分析方法。

一、测井曲线要素分析

分析测井资料,得到各种曲线数据,可以反映整个钻井剖面的各种物理特性的连续记录,垂向分辨率较高。为开展精细储层沉积体系垂向演化和横向对比研究提供了有效手段,尤其是结合测井资料与地质(岩芯)资料进行综合分析,可以较准确给定沉积体系的属性特征。

"测井相"(logfacies)是指反映沉积体特征的测井特征综合。沉积体特征包括粒度、成分、结构、构造、粒序、成层性以及层内流体性质等。测井相分析,主要利用各种曲线的幅度、形态、旋回性特征综合确定地层岩性剖面、沉积相标志及岩性或岩相的横向变化(井间对比)。所用到的曲线主要是自然电位(SP)或自然伽马(GR)曲线,因为这两条曲线能有效地反映地层中泥质含量的变化。马正(1980)最早对自然电位曲线判定沉积相的要素、组合特征进行了详细分解(图 8-1),单井多层和单层曲线要素包括曲线幅度、形态特征、顶底接触关系、光滑程度、齿中线结构、包络线形态、曲线形态组合类型 7 个参数。另外自然伽马能谱测井、声波时差测井、电阻率测井、地层倾角测井等也从不同方面表现了储层的物理特征,其组合类型在沉积相分析中也经常会用到。例如地层倾角测井资料可用来计算古水流方向，从而确定河道流向，进而判定砂体走向，这是其他曲线所不能代替的。

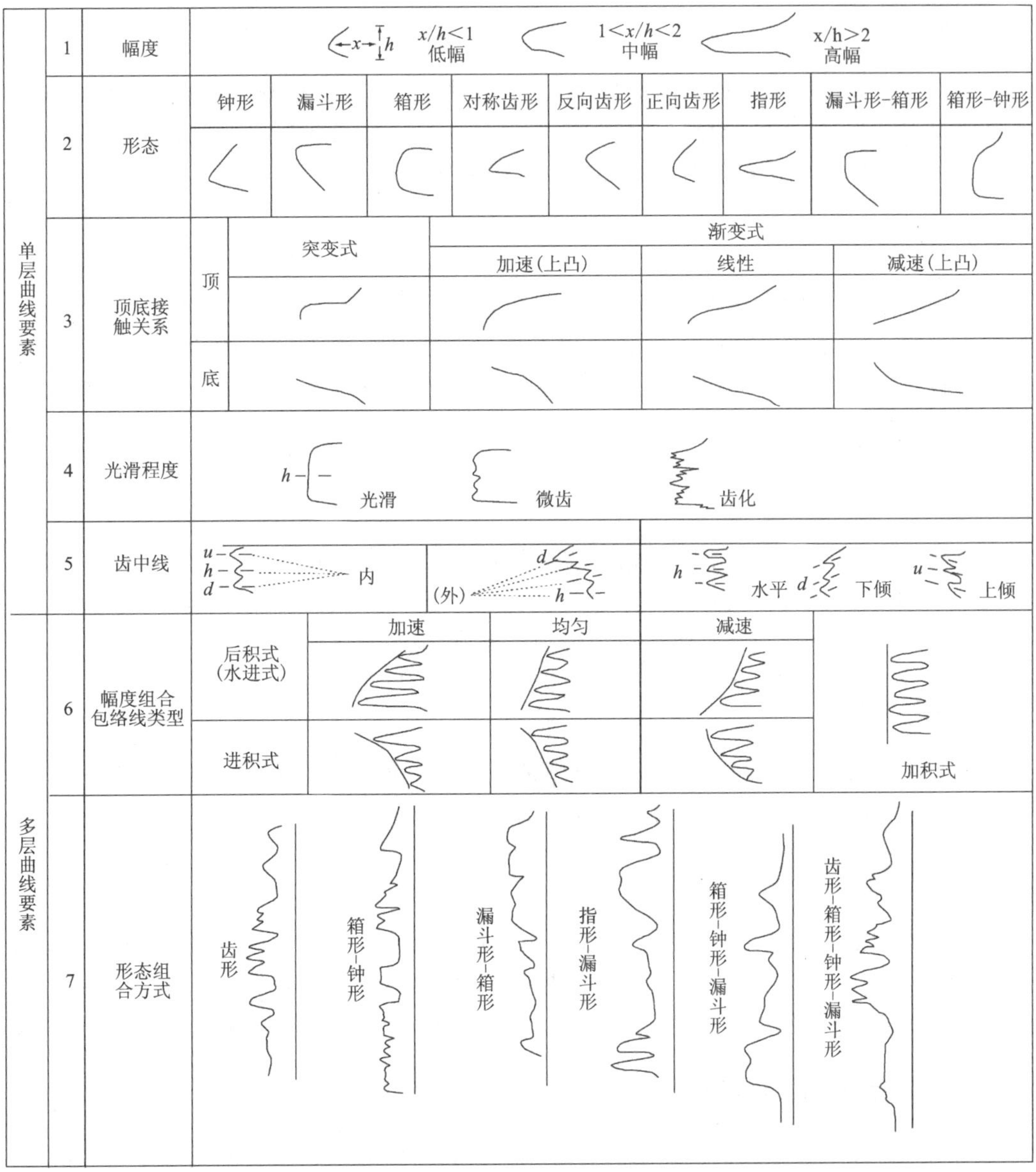

类别	序号	要素	内容
单层曲线要素	1	幅度	x h；$x/h<1$ 低幅；$1<x/h<2$ 中幅；x/h>2 高幅
	2	形态	钟形、漏斗形、箱形、对称齿形、反向齿形、正向齿形、指形、漏斗形-箱形、箱形-钟形
	3	顶底接触关系	顶、底：突变式；渐变式：加速（上凸）、线性、减速（上凸）
	4	光滑程度	h 光滑、微齿、齿化
	5	齿中线	u、h、d 内；（外）d、h；h 水平；d 下倾；u 上倾
多层曲线要素	6	幅度组合包络线类型	后积式（水进式）、进积式：加速、均匀、减速；加积式
	7	形态组合方式	齿形、箱形-钟形、漏斗形-箱形、指形-漏斗形、箱形-钟形-漏斗形、齿形-箱形-钟形-漏斗形

图 8-1　测井曲线要素图(据马正,1980)

1. 曲线幅度

在砂泥岩剖面中，砂岩中泥质含量与沉积环境密切相关，根据 SP 或 GR 曲线幅度的相对高低，可以判断砂岩中泥质含量，由此推断出沉积环境能量的强弱。

2. 形态特征

1975 年，Serra 等对自然伽马或自然电位的曲线进行了分类，归纳了两种分类方法：一是依据形态划分为钟形、漏斗形、箱形、舌形、线形;二是根据平滑程度分为齿形和平滑形。这种分类与描述是进行测井相分析的基础,但对不同测井系列可能存在差异。

3. 顶底接触关系

测井曲线可以反映沉积地层间的接触关系,总体上讲,其接触关系主要为突变和渐变两类。突变又可分为顶部突变和底部突变,渐变也可分为顶部渐变和底部渐变,渐变有加速渐变、线性渐变、减退渐变。底部突变通常反映的是各种河流的冲刷作用。

4. 光滑程度

光滑程度可以分为齿形和平滑形两种,齿形反映了沉积过程中能量的快速变化或水动力环境的不稳定。它既可以是正齿形,也可以是反齿形或对称齿形,齿形为冲积扇或浊积扇所具有。平滑形反映沉积环境较为稳定和水动力条件相对平静,因而体现出岩性的稳定变化,无砂泥间互现象。

5. 齿中线结构

齿中线存在平行、发散、收敛 3 种类型。当曲线多层组合齿的形态一致时,齿中线相互平行,反映能量的周期变化。齿中线水平平行式代表加积式的沉积特点;上倾平行式是一组反向齿形的组合;下倾平行式是一组正向齿形的组合,代表正粒序的韵律沉积,

6. 包络线形态

某个曲线族的包络线(envelope),是跟该曲线族的每条线都有至少一点相切的一条曲线,反映了多层组合曲线加积、退积和前积组合形态变化。

7. 曲线形态组合类型

测井曲线的组合形式包括幅变组合和形态组合。幅变组合包括加速幅变、均匀幅变和减速幅变,形态组合包括箱形-钟形组合、漏斗形-箱形组合、指形-漏斗形组合、箱形-钟形-漏斗形组合、齿形-箱形-钟形-漏斗形组合等,不同的组合特征可以更好地反映地层的沉积环境。

二、测井岩性(相)自动识别

原则上所有测井类型提供的数据资料都可以反映储层的某一方面或者几方面的信息,几条曲线组合则可以有效地反映特定的储层特征,进而可以提供岩性、岩石相、泥质含量、物性、含油性等信息。利用测井数据构建直方图、交会图、蜘蛛网图(玫瑰花图)、梯形图以及机器学习等方法可以建立储层多参数模板,自动识别岩相。

1. 直方图与交会图

利用自然电位(SP)或自然伽马(GR)等单一条曲线,识别岩性,统计不同岩性百分比,并在单一轴上完成统计图,就是直方图。该图简单直观,可以识别岩性,建立不同岩性的截止值大小范围。

单一条曲线只反映了岩石某一方面的物理性质，不够全面，往往有多解性，而多种测井曲线共同参与解释可提高精度，尤其在自然电位(SP)或自然伽马(GR)曲线有异常或质量不佳的情况下更是如此。这时可以用两条曲线交会或者叠加的方式制图，形成交会图。例如，内蒙古开鲁盆地侏罗系九佛堂组 SP 和 GR 效果不佳，利用声波(AC)与感应(CON)两条曲线的交会很好地解决了砂砾岩地层的岩性判定问题。通过两口已知取芯井建立了岩性-电性的关系图版，利用统计方法建立岩性判别标准(表 8-1，图 8-2)，应用效果非常好，而单独使用一条曲线效果就很差。

表 8-1　开鲁盆地某地区小层规模岩性判别标准

岩性	代号	d 值
砾岩	G	$d<1.0$
砂砾岩	GS	$1.0\leqslant d<1.5$
含砾砂岩	SG	$1.5\leqslant d<2.0$
砂岩	S	$2.0\leqslant d<3.5$
砂泥岩	MS	$3.5\leqslant d<5.0$
泥岩	M	$d\geqslant 5.0$

注：d 值为 CON 与 AC 两条曲线之间的距离。

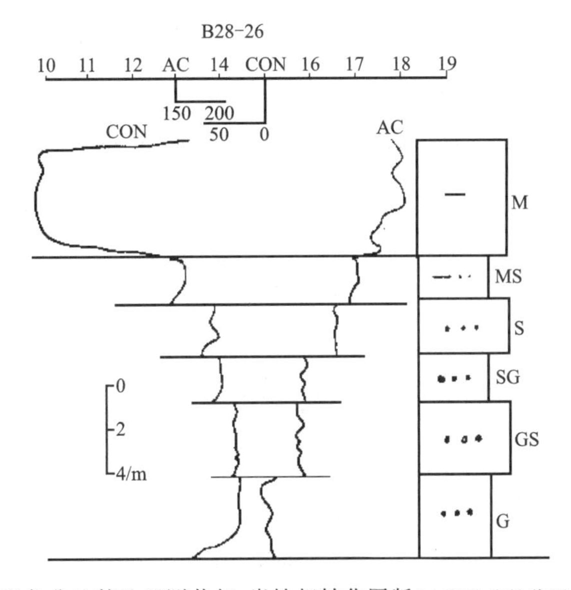

图 8-2　开鲁盆地某地区测井相-岩性相转化图版(右侧为岩性代码，同表 8-1)

2. 梯形图与蜘蛛网图

梯形图或星形图建立方法是：首先将选择好的一组测井曲线(如自然电位、电阻率、自然伽马、声波、密度、中子等)在目的层段进行预分层，然后在放射状或平行状坐标上，标上任一层的各种测井参数数据，将这些值顶点连接起来，就构成了蜘蛛网图或梯形图(图 8-2)。

3. 自动识别测井井相

神经网络等机器学习算法大大提高了利用测井数据体自动识别岩性、岩相和储层参数的准确率,也大大提高了效率,目前广泛应用于油田实际工作中(图 8-3)。测井岩性自动判别分析流程如图 8-4 所示,通过最终建立的测井相的判别模型可以连续逐层地对岩性进行判别,得到全井段岩性柱状剖面图及测井相剖面图。

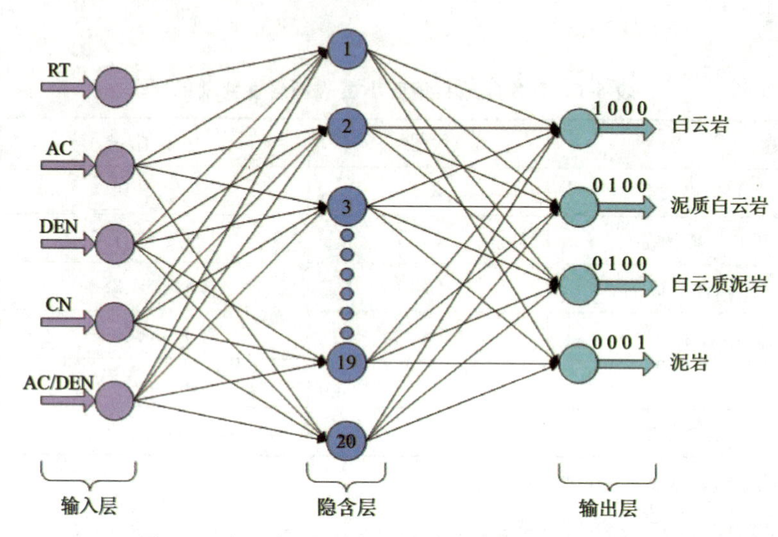

图 8-3 白云岩层系人工神经网络岩性识别示意图

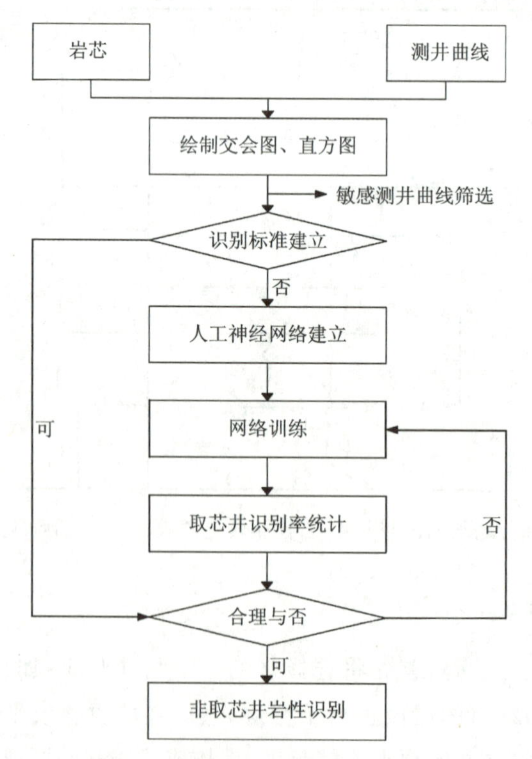

图 8-4 测井岩性自动判别分析流程图

第二节 储层小层对比与小层沉积相分析

一、小层对比

1987年，裘亦楠对油层地层划分与对比中有关“小层”的内涵给予了评述，他认为：“小层对比”是我国油田地质工作者在开发大庆油田时提出的术语，指对碎屑岩储层以单砂层为基本单元的对比技术。曾有人采用“单层对比”的术语，但由于碎屑岩沉积砂体的侧向相变剧烈，经常表现为频繁分叉合并，实际上很难绝对地按每个单砂体进行分层对比，因此建议采用“小层对比”这一术语，从词义上讲与国外文献中所用的“详细对比”(detailted correlation)这一术语相似，但我国实际工作中的“小层对比单元”比西方文献中的“subzone ”“package”更小，一般都尽可能地接近于单砂层。很多年来，国内主要研究领域与油田生产领域都基本遵循有关小层的这个内涵描述。沉积小层一般理解为顶底为泥质层或非渗透层分割的可以在一定区域内等时对比的砂层，接近于一次沉积事件形成的单砂层组合体，规模上小于砂层组，比小层更小的级别是单砂体。从油田范围内可对比的尺度看，小层是最小的可对比等时性地层单元，单砂体一般不能全区对比，小层对比技术完全适用于高级别砂组级别的地层划分与对比。

储层的正确分层是揭露其层间非均质性和认识单个含油砂体宏观、微观非均质性的基础，是储层描述由“点”到“线”，再到“面”逐次展开的必须步骤。单元对比可靠性程度直接决定了对储层的认识深度和精度。该尺度上地层与砂层单元的对比主要理论依据是储层沉积学和高分辨率层序地层学原理开展工作，对比原则和对比方法如下。

(一)地层划分对比原则

1.旋回性原则

旋回性是沉积岩的普遍特性，是受原始沉积条件控制的、可以在一定范围内追踪对比的特性。地层旋回性是高分辨率层序地层学的基本方法与研究思路。沉积基准面的升降旋回变化是层序变化的根本原因。地层旋回性是指导地层对比的基本原则之一。

不论规模大小，每种规模的地层基准面旋回导致的地层旋回都是时间地层单元。反过来看，地层旋回的多级次性特征也说明了地层基准面旋回的多级次性。在中小尺度地层层序地层学研究中，目前地层基准面旋回多级次性表述普遍采用长期基准面旋回、中期基准面旋回、短期基准面旋回等名词。短期基准面旋回是以岩芯层段沉积相分析为依据来划分的；中期基准面旋回是在短期旋回划分的基础上，考虑测井曲线的变化规律组合而成，经过测井约束下的地震地质解释，中期旋回变化可以与高分辨率地震剖面上识别的标志建立起对应关系，进而可以通过地震资料研究中期旋回的变化规律；长期基准面旋回通常以构造和沉积体系演化为背景，通过地震地层层序的识别加以划分确定(图8-5)。

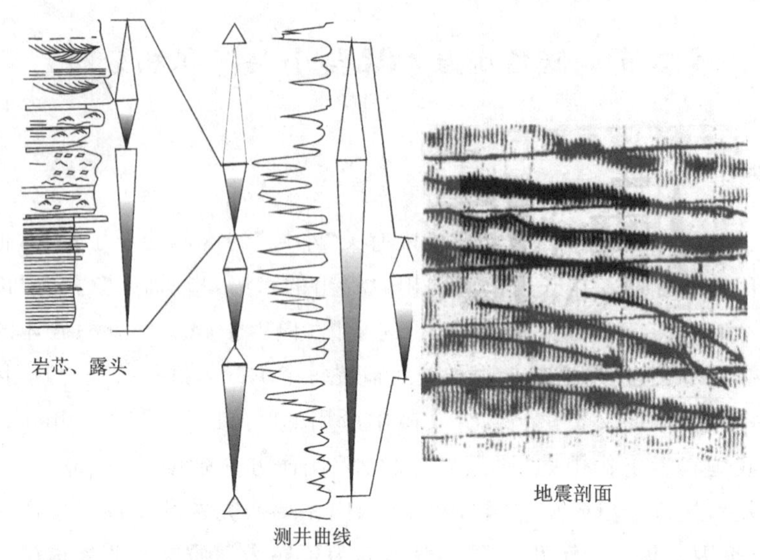

图 8-5 多种资料综合的层序地层旋回性分析方法(据邓宏文,2001)

2. 等时性原则

无论是哪个级别的地层对比首先要保持地层对比的等时性,这是另一个基本原则。各级旋回对比过程中都必须以是否等时为标准检验对比的正确与否。在油田范围内,砂组、砂层规模对比必须是等时的,否则平面制图研究或采取工程措施都将会因为砂体对比错误而遇到麻烦,影响对地下储层的正确认识(图 8-6)。

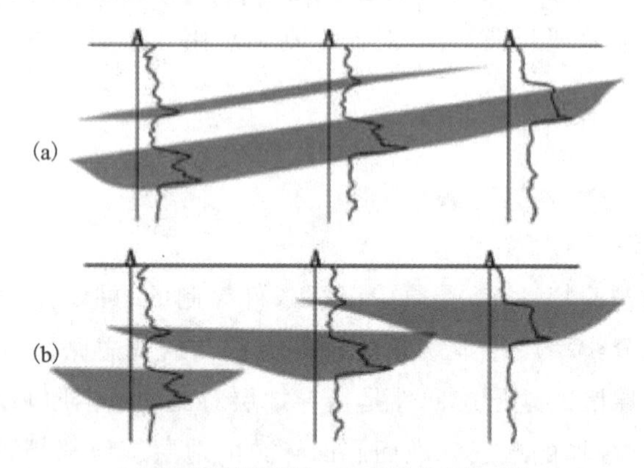

(a)穿时性岩性对比;(b)等时性事件对比

图 8-6 河流相横切流水方向砂体的不同对比方法示意图(据于兴河,2012)

3. 满足工程、工艺要求原则

地层划分的详细程度要根据油田地质特点和工程与工艺措施确定,避免与工程、工艺要求不相适应的对比方案,也就是真实性原则。当然工程需求目的不同对比要求的精度也可以不同,认识程度不同对比准确性也会不同。随着时间推移一个地区的对比方案一般都会调整或者改变，东得克萨斯 Travis Peak 组地层辫状河砂体 3 个时间不同的人给出了不同的对比图，实际上第 3 个图可能是最接近实际的(图 8-7)。通常多个对比方案，在后期工程工艺措施实施后，会进一步验证和修改，从而得到更接近实际的“正确”方案。

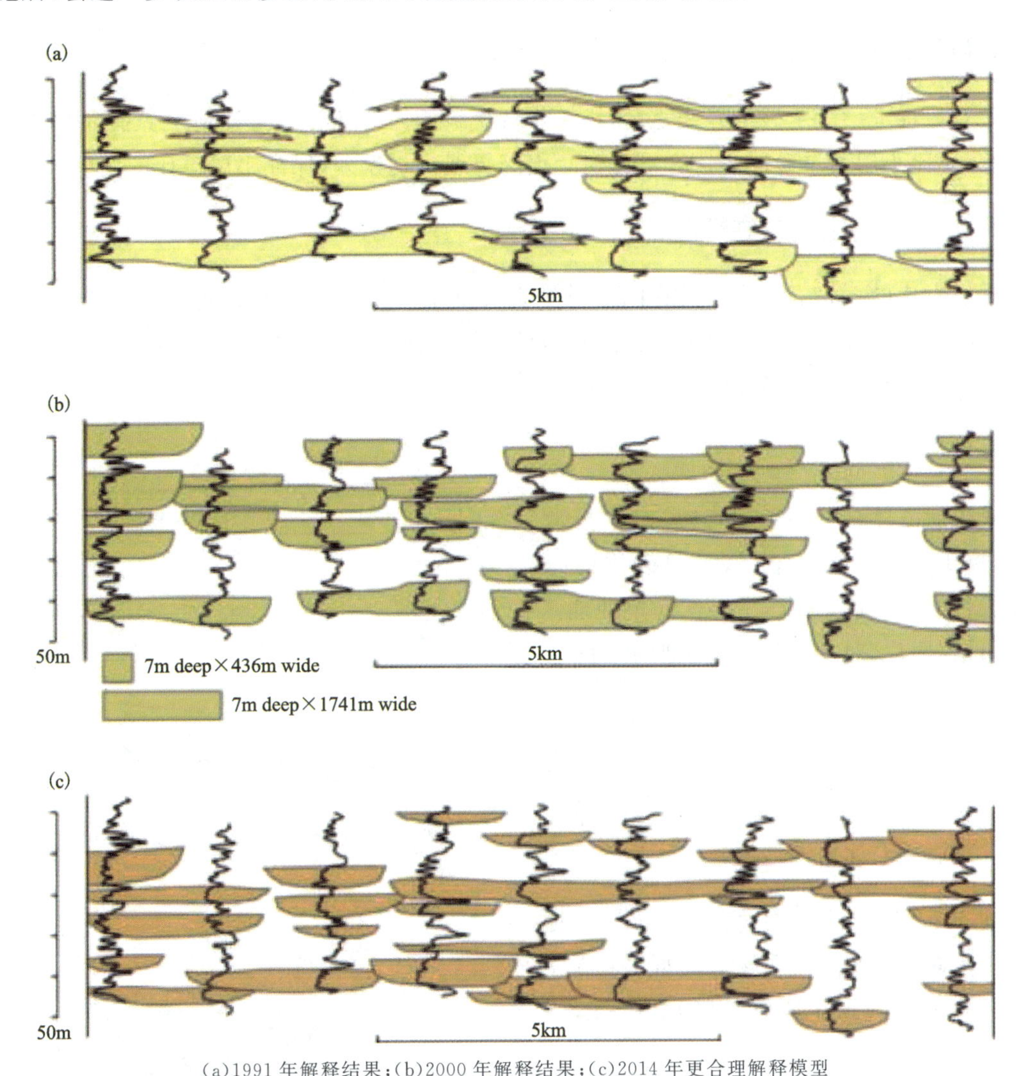

(a)1991 年解释结果；(b)2000 年解释结果；(c)2014 年更合理解释模型

图 8-7　东得克萨斯 Travis Peak 组地层辫状河砂体同一条剖面 3 种不同解释剖面图(据 Maill,2014)

(二)小层对比方法

在油气田开发研究工作中，砂层与“小层”“单砂层”相当，它是最小一级可以在油田范围内对比的时间地层单元。它的划分对比，受更大一级砂组地层单元控制，储层开发评价要求必须对所有开发井通过对比划分到砂层或小层。

1. 确定标准层

岩性、电性标志明显，分布稳定的时间-地层单元即可作为标准层，如区域性的湖侵泥岩、煤层、油页岩、碳酸盐类、蒸发岩、化石层等特殊岩性层段均可作为标准层。然而这些岩层却往往只在湖海相沉积中才比较发育。河流沉积小层对比之所以困难,最重要的原因就是缺乏明显标准层,这时候短期旋回分析可以起到重要作用。

2. 旋回对比、分级控制

按对比标准层解定砂组界线之后,进一步按次级旋回特征和等时性地层界面的刻画与追踪,划分对比小层及单砂层。这样可以避免上级界线出现误差,保证小层对比的质量。

3. 分析相变规律追踪等时性单元

砂层对比的关键是了解沉积过程,分析相变厚度、岩性等的变化规律性,避免"砂"对"砂","泥"对"泥"的穿时性(图 8-6)。这种方法在湖相或海相沉积的沉积体系(河流-三角洲、扇三角洲、重力流、湖底扇、滩、坝等)是非常有用的。

4. 切片对比

对于河流体系沉积地层,砂层对比技术困难,重要原因是无标准层,且单砂体横向变化极快。为此可采用以下方法简单处理。

所谓"切片"对比方法,就是把两个标准层控制的大套河流沉积,按等分或不等分地原则(厚度协调变化趋势)切成若干片(即砂层),切片界线就是对比的等时线(图 8-8)。

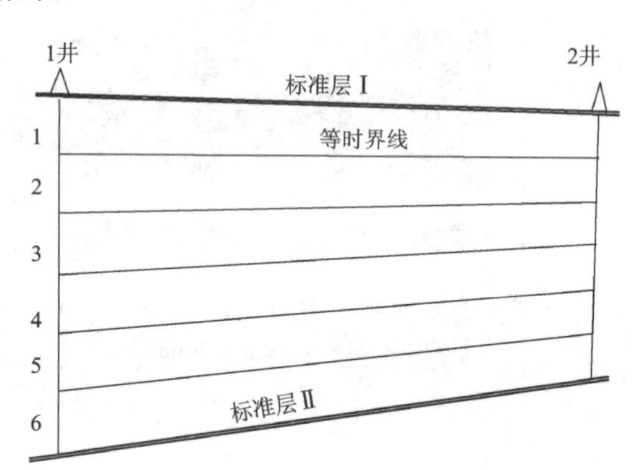

图 8-8 "切片"对比示意图(据裘亦楠,1987)

5. 等高程对比河道砂体

同一条河流其沉积厚度大致相等,因此可以采取距标准层(或某一等时面)等高程对比方法划分河道砂体砂层单元,如图 8-9 所示。

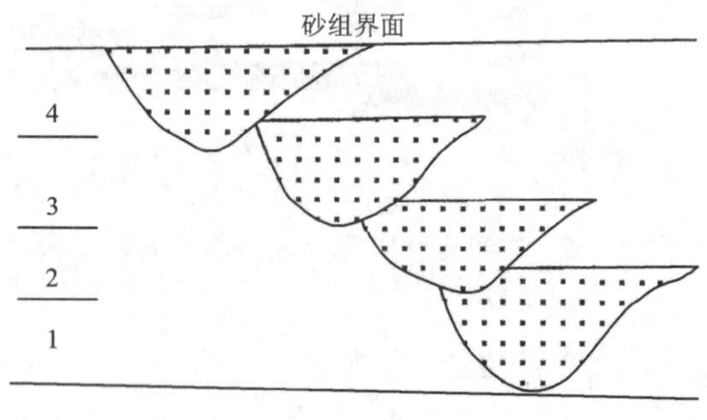

图 8-9 河道砂体等高段对比

6. 异常砂体处理

从剖面或曲线上看到的厚度较大的砂体(有时甚至厚度超过砂层单元厚度)称异常砂体。在对比过程中,要仔细分析异常砂体的成因,不能随意"劈分"。一般厚层异常砂体有构造和沉积两种成因。构造因素是指逆断层存在造成砂体的重复而变厚,沉积因素是指沉积过程造成的异常厚的砂体。沉积造成的异常砂体在各个油田和不同沉积相储层中广泛分布,通常表现为相带叠加、砂体交切、深切充填等(图 8-10)。

（三）小层沉积相分析

微相在环境上与微环境对应，微环境是指控制成因单元砂体即具有独特储层性质的最小一级砂体的环境（裘亦楠，1990）。微相也可称为“成因相”（李思田，1992）。因此，地下油藏内储层沉积微相研究一定是在小层时间单元上进行的。在平面上研究砂砾岩体沉积微相，就是指研究最小一级可制图的砂砾岩体单元，“可制图”级别即“小层”级别。

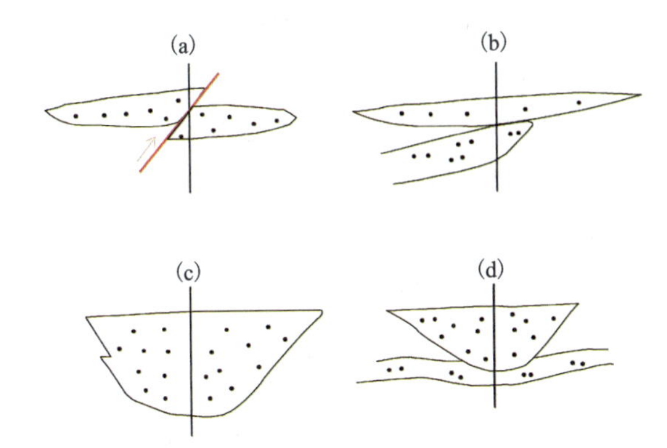

(a)逆断层重复；(b)相带叠加；(c)深切充填；(d)砂体交切

图 8-10　砂体厚度异常原因图解

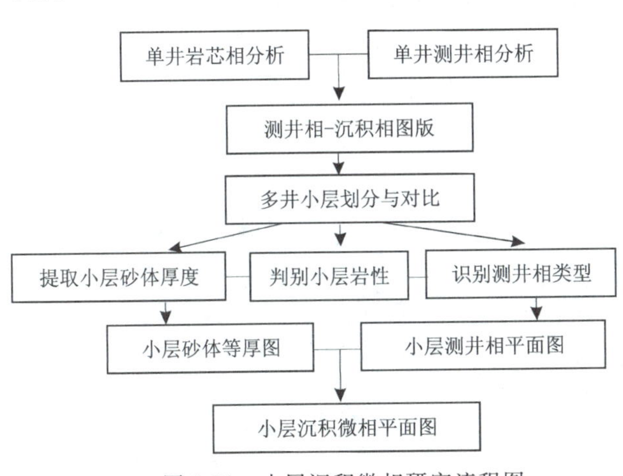

图 8-11　小层沉积微相研究流程图

小层沉积相分析是研究中尺度储层宏观特征的重要研究方法，通过该项工作可以验证和修改小层分层方案，可以确定单层砂体规模、厚度、形态和展布规律等宏观非均质特性，进而为建立高精度的储层地质模型打下基础。因此，掌握正确的小层沉积相研究流程显得非常重要。图 8-11 是小层沉积微相研究的简化流程。从单井地质和测井相入手，在小层划分的基础上，以测井相-地质相转化关系图版为重点，通过正确获取砂体厚度、岩性、测井形态等参数，最终制作完成高质量的小层沉积相图件，或储层三维数据库。

1. 测井相图版的建立

测井相图版的建立是小层沉积相研究的关键环节，是实现从岩芯井向未取芯井进行地质解释的关键。测井相是指各类测井所反映出的沉积信息总和，这些信息主要包括岩性、物性、结构、泥质含量等岩石信息。岩石信息通过电性、放射性、声波等测井以数字或曲线形式被表现出来。以取芯井（段）为标准井建立小层尺度的测井相图版包括以下两个方面的工作。

1）典型曲线形态类型（测井相）图版

根据研究区测井质量和测井系列，通常可选用自然伽马（GR）、自然电位（SP）、电阻率（RT）或感应电导率（CON）等曲线作为典型曲线形态类型图版。最常用的曲线是反映岩性和韵律变化的自然伽马（GR）或自然电位（SP）曲线。小层主体或单层砂体沉积单元内典型曲线类型归纳起来可分为六大类，即钟形（Sh 型）、漏斗形（H 型）、箱形（T 型）、宽指形（Q 型）、尖刀形（Y 型）、平直基线形（M 型）。根据前 4 种曲线形态顶底界限，可进一步划分出 20 种典型曲线形态类型。例如，Sh^3 型表示包络线为钟形，内部有 3 个期次组成；Sh'^3 型表示有 3 期组成的钟形曲线,其底部为渐变等。

2)小层主体岩性识别

在取芯井段建立已知岩性与测井参数的关系图版,进而判断未取芯井段小层主体岩性是小层沉积微相研究的基础内容之一,对多岩性层组成的地层更具有使用价值。例如,对于碳酸盐岩和砂砾岩混杂的地层而言,除了曲线形态识别之外,必须要通过曲线识别各类岩性层,进而可以制作微相和岩性分区图。小层岩性的识别目前可以通过一些软件自动识别。

2. 小层沉积微相制图

按照上述研究方法,可以利用所有井点的测井资料,分小层获取其曲线形态、岩性和砂砾岩体的厚度等数据,建立小层综合数据表。由此按标准完成小层砂砾岩等厚图、小层测井相(曲线相)平面图和小层岩性分区图。以这三类图件为底图进行综合分析,并考虑古流向、古水深、古物源区等资料,就可以高质量完成小层沉积微相平面图。同时,多个小层沉积微相图叠加可较好地反映相边界,尤其是砂砾岩与砂岩之间相边界的空间演化,最后完成多个小层沉积微相平面图(图 8-12)。

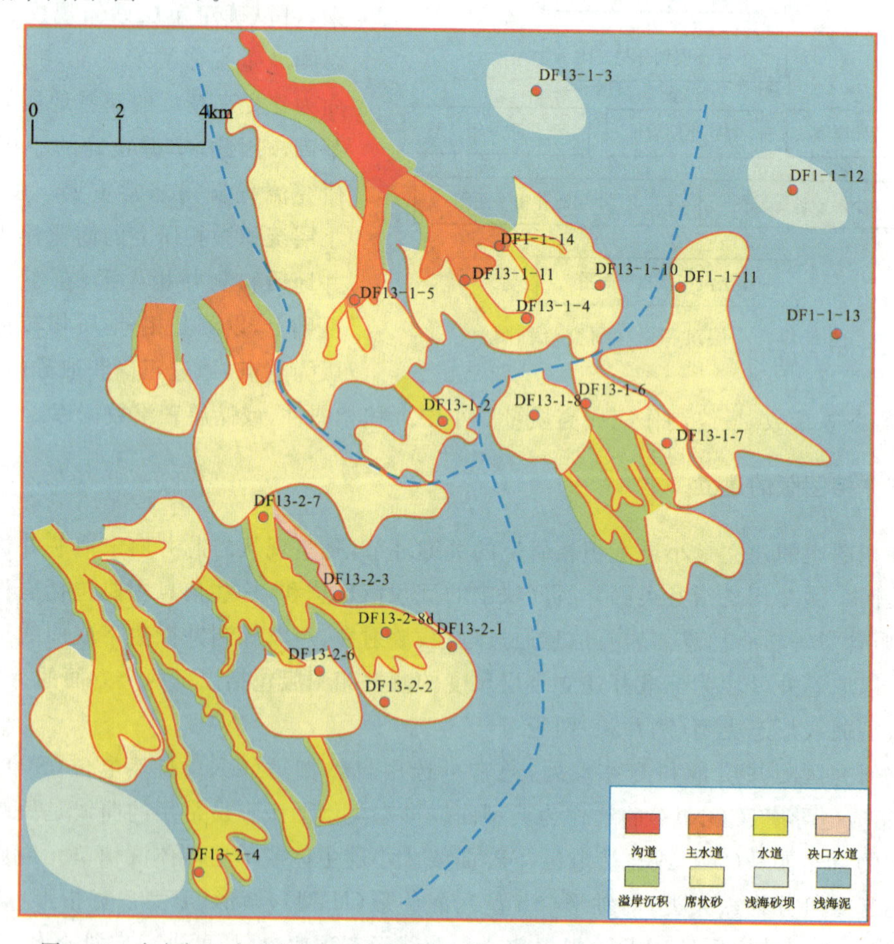

图 8-12 东方气田水道化海底扇Ⅰ砂组小层沉积相平面分布图(据姚光庆等,2014)

注:图中 DF-×-×表示井号。

第三节　储层夹层、物性及地质模型评价

以测井资料为主，开展砂层组、砂层级别的储层非均质性研究，重点研究砂层连通性及其内部隔夹层的分布规律，同时开展砂层平面物性分布规律研究，并建立储层地质模型。

一、隔层、夹层研究与砂体的连通性

隔层一般理解为开发层系间或全油藏范围内厚度较大，且稳定的有阻挡流体垂向流动能力的非渗透层。

夹层则指开发层系或油层内（储层内）的不渗透层或特低渗透层，它能在一定范围内阻挡流体流动、分隔流体流动单元。很显然夹层的含义也有尺度的含义，一般砂组内有夹层（中尺度），而一个单砂体内也有夹层（小尺度上）。对中尺度的储层评价而言，夹层是影响砂体间连通程度的主要原因，因而成为非均质性研究的重点内容。

1. 隔层、夹层的岩性、电性、物性特征

（1）岩性特征：碎屑岩储层中夹层的岩性类型有泥岩类、煤层、致密碳酸盐岩类、泥质粉砂岩类和胶结致密砂岩类 5 种基本类型，是沉积和成岩共同作用的结果。它们的划分识别、追踪对比主要依靠电性特征。

（2）电性特征：由于夹层是物性和岩性的特殊层段，因而在测井曲线中容易识别，如泥岩、泥质粉砂岩夹层及其特征是 GR 相对升高，RT 明显降低。胶结致密砂岩微电极值和 RT 值较高，密度曲线为高值。具体通过交会图或相关分析可以建立定量识别标准。

（3）物性特征：夹层的识别是以油田夹层的物性标准为基础的，不同储层类型的油田，夹层物性标准有所不同。例如双河扇三角洲砂砾岩储层夹层的物性标准为 $\Phi<12\%$、$K<20\times10^{-3}\mu m^2$，而一些低渗稀油油田隔夹层的物性标准相对低得多。

2. 夹层分布特征

很显然不同规模的夹层分布直接受不同级别的沉积相带控制。对非河道型储层，尤其是扇三角洲类，滩、坝类层状储层来说，夹层对储层质量影响极大，对开发效果也有重大影响。

根据夹层横向连续性，一般可分为 3 种类型：稳定夹层（Ⅰ）——全区大面积分布或一套注一采井组中稳定分布的夹层；不稳定夹层（Ⅱ）——不能在全井组的井中（一般 4～7 口井）稳定分布；随机夹层（Ⅲ）——只能在 1～2 口井内不稳定分布的夹层（图 8-13）。

为了定量描述储层内的夹层分布特征，可选用如下参数（或指标）：

（1）夹层厚度（h_{sh}）——单井中的夹层视厚度。

（2）夹层长度（L_{sh}）——多井对比中确定的夹层延伸距离。

（3）夹层面积（S_{sh}）——夹层长度与夹层宽度之积。

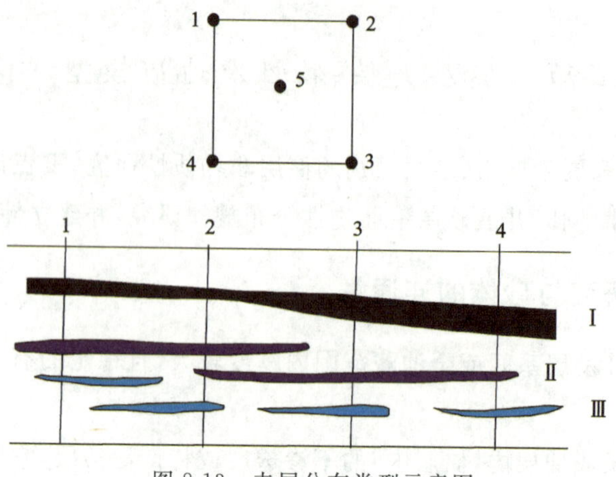

图 8-13　夹层分布类型示意图

(4)夹层层数 (N) ——一个层段内夹层层数，与砂层层数相同。

(5)夹层频率(F_{sh})——单位厚度岩层中夹层的层数，用(层/米)表示，$F_{sh}=N/H$；H 为地层厚度。

(6)夹层密度(ρ_{sh})——砂体中夹层总厚度与统计的砂体(包括夹层)总厚度的比值，用百分数(%)表示，$\rho_{sh}=\sum h/H$，$\sum h$ 为层内夹层厚度之和；H 为统计砂层总厚度。

(7)夹层频数 N_F——单井识别夹层数与本区总夹层数之比。

通过绘制夹层频率、夹层频数和夹层密度等参数的平面等值线图，可了解夹层在平面上的分布情况。通过绘制夹层分布栅状图可以反映夹层空间(井间)变化(图 8-14)。

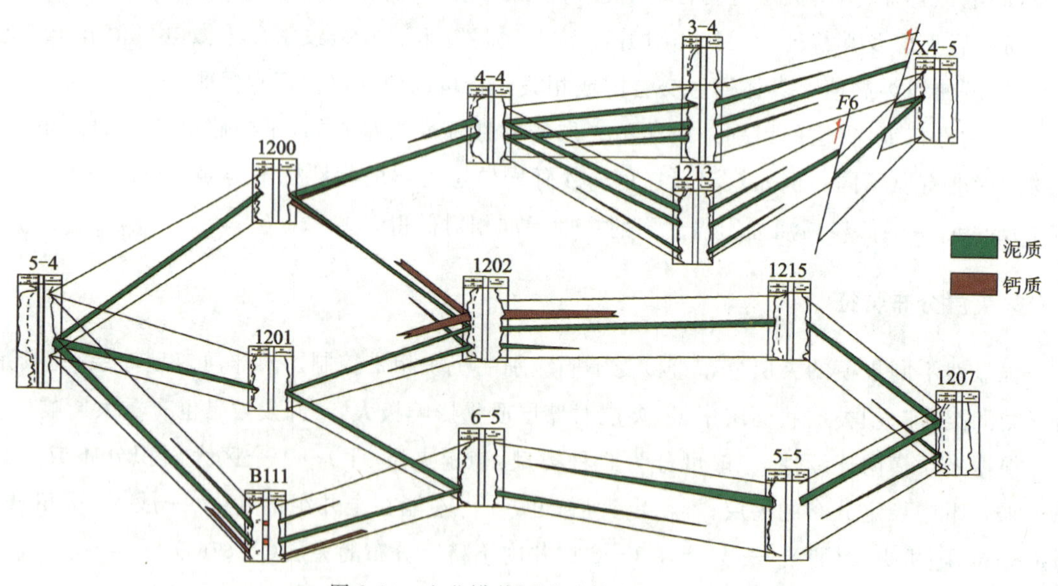

图 8-14　宝北辫状河道砂体夹层栅状图

3. 砂体连通性与夹层的作用

夹层的存在无疑降低了储层垂向间的相互连通性，增加了储层的非均质强度。但不同类型的夹层，它们对开发过程中流体流动的影响却不尽相同。

1)稳定夹层对流体有分隔作用

注—采井组间稳定分布的夹层把油层分成若干独立的流动单元，夹层起到了分隔油层流动单元的作用。在油田钻采和开发过程中要认真对待此类夹层，避免该类夹层对钻采工艺技术的影响和对流体流动的重要影响，及时监控流体在夹层上下的流动规律，力争最大的驱油效率。

2)不稳定夹层对流体有遮挡作用

不稳定夹层对储层局部起遮挡作用，局部分隔或分流了流体的突进，减弱了注入水沿前进方向的下沉速度，对正韵律、块状厚油层来说夹层在一定程度上可以减弱重力分异作用，有利于提高注水波及体积，而对于反韵律厚油层稳定夹层则不利于下部油层流体的流动。

3)随机夹层对流体有影响作用

随机夹层由于其规模较小，在储层中对流体流动仅有一定的影响作用，宏观上看影响不大。对河道型条带状砂体来讲，砂层规模的夹层主要是随机分布的，导致夹层研究较为困难，且研究意义不大。河道型砂体间的连通性更主要取决于河道砂体的垂向和横向的堆积方式，而不是夹层。这时，研究河道砂体宽度、厚度、面积、叠置关系、含砂率等更具有现实意义。

二、中尺度储层物性评价

中尺度砂层级规模是储层宏观物性分布(平面上)研究的最佳单元，更大规模上的物性平面研究没有多少实际意义。孔隙度、渗透率、含油饱和度等储层参数是评价油层及开发油田的重要基础参数，油藏描述要求把它们在砂层级规模上的平面展布搞清楚，为此必须首先建立测井参数与储层物性参数之间的数学模型。

1.孔隙度数学模型

利用孔隙度测井计算储层孔隙度模型是最成熟的技术方法，因而能得到相对较可靠的孔隙度。威利公式给出了求解纯砂岩孔隙度的方法，即：

$$\varphi=\frac{(\Delta t-\Delta t_{ma})}{(\Delta t_f-\Delta t_{ma})} \tag{8-1}$$

对于未压实砂岩和泥质含量较高的砂岩须对式(8-1)压实和泥质含量校正，即：

$$\Phi=\varphi\cdot\frac{1}{C_p}-V_{sh}\frac{(\Delta t_{sh}-\Delta t_{ma})}{(\Delta t_f-\Delta t_{ma})}\cdot\frac{1}{C_p} \tag{8-2}$$

式中，Φ 为校正后的孔隙度值；φ 为校正前计算孔隙度值；C_p 为压实系数；V_{sh} 为泥质含量；Δt 为地层声波时差；Δt_{ma} 为岩石骨架声波时差；Δt_f 为地层流体声波时差；Δt_{sh} 为泥质声波时差。

为了避免求取过多的参数，在实际工作中通常用实例关键井孔隙度($\Phi_{实}$)与对应的测井值建立关系式，如：

$$\Phi_{实}=a\cdot\Delta t-b \tag{8-3}$$

式中，a、b 为统计常数；Δt 为测井值。

对式(8-3)做一些校正,可得到较高精度储层孔隙度值。

2. 渗透率数学模型

渗透率是储层参数中影响因素最多、变化最大、最复杂的参数之一,但同时又是描述储层渗透性最重要的参数。在中尺度下为了快速评价储层,通常采用多参数聚类、回归分析或神经网络的方法,建立渗透率与主要相关性参数(包括孔隙度、泥质含量、粒度中值等)的关系式,用于未知井段的渗透率计算,即:

$$\lg K = \lg \Phi + V_{sh} + M_d + a \tag{8-4}$$

当然,这些孔隙度、泥质含量、粒度中值等参数在未取芯井中只能通过相应的测井数据获得,因此渗透率计算模型通常要与声波时差、电阻率、自然伽马等曲线建立关系。

通过建模算出的渗透率值,要经过反复检验,通常相对误差为50%～100%。

3. 含油饱和度模型

含油饱和度模型一般采用阿尔奇公式计算,即:

$$1 - S_o = \left[\frac{a \cdot b \cdot R_w}{R_t \cdot \Phi^m}\right]^{\frac{1}{n}} \tag{8-5}$$

式中,表明 S_o与地层真电阻率 R_t成正比关系。根据研究区情况可给定 a、b、R_w、Φ、m、n 为常数,从而算出 S_o。当然算出的 S_o是否符合实际,要有实例或可靠的已知 S_o进行校验。

4. 平面制图分析

通过各单砂体(层)的孔隙度 Φ、渗透率 K、含油饱和度 S_o等参数,采用厚度加权平均算法求出各小层、砂层或砂层组规模上各井点对应的 Φ、K、S_o值,进而可进行各储层物性参数分析,了解储层物性参数的宏观非均质性展布特征。

以孔隙度为例,加权平均计算公式为:

$$\Phi = \frac{\sum_{i=1}^{n} h_i \cdot \Phi_i}{\sum_{i=1}^{n} h_i} \tag{8-6}$$

通过计算各个井点小层物性平均值,可以得到小层物性平面图。

三、中尺度储层非均质模型

中尺度上储层的非均质性模型,因储层沉积过程不同而具有不同特征。Weber 等(1990)将储层非均质模型分为 3 种类型(图 8-15):①层状式储层模型;②拼合式储层模型;③迷宫式储层模型。以上 3 种类型高度概括了中尺度上储层结构特征,虽然在实际储层类型中会有一些不同和变化,但其基本形式可以概括为这 3 种类型的组合形式。

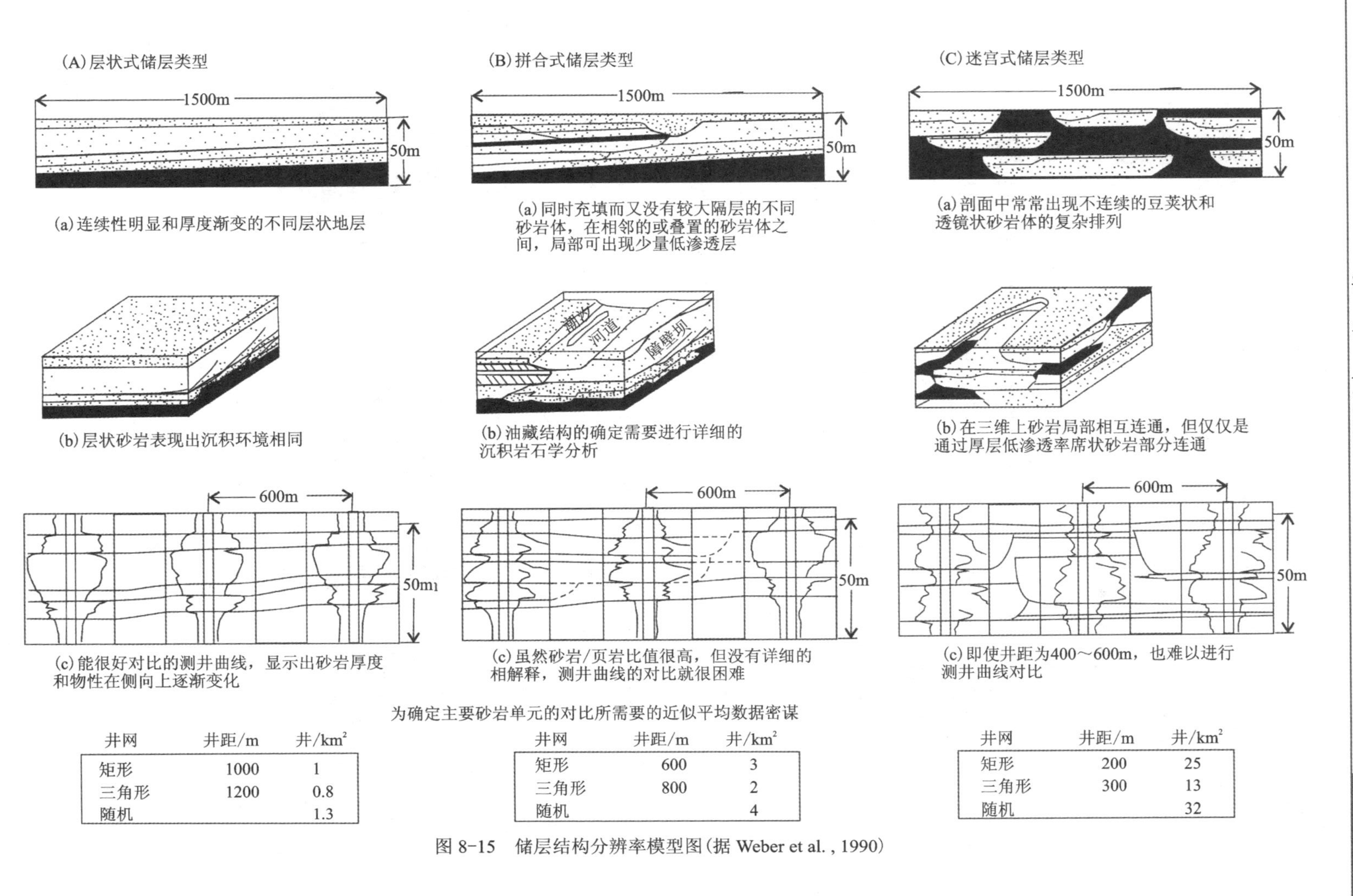

图 8-15 储层结构分辨率模型图(据 Weber et al., 1990)

1. 层状式储层模型(layercake reservoir model)

模型特点:储层成层性好、厚度大、储层物性均匀变化、隔层较稳定、夹层不发育、流体非均质分布弱。

典型储层成因类型:风成砂体;海滩(湖滩)坝砂体等。

2. 拼合式储层模型(jisaw-puzzle reservoir model)

模型特点:多种砂体微相单元混合、拼合,非均质特征介于层状与迷宫式储层之间,夹层分布、砂体连续性与连通性、物性分布及流体分布均较复杂,是非均质储层描述的重点。

典型储层成因类型:冲积扇砂体、三角洲砂体;扇三角洲砂体、重力流扇体等。

3. 迷宫式储层模型(labyrinth reservoir model)

模型特点:主要由条带状砂体随机组成、隔夹层性质复杂、砂体间的叠置关系复杂。砂体堆积关系是储层非均质性描述的难点和重点,砂体多随机变化,追踪和预测其位置有一定困难。

典型储层成因类型:河流砂体、三角洲分流河道砂体等。

根据研究者对分流河道砂体储层的研究,迷宫式储层地质模型可进一步分为等厚模型、不等厚模型和极端不等厚模型 3 种类型(图 8-16)。它们反映了在砂岩百分比相近的情况下,单砂体厚度空间分布的差异程度,分析认为,河道砂体厚度上的差异,一方面受不同沉积相带控制,另一方面也受局部构造、地貌控制。这 3 种储层模型在油田开发过程中面临不同的措施选择。

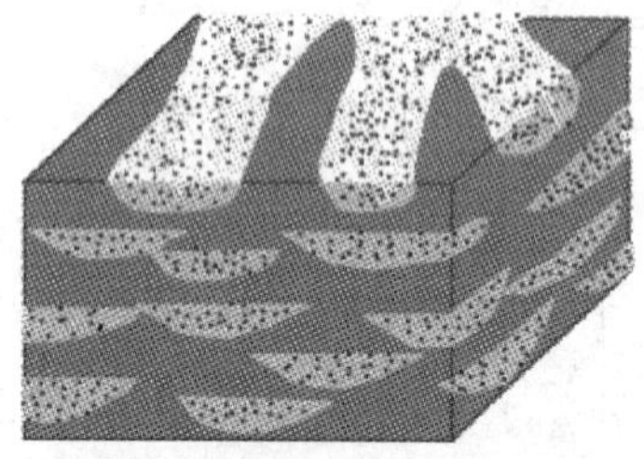

(a)河道砂体等厚模型
含砂率:平均为30%,最大为40%,最小为20%
连通性:部分连通

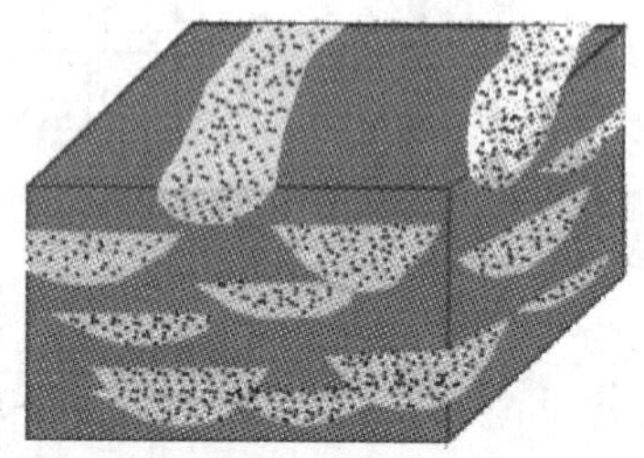

(b)河道砂体不等厚模型
含砂率:平均为30%,最大为50%,最小为10%
连通性:少量连通

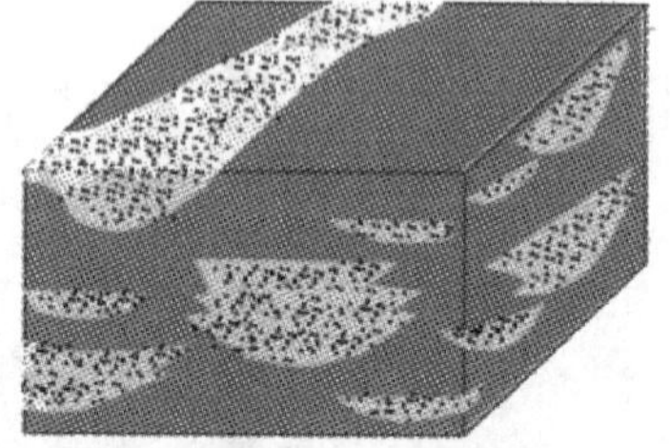

(c)河道砂体极不等厚模型
含砂率:平均为30%,最大为60%,最小为5%
连通性:不连通

图 8-16　分流河道砂体迷宫式地质模型分异类型图

拓展学习

宝浪油田测井地层和河道砂体精细对比的实例

第九章　小尺度储层非均质性评价

小尺度储层包括砂体级和层理级两个层次。储层非均质性研究的主要内容是储层构型单元(内部储层建造块及夹层分布等)与砂体内部物性空间展布规律(岩石物理相或者流动单元特征)。小层尺度上对单砂体内部非均质特性的详细解剖,将有助于开展油层水淹规律和高含水油田剩余油分布规律的研究。小尺度储层非均质性研究必须依赖于野外地层露头剖面和现代沉积露头探测、观察和描述,建立与地下对应的储层地质知识库,用于揭示地下储层结构特征。对于地下储层,钻井取芯、测井资料(开发加密钻井),以及油田长期开发积累的动态资料,都可以直接用于小尺度储层非均质性的精细刻画。目前,一些先进的技术手段也都用于地面、地下小尺度储层研究之中,如无人机技术、遥感技术、探地雷达技术、物理实验与数值模拟技术、智能化分析技术等。

需要说明的是,小尺度储层砂体边界仅可以在沉积单元边界内,或者微相单元内对比,一般无法在全油田范围内对比。

第一节　储层构型单元要素

随着油气田开发的不断深入,开发地质学家认为,储层非均质性认识程度是油气田开发的关键制约因素,而储层构型是决定储层性能的关键。

1. 储层构型及构型单元要素的概念

储层构型是指不同级次储层构成单元的形态、规模、方向及其叠置关系(Miall,1985,1988)。储层构型可以简单理解为储层的建筑结构空间关系,包含不同等级的构型界面及界面限定的构型体规模(可以包括前述的储层 4 个尺度 9 个等级的储集体,其沉积结构分析都可以称为构型分析)。从成因上说,储层构型规模实际上是不同时间内不同水动力作用形成的不同地质体,储层构型研究的本质是储层建筑结构的研究。对储层构型进行研究,在油气勘探阶段有利于预测储集体甜点分布,在开发阶段有利于预测剩余油。

按照 Allen 和 Miall 构型界面等级,一般把由 3～5 级界面所限定的小尺度沉积单元体,称为构型要素(architecture elements)。这一规模对应单砂体及其内部结构的变化,不同沉积体系内微相类型不同,因而单砂体类型也不同。但是,单砂体内部构型要素的岩石结构、沉积构造、岩石物性等特征相似,结构组成一般有规律可循,这也是小尺度构型单元分析的意义所在。Miall(1985)总结了多年的研究经验,根据岩性和沉积构造来描述岩相,总结了 20 种基本岩相类型。由界面和岩相共同控制构型要素,提出了能够反映河流本质特征的8种基本构型要素,即CH(河道)、LA(侧向沉积物)、DA(顺流增生巨型底型)、GB(砾石坝)、SB(砂质底型)、SG(沉积物重力流)、LS(纹层状席状砂)、FF(溢岸洪泛平原细粒沉积)(图9-1)。Halffar等(1998)对德国Leipzig南部的煤矿剖面进行了研究,在Miall的8种基本构型要素的基础上,针对该区的情况增加了SL(shallow lake deposits),并把CH要素分成CHg(palaeo river system)和CHk(small channel)。

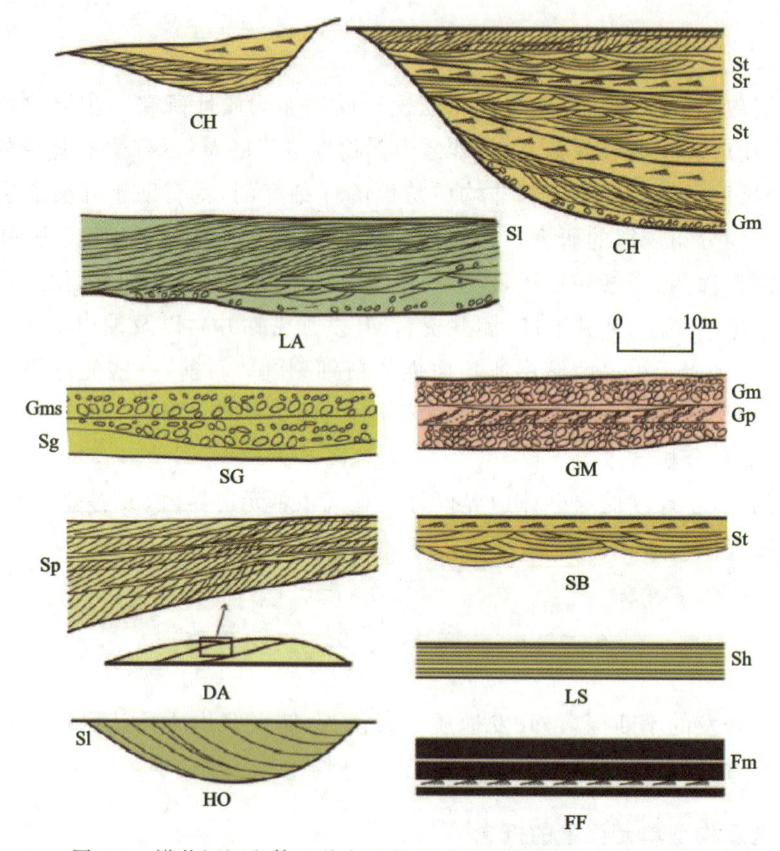

图9-1 辫状河沉积体8种主要构型单元要素图示(据Miall,1989)

河道(CH):河道边界呈平坦或下凹状,在任何河道系统中,河道呈多种规模,较大型河道通常是一个由多种要素类型组成的复合充填体。

砾质坝和底形(GB):平板状或交错层砾岩,是由纵向或横向砂坝形成的。

沉积物重力流(SG):以砾质沉积为主,主要由碎屑流(泥石流,debris flow)形成,主要岩石相类型是Gms。

砂质底形(SB):流动机理为底形形成的岩石相,有St、Sp、Sh、Si、Sr、Se和Ss,形成一系列不同几何形态的要素,最常见的是席状,与河道底部、坝顶或决口扇有关。向下游加积的大型底形(DA),这种岩石相组合与砂质底形相似。然而,这一要素的特点是存在上凸的内部界面或者顶界面。其形成机理与力学机理表明古流向平行或近平行于界面的倾向,说明这一要素类型代表复杂砂坝沉积是向下游加积的。由顶部起伏高度揭示的最小水深一般有几米深。

另外还有侧向沉积物(LA)、纹层状席状砂(LS)、溢岸洪泛平原细粒沉积(FF),以及1899年新补充进的河道充填单元(HO)。

裘亦楠、薛培华等(1989)在拒马河点坝沉积构成单元分析中提出了“半连通体”的储层模式。焦养泉(1990)在鄂尔多斯盆缘野外露头中也做了详细的曲流河构成单元分析(图9-2)。这些实例都是小尺度下储层非均质性研究的典型实例。

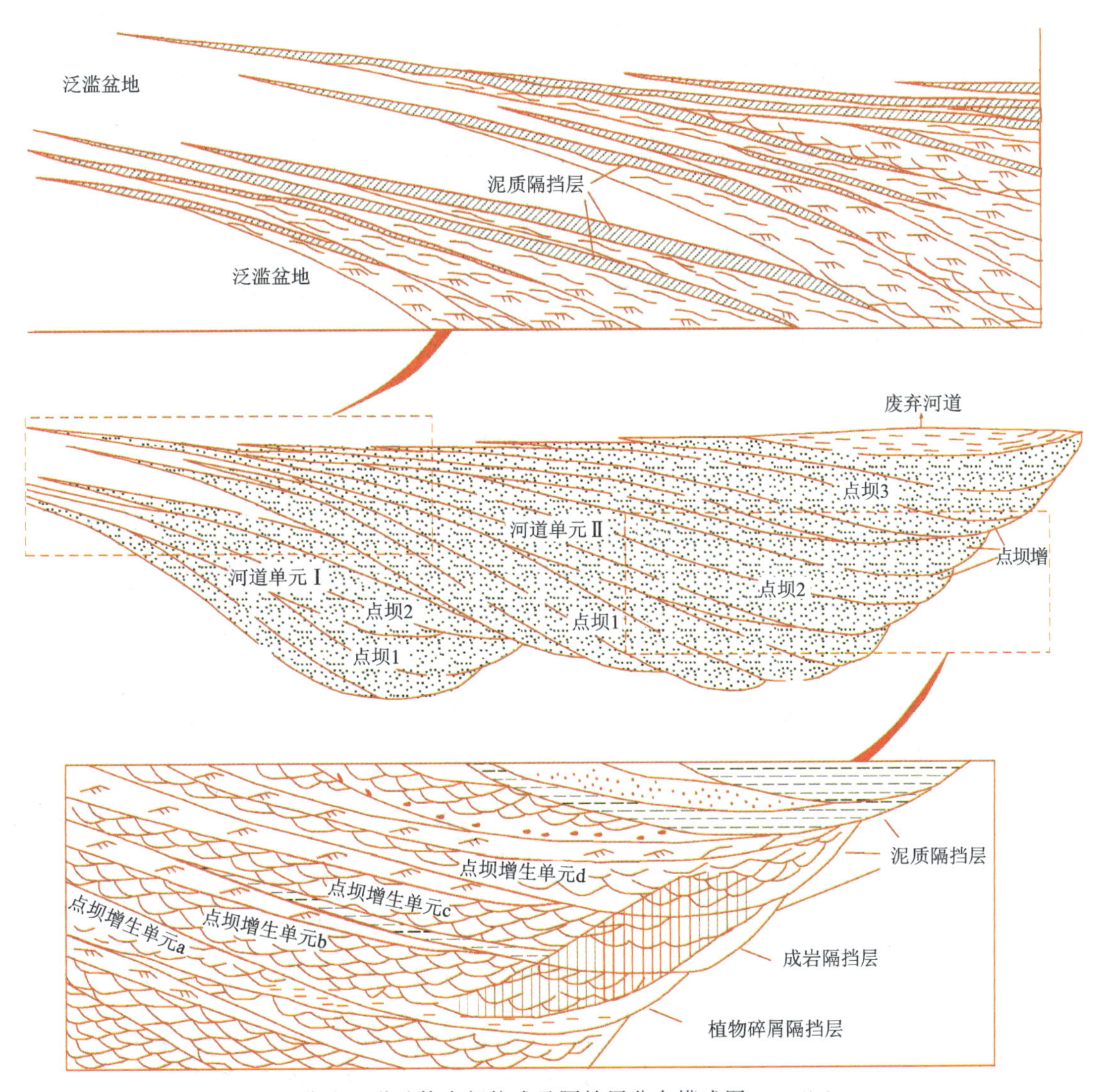

图9-2 曲流河道砂体内部构成及隔挡层分布模式图(据焦养泉,1990)

2. 扇三角洲露头砂体构型单元要素分析

扇三角洲沉积砂体相对非均质性较强,岩石类型复杂。下面以河北滦平盆地西瓜园组露头剖面为例,分析其岩石相及构型单元构成特征。

滦平盆地兴洲河、桑园是国内最为典型的扇三角洲露头剖面,许多学者对其岩石学、沉积相及储层特征开展过详细研究。本次笔者对两个剖面详细开展了构型单元研究。首先,通过观察与描述，可以识别出16种岩石相类型：①块状构造粗砾岩相(Gmc)；②块状构造中砾岩相(Gmm)；③块状构造细砾岩相(Gmf)；④平行层理细砾岩相(Gpf)；⑤交错层理细砾岩相(Gcf)；⑥平行层理砂砾岩相(SGp)；⑦交错层理砂砾岩相(SGc)；⑧交错层理粗砂岩相(Scc)；⑨交错层理中砂岩相(Scm)；⑩平行层理中砂岩相(Spm)；⑪交错层理细砂岩相(Scf)；⑫平行层理细砂岩相(Spf)；⑬水平层理含砾粉砂岩相(Fhc)；⑭水平层理粉砂岩相(Fh)；⑮水平层理泥页岩相(Mh)；⑯块状构造混杂砂砾岩相(SGm)。

扇三角洲平原亚相内有泥石流(MF)、辫流水道(BC)、径流水道(RC)、平原水道间(PBC)。

扇三角洲前缘亚相内有前缘主水道(MC)、前缘次级水道(SC)、水道侧缘(CM)、河口坝(MB)、席状砂(SB)、前缘水道间(FBC)、滑塌重力流(SG)。

前扇三角洲亚相主要是湖相泥。

参照Miall对构型单元要素的命名方式，考虑水动力因素以及油田地下储层构型研究的需要，笔者根据"流态强度＋岩性"的构型单元命名方式，划分了9种构型单元要素类型(表9-1)。

表9-1　滦平扇三角洲3～4级界面控制的构型单元要素及其发育特征统计表

构型界面	构型单元要素	代号	岩石相组合	微相类型	层理特征	厚度规模
3～4级	重力流混杂砾岩单元	GFG	SGm	滑塌重力流	块状构造，混杂堆积	透镜状、板状，厚度一般大于2m
	高流态砾岩单元	HFG	Gmc、Gmm、Gmf	辫流水道、径流水道、前缘主水道	块状构造，砾石有定向	楔状、板状，厚度可达2m左右，常与MFSF同时发育
	高流态砂砾岩单元	HFSG	Gcf、Gpf、SGp、SGc	辫流水道、径流水道、前缘主水道	平行层理、交错层理	楔状、板状，厚度可达1m左右
	中流态粗粒砂岩(含砾砂岩＋粗砂岩)单元	MFSC	SGp、SGc	前缘主水道、前缘次级水道	平行层理、交错层理	板状、透镜状，垂向加积，厚度一般为0.6～0.8m
	中流态中粒砂岩单元	MFSM	Scm、Spm	前缘主水道、前缘次级水道、河口坝	平行层理、交错层理	席状、毯状，垂向加积，厚度为0.4～0.6m
	中流态细粒砂岩单元	MFSF	Scf、Spf	前缘次级水道、河口坝、席状砂	平行层理、交错层理	席状、毯状，垂向加积，厚度为0.4～0.6m
	低流态粉砂岩单元	LFSS	Fhc、Fh	平原水道间、前缘水道间	水平层理发育	席状、毯状，厚度一般为0.2～0.4m

续表 9-1

构型界面	构型单元要素	代号	岩石相组合	微相类型	层理特征	厚度规模
不定	低流态薄互层单元	LFIB	Fh、Mh	前缘水道间	水平层理，粉砂岩与泥岩互层	厚度在 0.2m 左右
	静态湖相泥页岩单元	LM	Mh	湖相泥	纯净泥页岩，常见水平层理	一般发育厚度较大的泥岩段，最厚可达 6～8m

扇三角洲 9 种构型单元要素是由一种或者几种岩石相类型组合而成的，它们是沉积体基本建筑结构单元，其要素类型样式如图 9-3 所示。

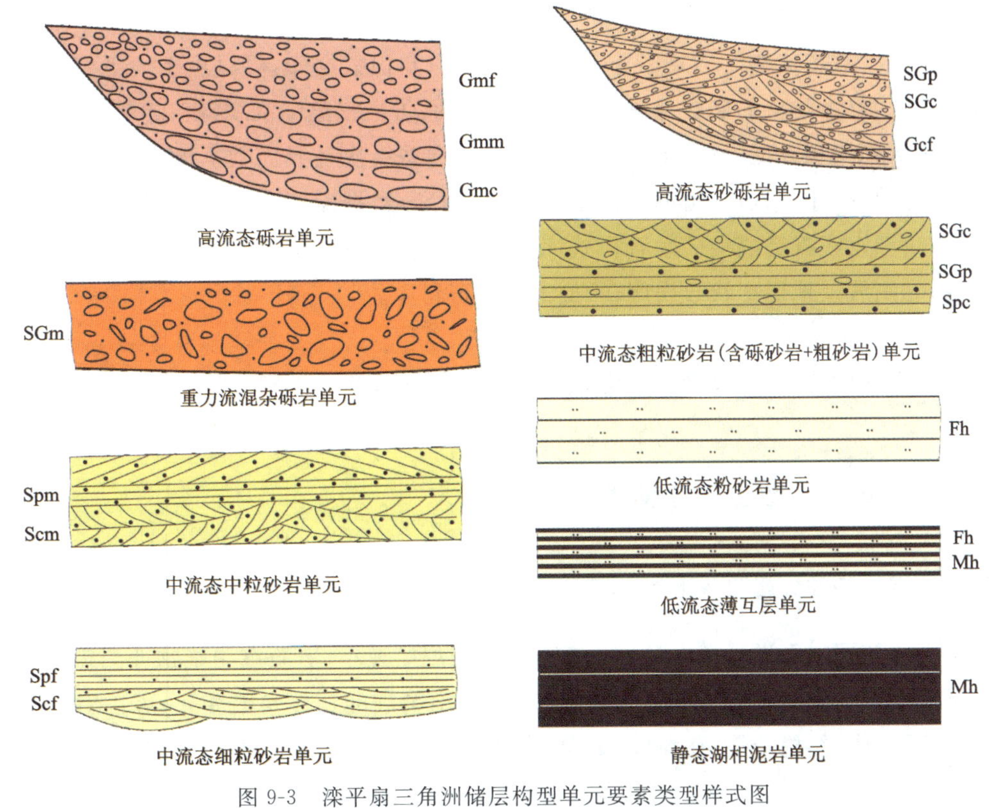

图 9-3 滦平扇三角洲储层构型单元要素类型样式图

野外露头剖面可以获得详细的砂体结构、沉积微相、构型要素的空间定量信息，从而可以详细解剖构型要素空间界面变化及其与沉积微相关系，图 9-4 中反映了前缘主河道微相砂体内部构型要素单元的结构关系。

通过人工及无人机对滦平盆地扇三角洲露头进行剖面观察、测量、测绘、扫描照相、图件解剖等工作，可以绘制高精度砂体剖面、微相剖面、构型要素剖面，得到多尺度储层砂体空间

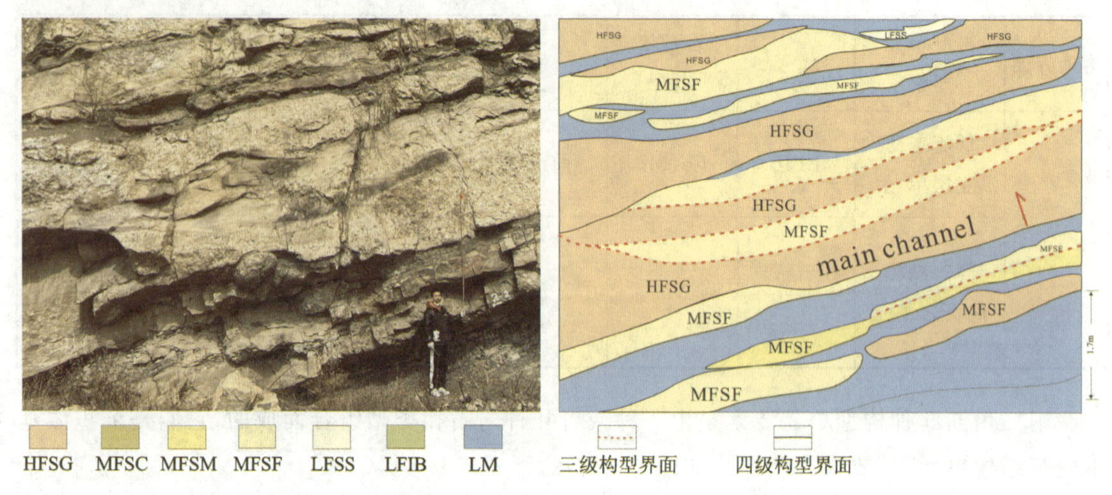

图 9-4 桑园露头剖面 SL3-A 点处构型单元精细解释图

信息及其结构参数。这些信息共建立 12 种储层地质知识数据库,可以用于地下储层构型分析研究的对比,已经建立的储层地质知识数据库包括:①扇三角洲沉积露头岩相数据库;②扇三角洲露头沉积微相数据库;③扇三角洲沉积露头构型级次及界面数据库;④扇三角洲沉积露头构型单元数据库;⑤扇三角洲露头单砂体定量参数数据库;⑥扇三角洲隔夹层定量数据库;⑦扇三角洲沉积露头隔夹层发育模式库;⑧野外照片库;⑨采样及样品测试数据库;⑩视频资料库;⑪测线及地层产状数据库;⑫加工图件资料库。

第二节 储层物性与流动单元分析

一、小尺度储层物性及其表达

1. 储层岩样物性分析

一般野外储层岩石样品大小可以代表砂岩层理规模大小,实验室用于物性测定的样品柱规模为厘米级别。因此,小尺度储层物性反映了储层精细的物性参数变化,可以对岩石的层理类型、矿物组成、结构特征、孔隙度、渗透率、流体饱和度等基础物理性质和流体渗流特征进行描述。

图 9-5 是河流砂体现代沉积层理组合类型照片,反映了河道砂体内部构型要素组合特征,不同层理单元其粒度和物性有显著变化。图 9-6 代表岩芯取样样品柱,用该柱状样测定储层物性参数。图 9-7 是某个实际岩芯手标本(相当于一个层理单元)。纹层结构及其密集测定的渗透率大小反映出了小尺度储层物性变化受层理类型和规模控制明显。尽管尺度较小,渗透率值变化依然较大。

图 9-5　海南岛乐东现代河流砂体沉积层理组合

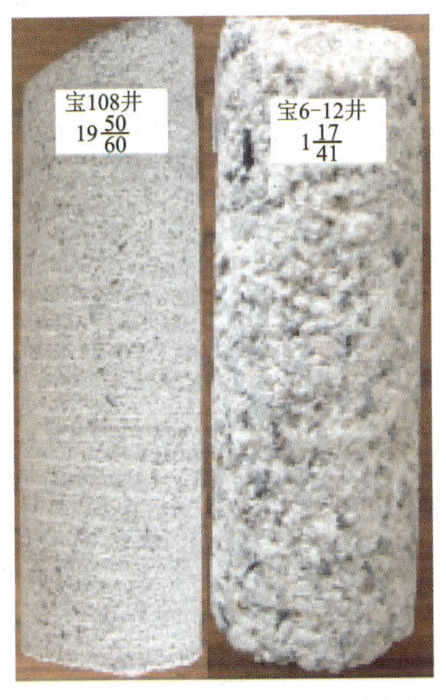

图 9-6　岩芯物性测试柱状样品图片
（单个样柱为 2.5cm×7.5cm）

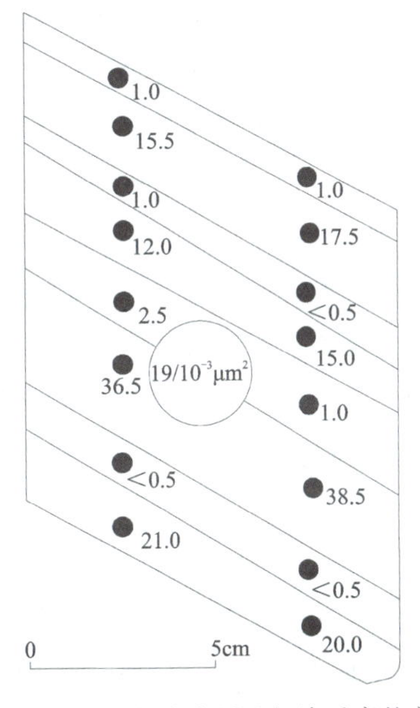

图 9-7　岩芯标本内层理级渗透率的变化

2. 渗透率非均质指标

层内渗透率非均质程度通常用一些统计指标来反映,这些指标包括以下几个。

(1)渗透率均值($\bar{K}$):层内所有样品渗透率平均值。

$$\bar{K}=\frac{\sum_{i=1}^{n}K_i}{n}$$

(2)渗透率变异系数:变异系数是一个统计概念,指用于统计的若干数值相对于其平均值的分散程度或变化程度。渗透率变异系数是对层内渗透率非均质程度的一种量度。

$$K_v=\frac{\sqrt{\sum_{i=1}^{n}(K_i-\bar{K})^2/n}}{\bar{K}}$$

式中,K_v为渗透率变异系数;K_i 为层内某样品的渗透率值;$\bar{K}$ 为层内所有样品渗透率平均值;n 为层内样品个数。

(3)渗透率极差:为层内最大渗透率值与最小渗透率值的比值。

$$K_j=\frac{K_{max}}{K_{min}}$$

式中,K_j为渗透率级差;K_{max} 为层内最大渗透率值;K_{min} 为层内最小渗透率值,一般用渗透率最低的相对均质段的渗透率值表示。

(4)非均质系数(突进系数):为层内最大渗透率值与砂层平均渗透率值的比值。

$$K_t=\frac{K_{max}}{\bar{K}}$$

式中,K_t为渗透率突进系数;K_{max} 为层内最大渗透率值;$\bar{K}$ 为层内所有样品渗透率平均值。

通常可用渗透率变异系数(K_v)粗略地评价层内非均质程度。即 $K_v<0.5$ 为均匀,$0.5\leqslant K_v<0.7$ 为较均匀,$K_v\geqslant 0.7$ 为不均匀。但实际工作中需要综合上述诸多因素及流体性质等其他条件,通过油藏工程计算才能做出确切的评价。

3. 储层物性与岩性及沉积特征的关系

岩性及沉积相类型受沉积过程控制。一般小尺度储层物性在不同岩性和沉积相中表现出非均质性变化,反映出沉积因素的影响。但是在许多油田统计的岩石类型、沉积微相与物性的相关性表现出同一种岩性及沉积相中物性大小仍然存在较大差异(图 9-8、图 9-9)。这种现象说明储层物性不仅受沉积作用的控制,还受到成岩作用的差异性改造。在沉积-成岩联合控制下,岩性或者微相与物性的关系相关性不好,需要进一步探索其他的物性表达方式来表征复杂储层物性单元,如反映孔隙结构特征的一些参数。

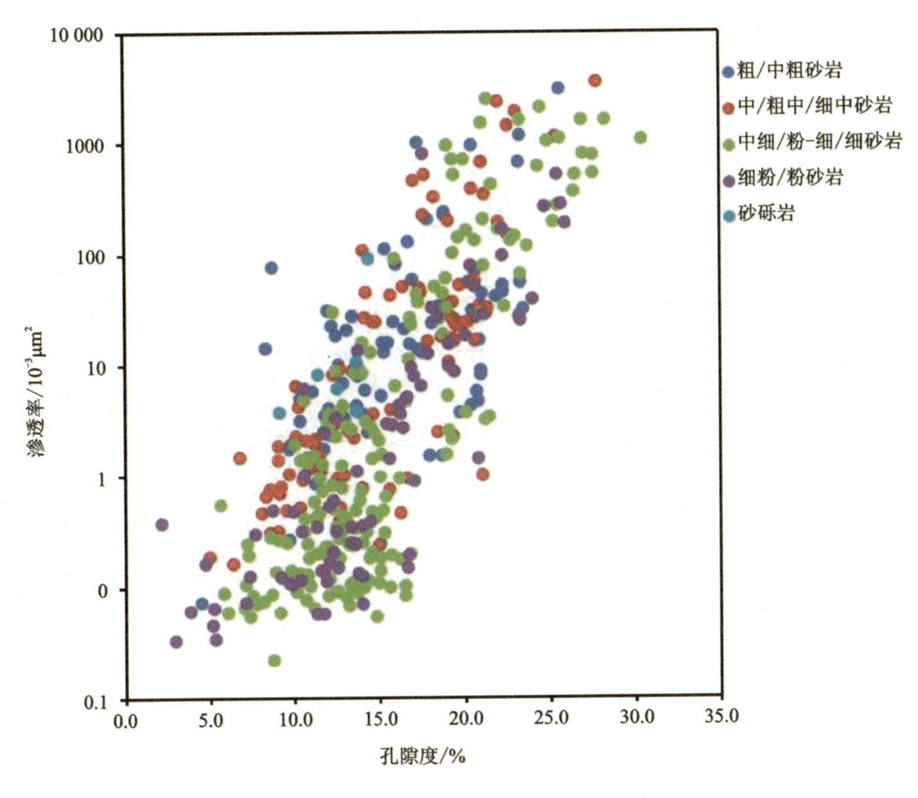

图 9-8　乌石凹陷分岩性物性交会图

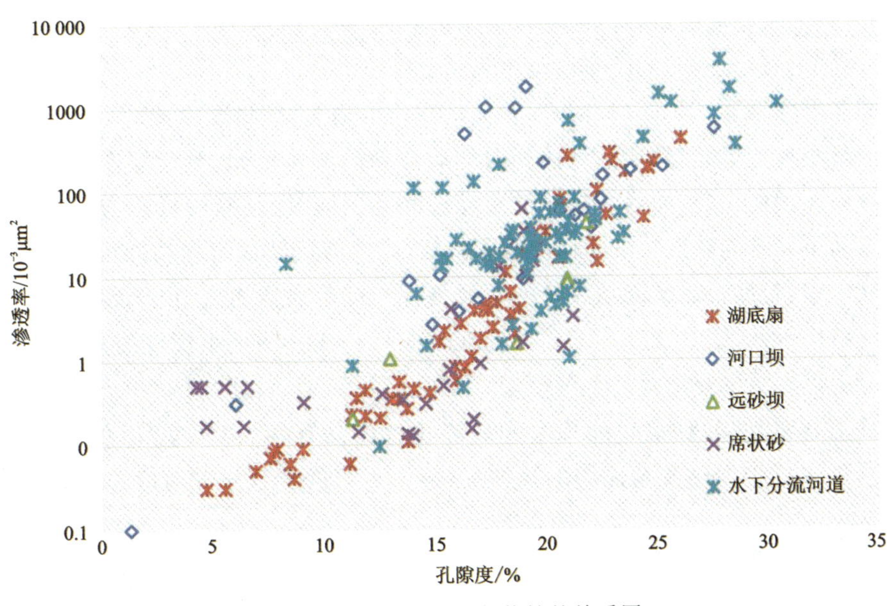

图 9-9　乌石凹陷微相与物性的关系图

二、储层流动单元(flow unit)划分及表征

1.流动单元概念

众所周知,油藏内部储集层的岩石物理特性不仅受沉积水动力条件的控制(一般可用沉积微相、岩石相加以描述),而且受埋藏后成岩作用的强烈影响(可用成岩相加以描述),同时,储集层也受后期断裂或裂缝的定向性改造。油田内样品测试分析得到一系列岩石物性参数(主要包括Φ、K、S_o、S_w等)是上述3种动力作用共同影响的结果。因此,对储层物性的统计和预测若不考虑上述3种因素,会使参数的估计不准确,影响三维定量化储层地质模型的正确建立,而储层流动单元分析可以反映复杂储层类型的孔隙结构特征,可以对影响储层物性的各类因素综合表达,试图避免诸如构造、沉积、成岩等单一因素对物性的不完整表达。

流动单元是反映储层流动特性的地质单元,是一个反映储层物性特征的综合概念,因而“流动单元”分析现在被大家广泛应用,尤其是在高含水油田稳油控水、提高采收率等方面应用效果普遍较好。目前对流动单元的理解和研究方法还不统一,涉及的主要研究方法包括沉积相分析、砂体地层对比分析、岩石物理相分析、流体动态分析等。

Hearn(1984)最早提出了流动单元的概念,将其定义为横向和垂向上连续的具有相似孔隙度、渗透率和层理特征的储集带。同一流动单元孔渗参数在横向和垂向上是变化的不是均质的。Barr(1992)称其为水力单元或水利特征相似的层段。还有人将流动单元等同于连通砂体(连通单元),认为泥质夹层和沉积相单元是流动单元的分隔界面。但被应用于生产的概念应是严格而统一的。将“岩石物理相”与“流动单元”结合起来考虑,前者是后者最基本的岩石单位,后者是前者空间的组合。因此,对“流动单元”的理解应是空间上相互连通,物性特征上又属同一类“岩石物理相”的流体渗流单元。

作者同意严格采用Hearn(1984)原始流动单元的概念,该概念中流动单元被认为是油藏静态描述的最小地层单元,是油藏流体相对均质流动的流体单元,单元规模对应单砂体及其内部层次规模。因而,它是油藏静态与油藏动态联系的纽带,是储层静态与油藏动态资料的结合点。流动单元既能够反映沉积储层构型特征,又能够反映成岩相物理特征,集合了沉积、成岩等地质因素,是反映储层流动特性的重要指标。就碎屑岩而言,由于砂体内部还存在着复杂的建筑结构单元,经常发现一个砂体内部还应划分成一些更小规模的流动单元,井间等时对比的分层单元至少要细到每个单砂层(裘亦楠,1996)。因此,流动单元分析过程中,小层和单砂体对比是前提,构型单元要素和成岩相分析是基础,物性参数计算是关键。流动单元表征可以很好地表达复杂储层的物性变化,二者之间有较好的对应关系和成因联系。

2.FZI流动单元分析方法

1)基本公式

FZI流动单元分析涉到的Kozeny-Carman方程及其基本公式变换。

Kozeny-Carman方程给定了渗透率与孔隙度的关系式,即

$$K=\frac{\Phi_e^3}{(1-\Phi_e)^2}\left[\frac{1}{F_s\tau^2 S_{gv}^2}\right]=\frac{\Phi_e^3}{(1-\Phi_e)^2}\cdot\frac{1}{HC} \tag{9-1}$$

式中，K 为渗透率；Φ_e 为有效孔隙度，也可简写为 Φ；HC 为 $F_s\tau^2\cdot S_{gv}^2$，岩石结构“常数”；F_s 为形状系数；τ 为适曲度；S_{gv} 为比表面。

传统做法是把 HC 看作一个常数，但在实际岩石中这一参数是可变的，或者说在同一岩石相中 HC 可以看作常数。为了反映 HC 这一结构“常数”的变化，对式(9-1)作如下变换，即

$$\Phi_z=\left(\frac{\Phi_e}{1-\Phi_e}\right) \tag{9-2}$$

式(9-2)变换为式(9-3)：

$$\sqrt{\frac{K}{\Phi_e}}=\left[\frac{\Phi_e}{1-\Phi_e}\right]\cdot\left[\frac{1}{HC}\right] \tag{9-3}$$

令 RQI 为油藏品质指数，Φ_z 为孔隙度指数转换如下

$$\mathrm{RQI}=0.031\ 4\sqrt{\frac{K}{\Phi_e}} \tag{9-4}$$

令 FZI 为流动带指标，则：

$$\mathrm{FZI}=\frac{1}{\sqrt{HC}}$$

最终变换为

$$\lg\mathrm{RQI}=\lg\Phi_z+\lg\mathrm{FZI} \tag{9-5}$$

式(9-5)说明具有相同 FZI 值的样品，其 RQI 与 Φ_z 为直线关系；具有不同 FZI 值的样品，其 RQI 与 Φ_z 为相互平行的直线关系。

因此，从理论上说，在 RQI 与 Φ_z 的双对数坐标上，FZI 值为常数，直线上的样品，属同一流动单元或岩石物理相。可以认为，FZI 值是综合反映岩石物理特性的有效指标，可以用其作为划分流动单元的简化参数。

2)储层流动单元的划分

在运用上述公式计算有关参数之前，对照岩芯确定每块样品的岩石相类型、孔隙结构、粒度中值、黏土矿物含量等必要参数，以便了解储层非均质性对岩石物理相的影响。然后用不同的符号在双对数坐标纸上标出 RQI 与 Φ_z 的关系。作者在多个碎屑岩油田分别作了 FZI 分析。宝浪油田可以分为 5 类流动单元，其 FZI 值分别以 3.78、2.56、1.64、1.09 为界(图 9-10)。为了便于应用，有必要将其划分成若干区域，取 FZI 平均值代表该区域岩石物理相的 FZI 值。按区域划分的岩石物理相，其基本特征见表 9-2。选取宝浪油田 B、C、D 这 3 类流动单元饱和油样品开展注水流动模拟实验，可以发现，

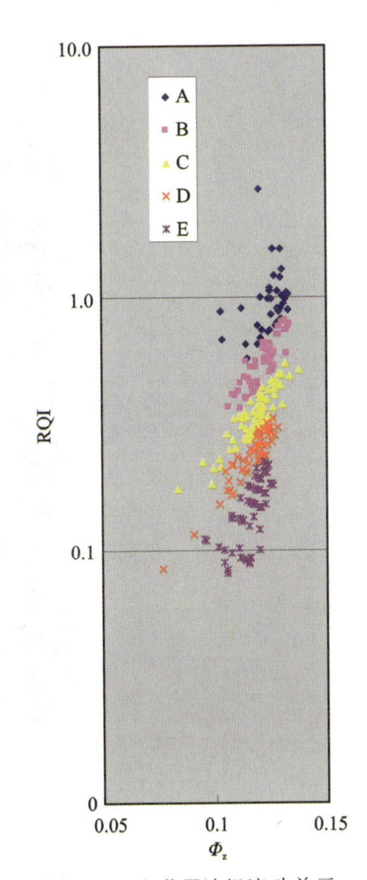

图 9-10 宝北Ⅲ油组流动单元划分图

依据样品渗流能力由强到弱，由B类单元到D类单元的注入水推进速度依次减小(图9-11)，样品剩余油程度依次增高。这说明储层流动单元是反映渗流能力单元，流动单元的划分是合理的。

表9-2　宝浪油田宝北区块流动单元的划分依据和结果

流动单元类型	FZI范围	各参数平均值				
		孔隙度/%	渗透率/$10^{-3}\mu m^2$	RQI	Φ_z	FZI
A	FZI≥3.78	15.21	162.01	0.97	0.180	5.39
B	2.56≤FZI<3.78	14.05	36.56	0.50	0.163	3.07
C	1.64≤FZI<2.56	13.53	15.29	0.32	0.157	2.04
D	1.09≤FZI<1.64	13.34	6.47	0.21	0.153	1.37
E	*FZI*<1.09	12.27	1.96	0.12	0.139	0.86

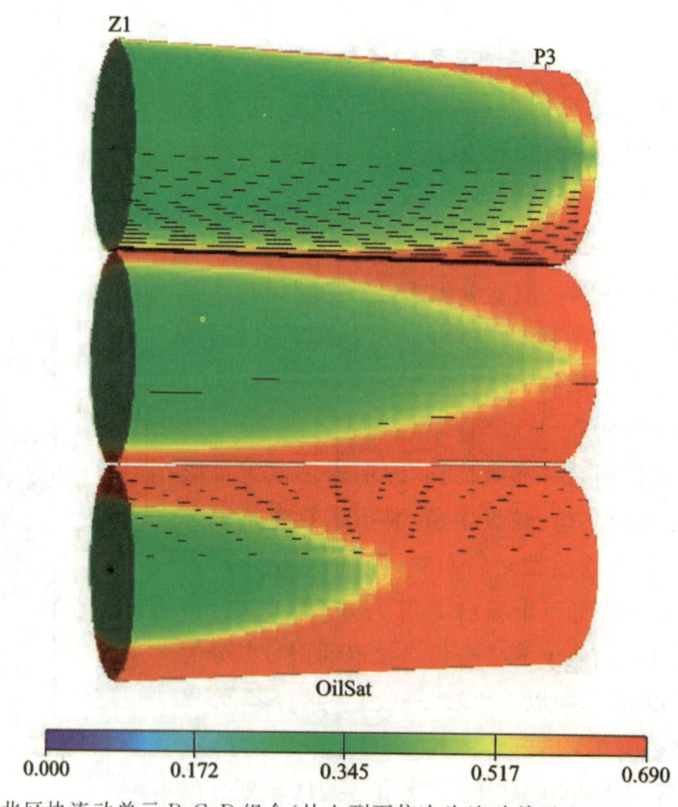

图9-11　宝北区块流动单元B、C、D组合(从上到下依次为流动单元B、C和D)注入水模拟图

注：同时注水时，不同流动单元注入水前缘位置和含油饱和度显示差异。

3. 分流动单元的渗透率解释模型

渗透率参数是储层流动性最重要的物性参数，但是渗透率准确预测一直是储层储层评价中的难点。一般情况下，多成因储层样品混在一起，建立的孔渗关系相关性普遍较差。按照FZI指标对大部分碎屑岩储层可以合理划分其流动单元类型。不同流动单元孔隙度与渗透率的关系模型不同，依据分流动单元模型可以更准确预测储层渗透率值。

图 9-12 是层理类型控制流动单元类型的储层孔隙度与渗透率关系图，图中反映了大型槽状交错层理组与小型槽状交错层理组的孔渗关系为不同的对数线性关系。可以看出大小不同的层理类型物性存在巨大差异，大型槽状交错层理组物性好于小型槽状交错层理组物性。同一种交错层理组内，单独一个层理单元内孔隙度与渗透率对数线性关系最好。因此，按照层理组划分流动单元分别建立孔渗关系，预测物性会更加准确。

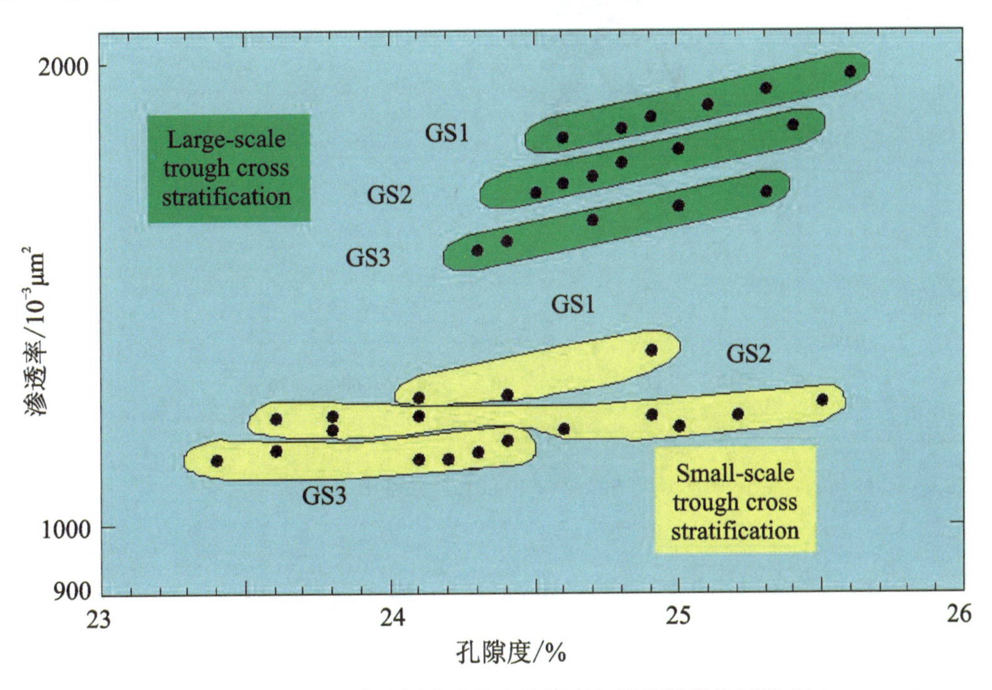

图 9-12 犹他盆地绿河组河流地层孔隙度和渗透率与层理类型关系图(据 Cross，2000)

以流动单元控制物性分布的思想，建立不同流动单元的孔隙度和渗透率的半对数关系图版，在各流动单元内建立渗透率解释模型，可以做到准确预测渗透率(图 9-13)。

幂函数模型(半对数)：

由拟合的函数可知，在流动单元约束下，将孔隙度和渗透率进行分类拟合，平均的 R^2 达到 0.858 7。

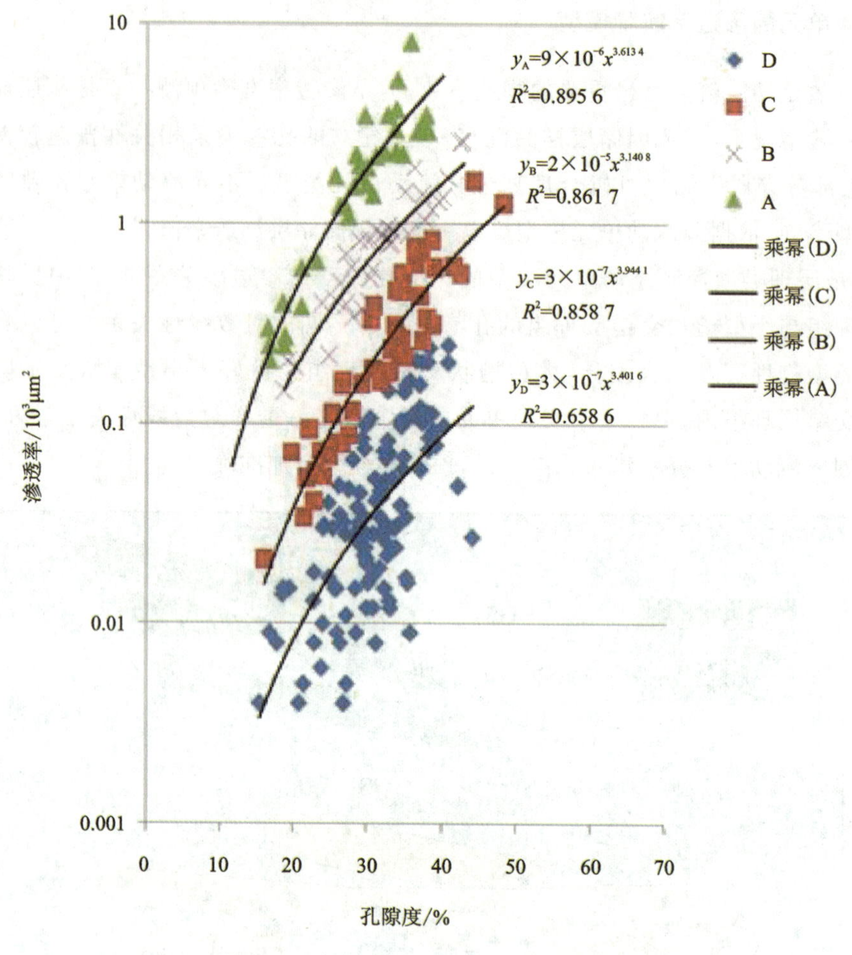

图 9-13　古城泌浅 10 区孔渗的幂函数关系图

第三节　小尺度储层参数与储层模型

一、砂体描述

小尺度储层描述是指一个砂体的几何形态、规模、连续性以及砂体内孔隙度、渗透率等参数的空间分布,即通常所称的平面非均质性的描述。直接关系到注入剂的平面波及程度。就砂体规模而言,参数通常包括以下几种。

1. 砂体几何形态

厚度和宽度是最重要的参数。各种环境下沉积的砂体,一般有其各自的几何形态。砂体几何形态的地质描述经常是定性和概念式的,如叶状体、扇体、席状、条带状等。作为开发储层评价描述砂体几何形态,一般以长宽比分类命名。

(1)席状砂体：长宽比近于 1∶1，平面上呈等轴状。

(2)土豆状：长宽比小于 3∶1。

(3)条带状：长宽比大于 3∶1；小于 20∶1。

(4)鞋带状：长宽比大于 20∶1。

实际工作中可同时辅以成因意义的几何形态名称。

2. 砂体各向连续性

砂体各向连续性是定量描述砂体规模的重要参数，其内容与油田开发直接相关。重点参数是砂体的侧向连续性。常见的描述参数有：①砂体延伸长度；②一定井网下对砂体的控制程度(井点％；或厚度％)；③钻遇率，即钻遇砂体井数占总井数的百分率；④砂体宽度(米)或宽厚比；⑤砂体实际宽度与既定井距之比。

实际工作中，当砂体连续性达千米级规模时，井网控制程度已不是开发中主要矛盾，描述可以简化，应将重点转向渗透率方向性。

各种成因单元砂体在垂向上和平面上相互接触连通所形成的复合砂体称“连通体”。根据砂体的连通形式可分为：多边式(侧向上相互连通为主)、多层式(或称叠加式，垂向上相互连通为主)、孤立式(未与其他砂体连通者)。它们进一步扩大了储层的连续性，这是研究平面非均质性的一个重要内容。

3. 砂体配位数

砂体配位数是指与一个砂体接触连通的砂体数。

4. 连通程度

连通程度是指砂体与砂体连通部分的面积占砂体面积的百分数或以连通井数占砂体控制井数百分比表示。

5. 连通体大小

连通体大小既指一个连通体内包括多少个成因单元砂体，又指连通体的总面积或总宽度。

古代三角洲砂体露头的观察和现代三角洲研究结果表明，分流河道的宽度和深度存在一定的定量关系，作者对古城油田三角洲前缘密井网小井距单砂体厚度及其对应的宽度进行了统计，得到 76 个数据点，发现研究区内单砂体宽度一般分布在 100～450m 之间。将统计的单砂体宽、厚数据进行公式拟合(图 9-14)，得出适合研究区单砂体宽/厚值拟合关系式，即

$$h = 2.7456\ln(W) - 12.188 \quad R^2 = 0.7551 \tag{9-7}$$

式中，W 为单砂体宽度(m)；h 为单砂体厚度(m)。

根据该拟合公式，从单井上读出单砂体的厚度便可以计算出单砂体的宽度，从而达到初步预测单砂体规模的效果，同时对井网稀疏地区单砂体的刻画工作以及确定单砂体边界具有重要的指导意义。

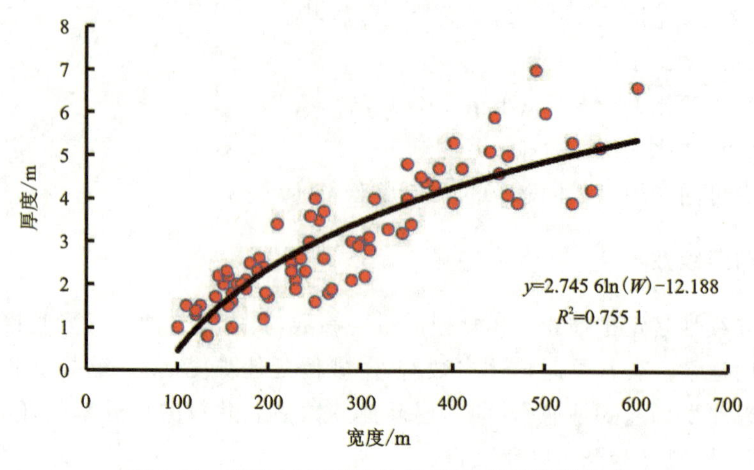

图 9-14　泌浅 10 区单砂体宽/厚比定量预测模式

二、单砂体组合模型

河道砂体是众多沉积相中最常见的一类砂体,河道单砂体规模及其空间关系变化较大,多支河道通过某种接触关系相互共生。单砂体的叠置组合模型可以总结为以下 4 类:垂向叠置、侧向叠置、水平搭接、孤立分散(图 9-15)。

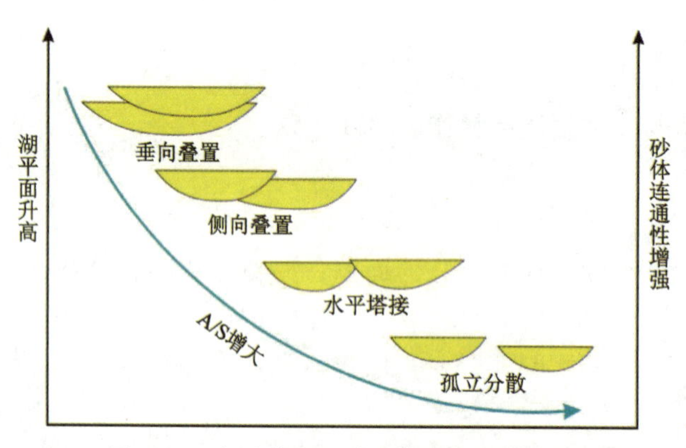

图 9-15　水下分流河道砂体叠置类型演化

(1)垂向叠置。河道砂体垂向重叠率大于 70%,当存在较厚(0.3m 以上)泥质夹层等非渗透夹层时,测井曲线回返明显;若不存在非渗透性夹层,即后一期河道对前一期形成的泥质夹层有冲刷破坏作用,测井曲线没有明显响应,砂体中心测井相为中-高幅度箱形,上、下两期砂体多连通,存在物性夹层。

(2)侧向叠置。砂体中心测井相呈齿化箱形或钟形并有明显回返,显示出两期河道的叠加,从曲线上可以看出后一期河道对前一期河道的切割。两期河道砂体垂向上有明显高程差。

(3)水平搭接。河道砂体侧向迁移明显,两河道砂体向中间连接方向厚度逐渐变薄,砂体中心测井相呈漏斗形或中幅薄箱形。两期河道砂体垂向上高程相差不大。

(4)孤立分散。两期河道砂体之间存在厚层泥岩,孤立存在。此种类型在研究区较为少见。

水平面升降的不同阶段,由于可容纳空间/沉积物补给通量(A/S)的不同,对三角洲前缘水下分流河道砂体结构类型、叠置样式和相对保存程度有不同的影响。通过研究分析发现,在研究区随着湖平面升高及可容纳空间/沉积物补给通量比值(A/S)的不断增大,单砂体间叠置关系由垂向叠置模式向孤立分散模式过渡,且砂体间连通性逐渐变差(图 9-15)。在平面上,河道类砂体随着时间的变化也是不断迁移变化的。图 9-16 显示了南美 Altiplano 高原河流(干旱河流末端河道)20 多年内多期河道时间空间迁移路径。

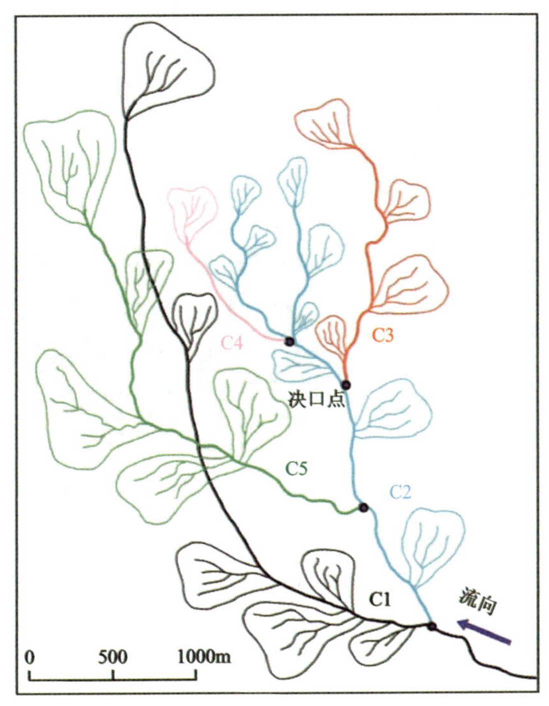

C1. 1975 年;C2. 1985 年;C3. 1987 年;C4. 1994 年;C5. 1997 年

图 9-16　南美 Altiplano 高原河流干旱河流末端河道随时间空间迁移(据 Li et al. ,2014)

三、单砂体内部结构模型

小尺度储层模型可以划分为砂体模型、构型单元模型、流动单元模型、层理模型,也可以按沉积相类型划分为河道砂体模型、点砂坝模型、席状砂体模型等。

下面以最经典的河流相点坝砂体为例说明小尺度储层地质模型的特征。河流相点坝砂体由 3 个要素组成,即侧积面、侧积层和侧积体(图 9-17)。两次洪水期之间(两个侧积层之间)形成的砂体叫侧积体。

侧积面相当于一个时间面,是一个复杂的倾斜面,其倾斜方向向着河流中心,倾角为 5°～50°。侧积面上下的沉积构造、岩性和产状都不相同。

侧积层是两个侧积体之间的泥和粉砂质夹层。其剖面上呈楔状,厚度很薄,一般几十厘

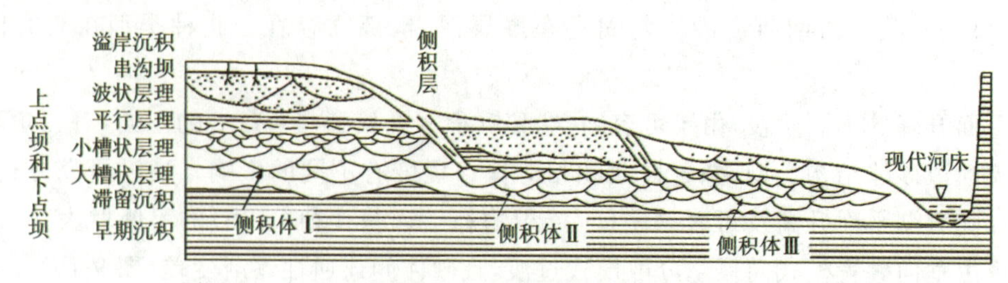

图 9-17 拒马河河流相点坝砂体剖面模型(据薛培华等,1982)

米至 1m。平面上的分布呈新月形。侧积层是在低能环境中形成的沉积物。

侧积体是在洪水期的高能环境中形成的沉积物。剖面上呈叠瓦状分布,其厚度为 3～5m,各侧体积的大小不同。

侧积层是重要的泥质夹层,把不同时期形成的侧积体分割开。为了弄清侧积层的分布特征,要对侧积层的分布频率和位置进行统计。

薛培华等(1982)对拒马河点坝砂体的侧积层进行了描述统计,在注水井到生产井之间 250m 的井间距内有 5 个侧积层,每个侧积层倾角 60°,得到如图 9-18 所示的点坝储层的静态模型。利用此静态模型,进行开发数值模拟。模拟结果显示,全注水时的采收率为 33.15%;水气混注时的采收率为 49.13%。此结果已在实践中得到了验证。

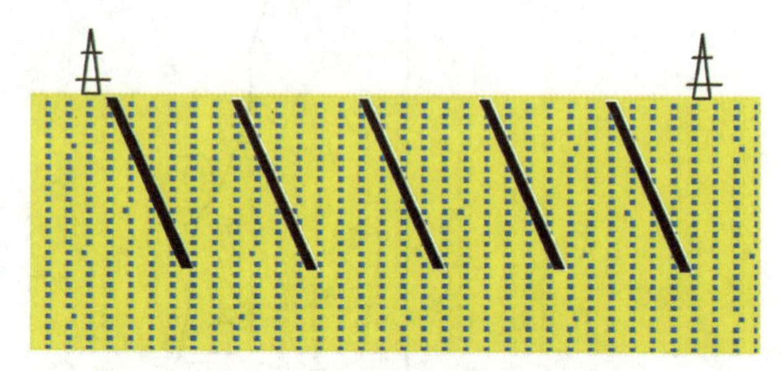

图 9-18 点坝砂体的概念模型(据薛培华等,1982)

除砂体静态模型之外,流动单元模型不仅能反映储层结构变化,也可以反映流体(油气水)的分布规律(流体非均质性模型),是小尺度储层研究的一项重要内容。图 9-19 和图 9-20 为砂体与流体分布的实例。

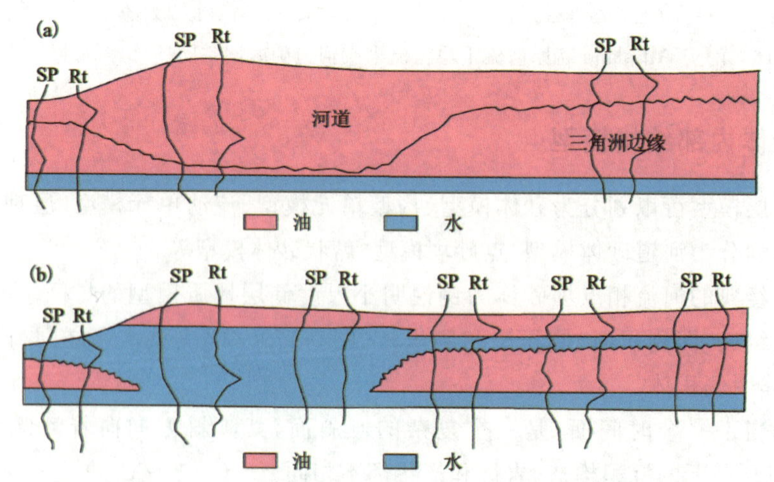

(a)油田开发时(1959 年)M6 砂岩中的流体分布;(b)经过 15 年开发后(1974 年)M6 砂岩中流体的分布

图 9-19 某油田砂体类型控制油水流动关系图(据 Van De Graaf et al.,1989)

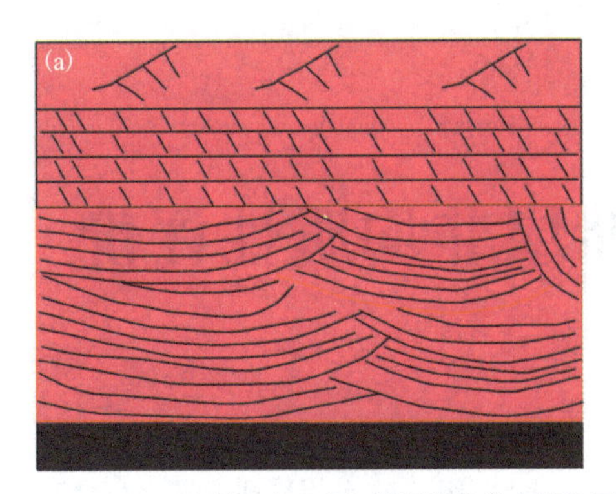

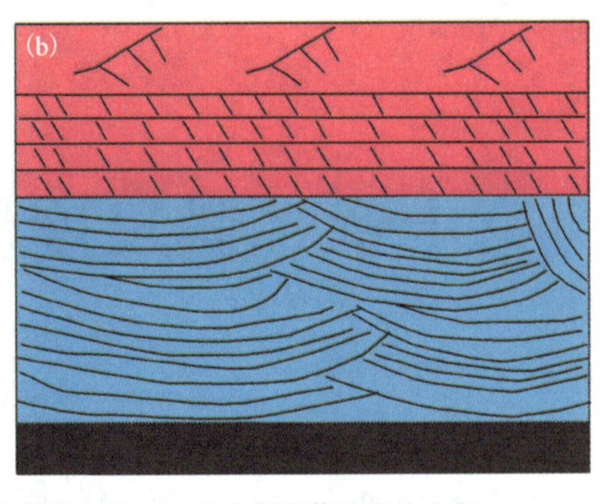

(a)在单个向上变细的河道砂岩内储集层的不均匀性;(b)注水后流体的理论分布

图 9-20　注水前后砂体与流体的分布实例(据 Van De Graaf et al.,1989)

第十章　微尺度储层非均质性评价

微尺度储层规模包括厘米级、毫米级、微米级、纳米级4个级别，或称孔隙尺度。毫无疑问，微尺度上储层研究重点是储层孔隙结构（孔隙与喉道的几何形状、大小、分布、相互连通和配置关系）及对储层开发有重要影响的矿物颗粒结构（如矿物脆性、矿物溶蚀与沉淀、黏土矿物以及微细颗粒运移等）。微尺度储层非均质性研究与驱油机理分析和提高油气采收率密切相关，同时也关系到储层质量评价、储层伤害与储层保护。微尺度储层的非均质性研究是一项从岩芯剖面观察其发育部位整体沉积结构（纹层、层理、韵律、粒度粗细等）与成岩结构（构造裂缝、溶洞发育情况、颗粒溶蚀程度等）到微米级孔隙-喉道的建模、测试，从二维平面到三维空间建模的跨尺度、多维度的综合性探究工作（图10-1）。本章将以微尺度储层孔隙结构为重点内容进行展开叙述。

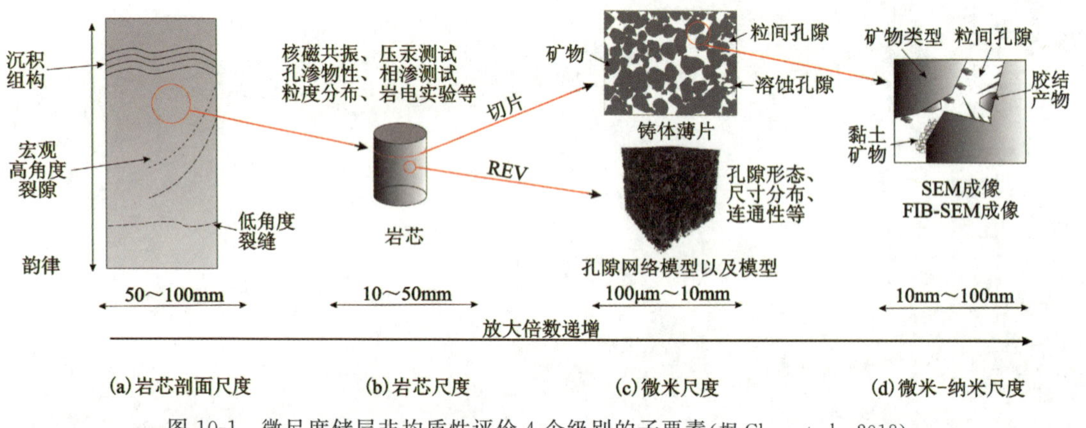

图10-1　微尺度储层非均质性评价4个级别的子要素（据Chen et al.,2018）

微尺度储层岩石内部的孔隙结构为肉眼不可见的、复杂的、迂曲的空间结构。为摸清微尺度储层内部的非均质性，有必要对空间的孔隙结构进行定量刻画，第一种可选择的方法为直接观察并利用数字图像分析技术（digital image analysis，DIA）给予定量分析，即孔隙尺度成像与分析；第二种方法为派“探兵”前往，然后“汇报”所探寻的孔隙结构结果。自然界中，可以穿透岩石内部的“探兵”有力场、声波、磁场、电场以及气液流体介质。如果为单相的气体则可测试微尺度储集岩的孔隙度、渗透率以及其吸附性质；如果为单相非润湿性汞流体，则可测试孔隙结构的毛细管压力曲线性质；如果为两相的气液流体则可测试孔隙结构的相渗曲线；如果为磁场，则可测试孔隙结构的核磁共振谱；如果为电场，则可测试孔隙结构的岩电性质；如果为声波，则可测试孔隙结构与颗粒结构耦合作用下的横纵波速度；如果为力场，则可测试孔隙结构与颗粒结构耦合作用下弹性模量与压缩性质。这些孔隙结构或者是孔隙-颗粒结构相关的性质共同反映了其孔隙结构本身,也反映了其储层内部的非均质性。下面,针对这些"探兵"(研究方法)及其性质,本书分孔隙尺度实验测试方法原理及应用、孔隙尺度成像测试方法原理及应用、孔隙网络模型构建与数字岩石物理 3 节内容进行详细叙述。

第一节　孔隙尺度实验测试方法原理及应用

孔隙尺度实验测试与成像主要是利用不同的成像设备以及上述不同的"探兵"对岩芯尺度下的孔隙结构与颗粒结构进行内部探查以研究微观岩石学、矿物学与孔隙结构特征,涉及的主要技术方法如图 10-2 所示。其中,主要的孔隙尺度实验测试包括毛细管压力法(主要为压汞法或者高压压汞法)、核磁共振测试法、岩电测试法和相渗曲线法。下面对这 4 种方法的原理与应用进行详细介绍。

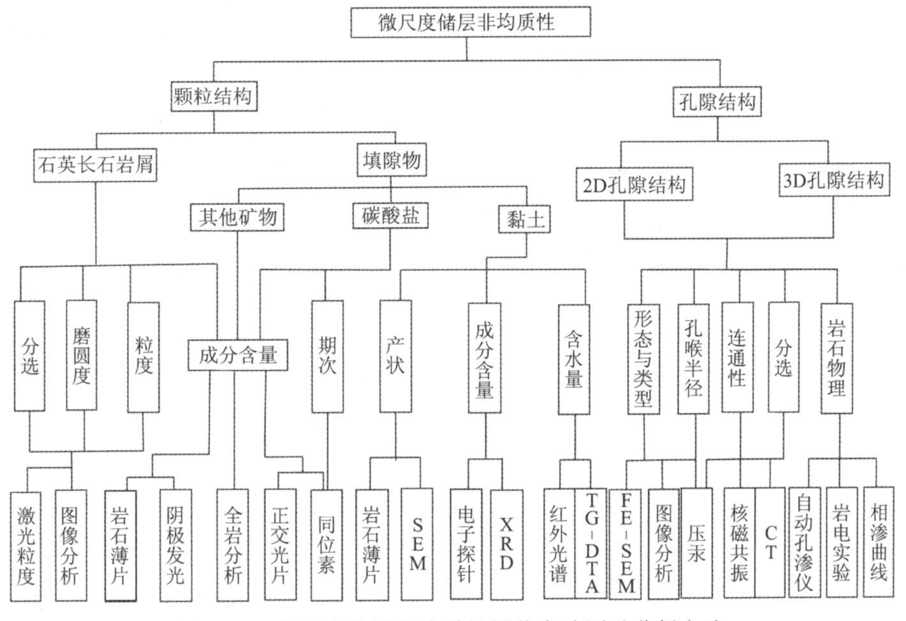

图 10-2　微尺度储层非均质性评价实验测试分析方法

一、毛细管压力法

毛细管压力(capillary pressure)是指毛管中两种非混相流体在稳定弯曲界面两侧形成的平衡压力差。毛细管压力方向指向非润湿相,因此,当流体进入毛细管时,毛细管压力对于润湿相是动力,而对于非润湿相则是阻力。弯曲界面是其中一相流体优先润湿毛管壁的结果。依据毛细管中润湿水相的三相周界的应力与重力平衡可以推出毛细管压力公式,毛细管压力由毛管半径与流体表面张力、润湿性共同决定(Young-Laplace 方程),即

$$P_c = \frac{2\sigma\cos\theta}{r} \tag{10-1}$$

式中,σ 为两相之间的表面张力(dyn/cm);θ 为接触角(°);r 为毛细管半径(mm);P_c为毛细管压力(MPa)。

因此,随着表面张力越大,毛细管越细,毛细管压力增大。由已知流体流经岩石确定的毛细管压力分布可直接计算出孔喉尺寸。储集岩内部的孔隙结构是由微米层次的丰富毛细管组成,而不是单一的毛细管半径。因此,其毛细管压力不是一个单一的值而是一个分布或者组合。目前,测定毛细管压力分布的实验有三大类方法,即半渗透隔板法、离心法和压汞法。三者的详细测试过程与原理可参见国家标准《岩石毛细管压力曲线的测定》(GB/T 29171—2012)。

石油工业中,由于压汞法(mercury intrusion capillary pressure,MICP)操作简单快捷,常常利用压汞法来确定岩石的毛细管压力曲线。因为汞相较于多数流体与固体壁面都为非润湿相,汞想要进入岩石内部就必须克服孔隙系统产生的毛细管压力[如果是润湿相进入岩石孔隙系统,可以自发地进入,该过程被称为自发渗吸(spontaneous imbibition)],即要对汞施加一定的压力让其与毛细管力进行平衡。注入汞的加压过程就是测量毛细管压力的过程。由于样品壁面粗糙与不规则,因此,汞流体开始被注入系统时优先充填这些非孔隙的空间。在开始测试前,需要进行"空管校正"。注入水银的压力控制点被提前设定,代表相应孔隙尺寸下的毛细管压力。在某压力点下进入孔隙系统的水银量S_{Hgi}就代表该毛细管压力下相应大小的孔隙体积分量。随着压力的提高,记下进入岩样的水银体积和相应的压力,便可以得到汞—空气两相毛细管压力,即P_c-S_{Hg}关系曲线。喉道在该过程中起着连接孔隙的重要作用,因此,压汞曲线没有区分出孔隙与喉道,而是反映孔隙-喉道的整体连通性。通过 Young-Laplace 方程,就可得到等效的孔喉半径 r_i 分布曲线,即:

$$P_{ci} = \frac{0.732}{r_i} \tag{10-2}$$

式中,P_{ci}单位为 MPa,r_i 单位为 μm。汞与空气的界面张力 $\sigma=480$dyn/cm;汞与岩石接触角 $\theta=140°$。典型的压汞曲线如图 10-3 所示。

以上为进汞过程,当压力升高至较高时,汞并不能饱和岩石孔隙系统,存在最大汞饱和度也称最小非汞饱和度。进汞到仪器的最高压力后,逐步降压使压入岩石中的汞退出岩石,测定降压过程中岩石中的含汞饱和度与毛细管压力的关系曲线,被称为退汞曲线,两者曲线结合可以计算非润湿相的退出效率,对于亲水岩石则可代表最高原油采收率。

压汞曲线反映储集岩孔隙结构非均质性的定性表征(图 10-3),典型的压汞法获得的毛细管压力曲线一般可划分为 3 段,即初始段、中间平缓段和末端上翘段,总体上表现出两端陡、中间缓的形态学特征。在初始阶段,随毛细管压力升高,润湿相饱和度缓慢降低,非润湿相饱和度缓慢增加。其实该段并不代表非润湿相流体已真正进入岩石内部孔隙中,而是非润湿相进入岩样表面凹坑或切开的大孔隙(亦称为麻皮效应)。该效应可利用在岩样表面涂上一层固化物质如塑料来克服,但校正扣除的最大汞体积分数仅约为 3%,影响可忽略不计。在中间平缓段阶段,中间平缓段越长,表明岩石孔隙孔道的分布越集中,分选性越好。平缓段的位置越靠下,说明岩石等效孔喉半径越大。曲线的歪度(又叫偏斜度)直接反映孔喉大小及集中程度。毛细管压力曲线越靠近左下方,大孔喉比例高,为粗歪度。反之曲线越靠右上方,细孔喉比例越高。碳酸盐岩的双重孔隙介质(dual-porosity porous media)的毛管力曲线则会呈现跳跃式波动变化,因汞流体进入的孔隙系统会发生转变。

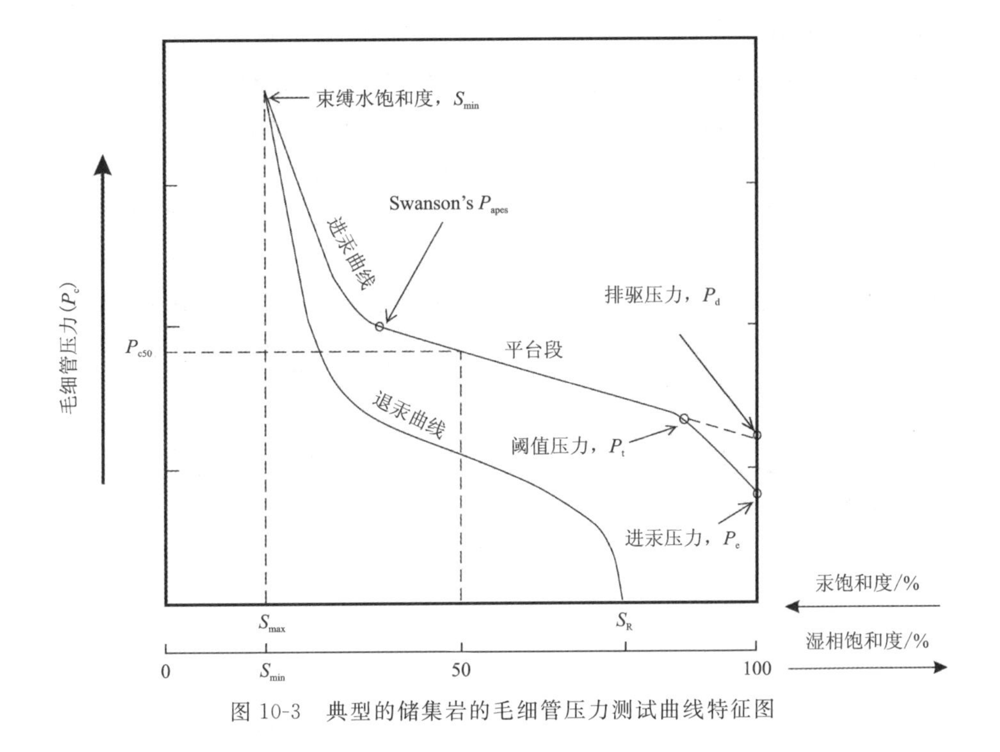

图 10-3 典型的储集岩的毛细管压力测试曲线特征图

1. 压汞曲线反映储集岩孔隙结构非均质性的定量表征

压汞曲线或者毛细管压力曲线的形态学直接反映微尺度储集岩的孔隙结构，即形态学的定量参数可计算或者定量表征孔隙结构的形态学特征以及尺寸分布特征。目前，压汞曲线的定量参数有许多，这些参数直接反映了储层储集性能的好坏（表 10-1）。

表 10-1 毛细管压力曲线特征参数与储集性能关系(陈丽华，1991)

孔隙结构特征参数	储集性能		
	好	中	差
排驱压力(P_d)	低，<0.1MPa	0.1～1MPa	1～5MPa
倾斜角(α)	小	中	大
初始饱和度(S_{AB})	大	中	小
毛细管压力中值(P_{50})	小	中	大
最小饱和度(S_{min}/%)	0～20	20～50	50～80
最大连通孔喉半径(r_{max})	>7.5um	1～7.5um	<1um
孔喉半径均值(r_m)	>5um	1～5um	<1um
分选系数(S_P)	<3.5	0.84～1.4	>3
歪度(S_{KP})	粗偏(正偏)>1	0	细偏(负偏)<1
孔隙峰度(K_P)	1.5～3	1.5～0.6	<0.6

定量描述孔喉大小分布定量指标主要参数有:排驱压力、饱和度中值压力、最大孔喉半径、孔喉半径中值、孔喉半径平均值、最大汞饱和度、最终剩余汞饱和度、仪器最大退汞效率、分选系数、结构系数、孔隙度峰位、渗透率峰位、渗透率峰值、孔隙度峰值、歪度、相对分选系数、特征结构参数、均质系数等,其定义及计算公式如下。

(1)P_d排驱压力(MPa):指非润湿相开始进入岩样最大喉道的压力,也就是非润湿相刚开始进入岩样的压力。

(2)r_{max}最大孔喉半径(μm):压力为排驱压力时非润湿相进入岩石为最大孔喉半径,与P_d一起是表示岩石渗透性好坏的重要参数。

$$r_{max} = \frac{0.7354}{P_d} \tag{10-3}$$

(3) P_{50} 饱和度中值压力(MPa):非润湿相饱和度50%时相应的毛细管压力为 P_{50},它越小反映岩石渗滤性越好,产能越高。

(4) r_{50} 孔喉半径中值(μm):非润湿相饱和度为50%时相应的孔喉半径为 r_{50},它可近似地代表样品的平均孔喉半径。

$$r_{50} = \frac{0.7354}{P_{50}} \tag{10-4}$$

(5) $\bar{r}$ 孔喉半径平均值(μm):它表示岩石平均孔喉半径大小的参数。可以从半径对汞饱和度的权衡中求出。

$$\bar{r} = \frac{\sum (r_{i-1} + r_i)(S_i - S_{i-1})}{2\sum (S_i - S_{i-1})} \tag{10-5}$$

(6) α 均质系数:均质系数表征储油岩石孔隙介质中每一个孔喉(r_i)与最大孔喉半径(r_{max})的偏离程度,α 在0~1之间变化,α 愈大,孔喉分布愈均匀。

$$\alpha = \frac{\sum_{i=1}^{n} \frac{r_i}{r_{max}} \times \Delta S_i}{\sum_{i=1}^{n} \Delta S_i} = \frac{1}{r_{max} \times S_{max}} \int_0^{S_{max}} r_{(s)} \, dS \tag{10-6}$$

(7) F 岩性系数:它是岩样实测渗透率与计算渗透率之比,反映喉道的迂曲情况。

$$F = \frac{K}{0.0000111333\phi \int_0^{S_{max}} r_{(s)}^2 \, dS} \tag{10-7}$$

(8)S_{max}最大汞饱和度(%):实验最高压力时的累计汞饱和度。

(9)W_e退汞效率(%):在限定的压力范围内,从最大注入压力降到起始压力时,从岩样内退出的水银体积与降压前注入的水银总体积的百分数。它反映了非湿相毛细管效应采收率。

$$W_e = \frac{S_{max} - S_{min}}{S_{max}} \times 100\% \tag{10-8}$$

(10)Φ_p结构系数:它表征了真实岩石孔隙特征与假想的长度相等、粗细不同的圆柱形平行毛管束模型之间的差别,它的数值是影响这种差别的各种综合因素的度量。

$$\Phi_P = \frac{\Phi}{8K} (\bar{r})^2 \tag{10-9}$$

(11) $\frac{1}{D_r\,\Phi_p}$ 特征结构系数：它是相对分选系数D_r与结构系数Φ_p乘积的倒数，既反映孔喉分选程度，又反映孔喉连通程度，此值愈小，岩样孔隙结构愈差。

(12)S_{KP}偏态（又称歪度）：表示孔喉大小分布对称性的参数。当$S_{KP}=0$ 时，为对称分布；$S_{KP}>0$ 时，为正偏（粗歪度）；$S_{KP}<0$ 时，为负偏（细歪度）。

$$S_{KP}=\frac{S_P^{-3}\times\sum(r_i-\bar{r})^3\times\Delta S_i}{\sum\Delta S_i} \tag{10-10}$$

(13)K_P峰态：表示孔喉分布频率曲线陡峭程度的参数。当$K_P=1$ 时，为正态分布曲线；$K_P>1$ 时，为高尖峰曲线；$K_P<1$ 时，为缓峰或双峰曲线。

$$K_P=\frac{S_p^{-4}\times\sum(r_i-\bar{r})^4\times\Delta S_i}{\sum\Delta S_i} \tag{10-11}$$

(14) D_r 变异系数：又称相对分选系数，能更好反映孔喉大小分布均匀程度的参数。数值越小，孔喉分布越均匀。

$$D_r=\frac{S_P}{\bar{r}}=\frac{1}{\bar{r}}\sqrt{\frac{\sum(r_i-\bar{r})^2\times\Delta S_i}{\sum\Delta S_i}} \tag{10-12}$$

(15) K_j 渗透率贡献值(%)：以某孔喉半径所能提供的渗透率百分数。

$$K_j=\frac{\int_{S_j}^{S_{j+1}} r_{(s)}^2\,dS}{\int_0^{S_{max}} r_{(s)}^2\,dS} \tag{10-13}$$

(16) $J(S_W)$ 函数：又称为毛管力函数，是基于因次分析推论出的一个半经验关系的无因次函数，它是毛管力曲线的一个很好的综合处理方法，并可用来鉴别岩石的物性特征。

$$J(S_w)=\frac{P_c}{\sigma}\left(\frac{K}{\Phi}\right)^{0.5} \tag{10-14}$$

式中，$\bar{r}$ 为孔喉半径平均值(μm)；S_i 为某点的汞饱和度(%)；r_i 为某点的孔喉半径(μm)；α 为均质系数，无因次量；ΔS_i 为对应于 r_i 某一区间的汞饱和度(%)；r_{max}为最大孔喉半径(μm)；F 为岩性系数，无因次量；K 为空气渗透率(μm^2)；Φ 为孔隙度(%)；$r_{(s)}$ 为孔喉半径分布函数中某一孔喉半径(μm)；dS 为对应于某一区间汞饱和度(%)；S_{max} 为实验最高压力时的累计汞饱和度(%)；S_{min}为退汞到起始压力时残留在孔隙中汞饱和度(%)；W_e为退汞效率(%)；Φ_P为结构系数，无因次量；S_{KP}为偏态，无因次量；S_P为分选系数，无因次量；K_j 为渗透率贡献值(%)；S 为汞饱和度(%)；P_c为毛细管压力(MPa)；σ 为界面张力(dyn/cm)；D_r 为变异系数，无因次量；K_P为峰态，无因次量；$\frac{1}{D_r\,\Phi_P}$ 为特征结构系数，无因次量。

图 10-4 和表 10-2 中，给出的是中国南海莺歌海盆地乐东地区低渗中细砂岩的压汞曲线与退汞曲线、计算的孔径分布与计算的孔喉结构参数的实例。

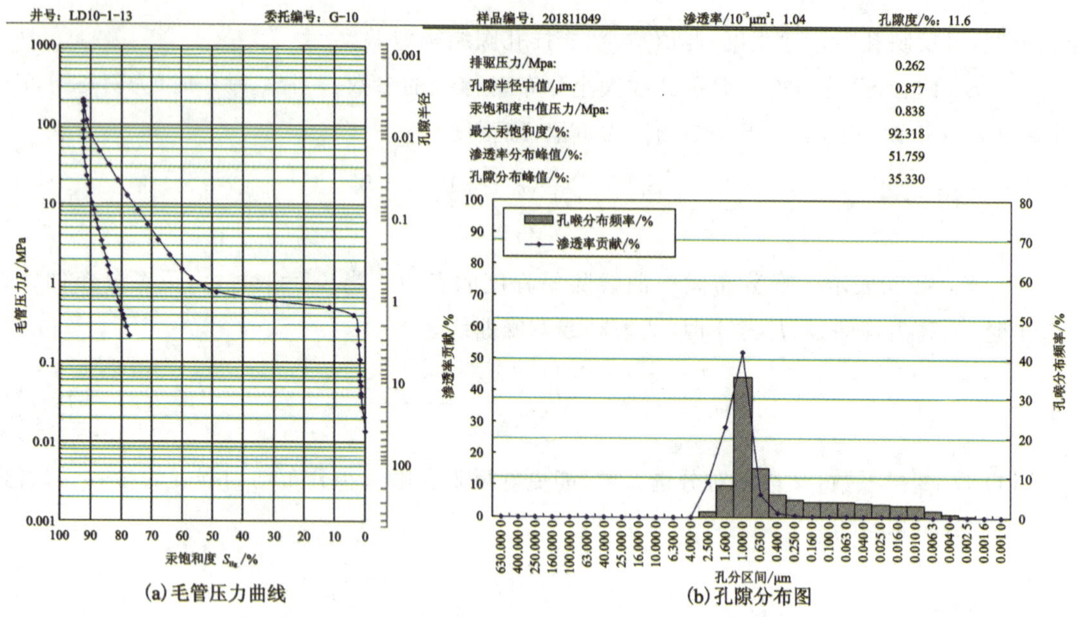

(a)毛管压力曲线 (b)孔隙分布图

图 10-4 中国南海莺歌海盆地乐东地区低渗中细砂岩的压汞曲线与退汞曲线图(a)以及孔径分布图(b)

2. 恒速压汞测试法

高压压汞法是指在常规压汞法的基础上提高了汞的注入压力以检测更为细小的孔喉半径，控制汞的注入压力。然而，恒速压汞测试法基本的实验原理为：以非常低的速率(0.000 001mL/s)进汞，如此低的进汞速率保证了准静态进汞过程的发生(避免动态毛细管力效应)。在此过程中，界面张力与接触角保持不变，进汞前缘所经历的每个孔隙空间的变化，都会引起弯月面形状的改变，从而引起系统毛细管压力的改变。其过程如图 10-5 所示，图 10-5(a)为孔隙群落以及汞前缘突破每个孔隙空间的示意图，图 10-5(b)为相应的压力变化。当进汞前缘进入到主孔喉 1 时，压力逐渐上升，等突破到孔隙 2 后，压力突然下降，如图 10-5(b)第一个压力降落 O(1)，之后汞将逐渐将这第一个孔室填满并进入下一个次级喉道，产生第二个次级压力降落 O(2)，以后依次将主喉道所控制的所有次级孔室填满。直至压力上升到主孔喉道的压力值，这为一个完整的孔隙单元。主喉道半径由突破点的压力确定，孔隙的大小由进汞体积确定。这样孔喉的大小以及体积分量与数量在进汞压力曲线上就得到明确的区分。

一个独立的喉道总是存在一个半径最小的截面在汞到达这个最小截面之前毛细管压力不断上升，该过程被定义为 rison。汞突破最小的喉道进入较大孔道中所引起毛细管压力突降的现象称为 rheon。在进汞压力未超过 rheon 发生之前的压力时，该过程被定义为 subison。利用恒速压汞法对乌石凹陷的 3 块砂岩的微尺度孔喉结构进行定量评价，如图 10-6 所示，由图可知砂岩储层的物性差异更多表现在于喉道半径的分布范围，而孔径分布控制物性更多表现在孔隙体的数量。

表 10-2 低渗储集岩(孔隙度:11.60%,渗透率:1.04×10⁻³μm²)的压汞曲线实验数据示例(左)以及由压汞曲线获得的定量孔隙结构参数(右)

井号:LD10-1-13　　岩性:细砂岩　　深度(m):4 170.43　　距顶:/　　层位:/

序号	毛管压力 P_c/MPa	孔隙半径 r/μm	J函数/JPi	体积读数(进汞)B/mL	体积读数(退汞)B/mL	汞饱和度(进汞)S_{Hg}/%	汞饱和度(退汞)S_{Hg}/%	孔喉分布频率/%	孔喉半径 r/μm	孔渗透率贡献/%	综合数据 样品说明
1	0.013 8	53.184	0.004	0.000	1.236	0.000	77.517	0.000	630.000	0.000	岩样干重(g):32.027
2	0.020 7	35.473	0.005	0.007	1.250	0.439	78.364	0.000	400.000	0.000	直径(cm):2.580
3	0.027 6	26.645	0.007	0.016	1.263	1.003	79.211	0.000	250.000	0.000	长度(cm):2.586
4	0.037 9	19.395	0.010	0.020	1.270	1.254	79.650	0.000	160.000	0.000	岩芯体积(mL):13.513
5	0.041 4	17.772	0.011	0.021	1.277	1.317	80.089	0.000	100.000	0.000	孔隙体积(mL):1.594
6	0.051 7	14.235	0.013	0.024	1.292	1.505	81.029	0.000	63.000	0.000	空气渗透率(×10⁻³μm²):1.040
7	0.058 5	12.563	0.015	0.025	1.305	1.568	81.845	0.000	25.000	0.000	岩样密度(g/cm³):2.330
8	0.072 3	10.177	0.019	0.027	1.320	1.693	82.785	0.000	25.000	0.000	孔隙度(%):11.600
9	0.110 0	6.683	0.028	0.030	1.334	1.881	83.664	0.000	16.000	0.000	
10	0.172 2	4.270	0.044	0.034	1.345	2.132	84.353	0.000	10.000	0.000	最大孔隙半径(μm):2.809
11	0.261 8	2.809	0.067	0.038	1.356	2.383	85.043	0.000	6.300	0.000	平均孔隙半径(μm):0.860
12	0.397 1	1.852	0.102	0.059	1.370	3.700	85.921	0.000	4.000	0.000	孔隙半径中值(μm):0.877
13	0.503 6	1.460	0.130	0.190	1.381	11.916	86.611	1.194	2.500	10.934	孔隙分布峰值(μm):1.000
14	0.606 4	1.213	0.156	0.474	1.396	29.728	87.552	7.792	1.600	28.338	孔隙分布峰值(%):35.330
15	0.783 7	0.938	0.202	0.774	1.407	48.542	88.242	35.330	1.000	51.759	渗透率分布峰位(%):1.000
16	0.952 8	0.772	0.245	0.846	1.419	53.058	88.994	12.283	0.630	7.069	渗透率分布峰位(%):51.759
17	1.193 7	0.616	0.307	0.908	1.428	56.946	89.559	5.608	0.400	1.288	分选系数:3.152
18	1.502 3	1.490	0.387	0.956	1.438	59.957	90.186	4.294	0.250	0.393	歪度:0.794
19	2.263 9	0.325	0.583	1.022	1.448	64.096	90.813	3.607	0.160	0.131	峰态:1.170

续表 10-2

序号	毛管压力 P_c/MPa	孔隙半径 r/μm	J函数/JPi	体积读数(进汞)B/mL	体积读数(退汞)B/mL	汞饱和度(进汞)S_{Hg}/%	汞饱和度(退汞)S_{Hg}/%	孔喉分布频率/%	孔喉半径 r/μm	孔渗透率贡献/%	综合数据样品说明
20	3.573 9	0.206	0.920	1.083	1.456	67.922	91.315	3.766	0.100	0.055	半径均值:0.905
21	5.506 3	0.134	1.418	1.138	1.463	71.371	91.754	3.609	0.063	0.021	结构系数:3.152
22	8.264 3	0.089	2.218	1.191	1.470	74.695	92.193	3.301	0.040	0.008	相对分选参数:3.482
23	13.075 2	0.056	3.367	1.247	1.473	48.207	92.381	3.112	0.025	0.003	特征结构参数:0.028
24	19.948 1	0.037	5.137	1.296	1.473	81.280	92.381	2.980	0.016	0.001	均质系数:0.307
25	30.932 5	0.024	7.968	1.342	1.473	84.165	92.381	2.973	0.010	0.000	最大汞饱和度(%):92.318
26	47.451 0	0.015	12.219	1.388	1.473	87.050	92.381	1.607	0.006	0.000	未饱和孔隙体积(%):7.682
27	72.897 3	0.010	18.772	1.432	1.473	89.810	92.381	0.784	0.004	0.000	残余汞饱和度(%):77.517
28	112.879 5	0.007	29.068	1.457	1.473	91.378	92.381	0.078	0.003	0.000	仪器最大退出效率(%):16.033
29	172.342 6	0.004	44.380	1.470	1.473	92.193	92.381	0.000	0.002	0.000	排驱压力(MPa):0.262
30	206.846 7	0.004	53.265	1.472	1.472	92.318	92.318	0.000	0.001	0.000	饱和度中值压力(MPa):0.838

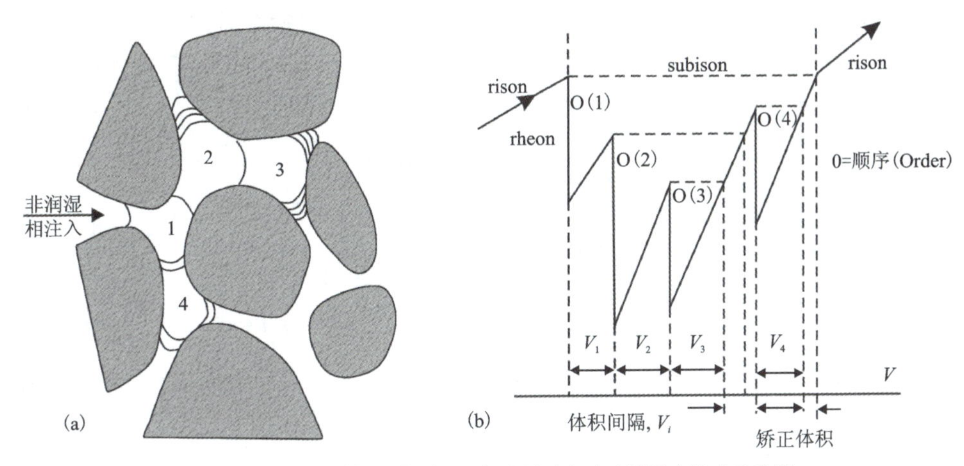

(a)岩石微观孔隙结构示意图;(b)恒速压汞实验毛管压力波动示意图

图 10-5 恒速压汞测试的压力变化与孔隙结构之间关系的原理图

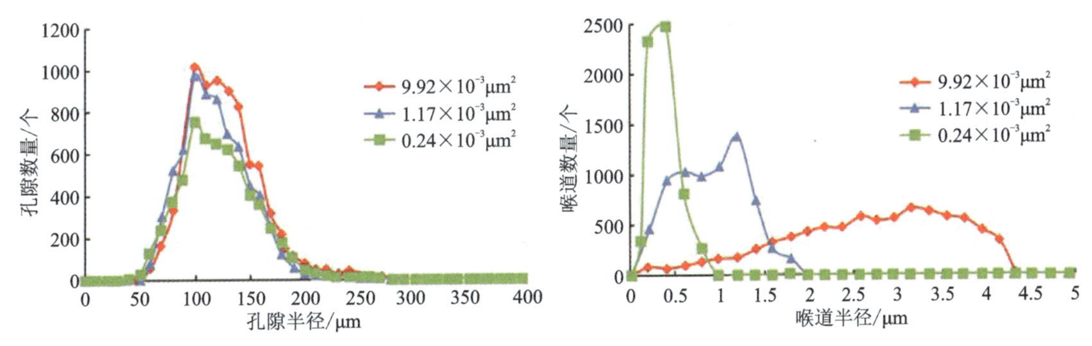

图 10-6 恒速压汞法测定 3 个渗透率等级的砂岩孔隙结构特征图

毛细管压力曲线可以结合相渗曲线计算油藏垂直饱和度剖面，确定油水渗流区与油水界面。毛细管压力曲线在实验上主要由压汞法获得，也可由离心法获得。但是，离心法存在饱和度采用岩芯长度上平均饱和度的处理，离心速率有极限等问题，而压汞法具有样品不可二次使用、有毒物质——汞不易清除处理等问题。另外，离心法获得的毛细管压力曲线还可以根据曲线包络面积确定润湿性，也可在高孔径上转换为压汞法测定的毛细管压力曲线。因此，此处提出一种展望，望研发一种代替汞流体的有毒介质，具备环境友好型的非润湿相介质流体，另外，该流体介质具有便于清洗岩样以清除注入影响的特性，或者建立完善的离心法测定毛细管力曲线的实验体系与理论体系。

二、核磁共振测试法

核磁共振(nuclear magnetic resonance，NMR)则是磁矩不为零的原子核，在外磁场作用下自旋能级发生塞曼分裂，共振吸收某一定频率的射频辐射的物理过程。提供低能的氢质子能量，氢质子获得能量进入高能状态，宏观上产生了一个净磁矩矢量，这个过程叫作极化(polarization)。该高能状态并不稳定，然后撤销该外加磁场时，氢核就会恢复至低能态，这整个过程叫弛豫过程，其所需的时间叫弛豫时间(relaxation time)。弛豫时间分两种，即 T_1 和

T_2，T_1 为自旋-晶格或纵向弛豫时间，T_2 为自旋-自旋或横向弛豫时间。油气储层评价微观孔隙结构目前应用最为广泛的是 T_2 时间谱。对于核磁共振实验来说，横向弛豫过程主要受表面弛豫、自由弛豫、扩散弛豫 3 个因素影响，其可表示为：

$$\frac{1}{T_2}=\frac{1}{T_{2B}}+\frac{1}{T_{2D}}+\frac{1}{T_{2S}} \tag{10-15}$$

$$T_{2D}=\frac{D(\gamma G T_E)^2}{12} \tag{10-16}$$

式中，T_2 为横向弛豫时间(ms)；T_{2B} 为自由横向弛豫时间(ms)；$T_{2D}=\frac{D(\gamma G T_E)^2}{12}$ 为扩散横向弛豫时间(ms)；γ 为旋磁比；G 为磁场梯度($\mathrm{nT \cdot m^{-1}}$)；T_E 为回波间隔(ms)；T_{2S} 为表面横向弛豫时间。

对于饱和水的岩芯，水的氢核的自由弛豫时间很长，因此 $\frac{1}{T_{2B}}$ 可以被忽略。而外界磁场为均匀磁场，同时岩芯的弛豫通常在快扩散域中，因此扩散弛豫也可被忽略。此时，横向弛豫时间 T_2 主要受表面弛豫的影响。这是因为氢核的能量需要通过与孔隙壁面碰撞传递给其他原子或者分子。比表面积是表面弛豫过程的关键因素。比表面积越大，氢核与孔隙壁面碰撞次数多，弛豫时间 T_2 比较短。因此，可以得出比表面积与氢核的弛豫时间 T_2 呈负相关关系。因此上式可简化为：

$$\frac{1}{T_2}=\frac{1}{T_{2S}}=\rho_2\frac{S}{V} \tag{10-17}$$

式中，ρ_2 为岩石的表面弛豫率；$\frac{S}{V}$ 为岩石的孔喉比表面。

在等径的毛细管束模型中，孔喉的比表面积为平均半径 r 的倒数，即：

$$S_p=\frac{S}{V}=\frac{2}{r} \tag{10-18}$$

将式(10-17)与式(10-18)联合，横向弛豫时间 T_2 谱函数可以表示为孔隙半径的函数，即：

$$T_2=f(r) \tag{10-19}$$

这是因为，比表面积对弛豫的影响机制可以由孔隙尺寸直接反映。在大孔隙中，氢核与孔隙壁面碰撞次数少，弛豫时间 T_2 比较长。而在小孔隙中，碰撞发生的次数则更多，相比之下弛豫时间 T_2 更短。以上原理表明，NMR 是一项无损的、成本低廉的快速测试，可准确动态测试孔隙空间的含氢流体分布。对于饱和水的岩芯，NMR 可结合压汞法探究孔隙结构；对于非饱和岩芯，核磁共振法则测试剩余油与束缚水的核磁信号，可定量揭示存储剩余油与束缚水的孔隙空间的尺寸。值得注意的是 NMR 测试对岩性与泥质含量不敏感。NMR 不受岩石骨架矿物的影响，能提供丰富的信息，如地层有效孔隙度、自由流体孔隙度、束缚水孔隙度、孔径分布及渗透率等参数。其中，T_2 截止值是影响核磁共振束缚水饱和度、有效孔隙度等计算的关键参数，对油田的勘探开发有重要意义。

如图 10-7 所示，常见的核磁共振 T_2 谱一般关注两条曲线(饱和状态与离心状态)、T_2 范围、峰的个数、T_2 截止值。饱和状态与离心状态对应的核磁共振测试法用于求取 T_2 截止值。T_2 范围可以转化为毛细管压力曲线。T_2 值越大，其对应的半径越大。因此，物性好的砂岩，

T_2极值一般越高，且曲线越靠右，束缚水含量一般越低。峰的个数一般表明多重孔隙系统，如单峰表明单孔隙系统、双峰表明双孔隙系统等。在砂岩储层中，T_2谱可由多个峰组成，其T_2曲线包络的面积为NMR孔隙度，一般约等于气测孔隙度。

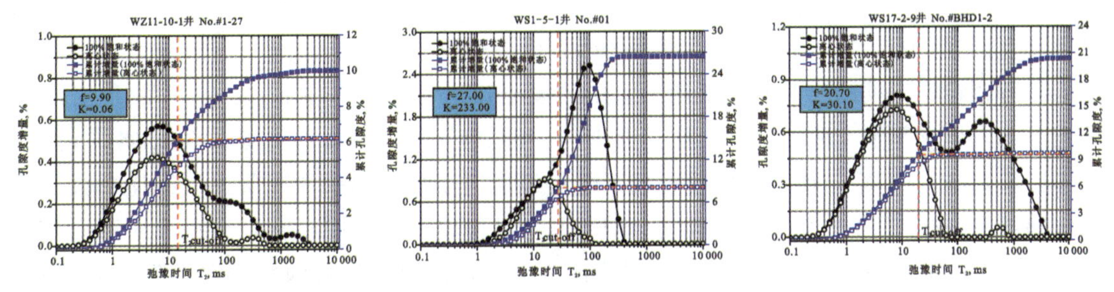

图 10-7　砂岩储层典型核磁共振曲线 T_2谱形态特征图版(孔隙度单位为%，渗透率单位为$10^{-3}\mu m^2$)

核磁共振反映了储集岩的孔隙结构，即可以用来表征其渗流能力——渗透率的大小。确定核磁共振渗透率的方法是以T_2分布为基础，以T_2截止值为依据，计算可动流体以及束缚流体的体积，结合T_2几何平均值，然后利用SDR模型、Coates-cutoff模型、Coates-SBVI模型、SDR-Reg模型计算渗透率。

$$K_{SDR} = C_1 \left(\frac{\Phi_{NMR}}{100}\right)^4 T_{2g}^2 \tag{10-20}$$

$$K_{Coates-cutoff} = \left(\frac{\Phi_{NMR}}{C_2}\right)^2 \left(\frac{\Phi_{NMR,m}}{\Phi_{NMR,b}}\right)^2 \tag{10-21}$$

$$K_{Coates-SBVI} = \left(\frac{\Phi_{NMR}}{C_3}\right)^4 \left(\frac{\Phi_{NMR,m}}{\Phi_{NMR,b}}\right)^2 \tag{10-22}$$

$$K_{SDR-Reg} = C_4 \left(\frac{\Phi_{NMR}}{199}\right)^m T_{2g}^n \tag{10-23}$$

式中，Φ_{NMR}为核磁共振计算的孔隙度(%)；T_{2g}为T_2几何平均值(ms)；$\Phi_{NMR,m}$为由T_2谱函数与T_2截止值计算得到的可流动体积；$\Phi_{NMR,b}$为由T_2谱函数与T_2截止值计算得到的不可流动体积；C_1、C_2、C_3、C_4、m、n为待定系数。

实际研究发现T_2分布不仅与岩石孔隙的大小及其分布有着密切的关系，而且与岩性、测量参数、岩样粒度、样品粒径、样品状态、孔隙流体性质、润湿性以及地层水矿化度等密切相关。恒速压汞法采用等效球体半径计算孔隙体大小，计算值明显大于实际孔隙的最大内切半径；核磁共振利用孔体积和表面积之比推算孔隙半径，计算值接近最大内切半径。恒速压汞孔隙和喉道大小的计算方法不同是导致致密砂岩大孔喉比的主要外因。恒速压汞计算孔喉比均值为78.0～449.0，而联合核磁共振和恒速压汞推算实际孔喉比均值为7.5～64.0(肖佃师等，2016)。

三、岩电测试法

完全饱和地层水的储层岩石，其原生水饱和度越大，电阻率越低。相比之下，具有相同属性的含油气岩石的电阻率则很高。为了消除流体本身的电阻率来突出岩石提供的导电能力的大小,一个岩石物理参数——地层因子又称地层因素(formation factor)被提出(Archie 定律)(Archie,1942):

$$F=\frac{R_o}{R_w} \tag{10-24}$$

式中,R_o为饱含地层水岩石的表观电阻率;R_w为地层水的电阻率。

岩石颗粒所占据的空间阻碍了地层水中的离子输运,因此,存在 $R_o \geqslant R_w$ 。故地层因子 F 是一个大于或等于 1 的无量纲参数。当 $F=1$ 时,地层水占据岩石的所有空间,此时,孔隙度 $\Phi=100\%$。电阻率与饱和度的这种关系使得地层因子成为识别油气层一个绝佳参数。沉积岩储层中,该参数受原生水的矿化度、地层温度、孔隙度、孔隙的连通情况、孔隙的结构与形状、束缚水饱和度、黏土的含量、导电矿物的含量、分布和类型、裂缝的数量和类型、砂岩分层情况等参数的影响。

早期探究饱含水岩石的导电性质的理论机制是依据孔隙度分量。纯沉积岩为离子输运型电解质导电,相比于纯的盐水,影响离子输运性能的是地层水所占据的空间比例。因此,孔隙度 Φ 是控制电流流动的一个重要因素。由此,人们认为电流的传导不会超过孔隙度所占的比例。假设整个地层的导电性与地层完全含水时的导电性相同,如果地层含有 20%的原生水和 80%的原油,则该地层允许流过的电流不会超过整个地层导电性的 20%,即:

$$F=\frac{1}{\Phi} \tag{10-25}$$

式中,Φ 为孔隙度(%)。

式(10-25)实际上是具有 n 条直毛细管的理想孔隙模型的地层因子模型,此处推导过程略。但是岩石的孔隙空间是不规则的、高度无序的。因此,下面以单根迂曲毛细管为结构模型,建立孔隙结构参数与地层因子之间的理论关联。

设岩石一端的截面积为 A ,边长为 L ,毛细管的截面积为A_a,单根迂曲毛细管的长度为 L_a($L_a > L$)。孔隙中全饱和水的电阻率为R_w,考虑岩石骨架不导电,在模型中有效导电的截面为A_a。

当电流通过充满水的毛细管孔隙时的电阻为:

$$r_w=\frac{R_w L_a}{A_a} \tag{10-26}$$

当 R_o 表示全饱和电阻率为R_w的水岩石的电阻率,则:

$$R_o=\frac{r_w A}{L} R_o=\frac{r_w A}{L}=\frac{R_w L_a A}{L A_a} \tag{10-27}$$

注意,这是水饱和岩石的电阻率,电流通过的面积和长度是岩石的截面积 A 和长度 L 。

$$F=\frac{R_o}{R_w}=\frac{L_a A}{L A_a}=\frac{L_a}{L}\cdot\frac{A}{A_a}=\frac{\tau}{A_a/A} \tag{10-28}$$

式中,τ 为岩石的迂曲度。

孔隙度和迂曲度之间的关系为:

$$\Phi=\frac{A_a}{A}\frac{L_a}{L}=\tau\frac{A_a}{A} \tag{10-29}$$

$$F=\frac{\tau}{A_{a}A}=\frac{\tau^{2}}{\Phi} \tag{10-30}$$

式(10-30)即为单根毛细管模型的理想地层因子模型。但是，Archie(1942)利用干净的砂岩岩电实验数据集得到了地层因子与孔隙度的经验表达式，即：

$$F=\frac{1}{\Phi^{m}} \tag{10-31}$$

式中，m 为胶结指数。对于胶结岩石，m 在 1.8～2.0 之间，对于非胶结岩石，m 大约为 1.3。

根据此定义，孔隙度是岩石参数，电阻率是岩石电学物理参数，地层因子 F 则是将两者联系在一起。之后，很多关于地层因子跟孔隙度之间的经验关系式被提出。

Humle 公式：

$$F=\frac{0.62}{\Phi^{2.15}} \tag{10-32}$$

或者

$$F=\frac{0.81}{\Phi^{2}} \tag{10-33}$$

孔隙介质的导电特性和岩石本身的物性参数之间存在一定关系。地层因子 F 是岩石孔隙度和孔隙几何形状的参数。不同的研究者建立了不同的孔隙结构模型，得到了不同的公式，可概括为下面的一般形式。

$$F=\frac{a}{\Phi^{m}}=\frac{\tau^{2}}{\varphi} \tag{10-34}$$

$$\tau=a\,\varphi^{\left(\frac{1-m}{2}\right)} \tag{10-35}$$

式(10-34)、式(10-35)为目前最为普遍使用的地层因子与迂曲度、孔隙度之间的半经验表达式。因此，相同孔隙度下，而不同的地层因子往往可反映岩石内部孔隙结构的连通性、黏土含量与导电矿物含量之间的内部差异。由式(10-35)可以推导出广义的电迂曲度表达式，即：

$$\tau=(F\varphi)^{\beta} \tag{10-36}$$

式中，β 为经验参数。

在 Wyllie 和 Spangler(1952)模型、Cornell 和 Katz 模型中，$\beta=1$；在 Winsauer 等(1952)模型中，$\beta=0.6$；在 Faris(1954)模型中，$\beta=0.705$；在 Pirson(1983)模型中，$\beta=0.5$；在 Katsube(2010)模型中，$\tau=(F\Phi/b_{f})^{\beta}$，其中，$b_{f}$ 为经验常数，片状连通孔隙推荐 $b_{f}=1.5$，圆形(或管状)连通孔隙推荐 $b_{f}=3$。

Archie 定律及其的修正形式描述了储集岩中电阻率和孔隙度及其饱和度之间的关系。这种关系可以利用岩石的孔隙模型来解释。因为不需要流动与动态监测，储集岩的电性性质更容易测试。岩石的孔隙结构既决定了岩石的电传导行为，又决定了岩石的渗流行为。由此可依据岩石的电性特征推导出与其他物性参数之间的关系，如渗透率。利用孔隙尺度的电场模拟，可以获取微尺度的电势的分布，进而从电传导的视角对储层微观非均质性进行精细表征。

拓展学习

相渗曲线介绍

以上微尺度储层非均质性的实验测试手段,即毛细管压力、核磁共振 T_2谱、电阻率指数、相对渗透率,在忽略流体性质与表面电导的情况下,完全由储集岩内部的孔隙结构控制。毛细管压力用于定量分析岩石的孔隙结构性质,核磁用于描述孔隙内流体赋存状态,电阻率指数用来表征岩石的含油气性,相对渗透率用以判别润湿性以及多相流体的相对流动能力。因此,这 4 种岩石物理实验参数存在内在的联系。理论与实验研究表明:在一定饱和度范围内,4 种实验数据作为描述岩石微观特性的动态与静态参数可以相互转换;毛细管压力与核磁共振 T_2谱之间呈幂函数关系,毛细管压力曲线与相对渗透率呈对数关系,毛细管压力曲线与电阻率指数之间呈幂函数关系,核磁 T_2谱与电阻率指数之间呈幂函数关系,核磁 T_2谱与相对渗透率之间呈对数关系,电阻率指数和相对渗透率呈指数关系(白松涛等,2014)。但是,作者期望的是随着实验技术的更新与理论模型的完善,参数之间的定量关系会被进一步地确定与完善。

第二节　孔隙尺度成像方法原理及应用

一、二维铸体薄片成像技术

岩石薄片技术是岩相学分析的三大常规技术之一,也是最为基础、最为廉价却最具孔隙尺度代表性的一项分析技术。储层地质学分析一般制备铸体薄片,其基本原理为:将染色树脂或液态胶(国际上通用为蓝色,我国使用颜色多为蓝色、红色),在真空下灌注到岩石的孔隙空间中,在一定的温度(80~100℃)和压力(6~7MPa)下使树脂或液态胶固结,然后磨制成岩石薄片,进而在偏光显微镜下研究储层储集性能。以研究目的为导向,如要研究储层孔隙结构特征,必须结合压汞法与核磁等岩芯测试;如做油层保护研究,必须结合 SEM 和 X-衍射;如要进行开发储层评价,则需要密集取样,同时结合粒度分析、SEM、X-衍射、敏感性实验等。通过孔隙尺度薄片,可区分碳酸盐胶结物,粉红-红色为方解石,淡紫色为含铁方解石,深紫色为铁方解石,不染色为白云石,浅蓝色为含铁白云石,暗蓝色为铁白云石。

铸体薄片直接反映了储层岩石学与二维孔隙结构特征,针对碎屑岩类储层,主要包括陆源与非陆源碎屑组分与特征、填隙物、颗粒结构、孔缝结构等内容。

(1)陆源碎屑物主要包括石英组分、长石、岩屑等。石英组分包括单晶石英的形态、波状消光、裂纹、次生加大等特征;长石包括钾长石和斜长石形态、解理、交代蚀变及其产物、风化程度、次生加大、溶蚀等特征;岩屑包括岩浆岩岩屑、火山碎屑岩岩屑、变质岩岩屑和沉积岩岩屑,并描述其交代蚀变与溶蚀等特征,可供物源分析参考;其他陆源碎屑包括云母、绿泥石、重矿物种类及分布,以及生物碎屑的种类、来源、保存度与丰度等。非陆源碎屑包括碳酸盐类内源屑、泥屑、火山碎屑、炭化的植物碎片、煤屑等。

(2)填隙物主要包括杂基、胶结物和其他填隙物。杂基是砂岩中与较粗碎屑一起沉积下来的细粒填隙组分,粒度一般小于 31.3μm,它们是机械沉积产物而不是化学沉淀组分,主要成分为陆源黏土矿物、片状矿物、长石、石英、碳酸盐等碎屑。胶结物是指在成岩作用过程中形成的化学沉淀矿物或胶体矿物,储层中常见的胶结物为碳酸盐胶结物等钙质胶结物和石英加大等硅质胶结物。其他填隙物包括重质油和沥青等。

(3)颗粒结构主要包括粒度、分选、磨圆度、定向性、压实率、支撑类型、接触方式、胶结类型、显微构造。杂基支撑型指碎屑颗粒彼此不接触而呈漂浮状，碎屑颗粒间充填大量杂基。颗粒支撑型指碎屑颗粒彼此接触，形成支架结构。未接触指颗粒呈漂浮状，相互之间不接触，点接触指颗粒之间呈点状接触，线接触指颗粒之间呈线状接触，凹凸接触指颗粒之间呈曲线状接触。缝合线接触指颗粒之间呈曲线状接触并有压溶作用。根据胶结物和杂基在岩石中的分布状况、自身的结构特征以及与颗粒之间的相互关系，划分为基底型、孔隙型、接触型、压嵌型、连晶型、薄膜型、次生加大型、凝块型、晶粒镶嵌型 9 种类型。显微构造指描述显微镜下可见的构造，如颗粒排列方式、结核、显微粒序层理、微细纹理、微冲刷面、同生变形构造及生物扰动构造等。

(4)孔缝结构主要包括定性参数和定量参数。定性参数：指孔隙类型(原生与次生)，孔隙发育情况，裂缝条数、方向、密度等。定量参数：指平均孔隙直径、面孔率、孔隙分选系数、均质系数、平均比表面、形状因子、平均喉道宽度、孔喉比、配位数、裂缝宽度、密度及裂隙率等。目前，利用最新的数字图像分析技术，可以对 2D 孔隙结构进行各向异性分析、非均质分析与输运模拟分析。

本小节以铸体薄片的孔隙结构成像为例，描述其微尺度储层非均性特征。如图 10-8 所示，砂岩储层随着物性变差、岩性分选变差、胶结物与泥质含量增多，岩石的孔隙结构在孔隙尺度下非均质性更强。一定视域下，有的区域孔隙发育，有的区域孔隙不发育，呈现出非均质分布的特征。这将会极大地影响渗透率与驱油效率(关于碳酸盐岩的铸体薄片揭示出白云岩与灰岩的溶蚀孔、洞、裂缝等三孔隙系统的孔隙尺度非均质性可以参见本教材的碳酸盐储层的相关章节)。

图 10-8　中国南海低渗砂岩储层典型的铸体薄片图版(蓝色为孔隙)

二、二维扫描电镜成像技术

扫描电镜(SEM)具有聚焦景深大、分辨率高(可达1nm)、放大倍数在14～100 000倍内连续可调、不破坏样品、制样方便等特点。在分析孔隙与矿物三维形貌时,景深是有利因素,可以深入观察孔隙空间中的黏土矿物微粒、支撑剂、煤粉等颗粒物的分布状况,但是在分析孔隙结构与数字图像处理时,景深是不利的因素,需要克服。

扫描电子显微镜也可以扫描粗糙的表面,通过改变焦点。然而,为了获取良好的图像质量,建议有一个良好的抛光表面,或在表面有一个均匀的涂层。该涂层使样品表面电子具有良好的导电性,从而记录整个样品的信息。在扫描电镜图像中,非导电材料呈暗状,而导电材料呈亮状。在最近发展的扫描电镜中,FEG-SEM由于其高分辨率和良好的图像对比度得到广泛的应用。目前,扫描电镜(SEM)具有波长色散光谱(WDS)和能量色散光谱(EDS),这是点、线、面元素映射的关键,只要输入适当,就可以对各种样品进行自动化处理。QEMSCAN、MLA和MAPS是目前最流行的基于EDS的自动矿物学测定技术,与X射线衍射(XRD)研究中的大块矿物学相比,这些技术可以在视觉范围内指定矿物组成。常见的表面形貌灰度图像大多通过二次电子(SE)成像获得,而样品成分可以通过背散射电子(BSE)图像推断,这是电子与样品表面发生弹性碰撞的结果。当样品表面上的一个电子被入射电子激发并向表面移动并逃离电子环到达探测器时,就产生了SE(Chandra and Vishal,2021)。

常见用以储集岩微尺度成像的SEM技术主要有对岩石样品新鲜面的成像(常规SEM成像)、对岩石表面进行抛光成像(氦离子抛光、亚离子抛光SEM成像)、与附矿物学测试功能一体化的能量色散光谱(EDS)型SEM(如QEMSCAN、MLA和MAPS法),还有下文提及的带铣削功能的聚焦离子束扫描电子显微镜(FIB-SEM)。其中,对岩石样品新鲜面的成像(常规SEM成像)主要是分析储集岩的黏土矿物与胶结矿物的种类、形态、共生关系、期次、分布状态以及溶蚀情况等,以及石英的加大边发育情况、期次、溶蚀程度,长石的溶蚀程度、溶蚀产物、交代产物等一系列的微尺度形态学与地质特征(图10-9、图10-10)。

图10-9 渐新世砂岩法国枫丹白露砂岩扫描电镜图像

枫丹白露砂岩几乎由单一的矿物组成，其中一块岩芯的扫描电镜图像如图 10-9 所示，石英含量大于 99%，不含黏土矿物，石英颗粒大小适中，表面粗糙度接近 1，分选性好，渗透率与孔隙度分布范围广（Men Chen，2016）。

(a)样品中绿泥石内衬碎屑颗粒；(b)片状绿泥石充填在样品的粒间孔中，呈现面对面、边对边的接触，相对开放的多孔结构；(c)样品中片状伊利石充填了粒间孔；(d)样品中斜长石内部的溶孔中充填了纤维状伊利石

图 10-10　利用 SEM 观察致密砂岩的黏土矿物形态（据 Xiao et al.，2017）

对于超细粒的致密储层，如页岩，由于页岩储层结构致密且孔隙直径较小，而原始岩样表面较粗糙，对未经处理的岩样进行常规 SEM 观察时，纳米级别的孔隙形态特征无法清晰地呈现。为了获得高清晰度的图像，需要采用氩离子抛光技术对岩样表面进行预处理，即进行氩离子抛光成像，用于分析页岩及煤储层中的纳米级孔隙、有机质显微组分、沥青等（戴娜等，2015；高凤琳等，2021）。值得注意的是黏土（主要是高岭石）在切割和抛光过程中会发生形态学转变。另外，在切割和抛光过程中，一些松散矿物会从抛光表面脱落，从而在矿物图像中产生假的孔隙空间。

扫描电镜矿物定量评价（quantitative evaluation of minerals by scanning electron microscop，QEMSCAN）是一类综合自动矿物岩石学检测方法的简称，这种检测方法能够对矿物、岩石、人工合成材料进行定量分析。QEMSCAN 已于 2009 年被 FEI 公司注册。整套系统包括 1 台带样品室（specimen chamber）的扫描电镜（electron scanning microscope）、4 部 X 射线能谱分析仪（EDS），以及 1 套能够自动获取并分析处理数据的专用软件（iDiscover）。QEMSCAN 通过沿预先设定的光栅扫描模式加速的高能电子束对样品表面进行扫描，并得出能反映矿物集合体分布特征的彩图。仪器能够发出 X 射线能谱并在每个测量点上提取出元素含量的信息。通过背散射电子（back-scattered electron，BSE）图像灰度与 X 射线的强度相结合能够得出元素的含量，并转化为矿物相(Gottlieb et al.，2000)，最终获得矿物颗粒形态、矿物嵌布特征、矿物解离度、元素赋存状态、孔隙度、基质密度等(图 10-11)。

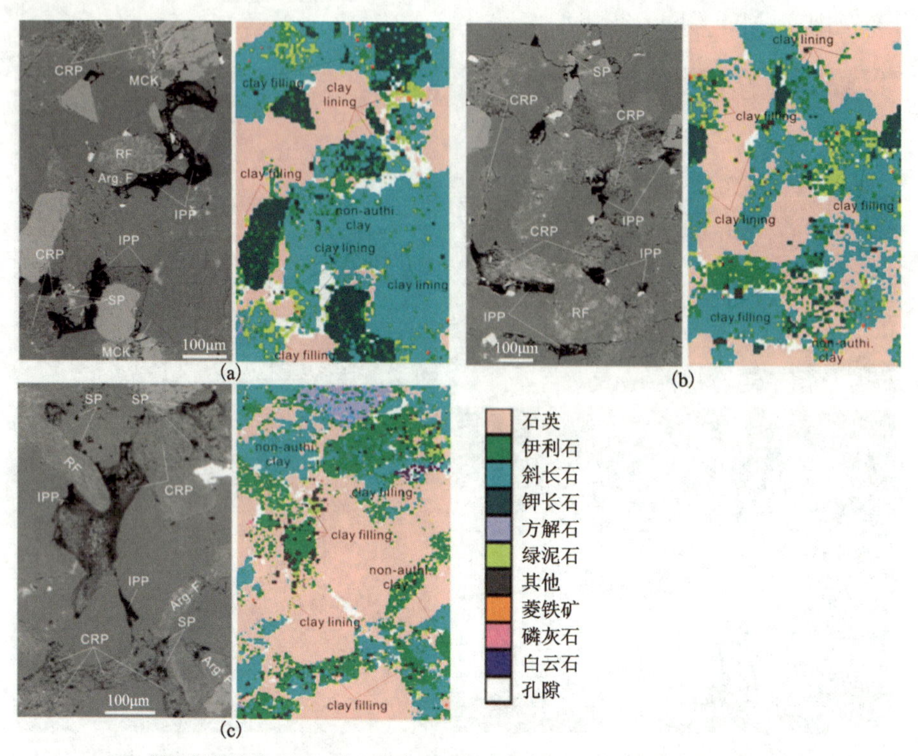

IPP. 颗粒间的孔隙；CRP. 黏土孔隙；SP. 溶蚀孔隙；MCK. 微裂隙；RF. 岩石碎片；

F. 泥质岩石碎片；authi. 自生；clay lining. 黏土矿物

图 10-11　左为 SEM 成像的孔隙类型(包括颗粒间孔、溶蚀孔、黏土相关孔以及微裂缝)，图右为 QEMSCAN 扫描显示的黏土分布(包括充填孔和孔隙衬里的自生黏土，以及泥质和岩石碎片中保存的非自生黏土)。样品 A(a)、B(b)、C(c)的黏土含量分别为 2%、8%、24%(据 Xiao et al.，2017)

图 10-12 是基于图像学分析得出的 3D 矿物学分布，主要原理是依据 CT 不同的灰度将 CT 三维图像分割出 5 个矿物相空间。但是，由于层析图像质量(主要是高密度颗粒的相位对比度)和灰度阈值的用户偏好等，图像分割总是存在一定的误差(Wang et al.，2021)。因此，由 CT 图像直接分割的矿物 3D 形态学，在精确度、矿物多样性上可能不如二维 QEMSCAN 成像。

三、三维 X-ray CT 成像技术

X-ray CT 成像技术的基本原理和数学基础与 X-ray CT 设备更新无关。X-ray CT 设备更新只是在扫描精度、计算机实时控制、图像处理速度、图像质量方面进行不断改进和优化。X-ray CT 是运用物理技术，测定 X-ray 在各类物质中的衰减系数，采用数学方法，经计算机处理，求解出衰减系数值在穿透物质结合体的某剖面上的 2D 分布矩阵，再应用电子技术把衰减系数 2D 分布矩阵转变为图像的灰度分布，从而建立连续图像(图 10-13)。

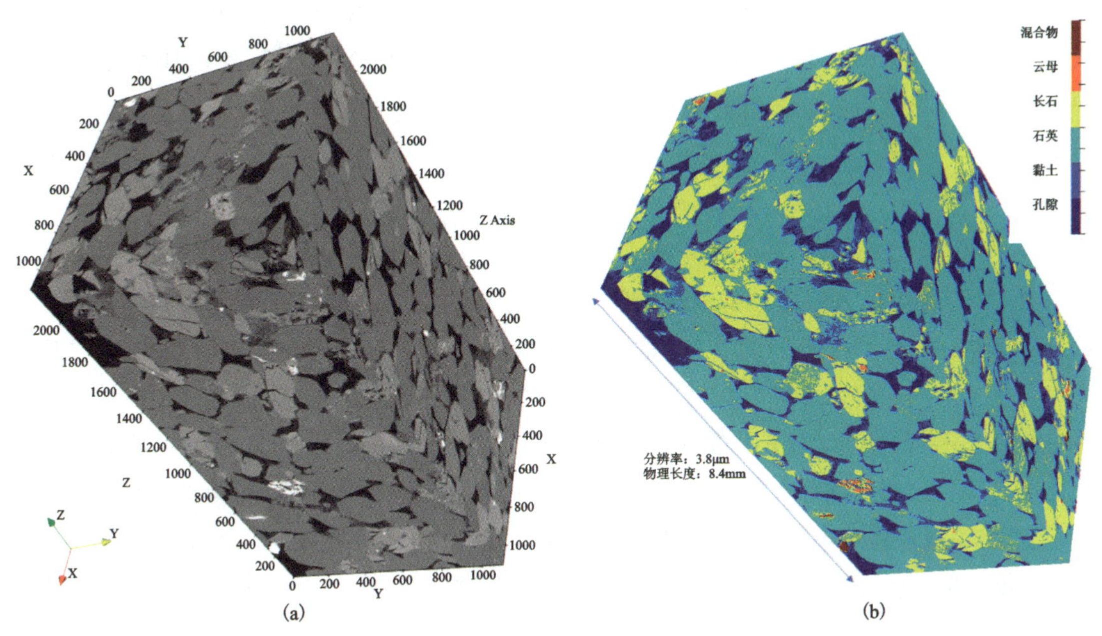

图 10-12　Mt. Simon 岩的全尺寸灰度 CT 图像(1100×1100×2200 体素)(a)和 QEMSCAN 切片配准分割的样品共 5 个矿物相的空间分布(b)(据 Wang et al.,2021)

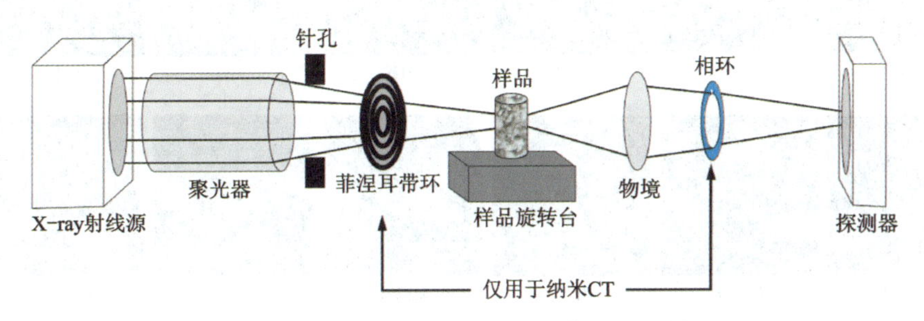

图 10-13　X 射线微纳米 CT 装置原理图

注：菲涅耳带环和相环组合是纳米 CT 所特有的，它有助于 X 射线束的精确聚焦，从而获得比微 CT 更精细的分辨率。

在过去的 10 年里，实验室 X-ray 射线源变得更加可靠(高达 160KeV)，可以用更少的时间和更高的对比度、分辨率获取图像。相比之下，同步 X-ray 射线源也进行了升级，以发射更高能的射线束(在德国 PETRA Ⅲ，最高可达 6GeV)，以成像较厚的样品。不过，高能 X 射线束(类似于低能 X 射线束)往往会使图像过于明亮，从而消除有关导电材料的信息。X 射线能量、衰减系数和样品密度之间的关系可以用修正的比尔-朗伯定律(Beer-Lambert law)表示：

$$I = I_o \mathrm{e}^{-(\mu/\rho_m)\lambda} \tag{10-37}$$

式中，μ 为均匀介质的线性衰减系数或吸收系数；ρ_m 为质量密度；I 为样品到探测器之间光子的强度；I_o 为光源到样品之间的光子强度；λ 为样品面积密度。

因此,当相同光子强度 I_O 的射线穿透过某种物质时,其衰减系数与质量密度的差异,会导致穿透出射线的剩余光子强度 I 存在差异,因此检测 I 的差异即可检测物体的组成。为了进一步用图像的灰度表示相应的 μ 值,CT 值被定义。CT 值表示的是一种相对密度,它将每种物质的衰减系数与一种参考材料的衰减系数联系。在岩石成像里面,可以把空气当作参考系

$$H_{\mu}=1000\times(\mu_{\mathrm{obj}}-\mu_{\mathrm{gas}})/\mu_{\mathrm{gas}} \tag{10-38}$$

式中,μ 为吸收系数或衰减系数,μ_{obj} 为目标体吸收系数或衰减系数;μ_{gas} 为空的吸收系数或衰减系数。CT 值代表 X 线穿过岩芯被吸收后的衰减值,每种物质的 CT 值等于物质的衰减系数与对比物(对于干燥岩芯为空气)的衰减系数之差再与对比物的衰减系数相比之后乘以 1000。

为纪念 Hounsfield 的伟大功绩,CT 值的单位定为 Hounsfield(H)。此处,H 则描述了物体与空气相比的衰减系数,空气的 CT 值为零,因此在灰度图像上,孔隙为纯黑色。在医学上,一般将组成人体最多的物质—水作为参考系。图 10-14 展示的是同一个砂岩样品所采集的 CT 数据集:第一张,第二张,…,第 n 张 CT 的原始图像。图 10-15 展示的是不同储层样品扫描得到的 CT 切片(Fu et al. ,2021)。

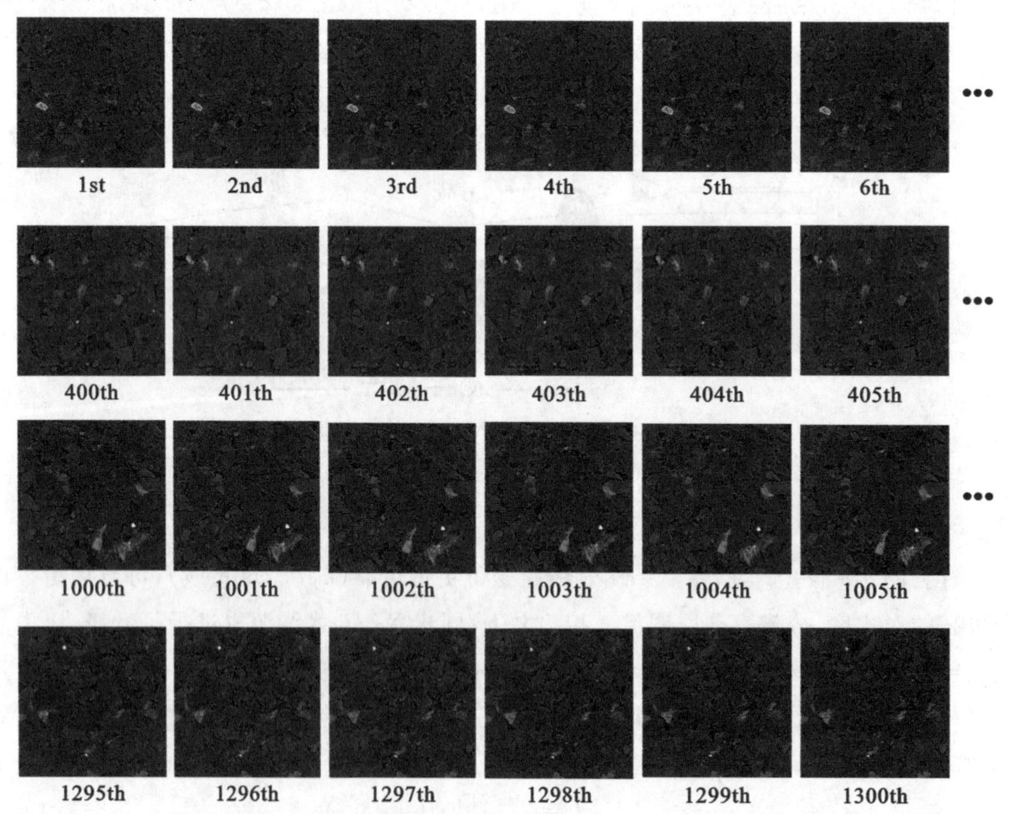

图 10-14　北部湾盆地涠西南凹陷流沙港组砂岩 Z24 的 Micro-CT 扫描原始图像切片集展示

注:扫描共计 1300 张,分辨率为 0.95μm/像素,图像大小为 1656×1656 像素。

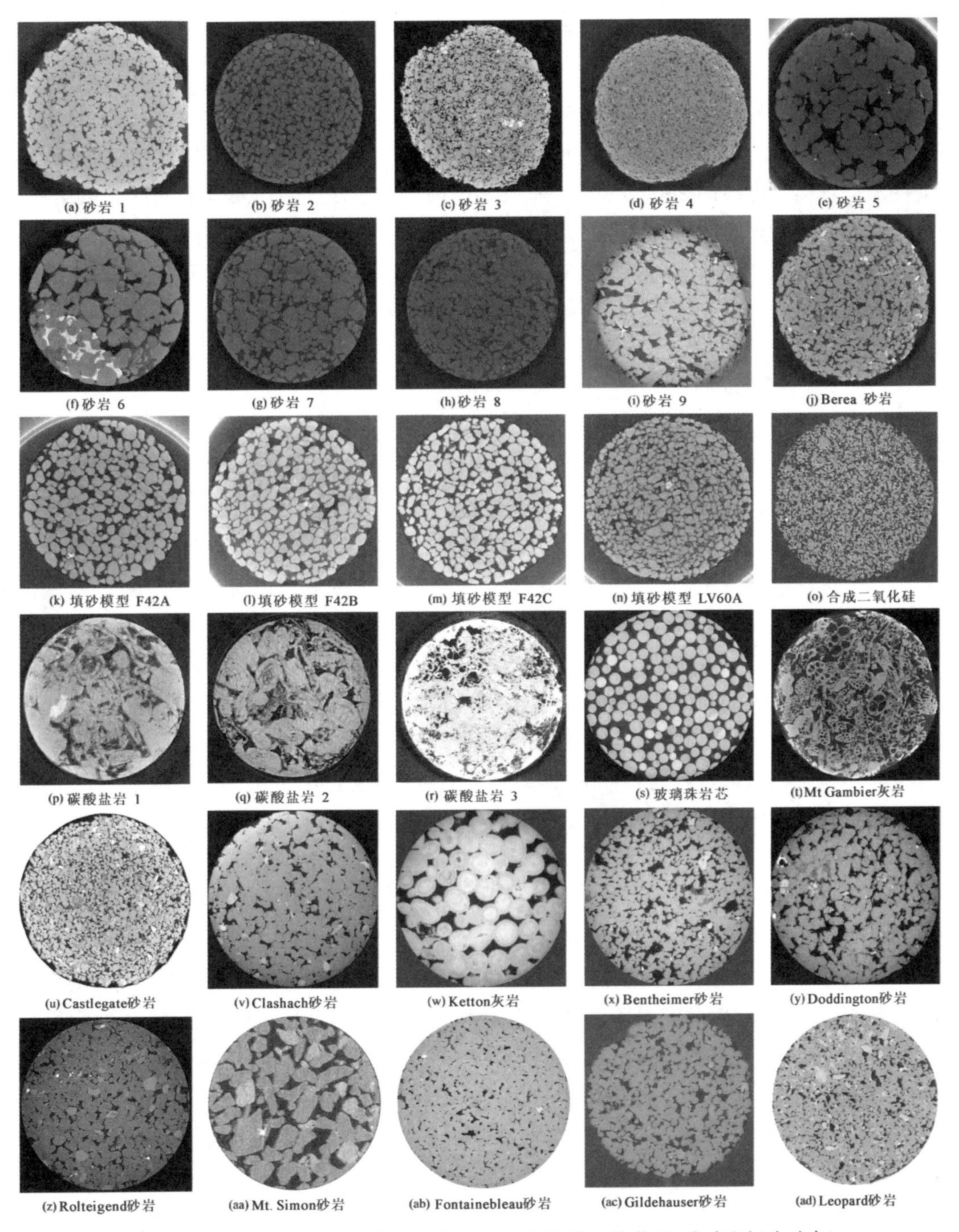

图 10-15　不同孔隙介质样品的三维 micro-CT 图像二维截面(孔隙空间为暗色)

注:(a)—(r)数据来源于 Dong(2008);(s)—(u)数据来源于 Sheppard and Prodanovic(2015);(v)—(y)数据来源于 Shah et al.(2016);(z)数据来源于 Moon and Andrew(2019);(aa)数据来源于 Kohanpur et al.(2019);(ab)数据来源于 Latief et al.(2010);(ac)数据来源于 Berg et al.(2018);(ad)数据来源于 Herring et al.(2018)。

第三节　孔隙网络模型构建与数字岩石物理

孔隙网络模型的核心要义是确定孔隙在二维平面以及三维空间的位置。目前，确定孔隙位置的方法主要分为两大类：一是利用物理实验成像，然后进行孔隙、固体分割；二是利用算法进行条件重构。不同的多孔介质类型具有不同的约束条件。对于重构岩石的孔隙结构，此处的条件一般要考虑孔隙结构参数、矿物颗粒参数的约束，或者要考虑特殊的沉积过程与成岩因素等地质要素。如果只是探究多孔介质结构对广义性质的影响，则可无条件地随机重构。

一、图像的组成与处理

研究孔隙结构与颗粒结构最直观的方法就是对其进行成像。在上一节中，对铸体薄片、扫描电镜、CT成像等二维与三维的技术方法进行了介绍。孔隙网络模型的构建是基于孔隙结构图像而构建的，首要也是最关键的一步就是对孔隙结构图像进行数字分析。其中，铸体薄片是彩色图像。比较而言，扫描电镜与CT成像则是灰度图像。灰度图像是指每个像素点只有一个采样颜色的图像，该颜色种类只有纯黑，中间的渐变灰色以及纯白。下面，对图像的颜色与组成的基本原理进行阐述。

图像是以二维数组或矩阵形式组成的数字集合，其基本单元为像素(pixel)。由二维图像集可以构建成三维图像，即二维矩阵叠加为三维矩阵，在三维图像中，叫做体素(voxel)。那么，图像的大小即为该矩阵的大小，长或者宽所占据的像素数。图像的总大小即为总像素数，长与宽的乘积。目前，市场上高清2K屏幕的显示图像大小为2560×1440像素，共计约360万像素，移动数字电话端已经达到4100万像素。图像的像素组成越多，越细腻。像素组成越少，就会呈现马赛克效应。图10-16为CT切片图像展示的砂岩孔隙结构。虽然孔隙度没有变化，但是随着图像像素的减少，孔隙的细节就会慢慢失真，孔隙与颗粒边缘会呈现出像素点造成的毛刺状与阶梯状。最为明显的是，最后100×100像素中，孔隙图像已经完全可以看出明显的像素方块。这就是孔隙结构简化之后的失真。但是，图像的像素数目越小，图像所占有的存储空间就越少，数字模拟所需的计算成本也就越低。因此，图像的大小与结构属性分析的精度、计算成本是一个竞争关系，需要选取一个折中的办法。与图像大小密切相关的是分辨率(resolution)，即每英寸图像内的像素点数。相同视域(field of view)下，图像像素点越多，图像越细腻。如图10-16所示，在相同的800μm×800μm的绝对尺寸下，像素点从800×800像素到100×100像素时，图像越来越粗糙，细节越来越少。有时，专业上也利用每个像素点所代表的绝对长度来表示清晰度或者分辨率，单位为μm/像素，其值越小，分辨率越高。致密砂岩通常需要小于1.0μm/像素的成像技术，否则无法识别清晰的孔隙、固体边界，也无法清晰地对细小的喉道进行成像。对于页岩与煤基质孔隙，则需要小于50nm/像素甚至是更小的成像技术。

灰度图像(gray image)是指图像中每像素点只有一个采样颜色的图像。灰度值(gray value)显示从最暗的黑色(灰度值=0)到最亮的白色(灰度值=255)，中间是许多级的渐变灰

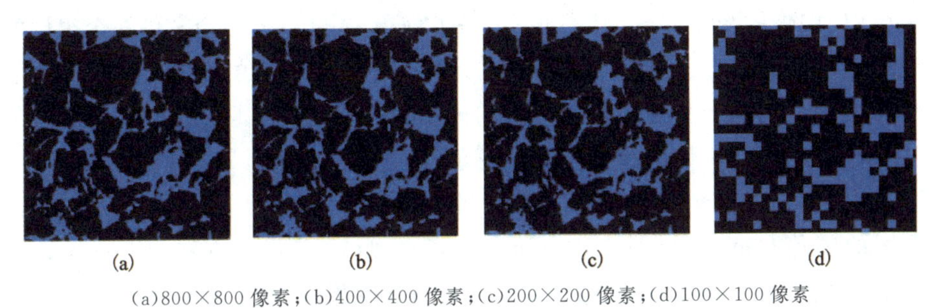

(a)800×800 像素；(b)400×400 像素；(c)200×200 像素；(d)100×100 像素

图 10-16　相同物理面积(800μm×800μm)在不同分辨率/像素数下的成像效果

色(如灰度值=125)。灰度图像与二值黑白图像不同,在计算机图像领域中黑白图像只有黑色与白色两种颜色。二值图像(binary image)的二维矩阵仅由 0、1 两个值构成,“0”代表黑色,“1”代表白色。由于每一像素(矩阵中每一元素)取值仅有 0、1 两种可能,所以计算机中二值图像的数据类型通常为 1 个二进制位。数字岩芯分析中,二值图像常用于孔隙、固体分割之后的图像,经常 0 或者 1 表示孔隙或者固相,这样的方式方便后续的建模、查找与计算。灰度图像与黑白二值图像不同,灰度图像在黑色与白色之间还有许多级的颜色深度。Micro-CT 与医学 CT 扫描的原始图像、扫描电镜图像为灰度图像。而孔隙、固体分割之后的图像为二值图像。由灰度图像到二值图像的过程叫做二值化。在数字图像分析中,二值图像占有非常重要的地位,图像的二值化使图像中数据量大大减少,节省存储空间从而能凸显出感兴趣目标的轮廓。

CT 扫描获得的岩芯灰度图像中存在系统噪声(点),对提取孔隙-颗粒区域造成了干扰,因此 CT 图像处理第一步是通过滤波算法增强信噪比。常用的滤波算法有低通线性滤波、高斯平滑滤波及中值滤波。一般选用中值滤波器(median filter),经中值滤波器进行滤波处理之后,孔隙和颗粒之间的边界变得自然与平滑,同时也去除了由于颗粒粗糙面所产生的粒内噪点。图像二值化的关键在于分割阈值的求取,一般采用实测孔隙度为约束条件,寻求到的最佳分割阈值来对图像进行分割,达到视觉上最佳的孔隙、固体分割(图 10-17),阈值 $k*$ 的公式为:

$$f(k^*) = \min\left\{ f(k) = \left| \varphi - \frac{\sum_{i=I_{\min}}^{k} p(i)}{\sum_{i=I_{\min}}^{I_{\max}} p(i)} \right| \right\}$$

式中,k 为灰度阈值;$I_{\max}$,$I_{\min}$ 分别为图像的最大、最小灰度值;$p(i)$ 为灰度值 i 的像素数,灰度高于阈值的像素表现为孔隙,剩下的像素代表颗粒。

以最终搜寻到的 k^* 作为分割的最佳阈值。在此基础上,还可根据实际需要,采用数学形态学算法对其分割之后的二值图像作进一步精细处理,即通过开运算移除孤立体素,通过闭运算填充细小孔洞,连接邻近体素等。

另外,自动获取阈值 $k*$ 的二值化集成算法有最大类间方差法(Ostu 法),其基本原理为:将图像分成背景和目标两部分,使背景和目标之间的类间方差越大。目前,除了二值化算法外,也有利用语义分割算法,实现多相分割,应用在矿物学、纺织以及含油水相的灰度图像的分割。一张灰度图像的灰度(0～255 数值)为一个分布,灰度直方图会提供一个很好的视觉方法来证明阈值范围。一个好的单峰或双峰直方图具有尖锐的峰值。峰值一般表示某一相的颜色非常集中,使应用基于直方图像素计数的阈值范围更容易,其阈值一般划在两个峰值的中间。这种操作方式下,一幅图像仅有一个阈值,即全局阈值(图 10-17)。然而,对于更均匀分布的灰度直方图或可变光照的图像,与传统的全局阈值相比,最好选择自适应阈值,动态调整每个像素的阈值(Gonzalez and Reading,1992)。自适应阈值方法(Chow and Kaneko,1972)虽然计算代价昂贵,但自适应阈值方法是最精确的阈值形式,它将图像分割成一组重叠的子图像,并为每个子图像确定最优阈值。

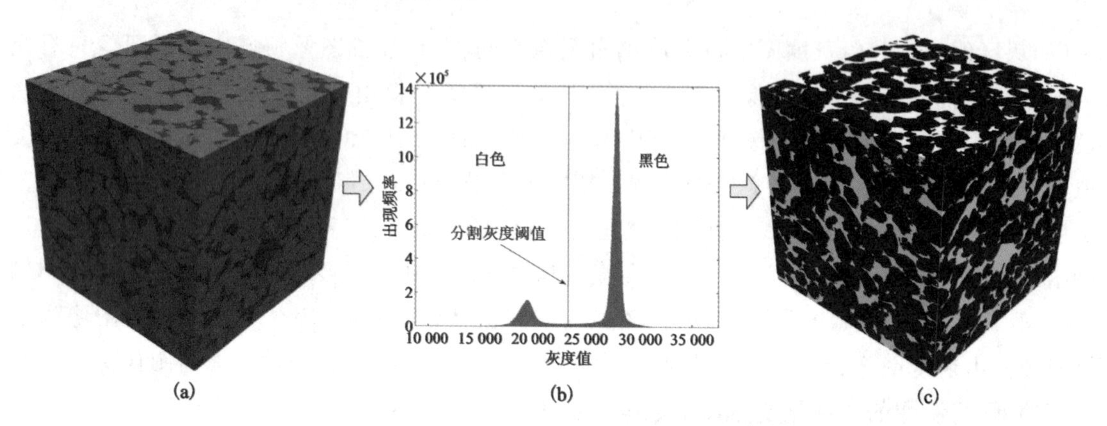

(a)Gildehauser 砂岩结构;(b)对应 Micro-CT 图像灰度值直方图;

(c)二值分割图像(孔隙空间以白色表示,实体矩阵以黑色表示)

图 10-17 基于 Otsu 方法对 Gildehauser 砂岩 Micro-CT 图像集的分割过程图(据 Fu et al.,2021)

二、基于物理实验法孔隙网络模型的构建

(一)早期的概念化模型

微尺度上储层结构非均质性评价,主要依靠微观结构评价指标,结构模型很难表示完整的非均质性属性变化。不过,定性比较不同类型的孔隙喉道类型和形状也可以直观反映储层微观结构特征。早期的孔隙-颗粒结构模型为概念化的模型。罗蛰潭(1986)划分了 5 种砂岩孔隙结构模型如下。

1. 孔隙缩小型喉道

孔隙缩小型喉道为孔隙的缩小部分[图 10-18(a)]。这种喉道类型往往发育于以粒间孔隙为主的砂岩储集岩中,孔隙和喉道较难区分。岩石结构多为颗粒支撑,胶结物较少甚至没有。孔隙结构属于大孔粗喉,孔喉直径比接近于 1。

2. 缩颈型喉道

缩颈型喉道为颗粒间可变断面的收缩部分[图 10-18(b)]。当砂岩颗粒被压实而排列比较紧密时，或颗粒边缘被衬边式胶结时，虽然保留下来的孔隙比较大，但颗粒间的喉道却大大变窄。此时，储集岩可能有较高的孔隙度，但其渗透率却可能较低。此类孔隙结构属于大孔细喉型，孔喉直径比很大。常见于颗粒点接触、衬边胶结型的储集岩中。

3. 片状喉道

片状喉道呈片状，为颗粒之间的长条状通道[图 10-18(c)]，可分为窄片状和宽片状两种类型。当砂岩压实程度较强，孔隙相互连通的喉道实际上是晶体之间的晶间隙，其张开宽度较小，形成窄片状喉道。当沿颗粒间发生溶蚀作用时，可形成较宽的片状喉道或管状喉道。

4. 弯片状喉道

弯片状喉道呈弯片状，为颗粒之间的长条弯曲状通道[图 10-18(d)]。砂岩压实程度较强，且颗粒边缘有晶体再生长现象或颗粒边缘有溶蚀现象，反映出成岩作用强烈。

5. 管束状喉道

当杂基及各种胶结物含量较高时，原生的粒间孔隙有时可以完全被堵塞。杂基及各种胶结物中的微孔隙（小于 0.5μm 的孔隙）本身既是孔隙又是喉道[图 10-18(e)]。此外，如果岩石中发育张裂缝，则为流体的运动提供了大型的板状通道。从整个储层的角度来看，砂岩中的张裂缝可以看作是一种大的汇总的喉道。

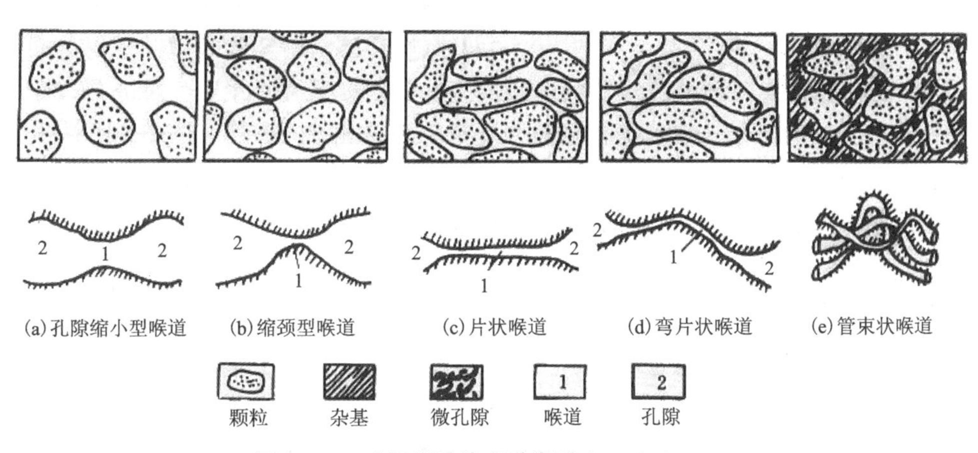

图 10-18 碎屑岩孔隙喉道类型（据罗蛰潭，1986）

碳酸盐岩储层孔隙结构模型较砂岩复杂得多，很难用统一的模型表示。一般常见的喉道类型有 7～8 种（吴胜和，1998），但归纳起来主要有孔隙缩小型喉道、管状喉道、溶蚀解理型喉道、微裂缝型喉道 4 种（图 10-19）。

（二）现代 CT 成像技术

数字岩芯的孔隙网络模型的构建也经历了漫长的更迭与完善。基于毛细管管束模型，Kozeny-Carman 方程被提出来求解渗透率后，人们就意识到对复杂孔隙结构的定量建模可以

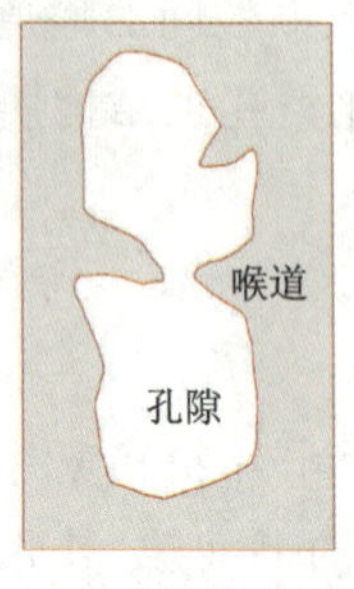

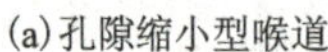
(a)孔隙缩小型喉道

(b)管状喉道

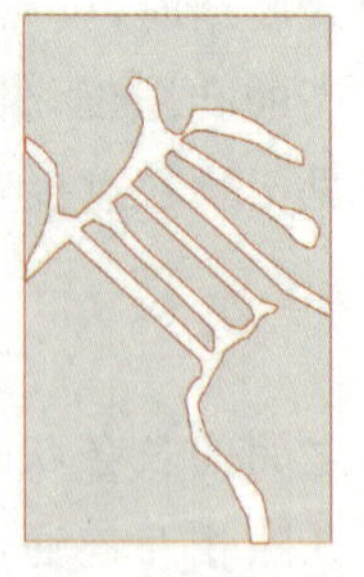
(c)溶蚀解理型喉道

(d)微裂缝型喉道

图 10-19 碳酸盐岩储层孔隙喉道类型

准确表征储集岩的输运行为。早在1956年，Fatt就对毛细管管束模型加以改进，提出了一种孔隙网络模型来描述岩石的渗流网络，通过在2D规则的晶格模型中随机给定格子半径，利用简单的网络模型来研究地下水的毛细管压力。但是这种孔隙结构仍然未能代表真实的储集岩内部复杂孔隙结构。从上节可知，依据不同物质对X射线的吸收系数的不同，CT图像可以对岩石内部进行了真实的孔隙结构与颗粒结构的捕捉。因此，基于物理实验类的3D孔隙网络模型的构建都需要对真实的孔隙结构进行直接或者间接成像。然后，利用这些真实成像的2D数据叠加构建3D模型。目前，主要有以下物理实验方法：序列切片成像法、FIB-SEM和X-ray CT扫描法。不同的成像方法具有不同的分辨率(图10-20)。

序列切片成像法(serial section imaging)是利用逐次实验制得2D切片图像，然后叠合成3D图像的实验方法(Lymberopoulos and Payatakes，1992；Vogel and Roth，2001)。但是，该实验过程比较复杂：首先，为保持孔喉形态的完整，向岩芯中注入一种染色剂(ERL-4206)，使其在高温(约70℃)下固化。其次，切割表面厚度约为7.5μm的一层并抛光，用光学显微镜在同一视域下拍摄其2D孔隙结构图像。再次，重复上述过程，直到获得满足一定数量的2D岩石切片。最后，通过图像处理、叠加即可得到3D孔隙网络模型。因此，该方法需要大量的时间成本与人力成本，也需要保证每次拍摄的视域相同，这一点在实际操作过程中很难实现。所以，该方法目前在微尺度储层地质学里面未被沿用。但是，该技术的思想依旧在材料物理里的3D表征方面被沿用。

与序列切片成像方法、FIB-SEM相比，X-ray CT扫描法构建的真实孔隙网络模型具有无损(非侵入)样品、实验与时间成本较低、分辨率可大范围调整，扫描结果连续性好等优点。因此，基于实验成像类的微尺度储集岩的孔隙网络模型的构建一般利用CT进行。从2D系列CT原始切片到3D真实孔隙模型一般会经历两个步骤，即原始连续CT图像孔隙、固体分割和3D建模可视化。随着对一个物体的切片记录数量的增加，各向异性的测定变得更加准确。2D图像成像基本上依赖于仪器的工作原理，而3D孔隙网络模型的重建则依赖于软件算法，可以通过多种方式实现。从2D平面到3D空间的信息，根据分辨率的不同，需要根据统计公式进行立体背投影。根据建模过程中数据描述方法的不同，将3D数据场的绘制分为两大类：一类是基于2D图像边缘或轮廓线提取，并借助传统图形学技术，通过几何单元拼接拟和物体表面来描述物体的3D结构，称为表面绘制方法，又称为间接绘制方法；另一类是应用视觉原

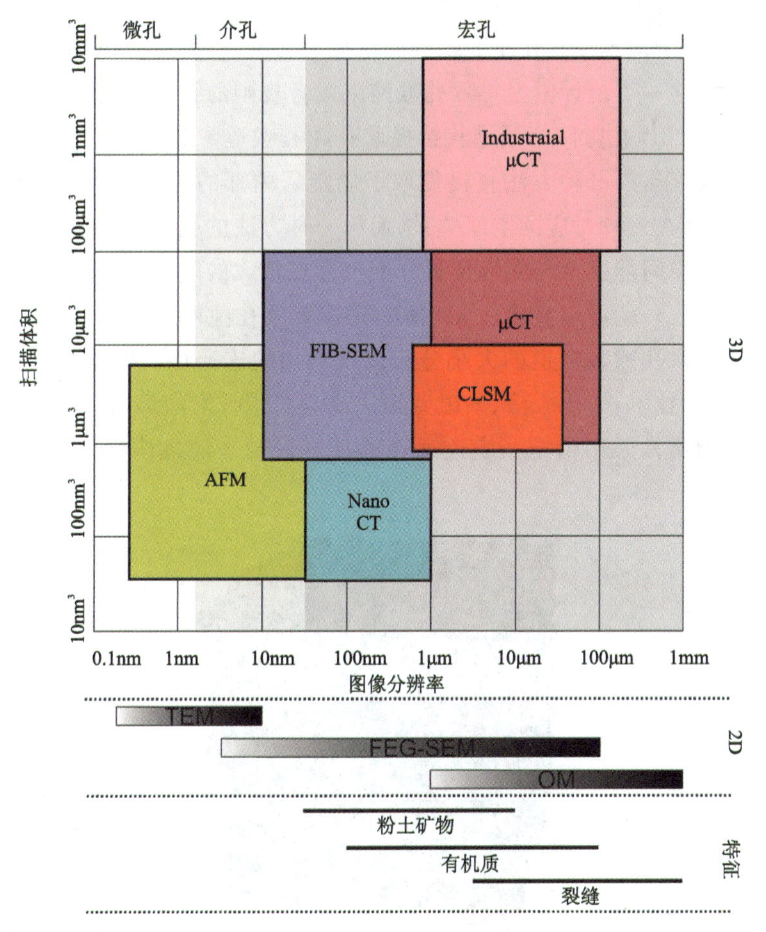

图 10-20 研究储层微结构不同成像技术及其相应的扫描视域和分辨率(据 Chandra and Vishal,2021)

注:每个框内的区域表示每种方法可以容纳的扫描体积和图像分辨率,扫描体积和图像分辨率呈现反比关系。

理,通过对体数据重新采样来合成产生 3D 图像,直接将体素投影到显示平面的方法,称为体绘制方法,又称直接绘制方法。这些 3D 模型的绘制算法目前已经成功被集成到成像软件或者插件中,使软件具备实时的平移、旋转、放大或缩小,测量距离、计算体积等功能。将同一仪器获得的 2D 图像切片合并成固定的样本方向的 3D 图像很容易生成并且可视化。然而,在将不同实验方法获得的 2D 图像信息合并到 3D 图像上时往往具备很大的挑战。此外,将不同分辨率的图像数据(如X-ray光谱获取的 2D 矿物化学图与 3D X-ray CT 图像)进行叠加,难度则更大。

三、孔-喉网络模型构建

孔-喉网络模型又称为等效孔隙网络模型,是基于真实的 3D 微观孔隙网络模型而提取的孔隙网络结构,并通过理想的规则几何体单元来等效孔隙和喉道。上节中的孔隙网络模型是孔隙体素在空间中的分布模拟,虽然可以放大、旋转和切片展示显示出孔隙体素的分布特征与连通性,但是不能定量化确定孔隙体与喉道的半径分布、配位数、形状因子等定量参数。不同的孔隙空间表征实验技术对构建具有代表性的孔喉孔隙网络的方式存在不同的限制。

目前有3种方法来构建多孔介质的孔喉网络模型。第一种方法是利用2D图像的基本形态学参数的分布，建立一个统计学上等效孔喉网络或者规则的孔喉网络(图10-21)，第二种方法是直接实验测试的3D孔隙网络模型直接提取孔隙和喉道参数形成3D孔喉网络模型。两种方法的根本区别在于，第二种方法直接提取了储集岩内部的孔隙结构，使等效孔喉结构与真实孔隙结构之间存在一一对应的空间关系，而第一种方法的孔喉网络仅在统计意义上等效于真实模型系统，在空间配置上与孔喉位置分配上存在很大的随机性。总之，如果有3D孔隙网络模型(实验或合成)，就可以直接从3D模型构建等效孔隙网络模型，利用图像分析技术，分割孔隙与喉道，提取孔隙和喉道的大小分布以及它们的连通性。但是，如果孔隙结构的实验数据来源于非成像技术，如压汞法、核磁共振法或者气体吸附法等，这些技术并不具备孔隙空间的所有特征，则通常采用给定一定连通性的计算规则来随机构建等效孔隙网络(Jivkov and Olele，2012)。

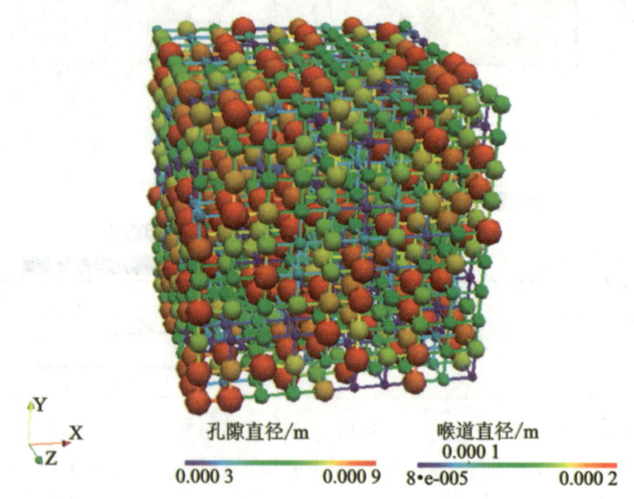

图10-21 方案初始几何为10×10×10孔隙构成的规则网络(据Barbara et al.，2020)

最大球算法(Silin and Patzek，2006；Al-Kharusi and Blunt，2007)。Al-Kharusi和Blunt(2007)采用并发展了该方法，提出一套更全面的标准来确定最大球位置，但却使用了大量的计算机内存和时间，因此该方法被限制在包含小于1000个孔隙体的相对较小的孔喉模型系统中。此外，他们的方法容易形成具有很高配位数的孔隙。为了克服上述问题，Dong和Blunt(2009)在Al-Kharusi和Blunt(2007)算法的基础上开发了两步搜索算法，该算法发明了一种聚类过程，通过将最大的球按大小和等级归属到族谱中定义孔隙与喉道。这种方法清楚地识别了较大的孔隙，但往往会识别出一连串较小的空隙(尺寸小于图像分辨率)。目前，孔喉网络模型的生成和建模中的问题是对于具有复杂孔隙几何形状的真实材料中孔隙和喉道仍缺乏具体的物理定义。因此，可以为相同的材料或3D孔隙网络模型创建多个孔喉网络模型，但没有直接的方法来定义一个网络是否比另一个网络更具物理代表性。Vogel(2000)已经证明不同的孔喉拓扑结构具有相似的保水曲线(water retention curve)。相反，Ams等(2004)已经证明不同的孔喉网络拓扑会导致不同的相对渗透率。

最大球算法将多孔介质的孔隙空间视为由孔隙和喉道所组成的几何体，将其简化为球-

根模型来表征孔隙网络。若某个球体完全处于某个孔隙空间且不包含在任何其他球中，则该球可被称为一个最大球，即一个孔隙，搜索最大球之间的链接即得到喉道。最大球尺寸可由球心C和半径R来描述，由于三维数字图像由离散体素构成，具有不连续性，难以给出一个精确的单一半径值，因此使用一个半径范围代替单一的半径值来描述最大球的大小。将半径的上限和下限分别记为R_{RIGHT}和R_{LEFT}，其中R_{RIGHT}为球心到最近基质体素的欧氏距离，R_{LEFT}为球心到最远孔隙体素的欧氏距离。则有$R_{\mathrm{LEFT}}^2 \leqslant R^2 \leqslant R_{\mathrm{RIGHT}}^2$（图10-22）。

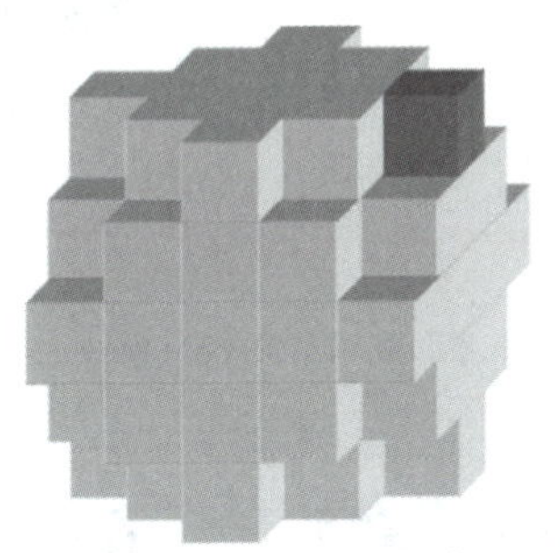
(a) 半径上限$R_{\mathrm{RIGHT}}^2=0^2+2^2+2^2=8$

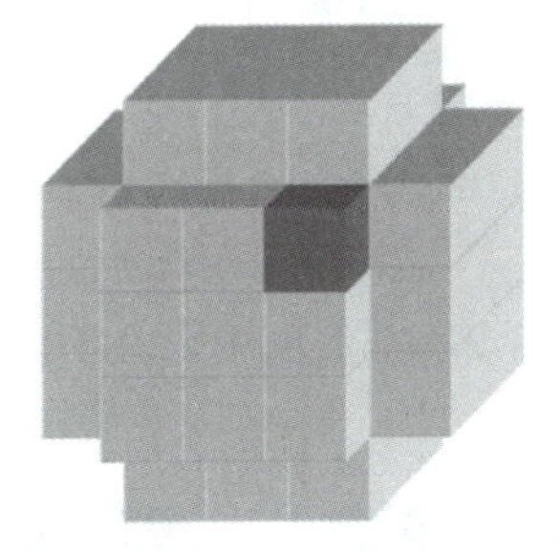
(b) 半径下限$R_{\mathrm{LEFT}}^2=1^2+1^2+2^2=6$

图10-22　最大球半径上限和下限图示说明（据Dong et al.，2009）

通过扩张收缩算法检索孔隙边界，对每个孔隙体素构建孔隙空间最大内接球，移除所有被包含的内接球（冗余球）则可得到最大球（图10-23）。假设B球（球心表示为C_B）被A球（球心表示为C_A）所包含，则两球球心距离dist(C_A，C_B)满足dist(C_A，C_B)$\leqslant R_{\mathrm{RIGHT\ A}} R_{\mathrm{LEFT\ B}}$。采用聚类成簇算法进行孔隙喉道识别。以一个最大球2倍半径为搜索范围搜寻半径小于或等于它且与它相交的最大球，它们的集合称为单簇（图10-24）。每个最大球去依次重叠与它相邻的半径小于它的最大球，得到最大球多簇（图10-24）。多簇中，半径最大的球被称为该多簇的祖代，代表一个孔隙空间，其余均为它的后代。若一个最大球有两个祖代，则为喉道。按照最大球半径从大到小的顺序依次进行孔隙及喉道的识别，最终的最大球集合即可完整地描述多孔介质的孔隙网络。数字图像的质量受图像分辨率大小的影响，所以在基于体素点用最大球算法进行孔隙与喉道的识别划分时，更高分辨率成像可以识别出更精细的孔隙与喉道特征。利用最大球算法，对低渗致密砂岩样品进行孔喉网络模型的构建，结果如图10-25所示。结果表明，随着物性减小，孔隙体的分布具有空间非均质性，其孔隙半径、孔隙数、喉道半径、喉道数，以及配位数都存在一定程度的下降。

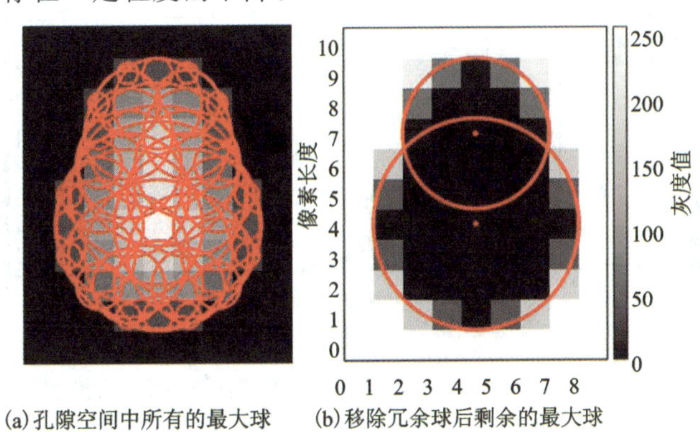

(a) 孔隙空间中所有的最大球　(b) 移除冗余球后剩余的最大球

图10-23　最大球搜索算法示意图（据Frederick et al.，2017）

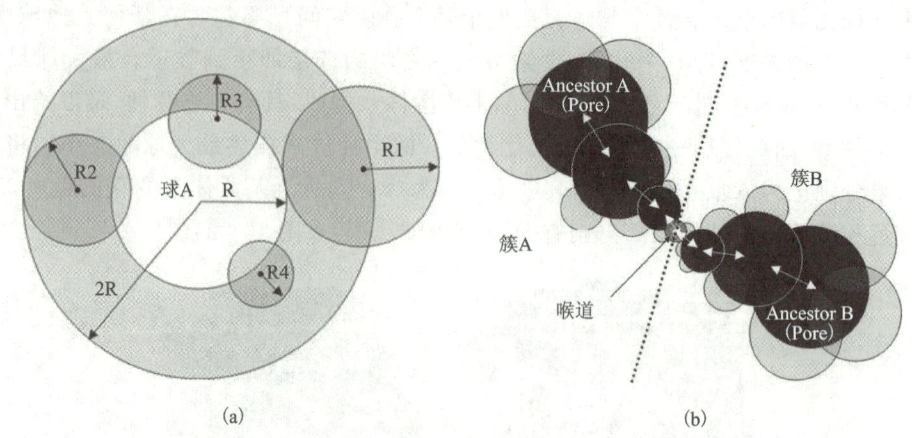

图 10-24 单簇形成示意图(a)以及多簇及喉道形成示意图(b)(据 Dong et al.,2009)

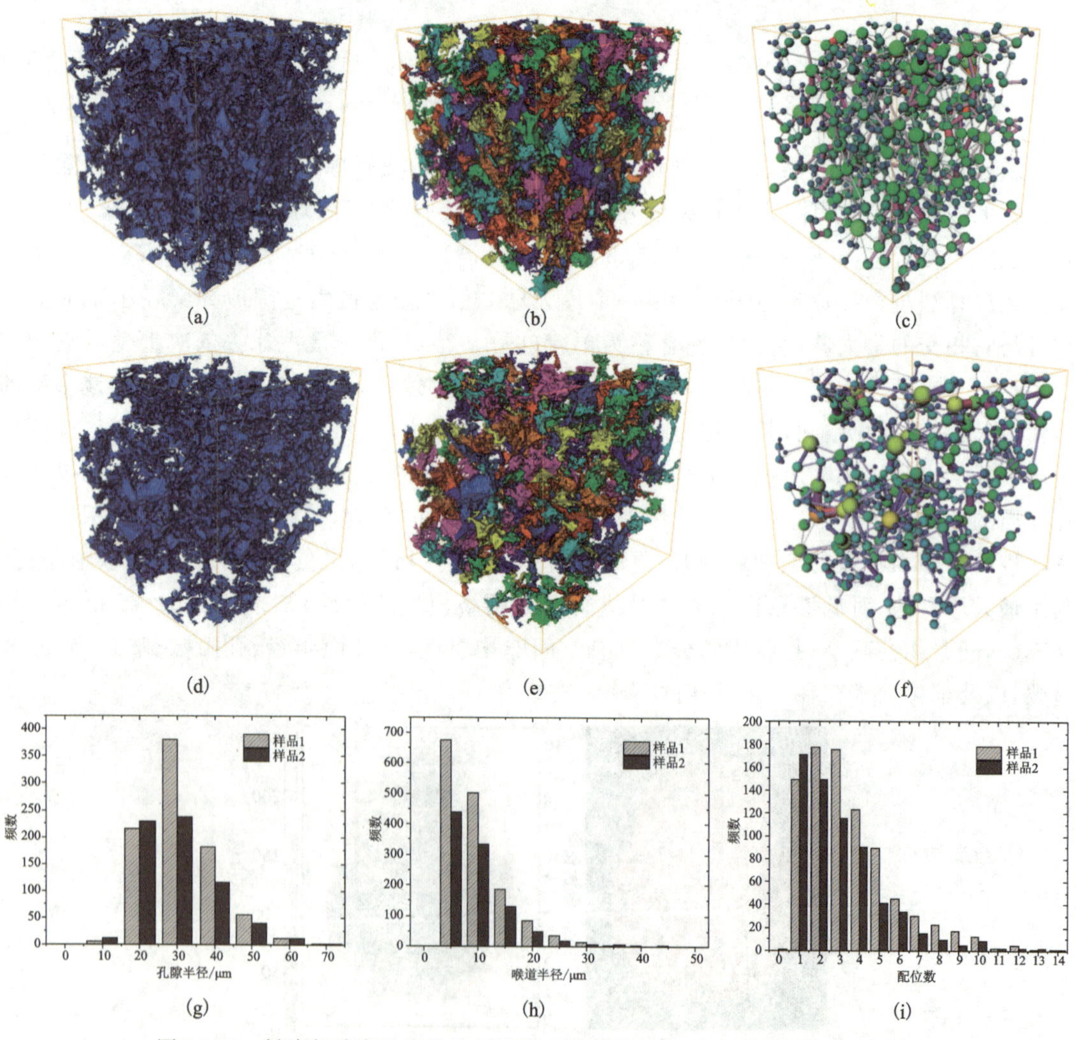

图 10-25 低渗与致密砂岩孔隙网络模型与等效的孔-喉网络模型(a)~(f)及孔隙半径(g)、喉道半径(h)与配位数(i)的分布

尽管孔隙尺度模型的研究取得了很大的进展，但真实展现有代表性尺度的孔喉结构仍然是一个有待解决的科学问题，因为这类多孔岩石的孔径分布非常广泛，包括碳酸盐岩、富含砾石或者黏土的砂岩等。碳酸盐岩储层或致密砂岩储层对于油气提取和二氧化碳封存（“碳中和”与“碳达峰”政策）非常重要。该类储集岩往往使经验岩石物理模型失效，这种失效促进了对其孔喉建模方法的发展——多个孔隙尺度耦合。为了建立双尺度孔喉模型，最初为通过整合不同尺度的图像中，并在每个尺度上生成孔喉网络模型，再经过跨尺度连接，将其集成为单一的双尺度网络（Jiang et al.，2013）。因此，可以采用双尺度孔隙网络模型甚至是三尺度孔隙网络模型来研究页岩、碳酸盐岩甚至是煤岩储层。

如图 10-26 与图 10-27 所示，FIB-SEM 图像展示了页岩中原生有机质和次生有机质具有纳米级孔隙充填。其实煤岩亦是一种双孔隙系统，它有裂缝与基质纳米孔隙组成。2D 平面示意图展示了其孔喉网络模型的构建原理与实例。图 10-26 中深灰色代表固体骨架，黑色代表有机质，深蓝色代表有机孔，绿色代表无机孔，黄色代表黄铁矿。图 10-27(a)代表了原生有机质与固体骨架、黄铁矿（因为其是影响岩石整体导电性质的特殊矿物）共生，图 10-27(b)代表了粒间充填有机质与无机孔、固体骨架共生。图 10-27 中，溶蚀孔隙等效网络模型构建平面原理图，包括粒内溶蚀与粒间大溶蚀孔隙。总之，等效的孔喉网络模型数字化地展示了孔隙跟喉道的空间分布、尺寸大小，以及相互配置关系。所以，在复杂的多类型储层岩中，如何有代表性地构建孔隙网络模型直接决定了岩石的结构分析以及后续的基于孔喉模型的数值模拟分析。

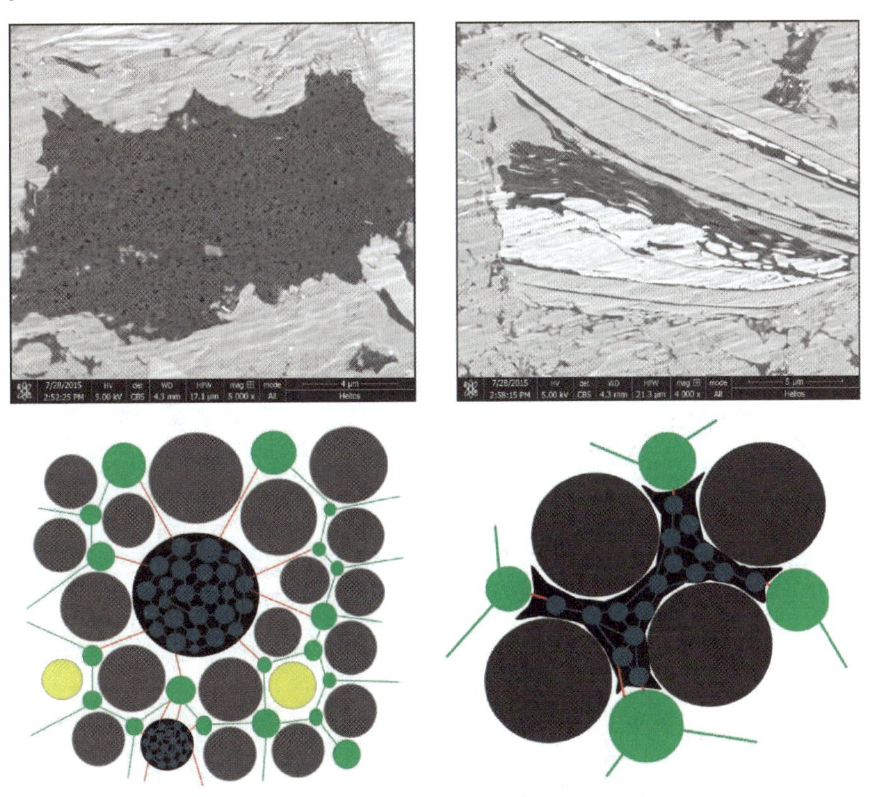

图 10-26 有机质分布特征及孔隙网络建模方法示意图（据田志等，2019）

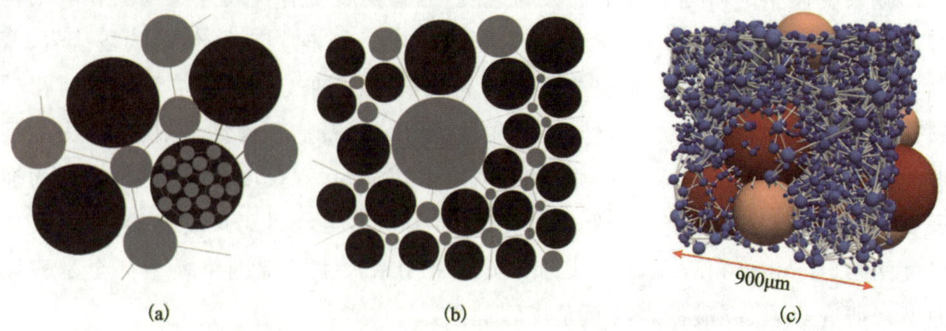

(a)粒内溶孔建模示意图;(b)粒间溶蚀孔洞建模示意图(据田志等,2019);

(c)基于 Micro-CT 构建的双孔隙网络模型(据 Moslemipour and Sadeghnejad,2021)

图 10-27　溶蚀孔隙等效网络模型建立

第十一章　储层裂缝系统评价基础

据统计，在全球范围内裂缝型储层油气产量占整个石油天然气产量的一半以上，裂缝型油气藏是21世纪石油增储上产的重要领域。在我国，近年来也持续发现了一系列的裂缝型油气藏，主要包括华北和渤海湾地区的裂缝型潜山油藏，以及塔里木、鄂尔多斯、四川盆地缝洞型碳酸盐岩和裂缝型碎屑岩油气藏等。不同于常规储层油藏特征，此类油田开发面临的最主要难题是对裂缝的评价，评价储层裂缝要比评价一般储层的孔隙度和渗透率复杂得多。本章主要介绍裂缝描述、探测和评价等方面的基础知识，了解裂缝型储层的基本特征。

第一节　裂缝型储层概述

一、什么是裂缝？

Van Golf-Racht(1982)从地质力学的角度对裂缝进行了定义，即裂缝是失去结合力的表面。破裂是导致给定的物体失去结合力的过程，即裂缝是破裂的结果，也可以说，裂缝是指物体发生破裂作用而形成的不连续面。对于裂缝型储层，我国学者戴俊生(1992)将裂缝定义为岩石中由于构造变形或物理成岩作用形成的面状不连续体。以上分别从结果和成因角度对裂缝进行了定义。

从岩石力学的角度，破裂(或断裂)是指施加给岩石的应力超过了岩石的极限强度，从而发生某种程度破坏(断裂、破碎等)的现象。

从规模上看，一般来说，在破裂过程中发生明显相对位移的裂缝可定义为断层，而没有发生显著位移的裂缝可定义为节理，或狭义裂缝，一般所说的裂缝均指没有发生显著位移的裂缝。

二、裂缝的成因及类型

1.裂缝的力学成因

实验证明，岩石在应力不断增加的情况下，会由弹性变形到塑性变形，再到破裂。岩石开始破裂的应力值称为岩石极限强度，或简称为强度。施加给岩石的应力可以分解为3种类型，分别是张应力、压应力和剪应力。岩石类型和应力形式是决定岩石裂缝形成程度的关键因素，同一种岩石的抗张强度远比抗压强度要小得多(表11-1)。

表 11-1　常温常压下岩石的强度极限(据朱志澄等,1990)

岩石名称	抗压强度/MPa	抗张强度/MPa	抗剪强度/MPa
花岗岩	148(37～379)	3～5	15～30
大理石	102(31～262)	3～9	10～30
石灰岩	96(6～360)	3～6	10～20
砂岩	74(11～252)	1～3	5～15
玄武岩	275(200～350)		10
页岩	20～80		2

注:()内的数表示在这个范围内,括号外的值表示平均值。

从表 11-1 可以看出,任何岩石都会在相应的应力状态下破裂,只是破裂的容易程度不同。最常见的沉积岩类储层都相对容易破裂。

裂缝的力学成因类型归纳起来主要有以下 3 种。

剪裂缝:剪裂缝是由剪切应力形成的。3 个主应力都是挤压时形成的,且剪裂缝具有位移方向与破裂面平行的特征。剪裂缝方向与最大主应力方向以锐角相交(两者一般以 30°相交),而与最小主应力方向以钝角相交。剪裂缝之间的锐角称为共轭角(两者一般以 60°相交)。

扩张裂缝(extension fracture):当 3 个主应力均为压应力时派生的张应力形成的张裂缝。裂缝面与最大主应力和中间主应力平面平行,而垂直于最小主应力方向。扩张裂缝经常与剪裂缝同时形成。

拉张裂缝(tension fracture):拉张裂缝具有位移方向与破裂面垂直并远离破裂面的特征。至少有一个主应力是拉张时形成的。

除此之外,从力学机制上看,还存在一种张裂缝与剪裂缝的过渡类型,即张剪缝。它是张应力和剪应力先后作用的结果,从破裂面上可以识别。

2. 裂缝的类型划分

1)按裂缝形成的地质背景

在地下地质环境下,裂缝的形成受各种作用因素影响,既有岩石本身的,也有外在应力环境的,还有温压和流体性质的影响等。同时,也可以有多期裂缝叠加作用,按裂缝形成时间可以分为同沉积缝、成岩缝、后期改造缝、压力释放缝、风化缝等,反映埋藏到上升剥蚀的过程。总之,裂缝的地质成因背景较复杂,按与地质作用相关的因素,裂缝主要类型归纳起来有构造裂缝、区域裂缝、成岩收缩裂缝、孔隙流体压力裂缝、卸载裂缝、风化裂缝和缝合线裂缝 7 种大类,10 多种小类型。

(1)构造裂缝:归因于局部构造事件或与局部构造事件相伴生的裂缝。包括与断层有关的裂缝系统、与褶皱有关的裂缝系统、与隆升上拱构造有关的裂缝系统和与外星撞击构造有关的裂缝系统 4 种类型。据观察,大多数构造裂缝是剪切缝。

①与断层有关的裂缝系统:断层面即是剪切面。断层近旁的大多数缝平行于断层的剪切缝,或与断层共轭的剪切裂缝,或者是等分这组剪切方向间锐角的张性裂缝(图 11-1)。②与褶皱有关的裂缝系统:褶皱的构造变形史是非常复杂的,发育在褶皱中的裂缝组合也十分复杂(图 11-2)。常见的有纵向张裂缝、横向剪切裂缝、共轭剪切裂缝、缝合线等。③与隆升上拱构造有关的裂缝系统:主要与各类底辟构造(盐、泥质、火山作用等)和基底差异隆起构造(如披覆构造)有关。该类裂缝通常呈环状分布或放射状分布。④与外星撞击构造有关的裂缝系统:外星撞击构造有关的裂缝。

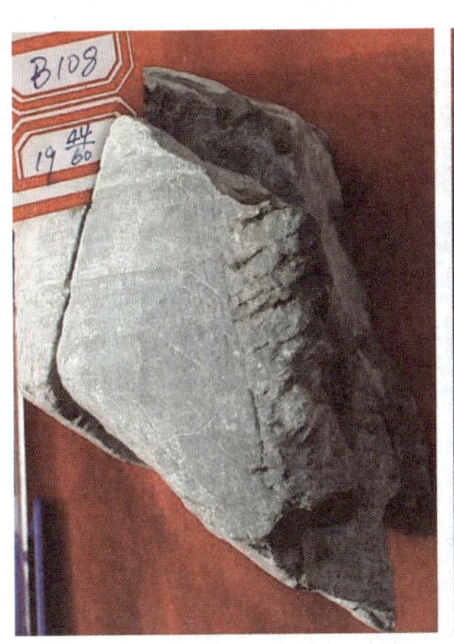

(a)三级裂缝系统组合　　(b)两组裂缝形成的"X"形交叉系统

图 11-1　岩芯中观察到的多组不同裂缝组合形式

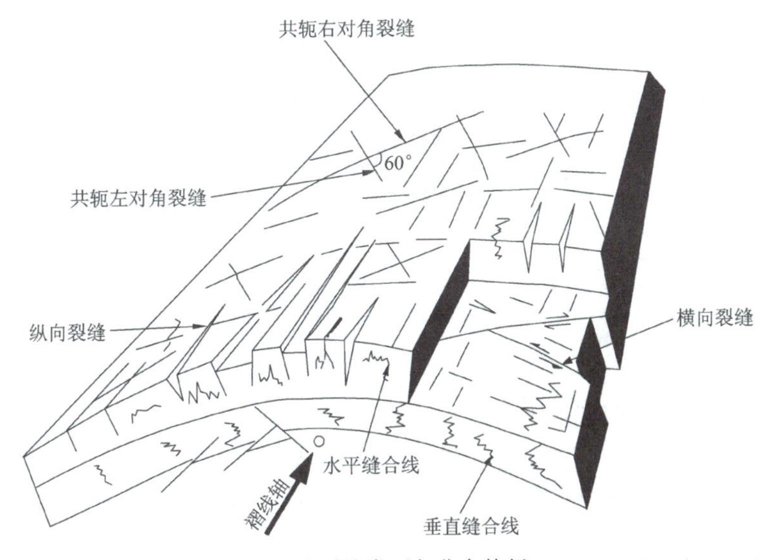

图 11-2　褶皱作用形成的各种裂缝类型与分布特征(据 Van Golf-Racht,1977)

(2)区域裂缝:是指那些在地壳上大面积内发育、方位变化相对较小、总是垂直于主层面的裂缝。区域裂缝与构造缝的主要区别在于区域裂缝几何形态简单稳定,裂缝间距离相对较大,多为两组正交垂直缝,大面积内切割局部构造和多套层系。某些地震引起的大裂缝为区域裂缝。

(3)成岩收缩裂缝:是与岩石总体积的减少相伴生的扩张裂缝或拉张裂缝的总称。包括干缩裂缝、脱水裂缝、热收缩裂缝、矿物相变裂缝等。①干缩裂缝:主要指地表泥质沉积物由于干燥收缩形成的泥裂裂缝。裂缝平面上为多边形,垂向方向上为"V"字形。此种裂缝均被后期沉积物充填,基本无储集意义。②脱水裂缝:主要指矿物在成岩阶段由于化学脱水作用造成沉积物体积减小从而产生的裂缝。裂缝形态为多边状,连通性较好,多见于细粒和碳酸盐岩沉积物中。③热收缩裂缝:岩石在冷却过程中体积收缩形成的裂缝,在岩浆岩中多见,如玄武岩的柱状节理。④矿物相变裂缝:在成岩过程中,岩石物相的转变会产生相应的裂缝。常见的有黏土矿物之间的转化、方解石向白云岩的转化等。

(4)孔隙流体压力裂缝:岩石孔隙压力增加会降低岩石极限强度,当流体压力超过岩石极限强度时,岩石会产生孔隙流体压力裂缝。高压力流体可以来自地下压力封存箱,也可以由高水头造成,甚至可以是人工注水压力所导致的。孔隙流体压力裂缝均是张性裂缝。

(5)卸载裂缝:地层抬升剥蚀,造成上覆压力下降,岩层扩张释放而产生的裂缝。

(6)风化裂缝:岩层裸露受各种物理和化学的风化作用侵蚀,可以形成随埋深增加而发育程度降低的裂缝系统。这类裂缝对于不整合面之下古风化剥蚀储层意义重大,是各类基岩油藏重要的油气储集空间。

(7)缝合线裂缝:缝合线是压溶作用的产物,是在碳酸盐岩成岩过程中常见的裂缝形式。缝合线多为封闭裂缝,对碳酸盐岩储层渗透率的改善作用不大。

2)按裂缝规模

地球物理领域根据裂缝长度与地震波长的关系,将裂缝长度大于1/4地震波长的称为大尺度裂缝,它们在叠后剖面中可分辨;中尺度裂缝长度范围小于1/4地震波长,大于1%地震波长,在实际地震剖面不可识别,通常通过地震方位各向异性技术和叠前衰减属性进行识别;小尺度裂缝远小于1%地震波长,小尺度裂缝地震反射特征极其微弱导致利用地震数据难以识别(陈双全等,2016;代瑞雪等,2017;Wang et al.,2018)。

3)按识别裂缝的资料

根据用来识别裂缝的资料可将裂缝划分为地震尺度裂缝、生产动态数据尺度裂缝、测井尺度裂缝、岩芯尺度裂缝和BHI尺度裂缝(Strijker et al.,2012;薛艳梅等,2014;孙爽等,2019)。

4)根据裂缝对储层物性的贡献

对于裂缝型储层,有学者根据裂缝对储层物性的贡献或裂缝在油藏数值模拟中的表现特征进行分类,如油藏宏观裂缝、油藏细观裂缝和油藏微观裂缝(刘建军等,2017;苏皓等,2019)。

5)根据天然裂缝受限制的岩石力学层界面及裂缝规模

吕文雅等(2021)综合考虑裂缝的渗流作用、地质成因机制及其主控因素,根据天然裂缝受限制的岩石力学层界面及裂缝规模，将天然裂缝分为大尺度裂缝、中尺度裂缝、小尺度裂缝和微尺度裂缝 4 个级次。

三、天然裂缝型储层类型

天然裂缝型储层类型是以裂缝为主，或由裂缝与孔隙，或由裂缝与溶洞，或由裂缝与孔隙、溶洞构成主要的油气储集空间的储层类型。这类储层不同于常规砂岩储层的非常规储层。以裂缝型储层类型为主构成的油气藏可以理解为裂缝型油气藏。随着油气勘探开发程度的增加，裂缝型油气藏越来越多，是值得人们持续关注的一种油气藏类型。对于沉积岩，按岩性类型不同，笔者建议分为 4 种裂缝型储层类型，即裂缝型碳酸盐岩储层（灰岩类、白云岩类）、裂缝型低渗致密砂岩储层、裂缝型泥页岩-煤储层和裂缝型非沉积岩储层。

1. 裂缝型碳酸盐岩储层（灰岩类、白云岩类）

无论是灰岩类还是白云岩类碳酸盐岩储层，按照储集空间类型可以分为 5 种储层类型：孔隙型碳酸盐岩储层、裂缝型碳酸盐岩储层、裂缝-孔隙型碳酸盐岩储层、裂缝-溶洞型碳酸盐岩储层和孔缝洞复合型碳酸盐岩储层。除了孔隙型碳酸盐岩储层之外，其他 4 种类型均与裂缝有关，可见裂缝在碳酸盐岩储层（灰岩类、白云岩类）中的重要性。

裂缝型碳酸盐岩储层形成了国外特大型油田的主体，尤其是裂缝-孔隙型储层。例如，中东地区伊朗的加奇萨兰（gachsaran）油田、阿贾加里（aghajari）油田和伊拉克吉尔库克（kirkuk）油田等储量巨大，由于裂缝发育，渗透性极好，油田产量极高，成为世界上举世闻名的高产油田。在国内，塔河油田、四川油田、任丘油田等大型油田也是举世闻名的碳酸盐岩油藏，裂缝是主要的储集空间和渗流通道，对油田储量和产油能力均有很大影响（表 11-2）。

表 11-2 任丘油田断层及裂缝发育与产能的关系（据吴元燕等，1996）

断层密度/条·km^{-2}	裂缝断层厚度占地层厚度/%	平均有效渗透率/$\times10^{-3}\mu m^2$	平均采油指数/$[10t\cdot(d\cdot MPa)^{-1}]$
1.5	42.1	1740	342
1.3	53.8	1560	264
0.48	34.7	350	143

2. 裂缝型低渗致密砂岩储层

按渗透性的好坏，砂岩类储层一般可以分为常规储层、低渗储层和致密储层三大类。关于低渗透储层的上限有两种意见，一种以 $100\times10^{-3}\mu m^2$ 为界，另一种以 $50\times10^{-3}\mu m^2$ 为界。本书以 $50\times10^{-3}\mu m^2$ 为低渗储层的上界，并进一步分为低渗透储层、特低渗透储层、近致密储层、致密储层、非常致密储层和超致密储层 6 类（表 11-3）。

表 11-3 低渗透及致密储层分类(据吴胜和等,1999 修改)

储层类型	低渗透储层	特低渗透储层	近致密储层	致密储层	非常致密储层	超致密储层
渗透率/$\times10^{-3}\mu m^2$	50～10	10～1	1～0.1	0.1～0.01	0.01～0.001	0.001～0.000 1
孔隙度/%	一般大于 12		一般小于 12			
有效喉道半径/μm	大于 1.0		小于 1.0			

特低渗透储层以下级别储层,由于岩石致密,在构造作用、成岩作用,或人工注水开采条件下,极易产生裂缝,而裂缝在油气储集和渗流过程中起主导作用。我国由陆相低渗透储层、致密储层构成的油田特别丰富,尤其在中生代油藏中多见,例如吉林市的新民、扶余油田;吐鲁番市、哈密市的鄯善油田、丘陵油田,延安市的延长油田、巴音郭楞蒙古自治州的宝浪油田等。美国在得克萨斯州均有典型的粉砂岩和砂岩类裂缝型油田发现。

3. 裂缝型泥页岩-煤储层

成岩致密的泥页岩(含钙质、白云质、碱盐类、硅质等),在合适的成岩和构造环境下,会形成大量裂缝,构成有储集价值的裂缝型泥质岩储层,并形成油气藏。由于泥质岩类孔隙度极低,裂缝是泥页岩类重要的储集介质,构成裂缝型油气藏。国内外非常规储层中泥岩(页岩)、煤层中裂缝多见。详见第十四章、十五章有关内容介绍。

4. 裂缝型非沉积岩储层

详见本章第五节内容介绍。

第二节 裂缝型储层描述参数

对储层裂缝正确的认识主要基于对裂缝基本参数特征的正确描述,这些特征包括裂缝类型、裂缝(单条或多条)基本参数和裂缝物性参数等。

一、基于描述准则的裂缝类型

在裂缝储层表征过程中,应注意对以下裂缝类型的识别和区分,因为它们与成因和储层质量有关。

1)天然裂缝与人工诱发裂缝

天然裂缝是在沉积物沉积或成岩过程中自然形成的裂缝。而人工裂缝则是在人工干预或诱发下产生的裂缝,包括取芯过程中压力释放裂缝、人工储层改造压裂裂缝、核爆炸引发裂缝等。不同的裂缝在岩芯中的表现是不同的,经仔细分析是能够区分它们的。

2)可测量的和不可测量的裂缝

探测地下裂缝需要特定的技术手段,用某一手段能够测量出裂缝宽度、长度、方向性等特定参数的裂缝即可测量的裂缝。而那些不能够测量出裂缝宽度、长度、方向性等特定参数的裂缝即为不可测量的裂缝。在岩芯中肉眼可以看得见,或通过显微镜看得见的裂缝是可测量的裂缝。不可测量的裂缝可能是未在岩芯中出现的,或由于裂缝过分发育,造成岩芯破碎(如角砾岩)的不能评价和描述的裂缝。根据可测量裂缝的成因和分布规律,用适当的方法预测井间不可测量裂缝的密度和分布规律,对裂缝型储层而言是至关重要的。

3)大裂缝和微裂缝

在应用于实际储层描述时,裂缝大小可以用大、中、小等定性的术语加以描述。大裂缝和微裂缝术语的使用可以是相对的。根据裂缝切穿岩层的情况,可将裂缝分为层内裂缝和层间裂缝,或一级裂缝和二级裂缝。

4)张开的裂缝和闭合的裂缝

张开的裂缝能够作为流体通道,也称为有效裂缝,而闭合裂缝不能作为流体通道,也称为无效裂缝。但裂缝的张开与闭合可以是随时间和地质环境的变化而变化的。有些取芯观察是闭合的裂缝,在地下地层压力状态下,往往是张开的。在油气田开发阶段,早期闭合的裂缝随着注水量的增加,中后期也可以是张开的。当然,被成岩矿物胶结的早期储层裂缝,通常在后期一直是闭合的。

二、描述裂缝的基本参数

裂缝的定量表征是裂缝地质建模和裂缝型油气藏勘探开发的基础工作(高尔夫・拉特,1989;侯贵廷,1994a;袁士义和宋新民,2004)。描述裂缝的参数包括大小、方向、性质、种类、发育程度、产状(以走向为主)、开度、密度、充填程度和充填物等(侯贵廷,1994a,1994b;童亨茂和钱祥鳞,1994)。它们在空间的变化是如此的不规则和复杂,以致描述这样的一个裂缝系统要比常规的油藏困难得多。在裂缝描述过程中必须遵循这样一个过程,即从单一裂缝的局部基本特征开始,再考察多裂缝系统,最后在各组裂缝系统中建立空间和时间关系,确定裂缝在油藏中的总体分布规律。

(1)裂缝的性质:裂缝的性质涉及裂缝的开度、充填程度和充填物。多数构造裂缝为张性裂缝、张剪性裂缝或剪裂缝,通常剪裂缝以共轭节理形式出现。

(2)裂缝的走向:裂缝的产状包括倾向和倾角,在裂缝面不易测量的情况下,通常用裂缝的走向。可以编制某剖面或测量面的裂缝走向玫瑰花图,反映该剖面或测量面上构造裂缝的优势方位。

(3)裂缝开度:裂缝的张开度或裂缝宽度可用裂缝壁之间的距离来表示。张开的宽度可取决于(在油藏条件下)深度、孔隙压力和岩石类型。文献中已有的报道表明,裂缝宽度在10～200μm之间变化,但统计资料表明最常见的范围是在10～40μm之间。裂缝的张开度取决于岩石的岩性-岩相的特征、应力的性质和油藏的环境。在油藏条件和地面条件(实验室)

下,裂缝宽度存在差异,这是因为地面条件(实验室)下岩样中的围压与孔隙压力已被释放。

(4)裂缝大小:裂缝的大小指的是裂缝的长度和岩层厚度之间的关系。在这些参数需要做出定性的评价时尤其重要。在这种情况下,裂缝可被评价为小裂缝、中裂缝、大裂缝和微裂缝。国内在碳酸盐岩储层描述中应用如下级别划分(表 11-4)。

表 11-4 碳酸盐岩储层裂缝分级(据袁明生等,2000)

级别	名称	裂缝长度/m	裂缝宽度/mm
Ⅰ	大裂缝	>10	>5
Ⅱ	中裂缝	10~1	5~1
Ⅲ	小裂缝	1~0.1	1~0.01
Ⅳ	微裂缝	<0.1	0.1~0.01

(5)裂缝密度:包括线密度、面密度和体密度 3 种,单位均为 m^{-1}。

线密度(f_l)是与某测量线段相交的裂缝数目(N)和此线段长度(L)的比值,用 f_l表示。

$$f_l = N/L$$

面密度(f_s)是某测量截面上所有裂缝的长度之和($\sum l_n$)与测量截面面积(S)的比值,用 f_s表示。

$$f_s = \sum l_n/S$$

体密度(f_v)是某测量体积内所有裂缝表面积之和($\sum S_n$)与测量体积(V)的比值,用 f_v 表示。

$$f_v = \sum S_n/V$$

其中,体密度最能够真实地反映裂缝的密度,即反映裂缝的真实发育程度,但体密度很难测量;线密度最容易测量,但不能完整地反映裂缝的发育程度。因此,相对而言面密度既容易测量,又能较真实地反映裂缝的发育程度。

(6)裂缝强度:裂缝密度表示了单一层内裂缝的发育程度,如果考虑不同厚度和岩性层之间裂缝发育程度,可以用裂缝强度(FINT)的概念表示。按照 Ruhland 的研究成果,裂缝强度可以用裂缝频率(FF)和岩层厚度频率(THF)的比值表示,即

$$\text{FINT}=\text{FF}/\text{THF}$$

据统计,FINT 的大小代表裂缝带的发育程度,如果 FINT 大于 0.05,这是个裂缝带;如果 FINT 为 0.1 左右,这是个中等的裂缝带;如果 FINT 为 5~10,这是个强裂缝带;如果 FINT 为 20~50,这是个非常强的裂缝带;如果 FINT 大于 100,这是角砾岩。

(7)裂缝的充填性:包括完全充填、半充填和未充填 3 种情况。

(8)裂缝的充填物:主要指裂缝充填物的成分,如方解石充填、泥质充填和硅质充填等。

归纳起来裂缝描述参数如表 11-5 所示。

表 11-5 裂缝描述参数

单条缝	裂缝宽度（开启与闭合）	$\varepsilon=\varepsilon'\times\cos\theta$ 式中。ε 为裂缝面真实宽度(cm)；ε' 为裂缝面视宽度(cm)；θ 为测量面与裂缝面的夹角(°)
	裂缝的长度	裂缝的长度指在裂缝的走向上裂缝延伸的距离
	裂缝的产状	包括倾角、倾向、延伸方向及与层面的关系等。按产状分：水平缝(0°～15°)；低角度斜交缝(15°～45°)；高角度斜交缝(45°～75°)；垂直缝(75°～90°)
	裂缝的充填情况	裂缝中充填矿物的成分和分期性，以及裂缝含油性
	裂缝壁	光滑或粗糙或阶梯面等
多条缝	裂缝网络	裂缝期次、裂缝组合、裂缝交叉，以及基质岩块特征等
	裂缝间距	岩芯上对于同一组系的裂缝应对其间距进行测量，裂缝间距是指两条裂缝之间的距离(e)，裂缝间距的大小决定了裂缝孔隙度的高低
	裂缝密度	体积裂缝密度 $V_{fD}=S/V_B$。定义：裂缝总表面积(S)与基质总体积(V_B)的比值。 面积裂缝密度 $A_{fd}=L/S_B$。定义：指裂缝累计长度 $L=n_f\times\lambda$ 与流动横截面上基质总面积(S_B)的比值。式中，n_f 为裂缝总条数；λ 为平均裂缝长度。也可以将单位面积上的裂缝条数称为视面积裂缝密度。 线性裂缝密度 $L_{Fd}=n_f/L_B$。定义：指与一条直线(垂直于流动方向或指岩芯的中线)相交的裂缝条数和此直线的长度的比值。L_B表示所作直线的长度
	裂缝孔隙度	$\Phi_f=\dfrac{b}{b+h}$，裂缝孔隙度(Φ_f)是裂缝宽度(b)和间距(h)的函数
	裂缝渗透率	$K_f=\dfrac{b^3}{12h}$，裂缝渗透率(K_f)与宽度(b)和层厚(h)的关系

三、储层裂缝的孔隙性

裂缝储层的孔隙性相对单纯的孔隙型砂岩储层类型要复杂得多。裂缝的存在会导致双重孔隙介质或三重孔隙介质存在。双重孔隙介质是指储层为裂缝和基质孔隙两种形式；而三重孔隙介质是指储层为裂缝、基质孔隙和溶洞 3 种形式并存，大大加剧了储层孔隙结构的非均质性程度。

岩石裂缝孔隙度(Φ_f)，定义为裂缝体积(V_f)与岩石体积(V)之比。

$$\Phi_f=\frac{V_f}{V}$$

储层裂缝孔隙度一般小于 1%，因此当基质岩石孔隙度较大时，评价裂缝孔隙度意义不大。只有当基质岩石孔隙度很小时，裂缝孔隙度才重要。

裂缝孔隙度可以通过裂缝宽度和密度资料、岩芯薄片分析、三维岩芯实验、测井资料等手段获得。上述裂缝面密度和体密度参数，可以转化为裂缝面孔隙度和体孔隙度，只要乘以裂缝平均宽度即可。

四、储层裂缝的渗透率

裂缝的存在对储层渗透性的影响远远大于裂缝对岩石孔隙度的影响,因而裂缝是与储层渗透性相关的重要评价参数。裂缝渗透率和基质岩石渗透率并存在裂缝储层中,岩石总渗透率是二者之和。通常,裂缝渗透率高出基质渗透率的数十倍到数千倍,两者差异巨大。

1. 固有裂缝渗透率(K_{ff})

固有裂缝渗透率与流经的单条缝或裂缝网络有关,而与岩石基质无关。流体流动截面积只是裂缝面积($a \cdot b$,a 代表裂缝截面长度,b 代表裂缝宽度)。该渗透率与裂缝宽度和裂缝与流动方向的夹角有重要关系。若夹角为零度,则下式成立。

$$Q = a \cdot b \cdot \frac{K_{ff}}{\mu} \cdot \frac{(p_1 - p_2)}{l}$$

式中,μ 为流体黏度;l 为测试岩石长度;p_1 和 p_2 分别为测试时岩石两端进口和出口的压力。

经计算,固有裂缝渗透率可以用下式表达:

$$K_{ff} = \frac{b^2}{12}$$

2. 岩石裂缝渗透率(或常规裂缝渗透率)(K_f)

在应用达西定律常规计算渗透率时,将岩石基质和裂缝统一作为流体流动单元考虑,不只是考虑裂缝截面,流动截面为裂缝长度(a)乘以岩石单元厚度(h)。此时的渗透率为岩石渗透率,或常用的裂缝渗透率。

$$Q = a \cdot h \cdot \frac{K_f}{\mu} \cdot \frac{(p_1 - p_2)}{l}$$

式中,K_f 为岩石裂缝渗透率;μ 为流体黏度;l 为测试岩石长度;p_1 和 p_2 分别为测试时岩石两端进口和出口的压力。

经计算,岩石裂缝渗透可以用下式表达:

$$K_f = \frac{b^3}{12h}$$

3. 裂缝-基质系统总渗透率(K_t)

由于岩石为多孔介质,总渗透率一般为裂缝渗透率和基质岩石渗透率之和。

$$K_t = K_f + K$$

对于裂缝型储层渗透率的获取和计算没有直接的办法,不过有许多间接的方法可以用来获取裂缝渗透率,如岩芯分析、薄片统计、试井分析、模型计算等。

第三节　裂缝型储层表征技术方法

裂缝探测和评价是在油田开发的勘探和开采不同阶段的各种作业中完成的。所用的方法和技术包括钻井、测井、地震、岩芯、测试、开发动态分析等。如勘探阶段在露头上的观察、实验室里的岩芯实验以及测井过程中应用井下电视等可以直接获得裂缝探测和评价的直接依据。从钻井测试、测井、采油等各种操作中可以获得裂缝探测和评价的间接依据。除此之外，裂缝评价预测常采用物理模拟、数学计算、地应力计算、数值模拟等方法。但是，由于裂缝成因的复杂性，想要依靠某一种方法很难准确表征裂缝，故结合现有勘探实践，查阅国内外相关文献，将裂缝型储层表征技术方法进行系统总结。

一、裂缝野外露头分析与表征

1. 露头裂缝的识别

露头裂缝，尤其是对与地下储层有相似岩性和应力环境的露头裂缝的研究是认识地下裂缝空间分布规律的钥匙。这样所测量的野外露头裂缝参数才能对地下岩芯裂缝中所观测到的裂缝数据具有指导意义。图 11-3 展示了我国鄂尔多斯盆地延长组 7 段致密砂岩天然裂缝景观。

图 11-3　鄂尔多斯盆地延长组 7 段致密砂岩天然裂缝景观(据 Lyu et al.，2022)

野外露头裂缝的研究与岩芯裂缝研究的不同之处主要体现在构造位置、围压和温度、风化作用 3 个方面。

(1)构造位置不同。相同层位和相似构造背景下形成相似裂缝，但由于构造位置的不同，局部构造应力场不同，野外露头裂缝与岩芯中所观察到的裂缝不同。

(2)围压和温度不同。地表处于常温常压，地层多表现为脆性，容易破裂形成裂缝。而处于地下的岩石，在高温高压环境下表现为塑性，相对不易形成裂缝。

(3)风化作用。地表岩石受到风化作用的影响更容易发育裂缝。

2. 露头裂缝研究内容和方法

野外露头裂缝的观测，主要分 3 个步骤。

(1)了解观测区的区域地质概况。野外露头观测前，需要对研究区的地理、露头出露等情况进行调研，了解需要观测区域的路线、构造特征、沉积层序等内容。

(2)描述露头裂缝地质参数。描述内容主要包括裂缝的力学性质,裂缝产状(裂缝的走向、倾向和倾角),裂缝的长度、宽度、充填物及充填程度,裂缝的间距,裂缝在地层中的切穿深度、延伸长度以及裂缝形成的期次等。

(3)数据整理分析。对研究区裂缝观测参数进行数据整理、分析,对研究区裂缝进行研究。

下面简单介绍一些最基本的野外露头裂缝观测方法和内容。

①野外观测点的选定。野外观测点是根据所要解决的问题而选定的,最好是同盆地类似沉积的地表露头。观测点的选定一般不采用均匀布点法。每一观测点的范围依据裂缝的发育情况而定,一般要求有几十条裂缝可供观测,而且最好将观测点选定在既有平面又有剖面的露头上,有利于对裂缝的全面观测。②观测内容。在任何地段观测裂缝,首先要了解区域褶皱与断层的分布、特征以及观测点所在褶皱或断层的部位,然后根据不同的目的、任务,分不同的岩性或地层观测和测量其中不同性质的裂缝,具体参照表11-6的内容予以记录。

表11-6　裂缝观测点记录表头格式

点号及点位	所在褶皱及断层部位	所在地层的年代、层位、岩性和产状要素	裂缝的产状要素	裂缝面及填充面的特征	裂缝的力学性质及旋向	裂缝组、系归属及相互关系	裂缝密度(条/m)	备注

二、岩芯裂缝分析与表征

1. 岩芯裂缝识别

取芯是直接观察地下研究层段的唯一直观方法,岩芯可得到一些重要裂缝参数,是其他任何资料所不可取代的,特别是在油田开发初期。但岩芯较小,且在取芯过程中岩芯很难保持地下原始条件下的状态,使得岩芯不能完全代表地下地层的裂缝发育情况,这是地下岩芯观测裂缝的最大缺点。此外,与露头裂缝相比,岩芯观察不能在横向上追踪裂缝变化,也不能单独确定其准确的方位变化(定向取芯可以做到,配合倾角测井也可以解释方位)。

在观测时,大直径岩芯优于小直径岩芯,因为大直径岩芯能够更好地反映裂缝间距和储层性质。另外,岩芯观察要与合适的测井曲线分析相结合才能更好地对未取芯井进行分析,同时进行岩芯的构造和岩石学描述。

岩芯裂缝的观测,首先要区分岩芯上的天然裂缝(构造裂缝)和人工诱导缝。人工诱导缝是在取芯过程中由于钻头和岩石相碰撞,岩石破裂形成的人工缝,或是岩芯取到地面后,岩芯所处地下高温高压环境变为常温常压环境,导致应力释放而形成的裂缝。天然裂缝是岩芯观测的对象,在岩芯上天然裂缝与人工诱导裂缝有很大差异,主要标志是裂缝内有方解石、泥质等充填物,裂缝面有擦痕、阶步等构造,裂缝之间存在比较明显的组系关系,裂缝向层内具延伸性。

此外，在岩芯裂缝描述时还应注意以下几个方面的问题。

(1)对于裂缝发育带或裂缝密集段，岩芯层段极易破碎，不能观察到实际情况。这时要注意破碎岩块的形态特征，尤其是岩块各个层面特征，区分裂缝发育程度。

(2)水平裂缝或低角度裂缝发育时，要注意裂缝与岩石层理面的区别。前者是断裂面，可以切割岩石颗粒，并穿过各个级别的层面；后者是沉积界面，显示沉积学的沉积特征，层面规律性明显。尽量避免在真实的层理面与岩芯中的断裂面之间引起混乱。

(3)区分裂缝期次，识别闭合的无意义裂缝和张开的有意义裂缝。有些早期成岩阶段的裂缝多数被矿物质充填，对油气成藏和油水流动无作用，可以不作为重点研究。而那些长期张开的裂缝必须详细研究，详细记录分析。

2. 岩芯裂缝的研究内容

岩芯取到地面后应力释放，裂缝开度增大。近年来发展起来的岩芯扫描成像和分析系统能够分析宏观岩芯图像中的裂缝，主要测定裂缝长度、开度、倾角、面积、填充物、填充度，统计总裂缝数、裂缝线密度、裂缝面密度、间距、面孔隙度，并按组系统计裂缝数据，作出玫瑰图，裂缝开度频率图、累计直方图等。实际测量中应将测量后的值还原到地下真实压力，得到地下真实的裂缝开度。岩芯裂缝观测必须与测井和地质分析等方法相结合，才能取得较好的效果。在准确的岩芯归位的基础上，可以用岩芯刻度成像测井的方法由点及线通过已知岩芯裂缝值对未取芯井段裂缝进行预测。

岩芯裂缝观测所得的数据，是对地下裂缝系统进行研究的基础。岩芯观测的内容包括裂缝地质参数的各个方面。

(1)裂缝发育段深度。通过对取芯记录的查询和岩芯盒上深度的测量估算，确定裂缝在岩芯上发育的深度，统计裂缝发育的位置。

(2)裂缝的基本地质参数。主要包括裂缝长度、开度、密度、产状、充填物、充填程度、期次、含油气性、贯穿性、交切关系和力学性质等。

(3)裂缝发育段与岩性的关系。可以通过录井、镜下分析等资料，确定裂缝发育段岩性，也可以在岩芯观察时直接判断裂缝发育段的岩性。

三、裂缝的实验分析与表征

1. 镜下裂缝观察

早在20世纪70年代，地质学家就发现岩石在宏观破裂之前存在很多微裂缝，而宏观裂缝是这些微裂缝继续发展的结果。因此，可以用显微镜对野外样品和岩芯样品进行磨片观察，作为野外和岩芯裂缝资料的补充与参考。

用显微镜对岩石裂缝的观察主要包括普通岩石薄片观察、扫描电镜观察等，主要特点是能对岩石中存在的微裂纹进行描述和统计。但这样的观察随机性大，取决于选择的视域。镜下观察主要是观察裂缝的形态、开度、长度、缝面情况、溶蚀及充填情况、裂缝系数、成因类型以及分期配套关系、裂缝与岩石颗粒及孔隙的关系等。

2. 裂缝破裂有关实验

裂缝破裂实验内容相当广泛，本书仅对 3 种实验做简要介绍。

1)岩石应变实验

利用岩石样品，通过加载测量在不同应力作用下样品的应力-应变过程，直至样品破裂，从而得出岩石样品的应力-应变曲线，这就是岩石应变实验。它给出了不同岩石的受力变形及破裂的全过程。利用这条曲线可以确定岩石的变形极限、破裂强度等力学参数。该实验可以是单轴应力状态的，也可以是三轴应力状态的。三轴应力状态下的应力-应变实验更接近于地下地质条件。

图 11-4 是 Dunham 白云岩三轴不等压的应力-应变曲线图。由图可知，对于同一岩石样品，在不同的围压条件下(σ_2不同)，岩石应变曲线不同，破裂强度也不同。σ_2与应变的关系为近负相关的指数曲线关系。在施加不同的最小主应力(σ_3)条件下，两者呈不同的关系曲线[图 11-4(b)]。

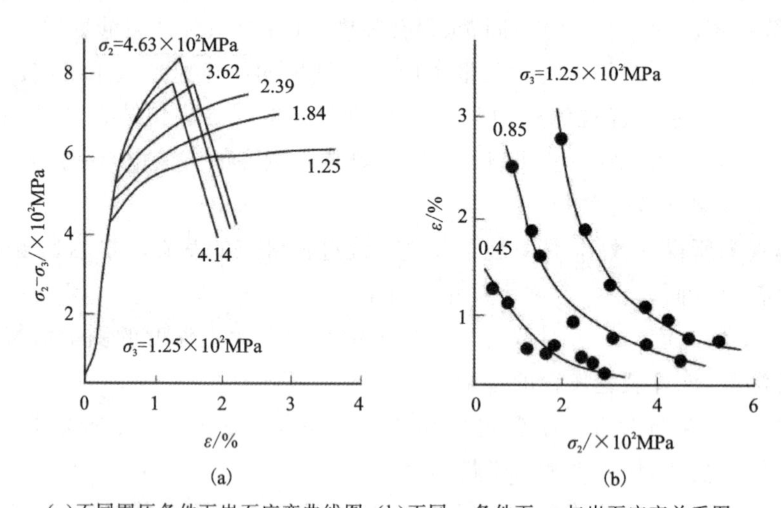

(a)不同围压条件下岩石应变曲线图；(b)不同 σ_3条件下，σ_2与岩石应变关系图

图 11-4 Dunham 白云岩三轴不等压应力-应变曲线图(据 Mogi，1972 修改)

2)光弹模拟实验

模拟岩石变形应力场变化和分布的光弹实验在岩石力学与构造力学中已被广泛采用。其优势在于能够根据实际地质变形特点和初始变形条件模拟出变形中应力场分布情况，并由通过显微照相得到的干涉条纹图像反映出来。根据图像直观地反映出各处应力分布情况和应力集中带，用于预测不同地质变形体与应力集中有关的裂缝发育带。

3)岩石声发射实验

声发射定义为材料内部的应变能量快速释放时产生的一种瞬态弹性波现象。

地下岩层在构造演化过程中受到应力场的作用，通常普遍发育微观的或隐蔽的微裂纹。进行声发射实验时，样品在被模拟的古应力场中受力，当施加的应力值大于或等于微裂纹形成时的应力强度时，微裂纹就会失稳扩展形成不可逆的声发射效应，即 Kaiser 效应。在

Kaiser 效应中，微裂纹最初扩展点所对应的应力值可代表微裂纹形成时的古应力强度，即 Kaiser 效应对古应力场强度的记忆。如继续施加载荷力，不同期次的微裂纹就会不断扩展而形成多个 Kaiser 效应点，并由 Kaiser 效应点的个数和应力分量反映岩石所经历过的应力场期次和强度。

四、裂缝的钻井、测井识别与表征

1. 钻井裂缝识别

一般来说，高渗透带的位置可能出现非常高的钻速、钻压降低、泥浆漏失、放空现象。泌阳凹陷白云岩油区钻井过程中，钻压大小、岩屑含油性、泥浆槽面显示等都可以反映地层裂缝和溶孔发育情况。经过对白云岩井区钻井完井地质报告的详细分析，发现白云岩地层中有众多的含油岩屑、荧光显示和泥浆槽面含油现象，累计有 15 处之多。泌 103 井在 H_2^3 段还发生钻压放空 1.5m 的现象，证明存在裂缝-溶孔（或洞）带。

2. 测井裂缝识别

在测井资料品质好的情况下，可以利用裂缝对测井数据的响应，认识并描述裂缝的特征，包括识别裂缝发育层段，识别裂缝发育地区，测量并统计裂缝参数，确定裂缝的类型，分析裂缝的成因、影响因素和形成时期，建立裂缝参数与孔隙度、渗透率和含油饱和度的定量关系。穆龙新等(2009)总结了不同裂缝系统的测井响应特征，见表 11-7。

表 11-7 不同裂缝系统的测井响应特征(据穆龙新等，2009)

测井曲线类型	裂缝类型		
	低角度裂缝	高角度裂缝	网状裂缝
高分辨率地层倾角	4 条微电阻率曲线都出现尖峰状，导电异常，幅度相近，深度一致	微电导曲线有一条或两条出现延续一定深度的高电导异常	4 条微电导曲线均有似层状的高电导异常，但它们的大小、形状和深度位置不完全一致
声波全波列测井	纵、横波能量和幅度均有所衰减，横波能量的衰减更大	纵波能量有较明显的衰减，后续波出现干扰性变化	纵、横波和后续能量衰减明显
变密度测井	纵横波灰刻度的条纹变浅，出现"人"字形干扰条纹和台阶变化现象	纵横波、后续波有不规则的条纹干扰现象，显示远比低角度裂缝弱	由于能量衰减在灰刻度上黑白条带色淡，且干扰强烈，波到达时间滞后，出见混杂"人"字形干扰波形

续表 11-7

测井曲线类型	裂缝类型		
	低角度裂缝	高角度裂缝	网状裂缝
双侧向测井	明显的低阻异常,有数十到两千欧姆米负差异,低阻异常显尖锐	电阻率相对于围岩有平缓的不大的降低,电阻率约数百欧姆米,双侧向出现正异常	呈明显带状低电阻率异常,延续一定厚度,曲线犬牙交错
声波时差	有增高异常,有时出现周波跳跃现象	无明显显示	有条带不均匀增大,有时出现周期跳跃
电磁波测井	电磁波传播时间 TPL 显尖峰状增大异常	无明显显示	传播时间 TPL 有不规则的异常增加,并延续一定井深,有时见尖峰状异常
双井径	—	有时出现椭圆形不规则井眼	有时有变化,扩大或不规则
自然伽马能谱	有铀曲线有增加,无铀曲线数值较低	—	—
岩性密度	$\Delta\rho$ 有峰状异常,有重晶石钻井液是 p_e 曲线有增大峰状异常	与低角度裂缝有些相似,但在重晶石钻井液时,p_e 增高不明显,其他出现异常深度可能大些	在重晶石钻井液时,p_e 有增大异常,但可能延续一定厚度且变化不规则

常规测井技术只能给出裂缝发育的大致位置,难以准确地识别裂缝,更难以确定裂缝产状、长度、宽度等裂缝参数。然而成像测井技术的问世,使得对裂缝定量评价成为可能。成像测井能够准确地指示裂缝发育位置,并能计算出裂缝产状等参数,大大提高了裂缝解释的精度。成像测井中常用的测井技术有全井眼地层微电阻率成像测井(FMI)、电成像测井中的微电阻率扫描测井(FMS)、声波成像测井中的井周成像测井(CBIL)和偶极子成像测井(DSI)。

目前高角度裂缝识别技术还不成熟。因为现有的测井方法对高角度裂缝的响应不够灵敏,且高角度裂缝与井身相切割的概率较小,导致现有测井曲线无法反映,使得用常规测井曲线解释难以发现储层。为了识别该类储层,需要使用探测深度大,且不与裂缝是否与井壁相切割的测井方法,如重力测井、VSP 测井等。此外还可以通过研究长源距声波全波列测井后续波的干涉情况以及双侧向测井高电阻率背景的电阻率起伏特征来估计井壁附近垂直裂缝的发育程度。

3. 测井识别裂缝的方法及测量参数

1)常规测井识别裂缝

利用常规测井资料识别裂缝时,首先要利用岩芯和成像测井资料对常规测井资料进行对比分析，选择对裂缝响应比较敏感的测井系列来识别裂缝。在不同的地区，所选择的测井系列可能不同。

2)岩性测井响应特征

在利用含重晶石的泥浆钻井时，重晶石分子中所含钡元素的光电吸收指数很大，干扰了正常的岩性，使得 ρ_e 曲线不能用来识别岩性。这是因为重晶石泥浆侵入裂缝带或裂缝带井壁形成含重晶石的泥饼，使裂缝带的岩性测井值急剧升高，可以用来判断裂缝带。

3)井径测井响应特征

裂缝带在井径测井曲线上常常显示为扩径，这主要是因为在钻井过程中井壁的垮塌引起的。这点可以从双直径四臂的井径曲线上看出来。

4)电阻率测井响应特征

泥浆或者泥浆滤液侵入地层，导致裂缝发育段电阻率比围岩电阻率低，表现为高阻背景下的相对低阻。目前较为常用的电阻率测井有深、浅双侧向和微球聚焦测井。当裂缝较发育时，深、浅双侧向和微球聚焦电阻率都显示为低阻；当裂缝发育程度较低时，深、浅双侧向电阻率值下降并不明显，而微球聚焦电阻率出现明显低值。曲线的正负幅度差代表着裂缝倾角的大小，垂直裂缝显示深侧向电阻率大于浅侧向电阻率，水平裂缝显示浅侧向电阻率大于深侧向电阻率。

5)声波时差测井响应特征

由于声波传播过程中是按照最短时间选择传播途径的，因此声波时差测井对高角度裂缝的反应灵敏度较弱，对水平裂缝和低角度裂缝的反应灵敏度相对较高，在裂缝发育段，出现周波跳跃的现象。

6)补偿中子测井响应特征

补偿中子测井是通过测量地层中的氢指数来反映地层孔隙度的。在岩性和孔隙度相同的条件下，由于孔隙中所含油气性质的差异，导致补偿中子值不同，井周围的裂缝一般都会被泥浆充填，导致地层中氢指数增大，裂缝发育带的中子孔隙度显示高值。

7)密度测井响应特征

密度测井主要反映岩石的总孔隙度，但由于测量结果与仪器和井壁是否贴紧有关，所以密度测井不能准确反映地层裂缝是否发育。为了校正这一影响，在密度测井时，同时记录密度校正值曲线，用密度校正值来识别裂缝，在裂缝发育带，密度值相对减小，呈正的窄尖峰状。

8)成像测井识别裂缝

在油气领域，最常用的成像测井是全井眼地层微电阻率成像测井(FMI)(图 11-5)。在FMI 井壁微电阻率成像测井仪上的 8 个极板共装有 192 个微电极，每个微电极的直径为 0.2in(1in＝2.54cm)，电极间的距离为 0.1in。测量时，极板被推靠在井壁上，由地面仪器车上的控制仪器向地层中发射电流，每个电极发射的电流强度随其贴靠的井壁岩石性质及井壁条件的不同而改变。因此，记录的每个电极的电流强度以及所施加的电压便反映了井壁四周微电阻率的变化。沿井壁每 0.1in 采一次样，便得到全井段的电阻率变化。密集的采样数据经过校正和处理，如速度校正、深度校正和平衡等处理后就可以形成电阻率图像，即用一种渐变的灰度值或色板刻度，将每个电极的每个采样点变成一个色元。常用的色板为黑—棕—

黄—白,共可分为42个颜色级别,代表电阻率由低变高。色彩的细微变化代表着岩性和物性等的变化。另外,每口井的微电阻率值变化范围因井与井之间的差异有所不同。因此,一口井的FMI的某个颜色与另一口井的同一颜色可能对应着不同的电阻率值,尤其在进行多井对比时,要注意这一特点。

图11-5 FMI测井显示多条裂缝发育

此外,井周声波成像测井和井下电视则是利用声学和光学技术实现的井下成像。井壁声波成像是以脉冲-回波为基础的。在仪器的底部沿着径向相对安装两个超声换能器,它们各自独立以脉冲-回波的方式向井壁发射声波脉冲信号并且接收井壁反射回来的声波信号。在仪器沿着井眼上下移动的过程中,换能器可以360°对井壁进行扫描,反射信号的幅度和传播时间被测量并且记录下来显示成图像。井壁声波成像测井主要测量发射波幅度和声波信号的传播时间。井下电视采用电视摄像机沿井孔扫描,利用数字图像处理技术,对井下电视图像进行数字化处理、图像分割和边缘跟踪,达到直接观测井壁状况的目的。

4.裂缝的生产动态分析与表征

1)试井分析

试井分析方法通过不同裂缝类型和发育程度在试井曲线上的反映来对裂缝进行分类。裂缝发育层段的试井曲线上会出现明显的双重介质特征,在试井中可通过流体流动特征反映出来。因此根据试井曲线可以对储层裂缝进行定性和定量识别,以评价储层裂缝在油气藏开发中的作用。试井分析时,尤其是压力不稳定的试井所提供的有关裂缝方向、渗透率等参数,能代表研究油藏的大范围内参数的变化,可用于产量预测和数值模拟。

2)注水分析

开发过程中,注采井的动态数据变化可以反映储层裂缝发育特征,尤其是裂缝发育方向及其张开程度好坏。因为在有张开性的裂缝存在时,沿裂缝发育方向的渗透率有极大的优势,注入水会很自然地沿此方向突进,并造成产油井水淹。

3)示踪剂分析

示踪剂分析法主要通过在注入井中加入示踪剂,在邻井中取样分析示踪剂浓度并绘制示踪剂的产出曲线,对其进行分析来确定裂缝的发育情况。井间失踪技术可以求出裂缝的延伸方向和开度等参量,能够预测裂缝的存在。

五、储层裂缝表征技术测量精度体系

受仪器探测能力的限制,准确、系统地表征天然裂缝的难度很大。目前,尚无一种系统的方法可以精确、全面的表征裂缝的发育特征(高金栋等,2018)。目前,储层裂缝系统的研究实

验方法与技术主要分为两大类：一类是直接观察法，包括电镜观测、岩芯观测和野外观测等；另一类是间接观察法，包括压汞分析、录井分析、测井分析、动态资料分析和地震方法等。按照裂缝识别的空间维度可分为二维表征和三维表征（图11-6）。

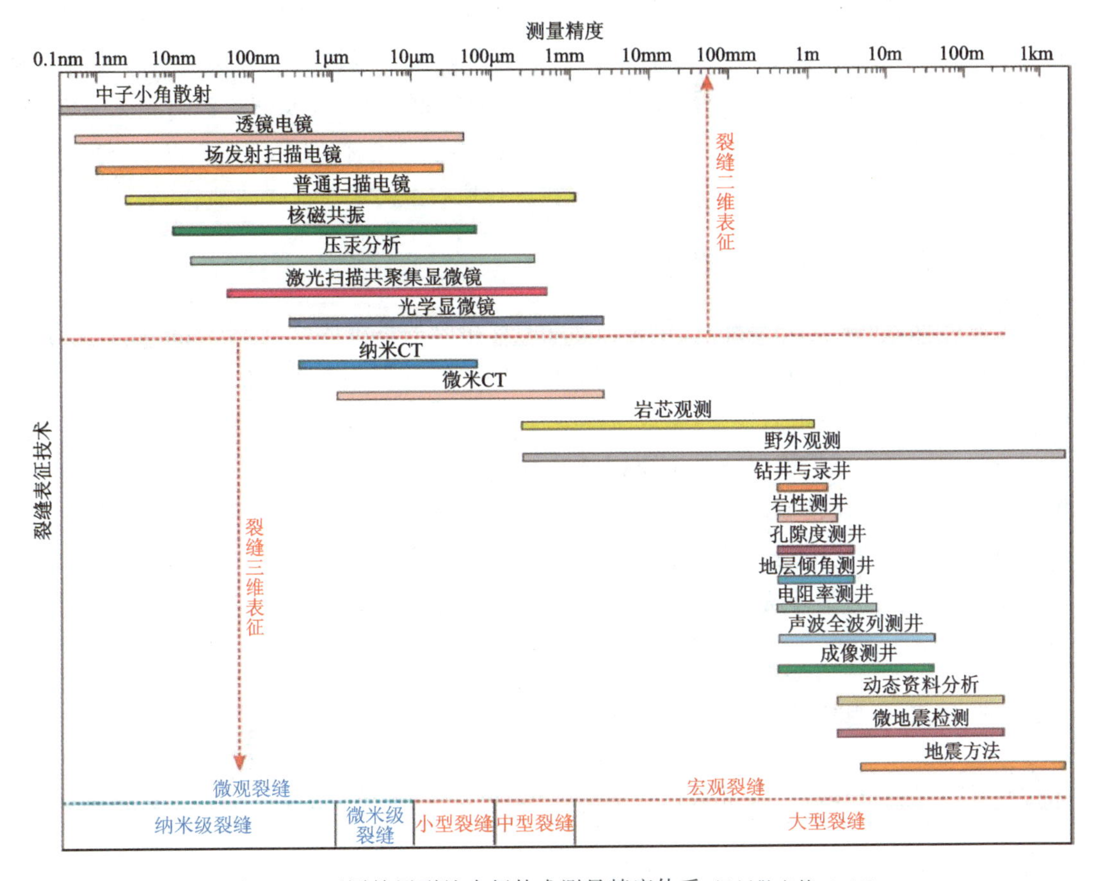

图11-6 不同储层裂缝表征技术测量精度体系（据刘敬寿等，2019）

第四节 储层裂缝预测技术

总体来看，储层裂缝预测主要有4种方法：①传统地质方法，即建立同地区同层位同岩性岩芯和露头裂缝间关系对地下裂缝进行预测；②利用地质统计学方法预测裂缝；③利用地震信息进行特殊的地球物理处理来预测裂缝；④根据岩石破裂理论地质力学分析，利用古构造应力场数值模拟技术预测裂缝。此外还可以利用遥感技术探测裂缝。本书仅对这4种裂缝预测方法进行介绍。

一、地质类比预测技术

地质类比法能对未知区域进行粗略的裂缝预测，适用于各种成因和类型的裂缝。地质类比法首先对岩芯和露头裂缝进行详细描述和统计分析，然后编制等密度图和玫瑰花图等图件来分析优势方位,是研究裂缝最直接、最有效的方法。

地质类比法主要是在对目标区构造特征、构造演化史、岩性特征和力学性质等整体认识的基础上,采用岩芯观测、镜下薄片鉴定和实验测试等手段,获取岩芯裂缝发育的基本参数,包括类型、产状、发育程度、期次及成因等,以此获得裂缝发育的基本特征。由于取芯井和岩芯有限,常采用基于岩芯归位结合测井资料,通过已有的岩芯裂缝信息对没有取芯井的裂缝进行单井和连井的裂缝识别与解释,由点到线进行测井裂缝评价和预测。然后根据岩芯、薄片、测井等系列研究结果,利用地质分析手段研究裂缝发育的主控因素。综合以上研究成果,结合生产动态,最终对裂缝发育程度和分布规律进行地质上的定性预测。

二、构造应力场数值模拟技术

构造应力场数值模拟是数学、力学和地质学有机融合的系统性分析,是地质模型、力学模型和数学模型相互渗透、相互结合、相互关联、相互制约的过程和体现。在分析油气区构造变形的基础上,建立模拟的地质模型,将地质模型转变为数学模型,加入相适应的边界条件等参数进行应力场计算。根据模拟结果不断调整模拟方案,使模型逐渐逼近原型,利用最接近实际构造分布规律的地质模型模拟的结果,认识油气区构造应力场,进而从构造应力场的角度去深入研究油气区的构造现象;根据局部构造应力场的强度、性质、方位等预测构造裂缝的发育区带,再结合岩石力学性质、钻井及测井资料、局部构造特征等综合分析研究区块内的裂缝分布规律。

三、曲率法预测技术

根据 Murry(1968)提出的构造曲率法原理,构造层面的曲率值大小反映岩层的弯曲程度,弯曲越大,其破坏程度越高,构造裂缝越发育。因此利用岩层弯曲面的曲率值分布,可以评价因构造弯曲作用而产生纵张裂缝的发育情况。

四、地震预测技术

利用地震资料有效预测裂缝的方法较多,归纳总结如下。

1.基于叠后纵波预测裂缝

1)相干技术

相干技术(event similarity prediction,ESP)于 20 世纪 90 年代发展起来,是一种预测相似性的方法。在地质学上,地层沉积过程是渐进的,也就是说地层在一般情况下是水平连续或者渐变均匀的,所以相邻地震道所测信号应该具有很高的相似性。但是,当存在断层、裂缝带、岩性突变等时,地层不再连续或者渐变均匀,而是产生突变,此时相邻地震道之间的信号相似性很低。这些地质现象便可以通过 ESP 明显地被识别出来。因为地震数据具有横向连续观察的优势,所以通过相干技术能够宏观确定裂缝发育带,该方法也能检测到地震剖面中用肉眼难以直接识别的微小裂缝。

2)叠后地震属性技术

地震属性是指由叠后地震数据,经数学变换而得出的有关地震波的几何形态、动力学特征、运动学特征和统计学特征的特殊测量值,它们含有丰富的地质信息。在油气勘探开发领域,不少研究人员将部分地震属性应用于裂缝预测,包括相干属性、地层倾角属性和曲率属性等。蚂蚁追踪技术(Colorni,1991,1992)能凸显出地震资料中反射同相轴不连续的区域,降低人为因素影响,计算速度快,结果精度高,目前在石油地震资料精细解释中应用最为广泛。

2. 纵波方位各向异性裂缝预测技术

地震波的方位各向异性是指地震波波场特征会随传播方向或观测方向的改变而变化。根据波动理论的研究,地震波在通过裂缝发育带时会产生某些各向异性特征,如振幅方位角的变化(AVAZ)、速度随方位角的变化(VVAZ)、子波频率随方位角的变化(FVAZ)等。可以通过检测这些变化或异常得到裂缝发育的方位和密度。这种通过叠前地震资料预测裂缝的方法较基于叠后地震资料的裂缝检测精度更高,可以给出半定量—定量预测结果。目前,该方法已经成为裂缝油气藏勘探开发中重要的技术手段。

3. 横波分裂裂缝预测技术

Crampin(1978)研究提出,正是地下岩石中广泛存在的裂缝及其产生的各向异性特征,使得地震波在通过这些裂缝发育带时,会产生与裂缝有关的横波分裂现象。当地震波在这些裂缝介质中传播时,如果S波的传播方向与裂缝方向不是0°或90°夹角时,就会分裂成两个互相垂直振动的S波,其中一个平行于裂缝走向传播,并且传播速度较快,称为快横波;另外一个垂直于裂缝走向传播,传播速度较慢,称为慢横波。从横波分裂时差、偏振方向以及振幅信息中可以获取裂缝的方位角、密度等重要信息。

4. 微地震裂缝检测技术

微地震裂缝检测技术是近20年才出现的地球物理新技术,是一项通过观测、分析生产活动中所产生的微小地震事件来监测生产活动的影响、效果以及地下状态的地球物理技术。在油气开发领域,该方法主要用于油田低渗透储层压裂的裂缝动态成像和油田开发过程的动态监测。

5. 其他基于地震数据的裂缝预测技术

除了上述的技术之外,常用的裂缝预测技术还有叠前裂缝预测AVA技术、叠前裂缝预测FVA技术、方位AVO裂缝检测技术、纵波QVAZ裂缝预测技术、纹理属性裂缝预测技术、垂直地震剖面裂缝预测技术等一系列技术。

第五节 非沉积岩储层

除了裂缝型沉积岩储层外，还有两类典型的裂缝型储层日益受到关注，分别为裂缝型岩浆岩储层和裂缝型变质岩储层。下面对这两类储层做简要介绍。

一、裂缝型岩浆岩储层

早在19世纪末至20世纪初，古巴、日本、阿根廷、美国和苏联等国均先后发现了岩浆岩型油气藏。我国于20世纪70年代不仅在岩浆岩中发现了油气藏，而且发现了大量与岩浆活动有关的油气藏，如大港风化店、二连等地区有安山岩油藏；渤中、东营滨南、惠民商河、准格尔等油区都见到玄武岩油藏等，这些油藏的层位分布较广泛，说明岩浆岩是重要的含油气储层类型之一。特别地，我国渤海海域、蓬莱9-1地区中生界花岗岩大型单体稠油油藏探明储量已经超过亿立方米，是国内外少见的大型整装岩浆岩油藏。目前，该区块中生界花岗岩是主要的油气储层。该类油藏初期产量均较高，反映裂缝型储层特点较明显。

其中，花岗岩风化壳储层近年来越来越受到关注。从宏观上看，花岗岩风化壳在纵向上大致可以划分为风化带、裂缝带和基岩带(徐国盛等，2016；陈国成等，2016；王景春等，2018)。刘震等(2021)综合岩芯观察、岩石薄片分析、野外露头踏勘、测井曲线特征分析和地震反射特征综合解释等工作，系统探索了花岗岩风化壳储层形成、改造和保存的动力学机制，提出了花岗岩风化壳的“双层结构”动态成因模式，认为在风化壳演化早期，崩解层开始发育为溶蚀层，出现“溶蚀层-崩解层双层结构”；在风化壳演化中期，溶蚀层演变为残积层，形成“残积层-崩解层双层结构”；在风化壳演化晚期，仅保留崩解层(图11-7)。刘震等(2021)进一步建立了完整的花岗岩风化壳演化模式(图11-8)：①早期岩浆侵入；②风化壳形成早期，冷却的岩浆遭受风化剥蚀作用，形成崩解层，并构成了风化壳的基本格架；③崩解层在风化作用和溶蚀作用影响下过渡到溶蚀层发育阶段，表现出“溶蚀层-崩解层双层结构”；④在风化壳演化中期，随着溶蚀作用和风化作用的继续加强，溶蚀层全部演化成残积层，出现“残积层-崩解层双层结构”；⑤在风化壳演化晚期，残积层被全部风化，只留下下伏的崩解层，因而剩下单层结构，这标志着下一个风化作用的旋回过程即将开始。

徐守立等(2019)研究发现了花岗岩风化壳储层纵向上储层物性和储集空间特征分带性特点，由浅至深依次发育孔隙型、裂缝-孔隙复合型、孔隙-裂缝复合型和裂缝型4类储集空间。其中，孔隙型储层主要发育于强风化带(黏土风化层)，孔隙类型以溶蚀孔隙及黏土的基质微孔为主，孔喉连通性差[图11-9(a)]。裂缝-孔隙复合型储层主要发育于砂砾质风化层，具有砂砾状结构，花岗岩角砾裂缝发育[图11-9(b)]，储集空间以孔隙型为主，局部发育水平裂缝及垂直微裂缝，储层物性较好。孔隙-裂缝复合型储层主要发育于裂缝带顶部，即裂缝是裂缝带主要储集空间及渗流通道，大气淡水沿裂缝及周缘发生溶蚀，形成次生溶蚀孔隙[图11-9(c)]，随着深度增加溶蚀作用减弱，物性逐渐变差。裂缝型储层主要发育在裂缝带底部，远离表层风化壳，风化溶蚀弱，发育少量裂缝，岩石致密，呈现高速度低声波时差特征。

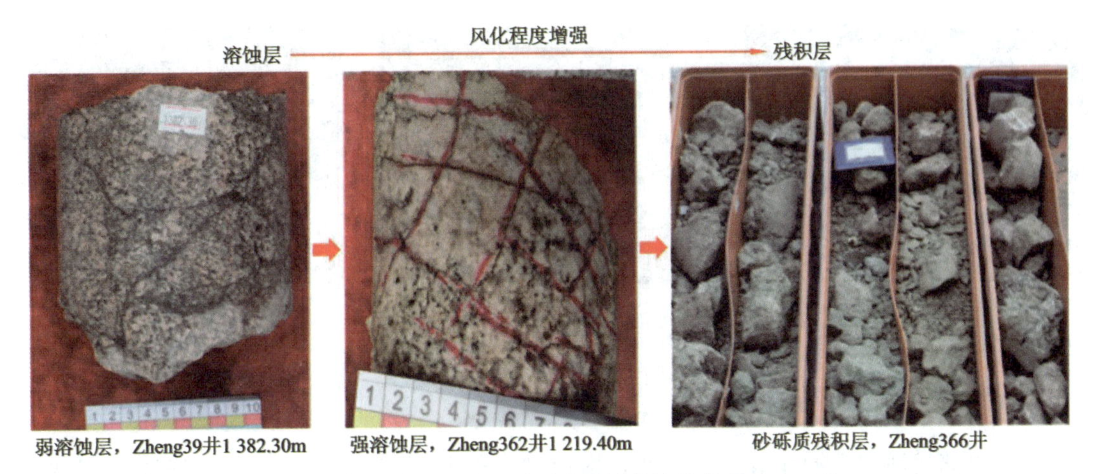

图 11-7　花岗岩风化壳从溶蚀层到残积层的演化关系(据刘震等,2021)

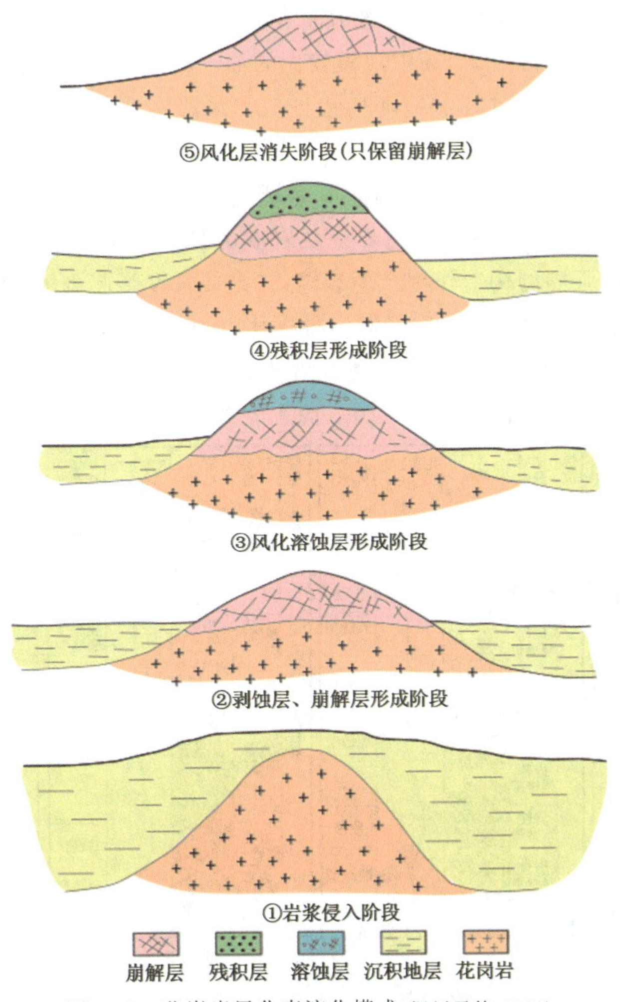

图 11-8　花岗岩风化壳演化模式(据刘震等,2021)

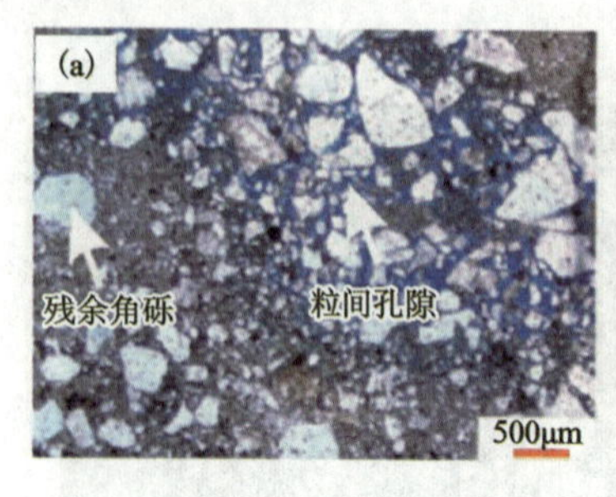

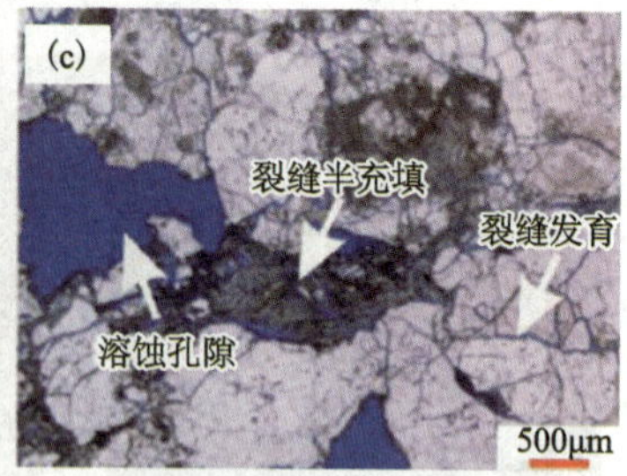

图 11-9 琼东南盆地松南低凸起花岗岩潜山储层典型显微薄片照片(据徐守立等,2019)

二、裂缝型变质岩储层

变质岩储层油藏是勘探潜力最大的古潜山型油气藏(徐长贵等,2020)。据统计,世界上已发现的几百个工业性基岩油气田中变质岩基岩油气田占总数的40%,油气储量占基岩潜山总储量的75%。从目前已发现的变质岩潜山油气藏来看,层位均为前寒武系,储集层岩性主要为变质花岗岩、片麻岩和混合岩,其中规模较大的油气藏包括乌克兰第聂伯-顿涅茨盆地前寒武系变质岩油田、利比亚锡尔特盆地阿乌特日拉和拿法拉油田、委内瑞拉马拉开波盆地拉帕兹油田、俄罗斯西西伯利亚盆地 Maloichskoe 油田、乍得 Bongor 盆地变质岩潜山油气藏、中国辽河坳陷曙光变质岩潜山油田、中国渤海海域辽西凸起锦州 25-1 南变质岩油气田以及渤中凹陷西南部渤中 19-6 构造深层太古界变质岩潜山凝析气田。这类裂缝型储层的形成主要有两个条件:一是由强烈的构造作用产生裂缝;二是要长期隆起剥蚀淋滤。

以渤中 19-6 构造深层太古界变质岩潜山凝析气田为例,徐长贵等(2020)总结出 4 类储集层纵向分带模式(图 11-10)。依据岩芯和薄片观察,从成因角度将储集空间分为风化淋滤孔(缝)、构造裂缝和矿物颗粒晶内裂缝三大类。薛永安和李慧勇(2018)从区域构造运动的角度

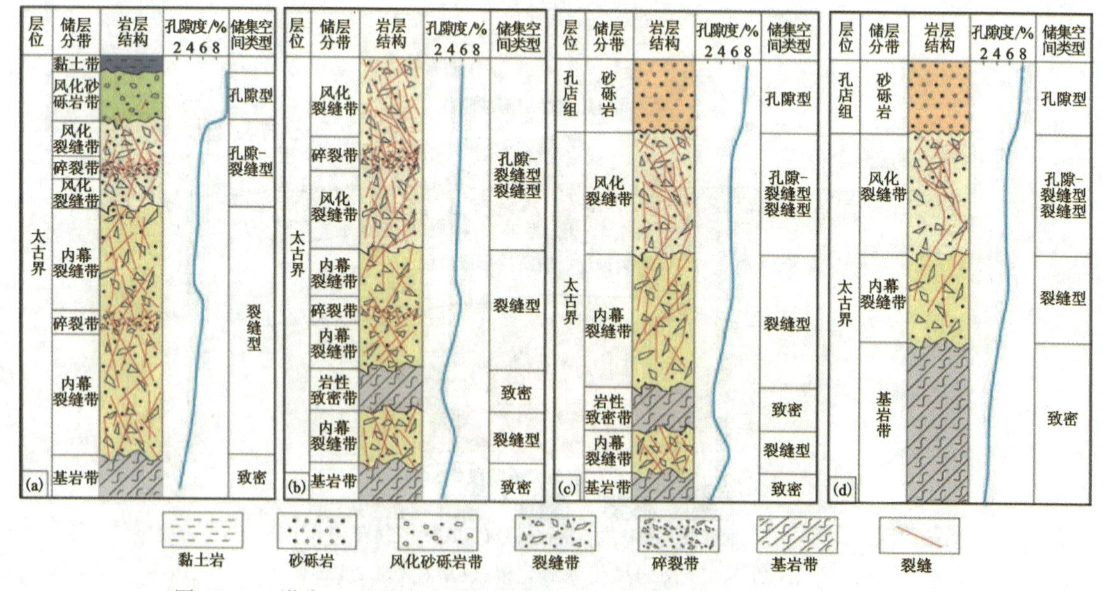

图 11-10 渤中 19-6 构造变质岩潜山储集层纵向分带类型(据徐长贵等,2020)

建立了渤中19-6构造太古界潜山变质岩储层发育模式(图11-11),认为印支运动与燕山运动促使渤中19-6构造变质岩潜山发育近南北向走滑断裂体系以及近北东向伸展断层,断层活动本身既可对岩石产生强烈破碎作用,形成构造成因节理和宽阔诱导裂缝带,也可进一步促进深部基岩淋滤作用,加快潜山风化,增强储层改造。在此基础上,徐长贵等(2020)进一步综合岩性、构造作用和风化作用等多因素建立了渤中19-6构造大型变质岩潜山优质储集层分布模式(图11-12)。

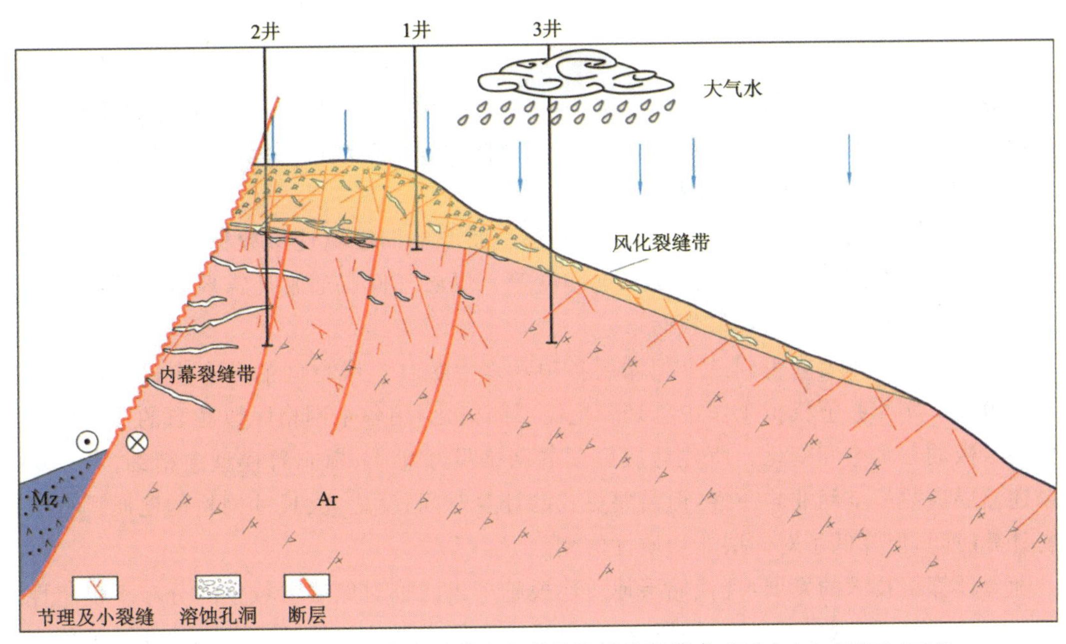

图11-11　渤中19-6构造太古界潜山变质岩储层发育模式(据薛永安和李慧勇,2018)

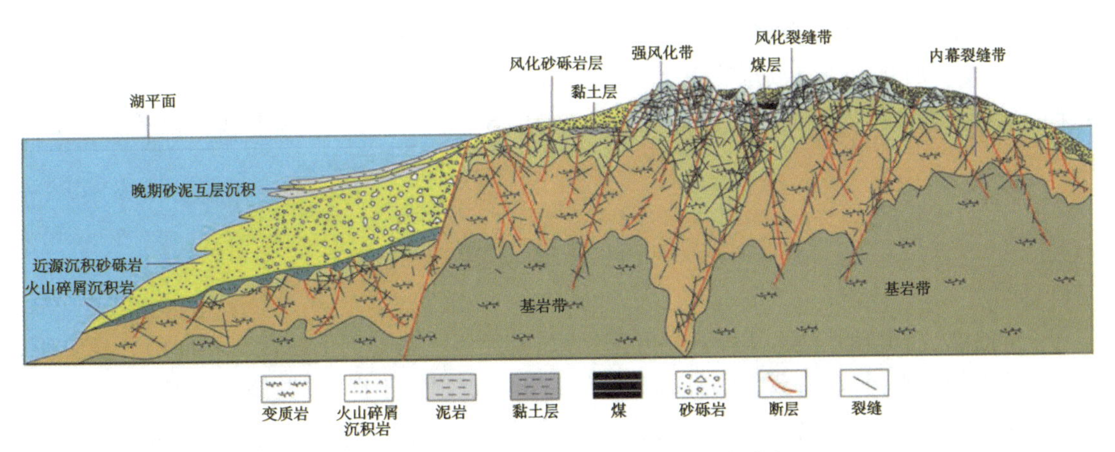

图11-12　渤中19-6构造大型变质岩潜山优质储集层分布模式(据徐长贵等,2020)

第十二章　储层地质模型及建模

油藏地质模型的核心是储层地质模型,而储层地质模型是对储层构造特征、沉积特征、储层属性参数非均质性、储层物性及流体特征的综合体现。储层地质模型可直接用于油气储层储量计算、油藏工程和油藏数值模拟计算等。

油气储量计算通常采用体积法,通过地质模型获取的储层属性参数将直接用于此计算,如常规油藏的孔隙度、含油饱和度、含气饱和度等。煤层气储层通常还需要含气量、灰分、水分和煤层密度等参数来计算煤层气储量。

油藏数值模拟则要求得到一个把储层各项物理参数在三维空间的分布定量地描述出来的地质模型。实际数值模拟工作中总是要把储层网格化,用各个网格赋以各自的参数值来反映储层参数的三维空间变化。所建地质模型的网格尺寸愈小,标志着模型愈精细,可以更好地描述储层参数的空间非均质性,但需要更长的计算时间;反之,大尺寸网格的地质模型可以节省计算时间,但降低了对储层非均质性的刻画。

随着计算机技术的发展,现代储层地质建模越来越注重对储层参数空间分布不确定性的研究。通过对储层参数的不确定性研究,可以进一步研究评价储层开发方案的经济价值以及开发风险,这也是随机储层地质模型的魅力所在。

储层模型可以对应各个储层研究尺度,一般建模工作主要包括油藏建模和微观孔隙建模,前者主要目的是数值模拟与油田生产配套,后者主要是研究岩芯孔隙结构及其流体流动规律。本章主要介绍宏观油藏尺度地质模型与储层建模内容,微观孔隙模型及其建模参数见第十章。

第一节　储层地质模型类型

一个油藏(油田)的开发,从发现到开采结束,要经历一些不同的阶段。不同的开发阶段,所进行的工作量不同,对油藏所取得的资料信息和认识程度不同,所要解决的开发任务和研究的问题也不相同,所有这些总是随着油藏开采程度的提高,由浅入深地逐步向前推进的。因此,不同开发阶段所要求建立的储层地质模型也有相应的不同。总的来说,随着油田开发阶段的推移,油藏开发程度的提高,对储层地质模型的要求也是由简到细,由粗到精。

Jackson 等(1989)按地质模型量化细化程度和表示参数属性差异分为 3 种类型,即储层地质模型、渗透率模型和流动单元模型。地质模型又包括沉积模型、成岩模型、构造模型等。渗透率模型是建立在沉积和相单元基础上的,为计算储层容积和预测油田及井的产能提供信息。流动单元模型是利用流体性质和空间分布状况资料，预测二次和三次采油产能。

裘亦楠(1990)按储层模型的功能和油田勘探开发阶段性差异，将储层地质模型分为三大类，即概念模型(conceptual model)、静态模型(static model)和预测模型(predictable model)，体现了不同开发阶段不同开发研究任务所要求的不同精细程度的储层地质模型。

一、概念模型

针对某一种沉积类型或成因类型的储层，把它代表性的储层特征(非均质性、连续性等)抽象出来，加以典型化和概念化，建立一个对这类储层在研究地区(油田)内具有普遍代表意义的储层地质模型，这就是所谓的概念模型。由此可知，概念模型并不是一个或一套具体储层的地质模型，但它却是代表某一地区(油田)某一类储层的基本面貌。

概念模型广泛应用于一个油田的早期开发。从油田发现开始，到油田评价阶段和开发设计阶段，主要应用储层概念模型研究各种开发战略问题。早期开发阶段油田仅有少数大井距的探井和评价井，实际上在海上和边远地区的油田，往往只有几口探井和评价井，就要对开发可行性做出评价，并编制出第一阶段的开发设计。资料条件的限制，不可能对储层做出全油藏的详细描述。开发地质工作者主要应用少数探井中取得的各种录井、测井和试井等资料，结合地震解释，研究储层的沉积、成岩、构造作用史及其对储层性质的影响。从成因上搞清储层属于什么沉积类型，处于什么成岩阶段，借鉴理论上的沉积模式、成岩模式和邻区同类沉积储层的实际模型，建立起所研究储层的概念模型。模型可能与将来开发井网钻成后所认识的每一个储层(如碎屑岩储层的每一个砂体)都不完全相同，但对这类储层影响流体流动的主要特性应该得到基本反映。如所描述的储层属于河流砂体，则其层内渗透率变化属正韵律性。最高渗透率段一般处于的数值范围，非均质程度，层内不连续薄泥质隔夹层的分布频率和大小的概率，砂体侧向宽度的可能范围，砂体之间的连通程度等决定开发效果的主要储层特性，应该有个基本的估计。对每项参数的估计允许有一定范围的误差。假如对某项参数的估计可能会存在较大的误差，则应在数值模拟中进行敏感性分析，在开发战略决策时要充分考虑其影响。

二、静态模型

针对某一具体油田(或开发区)的一个(或一套)储层，将其储层特征在三维空间的变化和分布如实地加以描述而建立的地质模型，即为该油田该储层的静态模型。

对储层进行全油藏的如实描述，一般需要较密的井网，即开发井网钻成以后才有条件进行。静态模型可以为油田开发实施方案(即注采井别的确定、射孔方案实施等)、日常油田开发动态分析和作业实施、配产配注方案和局部调整服务。

20世纪60年代以来，我国各油田投入开发以后都要建立静态模型。即各种小层平面图、油层剖面图和栅状图，有二维显示的，也有三维显示的，个别油田还做出实体模型以更直观地显现储层。这些储层静态模型在我国注水开发实践中起到了很好的、必不可少的作用。

20世纪80年代以来，国外利用计算机技术，逐步发展出一种依靠计算机存储和显示的三维静态模型。即将储层网格化后，把各网格参数按三维空间分布位置存入计算机内，这样就可以任意切片和切剖面,显示不同层位不同剖面的储层模型,并进行其他各种运算和分析,更重要的是可以直接用于油藏数值模拟。

三、预测模型

预测模型是对控制点间及以外地区的储层参数能做一定精度的内插和外推的预测模型。实质上是比静态模型精度更高的储层模型,可以详细刻画储层的空间非均质性及其不确定性。预测模型技术思路主要从两个方面入手。

一种是沉积学加地质统计学(geostatistics)。利用出露较完整的野外露头,在详细的沉积学研究的基础上,对一定沉积类型的储层砂体,进行网块式密集取样,测量储层参数;取样密度高达 1.5m×1.5m,局部密度甚至高达 0.3m×0.3m。把这一沉积类型砂体内部储层参数的三维空间分布如实地直接揭示出来,并且与微小的沉积单元(如岩石相、能量单元等)建立对比关系,然后推导出一种能反映这类砂体参数变化的地质统计方法。这样就可以应用该种地质统计方法(或统计模型),去预测地下同类沉积砂体储层的参数分布。法国石油研究院和美国能源部都在进行这方面的研究,他们都选择油田实际储层在盆地边缘处露头上进行解剖,然后用于建立油田地下埋藏部分的预测模型,鉴于不同沉积类型砂体具有完全不同的内部储层参数变化规律,针对某一沉积类型砂体建立的地质统计法,只能适用于本类砂体的储层。如法国研究院提出的“地质统计软件”,他们声称适用于河流-三角洲砂体;美国能源部研究的是滩脊砂,各种沉积类型砂体都必须建立自己的预测方法,是一项非常繁杂的工作。追求一种通用的预测方法,也是一些研究工作者的目标,但要达到这一目标是非常困难的。

另一种正在探索的途径是利用地震技术,因为地震资料相对于钻井资料具有更高的横向分辨率。地震资料特别是三维地震资料可以用来解释储层构造,如断层和层面信息等。另外,通过对叠前或叠后地震资料的处理也可以获取有关储层属性的参数,如岩性、孔隙度和地质应力参数等。

地质数据通常包含两种类型,即离散型(discrete)数据和连续型(continuous)数据。离散型数据一般以编号或代码形式在储层地质模型中出现,如岩性、沉积相和流体类型等;而连续型数据则以数值形式出现在储层地质模型中,如孔隙度、渗透率、含气量、流体饱和度等。连续型数据通过设定一定的阈值也可以转化成离散型数据,如根据孔隙度大小可以把储层分成高孔隙度区域、中孔隙度区域、低孔隙度区域,这些区域类型则是离散型数据。

第二节　地质统计学数理基础简介

一、克里金(Kriging)方法

由于传统的数理统计学插值方法(如反距离平方法)只考虑观测点与待估点之间的距离,而不考虑地质规律所造成的储层参数在空间上的相关性,插值精度较低。克里金方法是根据待估点周围的若干已知信息,应用变差函数所特有的性质对待估点的未知值做出线性最优(即估计方差最小)、无偏(即估计值的均值与观测值均值相同)的估计,提高对储层参数的估

值精度。但是，这种估计的结果只反映了大范围的趋势，小尺度上的差异性被平滑掉了。建模过程中常用的克里金方法有简单克里金(simple kriging)和普通克里金(ordinary kriging)两种。下面通过一个简单的例子来比较不同的方法。

假设有3口井在空间上如图12-1分布，井W1、井W2和井W3解释的孔隙度分别为0.1、0.2和0.3，现在需要钻一口新井，新井与井W1、井W2和井W3之间的距离分别为10km、20km和8km。那么可以根据下式来计算。

$$Z^*(u) = \sum_{i=1}^{n} \lambda_i \cdot Z(u_i) \tag{12-1}$$

式中，λ_i为不同井孔隙度对待估点的权值；$Z(u_i)$为W_i($i=1,2,3$)井处的孔隙度值；$Z^*(u)$为新井处的估计孔隙度值。

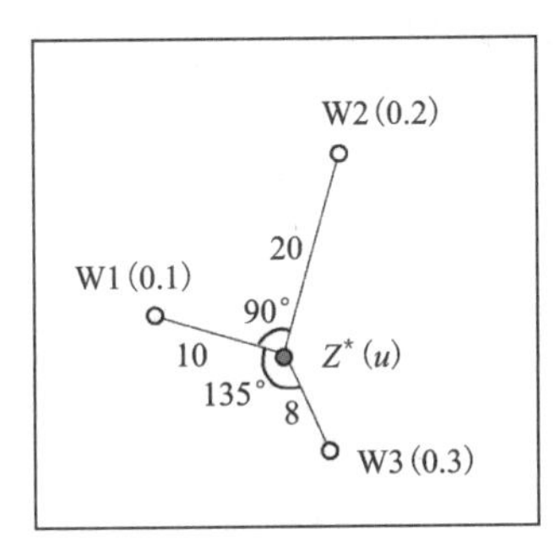

图12-1　平面上三口井与待估井的分布关系

简单的权值计算可以用反向距离法，公式为

$$\lambda_i = \frac{\dfrac{1}{c + d_i^{\omega}}}{\sum_{i=1}^{n} \dfrac{1}{c + d_i^{\omega}}} \tag{12-2}$$

式中，d_i为井与井之间的距离；c为常数；ω为指数，通常取1～3之间。

表12-1为不同c和ω取值的计算结果。根据不同的c和ω，首先计算不同井孔隙度对待估点的权值(λ_i)，再计算待估点处的孔隙度。

表12-1　不同c和ω值对预测结果的影响

c	0	0	0	100	100	100	200	200	200
ω	1	2	3	1	2	3	1	2	3
$Z^*(u)$	0.16	0.13	0.12	0.19	0.15	0.12	0.20	0.16	0.12

从结果来看，相同ω值，c值越大计算的孔隙度结果越大，表示距离越近的井点值的影响增大；而在相同c值的情况下，ω值越大，计算的孔隙度结果越小，表示越近的井点值的影响减小。

如前所述，克里金方法是以变差函数为工具进行井间插值，变差函数反映的是空间上所有已知变量的变差与不同滞后距离之间的关系，软件通常计算半变差函数，公式为

$$\gamma(h)=\frac{1}{2N(h)}\sum_{i=1}^{N(h)}(x_i-y_i)^2=\frac{E[(x-y)^2]}{2}=\frac{E(x^2)+E(y^2)-2E(x\cdot y)}{2} \tag{12-3}$$

式中,$N(h)$为当滞后距离为 h 时,空间上已知井点数据的配对数;x_i 和 y_i 分别为相距为 h 的首、尾两点的值。

图 12-2 中有 4 个点规则排列,各点之间相距为 h,则当滞后距离分别为 h 和 $2h$ 时的配对数分别为 3 和 2。

考虑到空间参数的方向性,计算变差函数通常也要考虑方向性。图 12-3 为 90°方向上与 O 点相距为 h 的配对点,除 A 点在 O 点的正 90°方向且相距为 h 配对点以外,在给定容忍角 θ(tolerance angle)、容忍滞后距离 Δh(tolerance lag distance)和带宽 w(bandwidth)范围内,B 和 C 点都在滞后距离为 h 时与 O 点配对的。

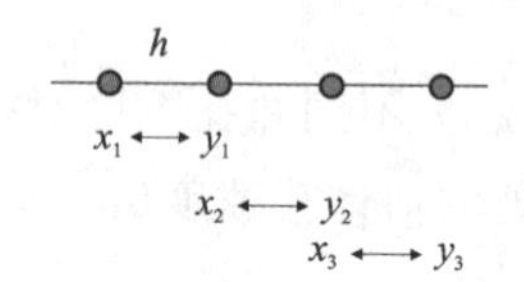

图 12-2　相距为 h 的 4 个点滞后距离为 h 时有 3 个配对数据

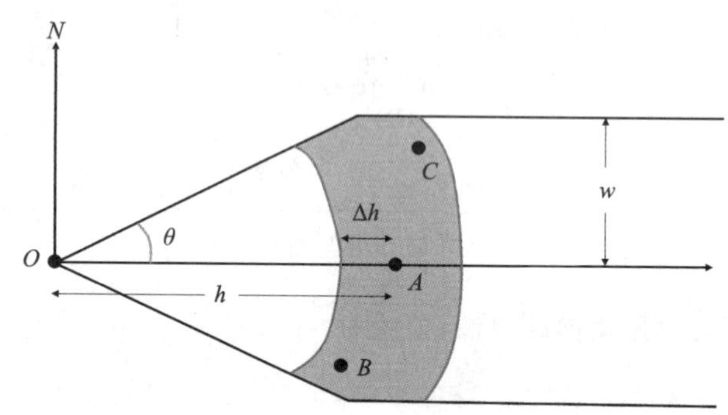

图 12-3　90°方向上距离为 h、容忍角和容忍距离分别为 θ 和 Δh 与 O 点配对的点示意图

如图 12-4 所示,描述变差函数的特征参数,通常包括基台值(sill)、变程(range)和块金值(nugget)。

基台值是指变程范围之外的变差函数值。变程是指半变差函数达到基台值的滞后距离(lagdistanee)。块金值是描述小于样品距离时的变化,包括测试误差。

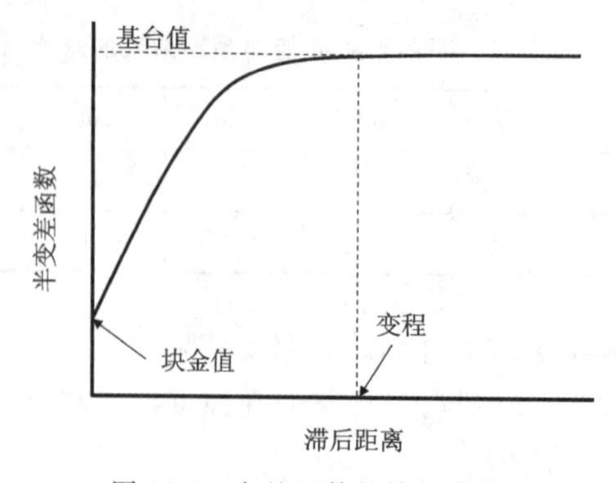

图 12-4　变差函数的特征参数

在样品点计算的变差函数与滞后距离的关系基础上,通常利用以下几种变差函数公式来

进行拟合(Petrel,2019)。

球型
$$\gamma(h)=\begin{cases} c\cdot\left[1.5\left(\frac{h}{a}\right)-0.5\left(\frac{h}{a}\right)^3\right] & \text{if}\quad h\leqslant a \\ \text{计}\ h>a \end{cases} \tag{12-4}$$

指数型
$$\gamma(h)=c\cdot\left(1-e^{\frac{-3h}{a}}\right) \tag{12-5}$$

高斯型
$$\gamma(h)=c\cdot\left(1-e^{\frac{-3h^2}{a^2}}\right) \tag{12-6}$$

式中,h 为滞后距;a 为变程;c 为基台值。

图 12-5 为相同 a(变程)和 c(基台值)值下,不同模型的计算曲线比较。由图可知,相同变程和基台值情况下,指数型变差函数的半变差函数值在 $h<21$ 时随变程增加而增加最快,其次是球型模型,高斯型变差函数最慢。增加最快的模型表示参数的变化随距离变化最快。

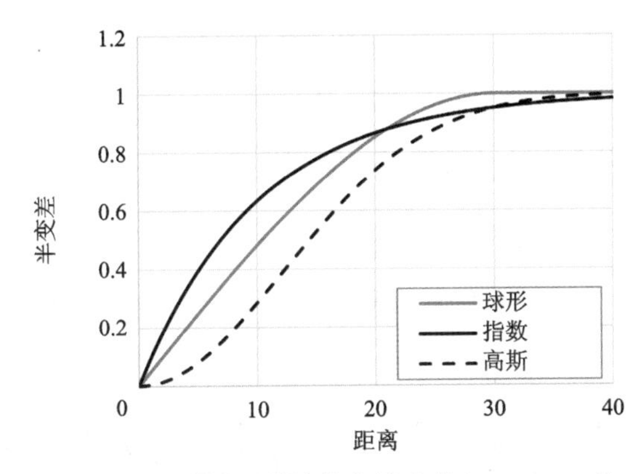

图 12-5　不同模型的计算曲线比较($a=30,c=1$)

除变差函数公式外,以下几个公式也是克里金计算的基础。

协方差公式

$$C(h)=\frac{1}{N(h)}\sum_{\alpha=1}^{N(h)}y_i\cdot x_i-m(O)\cdot m(+h)=E(x\cdot y)-E(x)E(y) \tag{12-7}$$

式中,m_O和 m_{+h}分别为距离为 h 的配对数所有点的尾点和首点的平均值;E 为期望值。

h 为 o 时的协方差,公式则为

$$C(O)=\frac{1}{N(h)}\sum_{\alpha=1}^{N(h)}x_i\cdot x_i-m(O)\cdot m(O)=E(x^2)-[E(x)]^2 \tag{12-8}$$

如果样品点足够多,则可以认为

$$E(x^2)\approx E(y^2) \tag{12-9}$$

$$E(x)\approx E(y) \tag{12-10}$$

综合式(12-3)～式(12-7)可得

$$C(h)=C(O)-\gamma(h) \tag{12-11}$$

$$C(O)=\text{sill} \tag{12-12}$$

简单克里金的理论基础是假设所有位置的平均值和方差是常数。克里金估计值也是周

围已知点的加权线性综合,公式为

$$Z^*(u)=\sum_{i=1}^{n}\lambda_i\cdot Z(u_i)+(1-\sum\lambda_i)\cdot m \tag{12-13}$$

计算权值的公式为

$$\begin{vmatrix} C_{1,1} & C_{1,2} & C_{1,3} \\ C_{2,1} & C_{2,2} & C_{2,3} \\ C_{3,1} & C_{3,2} & C_{3,3} \end{vmatrix}\begin{vmatrix} \lambda_{1,0} \\ \lambda_{2,0} \\ \lambda_{3,0} \end{vmatrix}=\begin{vmatrix} C_{1,0} \\ C_{2,0} \\ C_{3,0} \end{vmatrix} \tag{12-14}$$

在图 12-1 中,根据已知距离和夹角,可计算井 W1 和井 W2 的直线距离为 22.36km,井 W2 和井 W3 之间的距离为 26.27km,井 W1 和井 W3 之间的直线距离为 16.65km。同时假设变差函数类型为球型,$C(O)=1$,则根据式(12-4)和式(12-11)可以计算出式(12-14)的矩阵为

$$\begin{vmatrix} 1 & 0.089\ 01 & 0.253\ 07 \\ 0.089\ 01 & 1 & 0.022\ 19 \\ 0.253\ 07 & 0.022\ 19 & 1 \end{vmatrix}\begin{vmatrix} \lambda_{1,0} \\ \lambda_{2,0} \\ \lambda_{3,0} \end{vmatrix}=\begin{vmatrix} 0.518\ 52 \\ 0.148\ 15 \\ 0.609\ 48 \end{vmatrix} \tag{12-15}$$

求解式(12-15)得井 W1、井 W2 和井 W3 对井 W0 的权值 $\lambda_{1,0}$ 、$\lambda_{2,0}$ 和 $\lambda_{3,0}$ 分别为 0.380、0.103 和 0.511,根据式(12-13)得预测井 W0 处的值为 0.213 1。方差值为

$$\sigma_{\text{sk}}^2=C(O)-\sum_{i=1}^{3}\lambda_i\cdot C(0,i)=0.476 \tag{12-16}$$

由于简单克里金的假设是变量的全局平均值,是常数,即式(12-13)中的 m。这导致在输入数据点外超出变程范围的网格估计值为变量的全局平均值,方差也为常数。

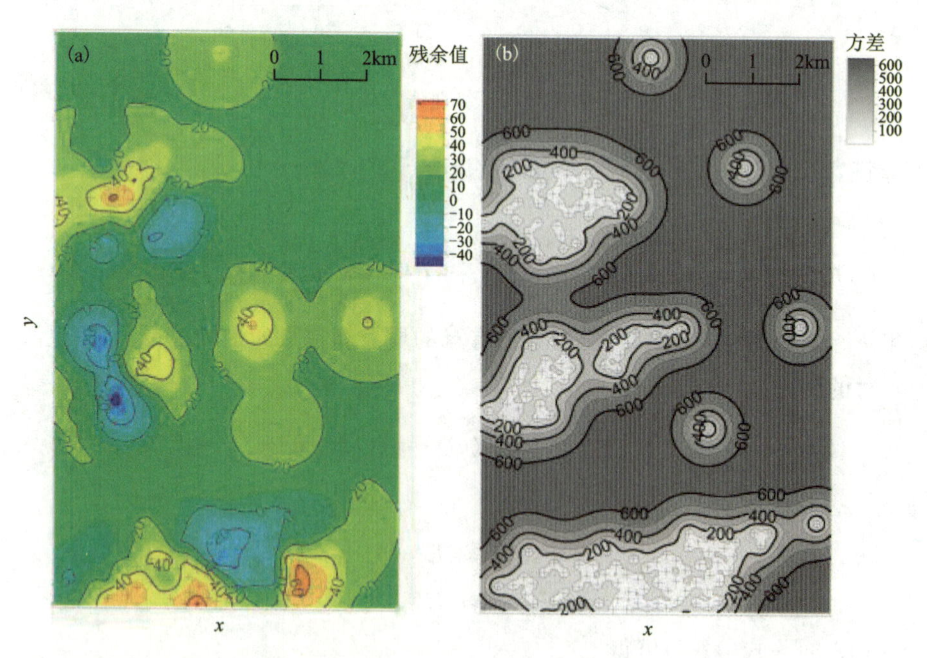

图 12-6 沁水盆地某煤层顶面海拔深度残余值克里金计算结果(a)和方差分布(b)(据 Zhou et al.,2015)

与简单克里金不同,普通克里金需要保证各权值总和为 1,也就是变量的平均值是随位置而变化的。其计算公式为

$$Z^*(u)=\sum_{i=1}^{n}\lambda_i\cdot Z(u_i)\tag{12-17}$$

引入拉格朗日乘数(Lagrange multiplier)，则式(12-14)变换为

$$\begin{vmatrix}C_{1,1} & C_{1,2} & C_{1,3} & 1\\ C_{2,1} & C_{2,2} & C_{2,3} & 1\\ C_{3,1} & C_{3,2} & C_{3,3} & 1\\ 1 & 1 & 1 & 0\end{vmatrix}\begin{vmatrix}\lambda_{1,0}\\ \lambda_{2,0}\\ \lambda_{3,0}\\ \mu\end{vmatrix}=\begin{vmatrix}C_{1,0}\\ C_{2,0}\\ C_{3,0}\\ 1\end{vmatrix}\tag{12-18}$$

求解式(12-18)得井 W1、井 W2 和井 W3 对井 W0 的权值 $\lambda_{1,0}$ 、$\lambda_{2,0}$ 和 $\lambda_{3,0}$ 分别为 0.382、0.105和 0.513，拉格朗日参数为 0.002，预测井 W0 处的值为 0.213 1。方差值为

$$\sigma_{sk}^2=C(0)-\sum_{i=1}^{3}\lambda_i\cdot C(0,i)-\mu=0.472\tag{12-19}$$

图 12-7 为简单克里金、普通克里金和区域均值及初始数据的比较。从结果看，在 61 800～64 000的距离范围内，普通克里金方法估计的结果与原始数据具有更好的一致性，而简单克里金估计结果与变量的全局平均值较一致。

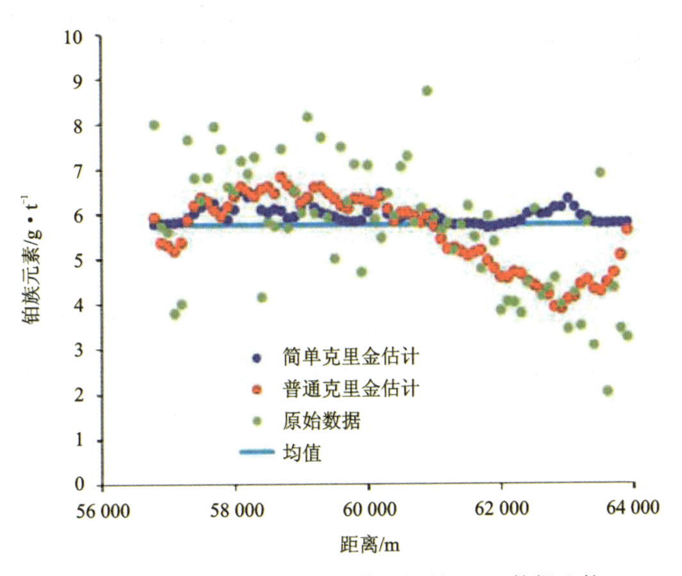

图 12-7　简单克里金、普通克里金和区域均值及初始 PGE 数据比较(据 Mpanza，2105)

二、多点地质统计学方法

多点地质统计学(multiple point statistics，MPS)也是一种基于序贯模拟算法的地质建模方法，与目标建模相比，由于多点地质统计方法也是基于象元，所以可以更好地利用已知点数据。同时，与序贯指示方法相比，多点地质统计学又能更好的考虑地质相之间的关系(Zhou et al.，2018)。多点地质统计学目前应用并不广泛，其中重要的因素是这种方法的结果严重依赖于训练图像(training image)。图 12-8 为一简单的平面训练图像(最上面一行和最左边一列网格为边界网格，分别与最下一行和最右一列一致)，该图像上有两种岩性——砂岩和非砂岩。根据中间网格和其上下左右网格的岩性分布样式可以分出 16 种，如样式 1 代表上下左

右的网格岩性均为非砂岩，而样式 16 代表上下左右的网格岩性均为砂岩。根据此训练图像，可以得出不同样式的概率，同时也能统计出某种样式内砂岩所占比例。根据这些统计结果就可以建立岩性分布模型，建好的岩性分布模型和训练图像具有较好的相似性。

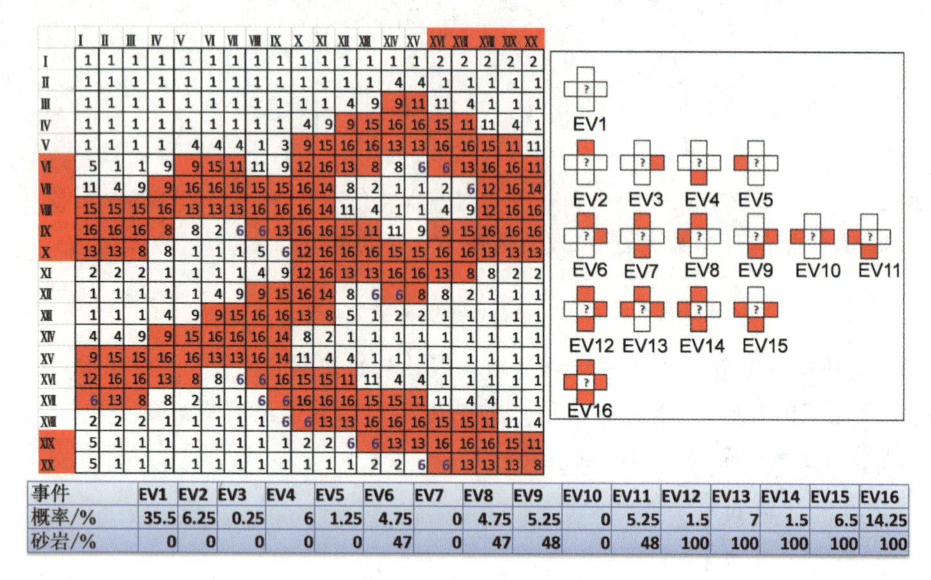

事件	EV1	EV2	EV3	EV4	EV5	EV6	EV7	EV8	EV9	EV10	EV11	EV12	EV13	EV14	EV15	EV16
概率/%	35.5	6.25	0.25	6	1.25	4.75	0	4.75	5.25	0	5.25	1.5	7	1.5	6.5	14.25
砂岩/%	0	0	0	0	0	47	0	47	48	0	48	100	100	100	100	100

图 12-8　2D 平面上两种相和 16 种事件的分布概率(深色网格代表砂体，空白网格代表其他岩性)

第三节　储层建模方法

储层建模实际上就是建立储层结构和储层参数的三维空间分布及变化模型。要实现三维建模，核心是井间储层属性参数的预测。解决井间三维储层预测问题，目前人们普遍采用两种建模途径，即确定性建模方法和随机性建模方法。随机性建模方法仍然是建模过程中采用的主流方法。

一、确定性建模方法

确定性建模是对井间未知区给出确定性的预测结果，即从已知确定性资料的控制点(如井点)出发，推测出点间(如井间)确定的、唯一的储层参数。传统地质方法的内插编图、克里金作图和一些数学地质方法作图都属于这一类建模方法。目前，确定性建模所应用的储层预测方法主要有 3 种。

(1)储层地震地层学方法：主要是应用地震资料研究储层的几何形态、岩性及参数的分布，即从已知井点出发，应用地震横向预测技术进行井间参数预测，并建立储层的三维地质模型。该方法主要包括三维地震和井间地震方法。

(2)储层沉积学方法：主要是在高分辨率等时地层对比及沉积模式的基础上，通过井间砂体对比建立储层结构模型。

(3)克里金方法：是以变差函数为工具进行井间插值而建立的储层参数模型。井间插值是建立确定性储层参数分布模型的常用方法。

二、随机建模方法

随机建模是指以已知的信息为基础，以随机函数为理论，应用随机模拟方法，产生可选的、等概率的储层模型。该方法承认控制点以外的储层参数具有一定的不确定性，即具有一定的随机性。与克里金插值法相比，随机模拟的主要优势在于以下两点。

(1)随机模拟在克里金插值模型中系统地加上了“随机噪声”，虽然已经证明，如果把条件模拟的结果视为克里金估计值，其误差相当于一般克里金估计误差的两倍，但是这样产生的结果比克里金插值模型真实得多。这种“随机噪声”正是井间的细微变化，模拟曲线能更好地表现出曲线的真实波动情况。

(2)插值算法(包括克里金法)只产生一个模型，而随机建模则产生多个可选的模型，各种模型之间的差别正是空间不确定性的反映。

1.随机模型的分类

Haldorsen 等(1986)根据研究现象的随机特征，将随机模型分为离散型模型、连续型模型和混合型模型。

(1)离散型模型。该模型用于描述具有离散性质的地质特征，如砂体分布，隔层的分布，岩石类型的分布，裂缝和断层的分布、大小、方位等。标点过程、截断高斯随机域、马尔可夫随机域及二点直方图等属于离散型随机模型。

(2)连续型模型。该模型用来描述储层参数连续变化的特征，如孔隙度、渗透率、流体饱和度的空间分布。在实际应用中，油藏的离散性质和连续性质是共存的。

(3)混合型模型。将上述两类模型结合在一起，即构成混合型模型，亦称二步模型。第一步建立离散型模型描述储层大范围的非均质特征；第二步在离散型模型的基础上建立表征岩石参数空间变化和分布的连续型模型。

研究人员发现，两步随机建模是实现储层定量建模的重要方法，并将离散型模型与连续型模型组成混合型模型，分两步建模。这一方法在北海储层研究中取得了成功(Damsleth，1990)。在第一步中，离散型模型用于描述模型中大级别上的非均质性(如各种沉积建造块或流动单元)，模型中的参数来自地震和井点资料以及广泛研究的类似露头资料。在不同类型的离散型模型之内，用连续型模型(第二步)来描述岩石物性值的空间变化。几乎任何离散型模型和连续型模型都可以用混合技术来结合。因此，在第二步中，岩石性质以连续的多变量高斯场的形式形成模型。高斯场随不同的岩相类型而变化，而岩相由第一步模型确定。钻井取芯资料和露头中微型渗透率仪测量数据用于确定参数的量值、变化程度、变量间的相互依赖性和空间结构。

2.基于目标和基于象元的建模方法

根据模拟单元的特征，将随机模型分为基于目标的随机模型和基于象元的随机模型。此外，Journel 等(1998)讨论了不同的模拟算法，如序贯模拟、误差模拟、概率场模拟、矩阵分解、模拟退火等,并从实用角度入手,综合考虑模型和算法,将随机模型进行了综合分类。随机模拟方法是指根据模型和算法而产生模拟结果的技术或程序。一般模拟方法可分为基于目标的方法(即以目标物体为基本模拟单元)和基于象元的方法(即以象元为基本模拟单元)两大类。

基于目标的方法以目标物体为模拟单元,主要描述各种离散性地质特征的空间分布,如沉积微相、岩石相、流动单元、裂缝、断层及夹层等地质特征的空间分布,利用标点过程法(或布尔方法)建立离散型模型。

基于象元的方法较多,都以象元为基本模拟单元,逐个象元进行随机模拟。比较典型的方法有序贯高斯模拟、截断高斯随机域模拟、序贯指示模拟、马尔可夫随机域模拟、二点直方图法的随机模拟、分形随机模拟和模拟退火算法等。

在实际应用中,应从以下几个方面考虑所选取的模拟方法是否合理:①应考虑变量的随机模型,不同的随机模型有不同的模拟方法;②模拟的对象,如对于沉积相等类型的离散变量和孔隙度等连续性的变量(表12-2);③条件信息的种类,确定出是来自单变量的信息还是多变量的信息,是软信息还是这些信息的综合;④区域地质情况。

表12-2 常见随机模拟方法分类(据张一伟等,1997)

随机建模方法		随机模型类型	条件模拟
方法分类	方法名称		
基于目标	标点过程或布尔法(boolean method)	离散	困难
	目标建模(object modelling)	离散	困难
基于象元	截断高斯模拟(truncated gaussian simulation)	离散/连续	可以
	序贯指示模拟(sequential gaussian simulation)	离散/连续	可以
	马尔可夫随机域模拟(markov random field)	离散/连续	可以
	分形随机模拟(fractal modelling)	连续	可以
	模拟退火(simulated annealing)	连续	可以
	多点地质统计(multiple-point geostatistics simulation)	离散	可以
	基于沉积过程的地质建模(process-based modelling)或仿沉积过程方法	离散	困难

随机模型理论和应用研究表明,不同随机模型对不同的地质条件(如不同的沉积相)有一定的适用性。从随机模型的基本原理和应用出发,可将不同随机模型的地质适用性归纳如下。

(1)用于沉积相(和岩性)随机建模的随机模型主要有标点过程、截断高斯域、指示模拟、马尔可夫随机域和二点直方图。在待模拟目标区存在多种沉积相(或岩性)的情况下,标点过程适用于具有背景相的沉积相(或岩性)的随机模拟;截断高斯域适用于具有排序规律的沉积相(或岩性)的随机模拟;指示模拟、马尔可夫随机域和二点直方图适用于具有镶嵌结构的沉积相(或岩性)的随机模拟。在待模拟目标区只有两种相(或岩性)的情况下,上述各种模型均可使用。但是,由于所有基于象元的随机模型均不能很好地恢复相(或岩性)的几何形态(尤其是相边界),因此,在这种情况下应尽量使用基于目标的随机模型(标点过程)。

(2)用于岩石物理参数随机建模的随机模型主要有高斯随机域、分形随机域、指示模拟和马尔可夫随机域。高斯随机域适用于各向异性不强条件下连续变量的随机模拟;指示模拟适用于复杂各向异性的、具奇异值分布的连续变量的随机模拟;分形随机域适用于在数据点很少且随机变量具有统计自相似性条件下连续变量的随机模拟;马尔可夫随机域可用于复杂各向异性条件下连续变量的随机模拟,但其统计推断和参数求取十分复杂(要求有训练图像),目前应用较少。

3. 常用的建模方法

在随机建模方法中,序贯高斯法(sequential gaussian simulation,SGS)和序贯指示法(sequential indicator simulation,SIS)是两种常用的方法。

序贯高斯法认为变量在每个网格或结点处是随机变量且符合正态分布(也称高斯分布)。与克里金方法取平均值作为预测值不同,序贯高斯法一般包括以下4步:①通过种子数为所有未知网格点创建一个模拟顺序;②利用克里金方法计算每个未知网格点的平均值和方差,并建立累积分布函数;③按照第一步创建的顺序逐个网格建立概率数,然后根据其累积分布函数来获取未知网格点的值;④重复第三步直至所有网格均被赋值。

随机数一般可以通过物理方法或计算方法获取,在建模过程中,随机数一般通过计算方法获取,产生的随机数也称伪随机数。式(12-20)是个简单的示例,可用来生成0~7的随机数。

$$X_{n+1} = (aX_n + b)\mathrm{mod}m \tag{12-20}$$

式中,X_n为种子数,$m=8$,$a=5$,$b=1$,$X_0=1$;mod为求余函数。生成的随机数依次为6、7、4、5、2、3、0、1、6、7…

图12-9为某个网格由克里金估计值和方差建立的含气量累积分布曲线,假设根据序贯高斯法建立的该网格的概率数为0.5,则该网格实现的含气量则为$10m^3/t$。

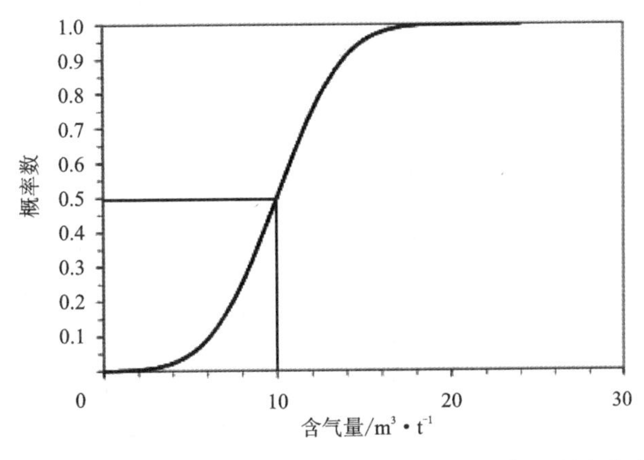

图12-9 某个网格由克里金估计值和方差建立的含气量累积分布曲线

序贯指示法与序贯高斯法类似,不同之处在于序贯指示法一般针对离散变量,如沉积相、岩石相和流动单元等,建立的累积分布函数如图 12-10 所示。假设根据序贯指示方法建立的该网格的概率数为 0.4,则该网格为代码 2 对应的岩石相。

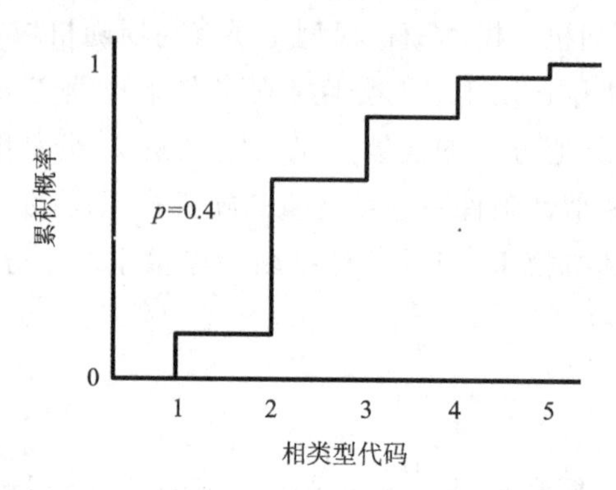

图 12-10　某个网格由克里金估计值和方差建立的相类型累积分布曲线

三、建模步骤

一般建模要从数据准备开始,确立各类地质体的边界(包括断层),在边界和断层模型的基础上进行网格化。在网格化的基础上,实现离散数据的建模,包括沉积微相和流动单元等。然后建立储层属性模型,如孔隙度、渗透率和含油饱和度等。建立的精细网格的储层参数地质模型可能在相邻网格间参数差别较大,通常需要把精细地质模型进行尺度升级,即粗化到网格更大的模型中。一般来说,利用粗化后的储层属性参数建立的动态模型通常具有较好的计算收敛性。图 12-11 为一般的储层建模流程框图,主要包括构造建模、储层属性建模和模型粗化及建立动态数值模拟模型 3 个部分。

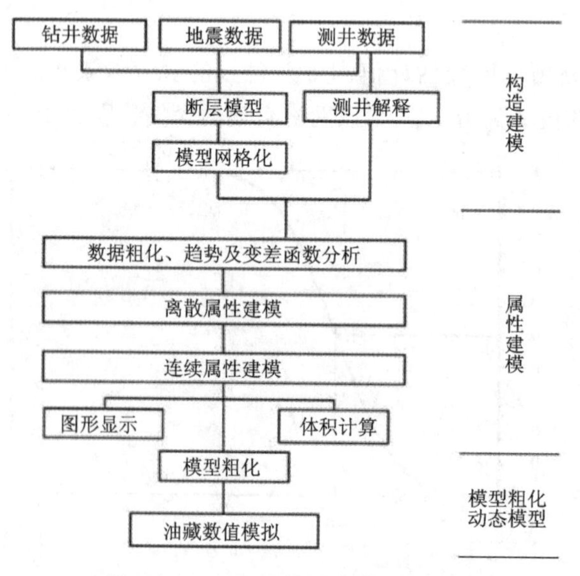

图 12-11　一般的储层建模流程框图

四、建模新方法

基于地质统计学的建模方法(如基于变差函数或多点统计学的方法)产生的储层地质模型可在一定程度上与地质模式保持一致,但当模式特征变得复杂时,则具有明显的缺陷(宋随宏等,2022)。近年来,研究者将生成对抗网络与地质建模相结合,利用由卷积神经网络构成的模拟器去学习复杂的地质模式特征,进而产生与约束条件和现有地质知识库更吻合的地质模型。根据生成对抗网络训练方式的不同,地质建模方法可分为传统生成对抗网络地质建模方法和渐进增长的生成对抗网络地质建模方法。图 12-12 为渐进增长生成对抗网络地质建模方法示意图。

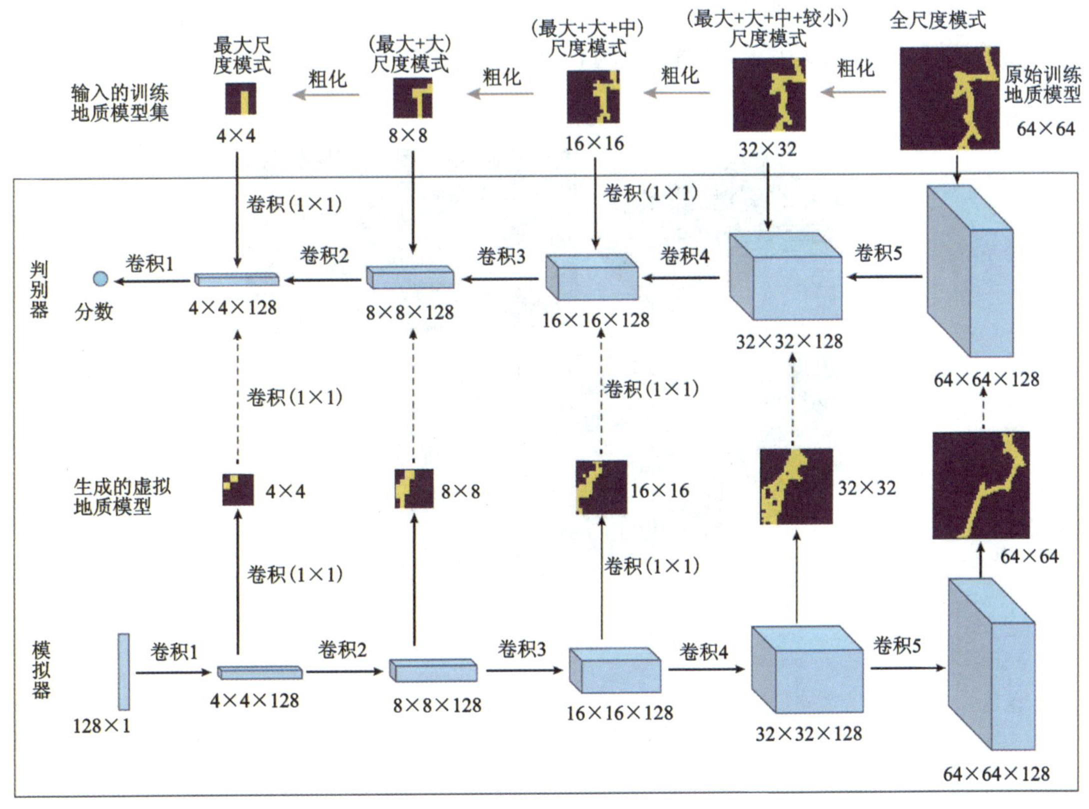

图 12-12 渐进增长生成对抗网络地质建模方法示意图(据宋随宏等,2022)

在地质上,数字孪生(digital twin)是充分利用已知各类数据包括历史产量数据等,集成多数据源、多尺度地质信息,从而建立能更加反映储层复杂性的三维空间分布模型。基于储层静态模型基础上的历史拟合数值模型也是一种数字孪生模型,这种模型跨越对象的生命周期,目的是精确反映物理对象的虚拟模型。图 12-13 为数字孪生模型的主要组成示意图。

储层建模技术的另一个发展趋势就是网格处理方式的多元化。常用的网格包括六面体网格[图 12-14(a)]、PEBI 网格[图 12-14(b)]、四面体网格[图 12-14(c)],还有一种无网格化(grid-free)地质建模技术(Jacquemyn et al.,2019)。

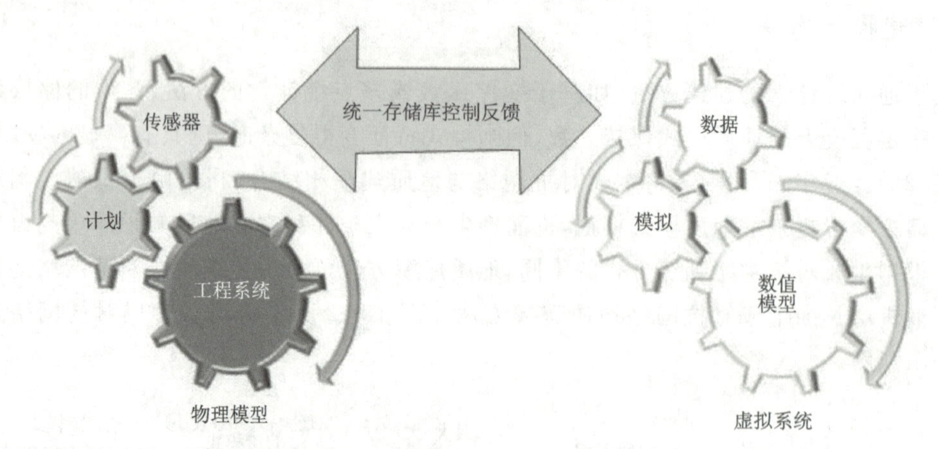

图 12-13　数字孪生模型(虚拟系统)和物理模型的比较示意图(据 Hodgkinson and Elmouttie,2020)

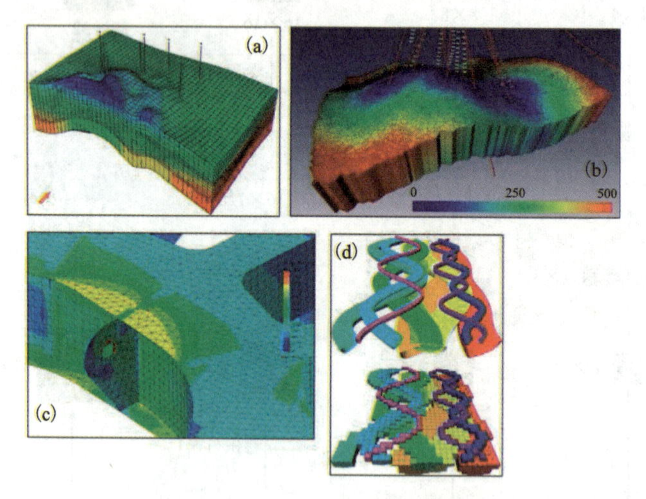

图 12-14　储层地质建模网格类型

第四节　储层建模软件——Petrel 简介

随着三维建模技术的发展,国内外都研发出了许多用于三维地质建模的应用软件,常见的用于石油和天然气行业的有 Petrel、SKUA-GOCAD、tNavigator、RMS、DecisionSpace365 和 ISATIS. NEO 等。另外,还有一些用于采矿领域的三维储层地质建模软件,如 3DMine、Vulcan、Surpac、MapGIS、QuantyView 等。

Petrel 软件的第一版于 1998 年 12 月发布,设计理念是想在个人电脑上应用真三维技术,利用一个友好的单井控制的界面建立三维储层地质模型。Petrel 软件能够很好的解决与建立复杂构造数值模型有关的问题,同时能够考虑断层的几何性质,而这些过程中的数据输入和结果输出都非常简单。

Petrel软件主要功能有二维和三维地震解释，三维构造成图，时深转换，三维岩石物理属性建模（确定性和随机建模），三维沉积相建模（确定性和随机建模），高级的计算功能，模型粗化，数值模型网格的输出和输入，井位轨迹设计、输入，数值模拟模型建立，地质导向钻井(geo-steering)等。同时，Petrel还具有强大的工作流设计和广泛的插件功能(Ocean plug-in)。工作流设计可以实现建模过程或属性计算的自动化，也是建模不确定性分析的常用工具。插件功能允许第三方编制程序，然后利用Petrel平台运行。下面对Petrel软件的建模过程和方法做简单介绍。

一、载入数据

Petrel允许用户载入各种格式的数据，如IrapClassic、IrapRMS、CPS-3、Earthvision、Stratamodel、VIP、LAS、Eclipse、Zmap+和Charisma，也可以载入SEG-Y格式的二维和三维地震数据，散点数据格式等。

检查输入数据的质量对于载入数据很重要，Petrel拥有强大的可视化工具，可以对载入的对象生成一个统计报告表。

二、地震解释

在地震解释处理流程中地震数据的实时显示能对断层面和层位进行最佳的质量控制。层位和断层可在3D空间解释，进而达到对解释的质量控制。

断层可解释为断层点或断层线，断层解释要在显示的地震剖面上完成，解释的断层线可作为后续断层模型的输入。

层位的地震解释是在可视化的地震剖面上完成的，Petrel提供3种解释方法，分别是手动解释、可引导的自动追踪、种子点自动追踪等。

三、联井对比

Petrel可以在屏幕上快速进行相关操作，在井剖面可以进行多井显示、层位拾取、基准面校正、添加任意井进行地层对比。联井对比模块是Petrel的有机组成部分，可以在2D、3D窗口下交互作业。

四、创建、编辑井分层

在Make/Edit Well Tops处理步骤中可以产生新的分层和编辑已存在的分层，Petrel使用井分层目的是约束层面网格。可以通过多种方法在well tops文件夹中添加井分层，可以用Petrel的井分层文件格式(ASCⅡ)载入井分层，也可以在3D窗口下进行数字化井分层。另外一种方式是把点数据体转换为井分层数据结构。

五、定义模型

在建立3D网格之前，必须定义一个模型，Define Model步骤完成这项工作，双击Define Model处理步骤，在处理对话框中输入名称，点击OK按钮，模型存放在Petrel资源浏览器中的 Models 窗口。

六、定义断层

Petrel 很容易建立构造上和几何上正确的断层,可以建立线性、垂直、犁式、S 型、反转、垂直削截、分支和相交断层。

当建立一个构造模型时,第一步是建立断层模型,用户必须沿着断层建立 Key Pillars。而在建立断层模型前有必要对输入的数据有大概的了解,对该工区的构造有一个整体的认识。断层是用 Key Pillars 来构建的,Key Pillar 是线性、垂直、犁式、S 型、曲线,包含几个控制点。例如,犁式 Key Pillar 包括顶、中、底 3 个控制点;曲线 Key Pillar 除了以上 3 个控制点外,还有另外 2 个控制点用于定义它们的几何形状。几个 Key Pillar 组合在一起就可定义一个断层面。

Petrel 有多种方法定义断层。可以根据解释的地震线、输入的构造图、断层多边形、断层面、断层线定义断层。通过定义 Key Pillars 的方法,定义断层的倾向、方位、长度和形状、Key Pillars 为 3D 模型建造了主体框架,用户也可以根据点、线、面的输入数据建立断层。

断层的建立,也可以说是对 Key Pillars 的编辑,对建立准确而可靠的 Petrel 模型很重要,Key Pillars 可以描述断层面,Petrel 可以编辑整个断层,单个 Key Pillar 或 X、Y 和 Z 方向的控制点,会使断层的编辑方便自如。

七、网格化

网格化分为两步:第一步根据 Key Pillar 的中间控制点进行 2D 骨架网格的网格化;第二步根据 Key Pillar 的顶底控制点进行 3D 骨架网格的网格化。

在 2D 骨架网格的建立过程中,断层的方向有 3 种选择,分别为 I、J 和 A(任意)。定义断层方向后,要定义网格的边界,如定义一个边界,也可以把断层作为边界的一部分。断层和趋势方向可作为"单元隔离线"。

单击 Pillar Gridding 处理窗口中的"Apply",在处理对话框中,定义网格的 X 和 Y 单位增量,当产生 2D 网格时可以直观地跟踪算法,网格将在边界内产生,网格被断层和边界分割为单元,每个单元有一个特定数目的 cells,改变该数目可以改变该单元的网格密度。需要注意的是一个方向上的 cells 数目是一个常数,如果改变一个单元的 cells 数目会影响整个网格,当获得满意的 2D 网格时,就可以产生 3D 骨架网格。完成 Pillar Gridding 处理以后,仔细检查骨架网格。寻找网格的不规则性和尖峰。

八、创建层面网格

到目前为止,垂直方向的分层未曾引入网格,Make Horizon 可以把层面图(平面图、点或线)加入到 3D 网格,是把 Z 值引入构造的第一步。Petrel 使用多种构造数据创建层面网格,如线、点、层面图。根据这些资料使用特定的算法内插出层面网格。

一旦输入数据和定义完参数后，Make Horizons 处理是自动完成的，用户建立一个表单，层面网格作为行，处理参数作为列。

九、时深转换

时深转换处理利用处于活动状态的 3D 网格中的速度模型把时间域的 3D 网格转换为深度域的 3D 网格。

几乎所有的地质模型都基于 3D 网格中的地震解释，一般规律是好的时间域 3D 模型能获得好的深度域 3D 网格模型。

时深转换模块是 Petrel 地质建模的有机组成部分，经过时深转换处理产生一个地质体模型，当加入一个新的模型，会产生一个速度模型和地质体模型。

在 Petrel 中可以建立多个速度模型，单击 Petrel 资源管理器中“Velocity Models”文件夹，用户可以打开一个菜单加入一个新的速度模型，只有处于激活状态的速度模型才能参与时深转换的处理。

使用 Well Tops 编辑器进行时深转换处理，深度域井分层编辑器可以通过鼠标右键单击“Well Tops”文件夹打开。井分层是时深转换处理的最后部分，目的是执行完时深转换处理后，校正深度转换的层面。

十、划分地层

划分地层是定义 3D 网格垂直分辨率的第二步，该步骤在层面之间产生地层，以等容线的格式把厚度数据导入模型，通过这种方式加入地层信息。例如，Well Tops 可以用于约束顶部层面的构造，没有地层信息时该处理步骤可以省略。

划分地层处理对话框和创建层面网格处理方法相似，划分地层一次处理一个地层层段，一个层面网格划定一个地层层段的界限，Petrel 允许地层层段分别超过和低于顶部和底部层面。

截面是进行可视化和质量控制的有力工具，通过截面充分显示含有属性的 3D 网格内部信息，可以进行质量检查，提高对模型的认识。

Petrel 中产生的层面网格和地层可以作为 2D 网格形式以多种数据格式输出，3D 网格也可以以多种数据格式输出。输出项目时，Petrel 会列出可提供的数据格式。

十一、细分地层

一个具有高分辨率的精细 3D 网格是在 Make Sub-Zones 步骤中完成的，该步骤对每个地层进行内部分层，层序结构可以根据油藏的沉积背景（如上超、下超、削蚀等）来定义的。细分地层和划分地层基本相似，不同的是细分地层不需输入数据。

细分地层可以建立一个具有高分辨率的精细 3D 网格并且不需输入任何数据，用户可以定义细层厚度、细层数目、厚度比例来定义网格的垂向分辨率。当定义厚度时，可以从地层的顶部或从底部来细分地层。

十二、编辑 3D 网格

当获得一个新的数据时，必须重新产生一个新的 3D 网格，通过构造模型和断层模型的建立流程，可以对 3D 网格进行快速、灵活的更新。

同样也可以在显示窗口对 3D 网格进行手动编辑，编辑 3D 网格允许用户在层面和 Pillars 上进行编辑，通过编辑可以平滑或消除层面上的尖峰及不正常现象。

十三、创建油气水接触关系

利用 Petrel 可以建立复杂的油气藏模型，建立多种形式的接触关系对于体积的计算和认识非常重要。

创建接触关系的目的是充分发挥接触关系在 3D 网格中的应用。接触关系的类型可定义为油气界面、油水界面、油往上、气往下等。这些接触关系可以是深度常数，也可以是复杂的层面。

该模块的目的是在 2D 和 3D 下可视化这些接触关系，也可以在 2D 和 3D 下以充填色和等容线形式显示在层面上，该模块的最终目的是在计算体积时充分考虑多种接触关系，以获得准确的体积。

十四、数据分析

数据分析功能可以分析 Petrel 中的数据。数据分析分为描述性统计(描述、概括数据)和变差图分析(产生样本变差图和建立一个其他处理所需的模型)。

Petrel 中直方图可用来进行质量控制，比较原始测井曲线和粗化后的测井曲线与属性，在直方图中可以把每一条测井曲线和粗化后的值进行可视化检查。

Petrel 中的变差图分析能帮助用户对输入到 Petrel 或在 Petrel 中产生的数据进行更为精确的描述。

十五、粗化测井曲线

为了给 3D 网格内的每个网格赋予属性值，必须进行测井曲线的粗化。该处理为井穿透的每个网格计算曲线值的平均值。Petrel 提供几种粗化方法，因为不同的属性曲线需要不同的粗化方法以得到更好的结果，该处理也可称为测井曲线的分块。

十六、建立几何属性模型

几何属性模型是使用定义好的系统变量(如网格高度、总体积、深度等)来建立的。根据选择的系统变量，每个网格会得到一个数值。这些数值对于体积的计算和岩石物理属性的计算很重要。

十七、建立岩石物理属性模型

Petrel 提供多种算法用于建立油藏中岩石物理属性的分布模型，在该处理中可以应用粗化的测井曲线和趋势数据作为输入数据，定义多种处理参数。在建立岩石物理模型时，每个网格将被赋予属性值，测井数值和趋势数据分布在3D网格中。

当测井曲线粗化到3D网格，沿着井轨迹的每个网格的数值可以在3D网格中的井间外推。运行的结果是每个网格拥有一个属性值。Petrel提供了确定性和随机性建模方法。

Petrel可以根据序贯高斯模拟法建立随机岩石物理模型。该算法为实现多变量高斯域的直接算法，可以生成局部变差和直方图。

交互式建立相模型，确定性目标建模。交互式建立相模型可以定义3D网格中不同类型的沉积体。

十八、粗化地层和属性模型

粗化概念是从精细的地质模型中用更少的网格产生一个网格粗化的油藏模型，简化的3D网格模型是欠精确的，同时舍弃了精细的地质细节。产生精细模型对于产生用于计算体积的精细地质模型和井轨迹设计非常重要，同时也是数值模拟的基础数据。根据要粗化的属性，Petrel提供多种粗化方法。完成地层的粗化以后，就可以进行属性模型的粗化，Petrel提供了多种粗化方法用于属性模型的粗化，如算术法、调和法、几何法、求和法、最小值法和最大值法。

十九、创建层面等值线图

创建层面等值线图工具是根据点、线数据、多边形、层面或井分层数据对层面进行网格化，该功能不需要建立3D模型就可以灵活地网格化层面，产生的层面等值线图一般是2D网格。Make Surface和Make Horizons的区别在于建立3D网格，Make Surface是在建立3D网格之前对输入的数据进行运算，经过Make Surface处理，基于点、线的输入层面数据可以被可视化或用于Make Horizon的输入。

创建层面等值线图工具是利用不同的输入数据建立一个层面等值线图，该工具生成用于建立属性模型的趋势层面，还可以创建一个断层面。

二十、井位设计

Well Design允许用户根据已建立的模型在3D空间进行数字化井轨迹设计。井轨迹的坐标可以输出、输入到Excel电子表格中，被Petrel模块和钻井工程师所共享，还可以根据岩石物理模型产生数字化井的合成测井曲线，用户可以沿着井轨迹对属性值进行采样。该操作不仅适用于在Petrel中设计的井，还适用于输入的井，沿着井轨迹的每一个网格只有一个数值，因此3D网格的垂直分辨率越高，越能体现非均质性。

新井可以根据不同的数据进行数字化，数字化的锚点吸附在3D空间的对象上，在进行数字化井轨迹时，建议使用截面对象，可以在Petrel资源管理器Input标签中任何一个文件夹选择截面或在Model标签中Intersections文件夹选择截面。

二十一、工作流(Workflow)

Petrel 软件具有强大的工作流编辑和运行能力。通过工作流可以实现文件导入、计算、建模、数模和相关结果输出的自动化。

第三篇

非常规储层非均质性及其评价各论

非常规油气一般是指采用常规技术无法获得自然工业产量、需用新技术改善储层渗透率或者流体黏度等才能经济、连续或准确、连续开采的油气资源。据统计，全球非常规油气资源占80%左右，而常规油气资源占20%左右。2010年被认为是中国“非常规油气元年”，自此开始了非常规油气勘探开发的巨大发展。本教材把致密油气、页岩油气、煤层气和天然气水合物的储层看作非常规储层，为了便于组织，把地下储集库及二氧化碳储集层也一并放在此类。非常规储层不仅储集层复杂特殊，而且储集介质也复杂多样，对储层的评价研究除了常规方法之外，更多的是非常规手段技术和方法。本篇内容重点介绍非常规储层概念、储层基本特性、储层评价技术，便于读者窥一斑而知全豹。本篇主要包括致密油气储层、页岩油气储层、煤层气储层、天然气水合物储层以及地下储集库及二氧化碳储集层5章内容。

第十三章　致密油气储层

致密油气(tight oil and gas),即致密储层油气,分为致密油和致密气两种油气聚集类型,是指赋存于致密砂岩、致密碳酸盐岩等储层中的油气,必须经过储层改造才能获得工业产能,属非常规油气资源之一。致密油气储层是指岩石孔隙度小、渗透率低(覆压基质渗透率小于$0.1\times10^{-3}\mu m^2$),储集工业化石油或天然气的,以致密砂岩或致密碳酸盐岩为主的储层类型。目前,致密砂岩气已成为非常规油气发展的重点之一,致密砂(灰)岩油正成为全球非常规石油发展的亮点领域。本章主要介绍致密油气的一般特征、致密砂岩储层、湖相致密白云岩储层。

第一节　致密气与致密油概述

一、致密气

目前国内外发现的大型致密气藏主要储集于致密砂岩中。Holditch(2006)认为致密砂岩气通常指低渗—特低渗砂岩储层中无自然产能,需要通过大规模压裂或特殊采气工艺技术才能产出具有经济价值的天然气。邹才能等(2011)认为致密油气储集在覆压基质渗透率小于或等于$0.1\times10^{-3}\mu m^2$(空气渗透率小于$1\times10^{-3}\mu m^2$)的储层内。

致密砂岩气在非常规油气发展中占有重要地位。全球已发现或推测发育致密砂岩气的盆地约有70个,资源量约为$210\times10^{12}m^3$(Rogner,2006)。1927年,美国在圣胡安盆地发现了第一个致密砂岩气田,1976年美国Cauthage气田棉花谷致密砂岩层采用酸化压裂,日产气$340\times10^4m^3$,成为美国最大的气田之一。截至2010年,美国已在23个盆地中,发现了大约900个致密砂岩气田,剩余探明可采储量超过$5\times10^{12}m^3$,生产井超过10×10^4口。2010年致密砂岩气产量约占美国天然气总产量的26%。与此同时,世界其他地区致密砂岩气开发也得到了快速发展。

中国的致密砂岩气资源非常丰富,具有良好的发展前景。中国陆地上最大的气田——苏里格气田累计探明天然气地质储量$3.2\times10^8m^3$,2011年产量达到$137\times10^8m^3$,成为国内最大的整装天然气气田(邹才能等,2013)。近10年来,中国年均新增探明致密砂岩气地质储量约占新增探明天然气储量的50%。目前已形成鄂尔多斯盆地苏里格地区、四川盆地须家河组两大致密气区。塔里木、吐哈、松辽、渤海湾等盆地也实现了致密气勘探的突破,成为重要的增储上产领域。截至2019年底,中国致密砂岩气累计探明储量5.2万亿m^3,年产量也从

2004 年的约 2 亿 m^3 快速增长到 2019 年的 410 亿 m^3（图 13-1）。

致密气与致密油、页岩油、页岩气在埋藏相对深度、有机质热成熟度、油气运移距离等成因关系和地层聚集关系上有重要差异，如图 13-2 所示。

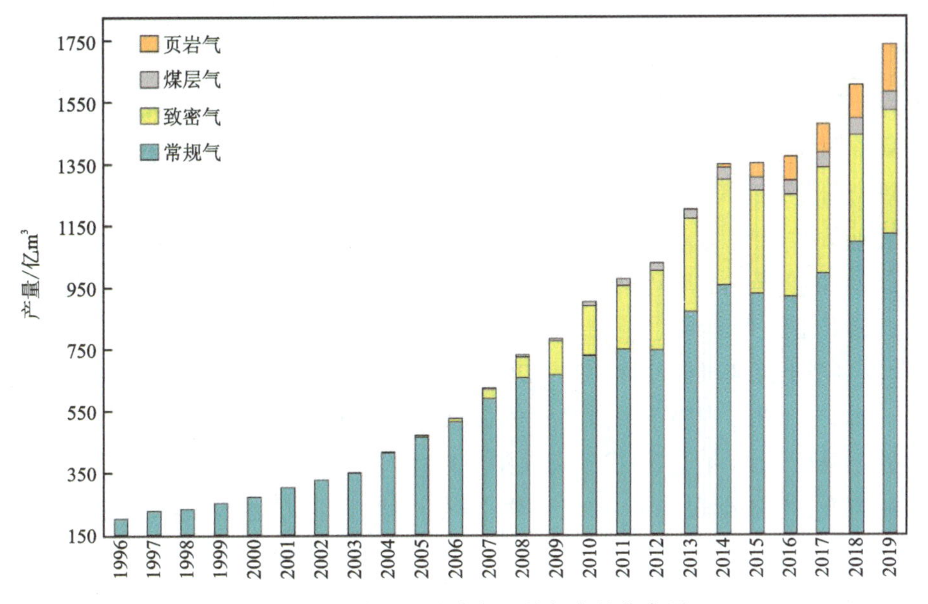

图 13-1　1996—2019 年中国常规—非常规天然气产量分布图（据邹才能等，2021）

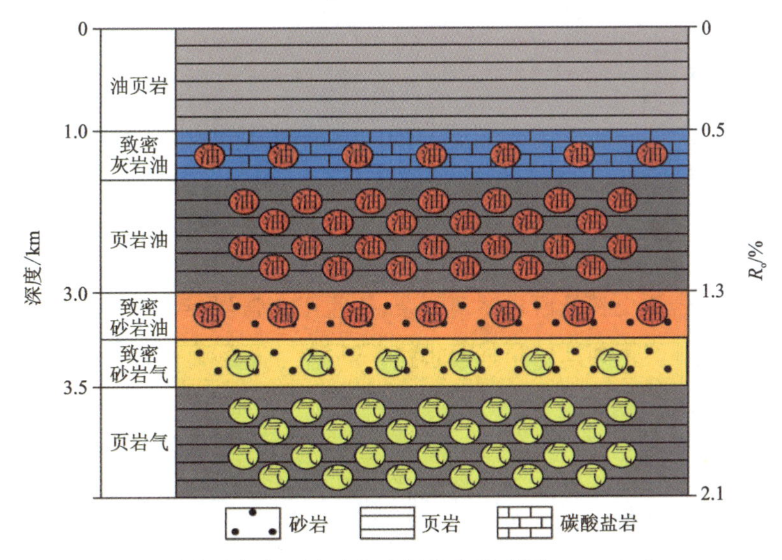

图 13-2　致密油气与页岩油气地层聚集关系图（据邹才能等，2013）

二、致密油

致密油是指储集在覆压基质渗透率小于或等于 $0.1\times10^{-3}\ \mu m^2$（空气渗透率小于 $1\times10^{-3}\ \mu m^2$）的致密砂岩、致密碳酸盐岩等储集层中的石油。单井一般无自然产能或自然产能低于工业油流下限，但在一定经济条件和技术措施下可获得工业石油产量（邹才能等，2013）。目前，对致密油的定义不同学者有不同的理解,有时文献叫法上会与低渗油藏和页岩油有所混淆。从严格细分角度,单独强调致密油类型很有必要(图 13-2)。

美国最早于20世纪末在Bakken砂岩实现致密油开发,目前美国已发现Williston、Gulf Coast、Fort Worth等近20个致密油盆地,Bakken、Eagle Ford、Barnett、Woodford和Marcellus等多套产层。2010年,上述5套主力致密油层的年产量达1375×10^4t,占美国石油总产量的5%。除美国外,加拿大、阿根廷、厄瓜多尔、英国和俄罗斯等国都发现了致密油。俄罗斯近年在西西伯利亚新探明油气储量中,致密油气占到50%以上。

中国致密油分布范围广,类型多样,也呈现良好的勘探开发形势。近年来,在鄂尔多斯盆地上三叠统延长组,松辽盆地扶余油层与青山口组,渤海湾盆地歧口凹陷沙一段白云岩与沙三段泥质白云岩,准噶尔盆地玛湖、吉木萨尔、沙帐-石树沟等凹陷二叠系风城组、芦草沟组、平地泉组白云石化岩类,吐哈盆地的丘东洼陷南斜坡水西沟群的致密油勘探开发已取得了重要进展,发现多个千万吨级储量规模区。2014年在鄂尔多斯盆地发现了我国第一个亿吨级致密油田——新安边油田,开辟了中国非常规石油勘探新领域。在渤海湾、四川等盆地也获得了重要突破。截至2019年底,中国致密油年产量达230万t。

致密油与致密气在储层特征、油气运聚、分布规律、评价方法等许多方面有相同之处,在烃源岩、热演化、流体特征开采方式等许多方面也存在较大差异。

第二节　致密砂岩储层

1. 致密砂岩储层类型

学者们普遍认为致密砂岩气储层具有以下基本特征:①孔隙度与渗透率均较小,喉道小且改造频繁,连通性差。一般来说,致密砂岩的孔隙度小于10%,覆压渗透率小于$0.1m\times10^{-3}\mu m^2$。②埋藏成岩作用强烈,次生孔隙占重要地位。致密砂岩通常具有沉积速度相对较慢、成岩过程长的特点。由于成岩历史长且成岩序列复杂,往往压实强烈,致密胶结作用明显,原始粒间孔隙减少较多。③束缚水饱和度较高且变化较大(45%～70%)。④砂体厚度不大,一般呈透镜状或薄层状(主要是指“甜点”)。⑤非均质程度高,岩性多样且粒度偏细,自生黏土矿物含量较大,砂泥交互,酸敏明显,驱油效果差,通常伴有裂缝(尤其是微裂缝),层控作用明显。⑥地层压力异常,变化不一,但毛管压力一般较高。致密砂岩储层与常规砂岩储层特征对比表如表13-1所示。

表 13-1　致密砂岩储层与常规砂岩储层特征对比(据邹才能,2013 改编)

储层特征	致密砂岩储层	常规砂岩储层
古埋藏深度	较深—深	浅—中等—较深
成岩程度	强烈	较弱—中等,局部强烈
孔隙度/%	3～10	12～30

续表 13-1

储层特征	致密砂岩储层	常规砂岩储层
孔隙类型	以次生孔隙为主	以原生—次生混合为主
覆压基质渗透率/$10^3\mu m^2$	小于 0.1	大于 0.1
空气渗透率/$10^3\mu m^2$	小于 1	大于 1
含水饱和度/%	45～70	25～50
岩石密度/$g\cdot cm^{-3}$	2.65～2.74	小于 2.65
毛细管压力	较大,启动压力	小
孔喉结构	弯曲—片状,连通差	短吼道,连通好
压力敏感性	普遍较强	一般较弱
原始裂缝发育	较强或者较弱	一般较弱
非均质性	强	强—弱
甜点区	分散	集中
气原地采收率/%	15～50	75～90

邹才能等(2009)从形成机理出发,将致密砂岩储层分为原生沉积型和成岩改造型两种类型,又依据宏观沉积背景进一步将成岩改造型划分为两种类型,分别为:①陆相成岩改造型,埋藏深度大,多已演化至中成岩到晚成岩阶段;②海相成岩改造型,成岩压实、碳酸盐胶结、黏土发育造成储层致密。

于兴河等(2015)认为应在此分类的基础上,按照不同成岩作用对致密储层的贡献程度将成岩改造型致密砂岩储层分为 3 种,分别是:①胶结型致密砂岩储层;②压实型致密砂岩储层;③其他成因类型。

笔者认为致密砂岩储层类型可以按照成岩相来划分,成岩相是储层压实、胶结、溶蚀、构造等成岩作用过程中物质表现的综合。一般按照压实、胶结、溶蚀、裂缝发育程度 4 单元定名(见第四章储层成岩作用),这种命名方式反映了储层致密化机理与过程。定名有强压实成岩相致密储层、强胶结成岩相致密储层、中强压实与胶结成岩相致密储层、强胶结-溶蚀成岩相致密储层、强压实-裂缝成岩相致密储层等类型。

2.砂岩致密化作用过程

2011 年,Shrivastava 等应用传统思维直观地阐述了致密砂岩的成因,并认为造成致密的原因可以分为构造运动、沉积过程和成岩作用。沉积过程是控制原始孔隙的直接影响因素,也是形成低渗储层的基本条件。成岩作用则是形成低孔、低渗的关键。早期的成岩作用与原始沉积环境及其沉积物密切相关,而后期的成岩作用则直接导致了储层的致密或次生孔隙的形成。构造运动在造成温度和压力变化的同时,对异常压力区的形成、成岩阶段以及改造裂缝高渗带等产生了巨大的影响。

笔者在第二章表达了储层形成演化过程中“源-径-汇-岩”联合作用的思想,即储层非均质性评价的系统化思想,"源-径-汇-岩"是储层致密化成因分析的基本因素。源区差异性控制储层原始物质成分和岩石类型。路径变化控制储层原始结构、岩石类型和砂体叠置结构关系,包括粒度大小、结构成熟度、成分成熟度、连通性等。汇区沉积相和沉积过程差异性控制储层不同尺度宏观结构单元、储层富集发育程度和沉积速率大小等。成岩作用则是储层致密化的根本原因,成岩作用本身的压实、胶结、构造作用过程直接造成孔隙度降低、岩石致密,"源-径-汇-岩"控制下的储层差异加剧致密化的不均一性。

鄂尔多斯盆地是世界上规模最大的有致密砂岩储层发育的盆地,古生代中北部地区广泛分布致密气藏,中生代中南部地区广泛分布致密油,其致密化过程具有普遍意义。图 13-3 为陕北地区上三叠统致密砂岩埋藏、成岩和孔隙演化、致密油形成过程综合图。上三叠统延长组在 2 亿年前开始形成,在之后漫长的岩石致密化过程中,经历了压实作用;绿泥石、硅质、浊沸石、方解石经胶结作用后砂岩开始致密,孔隙度由 35%降为 10%左右,尽管存在长石等颗粒溶蚀增大孔隙,但是岩石致密化过程不可逆,最终在延长组形成了孔隙度为 10%、渗透率小于 $1\times10^{-3}\mu m^2$ 的致密油储层,形成了现今大规模致密油区。

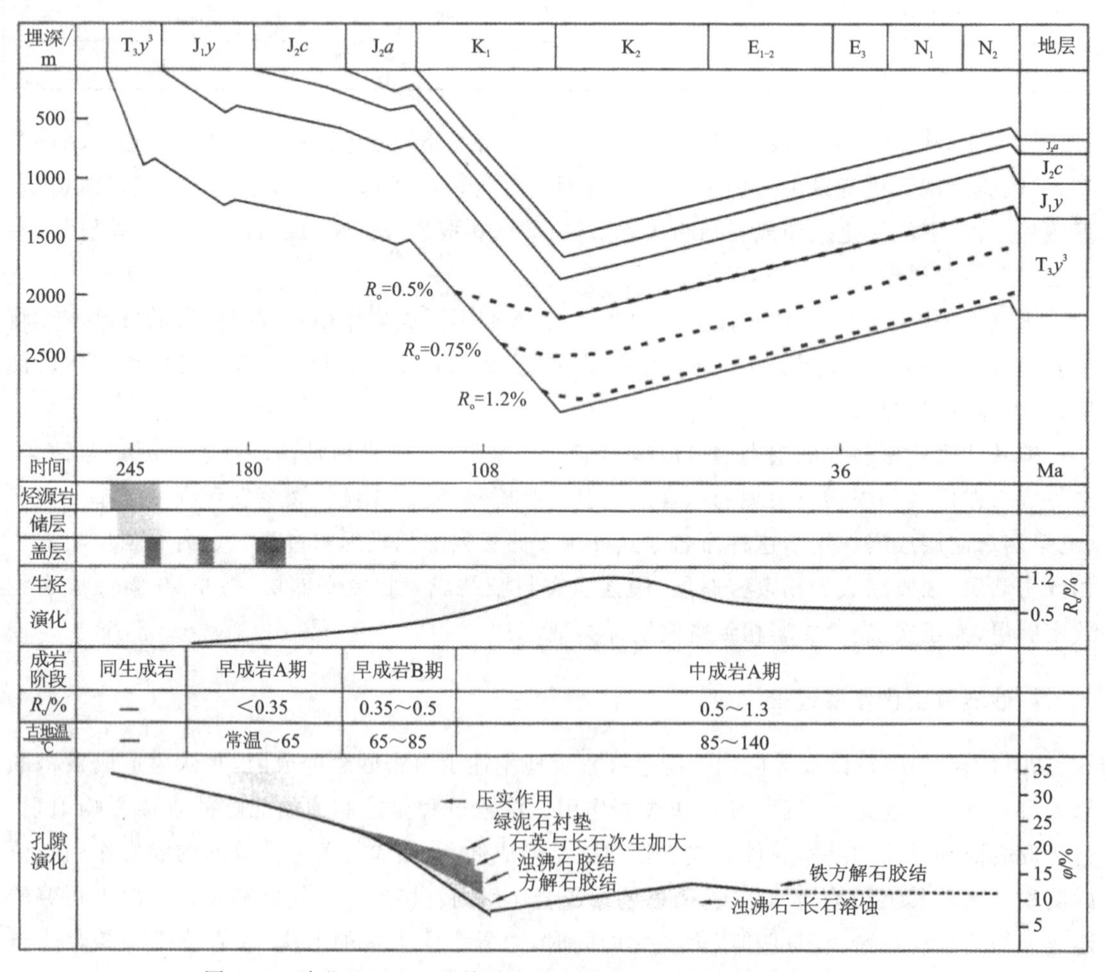

图 13-3 陕北地区上三叠统致密砂岩形成过程综合图(据邹才能,2013)

3. 致密砂岩成因模式类型

储层致密化的根本原因是地层经过了强烈成岩作用。成岩作用受控的地质因素非常复杂。2020 年，姚光庆等(2021)给出了“源-径-汇-岩”4 个子系统的几十个要素单元，这些要素均不同程度控制成岩过程和致密化过程进行的路径与程度。按照砂岩埋藏与成岩作用过程强度和方式，作者将致密砂岩成因分为两种模式，一是快速埋藏致密化成因模式，二是持续埋藏致密化成因模式。

1)快速埋藏致密化成因模式

快速埋藏致密化成因模式的特点是短期快速埋藏、埋藏深，地层通常伴随高温高压带产生，是温压换取岩石致密化的代表。典型地区是南海新生界莺歌海盆地深层深水致密气砂岩储层。从目前资料看，莺歌海盆地埋藏在 3500～4000m 以下的砂岩基本致密化，如乐东 X 区黄流组深水水道砂岩孔隙度平均为 10%，渗透率小于 $1\times10^{-3}\mu m^2$，各项参数符合致密砂岩标准，孔隙度与渗透率交会图显示良好的对数线性关系(图 13-4，表 13-2)。4 件致密砂岩样品图像分析表明了二维孔隙分布和孔隙结构参数大小变化(图 13-5)。

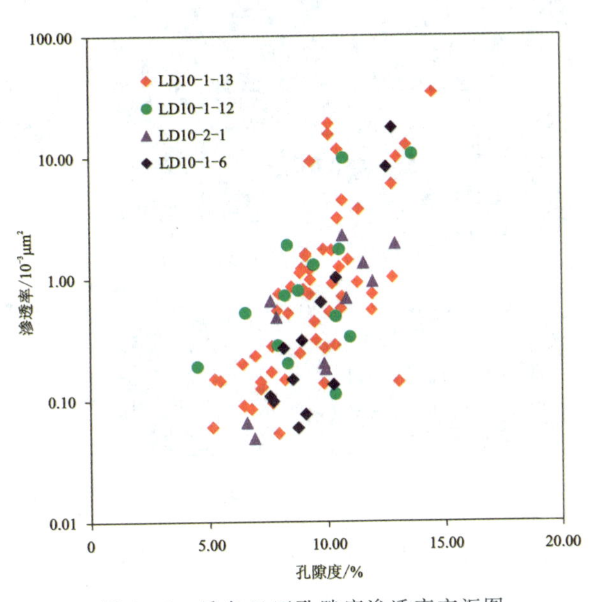

图 13-4 乐东 X 区孔隙度渗透率交汇图

表 13-2 乐东 X 区致密砂岩-岩石物理性质表

样品编号	组段	气组	深度/m	岩性	渗透率/$\times10^{-3}\mu m^2$	孔隙度/%
样品 6	黄流组二段	Ⅳ气组	4 166.08	细砂岩	0.529	10.234
样品 8	黄流组二段	Ⅳ气组	4 167.64	微含灰质细砂岩	0.144	9.017
样品 13	黄流组二段	Ⅳ气组	4 170.64	细砂岩	1.320	10.530
样品 36	梅山组一段	Ⅰ气组下	4143	中砂岩	8.068	11.252

莺歌海盆地黄流组是典型的快速埋藏产物，埋藏史图表明平均埋藏速率是 295.78m/Ma，最快埋藏速率是莺歌海组 1 段的 865.38m/Ma。现今平均地温梯度是 4.3℃/100m，平均古地温梯度是 3.93℃/100m(图 13-6)。

2)持续埋藏致密化成因模式

持续埋藏致密化成因模式的特点是：长期持续埋藏，盆地可以经历多次抬升-埋藏过程，是时间换取砂岩致密化的代表，地层年代偏古老，一般为中生界及其以前地层。我国典型代

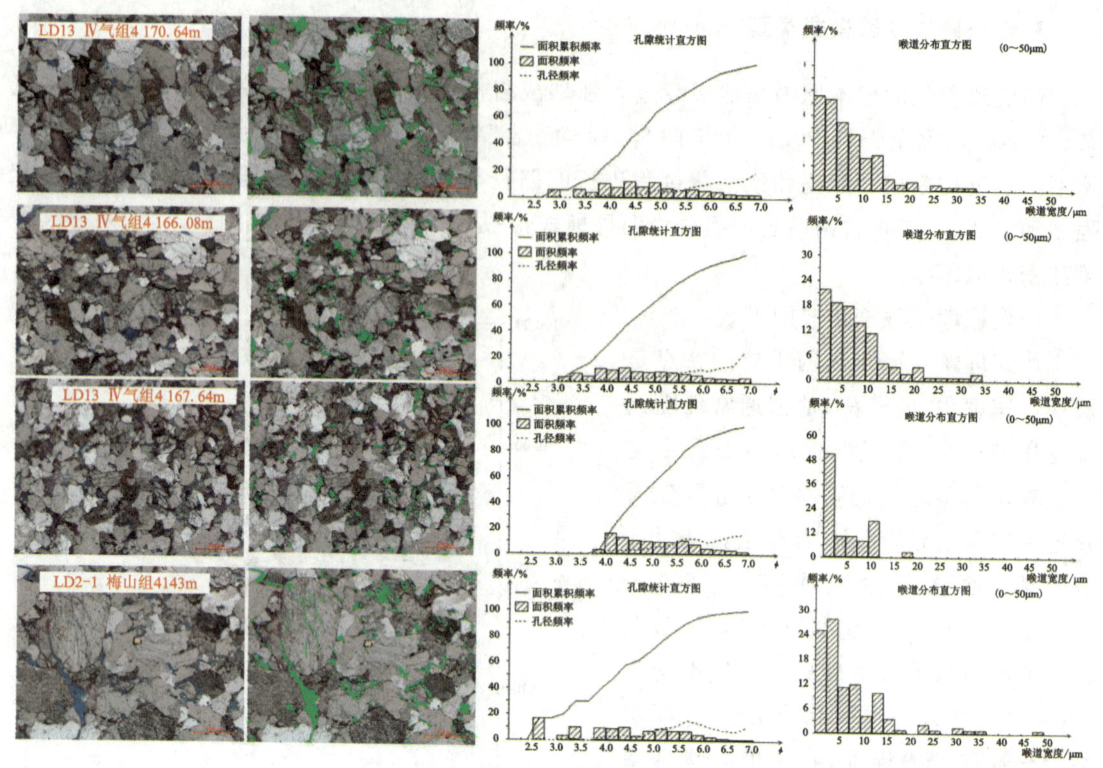

图 13-5　乐东 X 区致密砂岩样品图像分析孔隙结构参数图

表地区是鄂尔多斯盆地海陆过渡相至陆相大型三角洲致密油气砂岩储层。鄂尔多斯盆地中生代地层一般埋深小于 2500m,古生界地层埋深小于 3500m,该类盆地最大古埋深 2000m 以内的砂岩现在已经是致密化储层。中生界三叠系延长组平均埋藏速率为 9.32m/Ma,最快埋藏速率为 25.56m/Ma,平均古地温梯度为 4.46℃/100m。无论是埋藏速率还是古地温梯度都远小于快速埋藏致密化成因模式(图 13-3)。古生界二叠系石盒子组平均埋藏速率为9.48m/Ma。最快埋藏速率为 53.33m/Ma,平均古地温梯度为 3.09℃/100m。

(1)古生界致密气砂岩特征。鄂尔多斯盆地上古生界下二叠统太原组、山西组,中二叠统下石盒子组和上石盒子组是我国重要的致密气储层。靖边气田位于鄂尔多斯盆地陕北斜坡中北部地区,下石盒子组盒 8 段为主要储集层,埋藏深度在 3000m 以下。根据碎屑组分特征,下石盒子组盒 8 段砂岩可分为石英砂岩、岩屑石英砂岩、高塑性岩屑砂岩(塑性岩屑含量＞15%)、钙质胶结砂岩(碳酸盐胶结物含量＞15%)4 种砂岩类型。碎屑成分、岩屑类型存在较明显的差别,石英砂岩以高石英(石英平均含量为 78.3%)、低岩屑(岩屑平均含量为 5.1%)为特点;高塑性岩屑砂岩以高岩屑(岩屑平均含量为 27.5%)、较低石英(石英平均含量为 60.8%)为特点;岩屑石英砂岩中石英含量(石英平均含量为 67.9%)与岩屑含量(岩屑平均含量为15.0%)介于上述两类砂岩之间(图 13-7)。

盒 8 段孔隙度平均值为 6.61%,分布范围在 0.7%～20.54%之间,主要分布区间为3%～12%,大于 3%的占 92.28%。渗透率平均值为 $0.797\times10^{-3}\mu m^2$,分布在$(0.0027\sim400.5)\times10^{-3}\mu m^2$ 之间,主要分布范围为$(0.1\sim0.5)\times10^{-3}\mu m^2$,大于 $0.1\times10^{-3}\mu m^2$ 占 73.96%。含水饱

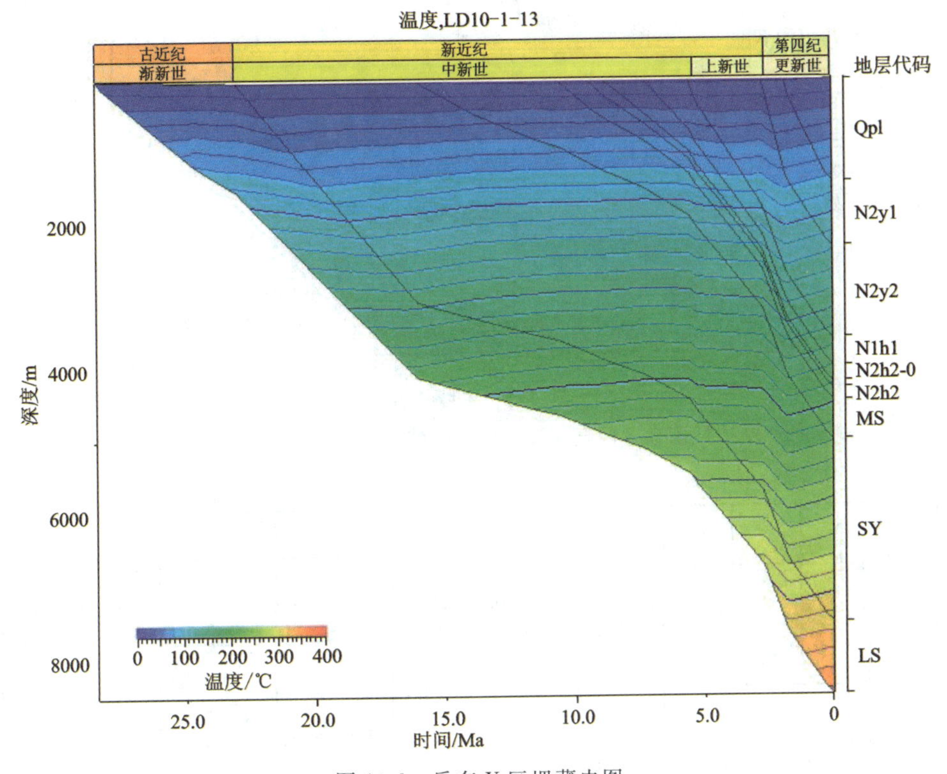

图 13-6 乐东 X 区埋藏史图

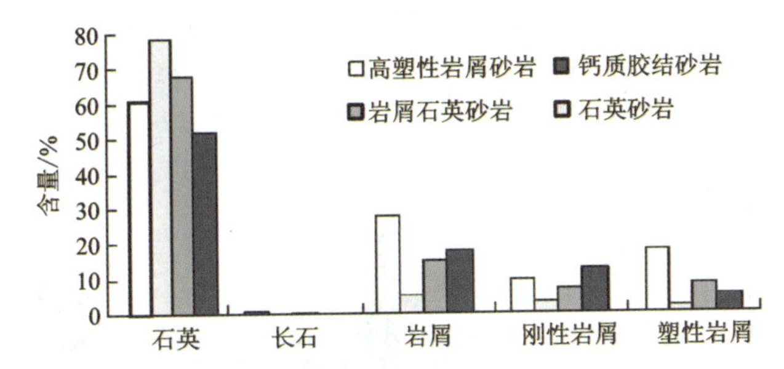

图 13-7 盒 8 段类型和碎屑成分含量直方图(据罗静兰等,2014)

和度平均值为 68.05%,分布在 2.87%~99.98%之间,主要分布区间为 40%~90%。孔隙度和渗透率呈正相关趋势,由于存在裂缝的影响,相关程度不高(图 13-8)。

盒 8 段储层以残余粒间孔和溶蚀孔隙相为主,优势相带储层压汞曲线和典型吼道分布图见图 13-9。

(2)中生界致密油砂岩特征。鄂尔多斯盆地中生界中侏罗统延长组和上三叠统延长组为盆地重要致密油储层。华庆油田位于鄂尔多斯盆地陕北斜坡中南部地区,延长组长 8 至长 6 是油田主力储层,埋藏深度在 1800~2200m 范围内。根据碎屑组分特征,岩石类型以岩屑长石砂岩为主,其次为长石砂岩、长石岩屑砂岩(图 13-10)。

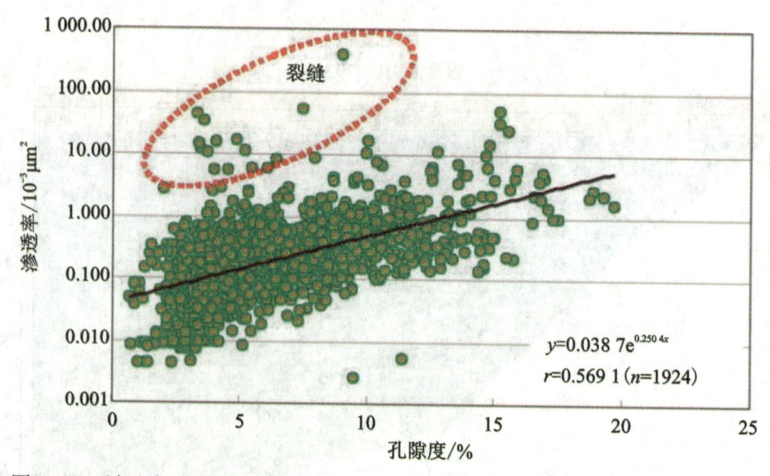

图 13-8 靖边气田盒 8 段气层致密砂岩孔隙度-渗透率关系(据周文等,2010)

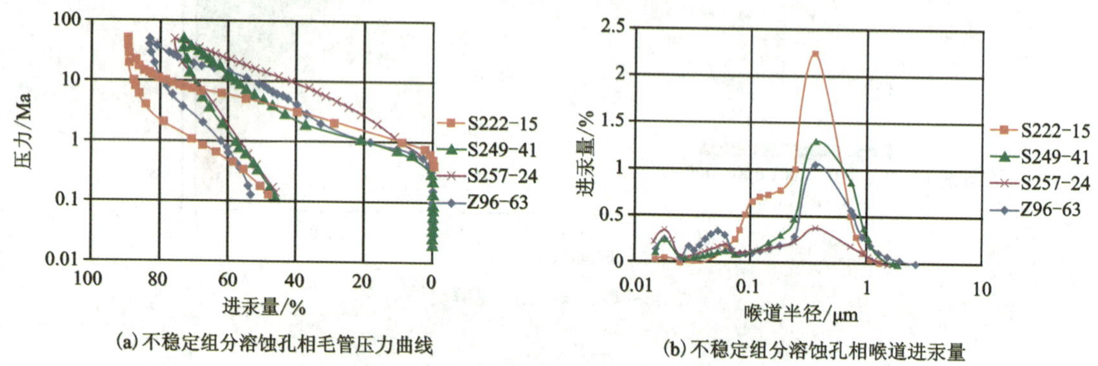

图 13-9 靖边地区盒 8 段致密砂岩高压压汞及吼道分布图(据宋平,2015)

注:S222-15 为 S222 井 3340m 盒 $8_{上}$;S249-41 为 S249 井 3184m 盒 $8_{下}$;

S257-24 为 S257 井 2 942.55m 盒 $8_{上}$;Z96-63 为 296 井 3 237.37m 盒 $8_{下}$。

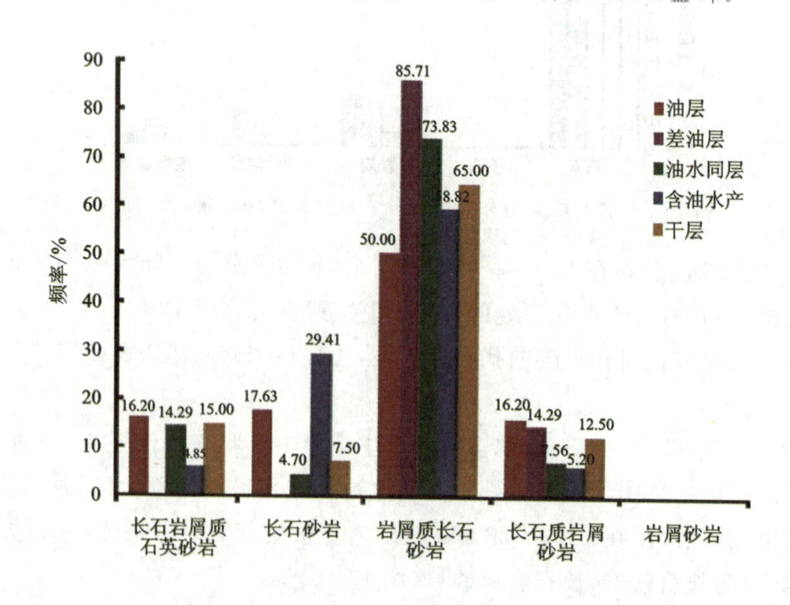

图 13-10 华庆油田长 6 储层岩石类型直方图(据任大忠,2015)

通过对岩芯物性化验分析资料统计和分析，主要孔隙度区间在 6.0%～19.54%，平均值为 10.28%，主要渗透率区间为 0.075×10^{-3}～$18.24\times10^{-3}\mu m^2$，平均值为 $0.93\times10^{-3}\mu m^2$。孔隙度与渗透率呈指数规律的正相关关系，4 类储层物性差异明显（图 13-11）。

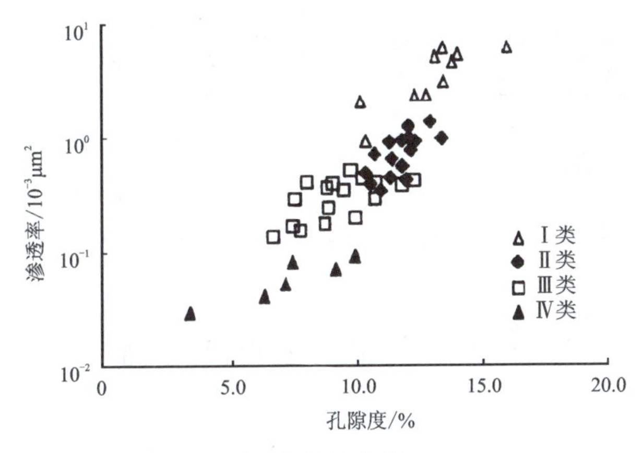

图 13-11　长 8 储层物性交会图（据任大忠等，2014）

华庆油田长 6 储层压汞曲线及孔喉分布图（图 13-12）显示，吼道分布具有双峰态特征，吼道类型以微细吼道及微吼道为主，主要范围在 0.01～1μm 之间。

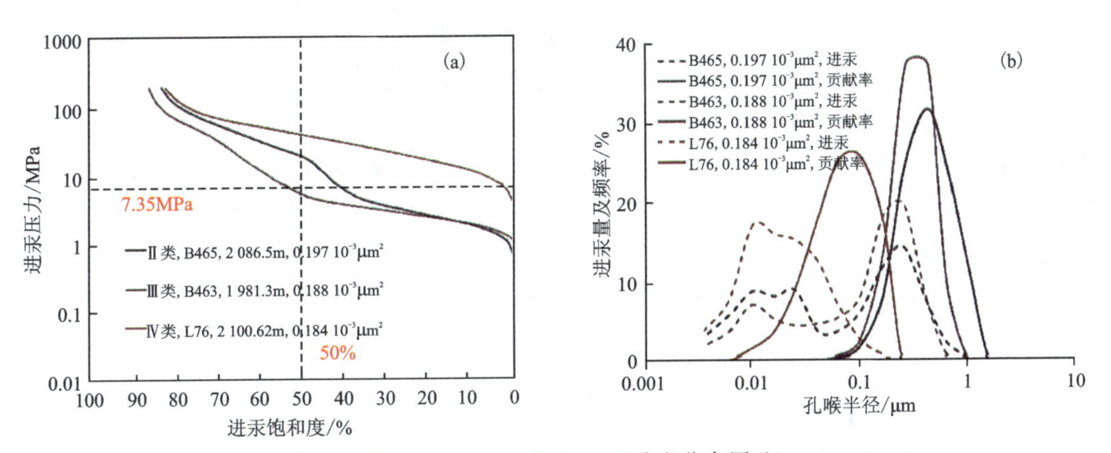

图 13-12　华庆油田长 6 储层压汞曲线(a)及孔喉分布图(b)（据任大忠，2015）

钟大康（2017）研究发现，喉道大小明显受岩石粒度控制。根据薄片和扫描电镜等资料，中砂质细砂岩喉道半径最粗，最大连通喉道半径为 0.37μm，中值半径为 0.11μm；其次为细砂岩，最大连通喉道半径为 0.25μm，中值半径为 0.099μm；粉砂岩最细，最大连通喉道半径为 0.21μm，中值半径为 0.076μm（图 13-13）。致密油储层中可动流体含量的多少主要受喉道半径的大小控制，孔喉半径越大，可动流体含量越高，而喉道半径大小与岩石粒度粗细密切相关。因此，一般粒度越粗，分选越好，杂基少的砂岩粒间孔隙保存好，可动流体饱和度也更高；粒度细，喉道小，可动流体含量越少。

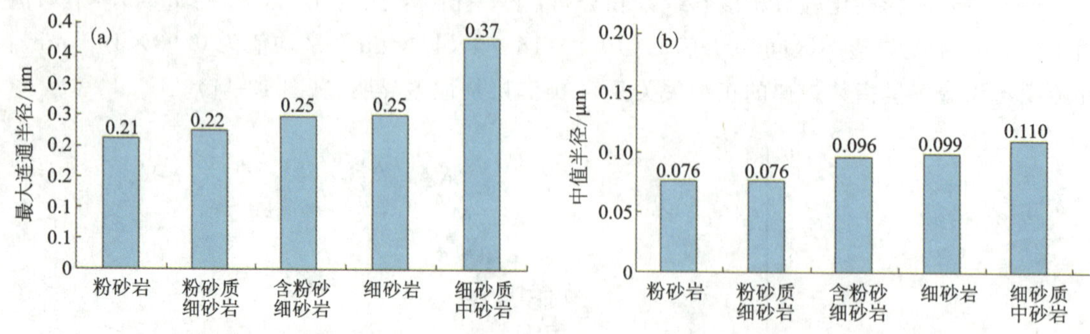

图 13-13 鄂尔多斯盆地陇东地区致密油喉道半径与砂岩粒度关系图(据钟大康,2017)

第三节 湖相致密白云岩储层

1. 白云岩成因类型

湖相白云岩泛指形成于湖泊沉积环境中白云石含量大于 50%或者白云石含量较多的碳酸盐岩。湖相白云岩储层指经过沉积、成岩、构造作用之后形成具有油气储集能力的湖相白云岩地层单元。湖相白云岩以原生沉淀和准同生白云化为主要成因,岩石普遍为混积岩类型,具有储层矿物组成更复杂、储层普遍较为致密、储层非均质性强等特点。

根据前人研究成果系统总结了白云岩化作用的 5 种模式:①萨布哈模式;②回流渗透模式;③海水淡水混合模式;④海水模式;⑤埋藏模式。2000 年,Warren 进一步全面系统地归纳了主流的白云岩/石化模式,包括:①萨布哈型白云岩/石(蒸发泵型)化模式;②库龙型(Coorong-style)白云岩/石化模式;③卤水回流渗透型白云岩/石化模式;④大气淡水混合型白云岩/石化模式;⑤有机成因/甲烷化(methanogenic)型白云岩/石化模式;⑥微生物型白云岩/石化模式;⑦埋藏型白云岩/石化模式;⑧热液型白云岩/石化模式等。

2. 湖相致密白云岩储层特征

中国东部、中部和西部众多陆相盆地中都有湖相白云岩巨厚沉积物和致密白云岩储层发育,如松辽盆地,渤海湾盆地歧口凹陷、惠民凹陷、东濮凹陷等,南襄盆地泌阳凹陷等,江汉盆地潜江凹陷,酒西盆地,三塘湖盆地,准格尔盆地等。白云岩储层共同特点是储层致密、石油资源量丰富。目前,我国以致密油勘探思路进行探索的湖相碳酸盐岩储层主要针对此类储层。

与大规模发育的灰岩和海相白云岩相比,湖相白云岩储层是典型的非常规致密储层。主要表现为泥质含量普遍较高;晶粒细小,结晶程度低;孔隙喉道细小且配置复杂;一般为孔隙-裂缝型双孔介质型;局部发育溶蚀扩大孔隙。湖相白云岩储层中储集空间比砂岩储层空间要复杂得多,主要特点是次生孔隙发育。白云岩储层一般表现为孔隙(次生)-裂缝储集空间,或者以裂缝-孔隙(次生)为主,也有储层表现为溶洞-裂缝-孔隙 3 介质型储集空间。湖相白云岩储层主要的储集空间类型常见有孔隙和裂缝两大类，两者根据产出位置和成因可进一步细分类型（表 13-3）。

表 13-3　湖相白云岩储层主要储集空间类型划分方案

<table>
<tr><th colspan="3">类型</th><th colspan="2">产出位置</th><th>成因</th><th>实例</th></tr>
<tr><td rowspan="18">次生</td><td rowspan="13">孔隙</td><td>晶间孔</td><td colspan="2">白云石晶粒间</td><td>白云石化、重结晶</td><td>A、B、C、E</td></tr>
<tr><td rowspan="12">溶孔（洞）</td><td rowspan="9">矿物</td><td>基质中天然碱</td><td rowspan="12">溶蚀</td><td>A</td></tr>
<tr><td>基质中钠长石</td><td>A、D</td></tr>
<tr><td>基质中方沸石</td><td>A、C</td></tr>
<tr><td>基质中白云石</td><td>B、E</td></tr>
<tr><td>基质中方解石</td><td>B、E</td></tr>
<tr><td>基质中石膏</td><td>B</td></tr>
<tr><td>基质中长石</td><td>B</td></tr>
<tr><td>基质中硅硼钠石</td><td>B</td></tr>
<tr><td>裂缝或溶孔充填</td><td>B、E</td></tr>
<tr><td rowspan="3">碳酸盐岩颗粒</td><td>介形虫内</td><td rowspan="3">E</td></tr>
<tr><td>腹足内</td></tr>
<tr><td>鲕粒内</td></tr>
<tr><td rowspan="5">裂缝</td><td>构造缝</td><td colspan="2">任何位置</td><td>构造破裂</td><td>A、B、C、D、E</td></tr>
<tr><td>溶蚀缝</td><td colspan="2">构造缝内</td><td>构造破裂＋溶蚀改造</td><td>C、D</td></tr>
<tr><td>层间溶蚀缝</td><td colspan="2">沿层面</td><td>溶蚀</td><td>C</td></tr>
<tr><td>压溶缝</td><td colspan="2">沿层面</td><td>压实压溶</td><td>E</td></tr>
<tr><td>泄水缝</td><td colspan="2">与层面单向相交</td><td>溶蚀</td><td>C</td></tr>
</table>

注：表中 A 为泌阳凹陷始新统核桃园组白云岩；B 为准噶尔盆地西北缘下二叠统风城组白云质岩；C 酒西盆地青西凹陷白垩统下沟组白云岩；D 为三塘沽盆地二叠系芦草沟组白云岩；E 为渤海湾盆地歧口凹陷古近系沙一段白云岩。

拓展学习

塘沽地区致密混合白云岩储层实例

第十四章　页岩油气储层

页岩油和页岩气是储集在以泥页岩为主要储集层中的石油和天然气，与常规油气以砂岩、碳酸盐岩等为主要储集层明显不同。富有机质泥页岩通常被认为是沉积盆地中生成碳氢化合物的烃源岩(秦建中等，2004)。地质学家很久以前就在富有机质泥页岩中发现天然气。例如，美国早在1885年就开始于New Albany页岩中开采页岩气。但由于泥页岩基质渗透率极低，一般小于$0.001\times10^{-3}\mu m^2$，因此很难在井筒中形成具有经济价值的工业气流(Curtis，2002)。得益于水平钻井技术和多阶段水力压裂技术的不断进步，页岩气和页岩油的勘探开发在美国、加拿大、中国等国家取得了巨大的成功，其巨大的资源量(表14-1)和快速成长的产量显著改变了世界油气资源与供应格局。例如，美国通过大量开发页岩油，使其原油年产量于2017年成为世界第一。根据我国国土资源部2012年的调查，我国陆地地区的页岩气可采储量高达$25.08\times10^{12}m^3$(张大伟等，2012)。而在2015年国土资源部全国油气资源评价统计中，我国页岩气资源量为122万亿m^3，可采资源量22万亿m^3，略有下降，但可靠度进一步提升。截至2020年底，我国页岩气探明地质储量突破2万亿m^3。

表14-1　页岩油、页岩气技术可采储量排名前十的国家及其资源量(据EIA，2013)

页岩油技术可采储量			页岩气技术可采储量		
排名	国家	储量(10亿桶)	排名	国家	储量(10^{12}立方英尺)
1	俄罗斯	75	1	中国	1115
2	美国	58	2	阿根廷	802
3	中国	32	3	阿尔及利亚	707
4	阿根廷	27	4	美国	665
5	利比亚	26	5	加拿大	573
6	澳大利亚	18	6	墨西哥	545
7	委内瑞拉	13	7	澳大利亚	437
8	墨西哥	13	8	南非	390
9	巴基斯坦	9	9	俄罗斯	285
10	加拿大	9	10	巴西	245
全世界总量		345	全世界总量		7299

注：1桶=158.98L；1立方英尺=$0.0283m^3$。

第一节　富有机质泥页岩概述

泥页岩，泥岩或页岩，是最为丰富和常见的一种沉积岩，占沉积岩总量的50%～70%（Potter et al.，1977，1980；Schieber et al.，1998；Boggs，2006）。它是由粒径小于1/256mm（约0.003 9mm）的细粒矿物和有机质组成的一种碎屑沉积岩，常见页理。在碎屑沉积岩的分类中，泥页岩是根据碎屑颗粒的大小定义的，与矿物类型无关。常见矿物多达十几种，包括石英、钾长石、斜长石、方解石、白云石、高岭石、绿泥石、蒙脱石、伊利石、云母、黄铁矿、菱铁矿、磷灰石、铝土矿、重晶石等，且各矿物含量变化大，是泥页岩非均质性的重要特征之一。

同时，泥页岩中通常含有一定量的有机质。对于烃源岩，泥页岩总有机碳（TOC）含量一般需要超过0.5%。当TOC含量大于1%时，为优质烃源岩（Selly and Sonnenberg，2015），而当TOC含量大于2%时，泥页岩可以成为有效的页岩油或页岩气储层。富有机质泥页岩一般指TOC含量大于2%的泥页岩。有机质含量的差异是泥页岩非均质性的另外一个显著特征。

在常规油气系统中，针对泥页岩的研究主要集中于油气藏盖层的封盖条件、夹层对油气富集与开发的影响、烃源岩生烃能力等。作为盖层和夹层，泥页岩的研究重点是其空间分布；而作为烃源岩，泥页岩的有机质丰度、类型、成熟度、厚度等成为更加重要的研究内容。直到20世纪初期，随着页岩气商业开发在北美取得成功，富有机质泥页岩成为研究热点。在过去20年左右的时间里，世界各地的研究人员从沉积模型、层序地层格架、矿物组成、有机质特征、孔隙系统、天然裂缝、油气赋存特征、微纳米尺度渗流特征、孔隙-裂缝耦合模型、地应力、岩石力学性质、人工裂缝拓展、水力压力模拟、人工裂缝监测与表征、完井技术等方面对泥页岩进行了广泛而深入的研究。人们对泥页岩的认识也发生了根本性的变化。

一、富有机质泥页岩沉积条件

泥页岩作为一种细粒碎屑岩，一般在中—低水动力的沉积环境皆可沉积。富有机质泥页岩中的有机质是主要的生烃物质，氢的含量显著影响着有机质的生烃能力。如果水体中氧含量过高，会导致有机质氧化，显著降低其生烃能力（Selly and Sonnenberg，2015）。因此，还原环境（无氧或低氧含量）是沉积富有机质泥页岩的有利环境。水体深度越深，越有利于形成还原环境，所以深水沉积模型首先被用于解释富有机质泥页岩的沉积（Ettensohn，1985；Smith et al.，2019）。例如，在Appalachian盆地泥盆纪，Marcellus页岩沉积时的水体深度被推断为150～300m（Baird and Brett，1991；House and Kirchgasser，1993；Kohl et al.，2014）。而Slatt和Rodriguez（2012）的研究发现，很多富有机质泥页岩直接沉积于区域性不整合面上，并逐渐提出了浅水沉积模型（Smith et al.，2019）。

实际上，泥页岩中有机质丰度主要受3个因素的共同控制（图14-1），即碎屑物沉降速度、有机物生成率和有机物保存与降解（Sageman et al.，2003；Arthur and Sageman，2005；Aplin and Macquaker，2011；Wang and Carr，2013）。即使在浅水环境中，只要有机物生成量足够大，也可以在与水体中的氧气发生化学反应后，将水体转化为还原环境，并在泥页岩中保存大量的有机质。另外,人们还发现富有机质泥页岩其实经常发育在水体能量中-高的环境中(Schwietering et al.,1981),页岩气储层中的各种层理结构就是很好的证明。浅水沉积模型(水深几十米)越来越多地被人们接受(Smith and Leone,2010;Carr et al.,2011)。

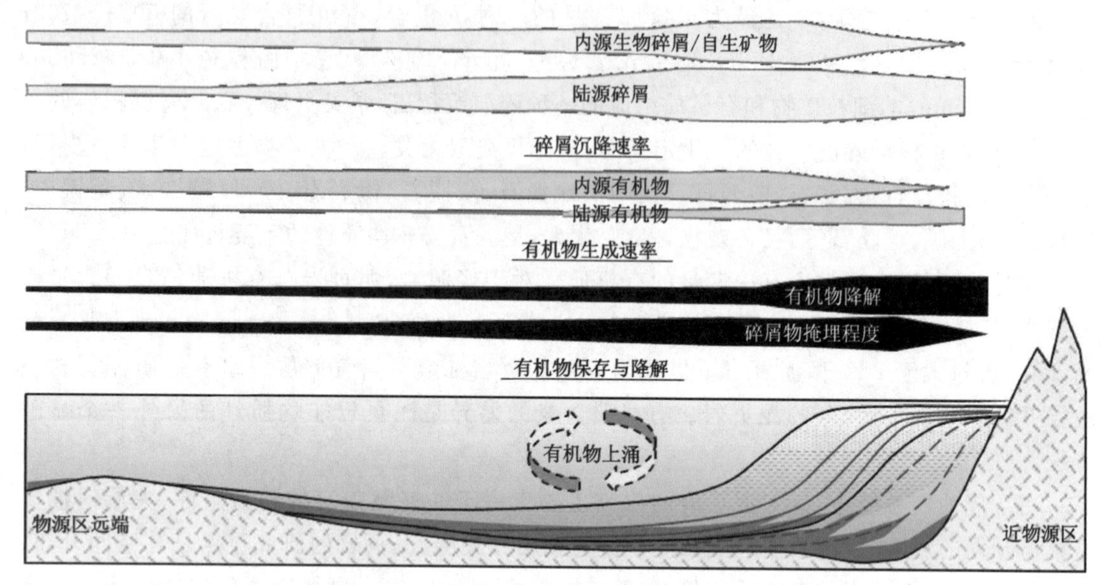

图 14-1 富有机质泥页岩有机质丰度影响因素及沉积模型(据 Wang and Carr,2013)

富有机质泥页岩中的碎屑物有 3 个主要来源,即陆源碎屑物、内源生物碎屑和自生矿物。其中,陆源碎屑物随水体深度的增加会逐渐减少,并最终在远离物源区的水域达到最小值。内源生物碎屑(如生物硅)在海岸线或湖岸线附近几乎为零,然后随水体深度增加而快速增加,在达到峰值后会缓慢下降并达到一个相对稳定的值(图 14-1)。在自生矿物中,黄铁矿最为典型,在富有机质泥页岩中极为普遍。其主要的形态为黄铁矿集合体,其直径为 1~10μm,主要代表了一种无氧或缺氧环境(Blood et al.,2019),如 Marcellus 页岩和龙马溪-五峰页岩。如果黄铁矿集合体含量低且有大的单晶黄铁矿,一般代表水体中氧含量相对较高(Blood et al.,2019),如 Utica 页岩。

碎屑沉降速度对富有机质泥页岩的影响是多方面。首先,当碎屑沉降速度大时,一般富有机质泥页岩厚度大。但是大量的碎屑物沉积也会稀释有机物的含量,导致 TOC 含量下降,这对泥页岩作为烃源岩或页岩油气储层的品质有重大影响(Selley and Sonnenberg,2015)。其次,充足的碎屑物能够及时地将有机质与水体分离,否则有机物极易随海底洋流流动至其他地方,并且可以避免有机质被水体中的细菌降解。因此,通常存在一个最佳保存有机质碎屑物沉降速度。

有机物的来源主要为海洋或湖泊微生物,以及少量的陆源有机物(图 14-1)。有机物的生成速率决定了泥页岩 TOC 含量的上限。有机质生成速率是另一个影响 TOC 含量的重要因素。海洋微生物主要形成Ⅰ类和Ⅱ类干酪根,是富有机质泥页岩生烃的主要物质基础。而陆源有机质主要为Ⅲ类干酪根,且通常会在由陆地流入海洋或湖泊的过程中遭受氧化,进而因失去部分氢元素而降低去生烃能力。有机质的降解主要与水体含氧量、在水中的沉降时间有关。水体中氧含量越高、沉降时间越长，有机质遭受降解的程度通常就越高。而有机质的保存主要是通过碎屑物的掩埋实现的。

根据沉积相类型，可以将富有机质泥页岩划分为海相富有机质泥页岩、海陆过渡相富有机质泥页岩和湖相富有机质泥页岩3种类型（张金川等，2008；邹才能等，2011；张大伟等，2012）。海相富有机质泥页岩主要沉积在前陆盆地、陆棚等环境。前陆盆地内的海相富有机质泥页岩特别常见，如Fort Worth盆地的Barnett页岩、Appalachian盆地的Marcellus页岩、East Texas盆地的Eagle Ford页岩等，其海域主要为半开放海洋，水体面积大、陆源碎屑丰富、火山灰发育。陆棚或大陆架沉积的海相富有机质泥页岩主要包括四川盆地的龙马溪-五峰泥页岩、Williston盆地的Bakken页岩等。海相富有机质泥页岩通常单层厚度大、分布范围广、以Ⅰ型和Ⅱ型干酪根为主，目前成功开发的页岩油和页岩气储层就是这类泥页岩。我国海相富有机质泥页岩主要发育在南方地区寒武系、奥陶系、志留系与泥盆系，其中以上奥陶统五峰组—下志留统龙马溪组黑色泥页岩最为典型。五峰组—龙马溪组黑色泥页岩是我国分布范围最大的富有机质泥页岩（张大伟等，2012；Ju et al.，2014；Dong et al.，2016），在上扬子地区和中扬子地区广泛发育，厚度大、有机质含量高、生烃能力强、成熟度中—高。目前已经在焦石坝地区建成了涪陵页岩气田（Guo and Liu，2013），实现了商业开发。

Slatt和Rodriguez（2012）对比分析了古生界和中生界13个海相富有机质泥页岩（包括Barnett页岩、Marcellus页岩、New Albany页岩、Woodford页岩、Fayetteville页岩、Caney页岩、Horn River页岩、龙马溪页岩等）的沉积特点，发现了这些海相富有机质泥页岩的层序地层具有以下相似性（图14-2）：①所有13个海相富有机质泥页岩都沉积在一个区域性不整合面之上，且该不整合面主要是由相对海平面下降导致的地层剥蚀造成的；②该不整合面之下一般为一套区域性的碳酸盐岩平台，而不整合面之上通常为高伽马值的富有机质泥页岩；③海相富有机质泥页岩主要沉积于海侵体系域（transgressive system tract，TST），特别是凝缩层（condensed section，CS）；④自然伽马值通常在最大洪泛面时达到最大值，然后开始缓慢下降；⑤海侵剥蚀面—海侵体系域—高水位体系域等基本层序地层单元重复出现，在泥页岩地层中形成了多个高伽马值层段。但是，也存在一定的例外，如Utica-Point Pleasant页岩在高TOC层段时自然伽马值并没有增加反而比上覆地层的自然伽马值低，这可能与Utica-Point Pleasant沉积时陆源碎屑和黏土的快速沉降有一定关系（Carr et al.，2013；Blood et al.，2019），也可能是水体中铀离子含量过低造成的。

海陆过渡相富有机质泥页岩主要沉积于潮坪、潟湖、沼泽等沉积环境，通常与煤层、细砂岩、粉砂岩、泥质砂岩等互层，一般称为煤系地层（秦建中等，2004；图14-3）。海水间歇性覆盖这些区域，导致有机质的氧化程度相对较高。同时，在海陆过渡环境，有机质既有来自海相的有机物，也有大量的陆源有机物。海陆过渡相富有机质泥页岩中的有机质类型以Ⅱ型和Ⅲ型干酪根为主（秦建中等，2004；张大伟等，2012；Wang et al.，2014）。不同于海相有机质泥页岩，海陆过渡相富有机质泥页岩生气能力强，而生油能力十分有限。目前对海陆过渡相中页岩油气勘探开发的研究以我国为主，国外研究相对有限。我国海陆过渡相富有机质泥页岩主

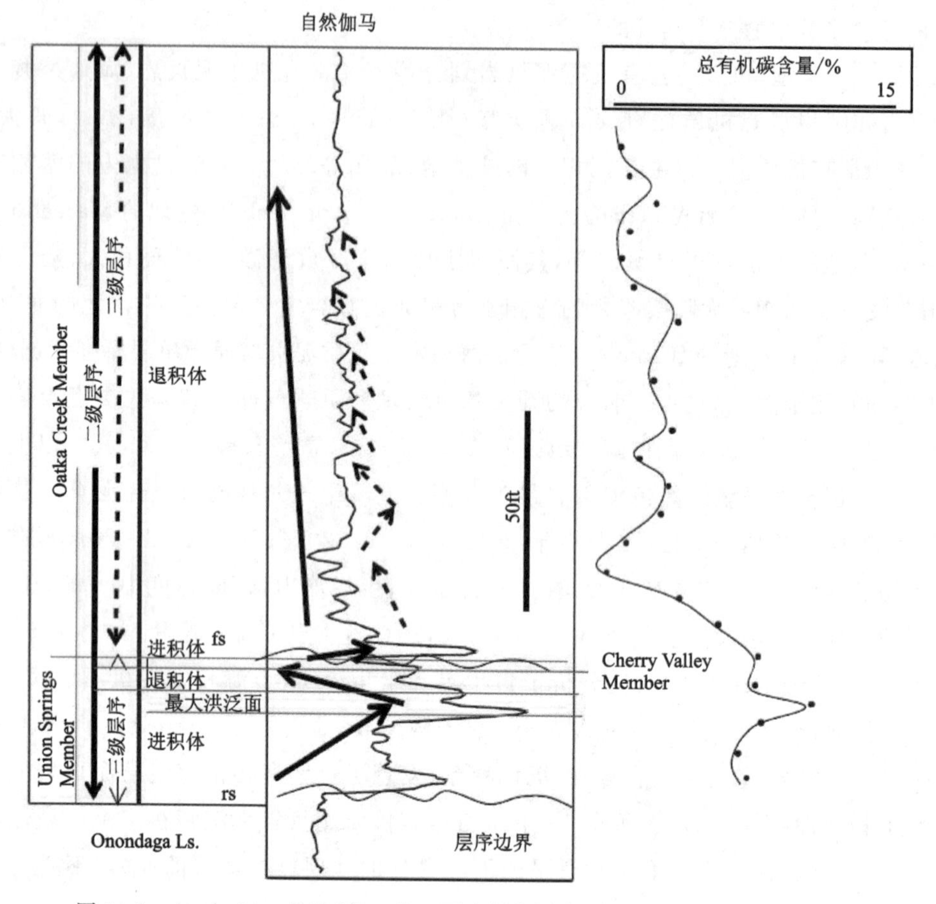

图 14-2 Applachian 盆地 Marcellus 页岩沉积层序(据 Slatt and Rodriguez,2012)

要发育于晚古生代石炭系—二叠系,如南方地区二叠系龙潭组煤系地层,华北地区和鄂尔多斯盆地的石炭系本溪组、太原组和二叠系山西组、太原组煤系地层,准噶尔盆地石炭系滴水泉组和二叠系芦草沟组煤系地层。另外,四川盆地三叠纪须家河组、西部地区侏罗系等也发育海陆过渡相富有机质泥页岩。

湖相富有机质泥页岩主要沉积于湖泊扩张期,此时水体深度增加,深水区面积增大。陆相湖泊主要分布在构造沉降强烈的地带,如中小型断陷湖盆、大型坳陷湖盆和断-坳过渡型湖盆(秦建中等,2004)。它们通常都具有强烈的断裂构造活动,对湖相富有机质泥页岩沉积影响较大。同时,由于湖泊体积一般远远小于海洋,河流与物源区的影响更大。构造活动、河流季节性变化和物源区变化共同作用,在湖相富有机质泥页岩中形成多个沉积旋回。不同于海相富有机质泥页岩通常沉积于区域性碳酸盐岩平台,湖相富有机质泥页岩的下伏地层常见碳酸盐岩、砂岩、灰色泥岩等[图 14-3(b)、图 14-3(c)]。同时,湖相富有机质泥页岩的自然伽马值通常不会在富有机质层段有明显变化,这可能与湖水中六价铀离子含量低有重要关系。与海陆过渡相富有机质泥页岩类似,针对湖相富有机质泥页岩的页岩油气勘探开发研究主要以我国为主,如鄂尔多斯盆地延长组、松辽盆地青山口组等。

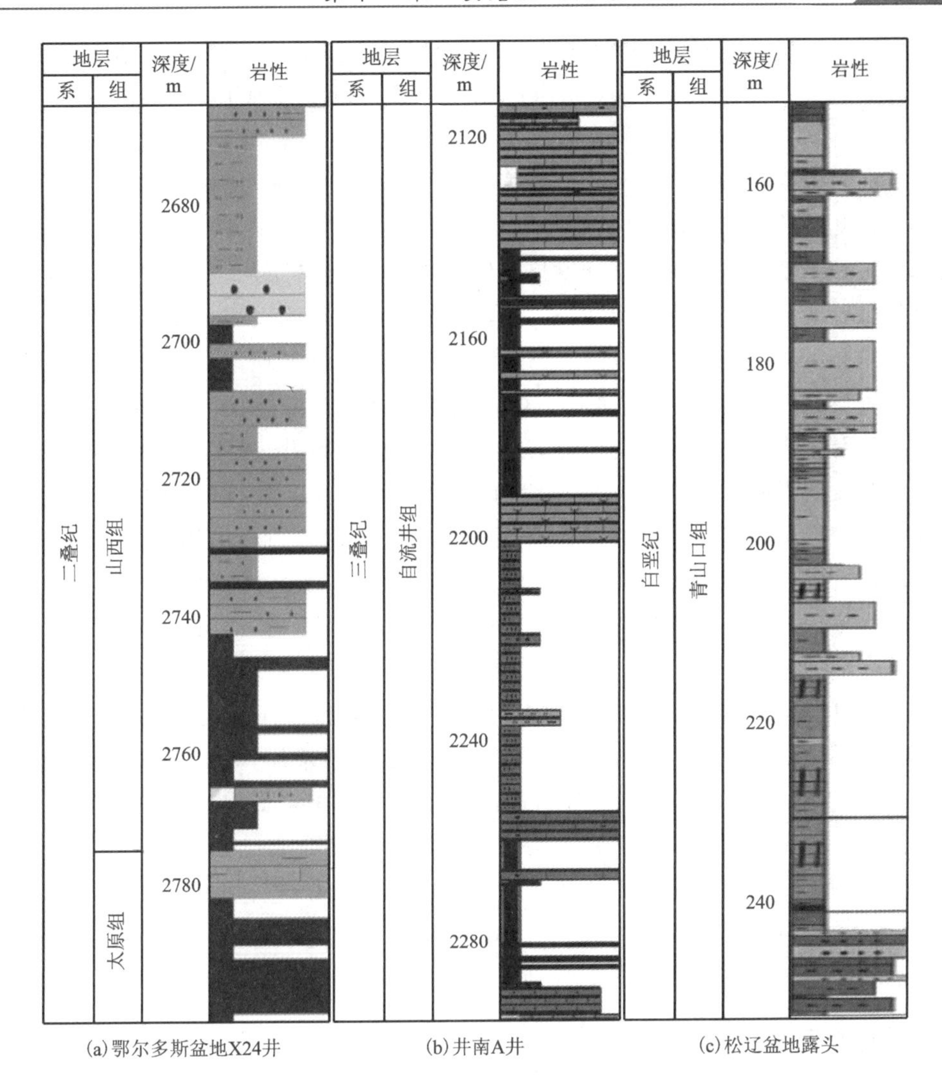

(a)鄂尔多斯盆地太原组—山西组泥页岩;(b)四川盆地下侏罗统自流井组泥页岩;(c)松辽盆地青山口组泥页岩

图 14-3　我国典型非海相页岩沉积剖面图(据 Ju et al.,2014)

二、页岩气开发概述

页岩气是通过热解和(或)微生物分解方式生成于富有机质泥页岩,并以自由态和吸附态形式存储于富有机质泥页岩孔裂隙中的天然气。基于富有机质泥页岩的沉积特征,页岩气通常呈连续型、大面积分布,因此寻找页岩气储层通常比常规储层容易。但是页岩气储层基质渗透率极低导致开发极为困难,这显著影响着页岩气资源的勘探开发。

页岩气的开发最早可以追溯到 1821 年,世界第一口页岩气井位于 Appalachian 盆地东北部的纽约州 Fredonia 镇。然而直到 1885 年,伴随着 New Albany 页岩第一口页岩气井完钻,页岩气才真正进入规模化的商业开发阶段。从 19 世纪后期到 20 世纪 70 年代末,页岩气的发展比较缓慢,研究对象主要是埋深较浅(一般小于 700m)、以生物成因气为主(New Albany 页岩和 Antrim 页岩为生物成因气,Ohio 页岩为热成因气)的裂缝型泥页岩,开采技术与常规天然气没有明显区别，主要是通过大量浅直井降压生产(Curtis，2002)。20世纪70年代实施的美国东部页岩气项目(eastern gas shales project，EGSP)为现代页岩气的勘探开发做了大量的技术准备，而1980年通过的非常规气开发税收补偿方案表明了美国政府对页岩气等非常规气开发的支持。1981年Barnett页岩第一口页岩气井的成功开发拉开了现代页岩气工业的序幕。在此后的20年时间里，直井压裂、定向水平钻井、水平井压裂、多阶段压裂以及各种压裂液试验等不断推动着页岩气开发技术体系的进步，也使页岩气勘探理论发生了重大变化。从寻找裂缝发育的泥页岩到识别富含有机质的可压裂泥页岩(Bowker，2007；Wang et al.，2012a，2012b；Wang et al.，2013)的思想转变是现代页岩气理论的一个重要事件，它不仅极大地扩展了页岩气的勘探区域，提升了页岩气技术可采储量，刺激了世界各国政府和油气公司不断加大对页岩气勘探开发的重视，还使找气(地质)和采气(工程)的联系更加紧密，页岩气勘探与开发的界限开始模糊。21世纪初期，页岩气勘探开发技术体系已经比较成熟，通过垂直评价井获取页岩气储层核心参数，利用定向水平井和多阶段大排量滑溜水压裂建立有效的渗流通道，获取工业气流。伴随着北美页岩气工业的巨大成功和技术的不断成熟，2009年以后页岩气勘探开发也在世界其他国家发展迅速。然而，页岩气勘探开发造成的潜在环境问题引起了人们(特别是环保人士)的广泛关注，人工水力压裂在部分国家和地区被禁止。

我国页岩气储量丰富，根据2012年和2015年国土资源部评价，我国页岩气可采资源量分别为25万亿m^3和22万亿m^3，而且探明地质储量也稳步增加。2014年我国页岩气的探明地质储量数据为1068亿m^3，2018年超过1万亿m^3，2019年页岩气新增探明地质储量为7 644.24亿m^3，截至2020年底，页岩气探明地质储量突破2万亿m^3，但我国页岩气的探明率仅有5.72%，仍然处于勘探开发初期。我国页岩气产量从2012年的2500万m^3快速增加到2019年的153.8亿m^3，2021年则达到230亿m^3。其中，涪陵页岩气田累计生产页岩气于2020年突破300亿m^3，成为我国页岩气开发最好、发展最快的地区。

三、页岩油开发概述

页岩油是通过热解方式生成于富有机质泥页岩并存储于富有机质泥页岩孔裂隙中的液态石油。它与油页岩不同，油页岩中的有机质还没有进入生油窗口，不存在液态石油。页岩油储层也通常呈连续型、大面积分布，这显著降低了其勘探难度，但页岩油开发难度极大，且超过页岩气的开发难度。

相对于页岩气，页岩油的勘探开发历史更短，并且受到页岩气勘探开发技术的推动，以及页岩气价格的影响。页岩油勘探开发活动开始于美国北部Williston盆地的Bakken页岩。1953年，美国在Antelope油田的Bakken页岩内发现页岩油，并开始钻大量直井开发页岩油，在20世纪五六十年代达到第一个钻井高峰。在20世纪七八十年代美国油公司开始重点开发Bakken页岩的上部，并持续到2000年左右，然后集中开发Bakken页岩中部的白云岩与粉砂岩。而开发井类型也逐渐从直井转变为水平井。1987年第一口水平井由Meridian油气公司完成，随后水平井逐渐增多，并在1992—2005年达到一个小高峰。

借鉴于Barnett页岩气开发的成功经验，2005年水力压裂技术第一次应用于Bakken页岩Nesson背斜的Elm Coulee油田，并显著促进了Bakken页岩油开发的快速发展。这一时期，北美页岩气价格开始下降，油气公司开始将勘探开发的重点从页岩气转为页岩油，这也是美国2005年后页岩油勘探开发快速发展的另一个重要因素。美国先后在Bakken页岩、Eagle Ford页岩、Niobrara页岩、Utica-Point Pleasant页岩、Haynesville页岩等成功开发页岩油。得克萨斯州的Permian盆地、Williston盆地的Bakken页岩和Appalachian盆地俄亥俄州的Utica页岩是美国目前页岩油开发的主要盆地和地区。从2005年开始美国页岩油产量快速增加，2011年页岩油年产量达到5000万t，2014年达到2亿t，2018年超过3亿t。2018年开始受到世界低油价的影响，页岩油水平井钻井量、水力压裂活动等显著下降，页岩油年产量增速明显放缓。另外2018年以后，页岩油开发也在俄罗斯、中国、加拿大、澳大利亚、墨西哥、阿根廷等世界其他地方开始取得成功。

我国页岩油发展相对缓慢，但也进入快速发展轨道，2019年中国页岩油产量不足100万t，2022年达到240万t。

第二节　页岩油气藏与甜点特征

页岩油气是由富有机质泥页岩中有机质生成的并残存于泥页岩孔隙内的油气，是一种自生自储的油气系统（邹才能等，2011），与常规油气系统以及致密砂岩气、天然气水合物等非常规油气系统有着显著的不同（表14-2）。

一、页岩油气藏特征

常规油气系统以构造圈闭和岩性圈闭为主，圈闭边界明确，而页岩油气圈闭不明显，也无确定的圈闭边界。例如，常规油气储层经常存在于背斜内部，而页岩油气储层经常存在于向斜内，页岩油气储层经常直接延伸至地表，如Marcellus页岩、龙马溪-五峰页岩等。这与页岩油气储层渗透率低有密切关系。在富有机质泥页岩中，渗透率通常小于$0.001\times10^{-3}\mu m^2$。因此，页岩油气在接近地表的地方会通过页岩油气储层发生部分泄露，但是深层页岩油气通过页岩油气储层渗流到地表的量有限。另外，在页岩气储层中，部分页岩气以吸附气状态存在，一方面需要更大的压差才能运移，另一方面吸附气也减小了游离气渗流的通道，进一步增加了游离气渗流的难度，降低了泄露的风险。

作为自生自储的油气系统，页岩油气的初次运移和二次运移都不明显。运移通道不再是油气成藏的关键因素。在生油的初期，干酪根内部因生油而压力增加，油从有机质内部向周围的无机孔隙内移动，导致整个富有机质泥页岩内孔隙压力增加。随着孔隙压力的持续增加，富有机质泥页岩内通常会形成天然裂缝，导致部分油在压力与浮力的共同作用下通过天然裂缝、断层、渗透性地层（如砂岩、灰岩等）向上下地层运移。干酪根和残余的油在高温下进一步裂解生成天然气。在这一过程中，早期生成的油发生固化，并在其内部形成大量孔隙，即有机孔。与页岩油储层不同，页岩气储层内有机孔发育，是页岩气的重要存储空间，也是吸附气的主要储集空间。另外，在富有机质泥页岩埋深较浅，进入生油窗口前，微生物降解也可以形成大量的天然气，即生物成因气。热解成因气与生物成因气是页岩气的两种重要生成方式。富有机质泥页岩中生成的天然气也会在压力与浮力的共同作用下向上下地层运移。

表 14-2 常规油气、致密砂岩气、煤层气、页岩油、页岩气成藏系统特征对比表

	常规油气系统	非常规油气系统			
		致密砂岩气	页岩气	页岩油	煤层气
圈闭特征	构造、岩性地层圈闭 圈闭边界明确且闭合	非典型圈闭； 圈闭边界不明确且可不闭合			
源储配置关系	烃源岩与储集层分离 运移通道是成藏关键要素之一	烃源岩与储集层分离，但通常相邻 存在由运移来的油裂解生气的实例	自生自储、源储合一； 石油、天然气运移不明显，仅存在短距离运移		
聚集特征	单体型-集群型聚集分布 重力分异明显、油气水界面明显	大面积连续聚集分布 重力分异受限、无统一气水(油水)界面			
储集层岩性	中-粗粒砂岩、碳酸盐岩等； 一般不含有机质(碳水化合物除外)； 泥质(黏土矿物)含量一般比较低	细粒-粉砂、泥质； 一般不含有机质(碳水化合物除外)； 黏土矿物含量偏高	泥岩与页岩； 富含有机质：一般≥2%； 黏土矿物含量较高：20～70%		以有机质为主，含少量无机矿物； 富含有机质：一般≥2%
孔隙结构	以中—微米孔隙为主； 孔喉直径一般大于 2μm； 常规孔隙比表面积(BET：<3m²/g)； 以粒间孔为主，偶见微裂隙	以小-微米孔隙为主； 孔喉直径一般介于 0.03～2μm² 之间； 孔隙比表面积偏高(BET：<10m²/g)； 以次生溶蚀孔为主，裂缝较常见	以微-纳米孔隙为主； 孔喉直径一般介于 0.005～0.1μm 之间； 比表面积大(BET：7～18m²/g)； 以粒间孔与粒内孔为主、微裂缝发育		纳米孔隙和裂缝孔隙； 孔喉直径一般介于 0.005～0.001μm 之间； 比表面积巨大(BET：50～200m²/g)； 纳米孔隙和裂隙极其发育
孔渗特征	常规孔隙度：一般介于 10%～25%之间 常规渗透率：一般介于(5～50)×10^{-3}μm² 之间	低孔隙度：一般介于 3%～12%之间 低渗透率：一般介于 0.01～1×10^{-3}μm² 之间	低孔隙度：一般在 4%～7%之间 特低渗透率：<0.001×10^{-3}μm²		极低孔隙度：一般在 4%～6%之间 特低渗透率：<0.1×10^{-3}μm²
流体赋存状态	以游离气为主，可存在微量吸附气， 油主要分布于孔隙中央， 自由水-束缚水并存	以游离气为主，微量吸附气， 束缚水含量高，自由水含量低	有机孔内游离气-吸附气并存；无机孔以自由气为主 以束缚水为主、自由水为辅	无机孔内的油主要分布于孔隙中央，而有机孔内的油紧贴孔壁 以束缚水为主、自由水为辅	孔隙中以吸附气为主；孔隙中以游离气为主，含少量溶解气水主要为自由水
渗流特征	一般遵循达西定律； 以基质孔隙为主要渗流通道	一般以非达西流为主， 以基质孔隙为主要渗流通道	以非达西渗流为主； 以天然或人工裂隙为主要渗流通道		孔隙扩散和裂隙渗流； 以裂缝孔隙为主要渗流通道

残存于富有机质泥页岩内的油和气就是页岩油与页岩气。与常规油气储层不同，重力分异作用在页岩油气储层内作用有限，无油水、油气界面。总体而言，富有机质泥页岩内的油气移动距离较短，重力分异作用有限，通常有机质含量高的地方，油气生成量大，在泄漏程度相似的情况下，残存在富有机质泥页岩内的油气量与有机质含量成正比。富有机质泥页岩内的油气分布主要受富有机质泥页岩分布控制，大面积连续聚集于富有机质泥页岩内。在靠近断层的位置或者埋深较浅的位置，油气泄漏程度相对较高，导致页岩储层内的油气含量相对下降。

二、页岩油气储层基本特征

页岩油气储层的基本特征可以总结为5个方面。

(1)矿物粒径小且类型多：泥页岩是由粒径小于1/256mm(约0.003 9mm)的矿物颗粒组成的，远小于砂岩、致密砂岩储层的颗粒大小。同时，富有机质泥页岩内的矿物类型多，常见矿物包括石英、斜长石、钾长石、方解石、白云石、绿泥石、伊利石、蒙脱石、高岭石、云母、菱铁矿、黄铁矿、磷灰石、重晶石、铝土矿等，且不同矿物含量变化大。

(2)富含有机质：页岩油气储层中富含有机质，不同页岩油气储层内有机质含量差别大，通常TOC含量大于2%，海相与湖相富有机质泥页岩中最高可达15%～20%，海陆过渡相富有机质泥页岩最高可达30%～40%。有机质的存在对页岩油气储层各种岩石物理性质(如孔隙、流体赋存状态、岩石力学性质等)都有重要影响。

(3)低孔、极低渗：富有机质泥页岩总孔隙度并不低，但是大部分孔隙被束缚水充填，并且由于孔隙小、黏土矿物多，存在许多孤立孔隙(或气体无法渗流的孔隙)，导致有效孔隙度较低，有效孔隙度介于4%～8%之间。富有机质泥页岩的基质渗透率极低，通常小于$0.001\times10^{-3}\mu m^2$。

(4)油气赋存状态复杂：页岩气以游离状态与吸附状态并存，其中，吸附气主要存在于有机孔中；由于矿物与干酪根润湿性不同，在油水共存的状态下，无机孔内页岩油分布于孔隙中央，水分布于孔隙壁附近，而在有机孔内页岩油主要分布于孔壁附近，水分布于孔隙中央。

(5)天然裂缝发育：富有机质泥页岩内天然裂缝发育，主要包括构造成因缝与生烃成因缝。天然裂缝对于页岩油气储层的渗流特征、岩石力学性质(如抗拉强度)等有显著影响。但是富有机质泥页岩内的天然裂缝通常被方解石或石英充填，对孔隙度的贡献十分有限。

三、页岩油气“甜点”

页岩油气的成藏过程和储层特征导致页岩油气勘探开发技术与常规油气有着显著的差别。为了获得工业油气流，目前页岩油气开发的常规技术是在水平井内进行多阶段水力压裂。因此，页岩油气“甜点”由3部分组成：一是地质“甜点”，由影响储量丰度的各种地质参数组成，是页岩油气开发的物质基础；二是工程“甜点”，即水力压裂“甜点”，由影响水力压裂的各种地质参数组成，对页岩油气产量、完井成本等有重要影响；三是经济“甜点”，指油价、政策、市场、环境等因素引起的经济可行性(Caineng Zou，2019)。页岩体系“甜点”构成图如图14-4所示。

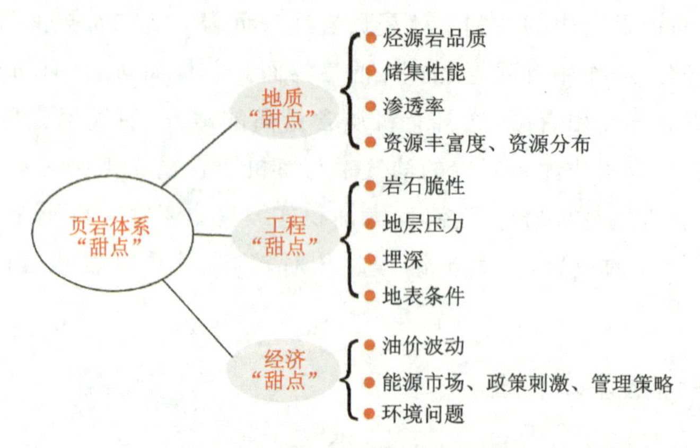

图 14-4 页岩体系"甜点"构成图

常规油气储层评价通常仅仅需要关注地质"甜点",而页岩油气储层评价需要有效地结合地质"甜点"和工程"甜点",然后通过优化完井技术与水力压裂实现页岩油气的高效开发。这导致页岩油气储层评价极其复杂,需要综合研究分析大量的地质参数。页岩油气储量丰度由3个储层参数决定,即储层体积(厚度+面积)、孔隙结构、油气饱和度。这3个参数受页岩油气储层展布、孔隙度、有机质特征、流体赋存状态、矿物组成、埋深等因素的影响。水力压裂的地质参数受地应力、天然裂缝、岩石力学性质、矿物组成等因素的影响。另外,水平井的布井,特别是水平段的位置、走向、间距、长度等都对水力压裂有重要影响。因此,影响水平井布井的地质参数也间接地影响着水力压裂"甜点"。

第三节 页岩油气储层评价

富有机质泥页岩源储合一,许多用于烃源岩和常规储层分析测试方法直接应用于页岩油气储层评价,如岩石薄片、扫描电镜、岩石热解实验、压汞实验、氦气孔隙度等。同时,由于泥页岩油气储层特殊的储层特性和开发技术,人们开发了一些专门针对页岩油气储层的测试技术、数据解释模型、数值模拟等方法,如微地震、纳达西渗透率测试、水力压裂模拟等。随着科学技术的进步,一些新的技术方法也开始应用于页岩油气储层评价,如液氮吸附、FIB-SEM、纳米CT、深度学习等。

总体而言,页岩油气储层评价难度远远大于常规储层,是由3个层次的原因造成:①页岩油气储层评价参数多,需结合多种分析测试技术;②微纳米孔隙分析测试难度高,常规孔渗测试技术失效;③许多储层参数岩芯测试成本高,导致岩芯测试数据少。

目前,很多岩芯测试技术、地球物理数据解释方法仍然在发展完善阶段,如泥页岩孔径分布、杨氏模量预测等。针对页岩油气储层各关键参数,本章首先分析它们的评价方法和特征,然后讨论它们与页岩油气储层地质"甜点"和工程"甜点"的关系。

一、页岩油气储层构造特征

我国大多数盆地经历了复杂的、多期次的构造活动,其构造变形对页岩油气储层影响较大，认识构造变形规律具有重要科学意义。页岩油气储层的埋深和断层对页岩油气“甜点”有重要影响。埋深对孔隙、地应力、孔隙压力、温度、页岩气赋存状态等都有重要影响，是评价页岩油气储层最基础的参数之一。大部分页岩油气储层埋深分布在2500～7500ft(1ft=0.304 8m)之间，如Barnett页岩、Marcellus页岩、Bakken页岩、龙马溪-五峰页岩等，部分页岩油气储层埋深超过10 000ft，如Haynesville页岩，Utica-Point Pleasant页岩等(图14-5)。

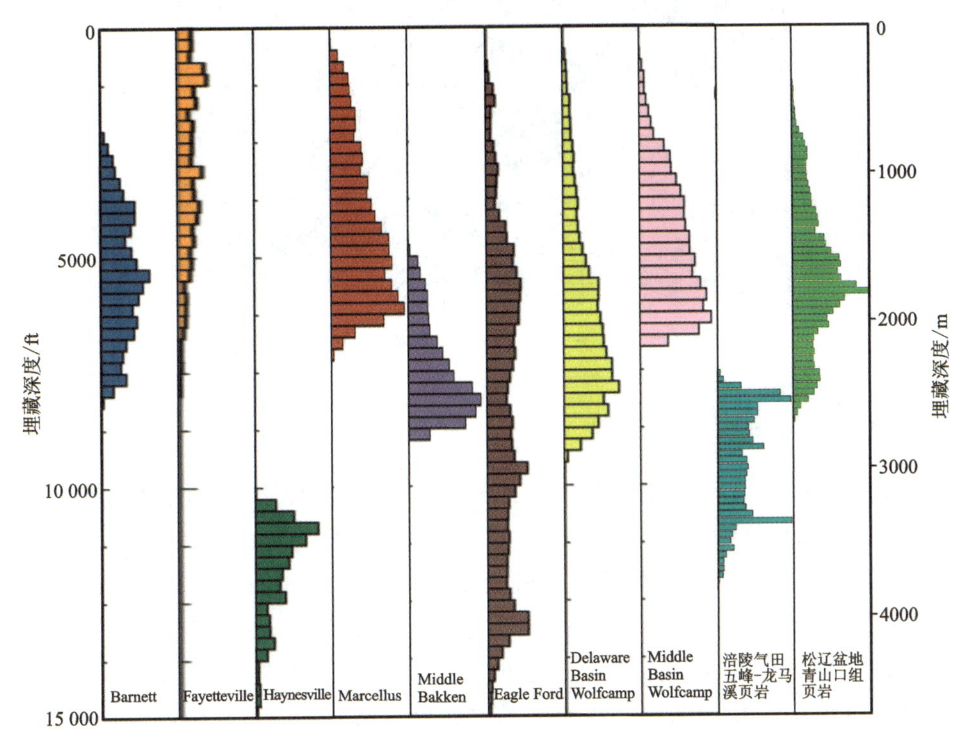

图14-5　中美典型页岩油气储层埋深统计图(据北美页岩油气储层数据，Smye et al.，2019)

随着页岩油气勘探开发的深入，高精度构造图(或埋深等值线图)对水平井准确沿其钻井目标层完成钻井至关重要。页岩油气储层的钻井目标层受区域性大构造和局部小构造共同控制，高精度构造图通过准确表征这些构造特征为水平井导向钻井提供基础地质支持。随着页岩油气勘探开发的进行，水平井数据变得越来越丰富，利用水平井分层数据建立高精度三维构造模型也变得越来越重要。Wang等(2018)首次开发了通过添加虚拟直井并根据泥页岩厚度推断分层数据的方法，有效地解决了水平井分层数据三维构造建模难题。

除了埋深变化外，断层对页岩油气储层评价也至关重要。页岩油气可能会通过断层及其附近的天然裂缝泄露，导致页岩油气含量下降，压力降低，对页岩油气储量和开发均不利。同时，断层对水平井钻井和水力压裂也有影响。如果水平井的水平段与断层面夹角较小时，钻井过程中特别容易发生卡钻和压裂液流失。因此，在设计水平井时，最好使水平井能以较大夹角快速钻穿断层。在水力压裂过程中，如果压裂段存在断层，压裂液通常会沿断层快速流失，导致压裂液无法有效地产生新的人工裂缝网络(图14-6)。因此，先通过地震等方法识别区域和局部断层，然后避开在断层附近射孔能够有效开发断层附近的页岩油气。

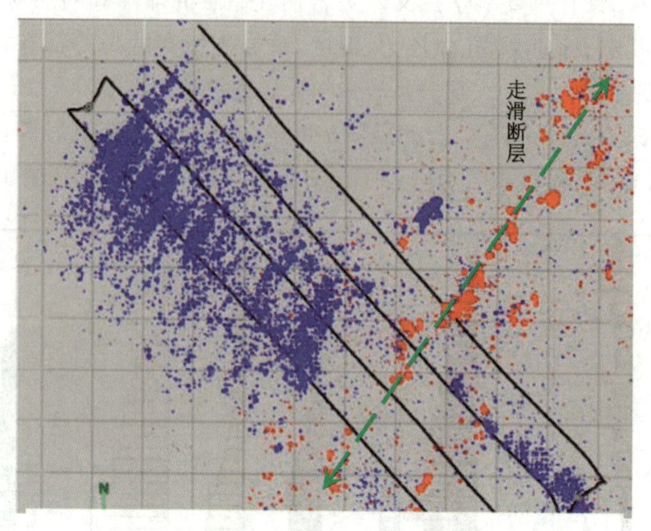

图 14-6 水力压裂诱导的走滑断层重启(据 Kratz et al.,2012)

二、页岩油气储层空间展布特征

相对于常规储层(砂岩、碳酸盐岩)以及致密砂岩气储层,泥页岩在沉积盆地内的分布更加稳定。以 Appalachian 盆地的 Marcellus 页岩为例,其 TOC 含量一般都大于 2%,整个 Marcellus 页岩厚度稳定,从盆地西部边界开始逐渐增加,在盆地东南部和东北部厚度达到最大值,约 300ft,并且它覆盖整个 Appalachian 盆地[图 14-7(b)]。图 14-7(c)为 TOC 含量大于 6.5%的富有机质 Marcellus 页岩,其分布也非常稳定。

在不同的沉积环境中,富有机质泥页岩的空间分布略有不同。其中,海相富有机质泥页岩通常分布范围更大,空间变化相对更小;而湖相泥页岩受湖泊体积的影响,通常分布范围更小,且受构造与沉积事件的影响,纵向上的变化相对更大,细砂岩、粉砂岩、灰色泥页岩、钙质夹层等都十分常见;海陆过渡相富有机质泥页岩平面分布范围通常居于海相和湖相泥页岩之间,在纵向上通常出现大量煤层、细砂岩、粉砂岩、灰色泥页岩、钙质夹层等。另外,海相和湖相富有机质泥页岩通常在一个沉积旋回的下部或中下部,其 TOC 含量通常高于沉积旋回的上部;而海陆过渡相并没有此规律。

页岩油气储层厚度可以通过直井测井地层对比确定。在常规油气丰富的盆地,直井资料丰富,可以相对有效的确定富有机质泥页岩厚度及其分布,如图 14-7 中的 Marcellus 页岩等厚图就是由 800 多口直井的测井数据确定的。水平井内的分层数据因其水平位置不同、地层倾角未知,很难准确确定页岩油气储层厚度。三维地震数据由于垂向分辨率低,也很难有效确定页岩油气储层厚度。在其他参数不变的情况下,页岩油气储层厚度越大,油气储量越大,开发效果更好。页岩油气高产区的储层厚度通常需要大于 30m,但是当 TOC 含量比较高时(如 10%),储层厚度在 20m 左右也可以成为优质储层,如俄亥俄州东部的 Marcellus 页岩。

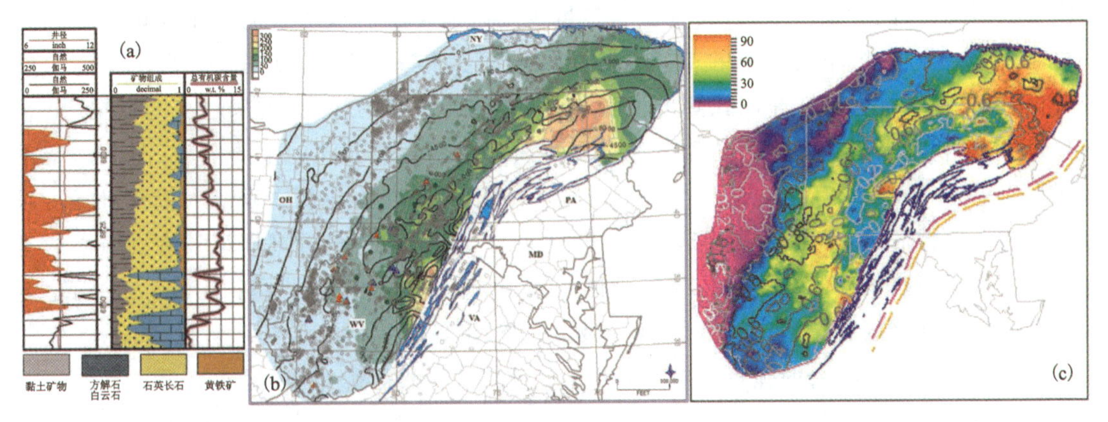

图 14-7 Appalachian 盆地 Marcellus 页岩单井剖面(a)、等厚图(b)和富有机质泥页岩(TOC>6.5%)等厚图(c)。注:单位:ft

三、矿物组成特征

富有机质泥页岩的物质组成是所有油气储层中最复杂的。首先,它的物质组成以无机矿物为主,一般占富有机质泥页岩总体积的 80%～90%,其他为有机质。而砂岩或致密砂岩储层中不存在有机质,全部为无机矿物。煤层中物质也是由无机矿物和有机质组成的,但是以有机质为主,约占总体积的 70%～95%,无机矿物含量相对较小。其次,富有机质泥页岩中的矿物多样,含量变化大。例如,根据 Marcellus 页岩 17 口井中 195 个 XRD 测试数据分析,其主要矿物包括石英、斜长石、钾长石、方解石、白云石、菱铁矿、绿泥石、伊利石、蒙脱石(或伊蒙混层)、高岭石、黄铁矿、磷灰石等(图 14-8),以及微量重晶石等。以石英矿物为例,其体积百分比均值约 37%,大部分样品石英含量介于 20%～60%之间,最大值接近 90%,而最小值约 2%,不同样品间石英含量差别较大。方解石的分布范围也非常大,这主要与 Marcellus 页岩内部的碳酸盐岩夹层有关。总体而言,富有机质泥页岩中各矿物含量的变化都比较明显,而矿物组成对泥页岩脆性、岩石力学性质、孔隙系统、流体赋存状态等都有重要的影响,是页岩油气储层评价的基础内容之一。另外,富有机质泥页岩中存在一些在其他储层中不常见的矿物,如黄铁矿。黄铁矿在海相富有机质泥页岩中广泛存在,其密度大,导电性强,光电指数高,对岩石物理性质,如体积密度、光电指数、电阻率等有显著影响,极大地增加了测井解释的困难。湖相富有机质泥页岩中也常见黄铁矿,但是其含量通常小于海相富有机质泥页岩,而海陆过渡相富有机质泥页岩中黄铁矿不常见。重晶石偶尔也存在于富有机质泥页岩中,其含量通常极小,但是对岩石光电指数和密度的影响巨大(Wang and Carr,2012a)。

组成页岩油气储层的矿物可以简化为四大类,即硅质矿物(主要包括石英、斜长石、钾长石)、碳酸盐矿物(主要包括方解石和白云石以及菱铁矿)、黏土矿物(主要包括伊利石、绿泥石、伊蒙混层、高岭石和云母)和其他矿物(主要为黄铁矿,以及磷灰石、重晶石、铝土矿等)。石英和长石是一种脆性矿物,能增加泥页岩的脆性,有利于水力压裂的实施和天然裂隙的发育,并且在页岩气的开发过程中维持裂隙处于开启状态(King,2010)。石英和长石对气体几乎没有吸附能力,同等条件下,石英与长石含量越高游离态页岩气所占的比重就越大(Wang et al.,2012b)。同时,泥页岩中的粒间孔隙主要由石英和长石以及碳酸盐矿物作为支架形成,而黏土矿物通常会破坏粒间孔隙的发育。另外,随着研究的深入,越来越多的证据(SEM照片)显示生物成因石英之间的孔隙是泥页岩热演化早期石油充注的重要空间(图 14-9),也是泥页岩进入生气窗口后主要的天然气形成区,并且这些焦化有机质内发育大量有机孔。这主要由 3 个原因造成:①生物成因石英中早期充注的石油内氢含量远高于沉积有机质内的氢含量,生气能力强,生成的有机质孔多并且体积大;②生物成因石英体积小且量多,化学稳定性一般低于陆源碎屑石英,可以通过重新排列、破裂、溶解等为有机质提供大的空间;③生物成因石英与周边颗粒更大的脆性矿物(包括石英、长石、碳酸盐矿物)一起能够更加有效地保存有机质孔(Wang,2020)。

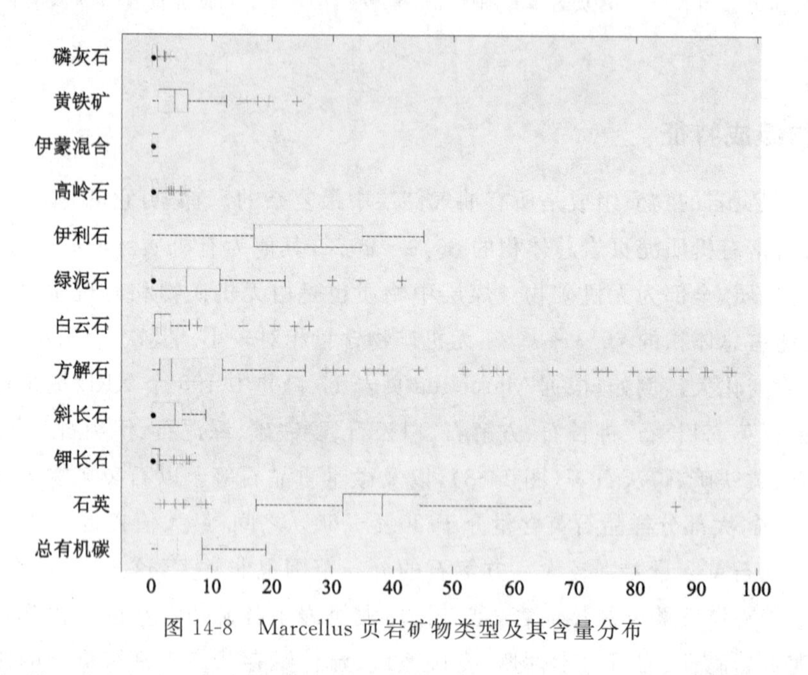

图 14-8 Marcellus 页岩矿物类型及其含量分布

在页岩气储层勘探与开发评价中,黏土矿物的存在通常是一种不利因素:①黏土矿物不利于粒间孔隙发育;②黏土矿物表面的束缚水进一步阻碍了油气的渗流能力;③与黏土矿物相关的孔隙对油气富集贡献很小;④黏土矿物降低泥页岩脆性并加重水敏效应,给人工压裂造成很大困难;⑤不同黏土矿物的物理性质(如密度、光电指数等)差别大,相对含量难以预测,增加了泥页岩测井解释的难度。

碳酸盐矿物在泥页岩中起的作用非常复杂。当含量相对较小时(如<30%),碳酸盐矿物难以胶结成岩,它们的出现一方面破坏了粒间孔隙,另一方面却增加了泥页岩的脆性,在压裂中适当的添加酸能提高水力压裂的效果;而当碳酸盐岩矿物含量较大时(如>60%),它们会胶结成岩,形成碳酸盐岩条带,当其规模较大时形成碳酸盐岩夹层,对页岩气储层储量评价、岩石机械力学性质和水力压裂有重大影响。碳酸盐岩夹层一方面可以限制人工裂缝在垂向上的发育,有利于裂缝在水平方向上的延伸,并且阻止裂缝向围岩中扩展,对水力压裂是有益的;另一方面碳酸盐岩夹层通常也把页岩气储层分为上、下两部分(如 Barnett 页岩、

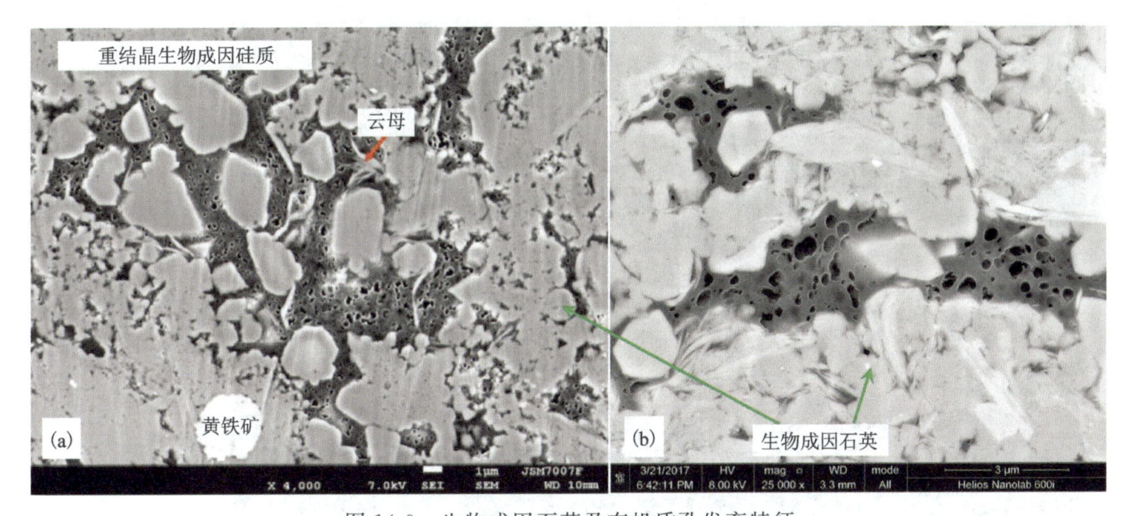

图 14-9　生物成因石英及有机质孔发育特征

(a)Barnett 页岩(据 Passey et al.,2010);(b)龙马溪-五峰页岩

Marcellus 页岩、Woodford 页岩等)(Slatt and Rodriguez,2012),需要更多的水平井才能有效开发页岩气。黄铁矿等其他微量矿物的影响主要体现在测井响应上,而对岩石力学性质的影响基本可以忽略。

评价泥页岩矿物组成的方法主要包括实验室测试和测井解释两个方面。岩芯 XRD 测试是分析泥页岩矿物最重要的方法,其测试结果为各矿物的重量百分比或体积百分比(图 14-9)。另外,扫描电镜图片(SEM),特别是在离子抛光的泥页岩样品表面采集的照片,也可以用于泥页岩矿物和有机质分析。根据矿物形态及颜色,可以识别黄铁矿、有机质、黏土矿物、方解石、石英(或长石)等。特别是,通过与高能 X 射线能谱仪(EDS)结合可以更加有效地判断矿物类型。但是这通常局限在定性分析矿物的类型、形态等。基于扫描电镜的全自动矿物定量测试(QEMSCAN)是近几年发展起来的一种可以通过扫描电镜、高能 X 射线能谱仪识别整个照片内所有矿物的类型并计算各矿物面积百分比的技术(图 14-10)。相对于 XRD 测试,QEMSCAN 测试成本极高,但是可以同时分析各矿物的分布特征和含量。另外,利用测井数据预测矿物含量也是目前比较流行的一种方法,如多元回归、神经网络、统计反演法等(Wang et al.,2014)。虽然其准确性低于 XRD 测试,但是其数据点远多于岩芯测试结果,可以通过三维属性建模分析矿物的空间分布特征。测井数据是页岩油气"甜点"识别的重要资料。

元素俘获能谱测井(ECS)能够直接提供储层各主要矿物的含量,与 XRD 有很好的相关性(Wang et al.,2012a),在页岩气储层评价中的优势越来越明显,已经成为页岩气储层矿物评价重要的方法之一。但是,它对 TOC 和黄铁矿含量的解释不够准确。特别是岩芯测定和 ECS 解释的黄铁矿不具有明显的相关性,这可能与黄铁矿极强的离散分布特征及测量尺度的不同有很大关系。相对岩芯资料,采集 ECS 测井资料的成本低,资料丰富,对常规测井解释也有重要的指导意义。但 ECS 测井主要是在比较新的、关键井中采集。对于大部分含油气盆地来说,常规测井资料仍然是最丰富的地质资料。特别是在页岩气勘探和开发早期,利用常规测井解释泥页岩矿物组成是页岩气储层地质评价重要的内容之一。

常规测井的局限性使其不能识别泥页岩中的所有矿物,因此对泥页岩所含的矿物进行简

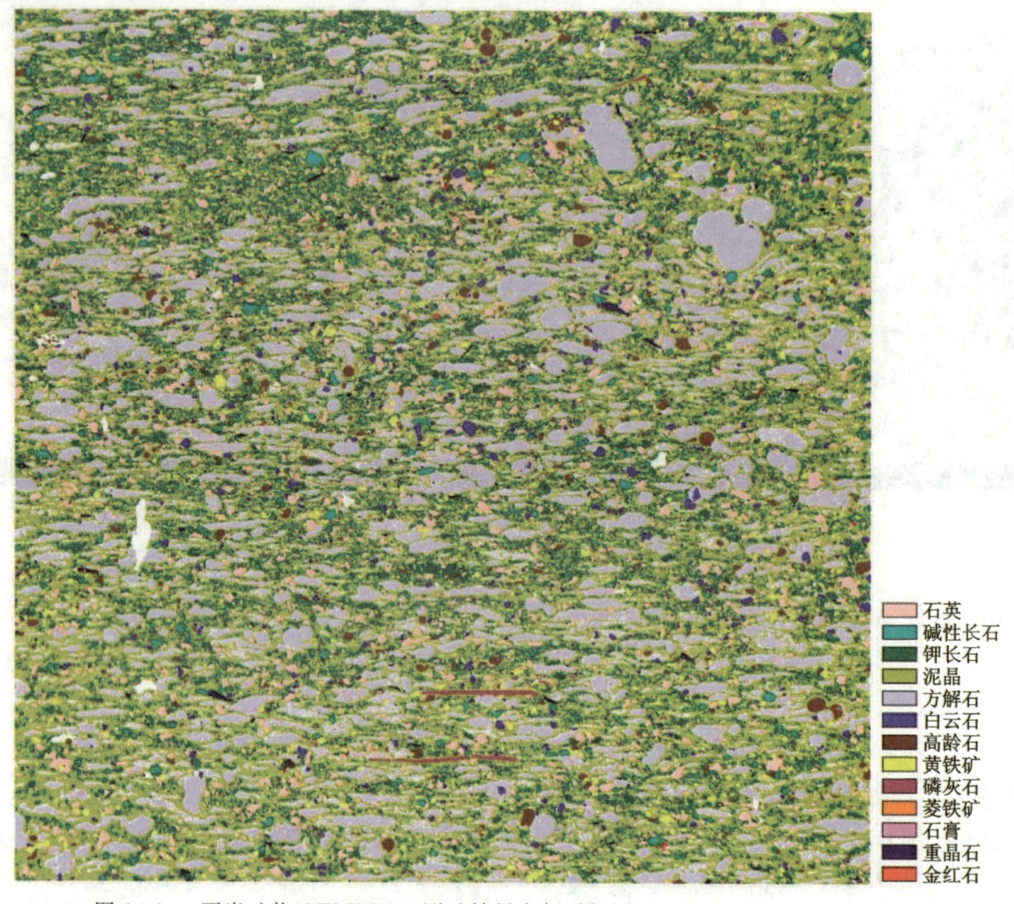

图 14-10 页岩矿物 QEMSCAN 测试结果实例(样品号 CL-37.9)(据 Grauch et al.,2008)

化是十分必要的。同时,由于大部分测井数据同时还会受到有机质、孔隙度、流体等的影响,因此矿物组成解释应该与 TOC 含量、孔隙度、饱和度等一起解释,从而获得更加准确可靠的解释结果。另外,新技术的开发也非常关键,如重晶石具有异常高的光电指数值,微量的重晶石就能对光电指数测井产生显著的影响,利用光电指数测井包络线技术能有效地预测重晶石的含量(Wang et al.,2012a)。自然伽马测井是常规储层中解释泥质(黏土)含量的重要资料,但是在页岩气储层中有机质会造成铀的含量偏高,导致自然伽马不能有效地反应黏土含量。因此,利用无铀伽马测井预测黏土含量通常会得到更好的结果(Boyce and Carr,2010)。另外,补偿中子测井与黏土含量的关系也非常密切,这主要与黏土矿物造成的束缚水有很大关系(Wang,2019)。石英等硅质矿物和碳酸盐矿物含量基本无法利用某一种测井或几种测井组合建立线性或非线性关系式来单独解释,综合考虑各种矿物及有机质对不同测井曲线的贡献进而建立方程组以表达泥页岩矿物模型是解决问题的关键(Doveton,1994;Jenson and Rael,2012;Wang et al.,2012a)。此外,多元回归、神经网络、统计反演模型(Wang et al.,2014)等方法也越来越多的应用于矿物含量预测。

四、有机质特征

页岩油气储层中富含有机质是其显著不同于常规储层和致密砂岩储层的地方。有机质特征的评价方法主要继承了常规油气系统中的烃源岩研究成果(Selley and Sonnenberg,1985;秦建中,2005;腾格尔等,2010)。其主要评价参数包括有机质丰度、类型与成熟度(Selley and Sonnenberg,1985)。有机质丰度由总有机碳(TOC)含量刻画。只有当 TOC 含量达到一定值,一般为 2.0%(邹才能等,2011;张大伟等,2012),泥页岩才能被视为页岩油气储层,这与其自生自储的特征有重要关系。在保存条件相似的地区,TOC 含量与页岩油气含量之间具有非常强的正相关性,特别是当有机质类型和成熟度比较相似时,生烃量主要由有机质含量决定。同时,有机质含量还对多种测井响应有影响,如自然伽马测井、密度测井、电阻率测井等,因而影响了基于测井资料的其他储层参数解释。

岩石热解实验(Rock-Eval Pyrolysis)是实验室评价有机质含量的主要手段,同时测定的参数还包括 S_1、S_2、T_{max} 等,这些参数是评价有机质成熟度的重要资料。通过回归分析,建立 TOC 含量与测井资料的关系是研究有机质空间分布特征的重要手段,主要的常规测井解释方法包括:①利用伽马测井或铀含量计算 TOC 含量(Bell et al.,1940;Schmoker,1981;Wang et al.,2012a);②利用密度测井计算 TOC 含量(Schmoker,1979;Boyce and Carr,2010);③利用声波时差(或密度、中子孔隙度)测井与电阻率测井(ΔlgR,Passey 法)计算 TOC 含量(Passey et al.,1990)。但是每种方法都存在一定的问题,也无法适用于所有页岩油气储层。例如,铀含量解释 TOC 含量的主要问题在于:①铀含量除了与 TOC 含量有关外,还受有机质沉降速度、水体原始铀含量等的影响,以 Appalachian 盆地为例,Marcellus 页岩 TOC 含量与铀含量有很强的正相关性,而 Utica 页岩则没有;②铀含量测井资料是自然伽马能谱测井的一部分,而自然伽马能谱测井资料远没有伽马测井、密度测井等常规测井资料丰富,因此经常需要用自然伽马测井代替,但自然伽马测井受黏土矿物含量的影响明显;③铀含量解释的 TOC 含量一般指的是原始 TOC 含量(发生热解前的含量),而岩石热裂解实验测定的 TOC 含量反映的是残留在泥页岩中的有机碳含量,因此存在一定的系统误差。密度测井在解释 TOC 含量时受井壁坍塌、矿物组成(特别是黄铁矿等重矿物)及孔隙度的影响明显,只有有效地消除它们的影响才能得到合理的解释结果。对于 Passey 法,影响声波时差测井和电阻率测井的因素都会影响它,主要包括裂缝发育程度、井壁坍塌、含水饱和度、黄铁矿含量、钻井液类型等。因此,在使用 Passey 方法计算 TOC 含量时应充分考虑各种因素的影响。利用各种常规测井信息对不同方法进行预处理从而尽量消除各种不利因素的影响,并对 TOC 含量进行综合解释是一种趋势,如神经网络、统计反演模型(Wang et al.,2014)等。

有机质类型主要通过岩石样品显微组分定量评价,也可以通过岩石热解实验中 S_2-TOC 的线性回归曲线斜率划分烃源岩类型(Landford and Blanc-Valleron,1990);而有机质成熟度主要通过镜质体反射率 R_o 确定,也可以通过岩石热解实验中的 T_{max} 进行评价。这些常规油气系统中烃源岩评价的方法基本上都适用于页岩油气储层有机质类型与成熟度评价。除此之外,页岩油气储层评价也特别重视不同类型有机质的演化特征与规律以及它们对微-纳米孔裂隙结构和有机质吸附特征的影响。有机质在热裂解生烃和微生物降解生烃过程中体积减小,形成大量微—纳米孔隙,改变了页岩油气储层的孔隙结构,增加了孔隙度(Jarvie,2012;Jarvie and Lundell,2001)。同时,不同类型有机质的生烃能力不同,对甲烷等流体的吸附能力也有差异(Chalmers et al.,2008a)。另外,SEM 照片也可以识别有机质类型(或来源)、有机质变形(图 14-11),并推断有机质演化过程(Milliken et al.,2013;Löhr et al.,2015;Wang,2020;Wang el al.,2020)。

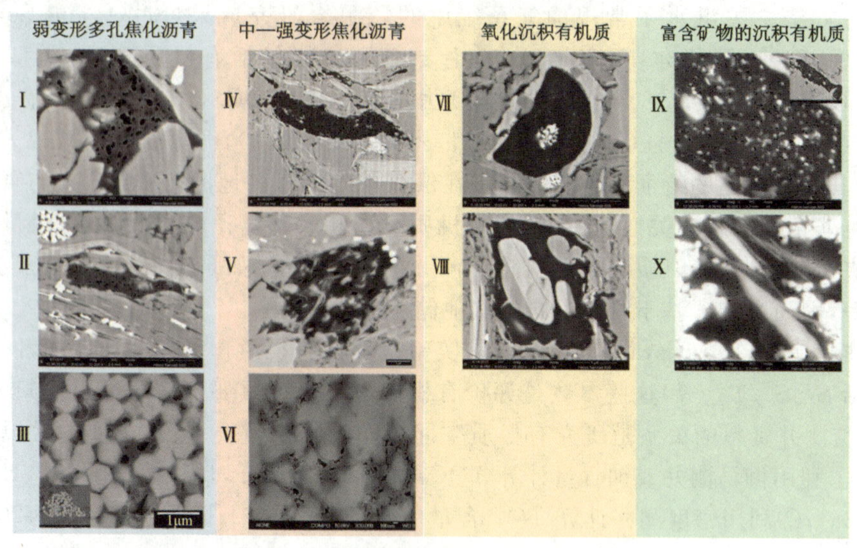

图 14-11　富有机质泥页岩有机质分类(据 Wang et al.,2020)

五、孔渗特征参数与评价方法

页岩油气储层孔隙类型包括粒间孔、粒内孔、有机质孔和裂隙 4 种(Loucks et al.,2012)。粒间孔的孔喉半径相对较大,且连通性较好,其发育程度受机械压实作用、孔隙压力及矿物充填作用控制明显,孔隙中地层水含量相对较高且主要以束缚水为主。粒内孔可以是原生的,也可以是后期成岩作用形成的次生孔隙(Loucks et al.,2012),其孔隙半径相对较小,通常被次生矿物充填,连通性差。因此,粒间孔对页岩油气赋存与渗流的作用远大于粒内孔。粒间孔和粒内孔孔壁主要由矿物组成,统称为无机孔,其总体积与机械压实密切相关(Selley and Sonnenberg,1985)。埋深越大,机械压实作用越强,无机孔体积越小。有机孔在页岩油和页岩气储层中孔隙特征不同。在页岩油储层中,有机质生烃以油为主,且沉积有机质通常承受一定的上覆地层压力而很难有效保存有机孔(Wang,2020)。同时,沉积有机质内的氢含量通常少于焦化沥青,因此能形成的有机孔体积通常也更小。另外,页岩油储层内的粒间孔还未受到较强的机械压实,粒间孔相对保存更好。总之,页岩油储层内的粒间孔是页岩油的主要储集空间和渗流通道,而有机质孔贡献有限。粒内孔,特别是黏土矿物内的粒内孔,体积小,连通性差,对页岩油富集与渗流贡献也十分有限。而页岩气储层内的有机质孔一部分在沉积有机质内,另一部分在焦化沥青内(图 14-11),其中焦化沥青内的有机孔通常体积大,且受到周边矿物(石英、长石、碳酸盐矿物等)的支撑而保存好。同时,在进入生气窗口后,粒间孔因遭受上覆地层压力的机械压实而更小。因此,有机孔,特别是焦化沥青质内的有机孔,是页岩气储层孔隙系统的重要组成部分,是页岩气赋存的主要空间。同时,有机质丰度越高,有机孔的贡献越大。裂隙主要是在后期成岩演化过程中形成的,将在下一节中详细讨论。

拓展学习　　泥页岩孔隙表征方法介绍

富有机质泥页岩中的孔隙以微—纳米孔隙(1nm～30μm)为主，不同大小的孔隙与不同流体的物理作用不同，导致油气在不同大小、不同类型孔隙内的赋存与渗流规律不同。因此，孔隙度已无法满足页岩油气储层评价的需求。孔隙类型、孔径分布、比表面积等是页岩油气储层评价的重要内容。有效观察与探测微纳米孔隙是页岩油气储层评价的重要挑战。孔隙结构表征可以分为微观观察、放射性探测和流体侵入测试三大类(图 14-12)。在微观观察方面，光学显微镜和薄片分析已不能有效地分析泥页岩孔隙结构，SEM(扫描电镜)、STEM(扫描透射电子显微镜)和 SAM(扫描声波显微镜)成为直接观察泥页岩孔隙结构最主要的方法(Loucks et al.，2009，2012；Sondergeld et al.，2010；Milliken et al.，2013；Wang et al.，2020)，其中基于离子抛光的 SEM 应用最为广泛。SEM 主要可以观察孔隙的类型和形态、测量孔隙的大小，特别是 2009 年 Loucks 等首次观察到有机孔，对揭示泥页岩孔隙系统起到了重要的推动作用。但是，SEM 照片只能在二维空间上观察孔隙，进行定性分析，而且每张 SEM 照片观察的样品范围十分有限(通常小于 1000μm^2)，需要大量的 SEM 照片才能有效统计分析孔隙结构特征，导致测试成本极高。纳米 CT 扫描和连续扫描电镜成像(FIB-SEM)技术能够提供孔隙结构的三维空间分布特征，对直观观察泥页岩微纳米孔隙、计算渗透率有重要作用(Sisk et al.，2010；Sondergeld et al.，2010)。该方法的主要问题是它仅仅能分析体积非常小的样品，无法大规模应用于孔隙测试。

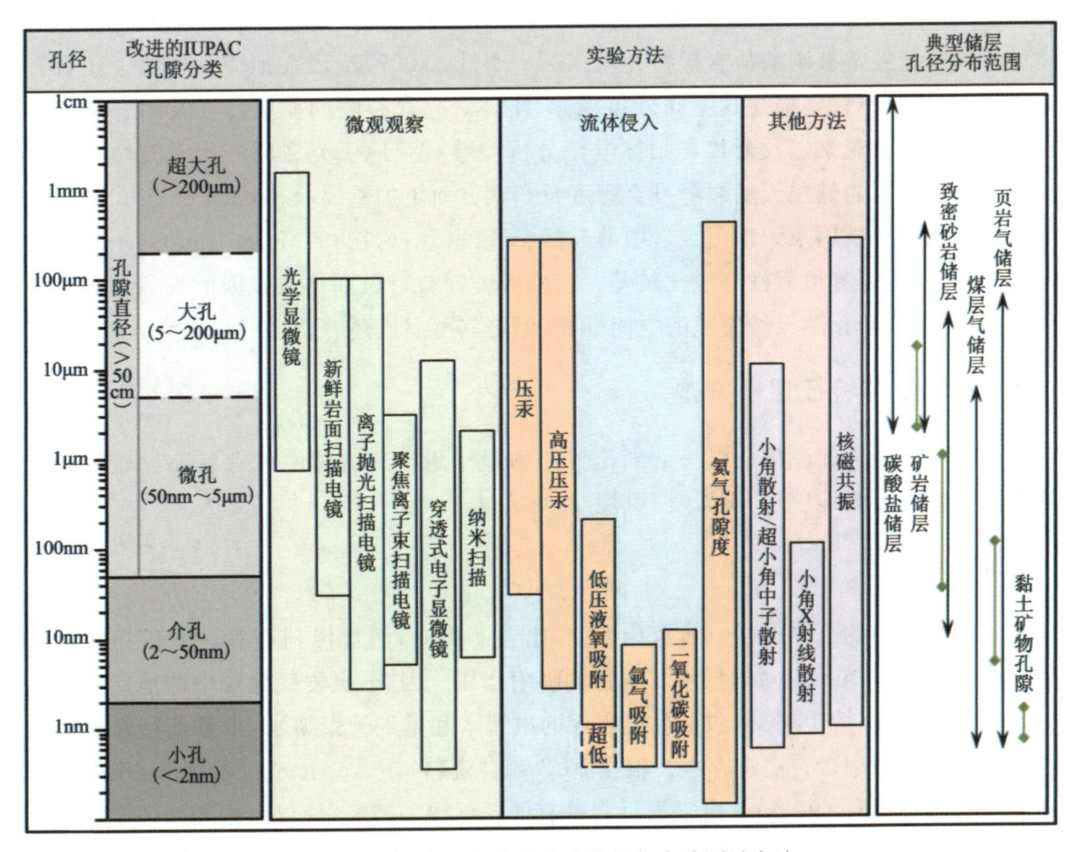

图 14-12　页岩油气储层孔隙分析与实验测试方法

六、天然裂隙评价方法

天然裂隙在页岩油气储层中非常发育,主要是由构造变形(构造运动)和有机质生烃造成的。人们对页岩气系统中天然裂隙作用的认识经历了一个漫长的过程。在19世纪50年代至20世纪50年代页岩气勘探开发的早期阶段,石油地质学家和工程师们认为页岩气主要以游离态存在于泥页岩裂隙中,天然裂隙不仅提供了主要的存储空间,还提供了重要的渗流通道(Curtis,2002;Hill and Nelson,2000)。因此,历史上一度以寻找裂缝型泥页岩为主要指导思想来进行页岩气的勘探开发。随着水平钻井技术和水力压裂技术在Barnett页岩中的成功应用,有效解决了泥页岩基质渗透率太低而不能提供有效渗流通道的问题,天然裂隙不再是泥页岩成为储层的必要条件。寻找水力压裂效果好的富有机质泥页岩开始逐渐被油气地质学家接受(Bowker,2007;Wang et al.,2012b),并逐渐发展为目前的主导思想,极大的扩展了页岩气的勘探范围,在客观上促进了页岩油气的蓬勃发展。

尽管天然裂隙发育不再是泥页岩成为页岩油气储层的必要条件,但是天然裂隙对页岩油气开发在多个方面有重要影响,包括储层孔裂隙结构和页岩油气保存条件等(Bowker,2007),但最主要的还是其对人工水力压裂效果的影响(Bowker,2007;Gale et al.,2007,2008)。天然裂缝是形成人工裂缝网络的关键之一。天然裂缝的尺寸、走向及密度显著影响着水力压裂裂缝网络的形成,是目前水力压裂研究的重要内容(King,2010;翁定为等,2011)。同时,泥页岩中的天然裂缝经常被碳酸盐岩矿物充填(Gale et al.,2007)或者在地应力作用下闭合。因此,表征天然裂隙不仅要描述其空间分布规律,还要研究其裂隙的充填特征及闭合裂缝占的比例。岩芯和露头观察以及薄片和扫描电镜分析能够直观地研究裂缝产状及充填特征。成像测井在分析泥页岩储层天然裂缝发育程度及产状方面更加重要(Laubach et al.,1988)。尽管常规测井资料曾被用来识别泥页岩中的天然裂缝(Flower,1983;Minne and Gartner,1979;Myung,1976),但是其可靠性一般比较差。三维地震资料对识别构造成因的天然裂隙具有一定的作用,主要用于预测天然裂隙的空间分布,但是其可靠性还有待进一步研究。

七、流体赋存特征评价方法

页岩油气储层内的流体与微—纳米孔隙的物理作用导致流体的赋存状态比较复杂。泥页岩中的流体主要为地层水、页岩气(甲烷)和页岩油。

1. 地层水

由于泥页岩中的孔隙以微—纳米孔为主,比表面积大,而且伊利石等黏土矿物含量较高(Chalmers et al.,2008a),对地层水有很强的吸附作用。因此,页岩气储层中的地层水主要以束缚水的形式存在(图14-13),包括黏土表面的束缚水和毛细管束缚水,少量地层水在较大的粒间孔和天然裂隙中以自由态存在。根据ECS测井资料,在Appalachia盆地Marcellus页岩中束缚水含量高(超过96%)。由于泥页岩具有低孔低渗的特征,地层水饱和度的实验室测定非常困难,数据可靠性不强。另外,受泥页岩中流体充注次序以及矿物-有机质表面润湿性的影响,地层水主要存在于无机孔中,有机孔内的地层水数量十分有限。

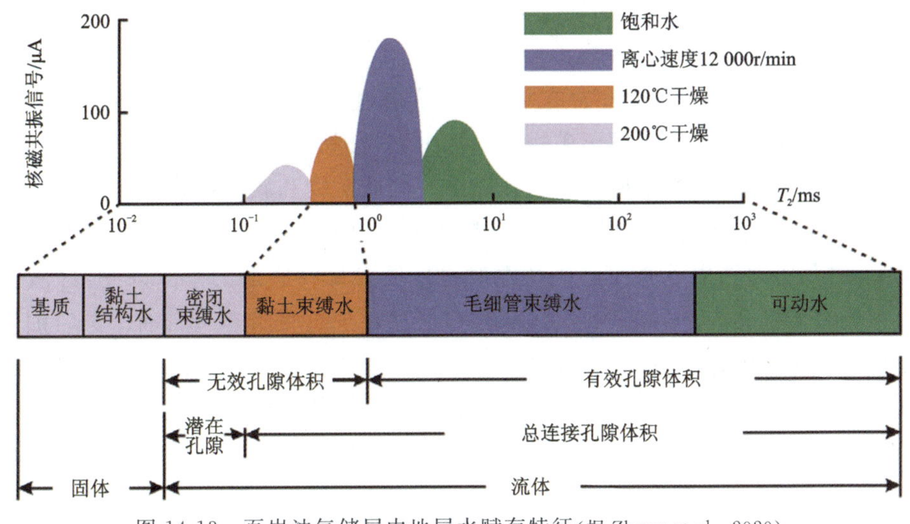

图 14-13　页岩油气储层内地层水赋存特征(据 Zhang et al.,2020)

2. 页岩气

页岩气在富有机质泥页岩中以游离态、吸附态和溶解态 3 种形式存在(Curtis,2002),但主要为游离态和吸附态。页岩气的赋存状态研究对于评价页岩气资源量至关重要,同时也深刻影响了页岩气的开发过程。目前评价页岩气资源量的方法主要包括 FORSPAN 法和体积法(Chalmers et al.,2008b;Dolton et al.,1997;EIA,2011;董大忠等,2009;聂海宽等,2012;张大伟等,2012;邹才能等,2011),其中体积法应用比较广泛。溶解态页岩气含量小,一般忽略不计,主要评价游离态和吸附态的页岩气含量(EIA,2011;张大伟等,2012)。单位体积自由态页岩气含量主要由含气饱和度、孔隙度和体积系数确定,与常规油气评价方法类似。当利用测井资料评价含气饱和度时,改进的泥质砂岩模型效果较好(Wang,2012)。吸附态页岩气含量的评价需要通过实验室测定 Langmuir 等温吸附曲线,再根据储层温压条件确定(EIA,2011;张大伟等,2012)。但是这种方法确定的吸附气体含量通常比实际值高,需要进行校正(张大伟等,2012),可能与气源充足与否、地层水含量及气体成分的影响有关。泥页岩吸附能力主要受有机质含量和类型以及成熟度、黏土矿物含量及类型、含水饱和度以及孔隙结构控制(Chalmers et al.,2008a),其中有机质含量的影响最大。黏土矿物虽然比表面积大,有一定的吸附能力,但是当其表面存在束缚水时,对页岩气的吸附能力显著下降。而有机孔孔壁有机质吸附能力强,表面一般为油湿,吸附能力受地层水的影响较小。因此,页岩气储层中的吸附态页岩气主要存在于有机孔内(Wang,2019)。另外,不同大小的有机孔的吸附能力也不同,有机孔越小,比表面积越大,吸附能力越强,吸附气自由气比例越高。因此,确定泥页岩孔径分布对评价页岩气赋存状态至关重要。吸附态页岩气的存在一方面使得同等孔隙体积中存储的气体量增加,另一方面页岩气的吸附—解吸还会造成页岩气的采出过程更加复杂。同时,吸附态页岩气的存在进一步增加了页岩气在页岩气储层中渗流与扩散的难度,对页岩气保存和开发有影响。

3. 页岩油

页岩油主要以自由态和吸附态存在于页岩油储层中，而其具体的赋存状态主要取决于矿物、有机质的润湿性和吸附性。黏土矿物吸水能力强，且黏土相关的孔隙体积小，其表面通常为一层束缚水，油很难进入黏土矿物内的孔隙中。硅质矿物和碳酸盐矿物吸附能力比黏土差(Zou et al.,2013)，虽然也以水湿为主，但通常弱于黏土矿物，且其相关的孔隙相对较大。在生油过程中，油在压力作用下充注这些孔隙时也能驱替矿物表面的水。因此，硅质矿物和碳酸盐矿物相关的无机孔内页岩油以自由态为主，仅存在少量吸附态页岩油。页岩油储层内的有机孔远小于页岩气内的有机孔，导致页岩油在有机孔内主要以吸附态存在。页岩油在裂隙中主要以自由态为主。另外，页岩油储层内的孔隙体积一般比较小，比表面积大，毛细管效应强，增加了页岩油渗流的难度，需要更大的压差才能有效移动。目前页岩油开发主要以储层自身的能量(即孔隙压力)为主。在Bakken和Eagle Ford页岩进行的部分现场试验显示注水、注天然气、注 CO_2 等增产效果一般。总体而言，页岩油采收率一般低于10%。

八、岩石机械力学性质评价方法

泥页岩的岩石机械力学性质对人工水力压裂有重要影响，对天然裂隙的分布也有一定的控制作用，是页岩气储层评价的重要内容，这与常规储层评价差别较大。相对于砂岩和碳酸盐岩等常规储层，泥页岩总体表现为韧性，是一种软岩，在盆地尺度的构造变形中经常作为滑脱层存在，或者发生局部增厚或减薄来匹配其他地层的构造变形。但是泥页岩本身的脆韧性变化也是比较明显的，它主要受到矿物组成、层理结构、胶结程度、天然裂隙等因素的影响(Wang et al.,2012b)。杨氏模量和泊松比是表征泥页岩机械力学性质的主要参数，也是进行水力压裂模拟的主要参数。目前，主要有4种方法确定泥页岩的杨氏模量和泊松比：①由实验室测定的杨氏模量和泊松比计算(Gatens et al.,1990)；②通过声波的横波速度和纵波速度计算的动态杨氏模量和泊松比确定(Lacy,1997;Mullen et al.,2007)；③根据脆性矿物(一般为硅质矿物和碳酸盐矿物)在泥页岩所有矿物中所占的比例表示(Jarvie et al.,2007;King,2010)；④由三维地震资料提取地震属性进而表征脆性指数的空间分布(Goodway et al.,2006;Richman et al.,2008)。方法①确定的泥页岩脆性指数比较可靠，但是数据资料通常有限。方法③可以根据矿物含量计算，实验数据或测井解释数据更加丰富，是盆地或区域尺度评价页岩气储层可压裂性的重要参数，在识别页岩气储层甜点方面发挥着重要作用(Wang,2012;Wang et al.,2012a,2012b,2013;Carr et al.,2013)。而在方法②中，横波速度和纵波速度可以在实验室内利用岩芯测试，也可以在井内通过声波测井获得，其准确度一般介于方法①和方法③之间，是对实验测试的重要补充。随着三维地震技术的进步，采用AVO方法计算杨氏模量和泊松比，然后计算脆性指数的也越来越常见(Goodway et al.,2006;Richman et al.,2008)。

九、地应力与孔隙压力

地应力对页岩油气开发影响重大，是页岩气储层地质评价的重要组成部分，包括垂直主应力,最大水平主应力大小和方向,最小水平主应力大小和方向,以及孔隙压力。对于水平井钻井设计,其水平段方位一般应垂直于最大主应力方向(Cipolla et al.,2011),这样在人工缝网扩展过程中需要克服的应力最小,从而形成一系列垂直于水平井段的人工裂缝,并且更容易形成有效的缝宽,促进支撑剂在人工缝网内的移动,降低页岩油气开发过程中支撑剂的破损与变形等。有效应力,即主应力与孔隙压力的差值,影响了岩石的力学性质(Handin et al.,1958,1963;Wang et al.,2013)。随着有效应力的增加,有效围压增大,岩石的杨氏模量变大。差应力(即最大水平主应力与最小水平主应力的差)和围压(即垂直主应力与最小水平主应力的平均值),决定了岩石摩尔圆的大小和位置。差应力越大,摩尔圆越大,泥页岩越接近岩石破裂边界,通过注入高压流体增加孔隙压力就更容量压裂岩石;围压越小,摩尔圆越接近岩石破裂边界,也更容易压裂岩石(详见第十八章)。地应力的计算方法也会在第十八章中详细介绍。

第十五章　煤层气储层

煤层气(coalbed methane)是煤层中自生自储的非常规天然气,其主要成分是甲烷,它存在于煤层的微小孔隙与裂隙中。除煤基质外,煤层还包含许多大小不等的割理(裂缝)系统,割理(cleat)按其规模又分为面割理(face cleat)和端割理(butt cleat),面割理延伸较远,端割理一般与面割理正交并终止于面割理。初始地层条件下,割理系统中一般被水饱和。为了使吸附在煤基质中的煤层气解吸出来,首先需要通过排水(dewatering)来降低储层的压力,解吸出来的煤层气在割理系统中逐渐富集,当其饱和度大于临界气体流动饱和度时,煤层气将以达西渗流的方式与水一起流向井底,直至被采出。

合理地描述煤层气的形成、煤层气储层的物理性质和煤层气储层的孔隙及裂缝系统是有效开发煤层气的基础。本章内容主要包括煤的形成和沉积环境、煤的岩石物理性质和煤层气开发等。

第一节　煤的形成和沉积环境

煤炭资源是能源矿产资源之一。截至2000年底,世界煤炭总产量为46.61亿t,消费量为46.59亿t,贸易量为5.9亿t。世界探明可采储量为9 842.11亿t,主要集中在美国(2 466.43亿t)、俄罗斯(1 570.10亿t)、中国(1145亿t)、澳大利亚(904亿t)、印度(747.33亿t)、德国(670亿t)、南非(553.33亿t)、乌克兰(343.56亿t)、哈萨克斯坦(340亿t)、波兰(143.09亿t)、巴西(119.50亿t)等国。2013年,煤炭提供了大约41%的全球电力供应。世界能源供给中,煤炭占29%,居第二位(IEA,2015)。

煤是由植物在沼泽地带沉积后,在腐败分解之前快速埋藏在地底下(减少被氧化,但允许微生物的分解作用),经历几百万年的高温和压力作用形成的褐色、黑褐色或黑色可以燃烧的矿物(图15-1)。世界煤炭探明储量中,石炭纪占41.3%,二叠纪占9.9%,白垩纪占16.8%,侏罗纪占8.1%,古近纪+新近纪占23.6%。中国煤炭储量以侏罗纪和石炭纪、二叠纪为主。

煤主要由碳元素构成,其他还包括氢、硫、氧和氮,硫也是煤中的最主要杂质之一。从泥炭至煤的变化过程主要包括4个阶段,成熟度从低至高依次为褐煤、次烟煤、烟煤和无烟煤。表15-1为ASTM(1979)列出的褐煤、次烟煤、烟煤和无烟煤4个等级的固定碳、挥发分和水分的含量。从褐煤→次烟煤→烟煤→无烟煤,固定碳含量依次增加;挥发分和水分含量呈现减少趋势。

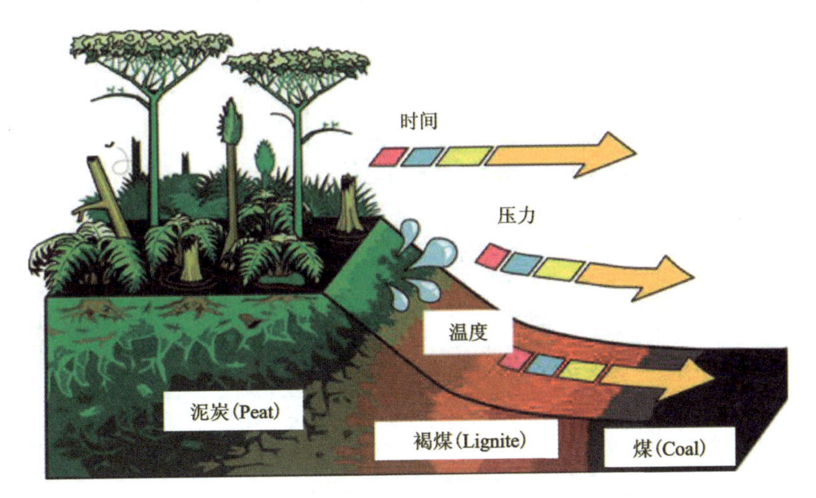

图 15-1　煤的形成过程示意图

表 15-1　ASTM 煤阶分类(ASTM,1979)

煤阶	组成	固定碳含量/%	挥发分含量/%	水分含量/%	英文及缩写
无烟煤	高级碳化无烟煤	91.4	2.9	5.8	Meta-Anthracite,ma
	无烟煤	91.4	6.1	2.5	Anthracite,an
	半无烟煤	87.5	10.1	2.5	Semianthracite,sa
烟煤	低挥发分烟煤	77.8	18.0	4.2	Low Volatile bituminous,lvb
	中挥发分烟煤	67.8	26.6	5.6	Medium Volatile,mvb
	高挥发分烟煤 A	57.7	37.8	4.5	High Volatile A,hvAb
	高挥发分烟煤 B	49.8	40.6	9.5	High Volatile B,hvBb
	高挥发分烟煤 C	43.0	39.2	17.8	High Volatile C,hvCb
次烟煤	次烟煤 A	43.0	39.2	17.7	Subbituminous A,subA
	次烟煤 B	41.3	35.3	23.4	Subbituminous B,subB
	次烟煤 C	37.0	34.9	28.1	Subbituminous C,subC
褐煤	褐煤 A+B	30.6	25.2	44.2	Lignite,lig

聚煤作用的发生受控于古植物、古地理、古气候和古构造等,煤主要形成于适合植物遗体堆积并转变为泥炭的沼泽,泥炭沼泽为沼泽中沉积一定厚度的泥炭层。成煤环境主要包括活动体系和废弃体系,活动体系按煤介质性质分为陆地淡水成煤环境和滨海咸水成煤环境;废弃体系成煤环境则分为泥炭沼泽和泥炭坪(桑树勋等,2001)。适于泥炭沼泽发育的沉积环境主要包括河流相的漫滩沼泽、牛轭湖和植被岛等,湖相三角洲的浅水台地或废弃三角洲的朵体,海岸障壁岛后的沼泽相,滨海平原的泥炭沼泽相(表 15-2)。

表 15-2　聚煤环境及煤层宏观特征

沉积环境		发育位置	煤层形态	含硫量	横向连续性	厚度
河流相		主要发育在曲流河的漫滩沼泽和牛轭湖；网状河的植被岛		低	差	薄
湖相三角洲		废弃三角洲的朵体或湖湾被决口沉积物充填的浅水台地上		低	好，范围不大	厚
三角洲海岸	障壁岛后沼泽	泥炭沼泽、潮间泥坪		高	好	薄
	上三角洲平原	河道两侧的泛滥平原	透镜状	低	差	薄
	下三角洲平原	常见泥质夹层		高	好	薄
滨海平原		泥炭沼泽相		低	好	厚
碳酸盐海岸		碳酸盐台地		高	稳定	中等

第二节　煤层气储层物性特征

一、煤岩分析

该分析是以光学显微镜为主要工具对煤的岩石组成、结构、性质、煤化度作定性描述和定量测定的方法。常规的分析项目包括测定煤岩显微组分和矿物质、镜质组反射率测定、显微煤岩类型。

煤岩的有机显微组分(maceral)包括镜质组(vitrinite)、惰性组(inertinite)和壳质组(又称稳定组或类脂组;liptinite)。植物的根、茎、叶在覆水的还原条件下,经过凝胶化作用形成镜质组,它包括结构镜质体、无结构镜质体和碎屑镜质体。在比较干燥的氧化条件下,植物的根、茎、叶等组织经过炭化作用后在泥炭沼泽中沉积下来可形成惰性组(又称丝质组);另外,泥炭表面经炭化、氧化、腐败作用和真菌的腐蚀也可以形成惰性组。惰性组在透射光下为黑色不透明,反射光下为亮白色至黄白色。惰性组碳含量最高,氢含量最低,氧含量中等。壳质组包括孢子体、角质体、木栓质体、树脂体、渗出沥青体、蜡质体、荧光质体、藻类体、碎屑壳质体、沥青质体和叶绿素体等。它们是由比较富氢的植物物质,如孢粉质、角质、木栓质、树脂、蜡、胶乳、脂肪和油等所组成;此外,蛋白质、纤维素和其他碳水化合物的分解产物也可参与壳质组的形成。壳质组含有大量的脂肪族成分,其中脂肪蜡可溶于有机溶剂,而木栓质角质则不溶。壳质组组分的氢含量高,加热时能产出大量的焦油和气体,黏结性较差或没有。

例如沁水盆地柿庄南部的煤为无烟煤,3 号煤层镜质体反射率(R_o)平均为 3.2%,表 15-3 是煤岩分析结果,其中镜质组含量为 45.7%～64.5%,惰质组含量为 35.5%～54.3%、壳质组含量较少,无机物主要是黏土,小于 10%。

表 15-3　沁水盆地柿庄南 3 号煤层煤岩分析结果

煤层	镜质组/%	惰质组/%	挥发物/%	灰分含量/%	硫含量/%
3 号	45.7～64.5	35.5～54.3	8.18～12.2	9.92～20.56	0.27～0.43

二、工业分析

煤质测试一般包括工业分析、密度和元素分析。其中工业分析(proximate analysis)主要测试水分含量、灰分含量、挥发组分和固定碳含量，这 4 种组分总含量为 100%。其中，水分、灰分和挥发分为直接测量结果。

水分为煤在惰性环境中加热至 110℃时质量的减少量；灰分含量是指煤在空气中加热至一定温度时(AS/BS 500℃/815℃；ASTM 750℃ or 500℃/750℃)质量的减少量；挥发分为煤在惰性环境中加热至一定温度时(AS/BS 900℃；ASTM 950℃)质量的减少量(Peter,2010)。

煤的密度分析主要测量煤的真密度(true density)、视密度(apparent density)和体密度(也称散密度)。真密度是在空气中排除所有孔隙后(即去除内部孔隙或者颗粒间的孔隙后的密度)单位体积的煤的质量，孔隙体积通常利用氦气进行测量(Palvelev,1939；Smith and Howard,1942)。视密度是在一定温度条件下空气中单位体积煤的质量，包含非渗透孔隙。体密度是空气中单位体积煤的质量，包含渗透和非渗透孔隙。一般情况下，煤的真密度要大于视密度，视密度要大于体密度。此外，相对密度也可用来表示煤的密度性质。相对密度通常是指相对于水的密度，是无量纲参数。

从图 15-2 中可以看出，灰分与相对密度呈正相关关系，与固定碳含量呈负相关关系，而挥发组分与灰分关系不大。干燥无灰基含气量与灰分关系也不明显。

元素分析主要测试煤中碳、氢、氧和氮等元素的含量。煤的元素组成是研究煤的变质程度，计算煤的发热量，估算煤的干馏产物的重要指标，也是工业中以煤作燃料时进行热量计算的基础。煤中除无机矿物质和水分以外，其余都是有机质。

三、解吸、吸附和含气饱和度

气体在煤中的吸附和解吸通常在实验室中进行测试，既可以测试单一气体也可以测试混合气体(Stevenson et al.,1991；Hall et al.,1994；Yu et al.,2008；Gruszkiewicz et al.,2009；Pini et al.,2009,2010)。

解吸测试是了解煤层含气量的最直接手段，总吸附气量通常包含 3 个部分，损失气(Q_1或者逸散气体)、自然解吸气(Q_2 或者解吸气)和残余气(Q_3)。损失气是指从取芯钻头切割煤芯后至煤样放入解吸罐封存的时间段所解吸的气量，这部分气无法直接获得，一般利用如图 15-3所示的回归方法进行预测。时间零一般为岩芯切割后上提的时间，如果煤样含气量是非饱和情况下，则需要根据钻井泥浆比重和临界解吸压力来计算时间零的开始时间(Barker et al.,2002)。记录点气体解吸体积取开始解吸后几分钟之内的数据。解吸气一般利用如图 15-4所示的装置进行测量。残余气是解吸气测量后通过进一步在密封罐粉碎煤样而确定

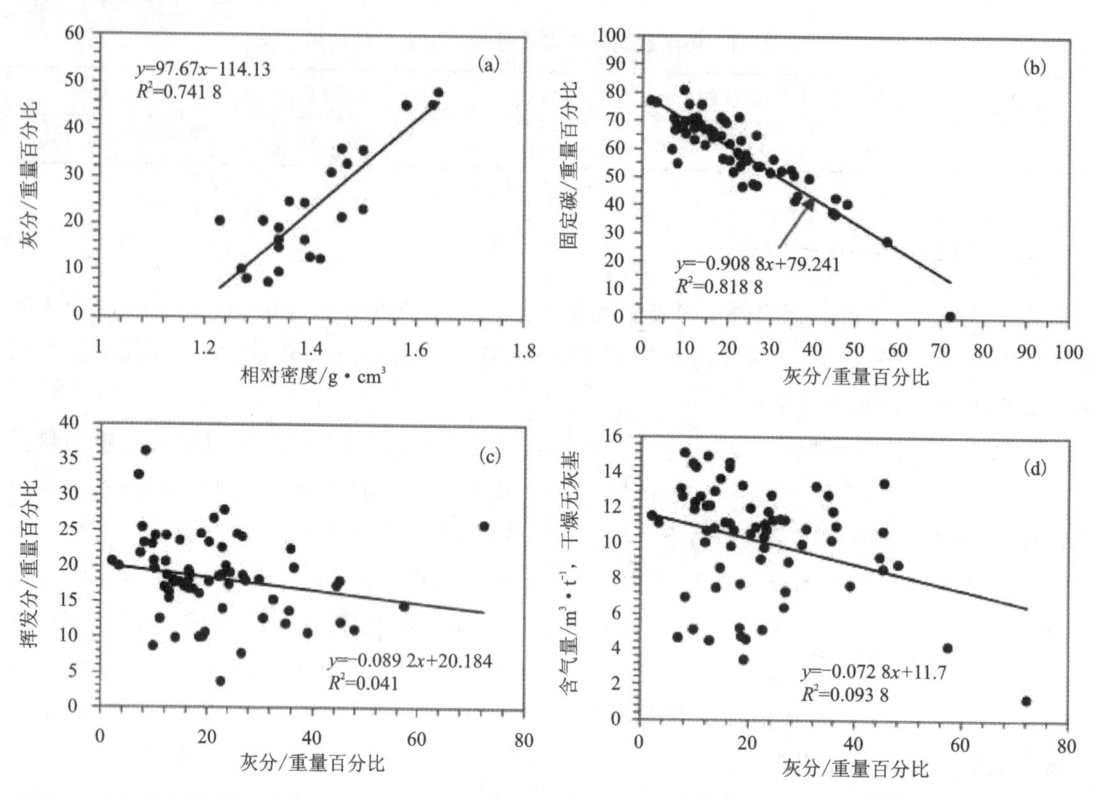

图 15-2　灰分与煤的相对密度(a)、固定碳(b)、挥发分(c)及含气量(d)之间的关系(据 Zhou and Guan,2016)

的。通过解吸测试还可以确定解吸时间,即 63%的可解吸气解吸所用的时间。密闭取芯或保压岩芯法则无须计算损失气,通过解吸可以直接测得总含气量,这种方法适合取芯时间长、气体散失量大的深层井。

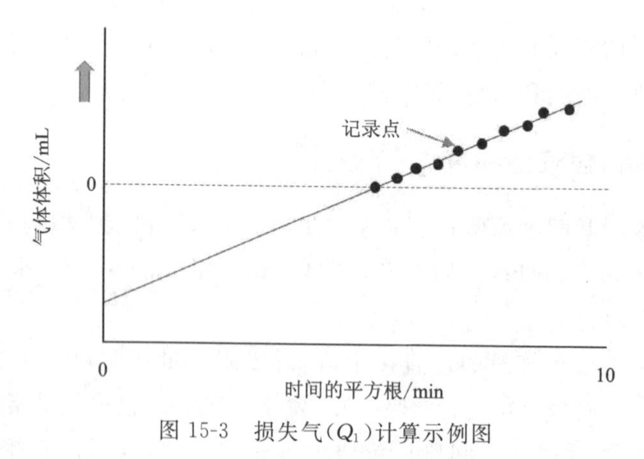

图 15-3　损失气(Q_1)计算示例图

吸附过程是错综复杂的,因为煤有复杂的多孔介质系统,不同的文献对煤中的多孔分类不同。一些学者把多孔这样分类:微孔孔隙半径<10nm,中孔孔隙半径在 10~100nm 之间(Yao et al.,2008)。但是另外一些学者的分类为:微孔孔隙半径<2nm,中孔孔隙半径在2~50nm 之间,大孔孔隙半径>50nm(Shi and Durucan,2008)。气体主要通过吸附储存在煤层中(95%～98%),其他的气体储存在煤层的内表面和裂缝中(Shi and Durucan,2008)。吸附测试是测试煤层对气体的吸附能力,为了节省测试时间,通常利用碾碎的煤样进行测试(Gruszkiewicz et al.,2009;Zhou et al.,2013)。

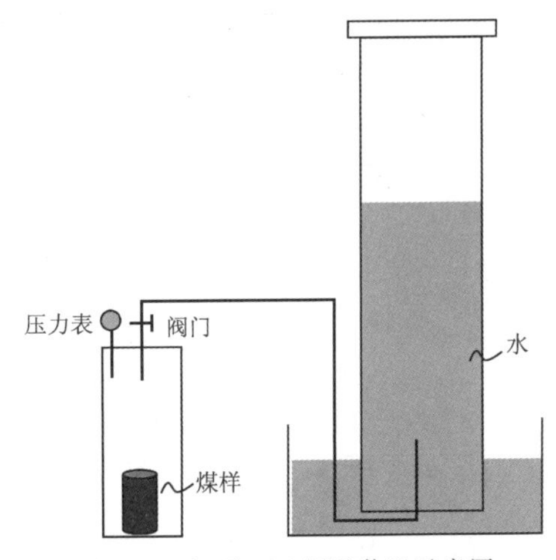

图 15-4 解吸(Q_2)测试装置示意图

对于单一气体的吸附,CO_2优于CH_4,而CH_4优于N_2(Pini et al,2009)。二元和三元气体吸附数据可以通过气体的吸附来进行计算,两种预测模型(EL 和 IAS)被广泛应用于理论研究和模拟研究(Hall et al,1994;Myers,Prausnitz,1965;O'brien,Myers,1985;Yu et al,2008;Dreisbach et al.,1999)。Gruszkiewicz 等(2009)利用 3 种大小的裂缝(45～150μm、1～2mm、5～10mm)进行实验来测试CO_2、CH_4及它们等摩尔混合后的动力学(实验温度为 40℃和 35℃,压力范围为 1.4～6.9 MPa)特征。结果显示:①在干煤和饱和水的煤中CO_2吸附比CH_4吸附要快;②含水饱和度降低了煤表面CO_2和CH_4吸附比率;③在极限压力循环下,保留煤表面吸附的CO_2有重要意义;④和其他两种粗裂缝相比,裂缝大小为 45～150μm 时吸附显著加快。Papanicolaou 等(2009)利用 28 个泥煤、泥质褐煤、褐煤以及烟煤研究吸附能力,结果显示,气体吸附与表面积呈正相关,与温度呈负相关。前人研究表明,兰氏体积与煤的镜质体反射率具有很好的相关性,当镜质体反射率小于 3.0%时,两者呈正相关;但当镜质体反射率大于 3.0%时,两者呈负相关(图 15-5)。

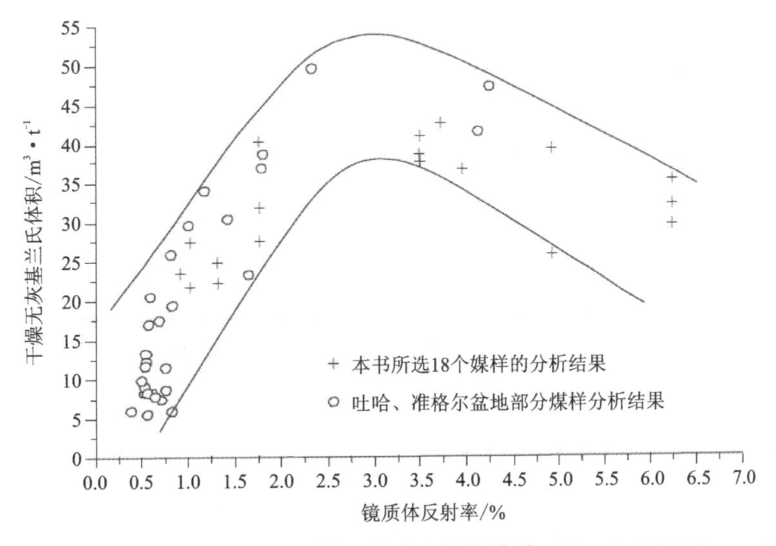

图 15-5 煤的兰氏体积与镜质体反射率之间的关系(据苏现波和林晓英,2009)

图 15-6 显示了实验装置设备。圆筒状容器用来装岩样，3 个压力传感器相互连接，同时把测量的压力记录到电脑中。仪器设置完以后，认真测试了实验系统的泄漏情况。烤箱控制与煤层温度相近的实验温度 25℃不变。图 15-7 是 3 种不同气体的吸附测试结果及兰氏拟合曲线。兰氏拟合曲线方程为

$$Q = \frac{P \cdot V_L}{P + P_L} \tag{15-1}$$

式中：V_L为兰氏体积；P_L为兰氏压力。

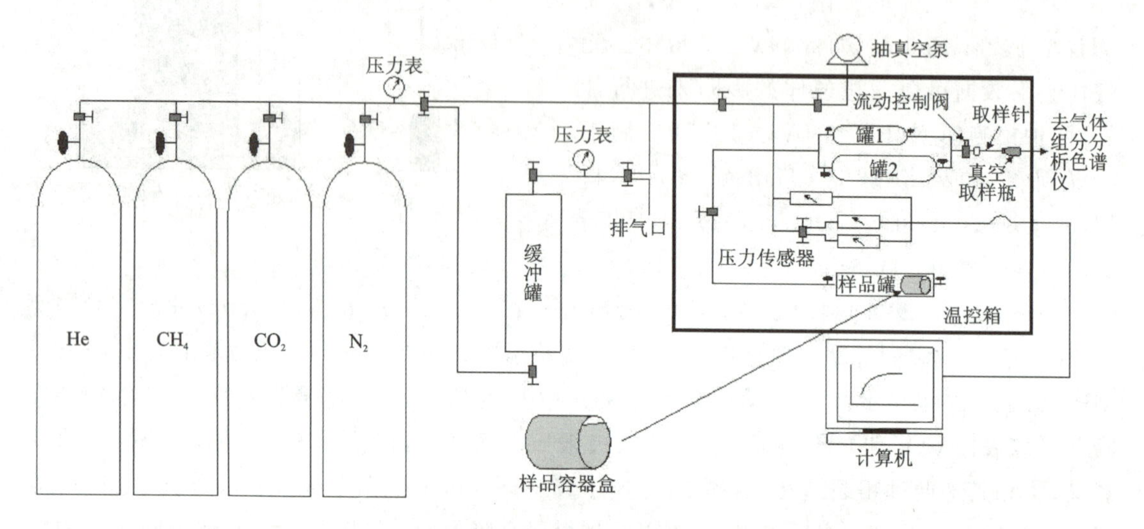

图 15-6 单一或混合气体吸附测试实验装备(据 Zhou et al.,2013)

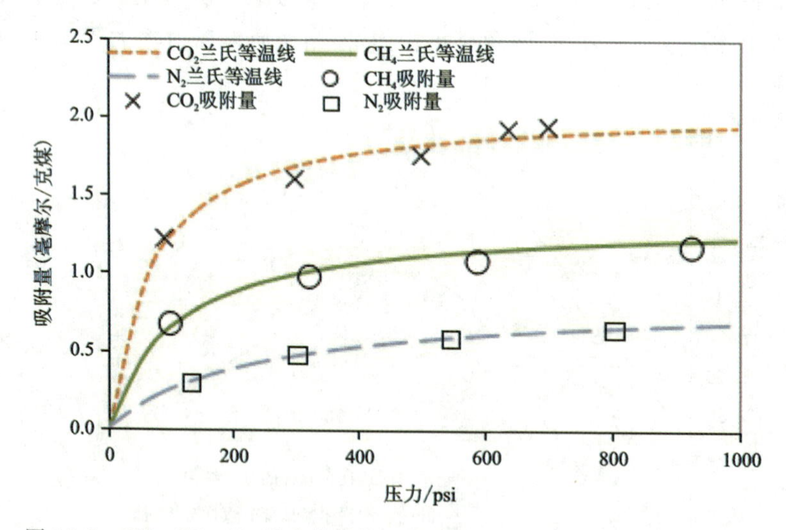

图 15-7 CH_4、CO_2、N_2 兰氏等温线吸附(解吸)的比较(据 Zhou et al.,2013)

含气量的表达基准有以下 4 种：①收到基(as-received;ar)，包括总水分(total moisture;TM)；②空气干燥基(air-dried;ad)，包括内在水分(inherent moisture;IM)；③干燥基(dried-base;db)，去除总水分；④干燥无灰基(dry ash free;daf)，去除总水分和灰分(ash)。

煤的工业分析(proximate analysis)数据，如水分、灰分、挥发分、固定碳和硫等均可以用

这些基来表示。

图 15-8 为压力与含气量关系图，假设储层初始压力（*A* 点）为 4MPa，储层初始含气量为 $20m^3/t(daf)$，而根据储层压力和等温吸附方程解释的与储层初始压力对应的含气量（*B* 点）为 $30m^3/t(daf)$，那么该煤储层的初始含气饱和度则为 67%。在此条件下，排水降压开采煤层气则需要储层压力降低到 1.8MPa 左右（*C* 点），此压力为临界解吸压力。

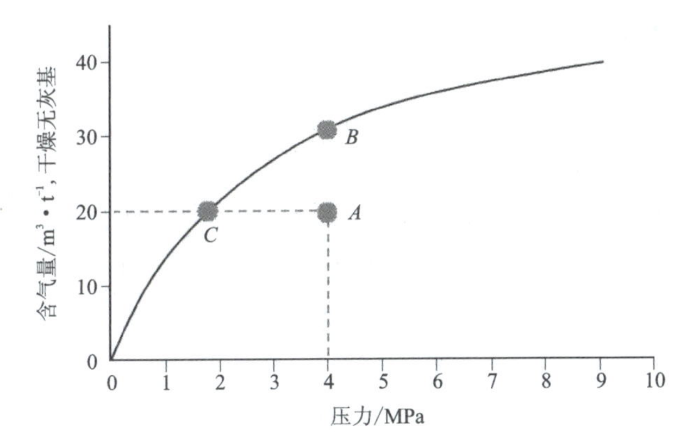

图 15-8　压力与含气量关系图

注：*A* 点为储层初始压力对应的含气量；*B* 点为根据初始压力和等温吸附方程计算的饱和含气量；*C* 点为排水降压对应的临界解吸压力。

煤层含气饱和度对煤层气开采具有重要影响（Zhou et al.，2019），实验室确定含气饱和度的方法如图 15-8 所示类似，煤芯从井筒取出后先做解吸测试，然后从同一个岩芯块钻取一部分碾碎后再做等温吸附测试获取兰氏体积和压力参数，另一部分进行灰分和水分测试用于计算干燥无灰基含气量等（图 15-9）。

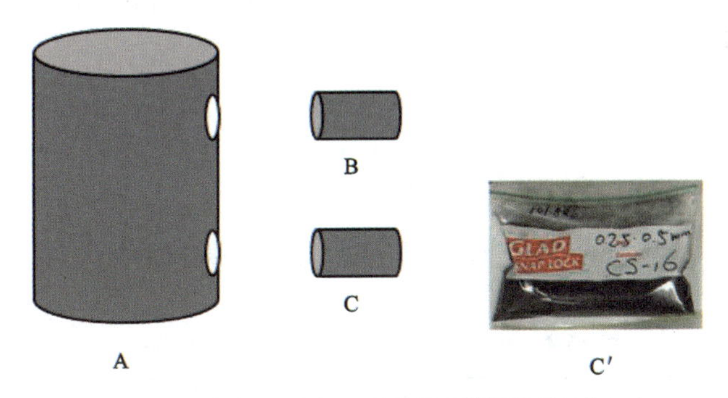

A. 井筒取出的煤岩芯进行解吸测试；B. 钻取部分煤样进行灰分（ash content）和水分（moisture content）测试；C 和 C′. 钻取部分煤样碾碎后进行吸附测试

图 15-9　实验室饱和度测试过程

例如：某样品解吸测试的总含气量为 $15m^3/t(daf)$，等温吸附测试的兰氏体积和压力分别为 $30m^3/t(daf)$ 和 3MPa，储层初始压力为 4MPa。根据等温吸附方程计算的饱和含气量为 $17.1m^3/t(daf)$，含气饱和度则为 87.5%。

实际工作中，根据排采数据也可以大概推测煤层的初始含气饱和度，即通过套压的变化推测临界解吸压力，然后根据等温吸附数据计算初始含气饱和度。

例如:某煤层等温吸附测试的兰氏体积和压力分别为 30m³/t(daf)和 3MPa,储层初始压力为 4MPa,推测的临界解吸压力为 3.8MPa。根据等温吸附方程计算的与临界解吸压力对应的含气量为 16.8m³/t(daf),而根据储层压力计算的饱和含气量为 17.1m³/t(daf),从而计算的基质含气饱和度为 97.8%。

总之,煤层基质含气饱和度是一计算参数而非直接测试的数据,结果的准确性受测试过程和煤储层的非均质性等因素影响。

四、煤层的孔隙和裂隙特征

煤储层是一种双孔隙岩层,由基质孔隙和裂隙组成,具有独特的割理和裂隙系统(图 15-10)。基质孔隙按成因可分为气孔、残留植物组织孔、次生矿物孔隙、晶间孔、原生粒间孔等,按大小可分为微孔(<10nm)、小孔(10~100nm)、中孔(100~1000nm)和大孔(>1000nm)(据苏现波和林晓英,2009)。根据研究对象和目的,按孔隙大小的分类也不同(表 15-4)。

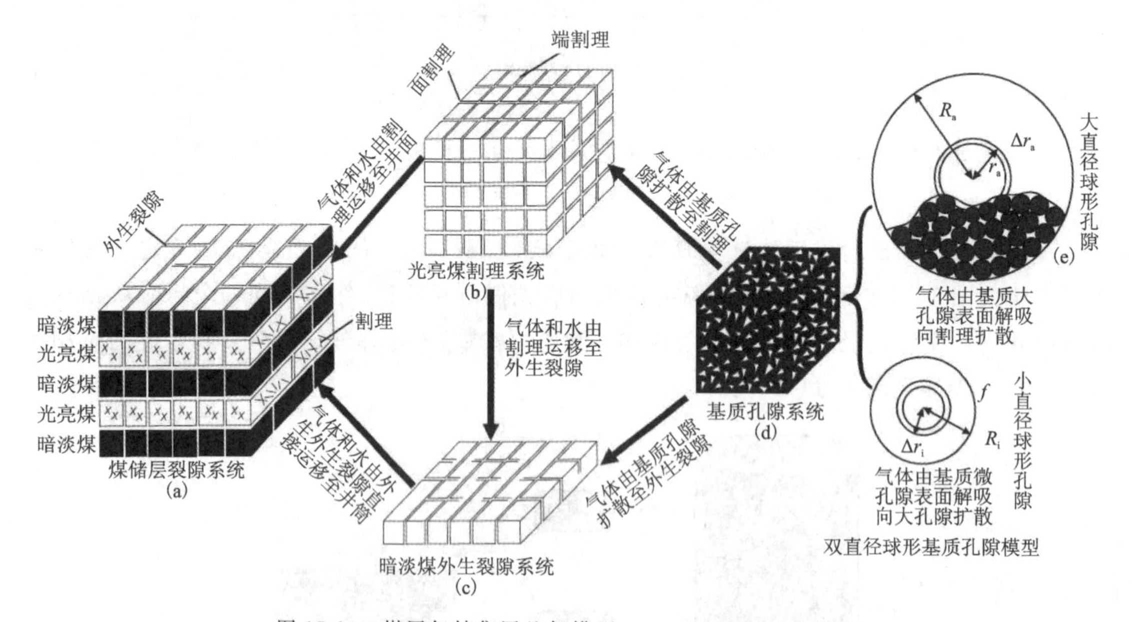

图 15-10 煤层气储集层几何模型(据苏现波和林晓英,2009)

表 15-4 煤孔隙分类(据苏现波和林晓英,2009) 单位:nm

研究者	级别			
	微孔	小孔(或过度孔)	中孔	大孔
ХОДОТВ. В. (1961)	<10	10~100	100~1000	>1000
Gan 等(1972)	1.2	—	1.2~30	>30
国际理论和应用化学联合会(1972)	<0.8(亚微孔)	0.8~2(微孔)	2~50	>50

实验室测试是获取煤样孔隙度最直接的方法,同时文献中也有许多方法和公式来计算煤孔隙度。研究表明,孔隙度与煤密度关系不大(图 15-11),但与碳含量有紧密联系(图 15-12)。

一般当碳含量小于89%时，孔隙度与碳含量呈负相关，但当碳含量大于89%以后，孔隙度与碳含量呈正相关。

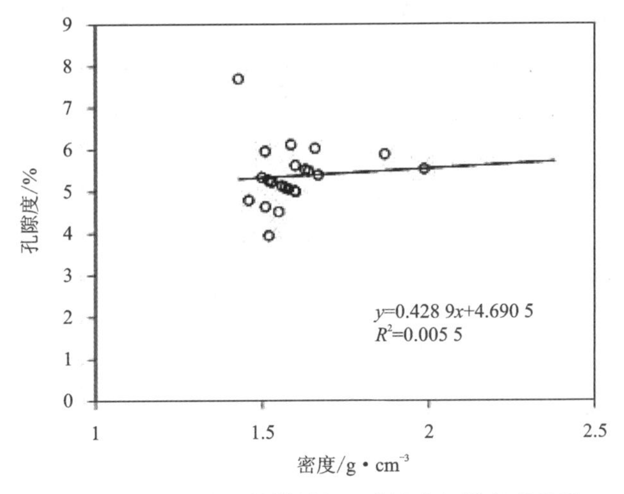

图 15-11　沁水盆地某煤层气田孔隙度与煤密度关系

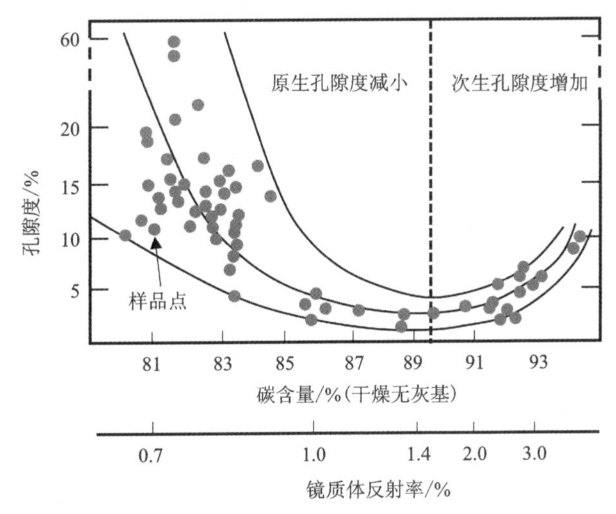

图 15-12　孔隙度与碳含量和煤阶之间的关系

（据 Rodrigues and Lemos de Sousa，2002；Chen et al.，2002，有修改）

五、渗透率

煤渗透率是煤层气排水生产中的最重要参数之一，煤层气储层的渗透率除受自身裂隙发育这一内部因素控制外，开采煤层气过程中外界应力条件和气体解吸导致的煤收缩也对其产生强烈影响。随煤层气的开采，渗透率的变化幅度可达两个数量级(苏现波，林晓英，2009)。煤层渗透率可从多方面获得。实验渗透率测试需要付昂贵的取芯费用，且只可得到静态数据。试井方法是工业界常用的方法，包括诊断性裂缝注入试井(diagnostic fracture injection tests，DFIT)、随钻试井(drill stem test，DST)和注入/压降试井(injection fall-off；IFT)等。

下面以注入/压降试井为例计算地层条件下的煤层渗透率。

在注入/压降试井中,认为缝隙中没有自由气体,那么单相流体模型就可以被用于试井解释。图15-13为典型IFT模型的假设和解释。一个典型的IFT试井包含两阶段:第一阶段是以速率 q 注入水,注入时间 t_c;第二阶段是随着注入井的关井而监视压降。第二阶段假定该注入井仍以相同的速率 q 持续注水,但同时产水速率也为 q。常见的压降试井公式为(Seidle et al.,1991)

$$p_i - p_{wf(t)} = \Delta p_1 + \Delta p_2 \tag{15-2}$$

$$\Delta p_1 = \frac{-2149 qB\mu}{kh}\left[\lg \frac{k(t_c+\Delta t)}{\varphi \mu c_t r_w^2} - 5.1 + 0.87s\right] \tag{15-3}$$

$$\Delta p_2 = \frac{2149 qB\mu}{kh}\left[\lg \frac{k\Delta t}{\varphi \mu c_t r_w^2} - 5.1 + 0.87s\right] \tag{15-4}$$

把式15-3和式15-4代入式15-2得:

$$p_i - p_{wf(t)} = \frac{2149 qB\mu}{kh}\left[\lg \frac{\Delta t}{t_c + \Delta t}\right] \tag{15-5}$$

式中,p_i 为储层原始压力;p_{wf} 为井底压力;Δp_1 为增加的压力;q 为水的注入量(m^3/d);B 为地层水的体积系数;h 为煤层有效厚度(m);μ 为水的黏度(cp);k 为煤渗透率($\times 10^{-3}\mu m^2$);t_c 为注入时间(h);Δt 为关井后过去的时间;φ 为割理孔隙度;c_t 为总压缩系数(kPa^{-1});r_w 为井径(m);s 为表皮系数;Δp_2 为压降(kPa);$(t_c+\Delta t)/\Delta t$ 为时间比(即Horner时间)。

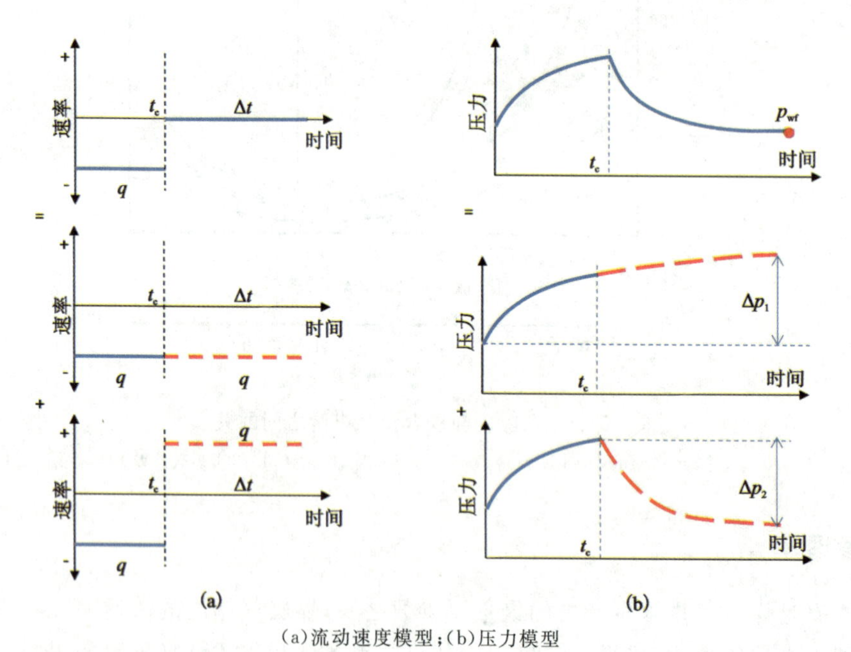

(a)流动速度模型;(b)压力模型

图15-13 注入压降试井叠加解释

通过绘制 $p_{wf(t)}$ 对Horner时间的半对数坐标图。压降的数据应趋于一条直线,直线的斜率可用于计算煤层的渗透率和表皮系数,计算渗透率的公式为

$$k = 2149 \frac{qB\mu}{mh} \tag{15-6}$$

式中，m 为半对数坐标图直线的斜率。

渗透率计算后，再计算表皮系数

$$s = 1.151\ 3\left[\frac{p_{w}(\Delta t = 0) - p_{1hr}}{m} - \log\left(\frac{k}{\varphi \mu c_{t} r_{w}^{2}}\right) + 5.1\right] \tag{15-7}$$

式中，p_{1hr} 为关井 1 小时后的压力；$p_{w}(t=0)$ 为关井后的井筒流动压力。

$$r_{i} = 0.003\ 8\sqrt{\frac{kt_{i}}{\varphi \mu_{w} c_{t}}} \tag{15-8}$$

式中，r_{i} 为调查半径(m)；t_{i} 为注入时间(h)。

第三节 煤层气开发

一、测井特征

测井数据是岩石物理特征的反映，常用来进行岩性识别、孔隙度、渗透率和流体饱和度解释等。图 15-14 是澳大利亚鲍文盆地某井测井曲线特征及含气量测试结果。从图中可以看出，煤层一般具有低密度、低自然伽马、低光电吸收因子和高电阻率和高声波时差特征；火山侵入岩表现为异常高密度、高电阻率、高光电吸收因子和低声波时差和低自然伽马特征；而受火山侵入岩影响的焦煤的典型特征是异常低电阻率，其密度、自然伽马特征与煤层区别不大，其含气量则远远低于正常煤层。图 15-15 为伊利诺伊州煤层与灰岩、泥岩和砂岩的自然伽马、密度、声波、中子孔隙度和侧向电阻率测井特征对比。相对于泥岩，煤层和灰岩的自然伽马均较低，砂岩次之。同样，煤层的密度均低于其他岩性。

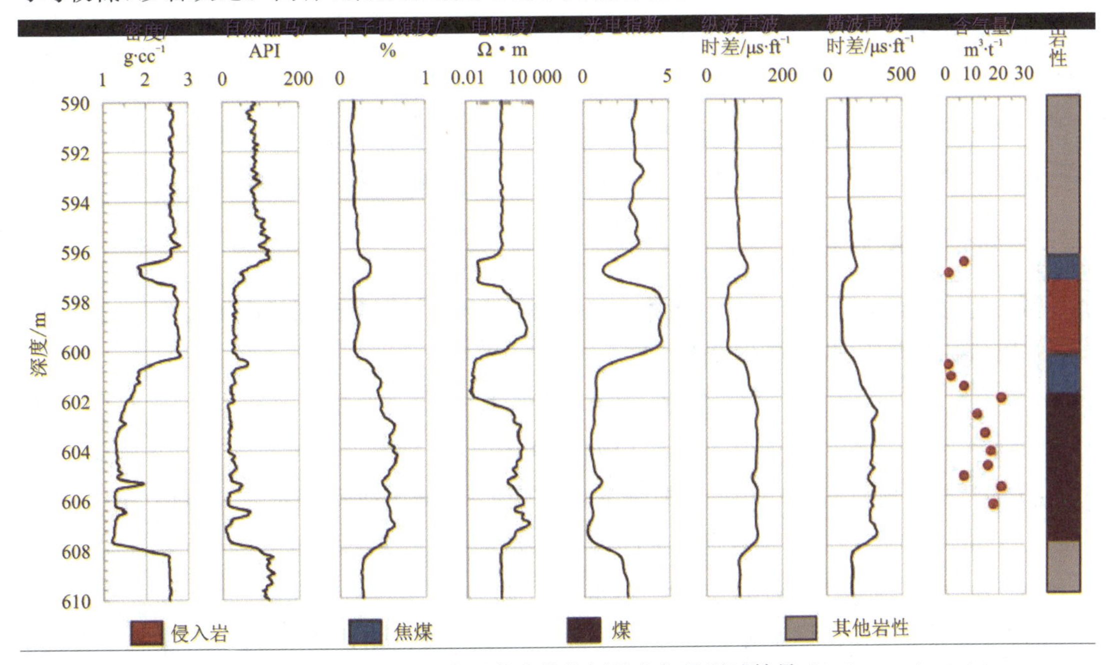

图 15-14 澳大利亚鲍文盆地某井测井曲线特征及含气量测试结果(据 Zhou et al.，2020)

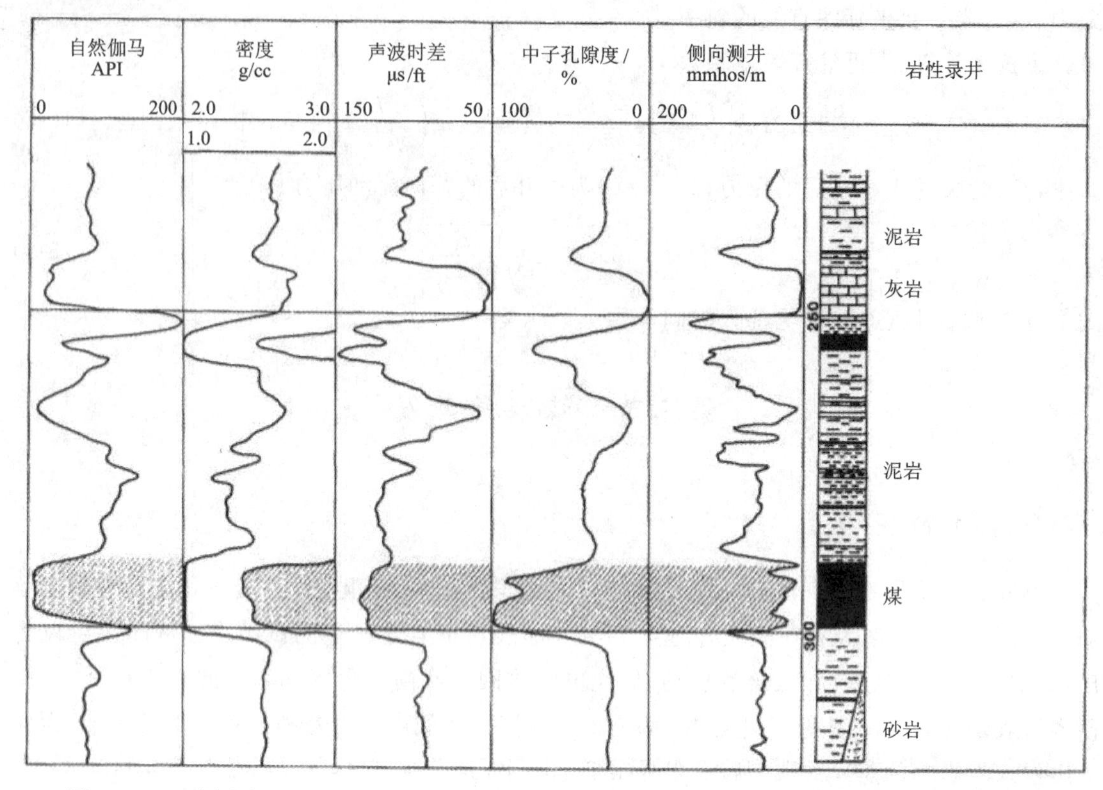

图 15-15　不同岩性的自然伽马、密度、声波时差、中子密度和侧向测井特征(据 Gordon et al.,1983)

二、地震反射特征

地震解释基础是基于地震反射幅度(振幅)的变化(Henry,2004)。地震振幅是相邻地层属性的比较,属性差别越大,振幅越大。由于煤与砂岩或泥岩在声波传播速度和密度上差异大,所以在煤层的顶底界面处地震振幅大。在煤层顶部,由于上覆砂岩或泥岩具有大的密度和声波传播速度,地震振幅为高波谷;反之在煤层底部,地震振幅为高波峰(图 15-16)。

三、地质储量计算

煤层气地质储量的计算方法包括体积法和物质平衡法(苏现波和林晓英,2009)。体积法是最常用的基本方法,其计算公式为

$$G_i = 0.01Ah\rho Q_{ar} \tag{15-9}$$

$$Q_{ar} = Q_{daf}(100 - A_d - M_{ad})/100 \tag{15-10}$$

式中,G_i为煤层气地质储量(10^8m^3);A为煤层含气面积(km^2);h为煤层有效厚度(m);ρ为煤的密度(t/m^3);Q_{ar}为接受基煤的含气量(m^3/t);Q_{daf}为干燥无灰基煤的含气量(m^3/t);A_d为煤的干燥基灰分含量(%);M_{ad}为空气干燥基水分含量(%)。

例如:某煤层气田的厚度为5m,含气面积为10km^2,煤的密度为1.5t/m^3,煤的干燥无灰基含气量为20m^3/t,灰分含量为15%,水分含量为2%,则计算的地质储量为12.45亿m^3。

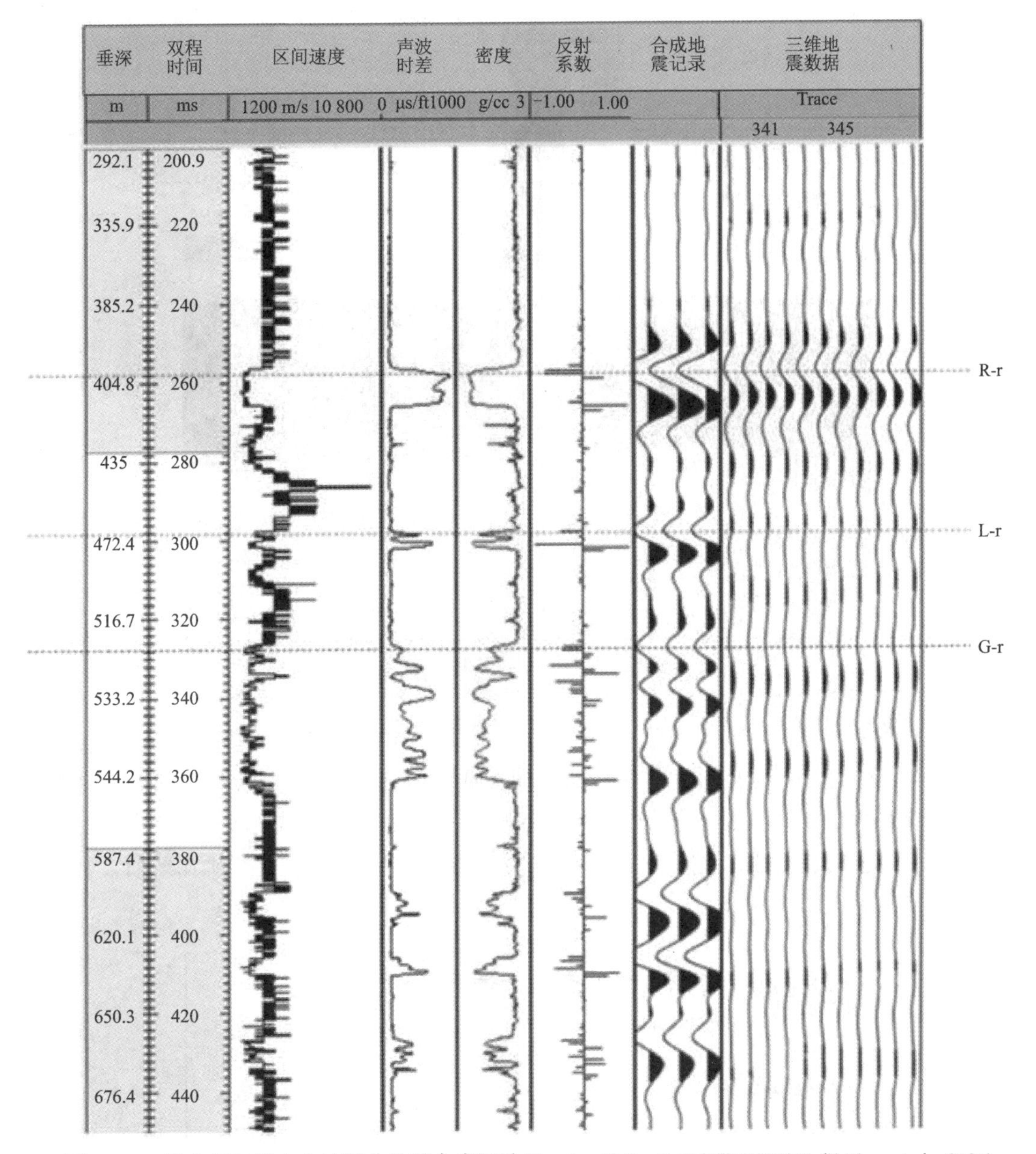

图 15-16　澳大利亚鲍文盆地某井地震合成记录(R-r、L-r 和 G-r 为三套煤层的顶面;据 Zhou et al.,2020)

四、开发井型

煤层排水是煤层气生产的第一阶段,如图 15-17 所示,地面排采泵从油管排水,随着地层压力降低至临界解吸压力,煤层中的气体(主要为甲烷)将从煤基质中解吸,然后与水一起顺着煤层中的割理和裂缝系统流向井底,然后通过套管与油管的环空流向井口,再进入地面集收系统,排出的水则通过管汇进入排采水处理站。

对于渗透性好的煤层,直井是有效的开发井型。当煤层渗透率较低时,为了增加单井排

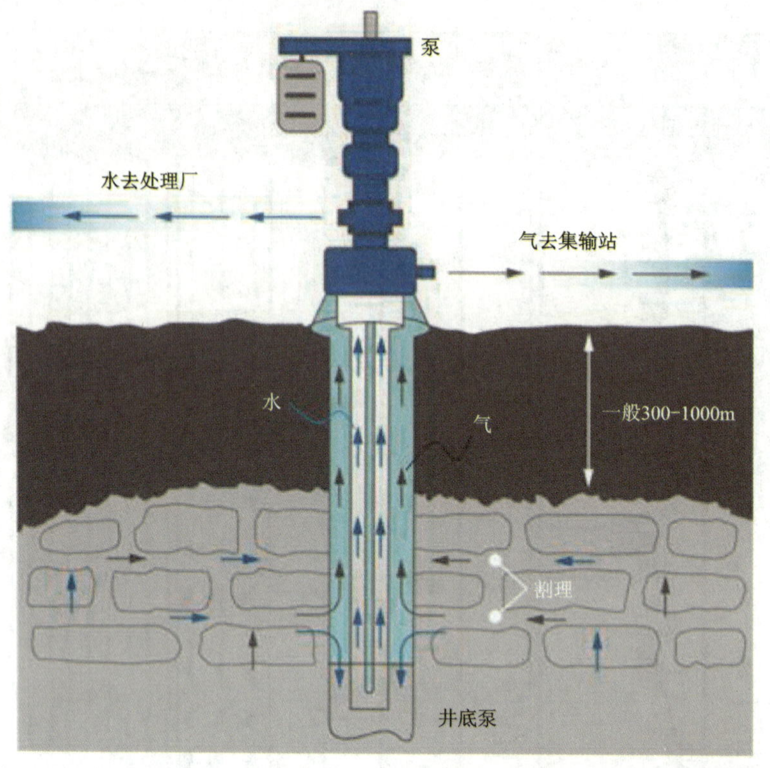

图 15-17　煤层气直井开发及流体在地层和井筒内的流动示意图(据 OCE,2015)

采范围,斜井、水平井、丛式井和多分支井等也是常见井型(图 15-18)。从地面到煤层的水平井(SIS)是常用的井型之一,有的与直井相连(也称 U 型井),直井安装排采系统排水开采;有的则没有直井(也称独立 SIS 井)。而从地下至煤层的水平井(UIS)则是煤矿瓦斯抽采常用的开采方式。

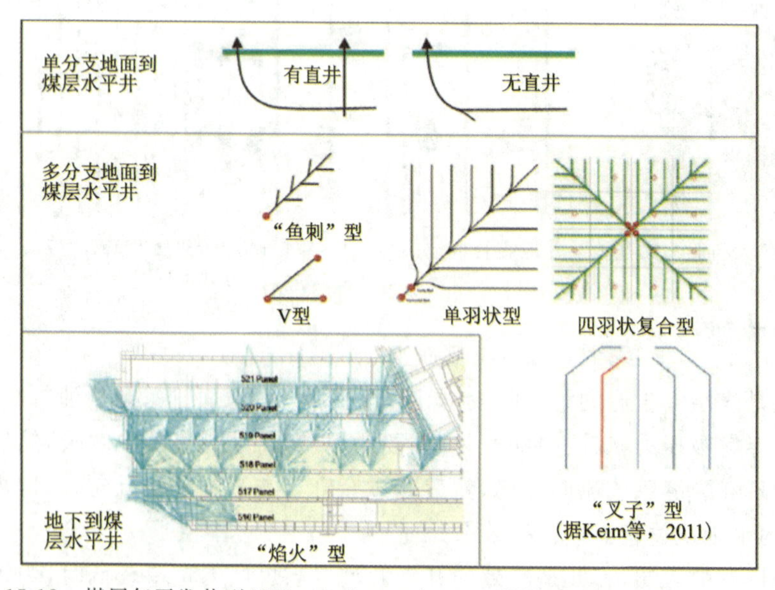

图 15-18　煤层气开发井型(SIS=surface-to-inseam;UIS=underground-to-inseam)

五、煤层气井开采特征

煤层气井的开采阶段一般包括产气量递增和递减两个阶段(图15-19)。产气量递增阶段也称排水降压阶段,这个阶段时间较短,一般为3个月至2年不等,这取决于排采制度、储层渗透率和初始含气饱和度等因素;产气量递减阶段产水量一般较小或进一步减小,产气量也逐步递减,煤层气井产气量递减阶段则相对较长,一般为3年至10年不等。

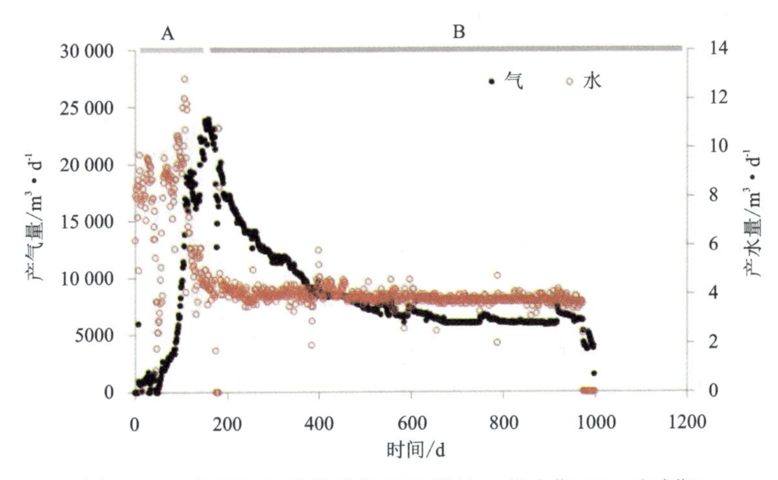

图15-19 某煤层气井开采曲线特征(A=排水期;B=递减期)

Allen(1931)根据简单的数学关系,总结了4种递减模型,即算术递减(或恒定下降量递减)、几何递减(恒定速率或指数递减)、调和递减(等温下降)和基本递减(或分数幂下降)。然后,Arps(1945)根据生产率的损失率,提供了4种类型的产油递减类型,即指数递减或恒定百分比递减、双曲线递减、调和递减和按比率递减。虽然煤层气储层与常规石油和天然气储层在储层特征与存储机制上存在较大差别,但一般认为煤层气井的递减规律与常规天然气相似(Okuszko et al.,2008)。Keim(2011)报道,可以使用修正的摩尔斯势能方程和双曲线下降曲线拟合产气量。修改后的摩尔斯势能方程为

$$q_g(t) = -q_{g\text{-max}}\left[1 - e^{D_{i-1}(t_p - t)}\right]^2 + q_{g\text{-max}} \tag{15-11}$$

式中,$q_{g\text{-max}}$为峰值产气量(m^3/d);$D_{i\text{-}1}$为初始递减率;t_p为到达产量峰值的时间;t为峰值后排采的时间(d)。

在产量递减的后期,由于煤基质收缩作用,储层渗透率有可能增加,这可能导致后期产气量会高于摩尔斯势能方程预测的结果,在此情况下,其他的递减方式可能更适用,如指数递减(据Zhou,2014)

$$q_g(t) = \frac{q_{g\text{-max}}}{e^{D_{i-2}(t-t_p)}} \tag{15-12}$$

式中,$q_{g\text{-max}}$为峰值产气量(m^3/d);$D_{i\text{-}2}$为第二阶段递减率;t为排采时间(d);t_p为到达峰值产气量的时间(d)。

六、煤层气开发数值模拟

煤层气数值模拟可以通过黑油模型或组分模型来进行。从基质到面割理的气体运移遵守气体吸附/解吸机理(Fick 定律),从面割理到煤层气井的气体运移遵守流体多孔介质渗流规律(达西定律)。黑油模型同时假设:①在煤层中仅有两相流体,气和水;②恒温条件下等温流动;③面割理是均匀分布的;④气体吸附/解吸遵从朗格缪尔等温方程;⑤气体不溶解于水。

基于上面的假设,气、水的质量平衡方程变为如下几种(Guo et al.,2003)。

对于气体:

$$\nabla\cdot\left[\frac{\rho_g k k_{rg}}{\mu_g}(\nabla p_{gf}-\rho_g g\nabla D)\right]-q_{gf}+q_{gmf}=\frac{\partial}{\partial t}(\varphi_f\rho_g S_{gf}) \tag{15-13}$$

对水:

$$\nabla\cdot\left[\frac{\rho_w k k_{rw}}{\mu_w}(\nabla p_{wf}-\rho_w g\nabla D)\right]-q_{wf}=\frac{\partial}{\partial t}(\varphi_f\rho_w S_{wf}) \tag{15-14}$$

式中,ρ_g 为气体密度;ρ_w 为水的密度;k 为绝对渗透率;k_{rg} 为气水两相时气体的相对渗透率;k_{rw} 为气水两相时水的相对渗透率;μ_g 为气体黏度;μ_w 为水的黏度;p_{gf} 为面割理中气体压力;p_{wf} 为面割理中水的压力;∇D 为深度差;S_{gf} 为面割理中含气饱和度;S_{wf} 为面割理中含水饱和度;φ_f 为面割理孔隙度;q_{gf} 为气体量(注入);q_{wf} 为水量;q_{gmp} 为基质和面割理中气体吸附/解吸体积。

式(15-13)和式(15-14)的辅助方程为

$$P_{cgwf}(S_{gf})=p_{gf}-p_{wf} \tag{15-15}$$

$$S_{gf}+S_{wf}=1 \tag{15-16}$$

$$q_{gmf}=\frac{V_m}{\tau}\left(C_m-\frac{V_L p_g}{P_L+p_g}\right) \tag{15-17}$$

式中,P_{cgwf} 为面割理中毛管压力;V_m 为基质体积;P_L 为兰氏压力;V_L 为兰氏体积;C_m 为基质中平均气体浓度;τ 为气体吸附/解吸时间。

由于气体吸附/解吸能够引起煤基质中有效应力和气体浓度的变化,从而导到煤层渗透率发生变化。文献中有许多模型可以用来描述孔渗的变化。

1. 简单模型

这个模型只考虑了由应力状态引起的弹性压缩和基质扩张,该模型可描述为

$$\varphi=\varphi_0\cdot[1+c_p(P-P_0)] \tag{15-18}$$

$$k_1=k_0\cdot\left(\frac{\varphi}{\varphi_0}\right)^3 \tag{15-19}$$

式中,c_p 为基质压缩系数;P_0 为初始压力;φ_0 为原始孔隙度;k_0 为原始渗透率;φ 为孔隙度。

2. Gray 模型

Gray(1987)提出了随着基质收缩而引起的有效应力的变化模型(基质收缩是由等效吸附压力变化引起的)

$$\Delta\sigma = \frac{E}{1-n\nu}\frac{\Delta\varepsilon_{vc}}{\Delta p_{vc}}\Delta p_{vc} \tag{15-20}$$

式中，n 为几何形状系数，[matchstick(火柴棒模型)为 1，block model(块体模型)为 2]；Δp_{vc} 为等效吸附压力变化；Δp_{vc} 为吸附气量；$\Delta\varepsilon_{vc}/\Delta p_{vc}$ 为等效吸附压力变化引起的应变变化；$\Delta\sigma$ 为有效应力的变化；E 为杨氏模量。

3. P&M 模型

P&M 模型能很好的用于预测煤层气生产时的渗透率变化(Palmer,2009)。该模型是基于应变而不是应力，公式为

$$\frac{\varphi}{\varphi_0} = 1 + \frac{c_m}{\varphi_0}(p-p_0) + \frac{\varepsilon_l}{\varphi_0}\left(\frac{K}{M}-1\right)\times\left(\frac{\beta p}{1+\beta p} - \frac{\beta p_0}{1+\beta p_0}\right) \tag{15-21}$$

$$c_m = \frac{1}{M} - \left[\frac{K}{M}+f-1\right]\gamma \tag{15-22}$$

$$\frac{M}{E} = \frac{1-\nu}{(1+\nu)(1-2\nu)} \tag{15-23}$$

$$\frac{K}{M} = \frac{1}{3}\left[\frac{1+\nu}{1-\nu}\right] \tag{15-24}$$

下面的公式用来计算渗透率(McKee et al.,1987)

$$\frac{k}{k_0} = \left(\frac{\varphi}{\varphi_0}\right)^3 \tag{15-25}$$

式中，p 为压力；E 为杨氏模量；K 为体积弹性模量；M 为轴向约束模；ε_l、β 为与体积应变匹配的兰氏参数；c_m 为孔隙体积压缩系数；f 为 0～1 的分数；γ 为颗粒压缩系数；ν 为泊松比；下标 0 为初始状态。

式 15-21 用于纯气体计算，Eclipse 300™组分模拟器中公式为

$$\frac{\varphi}{\varphi_0} = 1 + \frac{c_m}{\varphi_0}(p-p_0) + \frac{1}{\varphi_0}\left(\frac{K}{M}-1\right)\times(\Pi-\Pi_0) \tag{15-26}$$

$$\frac{k}{k_0} = \left(\frac{\varphi}{\varphi_0}\right)^3 \tag{15-27}$$

$$e_k = \frac{\varepsilon_k\beta_k a_k p}{1+\sum\beta_j a_j p} \tag{15-28}$$

$$\Pi = \sum e_k \tag{15-29}$$

$$a_k = \frac{L_k}{\sum L_j} \tag{15-30}$$

$$L_k(y,p) = \frac{y_k b_k p V_k}{1+\sum_{i=1}^{nc} y_i b_i p} \tag{15-31}$$

式中，Π 为总应变；e_k 为组分 k 的应变；a 为吸附摩尔分数；y 为气相摩尔分数；β 为兰氏曲线参数；ε 为兰氏曲线参数；V 为兰氏体积常量；b 为兰氏压力常量；下标 0 为初始状态；i、j、k 为组分；nc 为混合物中的组分数。

4. S&D 模型

S&D 模型是基于应力的模型的(Shi 和 Durucan,2005),公式为

$$\sigma-\sigma_0=-\frac{\nu}{1-\nu}(p-p_0)+\frac{E\alpha_s V_L}{3(1-\nu)}\left(\frac{bp}{bp+1}-\frac{bp_0}{bp_0+1}\right) \tag{15-32}$$

$$k=k_0\cdot e^{-3c_f(\sigma-\sigma_0)} \tag{15-33}$$

$$\varepsilon_l=\alpha_s V_L \tag{15-34}$$

式中,ν 为泊松比;p 为储层压力;p_0 为原始储层压力;α_s 为体积收缩系数;E 为杨氏模量;ε_l 为基质膨胀系数;b 为兰氏常量;V_L 为兰氏体积;c_f 为有效水平应力下的面割理体积压缩系数。

在 S&D 模型中,应力的变化为(Stevenson et al. ,1995)

$$\sigma-\sigma_0=-\frac{\nu}{1-\nu}(P-P_0)+\frac{E}{3(1-\nu)}(\varepsilon C_{tot}-\varepsilon C_{tot0}) \tag{15-35}$$

$$\varepsilon=\varepsilon_{max}C_{tot}/V_{Lmax} \tag{15-36}$$

$$C_{tot}=\sum_{j=1}^{n}C_j=\sum_{j=1}^{n}\frac{V_{Lj}p_jb_j}{1+\sum_{j=1}^{n}p_jb_j} \tag{15-37}$$

式中,C_{tot} 为总气量;C_{tot0} 为原始储层压力下的原始总气量;ε_{max} 为最大兰氏体积对应的最大应变;V_{Lmax} 为混合气中的最大兰氏体积;j 为气体组分;p_j 为气体分压;b_j 为 j 组分的兰氏常量。

在综合静态和动态数据的基础上,以数值模拟为基础的历史拟合方法可以用来评价预测储层参数并评价其不确定性。历史拟合方法可以预测渗透率、表皮系数、饱和度等。然而,历史拟合受诸多因素影响。因此,在历史拟合时要考虑更多因素,并尽可能整合所有的数据。

七、提高煤层气采收率

煤层排水是煤层气生产的第一阶段。煤层气通过排水来采收,也是初次排采,初次排采量为煤层气量储量的 20%～60%,这与煤层本身属性有关(Stevens et al. ,1998)。中国大部分煤层属低渗煤层,渗透率为 $0.01\times10^{-3}\sim10\times10^{-3}\mu m^2$(Stevens et al. ,1998;Keim et al. ,2011);另外,一些煤层含气饱和度较低,这些区域的煤层气井在产气之前需要更长的排水时间。所有这些因素会增加煤层气的开采成本。煤层压裂(改造)和注气提高煤层气采收率技术(即注入氮气、二氧化碳、氮气和二氧化碳的混合气或者烟道气)可以增加煤层气产量并提高项目的经济性。

由于煤层对二氧化碳的吸附能力大于甲烷,而甲烷又大于氮气,注入不同气体的增产机制不同。注入二氧化碳提高煤层气采收率主要通过吸收二氧化碳来使甲烷从煤层中解吸,因为煤层趋于吸收更多的二氧化碳(是甲烷的 2～4 倍)。而注入氮气主要是降低割理系统中甲烷的分压从而使更多的甲烷从煤层中解吸出来。用二氧化碳代替氮气注入,可以降低大气中温室气体的排放,然而,这个过程需要更好的设计,因为二氧化碳的注入会引起煤层的膨胀,这会降低煤的渗透率,进而影响煤层气产量。煤层的膨胀可能会显著降低气体产量从而影响

提高煤层气采收率技术的可行性(Zhou et al.,2013)。与二氧化碳的注入相反,因为氮气的低吸附性,氮气的注入会使煤基质收缩从而增加割理和裂缝的宽度,因此煤层渗透率会变大,从而产气量会增加。但是氮气的费用可能会限制它的成功应用。因此,一些研究人员建议注入二氧化碳和氮气的混合气或烟道气来优化提高煤层气采收率技术和封存二氧化碳(Zhou et al.,2013)。

第十六章 天然气水合物储层

天然气水合物简称水合物(natural gas hydrate),又称“可燃冰”,是由水和天然气(主要是甲烷,也称为甲烷水合物)在高压低温环境下形成的固态类冰化合物,广泛分布于一定水深的海底沉积物和陆地永久冻土带中。水合物全球储量巨大,据估计其中(2.1~4.0)$\times 10^{16}$ m^{3}为甲烷,约为已探明矿物燃料总储量的2倍以上(Coollet,2002)。天然气水合物被认为是可以替代传统煤、石油、天然气化石能源的非常规能源,最有希望成为21世纪中后期全球应用的高效清洁新能源。目前开发利用天然气水合物存在技术和环保两个方面的难题,这类新型能源还没有可行的成熟开采技术,仅仅处于试验开采阶段,同时由于水合物储存于海底松散沉积物之中,极其不稳定,水合物极易分解,释放的大量甲烷会对全球气候和海洋生态产生重大变化。本章重点对天然气水合物基本特征、圈闭模式、储层沉积物特征、岩石物理性质及主要评价技术进行介绍。

第一节 天然气水合物概述

19世纪英国科学家Davy在实验室首次发现天然气水合物,20世纪中叶苏联、美国、加拿大等国学者陆续在西伯利亚和阿拉斯加冻土地区发现大规模天然气水合物聚集,随后英国科学家在大西洋海洋地震探测中发现“似海底反射层(BSR)”,并在1974年深海钻探取芯中首次获取海底实物天然气水合物样品(汤达祯等,2016)。

1999年广州海洋地质调查局在南海地震勘探中获取到清晰BSR分布区,2007年中国地质调查局在南海神狐区域钻探取芯,首次在国内获取天然气水合物实物样品。2002年我国学者开始探索性调查我国冻土区天然气水合物,2008年在祁连山木里地区成功钻获天然气水合物实物样品,从而证实中国是世界上既有海域水合物也有陆域水合物的少数几个国家之一。中国政府已将天然气水合物设为第173个新矿种类型(祝有海等,2020)。

目前,全球在陆地与海域多地发现规模天然气水合物矿藏。从目前全球海域钻遇的水合物分布来看,主要集中在被动大陆边缘、活动大陆边缘、边缘海盆地三类构造背景之中(吴时国等,2015)。①被动大陆边缘,如美国大西洋布莱克海台(Blake Ridge)、墨西哥湾(Gulf of Mexico)盆地、挪威大西洋被动陆缘、美国阿拉斯加陆坡、印度被动陆缘克里希纳-戈达瓦里(Krishna-Godavari,KG)盆地等;②活动大陆边缘盆地,如美国俄勒冈外水合物脊、加拿大卡凯迪亚(Cascadia)俯冲带、日本南海海槽、新西兰希库兰吉(Hikurangi)俯冲带等;③边缘海盆地，如日本海东南缘上越(Joe tsu)盆地、韩国郁陵(Ul leung)盆地、中国南海、鄂霍次克海等。最近，在北极海域也发现了丰富的天然气水合物。因此，天然气水合物在海洋中的分布十分广泛。从面积和储量看，海域天然气水合物总量远远大于陆地冻土储量。

我国南海地区已经被证实蕴藏着丰富的天然气水合物资源，发现了天然气水合物存在的一系列指示标志(张光学等，2014；张伟等，2017)。在南海北部的西沙海槽、琼东南盆地、珠江口盆地和台西南盆地的深水地区均发现了BSR，科学家们绘制了南海东北部大陆斜坡地区的BSR分布图(图16-1)。钻探取芯结果表明，原地固态天然气水合物以块状、层状、团块状、脉状及分散状等自然产状赋存于粉砂质黏土及生物碎屑灰岩中(图16-2)，说明其产状是多样的，受储层沉积物影响较大。

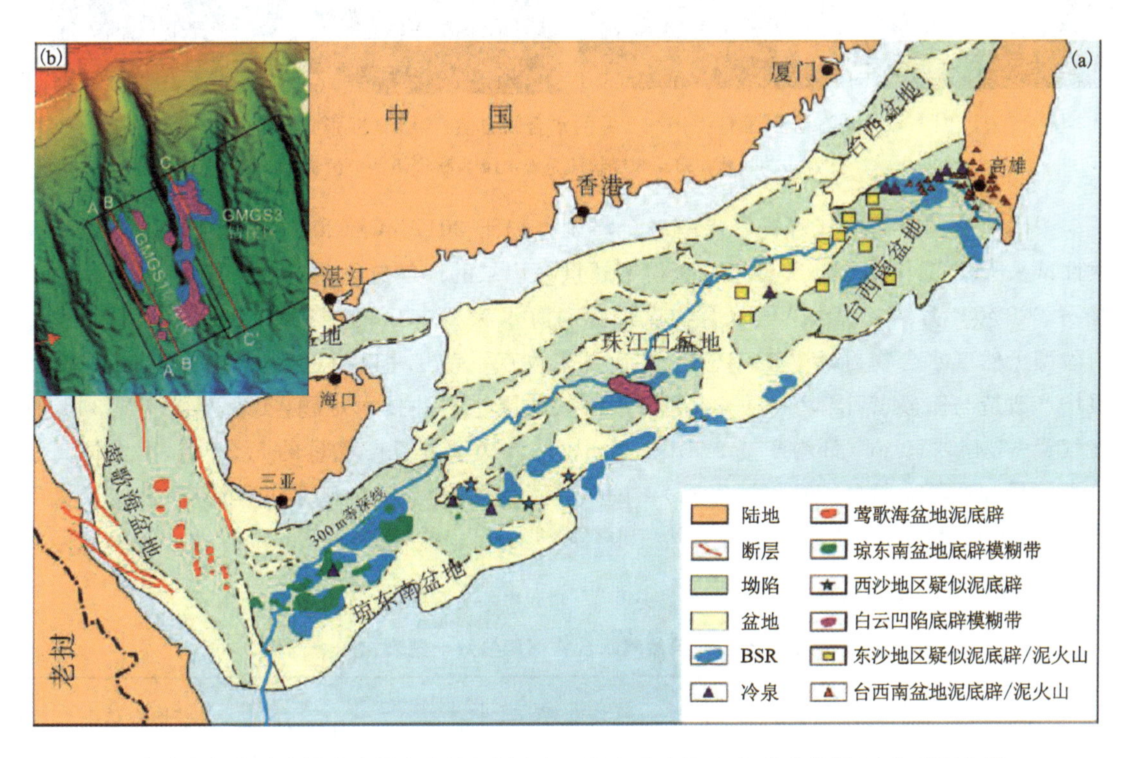

图16-1　南海北部大陆边缘盆地泥底辟及气烟囱与天然气水合物BSR分布特征(a)和南海北部神狐调查区主要区块海底地形及天然气水合物矿藏平面分布特征(b)(张伟等，2017)

目前，包括中国在内的少数国家刚刚开始实验性试采天然气水合物资源，远远没有达到真正意义上开采利用的程度。除了技术上的原因之外，最重要的是开采导致的环境效应要考虑，要实现绿色环保开发具有挑战性。许多学者讨论了天然气水合物开采的多种方法，有降压法、加热法、化学抑制剂法、二氧化碳置换法、斜井法和开矿法等(陈月明等，2011)。其中，讨论较多的是前3种方法。降压法是水合物试采首选的技术方法，其优点是简便、经济、易行，适合大规模天然气水合物开发，缺点是单一使用降压法开采天然气水合物速度较慢。

图 16-2 南海研究区 GMGS2-08 井的水合物自然产状图(据张光学等,2014)

注:a、b 为块状;c、d、e 为层状;f 为瘤状;g 为脉状;h 为分散状。

中国地质调查局及其所属广州南海海洋调查局于 2017 年和 2020 年 2 次采用降压法探索性试采天然气水合物,2 次试采均获得了超世界记录的产气总量及日均产气量。2019 年 10 月—2020 年 4 月第二次天然气水合物试采在南海水深 1225m 的神狐海域进行,对象为泥质粉砂型天然气水合物目标层(表 16-1),本次试采攻克了钻井井口稳定性、水平井定向钻进、储层增产改造与防砂、精准降压等一系列深水浅软地层水平井技术难题,实现连续产气 30d,总产气量 $86.14\times10^4m^3$,日均产气 $2.87\times10^4m^3$,是首次试采日产气量的 5.57 倍,大大提高了日产气量和产气总量(叶建良等,2020)。试采监测结果表明,整个试采过程海底、海水及大气甲烷含量均无异常,泥质粉砂储层天然气水合物具备可安全高效开采的可行性。蓝鲸Ⅱ号实施钻井试采,其井身结构见图 16-3。

表 16-1 试采目标临井天然气水合物储层参数一览表(据叶建良等,2020)

层段	深度/m	厚度/m	平均有效孔隙度/%	平均饱和度/%	平均渗透率/$10^{-3}\mu m^2$
水合物层	207.8～253.4	45.6	37.3	31	2.38
混合层	253.4～278	24.6	34.6	11.7(含水合物)/13.2(含气)	6.63
气态烃层	278～297	19	34.7	7.3	6.8

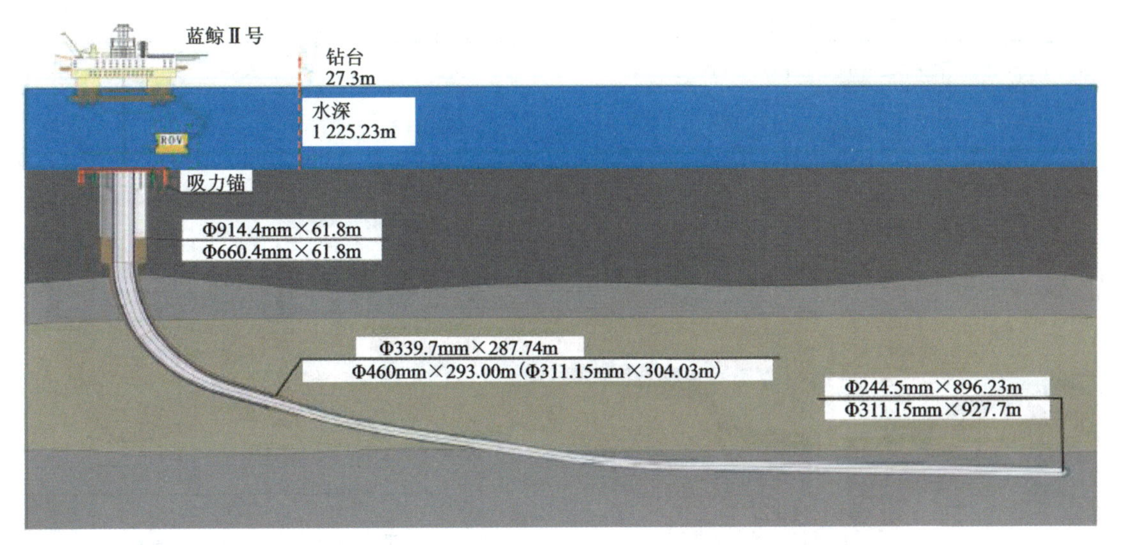

图 16-3　蓝鲸Ⅱ号实施水平钻井井身结构图(据叶建良等,2020)

第二节　水合物藏源-径-汇模式

一、水合物气源及汇聚路径

天然气水合物成藏系统的关键因素为充足的气源供给、气源与高压低温稳定带之间的输送通道(路径)和天然气水合物高压低温稳定带(汇聚)的较好配置,三者缺一不可,借用沉积体系源汇系统概念,也就是水合物藏源-径-汇 3 个系统有机联系缺一不可。

气源系统:富有机质源岩在生物化学作用阶段与热演化成熟阶段形成的微生物成因和/或热解成因烃类气构成的烃源供给体系,是控制常规油气藏和水合物形成与分布的关键因素之一。在分析确定形成水合物的烃源供给气体来源时,一般常常以甲烷 $\delta^{13}C_1 \geqslant -48‰$确定为热成因气,以甲烷 $\delta^{13}C_1 \leqslant -60‰$确定为微生物成因气,介于二者之间则为混合气。目前,世界上已发现的海洋天然气水合物来源以生物成因甲烷为主,沉积物中高有机碳含量被认为是生物成因气的主要物质来源,低有机碳沉积物中难以形成天然气水合物(Waseda,1998)。

路径系统:运移输导系统构成了气源与浅层温度、压力稳定区域之间的"桥梁"。形成水合物的气源主要通过扩散、溶于水中与水一同运移、游离气相在浮力作用下运移这 3 种方式运移至温度、压力稳定区域。最常见的流体运聚输导系统主要有断裂系统、裂缝系统、高渗砂体系统、不整合或者侵蚀界面系统等,可以是动态原地运移聚集,也可以是深层热解气通过盆地断裂、滑塌断裂、泥底辟构造、气烟囱等地质载体构成了重要输导运聚体系,进而控制了天然气水合物成矿成藏(图 16-4)。

二、水合物藏汇聚模式

高压低温稳定带及优良储集体是天然气水合物汇聚成藏场所,最终形成规模化供开采的

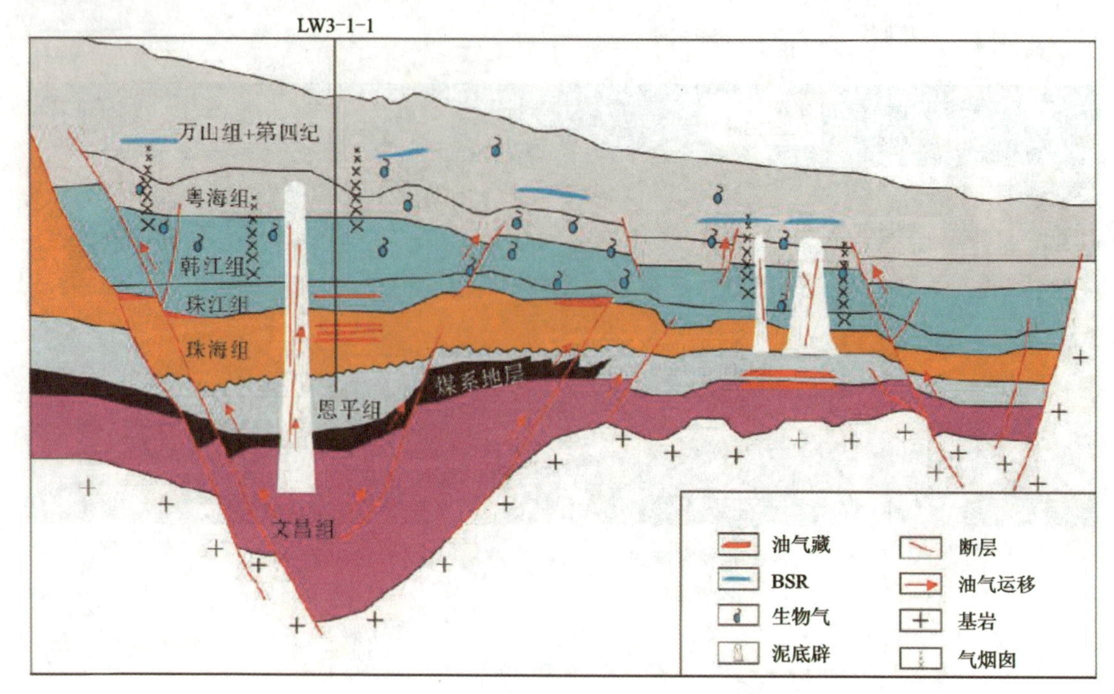

图 16-4　珠江口盆地白云凹陷油气及天然气水合物成藏模式(据杨胜雄等,2017;张伟等,2017)

工业储量,形成稳定的水合物藏。考虑到天然气水合物藏形成与分布类型的差异,Milkov 和 Sassen(2002)借用常规油气藏圈闭概念提出了 3 种圈闭类型,即构造型、成岩地层型和复合型水合物圈闭。其中,构造控制的水合物藏比较复杂,进一步分为断裂隆起型、泥底劈或泥火山构造型、滑塌变形构造型水合物藏。这也就是目前公认的 5 种水合物藏模式类型(汤达祯等,2017;图 16-5～图 16-9)。

1. 成岩地层型水合物藏

成岩型天然气水合物的形成与分布主要受沉积及成岩因素控制,其气源以生物成因气为主,既有原地细菌生成的,也有经过孔隙流体运移来的。甲烷气主要在天然气水物稳定域中生成,天然气水合物形成与沉积作用同时发生,天然气水合物可在垂向上的任何位置形成,并在"相对渗透层"单元带富集。当天然气水合物稳定带变厚和变深时,其底界最终沉入天然气水合物不稳定的温度区间,在此区间内可生成游离气,但如果有合适的运移通道,这些气体将会运移回到上覆天然气水合物稳定区(图 16-5)。水合物 BSR 底界面受沉积地层控制,一般较为连续。

2. 断裂隆起型水合物藏

断裂隆起型天然气水合物主要受大型断裂因素控制,由热成因气、生物成因气或者混合气从较深层位快速运移至天然气水合物稳定域而形成,天然气水合物主要分布在活动断裂周围带。天然气水合物藏及其 BSR 界面一般为上拱型隆起或者褶皱,由于浅部沉积层扭曲变形及断裂作用 BSR 可以断续存在(图 16-6)。

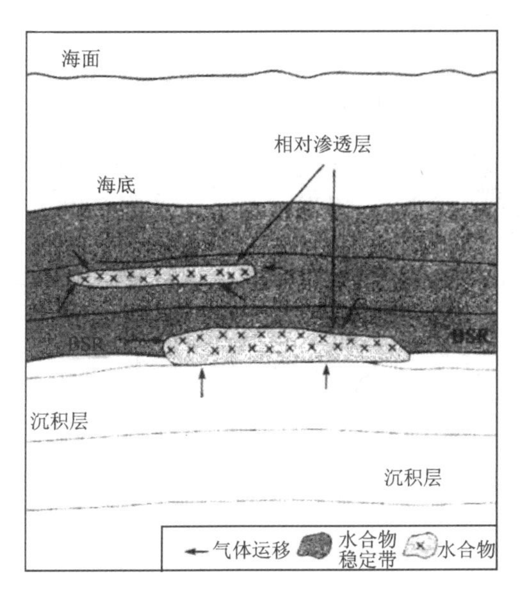

图 16-5 成岩型水合物成矿模式图
(据 Milkov and Sassen,2002,有修改)

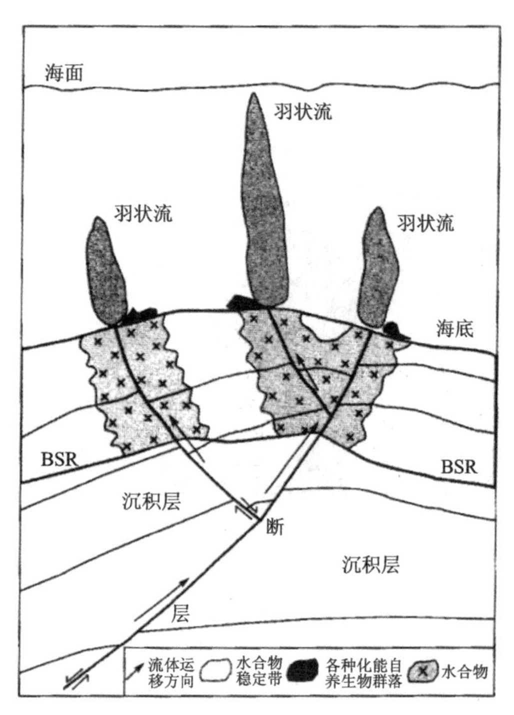

图 16-6 断裂-褶皱构造水合物成矿地质模式图(据 Milkov and Sassen,2002,有修改)

3. 泥底辟或泥火山构造型水合物藏

泥底辟或泥火山构造型天然气水合物主要受泥底辟活动因素控制,由热成因气、生物成因气或者混合气从较深层位运移至天然气水合物稳定域而形成,天然气水合物主要分布在泥底辟周围带或者气烟囱周围环带状分布。天然气水合物藏及其 BSR 界面受泥底辟构造作用程度影响大(图 16-7)。

4. 滑塌变形构造型水合物藏

金庆焕(2006)总结了滑塌变形构造型水合物藏的基本模式。天然气水合物主要受斜坡带滑塌体因素控制,因生物成因气或者混合气从附近孔隙流体运移方式形成,天然气水合物主要分布在斜坡带滑塌体底部带。天然气水合物藏及其 BSR 界面受控于滑塌沉积体本身(图 16-8)。

5. 复合型水合物藏

复合型天然气水合物藏的形成同时受沉积成岩作用和构造作用控制,其成藏气体既有由活动断裂或底辟构造快速供应的流体(天然气和水),又有通过孔隙流体运移,从侧向或水平运移来的浅层生物气,流体通过成岩-渗流混合成矿作用,在渗透性相对高的沉积物中形成。因此,复合型天然气水合物主要分布在构造活动带周围的相对渗透层中(图 16-9)。

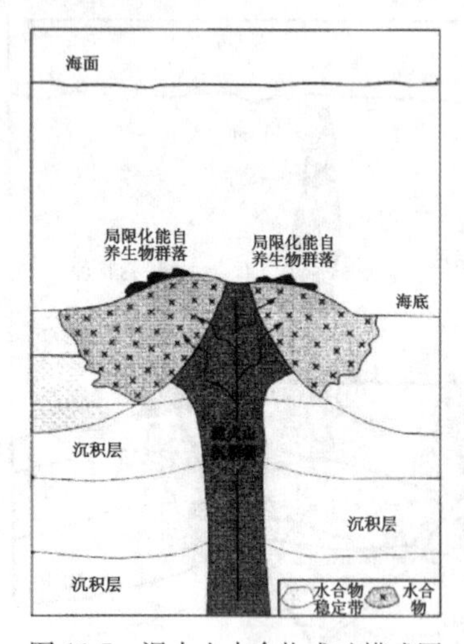

图 16-7　泥火山水合物成矿模式图
(据 Milkov and Sassen,2002,有修改)

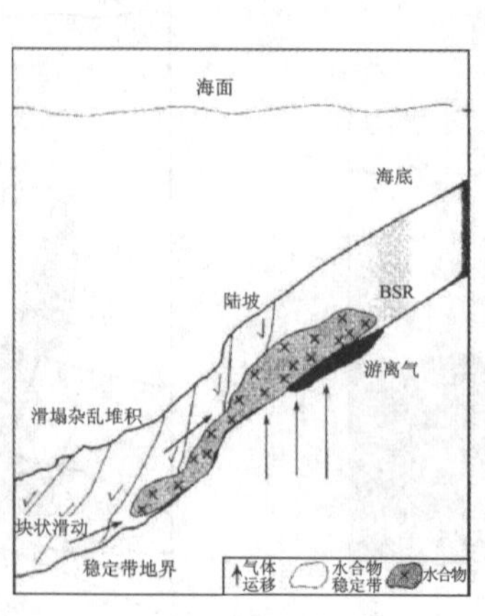

图 16-8　滑塌构造水合物成矿地质模式图(据金庆焕,2008)

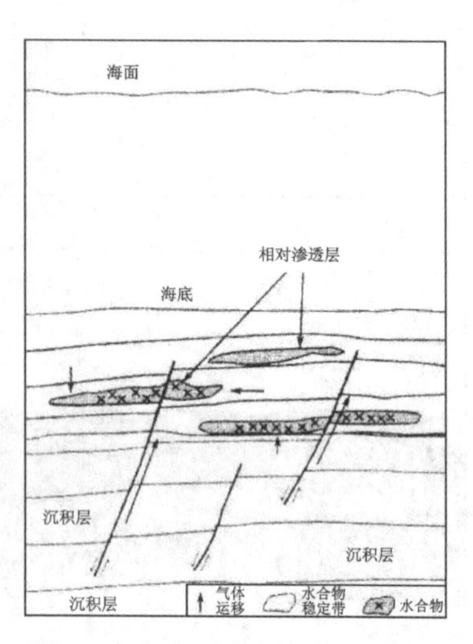

图 16-9　复合型水合物成矿地质模式图(据 Milkov and Sassen,2002,有修改)

第三节　水合物储层岩石物理特征及沉积特征

一、水合物主要储层参数

(1)孔隙度:与常规油气储层孔隙度一样,一般指天然气水合物储层中孔隙空间所占沉积物体积的百分比。水合物储层中孔隙空间可以被流体(水)、气体(天然气)和固体(水合物)所占据,这点不同于常规储层。如果含有裂隙,要计算裂隙空间所占沉积物体积的百分比。含裂隙水合物储层的总孔隙度就是沉积物基质孔隙度与裂隙孔隙度之和。在评价水合物资源量和开发"甜点"时,水合物孔隙度是重要指标。孔隙度的测定方法可以参考常规储层方法,一般分为钻井取芯、测井计算、地震转换、实验室模拟等获取开发区的储层孔隙度值。

(2)饱和度:参考常规油气储层饱和度定义,水合物饱和度指水合物储层中水合物占储层孔隙度的百分比。它是储量计算和开发目标评价最重要的指标,也是较难以准确获取的参数之一。由于天然气水合物采样过程中容易分解,性质不稳定,难以直接测定岩芯中的饱和度。目前,普遍采用地球化学和地球物理方法间接获取。

(3)渗透率:水合物储层渗透率表征主要与开采过程中水合物分解后气体的渗透能力评价有关,因此渗透率是开发过程中重要的储层参数。沉积物中裂隙的存在会大大强化储层的渗透率的非均质性。水合物在原地为固态,储层渗透率较低,且储层渗透率与水合物饱和度呈指数下降关系,前人通过实验给出了渗透率随水合物饱和度变化的经验公式

$$\frac{K}{K_0} = (1 - S_h)^N \tag{16-1}$$

式中,K 为含水合物沉积物渗透率;K_0 为水合物饱和度为零时沉积物渗透率;S_h 为水合物饱和度;N 为渗透率下降指数,一般取 2～9,与实验选取物质材料性质有关。

(4)粒度与泥质含量:是沉积岩石学中区分砂质沉积物与泥质沉积物的参数。砂质粒度按照等级分为粗砂、中砂、细砂、粉砂;泥质沉积物是指粉砂级别以下由黏土矿物、有机质、硅质细粒、碳酸盐岩细粒等组成的细粒沉积物,沉积物物质成分以搬运沉积为主,也有少量原地沉积及部分近地表早期成岩作用自生沉积物质。

二、水合物储层类型

目前发现,天然气水合物主要分布在海底下埋深300m以内的松散沉积物中。水合物饱和度越大,越易于开采,大于60%的高饱和度水合物储集层是国际上成功进行试验开采的最有利目的层。现有钻探证实,原地天然气水合物样品产层的物理性质存在很大差异(Sloan and Koh,2008),高饱和度的天然气水合物富集受控于裂隙发育或者粗粒的沉积物中,天然气水合物存在于裂缝中或弥散于富砂储集体的孔隙中(Collett,1993,2002;Tsuji et al.,2009;Collett et al.,2009)。Boswell和Collett(2006)提出了由4种不同的天然气水合物带组成的资源金字塔模型(图16-10)。在资源金字塔中,最有希望开发和利用的资源位于塔顶,最难以开发利用的部分位于塔底。从上到下依次为:①极地富砂储层;②海洋富砂储层;③富黏土的裂缝型储层;④大量的位于海底弥散沉积于低渗透性黏土中的低浓度天然气水合物。海洋砂岩储层和海洋非砂岩储层(包括裂隙充填),由于能提供天然气水合物高浓度聚集所需的储集渗透性,最可能实现远景勘探和商业利用,且这两个部分常共生出现(邹才能,2013)。

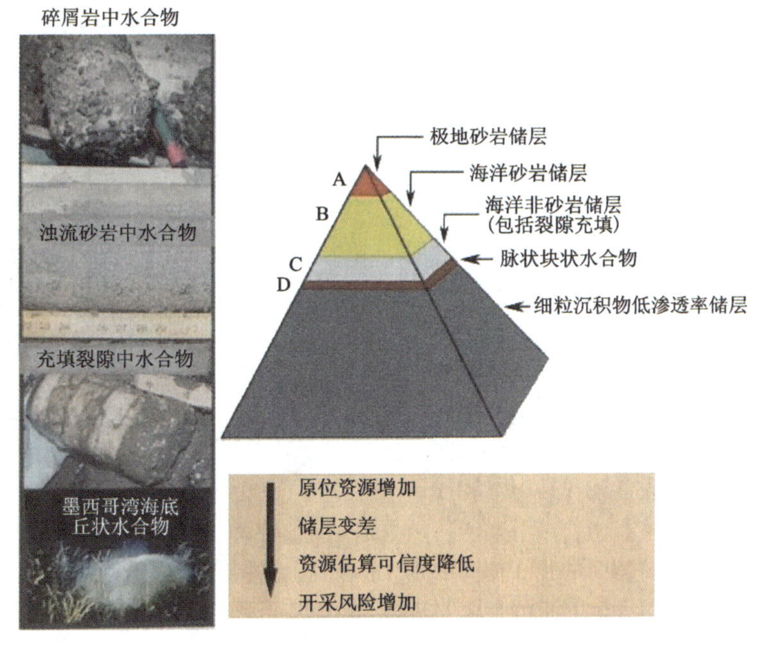

图16-10 不同储层的天然气水合物在资源量呈金字塔分布(据Boswel and Collett,2006)

砂质水合物储层主要沉积相为三角洲或者扇三角洲,以前缘砂质沉积物为主,包括海底扇、海底水道沉积相;深水底流(等深流)沉积等。水合物产状以孔隙式、分散式和裂隙式为主。

细粒沉积水合物储层整体上是以深海静态悬浮为主的泥质粉砂—粉砂质泥沉积物，或者是以深水扇体及水道侧翼悬浮为主的沉积物。其韵律变化随着海平面变化、底流及洋流动态、水温和盐度变化、气候变化、地震海啸突发事件、生物生态变化、局部构造变动、局部地形地貌等，其粒度、矿物组成、生物组合、孔隙性以及裂缝发育程度等都会有不同变化，表现出储层非均质性特点。水合物产状以分散式和裂隙式为主。

第四节　水合物储层评价技术

一、水合物稳定带

天然气水合物稳定带(GHSZ)是指在特定的温度和压力条件限制下的一个范围，在这个范围内天然气水合物与游离烃气达到相平衡。对海底天然气水合物来说，稳定带是指由地温梯度决定的温度、深度关系曲线和水合物相边界曲线确定的水合物稳定带底界和海底之间的范围，如图 16-11(a)所示。天然气在冻土带沉积物中的特定温度和压力条件下可形成水合物，图 16-11(b)为冻土带中天然气水合物稳定带示意图。冻土层地温梯度与冻土层之下沉积层的地温梯度与相平衡边界的上交点(*D* 点)为水合物层埋藏顶界压力，下交点(*F* 点)为水合物层埋藏底界压力，二交点之间的距离为水合物稳定带深度范围。

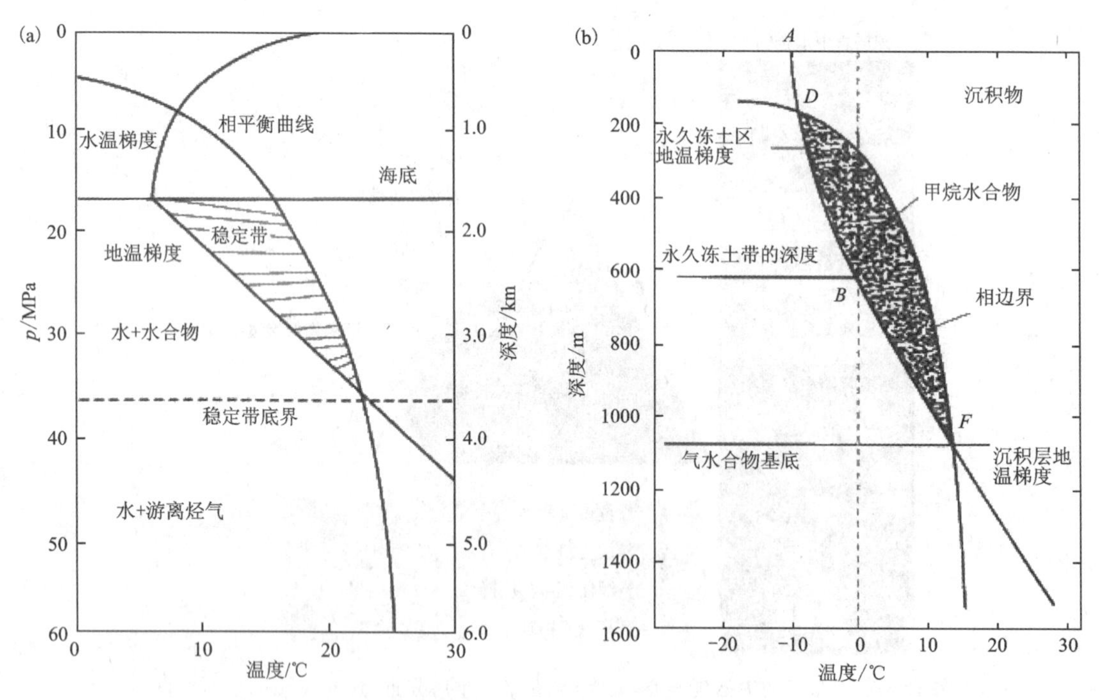

(a)海底天然气水合物稳定带示意图；(b)冻土带天然气水合物稳定带示意图

图 16-11　天然气水合物稳定带相平衡示意图(据陈月明等，2011)

大洋钻研计划和深海钻探计划获取的现有资料揭示，天然气水合物稳定带(GHSZ)主要特征为(部分资料来自陈月明，2011)：

①天然气水合物稳定带底部常见标志层就是“似海底反射层(BSR)”，BSR 埋藏于水深大于 300m 的深海浅层沉积物中，埋藏深度一般为 74～1110m；

②天然气水合物稳定带内温度范围为 1～21.1℃；

③天然气水合物稳定带内流体孔隙度范围为 5.8%～7.9%，紧邻 BSR 附近孔隙度增大 19%，甚至达 35%；

④天然气水合物稳定带之上游离气层沉积物厚度 7～210m；

⑤天然气水合物稳定带整体厚度 50～120m，其内矿层储层厚度单层一般都不大，一般在 10m 左右，稳定带内可以有多个优质矿层存在；

⑥天然气水合物稳定带及其 BSR 是水合物储层评价的基础。

天然气水合物稳定带是水合物勘探开发的主要目标，地质、钻井、测井、地震、地化、实验室、数值模拟等技术主要用于天然气水合物稳定带水合物和储层的评价。图 16-12 展示了南海东北部陆坡水合物稳定带地震、测井及岩芯水合物多方法多尺度特征，综合方法是表征天然气水合物稳定带及其储层特性的最佳选择。

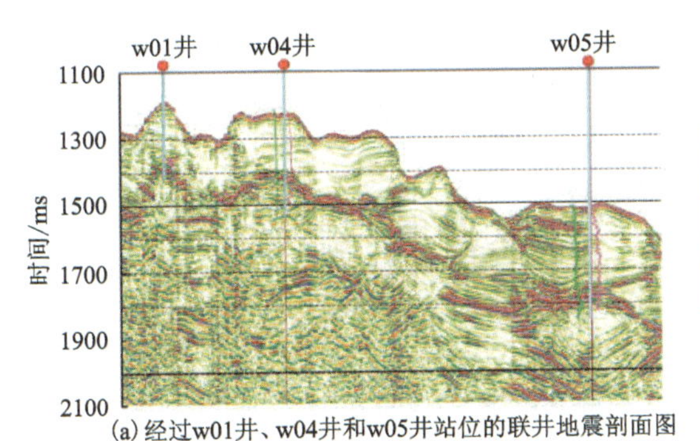

(a) 经过w01井、w04井和w05井站位的联井地震剖面图

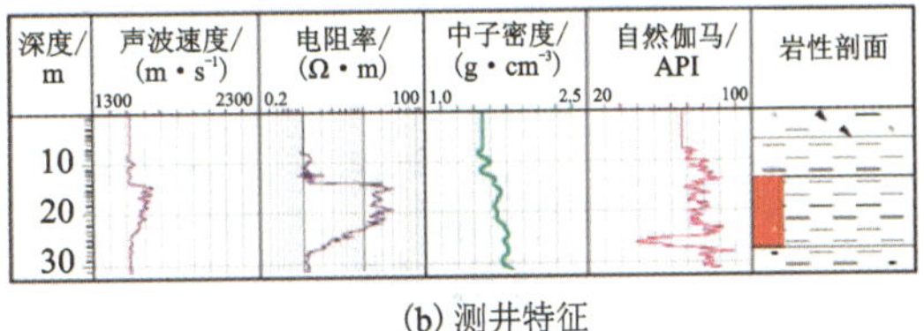

(b) 测井特征

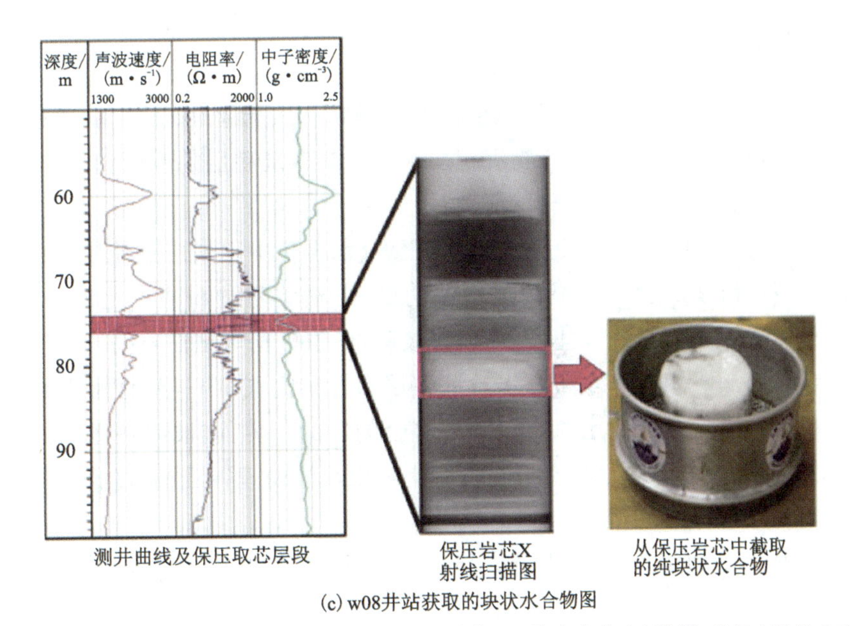

(c) w08井站获取的块状水合物图

图 16-12　南海东北部陆坡水合物稳定带地震(a)、测井(b)及水合物(c)特征(据梁金强等，2016)

二、地震评价

1. BSR

“似海底反射层(BSR)”是由天然气水合物稳定带底部的含天然气水合物地层与下部含游离气沉积层之间波阻抗差引起的(Collett,2002),理论上如果稳定带下部沉积层不含游离气就不会出现BSR,实际上许多地方天然气水合物稳定带底部不一定有BSR存在。当然,海域大部分情况下BSR都存在或者部分存在,这一特殊标志毫无疑问成为识别水合物稳定带,判别其基底边界和产状、计算水合物体积的重要依据,因此备受水合物勘探开发专家的重视(图16-13)。

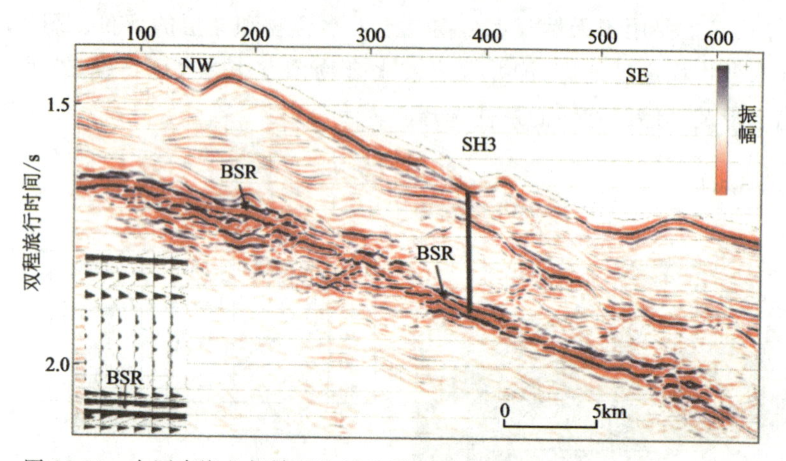

图16-13 中国南海北部神狐海域地震剖面的BSR(据张光学等,2015,2017)

2. 稳定带储层地震识别技术

(1)地震正演模拟。地震正演模拟包括数字模拟和实验室物理模拟,通过正演模拟得到地震响应特征可以研究天然气水合物沉积层和含游离气沉积层的厚度、孔隙度、饱和度、流体性质及组合结构的变化与地震反射特征、结构的关系。

(2)AVO识别技术。AVO反演技术在天然气水合物中得到广泛使用。由于水合物沉积层与其上覆、下伏沉积层存在明显的纵横波速度、纵横波阻抗和泊松比等特征值的差异,由AVO信息可以反演得到纵横波速度、纵横波波阻抗、泊松比等剖面数据。

(3)波阻抗反演。相对于饱和海水的沉积层和含游离气沉积层,含水合物沉积层具有高波阻抗值,波阻抗由低向高变化的拐点处为水合物层的上界面,波阻抗由高向低变化的拐点处为水合物层的下界面。对地震资料进行宽带约束反演处理得到的波阻抗剖面,可以反映水合物在垂向和横向的分布。

(4)VSP技术。利用VSP技术可以得到纵、横波速度的垂向分布,因而刻画水合物分布的横向变化。

(5)全波形反演。纯天然气水合物的密度($0.9g/cm^3$)和海水的密度接近,产生BSR的波阻抗差主要是由水合物和自由气之间的速度差异造成的。速度分析是地震研究天然气水合物的关键,全波形反演是反演求取速度的重要方法。在地震资料振幅保真、高分辨率处理的基础上,进行高分辨率速度反演处理以获取速度剖面,在此剖面上利用水合物沉积层与其上下围岩(层)的速度差异进行水合物的识别。全波形反演是为了求取水合物沉积层速度的精细结构,主要是通过实际的地震记录波形与计算合成的地震记录波形之间的方差为最小目标函数进行求解来完成的。

三、测井评价

天然气水合物的地球物理性质与地层中的岩石骨架、油层、气层和水层在很多物理性质上存在较大的差异,这些差异必然在测井曲线上有其特殊的反映(李新等,2013)。储层中的天然气水合物对地球物理测井响应的影响有两种方式:一种只依赖于孔隙中天然气水合物的含量多少,如核磁共振孔隙度和密度测井;另一种不但与天然气水合物的含量有关,还取决于孔隙尺度下的孔隙介质与天然气水合物的接触关系,如声波速度和电阻率测井。与常规油气地层一样,无论是常规测井、成像测井,还是核磁测井等都会对水合物饱和度有测井响应,进而识别水合物储层(图16-14),以下对水合物储层识别敏感的测井响应做简单介绍。

1.重要常规测井响应特征

(1)井径测井。钻井过程中,当钻头钻至含天然气水合物储层时,固态天然气水合物会大量分解,岩石稳定性随之被破坏,井眼直径较其他层位明显扩大,井径曲线上显示较大的井眼尺寸(扩径)。这种现象严重时甚至会引起局部地层的垮塌,引发钻井事故。

(2)自然伽马测井。自然伽马(GR)测井测量的是岩石中具有放射性元素释放的自然伽马射线。因天然气水合物不具有放射性元素,故在自然伽马测井曲线上,天然气水合物储集层的测井响应一般为低值。

(3)电阻率。由于固态天然气水合物具有很高的电阻率,因此天然气水合物的存在必然导致储层电阻率测井曲线读数增大,一般高于不含天然气水合物的围岩的读数,电阻率测井是水合物储层识别的敏感测井类型。

(4)声波测井。声波在天然气水合物存在时,其声波传递速度会显著增加。天然气水合物的纵波速度比水的纵波速度大得多,声波时差就会明显小于围岩。因而,声波测井是水合物储层识别的敏感测井类型。

(5)密度测井。天然气水合物的密度(约0.91g/cm^3)略小于水(1g/m^3),与天然气(0.1～0.2g/cm^3)差别较大。含天然气水合物层位的密度曲线与非储层相比明显降低,与饱和水的层位相比也略有降低。曲线上天然气水合物层与水层密度值相差均不超过10%,足够将天然气水合物层同水层区分出来,但不能将其同冰层区分出来。测井密度值的急剧减小,表明了天然气水合物的存在。

(6)中子测井。实验表明,只有淡水才能同甲烷一起生成天然气水合物。天然气水合物形成时要从邻近岩层中吸取大量的淡水,而且单位体积的天然气水合物中有大约20%的水被甲烷代替形成笼形结构。相对于水,甲烷含有更多的氢(含氢指数为1.07左右),增加了单位

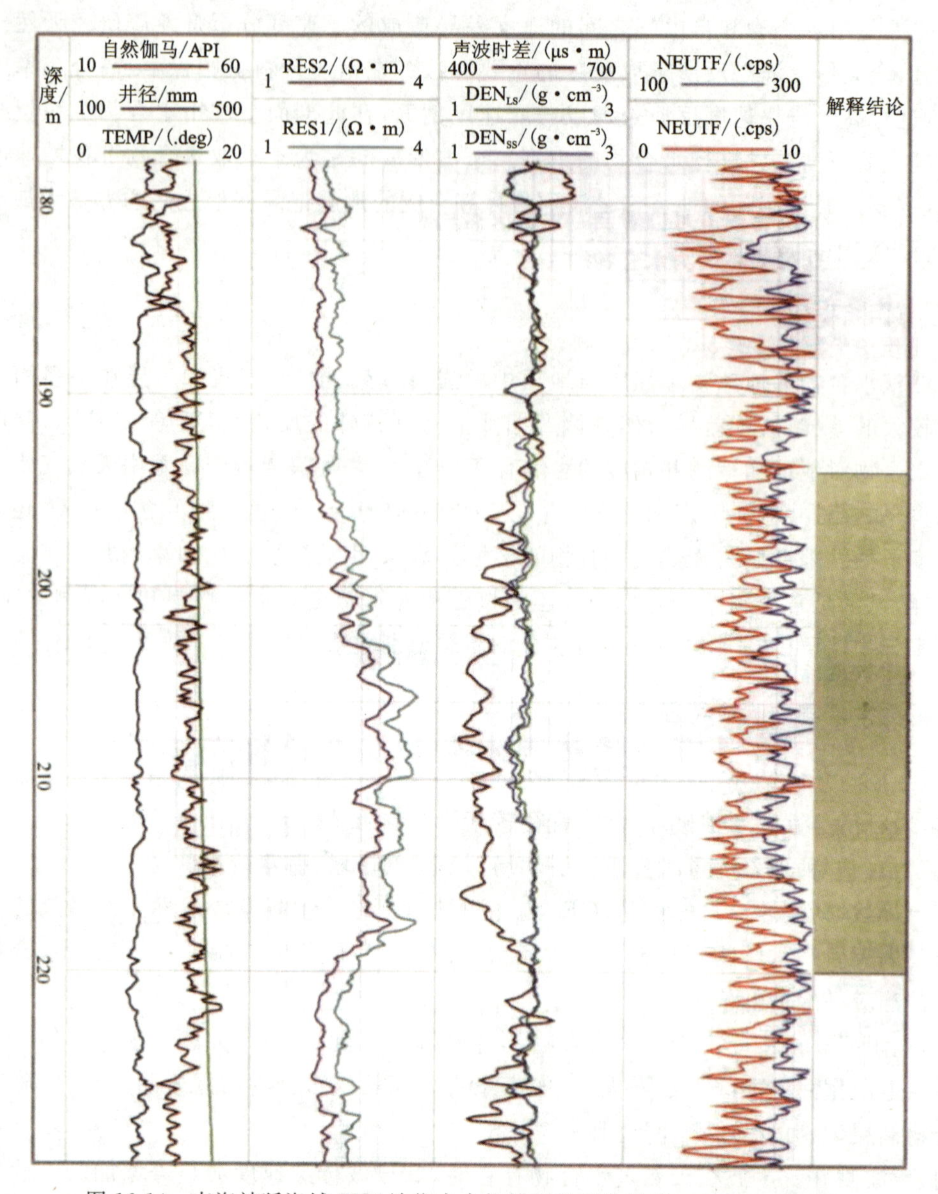

图 16-14　南海神狐海域 SH2 站位水合物储层段测井曲线(据梁金强等,2017)

体积地层内的含氢量,从而使中子孔隙度测井在天然气水合物层段响应值略高(相对于同等状态下的水层高出 6%~7%)。这与含游离气层位中子孔隙度明显降低恰好相反,在某些测井方法不能区分这两种储层时,可使用这种方法进行识别。

2. 地层微电阻率扫描测井(FMI)

采用地层微电阻率扫描技术可得到井壁高分辨率的电阻率特征图像,从而得出岩层中反映天然气水合物性质和结构的信息。对于井壁上垂向和侧向细微的变化,地层微电阻率扫描测井都能反映出来,因而可探测到非常细微的地质异常特征。地层微电阻率扫描测井还可以用来进行详细的沉积和构造层面解释。

3. 核磁共振测井响应特征(NMR)

核磁共振测井装置可以有效地提供与岩性无关的孔隙度测量并估计渗透率。这些数据可以改善测定天然气水合物饱和度的定量技术。核磁共振测井数据可能在识别天然气水合物中是否存在液态水方面起重要作用。

四、地球化学评价

1. 海底甲烷异常

海底甲烷异常高可能是天然气水合物分解或深水常规油气渗漏所致,水合物的形成和赋存与其下的游离气处于一种动态的平衡状态。当水合物分解或有地质构造(如断层和气烟囱)穿过水合物层时会导致甲烷逸散到海底而形成羽状流,从而引起海底甲烷的含量异常高。另外,高的甲烷含量表明地层中的烃类气源充足。因此,海底甲烷异常在一定程度上可以作为判别天然气水合物的间接标志。

2. 孔隙水氯离子异常

孔隙水中氯离子含量的异常是天然气水合物存在的重要标志。水分子与烃类气体在沉积物孔隙中结合形成水合物的过程中,只吸取孔隙中的淡水而盐类物质不能进入水合物的晶体结构,这会引起水合物存在范围内局部孔隙水离子浓度的浓缩。随着埋深增加,沉积物被压缩,赋存水合物的沉积物中的流体被排驱向上运移,从含水合物层运移上来的孔隙流体具有明显的高氯度。

水合物稳定形成后,这些与水合物形成有关的高盐度孔隙水会由于梯度差而逐渐扩散掉。随着时间的推移,如果维持水合物的温度-压力的体系发生变动,对温度和压力变化异常敏感的水合物就会发生分解,释放出其中的淡水,引起孔隙水的淡化,造成沉积物孔隙水氯离子含量降低。一般水合物赋存区沉积物孔隙水氯离子浓度在垂向上的降低,同时必定伴随有$\delta^{18}O$值的增大,这是应用孔隙水离子含量的垂向变化判别水合物存在与否时必须注意的问题(吴时国等,2015)。

3. 孔隙水硫酸根异常

天然气水合物赋存层段沉积物的SO_4^{2-}浓度同样呈现降低的趋势,其原因除了上述水合物形成过程导致的孔隙水淡化外,富烃类流体(主要是甲烷)在向海底底床运移的过程中(即烃渗漏过程中),甲烷气体也会还原海底沉积物中的SO_4^{2-},并将其不断消耗,从而造成SO_4^{2-}浓度自海底向水合物稳定带的降低趋势。

4. 异常沉积物及其伴生微生物

冷泉碳酸盐岩是冷泉流体(水、甲烷、硫化氢以及泥质流体)由深部向上渗漏过程中,在海底附近经甲烷氧化古细菌和硫酸盐还原细菌共同新陈代谢的产物,在其周围与冷泉化能自养生物群呈现出互利共生、相互依存的关系。它不仅是冷泉渗漏活动的重要标志之一,同泥火山、泥底辟一样,也是海底浅埋藏渗漏型天然气水合物产出的理想场所,成为继指示水合物底界的强反射(BSR)之后,又一指示现代海底发育或存在天然气水合物的有效标志。

第十七章　地下储气库及封存二氧化碳储层

为了确保国家能源安全、“双碳”目标实现和战略物资安全的重大需求，保障人口密集区持续的能源供给安全，人们越来越重视地下人工储气库的建设和安全高效运营。为了改善生态环境、遏制气候变化，人们也越来越重视工业二氧化碳地下永久储存与资源化利用方面的技术推广和应用。天然气地下储气库建设及二氧化碳地下封存工程虽然建设目的不同，但其共同之处是都需要利用地下地质空间进行人工注入气体储集，都需要开展储集层研究及多学科协同的工程检测与评价，最常利用的地下地质体包括地下油气层圈闭构造、含水层构造、盐层洞穴构造等，也可以是人工建设的地下空间。

地下储能是指利用深部地下空间将石油、天然气、氢气、压缩空气及二氧化碳等能源或能源物质和氦气等战略稀缺物资储存于地下地层中的能源储存方式。地下储气库及地下封存二氧化碳是两种典型的地下储能形式。

第一节　天然气地下储气库

1.简介

地下储气库(underground gas storage，UGS)是将从天然气田采出的天然气重新注入地下可保存气体的空间而形成的一种人工气田或气藏，是将长输管道输送来的商品天然气重新注入地下空间而形成的一种人工气田或气藏，一般建设在靠近下游天然气用户城市的附近。地下储气库建设的目的一般是调峰、储备、商业运作。储气库运作一般是以年为周期，“冬春采气，夏秋注气”是储气库的基本运作流程。地下储气库研究范围涵盖了地质综合评价、油气藏工程、注采工艺、钻完井工程、地面工程及经济评价等多个学科，是多学科协同研究的一体化系统科学。

世界上，储气库技术已经发展了100多年，其中，北美地区是储气库开发建设最早的地区。1915年，加拿大在安大略省Welland气田建成全球首座地下储气库。1916年，美国在纽约州Buffalo附近的Zoar枯竭气田建成第二座储气库，也是美国境内的首座储气库。截至2010年，北美地区共有天然气储气库463座，占全球储气库总量的73.5%，最大工作气量$1\ 295.6\times10^8\text{m}^3$，占全球工作气量的36.69%(尹虎琛，2013)。截至目前，在地下储气库选址、注入工艺、动态监测等方面，已经形成了比较完善的技术体系，主要包括地震、测井等多种勘探评价技术，地质建模等精细地质描述研究，实验分析与数值模拟等油藏工程分析技术，水平井、分枝井开采技术等钻完井工程技术,盐穴溶腔形成预测与声纳监测等技术。国际地理联合会(IGU)所掌握的统计资料表明,到2010年世界上共有36个国家和地区建设有630座地下储气库,地下储气库总的工作气量为$3530\times10^8m^3$,约占全球天然气消费量($3\times10^{12}m^3$)的11.7%(丁国生,2010)。

我国储气库建设起步较晚,与国际上平均水平相比仍有较大差距,储气库个数与储气量还严重不足。截至2019年,全国现役储气库群13座,形成工作气量约100亿m^3,约占年销售量的3.6%(马华兴,2021)。1999年我国修建了国内第一座调峰储气库——天津大港大张坨储气库,保障京津冀地区冬季调峰及安全平稳供气。2005年,西气东输第一座盐穴储气库——江苏金坛储气库开工建设,2007年建成投产为长江三角洲地区调峰保供发挥了重要作用。截至2021年底,处于在建阶段的盐穴储气库有3处,分别是中国石化江汉储气库、云南昆明储气库和楚州盐穴储气库;处于现场试验和预可研阶段的储气库有8处,分别是江苏淮安、山东泰安、山东菏泽、河北宁晋、湖北云应、河南平顶山、湖南衡阳、江苏师寨;另外,有建设储气库意向的地区包括江西樟树、广东三水、山西柳林等(马华兴,2021)。

2. 地下储气库类型

按照储气库地质体差异天然气储气库主要有4种类型:油气藏型、含水层型、盐穴型、矿坑或岩洞型,4种类型的储层介质、储存方法、工作原理、优缺点等情况如表17-1所示,具体类型分述如下(丁国生,2010)。截至2010年,全球地下储气库总工作气量的78%分布于气藏型气库,5%分布于油藏型储气库,12%分布于含水层储气库,5%分布于盐穴储气库,另有约0.1%分布于废弃矿坑和岩洞型气库中(丁国生,2010),说明气藏型储气库是各国优先考虑建设并投入使用的。

按照储气库储集的气体类型,也可以细化为天然气库、二氧化碳库、氢气库等不同类型。随着新能源革命的进行,氢能将是未来最清洁最重要的能源,可以预计氢能会不断取代污染严重的煤炭、石油和天然气发电,未来这种方式使用氢气需要进行大规模的储存,与目前天然气的存储和二氧化碳埋存类似,需要建立大型氢气储气库。

表17-1 不同类型储气库技术对比(丁国生,2010)

类型	储层介质	储存方法	工作原理	优越性	缺点	用途
油气藏	原始饱和油气水的孔隙性渗透地层	由注入气体把原始液体加压并驱动	气体压缩膨胀及液体的可压缩性结合流动特点注入采出	储气量大,可利用油气田原有设施	地面处理要求高,部分垫气无法回收	季节调峰与战略储备
含水层	原始饱和水的孔隙性渗透地层	由注入气体把原始液体加压并驱动	气体压缩膨胀及液体的可压缩性结合流动特点注入采出	储气量大	勘探风险大,垫气不能完全回收	季节调峰与战略储备

续表 17-1

类型	储层介质	储存方法	工作原理	优越性	缺点	用途
盐穴	利用水溶形成的洞穴	气体压缩挤出卤水	气体压缩与膨胀	工作气量比例高，可完全回收垫气	卤水排放处理困难，有可能出现漏气	日、周、季节调峰
矿坑或岩洞	采矿或新建的岩石洞穴	充水后用气体压缩挤出水	气体压缩与膨胀	工作气量比例高，可完全回收垫气	易发生漏气现象，容量小	日、周、季节调峰

(1)油气藏储气库：利用原有的油田或气田改建，是最容易建库的一种类型。枯竭油气藏储气库是利用已经开采枯竭废弃的气藏或开采到一定程度的退役气藏而建造的储气库。这种类型的储气库具有许多优点。人们对其地质情况，如油(气)藏面积、储层厚度、盖层气密封、原始地层压力和温度、储气层孔隙度、渗透率、均质性以及气井运行制度等已准确掌握，不用进行地质勘探，因而可节省投资。油气田开发用的部分气井和地面设施可重复用于地下储气库，需要补充注入的垫层气量不多，节约投资。建库周期短，投资和运行费用低，其单位有效库容量的投资为含水层储气库的1/2～3/4，为盐穴储气库的1/3；其运行费用为含水层储气库的3/5～3/4，约为盐穴储气库的1/5。从经济观点看，枯竭油气田型地下储气库是目前最常用、最经济的一种地下储气形式。枯竭油气田目前规模都不大，其原始储量一般为(10～50)$\times 10^8 m^3$。

(2)含水层构造储气库：利用地下含水层圈闭构造通过注气驱水形成人造气藏。含水层型地下储气库，是人为将天然气注入地下合适的含水层而形成的人工气藏。天然气储气库由含水砂层和不透气覆盖层组成。储存气包括工作气和垫层气。工作气是指在储存周期内储进和重新排出的气体，垫层气是指在储库内持续保留或作为工作气和水之间的缓冲垫层的气体。含水砂层要有一定的渗透性，这种渗透性对于用天然气置换水的速度起决定作用，渗透性越好，天然气置换的速度就越快，工作气和垫层气的比例也就越大。含水层储气库的工作原理简单，即通过高压将气体注入含水层的孔隙中，用气体将水驱到边缘形成一个人工气田。含水层储气库具有结构完整、储量大、钻井可以一步到位等优点。但由于含水层中原来没有气田，所需的垫层气用量较大，而这部分气体是不能采出来的，气水界面难以控制。因此，建设成本比枯竭气田型储气库要高，建设周期长，从勘探到投产一般需要10～15年。

(3)盐穴储气库：在地下盐层或盐丘中形成溶洞储存天然气。在地下盐层或盐丘中，利用水溶解盐的开采方式形成地下空穴用来储存天然气。这种储气库有许多优点是其他类型的储气库不可比拟的。在建造方面，可以按照调峰或储备的实际需要量进行建造，一个盐穴储气库可按不同时期用气需求量的增加分几期扩建。在操作性能方面，机动性强，储气无泄漏，调峰能力强，生产效率高，能快速完成抽气—注气循环，一年中注气—抽气循环可达4～6次；注气时间短，垫层气用量少，最适合日调峰用。对于周围缺乏多孔地下岩层的城市，特别是在具有巨大岩盐矿床地质构造的地区,建造盐穴型地下储气库已是目前各国普遍采用的方法。但是盐穴型储气库从可行性研究到投产时间较长。从形态上来讲,该类型储气库设计的主要形态近似椭球体。金坛储气库是目前国内最大的盐穴储气库,且初次采用氮气阻溶造腔获得成功。

(4)矿坑或岩洞储气库:利用废弃或新建岩洞或地下坑道,经过密封处理后储存天然气。废弃矿坑及岩洞储气库是一种利用废弃的符合储气条件的矿坑或者洞穴或在山体中开凿的岩洞改建的地下储气库。1963 年在美国科罗拉多 DENVER 附近首次建成废弃矿坑储气库。由于符合储存天然气地质条件的矿坑很少,人工开凿也受地质条件的限制,因此限制了这种储气库的发展。目前世界上只有 3 座矿坑储气库,其中,美国 2 座,德国 1 座。

3. 天津大张坨储气库储层地质特征

天津大张坨储气库是国内第一座调峰商业储气库,由中石油大港油田于 1999 年建成投产,气源主要来自西气东输管道气,是利用原有气田建设的典型油气藏型储气库。

大张坨凝析气藏位于天津市大港区上古林镇,构造位于黄骅坳陷中区的中央隆起带上,板桥油气田板中断块以西,大张坨断层下降盘,目的层沙一段板Ⅱ1 油组,为一由西向东倾没的鼻状构造,构造面积约 $12km^2$,埋深 $-2565m$,溢出点深度 $-2800m$。储层砂岩沉积环境以水下冲积扇为主,非均质性强。盖层以沙河街组一段的暗色泥岩为主,气藏在平面及纵向上具有良好的封闭性;储层为板二 1 油组的 1~4 层,岩性为岩屑长石粉砂岩和细砂岩,孔隙度为 10.2%~29.3%,渗透率为 $(100\sim300)\times10^{-3}\mu m^2$,为中孔、中高渗储层。气藏属常规的温度压力系统,原始地层压力 29.77MPa,压力系数为 1.12,地层温度 105℃。气藏的原始气液界面为 $-2675m$,含气高度为 110m,含气面积 $6.16km^2$。气藏内原始天然气为富含凝析油的凝析气,凝析油含量高达 $630g/m^3$,天然气相对密度为 0.603 5~0.765 9,凝析油相对密度为 0.732~0.764;地层水为 $NaHCO_3$ 型,总矿化度为 $7084mg/m^3$。气藏含气面积内的有效厚度为 4.6~12.4m,平均为 7.67m,计算的天然气地质储量为 $14.87\times10^8m^3$,凝析油为 122.45×10^4t,用压降法核实气藏的原始天然气地质储量为 $13.86\times10^8m^3$。由于储层物性较好,探井试气和生产时的单井产能较高,试油及生产时的产量为 $(10\sim22)\times10^4m^3/d$;而 9 口新完钻的主力注采井试油时单井产量为 $(25\sim30)\times10^4m^3/d$(何顺利等,2006)。

根据上述地质特征,该气藏满足地下储气库的地质要求:①构造落实,气层埋藏较浅,盖层与主断层封闭性好;②储气规模较大且储气量可靠;③气层物性较好,气井产能较高;④圈闭内流体分布稳定,分布厚度大而集中。大张坨地下储气库运行方案,总设计生产井数 16 口,注气期 8 口井注气,选用少注全采的注气方式及中高部位注采井网,增加的新井已在 2000 年内全部完钻(图 17-1)。

利用气藏改建地下储气库的技术优势明显,主要包括:由于先前气藏长期存在,圈闭密封性可靠;建库后无须布置大量监测井;先期油气勘探已经落实地下构造与储层结构;现有气井和地面设施可部分改造利用;建库周期相对较短,建库投资低;若气藏采出程度低,可以减少大量的垫气,则对建库更为有利。

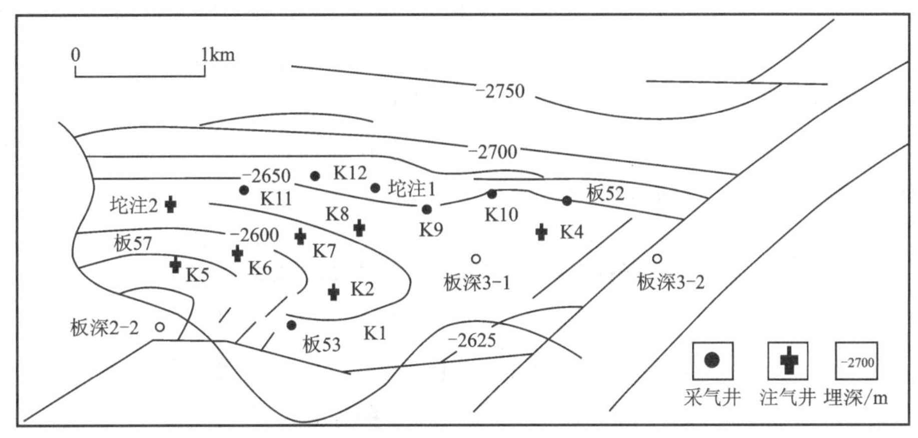

图 17-1 大张坨地下储气库注采井网部署图(据浦建等,2002)

2000 年之后,利用大港油田优越的地下条件和极佳的地理位置,先后建成了板桥储集库群,基本情况如表 17-2 所示。

表 17-2 板桥已建储气库基本参数表(丁国生,2010)

板桥储气库群	设计库容/$\times10^8m^3$	工作气量/$\times10^8m^3$	2009 年达到调峰能力/$\times10^8m^3$	2009 年最大日采能力/$\times10^8m^3$
大张坨	17.81	6.04	5.87	1000
板 876	4.65	1.89	1.05	300
板中北	24.48	10.97	5.21	900
板中南	9.71	4.7	1.61	300
板 808	8.24	4.17	2.08	200
板 828	4.69	2.57	1.09	100
合计	69.58	30.34	16.91	2800

4. 江苏金坛矿区盐穴储气库储层地质特征

江苏金坛储气库是国内第一个盐穴储气库,中国石油最早于 2007 年正式建成投产,至 2019 年的 12 年时间已完成近 50 轮注采循环,最高日采气量达到 $1.235\times10^7m^3$,累计采气突破 $2.4\times10^9m^3$,为长江三角洲地区调峰保供发挥了重要作用。

目前,有中石油、中石化等多家公司在该地区盐层建设多个储气库,形成盐穴储气库群。现有储气库共钻井 107 口,已投入注采气井 40 口,合计库容约 $1.95\times10^9m^3$,工作气量约 $1.3\times10^9m^3$(马华兴,2021)。金坛储气库是国内首个同时与“西气东输”和“川气东送”两大国家级天然气“大动脉”实现互联互通的商业储气库。

金坛储气库位于江苏金坛地区直溪桥凹陷,溶腔建库的目的层位于古近系阜宁组四段,属于陆相碎屑岩和蒸发岩沉积，富含盐岩并且发育泥岩石膏夹层。盐岩层埋深800～1200m，盐岩层厚度67.85～245.00m。岩盐层的顶板为含钙芒硝泥岩、泥岩，岩性致密，厚度107.22～150.45m，分布稳定，封闭性较好(图17-2)。由于金坛盐矿具备地理位置较好、区域构造稳定、盐岩沉积范围大、盐层埋藏深度适中、盐层厚度大、盐岩品位高及不溶物少、水资源充足的有利条件，是建设储气库的有利目标区。

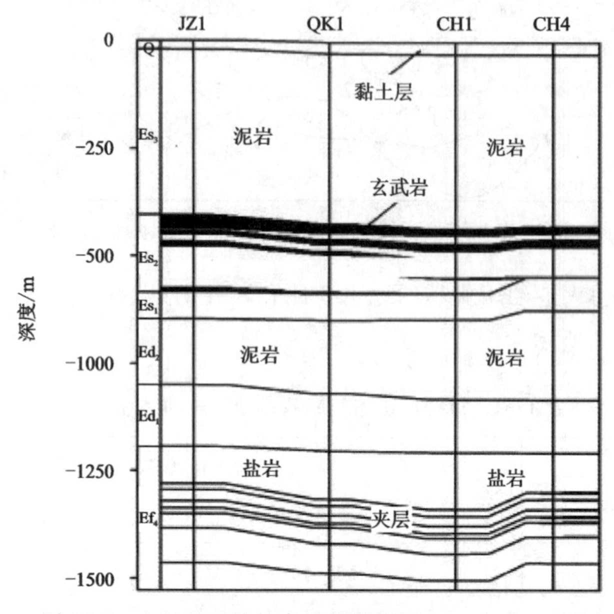

图17-2 金坛地下储气库地层剖面图(据刘艳辉，2009)

金坛盐矿中，盐层主要分为3层，盐层之间的夹层一般为2～4m不等，相对稳定连续。在各岩盐层内均存在一些局部分布的夹层，称为层内夹层，其岩性一般为含钙芒硝泥岩、泥岩、盐质泥岩等。第Ⅰ岩盐层主要分布在南部地区，夹层一般为2～8层；第Ⅱ岩盐层全区稳定分布，其中夹层分布也较均匀，层数1～9层；第Ⅲ岩盐层内夹层平均3.7层，层内盐岩夹层一般为含钙芒硝泥岩、泥岩、盐质泥岩等，单层一般1～3m，平均1.6m。金坛盐岩层内夹层厚度统计如表17-3所示。

表17-3 金坛地下储气库盐矿夹层数据统计表(刘艳辉，2009)

位置序号	盐层厚度合计/m	层间夹层/m		小计/m	占盐层厚度/%	平均单层厚度/m
		Ⅰ/Ⅱ	Ⅱ/Ⅲ			
1	153.18	2.10	1.90	4.00	2.61	2.00
2	108.18	4.09	3.11	7.20	6.66	3.60
3	189.14	3.96	2.75	6.71	3.55	3.36
平均	143.92	3.02	2.5	5.52	3.84	2.76

金坛储气库盐穴夹层数量和夹层厚度是影响盐穴形态的主要因素(图 17-3)。统计各井夹层和盐穴发育形态,结果表明:溶腔层段内,夹层数量越多,对盐穴形状的负面影响越严重。盐穴在跨夹层段溶腔过程中,岩脊发育,盐穴壁面形状不规则,而在盐穴建造期,由于溶腔层段岩盐较纯,夹层数量少,盐穴形状均为相对规则的陀螺状,壁面岩脊少(图 17-3)。

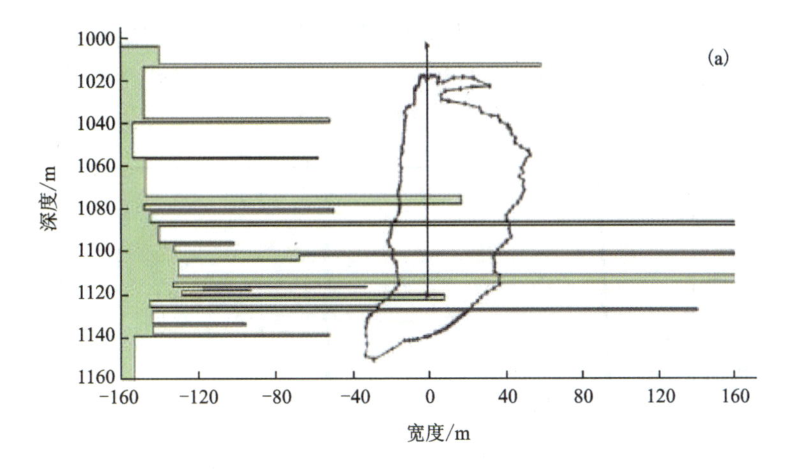

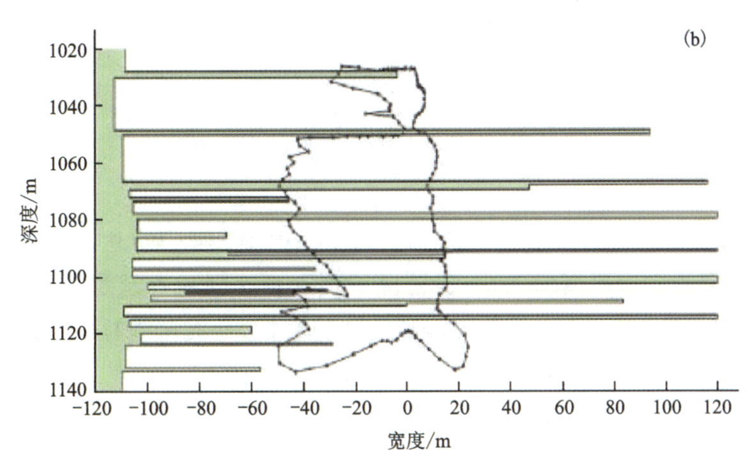

(a)T 井夹层段盐穴形状;(b)F 井夹层段盐穴形状

图 17-3 金坛储气库盐穴夹层分布图(据李建君,2014)

第二节 CO_2 地质封存

1. 简介

与注入天然气到储气库再次开采利用不同,CO_2 注入地下主要目的是长期埋存,减少大气中工业 CO_2 的含量,同时考虑资源利用。目前,碳捕获、利用与封存 CCUS(carbon capture,utilization and storage)是应对全球气候变化的新兴技术之一,是人类绿色发展可持续发展的重要手段。CCUS 是指将 CO_2 从排放源中分离后加以利用或封存,以实现减排的工业过程。我国已经提出 CO_2 排放力争于 2030 年前达到峰值,努力争取 2060 年前实现碳中和,即"3060 双碳目标",工业 CO_2 地质储存与工业化大规模应用势在必行。

1)CO_2 相态

随着温度和压力条件的变化,CO_2 存在气态、液态、固态和超临界 4 种相态(图 17-4)。在地下储层条件下,随着埋藏深度(压力)增加,纯 CO_2 会由气态相变为液态,当温度高于 30.98℃、压力超过 7.38MPa(73.77bar;1bar=0.1MPa)时,CO_2 进入超临界状态(图 17-4)。地下 CO_2 封存一般都要达到这个条件,通常埋藏深度介于 800~2000m 之间。

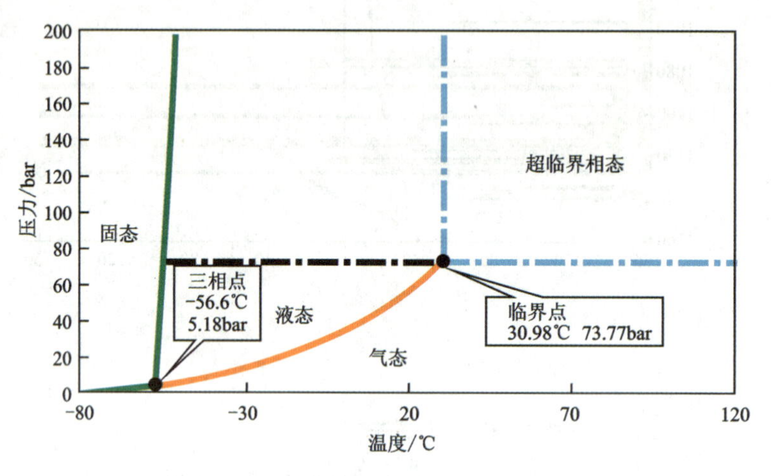

图 17-4 二氧化碳相态图(据 Bielinski,2006)

2)CO_2 密度

为了能更好地将 CO_2 封存在地层中,需要将 CO_2 压缩,使 CO_2 达到超临界状态。CO_2 的密度会随注入深度的增加逐渐增加,一般情况下当深度达到或者超过 800m 时,CO_2 将会达到超临界状态,超临界 CO_2 同时具有液体和气体的特性,此时随着注入深度的增加,CO_2 的密度变化会很小,处于超临界状态的 CO_2 密度约为 750kg/m^3。地表 1000m^3 的 CO_2 注入到地下,在地下 2km 的注入深度,其体积从地表的 1000m^3 锐减到 2.7m^3(图 17-5)。

3)CO_2 储层基本条件

适合 CO_2 地质封存的圈闭由能够储存 CO_2 的储层和能防止 CO_2 散失的盖层组成,能实现 CO_2 地质封存的储层需要满足几个主要条件:①充足的储存空间和可注入性(足够大的孔隙度和渗透率),孔隙度大于 10%的碳酸盐岩地层和孔隙度大于 15%的碎屑岩地层都是比较理想的 CO_2 储层。②安全的盖层,即储层之上具有极低渗透性或几乎不可渗透的岩层,这样可以防止 CO_2 向上运移和渗漏。常见的盖层有页岩、泥岩、盐岩和石膏等。③地层深度一般大于 800m,这样压力和温度才能使得注入的 CO_2 达到超临界状态,从而实现 CO_2 规模化封存。同时深度选择也应考虑注入成本,从技术经济角度考虑,一般不超过 3500m。CO_2 地质封存储层类型多种多样,主要包括沉积盆地内的深部咸水层、开采中或已经废弃的油气藏和因技术经济原因而不可开采的深部煤层,以及开采过的盐岩洞穴和玄武岩等其他类型储层(李琦,2018)。

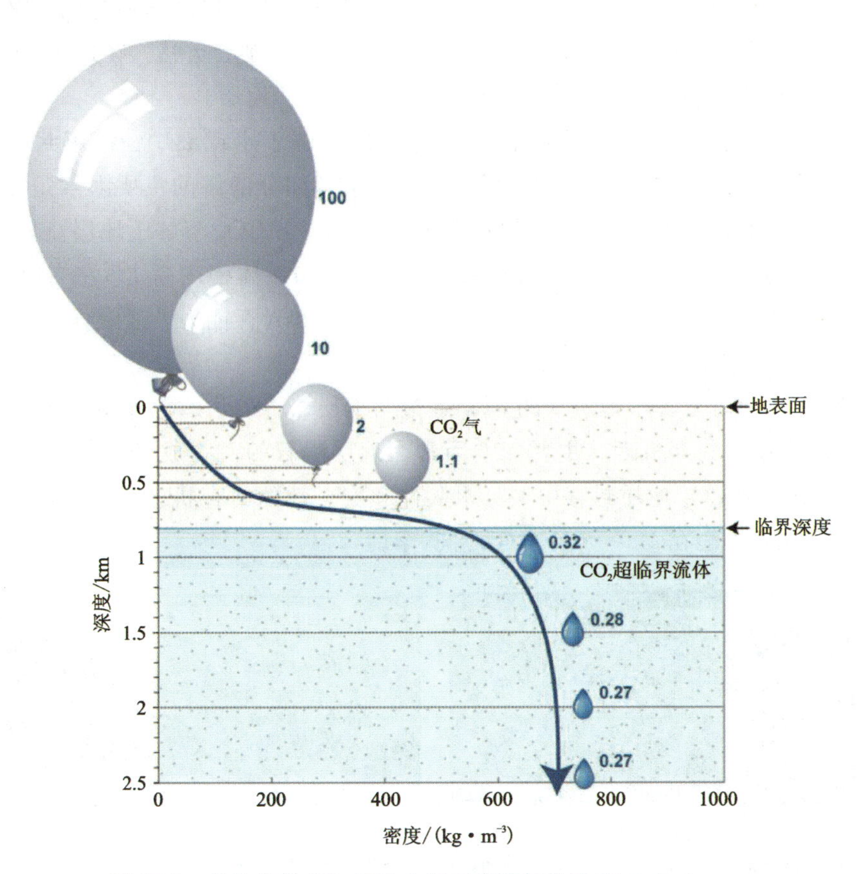

图 17-5　单位体积 CO_2 随注入深度变化趋势图(据 Bielinski,2006)

4)CO_2 地质封存机理

CO_2 注入地层后的封存机理主要有物理封存和化学封存两大类。其中,物理封存机理包括构造地层封存、束缚气封存和水动力封存;化学封存机理包括溶解封存和矿化封存(图 17-6)。

(1)构造地层封存机理:当 CO_2 到地层后,会进入岩石孔隙,而这些孔隙中一般都含有油气或地层水,所以在较高注入压力下,CO_2 会驱替孔隙中原有的油气或水,与其发生置换或混溶。由于 CO_2 的密度低于油气或水,所以处于超临界状态的 CO_2 会受浮力的作用向上运移。尽管巨量 CO_2 产生的浮力较大,但当遇到上覆盖层时就无法继续向上运移而滞留在盖层下部,就形成了构造地层圈闭,与此同时,构造地层封存机理开始作用。发生此类圈闭的地质构造主要包括地层圈闭、背斜圈闭和封闭断层圈闭。

(2)束缚气封存机理:当注入的 CO_2 在地层运移过程中,由于毛细管力、表面张力的作用,一部分 CO_2 被长久地滞留在岩石颗粒间的孔隙中,这就是束缚气封存机理。通常束缚气封存与溶解封存密不可分,束缚在岩石孔隙中的 CO_2 最终将会溶解在地层流体中。束缚气封存机理的作用时间从注入开始可持续几十年甚至更长时间。

(3)水动力封存机理:深部咸水层中的地层水在一个区域或盆地级别的流动系统中以较长时间尺度流动,其流速非常缓慢,通常以 cm/年来衡量,而运移的距离以数十或数百千米为单位来计算。如果 CO_2 注入到此类系统中，尽管没有像构造地层圈闭那样的隔挡层来阻挡 CO_2 的运移，CO_2 仍然可在浮力作用下以非常缓慢的速度沿地层运移。在这个漫长过程中，由于其他封存机理陆续会起作用，最终可避免 CO_2 到达浅部地层。

(4)溶解封存机理：在一定温压条件下，CO_2 可以溶解于水或油中。溶解封存是指 CO_2 溶解于地层流体中的封存过程。决定 CO_2 完全溶解或者部分溶解的主要因素是接触时间以及地层水和原油中 CO_2 的饱和度。溶解封存的优势在于：当 CO_2 溶解于地层流体中时，它便不再是一种独立的相态；当 CO_2 饱和流体比周围的未饱和流体密度高 1%左右时，CO_2 饱和流体会受重力作用，向下运移，提高了 CO_2 封存的安全性和封存能力。通常，溶解封存作用的时间尺度在 0～1000 年间。

(5)矿化封存机理：溶解于地层水的 CO_2 通过与地层岩石矿物的化学反应，产生碳酸盐类矿物沉淀，这便是矿化封存机理。主要影响因素为地层岩石的矿物成分、流体类型和化学反应过程。矿化封存是 CO_2 地质封存中最具永久性和安全性的封存机理。但是矿化封存过程相当缓慢，时间尺度推测在 100～10000 年之间(李琦，2018)。

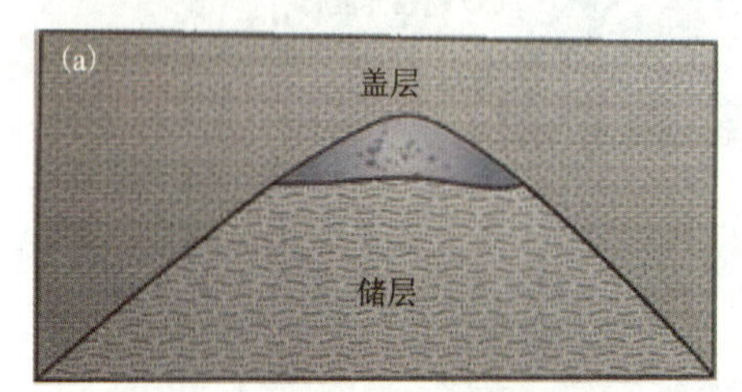

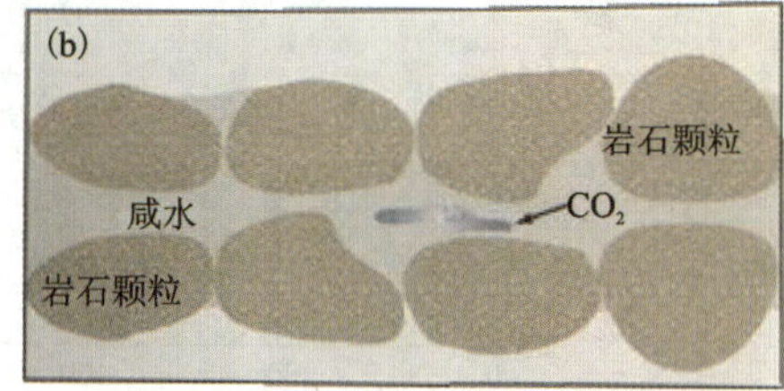

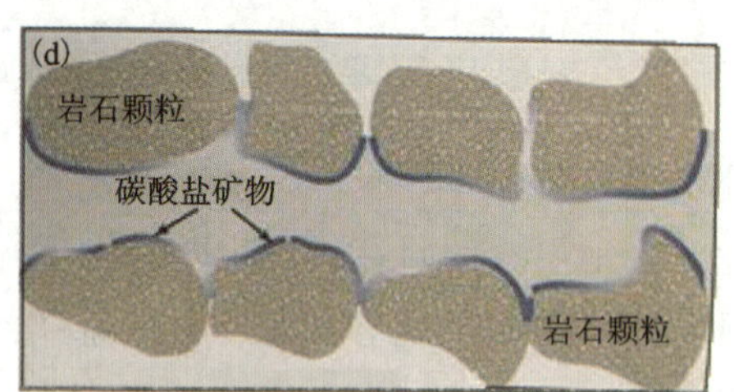

图 17-6　二氧化碳 4 种主要封存机理示意图(据李琦，2018)

2. CO_2 封存与利用技术

二氧化碳地下储存从经济效益与环境效益角度看，分为单纯封存和兼顾利用两个方面。单纯封存着重环境效益，以长期封存二氧化碳为主，其储存方式包括注入已经废弃的油气田、注入咸水层、海底储存、注入相关岩体洞穴、玄武岩等其他类型储层、深部煤层 6 种方式(表 17-4)。二氧化碳兼顾利用注重经济效益与环境效益兼顾，以驱替油气为主，其储存方式主要有注入正在开采的致密油田提高采收率(EOR)、注入正在开采的气田提高采收率(EGR)、注入煤层提高煤层气采收率(ECBM)等 6 种方式(见表 17-4)。

表 17-4　二氧化碳地下储存方式

考虑因素	储存方式
着重环境效益	①注入已经废弃的油气田； ②注入咸水层； ③海底储存； ④注入相关岩体洞穴； ⑤玄武岩等其他类型储层； ⑥深部煤层
经济效益与环境效益兼顾	①注入正在开采的油田提高石油采收率(EOR)； ②注入正在开采的致密气田提高气藏采收率(EGR)； ③注入煤层提高煤层气采收率(ECBM)； ④二氧化碳增强地热系统； ⑤二氧化碳增强天然气水合物开采； ⑥二氧化碳铀矿地浸开采等

拓展学习

CO_2 封存与利用实例

第四篇

油气储层改造与储层动态变化

储层非均质性研究是了解储集体中流体分布及其渗流规律的基础研究，而储层改造与储层动态变化规律研究是提高生产能力、采收率及剩余油分布规律认识的关键。页岩油气开发主要依赖于水平井水力压裂技术的突破。常规油田中随着一次采油、二次采油，甚至三次采油措施的实施，碎屑岩油田地下油藏内水(流体)岩(储层)相互作用的过程持续进行，流体(油气水)运动规律受储层流动单元、储层非均质性、储层物性等属性的控制，但反过来动态过程对储层结构和参数变化有重要影响。研究储层水淹与储层参数变化规律对流体流动、水淹规律和剩余油分布有重要实际意义。本篇主要介绍储层地质力学基础与水力压裂、储层敏感性分析与储层动态变化规律两章内容。

第十八章　储层地质力学基础与水力压裂

储层地质力学是一门涉及岩石力学、构造地质学、石油工程等领域的交叉学科(Zoback，2010；Nagel and Sanchez-Nagel，2019)，主要用于解决在油气藏开采过程中出现的各种地质力学问题(Zoback，2010)。例如，钻井过程中的井壁稳定问题、天然裂缝发育规律、水力压裂过程中各种压力与应力问题、人工裂缝起裂与拓展机理等。

随着水力压裂越来越多地应用于非常规油气储层开发，储层地质力学研究越来越重要。本章首先简单介绍了储层地质力学基础，包括岩石力学性质与地应力评价，然后讨论了水平井水力压裂的地质力学原理与基本过程，最后分析了页岩油气储层水力压裂的关键参数及其实时监测等。

第一节　岩石机械力学特征

一、岩石弹性模量与泊松比

岩石，特别是沉积岩，是一种多孔介质，在应力小于屈服应力的变形初期，通常可以视为弹性变形(Fossen，2010；图 18-1)。在弹性变形范围内，岩石弹性模量是应力与应变的比值，是岩石物理力学性质之一。在弹性变形范围内，大部分岩石的应力应变曲线可以简化为一条直线，弹性模量为一常数。岩石的弹性模量与岩石类型、矿物组成、颗粒大小、含水量、孔隙结构、天然裂缝、层理或片理、应力加载速度、温度等都有关系。如果岩石内存在脆弱面(如裂缝、层理、片理)时，不同方向的岩石弹性模量也存在差异，一般垂直于脆弱面的弹性模量大于平行层面的弹性模量。根据应力类型的不同，岩石的弹性模量包括 3 个：杨氏模量(E)、剪切模量(μ)和体积模量(K)。

在一个正应力(或法向应力)作用下，岩石长度会发生变化。假设岩石长度为 L、截面积为 A、垂直于岩石界面的作用力为 F、岩石长度变化为 ΔL，则正应力 $\sigma_N = F/A$，岩石应变为 $\varepsilon = \Delta L/L$。正应力与岩石应变的比值为杨氏模量($E = \sigma_N/\varepsilon$)。杨氏模量，又称拉伸模量，是弹性模量中最常见的一种。杨氏模量的大小代表了岩石的刚性，杨氏模量越大，岩石越不容易发生变形。岩石的弹性模量单位一般为 GPa，不同矿物与岩石的杨氏模量差别较大(表 18-1)。杨氏模量的测量方法很多，实验室一般通过三轴应力试验测量(图 18-1)。

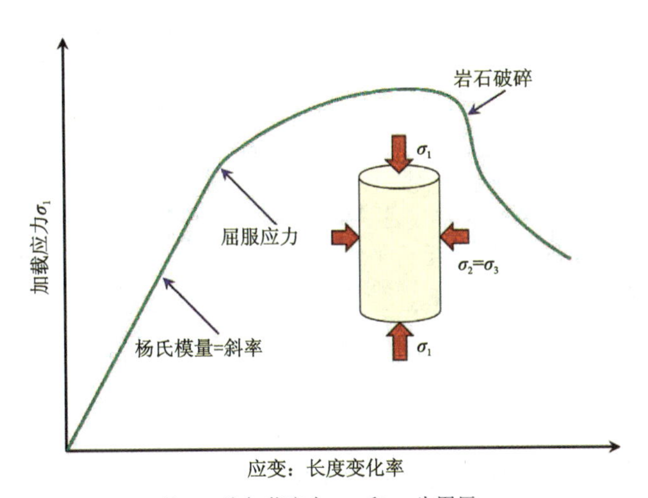

注：σ_1 为加载应力，σ_2 和 σ_3 为围压。

图 18-1　岩石三轴应力测试与杨氏模量

表 18-1　常见岩石与矿物杨氏模量与泊松比(Fossen,2010)

岩石与矿物	杨氏模量(GPa)	泊松比
石英	72	0.16
盐	40	约 0.38
钻石	1050～1200	0.2
灰岩	80	0.15～0.3
砂岩	10～20	0.21～0.38
泥页岩	5～70	0.03～0.4
辉长岩	50～100	0.2～0.4
花岗岩	约 50	0.1～0.25
角闪石	50～110	0.1～0.33
大理石	50～70	0.06～0.25

如果岩石遭受剪切应力 σ_S，其对应的弹性模量为剪切模量(μ)。剪切模量不如杨氏模量应用普遍。一般情况下，实验测试仅测量杨氏模量，然后结合泊松比(ν)计算剪切模量，即 $\mu=E/[2(1+\nu)]$。因此，剪切模量一般都小于弹性模量。

岩石体积模量(K)定义为产生单位相对体积收缩所需的压力。假设岩石在压力 P_0 下的体积为 V_0，当压力变化 ΔP 时，体积变化为 ΔV，则体积模量 $K=\Delta P/(\Delta V/V_0)$。另外，体积模量也等于岩石压缩系数的倒数，是研究储层渗透率变化的重要参数。与剪切模量类似，体积模量也可以根据杨氏模量和泊松比计算，即 $K=E/[3(1-2\nu)]$。

当岩石等材料在一个方向受挤压时，它会在与其垂直的方向膨胀，这种现象被称为泊松现象，最初由法国力学家 Simeon Denis Poisson 提出。泊松比是一个定量表征泊松现象的参数,定义为轴向应变与侧向应变的比率,即 $\nu=-\varepsilon_{ax}/\varepsilon_{rad}$。所有岩石的泊松比都为正值,一般介于 0.01~0.5 之间(表 18-1)。

二、岩石机械力学非均质性

沉积岩,特别是泥页岩,通常存在一定的层理(页理),主要是由矿物组成、纹理等的变化以及垂向机械压实等造成的。在垂直和平行于层理面两个方向,岩石弹性模量存在明显差别。在构造变形不强或构造运动以垂直抬升为主时,层理面平行或近似平行于水平面。因此,在大部分页岩油气储层内,岩芯尺度的样品可以简化为水平方向均质而垂直方向成层分布且非均质性强。

1992 年 Vernik 和 Nur 首次提出了 VTI(vertical transverse isotropic)模型[图 18-2(a)],作为泥页岩机械力学性质的一种简化的非均质模型。在 VTI 模型中,垂直于层面方向的岩石力学性质为常数,平行于层面方向的岩石力学性质在各方向相同,但垂直方向与水平方向的岩石力学性质通常不同。这主要与成层性岩石在不同方向的变形有关。当应力与岩石层面垂直时[图 18-2(b)],不同岩层所受的应力相同但应变不同;当应力与岩石层面平行时[图 18-2(c)],不同岩层所受的应变相同但应力不同。对于符合 VTI 模型的岩石,Mavko 等(2009)提出了利用 5 个独立的声波速度计算岩石杨氏模量与泊松比及其非均质性的方法。同时,在杨氏模量与泊松比也可以通过声波测井(纵波与横波)与地震数据体(横波与纵波)间接计算。

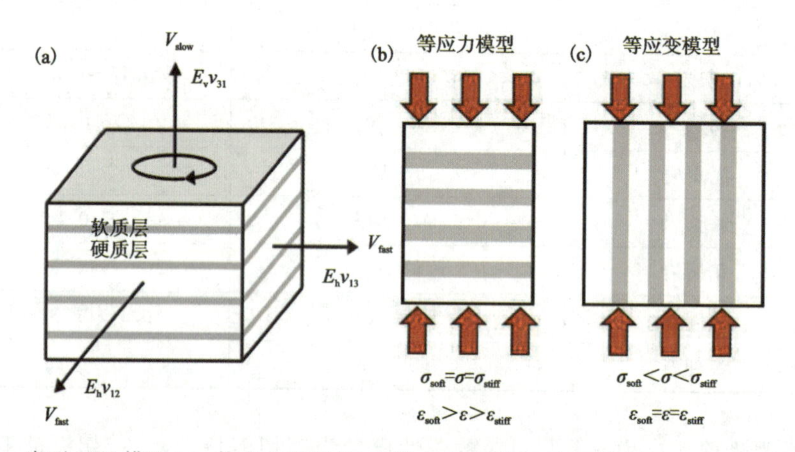

图 18-2 岩石 VTI 模型(a)、等应力模型(b)和等应变模型(c)示意图(据 Zoback and Kohli,2019)

第二节 储层地应力表征

一、地应力

应力是作用在单位面积上的力,其单位一般为 Pa、psi、MPa 等。与作用力一样,应力是一个矢量,由应力大小和方向共同确定。任一应力可以分解为垂直于作用面的正应力和平行于作用面的剪应力。地球内部的应力通常称为地应力。地应力的大小与地层深度、所处的构造环境有关。假设岩石内的某位置为一个无限小的盒子，其 6 个面上的应力可以分别由一个正应力和两个剪应力代表(图 18-3)。因此，地应力可以由一个 3×3 的张量表示[式(18-1)]，矩阵的每一行代表一个上面上的应力。其中，σ_{11}、σ_{22}、和 σ_{33} 代表正应力，而其他的代表剪应力。假设已知某一位置的地应力在某一坐标系的值，可以通过矩阵计算获得该位置任意坐标系下的地应力[式(18-2)，图 18-3]。

$$\boldsymbol{\sigma} = \begin{bmatrix} \sigma_{11} & \sigma_{12} & \sigma_{13} \\ \sigma_{21} & \sigma_{22} & \sigma_{23} \\ \sigma_{31} & \sigma_{32} & \sigma_{33} \end{bmatrix} \tag{18-1}$$

$$\sigma' = \mathbf{A}^{\mathrm{T}} \boldsymbol{\sigma} \mathbf{A} \tag{18-2}$$

式中，$\mathbf{A}$ 为 $\begin{bmatrix} \cos(\theta_{11}) & \cos(\theta_{12}) & \cos(\theta_{13}) \\ \cos(\theta_{21}) & \cos(\theta_{22}) & \cos(\theta_{23}) \\ \cos(\theta_{31}) & \cos(\theta_{32}) & \cos(\theta_{33}) \end{bmatrix}$；$\theta_{ij}$ 为新坐标系坐标轴 x_i 与旧坐标系 x_j 之间的夹角。

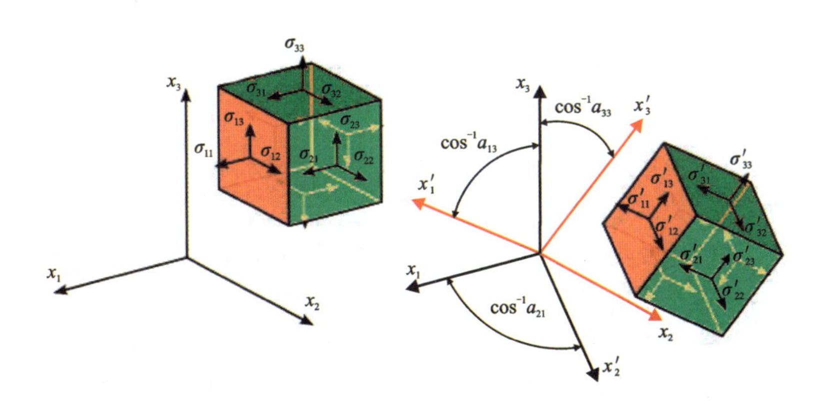

图 18-3　地应力张量分解及其坐标转化示意图

理论上，应力张量可以转换为一个对角矩阵[式(18-3)]，即所有的剪应力均为零。此时，对应的正应力为主应力，而对应的坐标轴为主应力轴。同时，由 3 个主应力轴定义的主应力面上的所有剪应力均为零。因此，任意一点的应力状态可以由 3 个主应力代表，其中 $\sigma_1 \geqslant \sigma_2 \geqslant \sigma_3$，这极大地简化了地应力的描述和计算。根据主应力值，岩石中的平均应力定义为 3 个主应力的平均值 $(\sigma_1 + \sigma_2 + \sigma_3)/3$，而差应力定义为最大主应力与最小主应力差值的一半，即 $(\sigma_1 - \sigma_3)/2$。

$$\boldsymbol{\sigma} = \begin{bmatrix} \sigma_{11} & 0 & 0 \\ 0 & \sigma_{22} & 0 \\ 0 & 0 & \sigma_{33} \end{bmatrix} = \begin{bmatrix} \sigma_1 & 0 & 0 \\ 0 & \sigma_2 & 0 \\ 0 & 0 & \sigma_3 \end{bmatrix} \tag{18-3}$$

地球表面与水或空气接触，而流体无法传导剪应力，导致地球表面上没有剪应力。因此，地球表面通常是一个主应力面，即一个主应力为垂直方向(当地表近似水平时)。因为 3 个主应力相互垂直，所以其他两个主应力为水平方向且相互垂直。这里需要指出的是，在地表坡度大或者构造运动强烈的地区,3 个主应力的方向也会发生一定的变化。

在一个主应力方向已知的情况下,为了描述地层内任意一点的应力状态需要 4 个参数,即垂直主应力大小(σ_V)、最大水平主应力大小(σ_{Hmax})、最小水平主应力大小(σ_{Hmin}),其中一个水平主应力的方向。影响地应力的因素很多,主要包括上覆地层重力、孔隙压力、构造运动以及热变形。其中垂直主应力由上覆地层重力产生,垂直主应力的大小为

$$\sigma_v = \int_0^z \rho(z) g \mathrm{d}z \tag{18-4}$$

式中,$\rho(z)$ 为埋深 z 处的岩石密度(如果为海洋,则为海水/湖水密度);g 为重力加速度。

垂直主应力的计算在陆上和海洋环境会存在一定的差别。在陆上,$\sigma_v = \bar{\rho}_{rock} g z$;在海上,$\sigma_v = \bar{\rho}_w g z_w + \bar{\rho}_{rock} g (z - z_w)$,其中 $\bar{\rho}_{rock}$ 和 $\bar{\rho}_w$ 分别为岩石和海水/湖水的平均密度,z_w 为水体深度。

水平主应力的来源包括垂直主应力导致的变形产生的水平应力、构造运动产生的应力以及温度变化导致岩石变形产生的应力(Prats,1981;Warpinskl,1989;Blanton and Olson,1999)。根据 VTI 模型,垂直主应力产生的水平最大主应力与水平最小主应力大小相同。假设仅考虑垂直主应力的影响,水平主应力的大小与垂直主应力大小、孔隙压力和泊松比有关[式(18-5)]。

$$\sigma_h = \frac{\nu}{1-\nu}(\sigma_v - \alpha_B P_p) + \alpha_B P_p \tag{18-5}$$

式中,ν 为泊松比;σ_v 为垂直主应力;σ_h 为水平最大主应力或水平最小主应力;α_B 为 Biot 系数;P_p 为孔隙压力。

式(18-5)忽略了构造运动和温度变化导致的水平应力,但是各变量容易获得、计算简单,是利用测井数据计算水平主应力的主要公式(Blanton and Olson,1999)。

构造运动是水平主应力的另一个重要来源,也是导致水平最大主应力与最小水平主应力差的主要因素。与垂直主应力产生的影响一样,温度变化产生的水平应力在各个方向基本一致。在考虑构造运动和温度变化的影响后,水平最大主应力和水平最小主应力可以通过下式计算

$$\begin{aligned} \sigma_{Hmin} &= \frac{\nu}{1-\nu}(\sigma_v - \alpha_B P_p) + \alpha_B P_p + (\varepsilon_h + \nu\varepsilon_H + (1+\nu)\alpha_T \Delta T)\frac{E}{1-\nu^2} \\ \sigma_{Hmax} &= \frac{\nu}{1-\nu}(\sigma_v - \alpha_B P_p) + \alpha_B P_p + (\nu\varepsilon_h + \varepsilon_H + (1+\nu)\alpha_T \Delta T)\frac{E}{1-\nu^2} \end{aligned} \tag{18-6}$$

式中,ε_h 和 ε_H 分别为构造运动导致的水平最小主应力方向和水平最大主应力方向的应变;α_T 为热膨胀系数;ΔT 为温度变化;E 为杨氏模量。

在不同的构造区域,根据 Anderson 断裂理论(Anderson,1951)3 个主应力的关系如图 18-4 所示。通常情况下,在地表附近(零到几百米),上覆地层重力小,构造运动、温度变化的影响更明显。随着深度的增加,垂直主应力逐渐增大,对于大部分油气储层埋深超过 1000m,通常 $\sigma_V > \sigma_{Hmax} > \sigma_{Hmin}$。这里需要指出的是,在利用 Anderson 断裂理论判断不同断层区域的主应力关系时,只能判断地层发生断裂时的地应力状态,跟现今的地应力状态通常存在一定差异。同时,式(18-5)计算的水平主应力也是发生构造变形前后的地应力状态,不能完全

代表现今的地应力状态。现今的地应力状态通常需要各种测试手段确定，会在后面的章节中详细介绍。

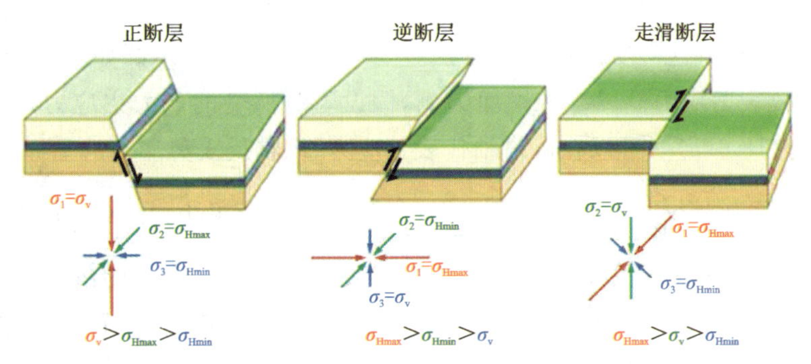

图 18-4　不同构造环境中地应力状态及主应力关系

对于油气储层，除了地应力外，孔隙中还存在流体以及流体内的孔隙压力（P_p）。在油气储层岩石中饱和各种流体时，作用在岩石骨架上的应力不再是地应力，而是有效地应力（effective stress），其值为地应力与孔隙压力的差值（Terzaghi，1923）。该有效地应力又称为简单有效地应力（simple effective stress），更适用于未固结的土壤、砂等（Zoback and Kohli，2019）。Nur 和 Byerlee（1971）针对固结较好的岩石，将简单有效地应力修正为式（18-7），也是目前通常说的有效地应力。

$$\sigma_{eff} = \sigma - \alpha_B P_p \tag{18-7}$$

其中，α_B 为 Biot 系数（Biot，1941），主要用于表征孔隙压力对有效地应力的相对影响，其值一般小于 1。假设岩石中存在裂缝（图 18-5），裂缝壁上的地应力即为有效地应力，因此在分析岩石破裂、水力压裂等应力时需要应用有效地应力而不是直接使用地应力。根据有效地应力的定义，3 个主应力对应的有效主应力为。

$$\begin{aligned} \sigma'_1 &= \sigma_1 - \alpha_B P_p \\ \sigma'_2 &= \sigma_2 - \alpha_B P_p \\ \sigma'_3 &= \sigma_3 - \alpha_B P_p \end{aligned} \tag{18-8}$$

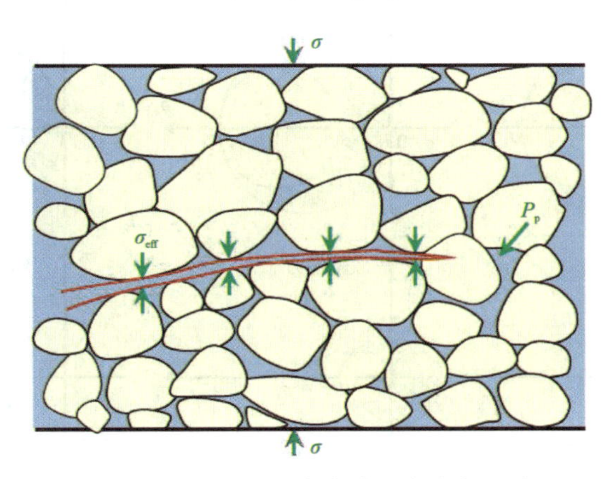

图 18-5　多孔岩石中有效地应力演示图

二、莫尔圆(Mohr Circle)与岩石破裂准则

莫尔圆是呈现和处理地应力的一种非常实用的图形方法。在19世纪时,德国工程师Otto Mohr首先发现了这一实用有效的方法(Fossen,2010)。莫尔圆如图18-6所示,横轴代表正应力,纵轴代表剪应力。以二维平面为例,假设岩石所受的最大主应力与最小主应力分别为σ_1和σ_3[图18-6(a)],可以在以横轴代表正应力、纵轴代表剪应力的坐标系中画莫尔圆,莫尔圆的圆心坐标为$\left(\frac{\sigma_1+\sigma_3}{2},0\right)$,半径为$(\sigma_1-\sigma_3)/2$[图18-6(b)]。莫尔圆圆周上的一个点的坐标对应岩石内某平面上的正应力和剪应力。假设岩石内一个面的法线方向与最大主应力的夹角为θ[图18-6(a)],则该岩石面上对应的正应力和剪应力是以圆心为中心、以横轴为起点、沿逆时针方向旋转2θ角时对应的圆周上一点的横坐标和纵坐标[图18-6(b)]。在实际地层中,3个主应力中的任意两个均可以确定一个莫尔圆或点,不同的应力状态下的莫尔圆如图18-7所示。对于多孔岩石,其莫尔圆由有效主应力代替。

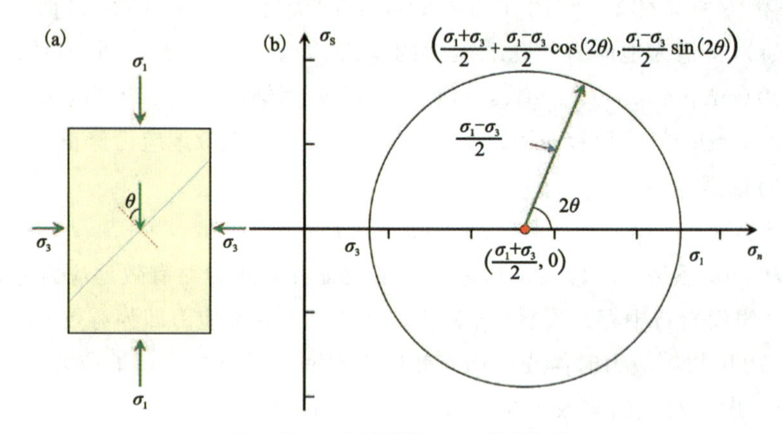

(a)二维主应力示意图;(b)二维莫尔圆

图18-6 莫尔圆与应力关系

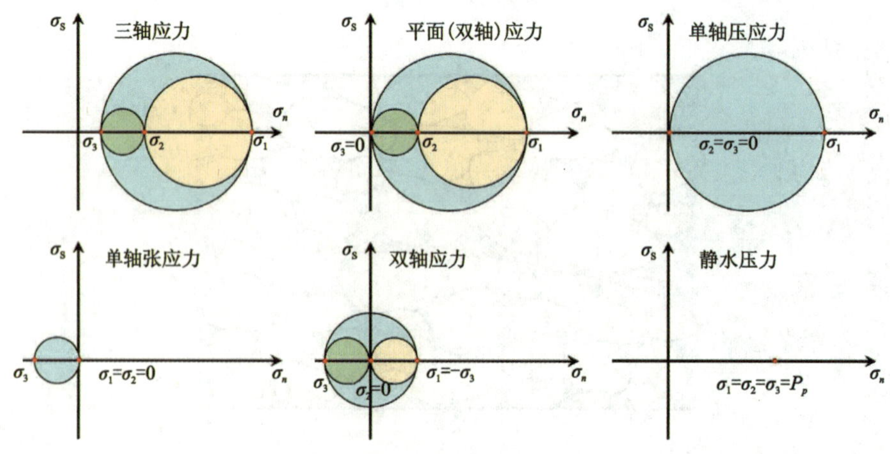

图18-7 三维空间典型应力状态莫尔圆

莫尔圆还能与岩石破裂准则结合，从而非常有效地判断岩石何时破裂、如何破裂等。岩石破裂与否受到多个因素的控制，主要包括岩石强度、应力状态与孔隙压力。在17世纪末期，法国物理学家Charles Augustin de Coulomb发现了可以预测岩石破裂时临界应力的准则，即库伦破裂准则。库伦破裂准则描述了未固结岩石在处于形成裂缝的临界状态时的剪应力与正应力的关系。后来，德国工程师Otto Mohr对库伦破裂准则进行了修正，引入了岩石黏结强度，使其能更好的应用于固结岩石中，即库伦-莫尔破裂准则[式(18-9)]。

$$\sigma_s = C + \sigma_n \tan\Phi = C + \sigma_n \mu \tag{18-9}$$

式中，C为岩石黏结强度；Φ为岩石内摩擦角；μ和$\tan\Phi$为岩石内摩擦系数。

由式(18-9)可知，即库伦-莫尔破裂准则是正应力与剪应力的线性函数，可以方便、直观地显示在莫尔圆的坐标系中(图18-8)。当莫尔圆与库伦-莫尔破裂准则直线不相交时，表示岩石稳定，并未发生破裂；当它们相切时，表示岩石处于发生破裂的临界状态；当它们相交时，表示岩石破裂(图18-8)。同时，由最大有效主应力与最小有效主应力确定的莫尔圆比另外两个莫尔圆大。因此，为了简化，通常可以只显示最大的莫尔圆并以其判断岩石是否破裂。

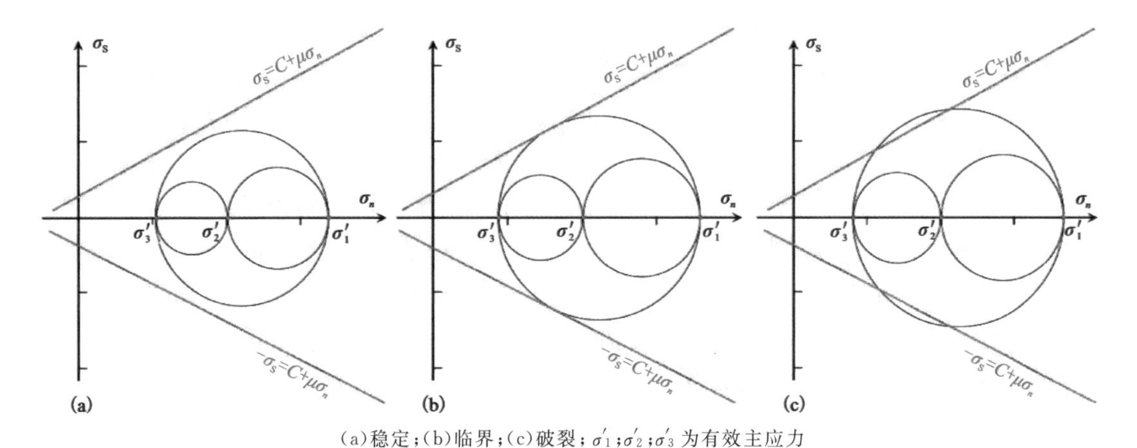

(a)稳定；(b)临界；(c)破裂；σ'_1；σ'_2；σ'_3为有效主应力

图18-8　岩石应力状态莫尔圆与库伦-莫尔破裂准则关系

对于大部分岩石，其内部通常存在微小裂缝(一般肉眼不可见)，导致岩石在遭受地应力挤压或拉伸时，在这些微裂缝的尖端形成应力集中，从而更加容易形成裂缝(Fossen，2010)。为了解决岩石中微裂缝对岩石破裂的影响，Alan Arnold Griffith于1920年提出了格里菲斯破裂准则，其数学公式为

$$\sigma_s^2 - 4T\sigma_n - 4T^2 = 0 \tag{18-10}$$

式中，T为岩石抗张强度，一般为岩石黏结强度C的一半。

与库伦-莫尔破裂准则一样，格里菲斯破裂准则也可以直观地显示在莫尔圆坐标系中。在挤压应力状态下，岩石内的微裂缝对岩石破裂的影响相对较小，而在拉伸应力状态下，微裂缝的影响更加显著。因此，在挤压应力区域(即$\sigma_n > 0$)，仍然可以使用库伦-莫尔破裂准则，而在拉伸应力区域(即$\sigma_n > 0$)，格里菲斯破裂准则更加准确，而库伦-莫尔破裂准则偏差相对较大。因此，人们通常可以结合库伦-莫尔破裂准则和格里菲斯破裂准则作为多孔岩石的破裂准则：挤压应力范围用库伦-莫尔破裂准则，而拉伸应力范围用格里菲斯破裂准则(图18-9)。除此之外，近年来人们还提出了其他多个岩石破裂准则，如Drucker-Prager破裂准则、Mogi-Coulomb破裂准则、Murrel破裂准则等(Halafawi and Avram,2019)。

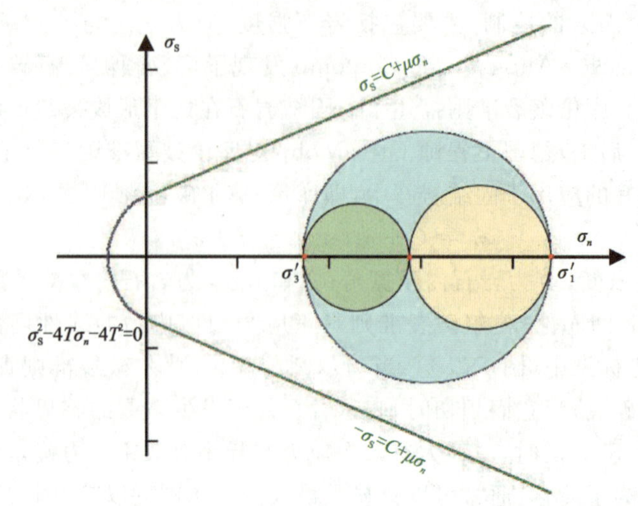

图 18-9　多孔岩石破裂准则(库伦-格里菲斯破裂准则)

当孔隙压力增加时(如注入高压流体、有机质生烃等),岩石遭受的3个有效主应力同时减小相同的值,导致莫尔圆向左平移且保持莫尔圆大小不变(图18-10)。随着孔隙压力持续增加,有效主应力持续下降,最终莫尔圆与岩石破裂准则线相切,表明岩石处于破裂的临界状态。如果继续增加孔隙压力,岩石会发生破裂。这是人工水力压裂的力学原理。另外,如果岩石内已经存在天然裂缝(或断层),岩石的黏结强度和抗张强度降低为零,导致库伦-莫尔破裂准则中截距变为零,破裂准则边界向右边移动,岩石更容易破裂(图18-10)。如果天然裂缝内充填矿物或岩浆,裂缝也存在一定的黏结强度和抗张强度,破裂准则边界应介于图18-10中基质和断层对应的破裂准则边界之间。

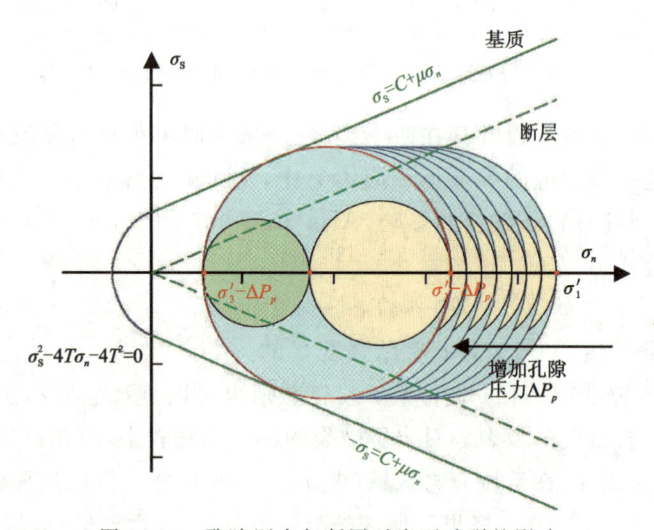

图 18-10　孔隙压力与断层对岩石破裂的影响

如果莫尔圆与岩石破裂准则线的切点坐标对应的正应力为正值,则形成的裂缝为剪切缝,裂缝是通过剪切变形形成的;而如果切点坐标对应的正应力值为负,则形成的裂缝为张裂缝。在形成剪切缝时，岩石遭受的平均有效应力值大于形成拉张缝时的平均有效应力值。因此，在岩石破裂产生裂缝时，剪裂缝释放的能量大于张裂缝，微地震监测到的信号主要是剪裂缝释放的能量形成的微地震信号，而张裂缝通常由于能量太低无法被监测到，这是微地震监测存在的一个问题。

三、地应力大小与方向测试

为了确定地应力状态，不仅需要确定 3 个主应力的大小，而且还要确定它们的方向。在实际油气储层地应力计算中，通常假设其中一个主应力方向为垂直方向 σ_V，另外两个主应力方向为水平方向且相互垂直 σ_{Hmax} 和 σ_{Hmin} 。因此，仅需要确定一个水平主应力的方向和 3 个主应力的大小，以及孔隙压力共 5 个值。其中垂直方向的主应力大小计算简单，主要利用密度测井曲线，通过计算其积分确定[式(18-4)]。因此，本节重点讨论其他 4 个参数。

1. 水平主应力方向

水平主应力的方向主要根据井眼内的钻井诱导缝和井壁突破的方向确定[图 18-11(a)]。在具体讨论之前，本节假设水平最小主应力为最小主应力，即 $\sigma_V > \sigma_{Hmax} > \sigma_{Hmin}$ 。这在大部分油气储层中都适用，如无明显构造变形区、正断层构造区和走滑断层构造区。

井眼内的钻井诱导缝和井壁突破形成的裂缝主要与井壁有效环向应力有关。根据 Kirsch(1898)，井壁有效环向应力为

$$\sigma_{\theta\theta} = (\sigma_{Hmax} + \sigma_{Hmin} - 2P_p)\frac{R^2 + r^2}{2r^2} - (\sigma_{Hmax} - \sigma_{Hmin})\frac{3R^4 + r^4}{2r^4}\cos 2\theta - \frac{\Delta PR^2}{r^2} - \sigma^{\Delta T} \tag{18-11}$$

式中，θ 为井径方向与最大水平主应力方向的夹角；R 为井径；r 为地层到井筒中心的径向距离；P_p 为地层孔隙压力；ΔP 为泥浆静水压力与孔隙压力的差值；$\sigma^{\Delta T}$ 为温度变化 ΔT 产生的应力。

在其他变量一定的情况下，井壁不同方位的有效环向应力差别较大[图 18-11(b)]。在最小水平主应力方向，有效环向应力最大，且在井壁处达到最大值。随着到井筒径向距离 r 的增加，有效环向应力迅速下降。因此，通常在最小水平主应力方向，井壁遭受强烈的挤压应力，形成大量剪切缝，即井壁突破[图 18-11(a)]。井壁突破一般是由多个剪切缝形成的小型破裂带(图 18-12)。在最大水平主应力方向，有效环向应力最小，且在井壁处达到最小值。如果泥浆静水压力偏大，在最大水平主应力方向的有效环向应力可为负值，即拉张应力[图 18-11(b)]。因此，通常在最大水平主应力方向，井壁遭受较弱的挤压或一定的拉张，容易形成张裂缝，即钻井诱导缝[图 18-11(a)]。钻井诱导缝通常为一条垂向延伸、缝宽极小的张裂缝。

2. 最小水平主应力大小

在地层中形成人工水力压裂裂缝包括：裂缝的开启和拓展两个基本过程。裂缝开启主要受井周围的应力控制，特别是井壁有效环向主应力。根据上一节的讨论，随着泥浆(或压裂液)压力的增加，井壁有效环向主应力不断下降，并最终在最大水平主应力方向开启裂缝

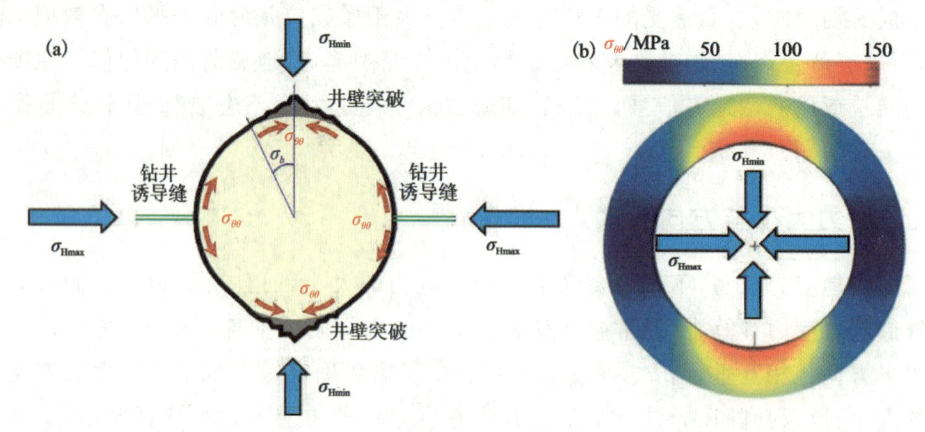

图 18-11　水平主应力与钻井诱导缝、井壁突破的位置关系(a)和直井井壁有效环向应力分布图(b)
(据 Zoback et al.,2003)

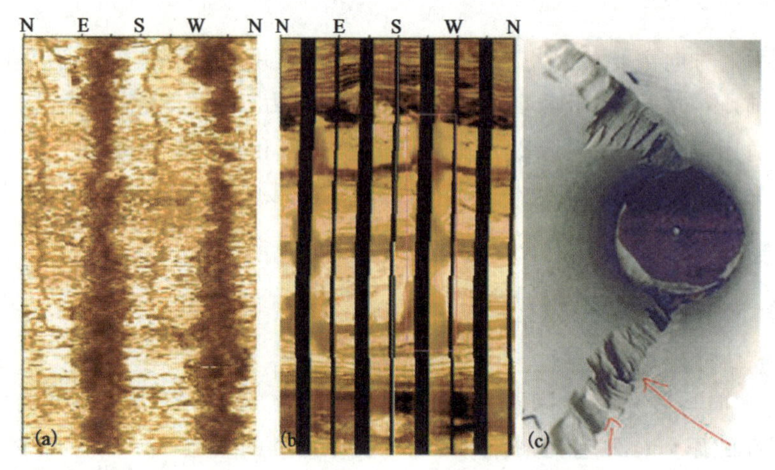

(a)超声波成像测井(据 Zoback et al.,2003);(b)电阻率成像测井(据 Zoback et al.,2003);
(c)井眼光学成像(据 Nagel and Sanchez-Nagel,2019)

图 18-12　井壁突破实例

(图 18-11)。而裂缝的拓展方向为垂直于最小主应力方向,因为在这个方向拓展裂缝所需要克服的阻力(即作用在裂缝壁上的地应力)最小,约等于最小主应力 σ_3 (Hubbert and Willis,1957)。虽然天然裂缝等会改变水力压裂裂缝的拓展方向,但这主要发生在天然裂缝附近,在远离天然裂缝后,水力压裂裂缝仍然沿垂直于最小主应力的方向拓展(Warren and Smith,1985;Zoback,2010)。另外,需要指出的是,如果垂向主应力为最小主应力,则水力压裂裂缝沿垂直于井眼轴线的方向扩展。由于这种情况在油气储层中并不常见,为讨论方便,本节假设最小水平主应力为最小主应力 σ_3 。

确定最小水平主应力大小的测试方法主要包括诊断性裂缝注入测试(diagnostic fracture injection test,DFIT)、微型压裂测试、大型水力压裂前的小型压裂、钻井液漏失测试或扩展漏失测试。它们在测试流程和方法上非常相似,在测试过程中都需要注入高压流体(压裂液)并形成一个小型裂缝。本节首先以 DFIT 为例介绍基本的测试过程和原理,然后再简单讨论它们的差别。

在DFIT测试过程中，通过低速（一般小于5BBL/min）输入一定量的水（Zoback and Kohli，2019），在裸眼井的末端开启一个裂缝并使裂缝拓展一定的距离，然后关闭水泵并持续监测井底压力一段时间（Barree，1998；Barree et al，2009，2014；Cramer and Nguyen，2013；McClure et al.，2014）。在DFIT测试过程中，泵速恒定，由于井筒体积一定，所以井底压力从静水压力开始随时间线性增大（图18-13）。当在井壁形成裂缝时，井筒体积增大，压裂液开始沿裂缝漏失，导致井底压力增加的速度下降，从而导致井底压力曲线偏离原来的直线。此处对应的压力叫漏失压力（Leak-off Pressure）。为了产生足够大、可以明显观测到的压力增速变化，井底压力需要有足够的能力促使裂缝能够延伸一定的距离，因此，漏失压力通常等于或略高于最小主应力。在没有其他资料的情况下，可以将漏失压力作为最小主应力。如果不是在裸眼井中进行DFIT测试，而是在套管井中通过射孔与地层相连，则需要额外的压力克服井眼附近的阻力，导致漏失压力进一步高于最小主应力。

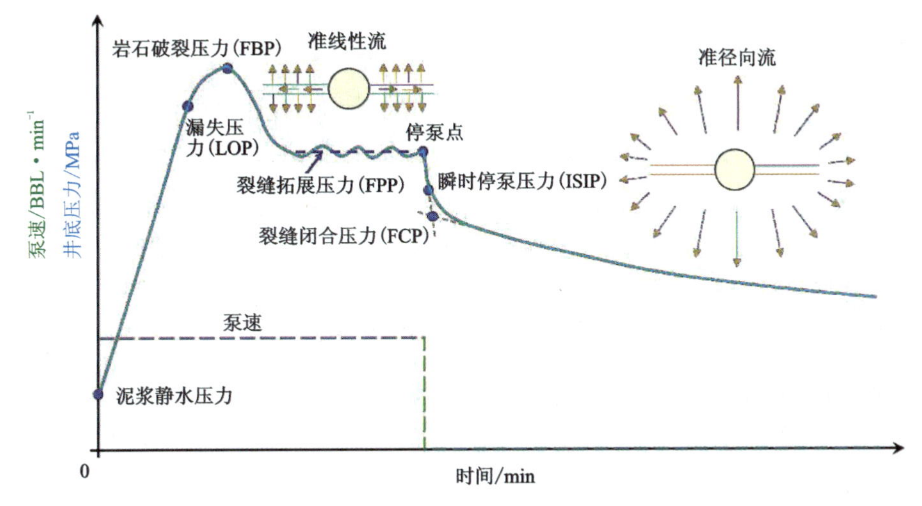

图18-13　诊断性裂缝注入测试典型曲线

随着裂缝不断拓展，井底压力增长速度持续下降，然后变为负值，井底压力开始下降。井底压力的最高点为岩石破裂压力（formation breakdown pressure）。岩石破裂压力代表地层中形成了大量裂缝，导致泵入井筒的流体速度开始低于流体流入裂缝中的速度，因此井底压力开始下降。岩石破裂一般发生在井壁环向应力与岩石抗拉强度相等时（Hubbert and Willis，1957），因此可以用于确定岩石的抗张强度。在保持泵速不变的条件下，随着井底压力的不断下降，裂缝的拓展速度开始降低，进而导致井底压力下降的速度降低，直至达到一种平衡，即泵入井筒的流体速度与流入裂缝的流体速度相同。此时的压力能够稳定地促进裂缝拓展，即裂缝拓展压力，其值通常非常接近（略高于）最小主应力（Hickman and Zoback，1983；Feng et al.，2016），比漏失压力低。

在实际的测试过程中，瞬时停泵压力（ISIP）比漏失压力和裂缝拓展压力更接近最小主应力。在刚刚停泵时，井底压力快速线性下降，然后由于压力的下降裂缝闭合，流体开始主要通过基质孔隙向地层中渗流，形成准径向流，井底压力开始缓慢下降。因此，瞬时停泵压力为停泵后井底压力快速线性下降的终点。瞬时停泵压力与裂缝拓展压力的差值约等于系统内流体摩擦产生的压降,因此瞬时停泵压力不包含流体流动导致的压降,更加接近最小主应力。瞬时停泵压力在水力压裂分析中有着广泛应用,如水力压裂模拟(Liu and Valkó,2017;Ye et al.,2018;Tang and Wu,2018)、应力遮挡分析(Ahmed and Ehlig-Economides,2013;Hurd and Zoback,2012;Roussel,2017)等。另外,当井底压力的下降至最小主应力时,裂缝闭合,井底压力下降速度进一步下降。理论上,裂缝闭合时对应的压力,即裂缝闭合压力(FCP),应该等于最小主应力。但是,在实际应用过程中,裂缝闭合压力的确定比较困难,一般利用井底压力与时间的平方根曲线确定(Zoback,2010;Belyadi et al.,2017)。在DFIT分析中,一般ISIP和FCP,以及FPP和LOP可以一起共同确定最小主应力的值或其范围。

总体而言,DFIT测试时间长、收集数据多,各种分析研究比较多(Barree et al.,2014),是目前比较常见和广泛被接受的一种压裂测试技术,在非常规储层,如页岩油、页岩气、煤层气储层中应用普遍。

3.最大水平主应力大小

最大水平主压力无法通过DFIT等压裂测试方法直接获得。目前主要有两种方法计算最大水平主应力。第一种方法是利用钻井诱导缝。根据式(18-11),在井壁处形成钻井诱导缝时,井壁有效环向应力在最大主应力方向达到最小值且等于岩石的抗张强度(Brudy et al.,1997;Zoback et al.,2003),式(18-11)简化为($R=r$)

$$\sigma_{\theta\theta}^{\min}=3\sigma_{\mathrm{Hmin}}-\sigma_{\mathrm{Hmax}}-2P_p-\Delta P-\sigma^{\Delta T}=-T_0 \tag{18-12}$$

$$\sigma_{\mathrm{Hmax}}=3\sigma_{\mathrm{Hmin}}-2P_{\mathrm{p}}-\Delta P-\sigma^{\Delta T}+T_0 \tag{18-13}$$

第二种方法是利用井壁突破。井壁突破发生时,井壁的挤压应力超出了岩石强度。一旦井壁突破发生,井壁的挤压应力会导致井壁突破向外延伸一定的距离。假设在井壁突破最大夹角处(θ_b,即岩石突破的边界与突破中心的夹角,图18-11)环向应力等于岩石的无围压抗压强度(unconfined compressive strength,C_0)。Barton等(1988)提出利用岩石突破宽度计算最大水平主应力的方法,其公式为

$$\sigma_{\mathrm{Hmax}}=\frac{(C_0+2P_{\mathrm{p}}+\Delta P+\sigma^{\Delta T})-\sigma_{\mathrm{Hmin}}(1+2\cos 2\theta_b)}{1-2\cos 2\theta_b} \tag{18-14}$$

因此,为计算最大水平主应力,需要计算孔隙压力、最小水平主应力、井底压力、以及岩石强度(抗张强度T_0或无侧限抗压强度C_0)。另外,需要指出的是,利用钻井诱导缝和井壁突破计算最大水平主应力需要一些基本的假设、简化,以及部分参数不容易确定(如无侧限抗压强度、温度影响等)。因此,分析σ_{Hmax}的范围也非常必要。

根据库伦-摩尔破裂理论和Anderson断裂理论,Jaeger and Cook(1979)提出了岩石处于临界状态的公式

$$\frac{\sigma_1-P_{\mathrm{p}}}{\sigma_3-P_{\mathrm{p}}}=[(1+\mu^2)^2+\mu]^2 \tag{18-15}$$

式中,μ为岩石内摩擦系数。

4. 孔隙压力

地层孔隙压力是油气勘探开发最重要参数之一，对于油气钻井、油气开发效果、开发方式、经济效益等都有重要影响(Zhang，2011)。在储层地质力学分析中，孔隙压力是计算有效主应力的必要参数，在水力压裂分析过程中起着重要的作用。孔隙压力大小的确定主要是通过测井资料预测，也可以通过 DFIT 测试获得。本节先简单介绍 DFIT 测试方法，然后重点讨论测井资料预测方法。

DFIT 测试可以获得裂缝闭合压力(FCP)和瞬时停泵压力(ISIP)，它们可以确定最小水平主应力。根据式(18-5)、式(18-6)，基于垂直主应力、泊松比、温差导致的应力、构造应力等，可以计算地层孔隙压力(Craig and Brown，1999)。其公式为

$$P_p = \frac{(1-\nu^2)\sigma_{\mathrm{Hmin}} - \nu(1+\nu)\sigma_v - [\varepsilon_h + \nu\varepsilon_H + (1+\nu)\alpha_T\Delta T]E}{(1+\nu)(1-2\nu)\alpha_B} \tag{18-16}$$

式中各参数同前。

该方法在实际应用中的一个问题是温差导致的应力与构造应力等不容易确定，故计算结果存在一定的不确定性。因此，测井资料预测孔隙压力比较常用。

大部分测井资料预测孔隙压力方法都是基于 Terzaghi 和 Biot 的有效应力原理(Terzaghi et al.，1996；Biot，1941)，即垂直主应力(σ_V)等于垂直有效主应力(σ_{eff})和地层孔隙压力之和。该公式可以改写为计算孔隙压力的公式

$$P_p = (\sigma_V - \sigma_{\mathrm{eff}})/\alpha_B \tag{18-17}$$

假如垂直主应力和垂直有效主应力已知，Biot 常数 α_B 假设为 1 时，则可以利用式(18-17)计算孔隙压力。垂直主应力可以相对容易地利用体积密度测井计算，而垂直有效主应力可以用电阻率测井或声波测井或地震资料计算。常见的方法包括 Eaton 法(Eaton，1975)、Bowers 法(Bowers，1995)、Miller 法、Lopez 法(Lopez et al.，2004)、改进的 Eaton 法(Zhang，2011)、孔隙度法(Heppard et al.，1998；Flemings et al.，2002；Holbrook et al.，2005；Schneider et al.，2009)等。

Eaton 法的基础是地层有效地应力不同时，岩石压实程度不同，从而导致泥页岩孔隙度变化，并最终导致泥页岩地层电阻率和声波速度变化。假设可以确定研究区目的层泥页岩在正常压实时的电阻率或已知声波时差，则可以通过测井数据与正常压实时的数值进行比较，进而确定孔隙压力(Eaton，1975)。

$$P_p = \sigma_V - (\sigma_V - P_{np})\left(\frac{Rt_{\log}}{Rt_n}\right)^n \tag{18-18}$$

$$P_p = \sigma_V - (\sigma_V - P_{np})\left(\frac{t_n}{t_{\log}}\right)^n \tag{18-19}$$

式中，P_p 为孔隙压力；σ_V 为垂直主应力；P_{np}、Rt_n 和 Δt_n 为正常压实时的孔隙压力(即静水压力)、电阻率和声波时差；$Rt_{\log}$ 和 Δt_{log} 为测井实测电阻率和声波时差，电阻率单位为 Ω·m，声波时差单位为 μs/m；n 为指数，对于电阻率其值一般为 0.6～1.5；而对于声波时差其值一般

为3(Zhang,2011)。

Eaton法假设正常压实条件下,泥页岩电阻率和声波时差为常数。但是在实际情况下,泥页岩电阻率和声波时差会随深度变化。改进的Eaton方法主要是将正常压实条件下的电阻率和声波时差看作是埋深的函数。

$$P_p = \sigma_V - (\sigma_V - P_{np})\left(\frac{Rt_{\log}}{Rt_n(Z)}\right)^n \tag{18-20}$$

$$P_p = \sigma_V - (\sigma_V - P_{np})\left(\frac{\Delta t_n(Z)}{\Delta t_{\log}}\right)^n \tag{18-21}$$

式中,$Rt_n(Z)$一般为埋深的指数函数(Zhang,2011)[$Rt_n(Z) = Rt_0\, e^{bZ}$,其中b为常数,Z为埋深,Rt_0为$Z=0$时的泥页岩电阻率];$\Delta t_n(Z)$与埋深的关系一般认为是一种指数关系(Slotnick,1936;Sayers et al.,2002;Van Ruth et al.,2004;Tingay et al.,2009)[$\Delta t_n(Z) = a + b\, e^{-cZ}$,其中a、b和c为常数(>0)]。

Bowers法是基于声波速度与有效应力的拟合函数(指数函数)计算孔隙压力,其公式为

$$P_p = \sigma_V - \left(\frac{v_p - v_{ml}}{A}\right)^{\frac{1}{B}} \tag{18-22}$$

式中,v_p为某一深度的声波速度;v_{ml}为地表或海底的声波速度;A和B为常数。

例如,在墨西哥湾,A为10~20,B为0.7~0.75,v_{ml}为5000ft/s(Zhang,2011)。

Miller法与Bowers法类似,只是声波速度与有效应力的关系为对数函数,其公式为

$$P_p = \sigma_V - \frac{1}{\lambda}\ln\left(\frac{v_m - v_{ml}}{v_m - v_p}\right) \tag{18-23}$$

式中,v_m为泥页岩岩石骨架的声波速度,即有效应力无限大时的泥页岩声波速度;λ为常数(一般为0.000 25;Zhang,2011)。

Lopez法是通过建立声波时差与有效应力的关系计算孔隙压力,本质上与Miller法和Bowers法一样,其公式为

$$P_p = \sigma_V - A\left(\frac{\Delta t_{ml} - \Delta t}{\Delta t - \Delta t_m}\right)^B \tag{18-24}$$

式中,Δt_m为泥页岩岩石骨架的声波时差;Δt_{ml}为地表或海底泥页岩声波时差(一般为200μs/ft);A和B为常数,[在墨西哥湾地区A=1 989.6,B=0.904(Zhang,2011)]。

孔隙度法与声波和电阻率法类似,也是通过孔隙度与有效应力的方法计算孔隙压力。根据不同的孔隙度与有效应力的关系,孔隙度法的具体公式也存在差异。例如,Flemings等(2002)的计算孔隙压力公式

$$P_p = \sigma_V - \rho_w g z - \frac{1}{\beta}\ln\left(\frac{\Phi_0}{\Phi}\right) \tag{18-25}$$

式中,ρ_w为地层水密度;g为重力加速度;β为泥页岩压缩系数;Φ_0为参考孔隙度;Φ为孔隙度。

综上所述,目前存在大量的计算孔隙压力的公式,也从侧面说明了目前没有普遍被接受的、可以适用于不同盆地的公式,并且测井预测的孔隙压力也存在一定的误差。在实际应用过程中,一方面需要测试不同的孔隙压力公式在研究区的计算效果,另一方面在有实测孔隙压力时,最好利用实测数据对各个公式进行校正,以达到最好的计算效果。

第三节　水力压裂

一、人工水力压裂原理与类型

人工水力压裂作为油气开发工艺之一有着悠长的历史。早在20世纪40年代，油气公司在进行酸化过程中发现，当输入压力大于某一值时，酸液输入量会显著增加(Grebe and Stosser,1935)，并逐渐意识到可能在地层中形成了裂缝(Economides and Martin,2007)。1947年，在堪萨斯州西部的Hugoton气田实施了第一次正式的水力压裂增产作业(Economides and Martin,2007)。经过几十年的不断发展完善，水力压裂已经是油气储层增产的基本措施之一。特别是在20世纪末，滑溜水水力压裂与水平井钻进技术的发展，释放了大量以前认为不可能开采的非常规油气，如页岩油、页岩气，显著改变了世界能源格局。

水力压裂是使用加压流体在储层岩石中产生裂缝、并在裂缝中填充支撑剂从而建立有效的油气渗流通道的过程。通过在地面向井筒中不断注入流体，流体通过裸眼井壁或射孔孔眼流入地层，当流体压力大于地层破裂压力(或起裂压力)时，在地层中形成裂缝。在一定的流体压力下，裂缝不断拓展并最终形成一定规模的裂缝或裂缝网络，为油气提供高效的流动通道。然而，在油气开发过程中，地层孔隙压力(流体压力)不断下降，形成的裂缝会再次闭合，导致其传导能力显著下降，不利于油气增产。因此，通过在裂缝内添加支撑剂的方式，使裂缝在孔隙压力下降后仍然维持开启(导流能力)是水力压裂至关重要的组成部分。由此可见，水力压裂包括两个核心部分：①在储层中形成裂缝；②保持裂缝开启。在地层中形成大量的人工裂缝是基础，保持裂缝开启是关键。在裂缝数量一定的情况下，增加裂缝长度和裂缝传导能力都可以增加裂缝产量。如第十四章所述，通常页岩气储层水力压裂更加追求足够的裂缝长度，页岩油储层裂缝传导能力更加重要。

根据实施水力压裂井的类型，可以将水力压裂分为直井水力压裂和水平井水力压裂(图18-14)。直井水力压裂的主要目的包括3种：①移除井壁表层伤害，降低井筒附近的压降；②控制出砂；③建立油气高速渗流通道，增加油气产量。

水平井水力压裂的主要目的是在低渗透储层(页岩储层、煤层气储层)中建立有效的油气渗流通道，获取工业油气流，实现商业开发。直井水力压裂主要用于常规油气储层和致密砂岩储层，以及浅层煤层气储层。直井水力压裂主要是形成双翼裂缝，即两条对称的主裂缝。水平井水力压裂主要是为了形成垂直于水平井段的裂缝网络，一般分为多个井段实施(图18-14)，即水平井多阶段水力压裂。因此，它们的作业方式、压裂液等都存在较大差异。本节重点讨论水平井多阶段水力压裂。

水平井多阶段水力压裂过程复杂，通常需要高压、大量的水、化学试剂、支撑剂等，导致地表设备极为复杂。

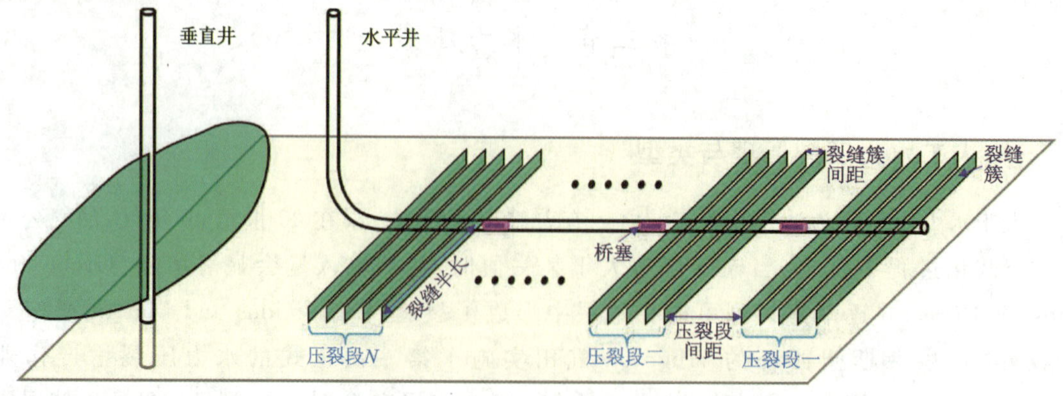

图 18-14 直井与水平井水力压裂对比图

二、水平井多阶段水力压裂基本流程

1. 水平井钻井与完井

为形成垂直于水平井段的人工裂缝，水平井段一般平行于最小主应力方向。同时为了降低地表建设成本，减少环境影响，提高施工效率，通常在同一个钻井井场向平行于最小主应力的两个方向钻 6～12 口水平井，形成井组。一般情况下，首先钻一口直井，进行取芯、测井、DFIT 测试等，获取井组位置的基本地质信息。其次在直井目标层的上面进行造斜，将直井转化为井组内的第一口水平井。最后在水平井中安装套管，并依次完成井组内的所有水平井。

2. 第一压裂段射孔与桥塞

在完成井组内的所有水平井完井后，选其中一口水平井(一般为边界井)对水平井最深处进行射孔，即第一压裂段。一般一个压裂段 150～500ft，包括 4～6 个射孔簇，每个射孔组约 5 个射孔孔眼，射孔簇间的距离一般为 25～100ft(图 18-15)。一般在射孔时会同时安装桥塞，为实施下一个压裂段做准备。

3. 第一压裂段压裂

通过地表多个高压泵高速注入流体，在整个过程中一般保持流速不变(如 80 桶/min)，依次注入酸、滑溜水、不同支撑剂大小与浓度的混合水、滑溜水(表 18-2)。①通常注入酸，一般为盐酸(HCl)，其注入量一般较小(约 60 桶)，不同地层注入量略有差别，用以清理射孔孔眼；②接着开始注入清水(或滑溜水)，其注入量远大于酸液体积，且注入速度更高，主要用以形成人工裂缝网络主体；③在地表搅拌机内混合支撑剂与清水并开始注入支撑剂与清水的混合水，一般首先开始加入 100 目的支撑剂且支撑剂浓度逐渐增加，用以增加射孔孔眼大小、降低天然裂缝压裂液漏失等；④再次加入更大的支撑剂(如 40/70 目、20/40 目等)并增加支撑剂浓度，主要用于支撑裂缝、增加裂缝传导能力；⑤最后再次注入清水，用以清洗井筒内的支撑剂。

表 18-2　Marcellus 页岩 MIP 3H 井第一压裂段压裂数据(数据来自 www.mseel.org)

设定的否计划									
序号	步骤	泥浆体积/桶	泵速(桶/min)	抽水时间/min	流体名称	流体体积/桶	支撑剂	支撑剂浓度/PPA	支撑剂质量/磅
1	速率	20.0	15.0	1.3	滑溜水	840		0.0	0
2	7.5%的盐酸	71.4	15.0	4.8	7.5%的盐酸	2999		0.0	0
3	前置液	1 000.0	80.0	12.5	滑溜水	42 000		0.0	0
4	0.25 前置液	317.6	80.0	4.0	滑溜水	13 188	100 目砂	0.2	3297
5	0.5 前置液	340.6	80.0	4.3	滑溜水	13 986	100 目砂	0.5	6993
6	0.75 前置液	456.0	80.0	5.7	滑溜水	18 522	100 目砂	0.7	13 891
7	1.00 前置液	575.0	80.0	7.2	滑溜水	23 100	100 目砂	1.0	23 100
8	1.5 前置液	897.2	80.0	11.2	滑溜水	35 280	100 目砂	1.5	52 920
9	2.00 前置液	714.2	80.0	8.9	滑溜水	27 500	100 目砂	2.0	55 000
10	0.50 前置液	584.0	80.0	7.3	滑溜水	23 982	40/70 目	0.5	11 991
11	0.75 前置液	456.1	80.0	5.7	滑溜水	18 522	40/70 目	0.8	13 891
12	1.0 前置液	461.1	80.0	5.8	滑溜水	18 522	40/70 目	1.0	18 522
13	1.5 前置液	823.7	80.0	10.3	滑溜水	32 382	40/70 目	1.5	48 573
14	2.0 前置液	1 200.2	80.0	15.0	滑溜水	46 200	40/70 目	2.0	92 400
15	2.5 前置液	613.8	80.0	7.7	滑溜水	23 142	40/70 目	2.5	57 855
16	3.0 前置液	375.1	80.0	4.7	滑溜水	13 860	40/70 目	3.0	41 580
17	冲洗液	305.0	80.0	3.8	滑溜水	12 810		0.0	0

设计的总泵量			
泥浆/桶	泵送时间/min	清洁液/加仑	支撑剂/磅
9 210.8	120.1	366 835	440 014

4. 桥塞密封-射孔-安装桥塞-注射高压流体

从第二压裂段开始，每次的压裂流程基本类似。首先，通过投放桥塞球或射孔枪挤压的方式使桥塞密封，从而分割与前一压裂段的连接；然后，射孔并再次安装桥塞；最后，注射高压流体与支撑剂进行压裂。

5. 移除桥塞、完成压裂作业

在完成所有压裂段后，需要移除桥塞，联通所有压裂段。一般可以通过钻头钻掉所有桥塞，也有通过溶解掉所有桥塞球联通所有压裂段。

除此之外，为提高水平井水力压裂的效率，特别是充分利用在压裂过程中导致的地应力变化(即人工裂缝周边应力大小和方向会发生变化，导致不同压裂段形成的裂缝方向不同，如Rafiee et al.，2012；Soliman et al.，2010)，形成更加复杂的裂缝网络，在以井组为单位的水力压裂过程中，对水力压裂的流程进行了优化，提出了多井同时压裂和"之"字形压裂(图18-15)。其中，"之"字形压裂不仅可以利用水力压裂导致的应力变化形成复杂的裂缝网络，还可以降低不同压裂段之间的等待时间，提高水力压裂效率。

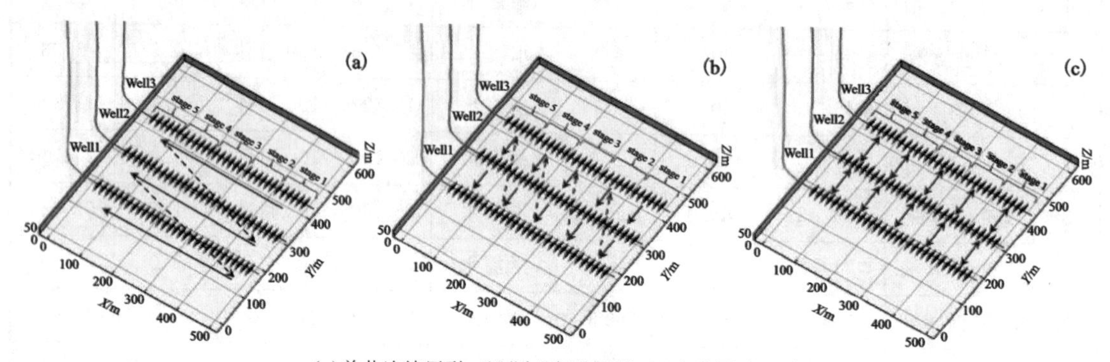

(a)单井连续压裂；(b)"之"字形压裂；(c)多井同时压裂

图18-15 多口水平井水力压裂方式(据Li and Zhang，2017)

三、水平井多阶段水力压裂关键问题及优化设计

水平井多阶段水力压裂是一个由3个支架支撑的大型工程技术，包括储层特征、水力压裂设计和现场施工。其中，储层特征包括地应力、孔隙压力、岩石机械力学性质、岩石强度、天然裂缝、孔隙度与渗透率、含油(含气)性等。地应力、孔隙压力、岩石力学性质、岩石强度和天然裂缝主要影响压裂设计与压裂效果，孔隙度与含油(含气)性主要控制油气资源量，基质渗透率与天然裂缝以及压裂形成的人工裂缝主要影响了油气渗流能力。在进行水力压裂设计与施工前，需要对研究区的储层特征进行详细的表征，为水力压裂设计提供基础的地质资料。

水力压裂设计主要包括射孔位置与方向、压裂段长度与间距、桥塞类型、压裂液、支撑剂、泵速、泵压、多井压裂方式等。在泥页岩水力压裂过程中，其主要的工程目的是增加人工裂缝与储层的接触面积并增加裂缝的传导能力，而其经济目标主要是降低能源、水、化学添加剂、支撑剂、地面设备等的消耗，同时缩短作业时间。

现场施工的核心目标是保证压裂设计的各个工程作业能够安全、顺利地实施。由于水力压裂地面设备多，流体压力高，化学物品、油气燃料、高压电等并存，为保证施工安全，合理规范的井场管理极为重要。同时，各种设备、水、化学物品、支撑剂等的运输与存储也是一个重要考验。

虽然影响水力压裂效果的因素很多，但是在压裂过程中的可控因素有限。理解压裂过程中的可控因素对于理解水力压裂设计与优化至关重要。水力压裂过程中的可控因素包括泵速与泵压、压裂液体积、压裂液黏度、压裂液化学添加剂、支撑剂类型与体积、压裂段设计。

泵速与泵压是水力压裂过程中最基础的调控因素。为达到设计的泵速与泵压，通常需要多个大型的压力泵共同工作。如图 18-16 所示，其压裂过程中共用 20 个大型压力泵。图 18-16 为 Marcellus 页岩水力压裂过程中一个压裂段的泵压、泵速图。

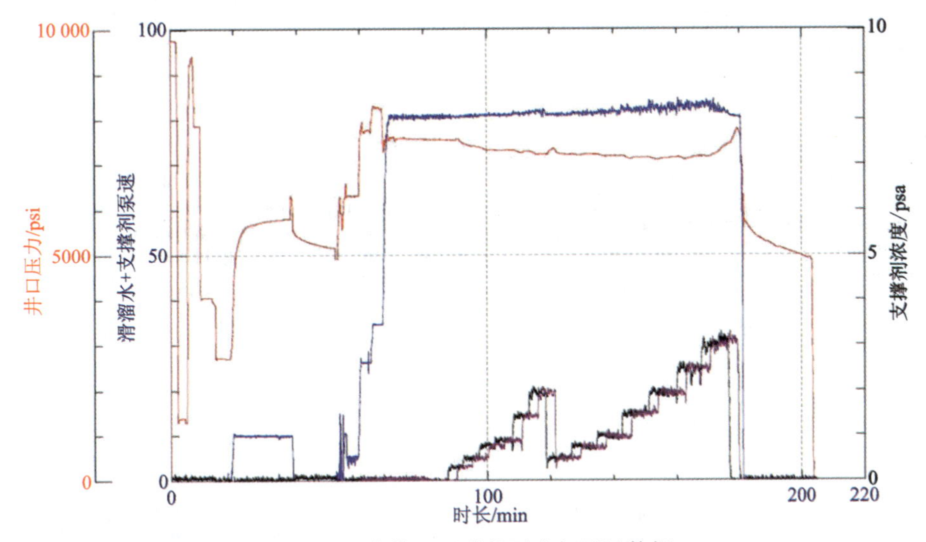

图 18-16　Marcellus 页岩 MIP 4H 井第一压裂段泵速与泵压数据(数据来自 www.mseel.org)

通过控制泵速与压裂液注入时间，可以控制各个压裂段的压裂液总体积。需要指出的是，在泥页岩储层中形成大型复杂裂缝网络，一般是通过高泵速、大液量、低黏度实现的(King et al.,2010;Kresse et al.,2013)。图 18-17 总结分析了北美主要页岩油气区水力压裂用水量。

压裂液黏度对于人工裂缝网络的影响极大。例如，低黏度压裂液(如清水)有利于形成复杂裂缝网络，而高黏度压裂液(如交联凝胶)有利于形成一条主裂缝(图 18-18)，增加裂缝宽度。同时，低黏度压裂液不利于支撑剂在裂缝中的运移。在泥页岩滑溜水压裂中，为更好的将体积相对较大的支撑剂传送至远离井眼的位置，通常在清水中添加线性凝胶。

压裂液化学添加剂主要包括压裂液减阻剂、杀菌剂、破胶剂、稳定剂、表面活性剂等。化学添加剂占压裂液总量的比例非常小，一般小于 1%(约 0.5%)，但却是水力压裂成功的重要因素，也会显著增加压裂液成本。

支撑剂的类型按材料划分，主要包括石英砂、陶粒、覆膜支撑剂 3 种。其中，石英砂价格便宜，但强度低;陶粒强度高，但价格高;覆膜支撑剂包括覆膜石英砂和覆膜陶粒，抗腐蚀性更强。按支撑剂大小可以分为 100 目、40/70 目、20/40 目等，不同大小的支撑剂作用略有不同。100 目支撑剂主要用于清理、扩大射孔眼，降低天然裂缝压裂液漏失等，主要在各压裂段注入滑溜水一段时间后使用;40/70 目和 20/40 目支撑剂主要是为了支撑裂缝，增加裂缝的传导能力。支撑剂体积主要通过其在压裂液中的浓度控制。

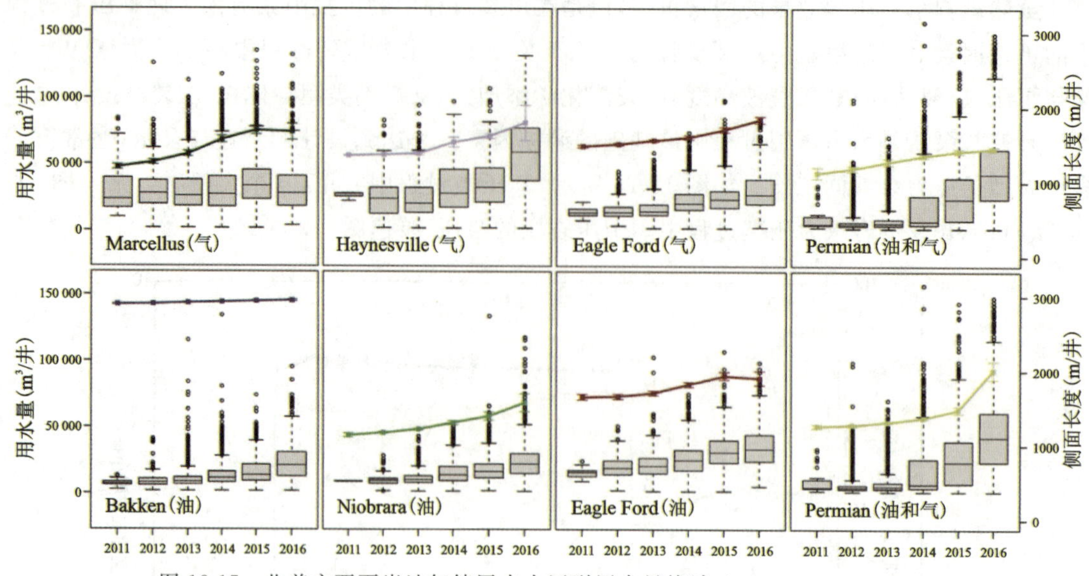

图 18-17 北美主要页岩油气储层水力压裂用水量统计(据 Kondash et al.,2018)

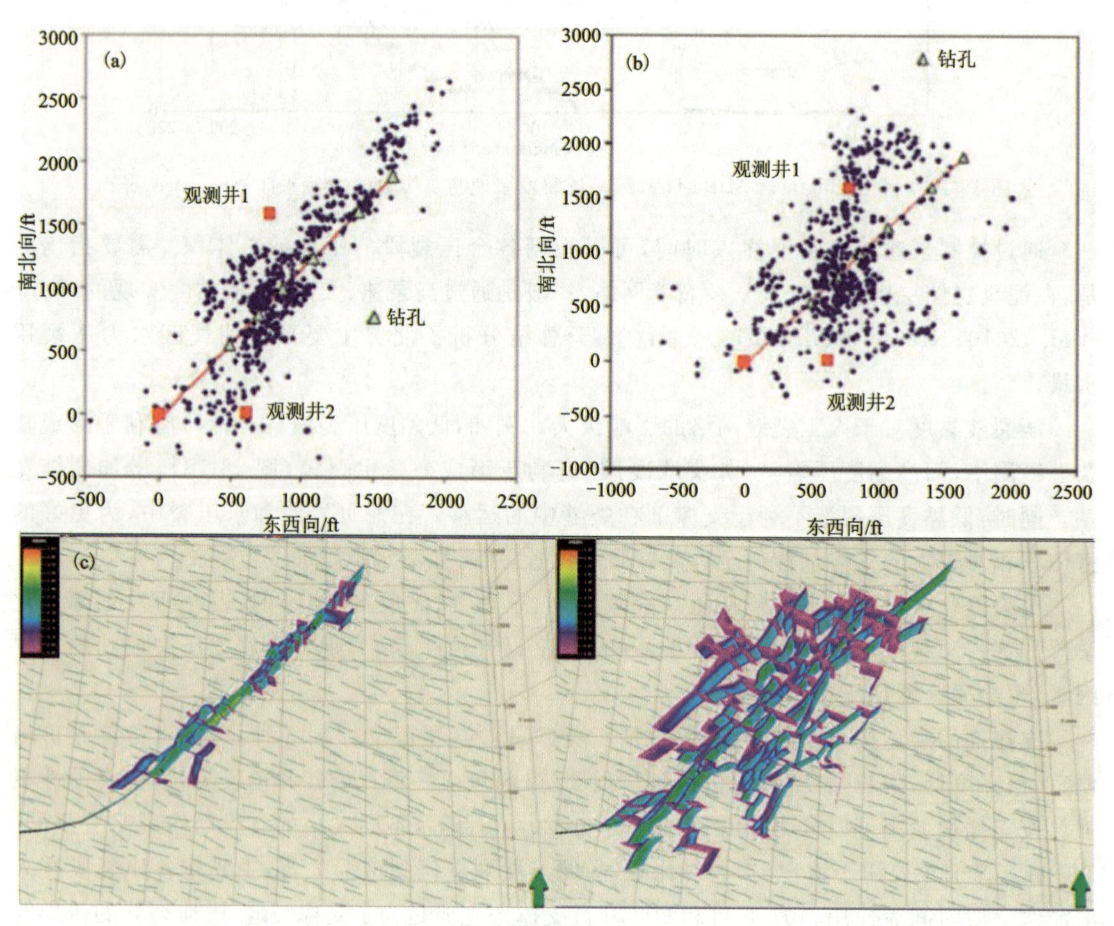

图 18-18 交联凝胶(a)与滑溜水(b)压裂效果对比(c)(据 Warpinski et al.,2005;Kresse et al.,2013)

压裂段设计包括压裂段长度、压裂段间距、压裂段位置、射孔簇间距等。在射孔簇间距一定的情况下，压裂段越长，压裂段内的射孔簇越多，单个压裂段施工对泵速的要求就越高，难度相对增加。因此，通过适当降低压裂段长度、增加压裂段数量，在相同的地面设备条件下一般可以增加人工裂缝长度。压裂段间距在具体的施工过程中也会存在一定的变化。压裂段位置主要跟储层特征有关。在水力压裂发展初期，通常均匀地划分压裂段进行压裂，而忽略了页岩油气储层非均质性。随着水力压裂技术的发展，目前主要根据储层性质仅选择页岩油气"甜点"位置进行压裂，可以大大降低压裂成本。射孔簇间距太小或太大都不利于水力压裂。射孔簇间距太大，导致地层中大量位置没有进行有效的压裂；射孔簇间距太小，受水力压裂应力阴影的影响，大量射孔簇位置无法有效形成裂缝(Soliman et al.，2010)，浪费大量的压裂液、支撑剂、施工时间等。

四、水力压裂实时监测

1. 微地震监测

在水力压裂过程中，随着流体压力的增加，有效地应力不断下降，莫尔圆不断向左侧平移(图 18-10)，当莫尔圆与岩石破裂准则线相交时，会在地层中形成新裂缝或重新激活天然裂缝，这个过程中地层会以地震波的形式释放能量。这种地震波的能量极低，即微地震信号。目前通过在地表或井筒中安装检波器，可以检测到一定能量的微地震信号，也就是微地震监测。微地震监测可以确定微地震信号产生的时间和空间位置，从而可以推断水力压裂裂缝的空间分布(图 18-19)，计算压裂改造体积(图 18-18)，这些是水力压裂效果评价的重要资料之一。

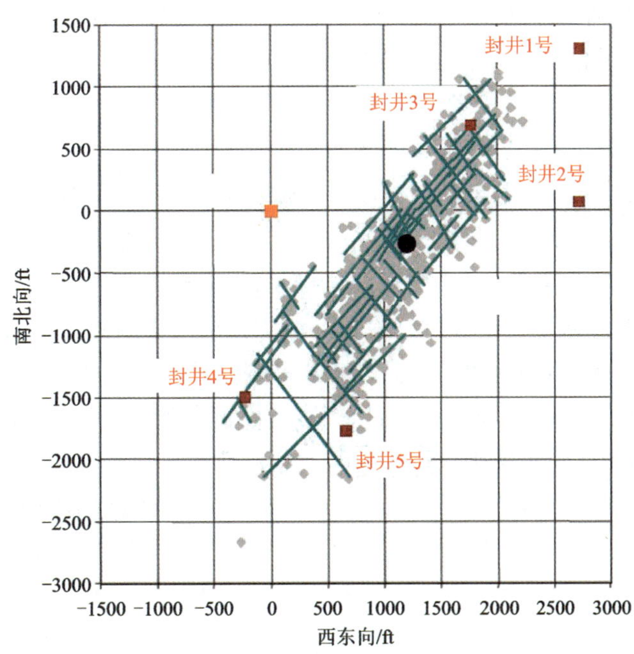

图 18-19　Barnett 页岩微地震监测及推断的人工裂缝网络(据 Fisher et al.，2004)

但是微地震监测受岩石破裂时释放的能量大小限制。只有当裂缝形成时释放的能量足够大时,检波器才能监测到这些微地震信号。一般情况下,形成剪切裂缝时的有效主应力远大于形成拉张裂缝时的有效主应力,因此释放的能量更大,更容易监测。而拉张裂缝释放的能量有限,一般很难通过检波器监测到。这也是目前微地震监测的一个缺陷。尽管如此,微地震监测仍然是应用最广泛的水力压裂监测方法,在页岩油气水力压裂、增效开发过程中发挥着巨大的作用。

2. 光纤声波-温度监测

最近几年,光纤传感技术开始应用于水力压裂实时监测(Molenaar et al.,2012;Ghahfarokhi et al.,2018),可以在一定程度上弥补微地震监测无法有效监测拉张裂缝(天然裂缝重启)的不足。光纤可以等效为一系列连接在一起的小镜子。这些反射镜的任何移动都会改变可以测量的反向散射波。光纤周围物理环境的变化(例如温度、动态应变和振动声干扰)会改变反射镜的反射特性。光纤对其周围的振动声波的敏感性将整个光纤转换为可以检测光纤周围振动的检波器阵列。光纤传感技术包括分布式温度传感(distributed temperature sensing,DTS)和分布式声学传感(distributed acoustic sensing,DAS),通过在套管与井壁间的环形空间安装光纤记录井眼附近的温度和应变变化。在水力压裂过程中,井筒的温度变化主要是压裂液温度低于地层流体温度导致压裂段温度下降,与注入压裂液体积有关,而注入压裂液总体积越大,通常人工裂缝越发育。

3. 示踪剂监测

示踪剂在油气开发中的应用非常广泛。在水力压裂过程中,也可以在压裂液中添加示踪剂,然后再返排水中监测示踪剂或测井方式测量示踪剂的位置,从而可以与其他资料(如微地震、盐度、气体定量记录器等)一起确定裂缝起裂位置、各压裂段的裂缝发育情况等(King,2010)。化学示踪剂和放射性同位素示踪剂都可以用于泥页岩水力压裂监测和跟踪返排水量(Silber et al.,2003;Munoz et al.,2009;King,2010)。

放射性示踪剂被放置在压裂液或支撑剂中,用以确定水力压裂的有效性。当放射性示踪剂随钻井液或支撑剂分布于人工裂缝中。水力压裂结束后,利用测井工具测量井眼附近示踪剂的相对含量,可用于确定裂缝高度、支撑剂分布,以及是多级还是单级提供所需的结果。但是,测井工具只能在距井眼12~18in(in=2.54cm)的范围内探测到示踪剂。这留下了不准确的可能性,但在这种情况下,推断出最大高度将在井眼附近(Silber et al.,2003)。

化学示踪剂主要添加在压裂液中,并且一般不同的压裂段使用不同的示踪剂,然后在压裂结束后分析返排水中化学示踪剂的种类及其含量。使用质量平衡法,可以计算各阶段的总回流和回流效率。同时,在页岩油气开发过程中,对流体中的化学示踪剂类型和含量进行长时间密切监测,从而确定不同压裂段的人工裂缝的发育情况与传导能力等(Munoz et al.,2009)。

五、水力压裂数值模拟

水力压裂是一个复杂的工程过程，涉及多种流体流动、岩石变形、温度变化、地应力与压力变化等。水力压裂数值模拟需要完整、准确地模拟这些物理过程，是一个巨大的挑战。在经过一系列的简化后，一个有效的水力压裂数值模拟器至少要模拟3个过程：①高压流体在裂缝拓展过程中伴随的机械变形和相应的地应力变化；②流体在裂缝-孔隙内的流动及其耦合；③裂缝拓展，包括岩石基质破裂及人工裂缝与天然裂缝的相互作用(图18-20)。其中，人工裂缝在遇到天然裂缝时如何拓展对于水力压裂模拟至关重要。在实际水力压裂中，天然裂缝是形成复杂缝网的关键之一，因此，准确模拟水力压裂裂缝与天然裂缝的相互作用过程是评价水力压裂模拟器有效性至关重要的部分。另外，部分模拟器，如Schlumberger的Kinetix，还可以模拟支撑剂在裂缝中的移动过程以及裂缝在充填支撑剂后的传导能力。

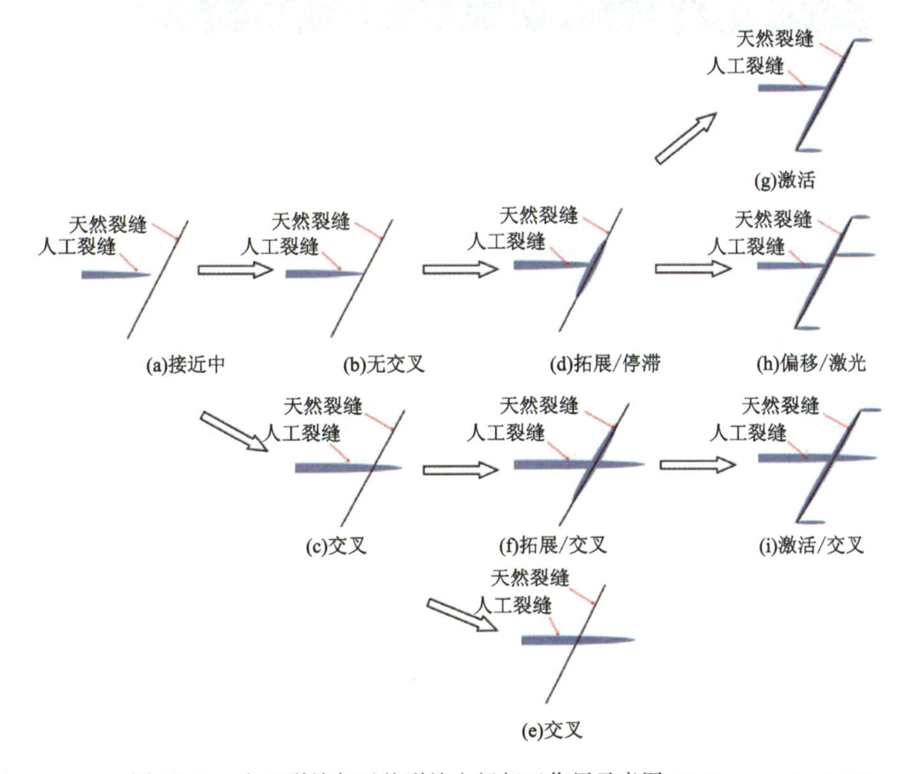

图18-20　人工裂缝与天然裂缝之间相互作用示意图(据Cheng et al.,2015)

水力压裂数值模拟中设计的数学计算公式众多，是模拟器算法的基本组成部分。其中，主要的数学公式包括多孔介质弹性方程、裂缝内流体流动方程、基质孔隙内的多相渗流方程、支撑剂在裂缝中的移动方程和岩石破裂准则。

随着水力压裂的不断发展，目前比较流行的商业模拟器包括Schlumberger的Kinetix(图18-21)、Halliburton的GOHFER(以前为Barree and Associates)、NSI Tech的StimPlan、ResFrac等。水力压裂数值模拟过程中也需要进行历史拟合，主要以泵速、压裂液、支撑剂的实际压裂数据为输入,通过调整岩石力学性质、天然裂缝、射孔孔眼摩擦系数等拟合井底压力,特别是ISIP(瞬时停汞压力)。

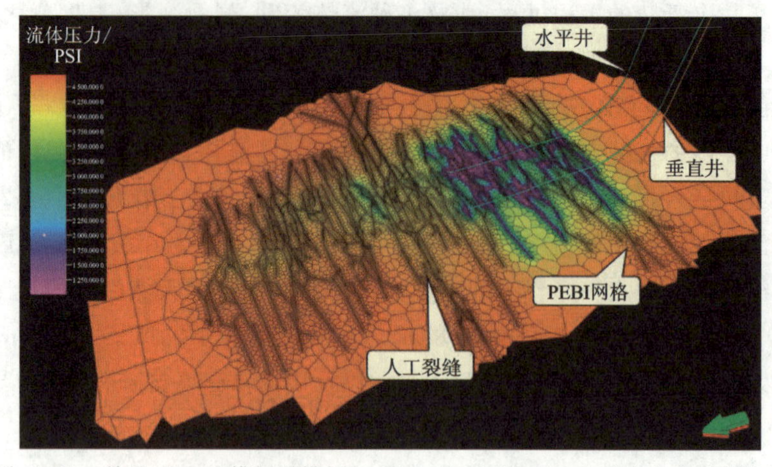

图 18-21　利用 Kinetix 模拟器模拟的 Marcellus 页岩两口水平井水力压裂结果

注:彩色充填代表流体压力,单位为 PSI。

第十九章　储层敏感性分析与储层动态变化规律

储层敏感性(reservoir sensibility)是指储层对各类地层损害的敏感程度。储层损害是油田生产过程中外来流体与储层的不匹配(水-岩作用,如矿物膨胀、蚀变和微粒产生)造成含油层渗透率的损失,从而导致油井井壁堵塞、产能下降,甚至丧失产能的现象。储层损害可由多种因素造成,可能是物理、化学、生物、水动力、孔隙储层与颗粒、流体之间的相互作用,也可能是在应力和流体剪切作用下的储层变形导致的。这些因素在钻井、开采、修井和水力压裂的过程中得到触发。

第一节　储层敏感性

油藏在原始状态下,孔隙流体与储层岩石的相互作用是处于相对平衡状态,但在油田开始投入生产状态之后,随着物理化学、热力学以及应力状态上的改变,平衡被打破,外来流体与油藏中的流体及储层的相互作用加剧。其中,岩石本身的成分及结构与储层各类敏感性密切相关,此外与外来流体性质及作用形式也有一定关系。微粒运移和黏土膨胀是造成储层伤害的主要原因。致密储层含有大量对水溶液敏感的自生黏土矿物,如高岭石、伊利石、蒙皂石、绿泥石、混层黏土矿物。这些黏土矿物充填于孔隙中,特别容易造成储层伤害(Amaefule et al.,1988)。

一、岩石成分及孔隙结构与储层敏感性

1.敏感性矿物的影响

敏感性矿物是指储集层中与流体接触易发生物理、化学或物理化学反应并导致渗透率大幅度下降的一类矿物。在组成砂岩的碎屑颗粒、杂基、胶结物中都有敏感性矿物。但是,敏感性矿物主要分布在杂基和胶结物之中,特别是成岩作用形成的并充填在孔隙中或附贴在孔隙壁表面的自生矿物对储层的敏感性影响最大。这类矿物一般颗粒很小,比面积很大,它们的种类、含量和分布状态在同一储层中具有严重的非均质性。最常见和最重要的敏感性矿物是各类黏土矿物,主要包括以下5个因素:①矿物溶解、矿物膨胀和新矿物沉淀。②敏感矿物的数量。③敏感矿物的分布。自生矿物特别容易受到蚀变,因为它们作为孔隙衬里、孔隙填充和孔隙“桥接”的沉积物存在于孔隙空间中,可以直接暴露在近井地层的流体中。④敏感矿物

的尺寸,因为矿物敏感性与矿物的表面积成正比,矿物尺寸决定颗粒的比表面积。⑤矿物形态。矿物形态决定了晶粒的形态,从而决定了矿物的比表面积,黏土矿物通常具有较高的表面积。

常见的敏感性矿物可分为水敏感性矿物、酸敏感性矿物、碱敏感性矿物、盐敏感性矿物和流速敏性矿物等(表 19-1)。

表 19-1 可能损害地层的几类敏感性矿物(据张绍槐和罗平亚,1990)

敏感性类型		敏感性矿物	损害形式
水敏性		绿泥石-蒙脱石、伊利石-蒙脱石、蒙脱石、降解伊利石、降解绿泥石、水化白云母	晶格膨胀、分散运移
酸敏性(含高pH值碱敏性)	HCl	蠕绿泥石、铁方解石、鲕绿泥石、铁白云石、绿泥石-蒙脱石、赤铁矿、海绿石、黄铁矿、水化黑云母、菱铁矿	化学沉淀、$Fe(OH)_2$↓、非晶质 SiO_2↓、酸蚀释放出微粒运移
	HF	方解石、沸石类(浊沸石、钙沸石):白云石、钙长石、各类黏土矿物	化学沉淀 CaF_2↓、非晶质 SiO_2↓
	pH>12	钾长石、钠长石、微晶石类、石髓、(玉髓)、斜长石、各类黏土矿物、蛋白石-CT、蛋白石-C(非晶质)	硅酸盐沉淀、硅凝胶体
流速敏感性		高岭石、毛发状伊利石、微晶石英、微晶白云母、降解伊利石、微晶长石	分散运移、微粒运移
结垢		石膏、重晶石、硫铁矿、方解石、赤铁矿、天青石、硬石膏、岩盐、菱铁矿、磁铁矿	盐类沉淀

此外,Mungan(1989)指出,黏土的伤害取决于可交换阳离子的类型和量(如 K^+、Na^+ 和 Ca^{2+})以及黏土矿物的层状结构。Mungan(1989)描述了 3 种黏土官能团的特性与伤害过程。

(1)高岭石有两层结构(图 19-1),K^+ 作为可交换阳离子具有基础的交换能力,高岭石基本上是一个非膨胀型黏土,但很容易分散和移动。

(2)蒙皂石有 3 层结构(图 19-2),能达到 90~150mEq/100g 的较大的基础交换能力,容易吸附 Na^+,这些导致蒙皂石高度膨胀和分散。

(3)伊利石是夹层结构(图 19-3),结合了分散性和膨胀性两种黏土矿物的较差特性,因此伊利石最难稳定。

钠蒙皂石膨胀超过钙蒙皂石,因为 Ca^{2+} 比 Na^+ 更容易被吸附(Rogers,1963)。因此,当这些黏土在水介质中与水结合时,钙蒙皂石片晶仍然几乎完好无损、彼此接近,而钠蒙皂石聚合体容易膨胀,片晶之间易分离。与钙蒙皂石片晶相比,水可以轻易进入钠蒙皂石片晶间隙,形成较厚的水包膜(Chilingarian and Vorabutr,1981),如图 19-4 所示。

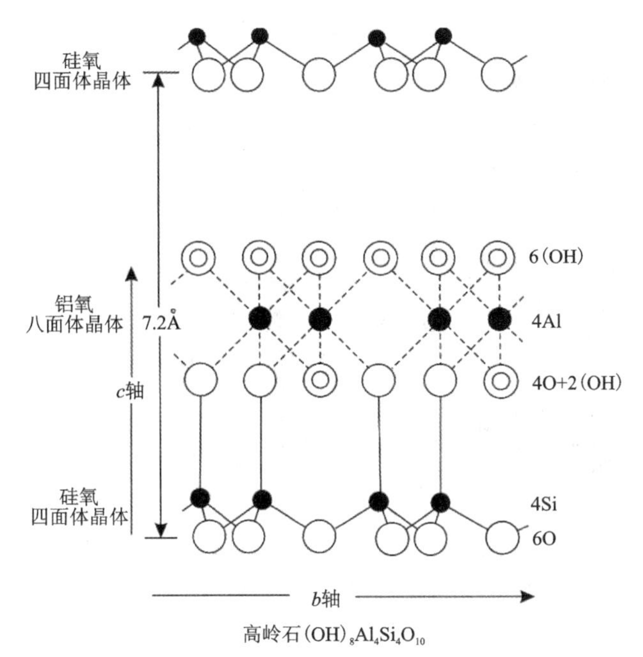

图 19-1　高岭石晶体结构示意图(据 Gruner,1942;Grim,1942;Hughes,1951)

注:1Å=0.1nm,下同。

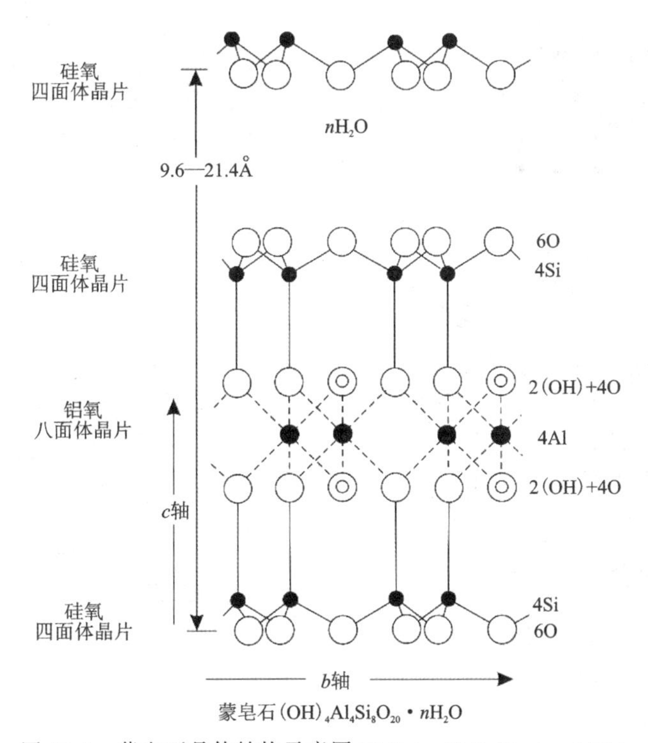

图 19-2　蒙皂石晶体结构示意图(据 Grim,1942;Hughes,1951)

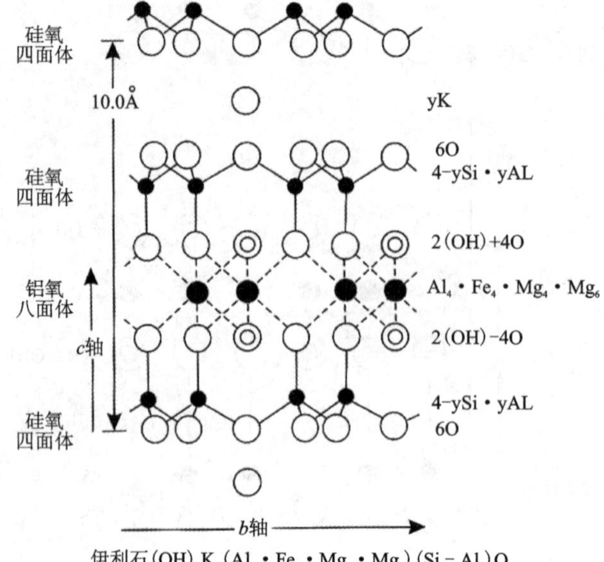

图 19-3　伊利石晶体结构示意图(据 Gruner,1942;Grim,1942;Hughes,1951)

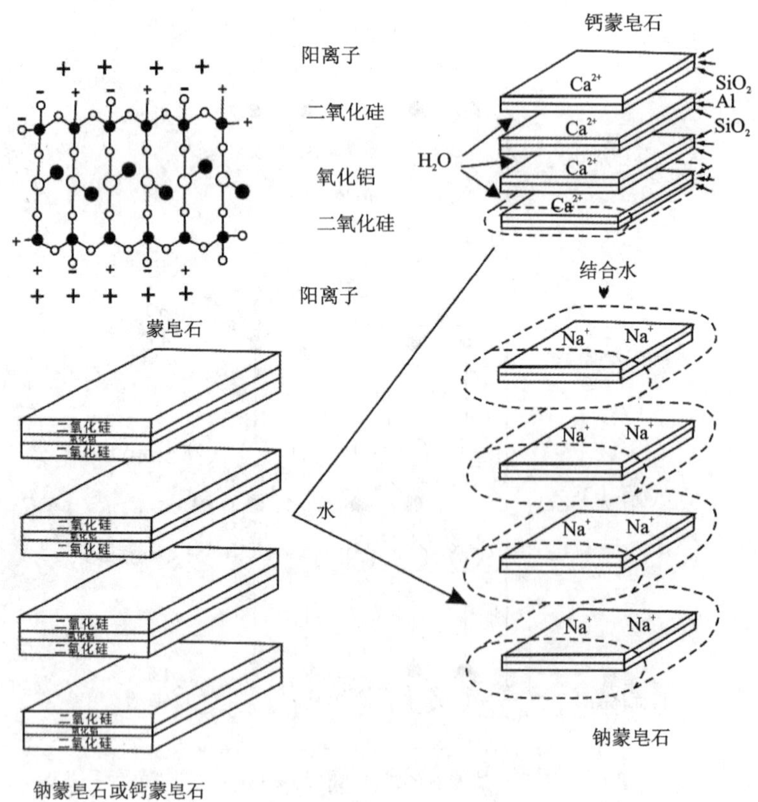

图 19-4　钠蒙皂石和钠蒙皂石的水化膨胀物(据 Magcobar,1972)

在水溶液中 K^+ 保持高浓度可以防止黏土伤害。在高浓度的 K^+ 条件下黏土片晶保持完整，因为小尺寸的 K^+ 可以很容易地渗透到黏土层间并且能够使黏土片晶不散开(Chiliangarian and Vorabutr，1981)，如图 19-5 所示。图 19-5 展示了各种金属离子的有效水合尺寸。金属离子的有效水合尺寸不同于没有水化作用的结晶离子大小，因为极性水分子与金属离子的连接形成一个水层(Nightingale，1959)。

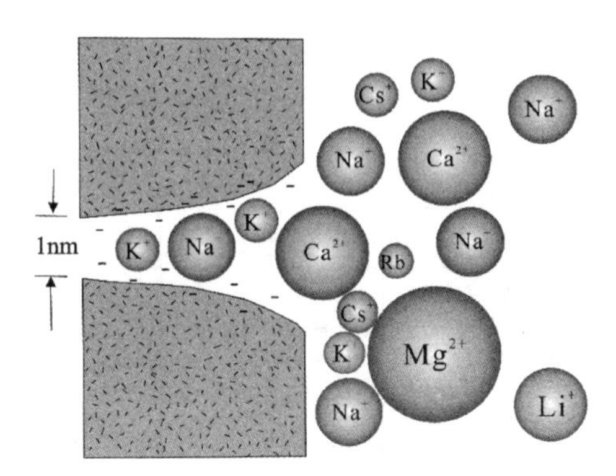

图 19-5　阳离子尺寸对阳离子迁移到黏土层间的影响

2. 孔隙结构的影响

孔隙结构也是影响储集层伤害的一个重要因素，特别是喉道的大小、几何体形状对储集层的损害最为敏感。比如，大孔粗喉型的砂岩储集层，喉道是孔隙的缩小部分、孔喉直径比接近于 1，一般不易造成喉道堵塞。而对于喉道较细的砂岩储集层，孔隙喉道直径差别大，喉道多呈片状、弯片状或束状，易形成微粒运移导致堵塞喉道产生储层损害。

二、外部作业流体与储层敏感性

Amaefule 等(1988)指出，沉积地层中的岩石-流体相互作用可分为两类：①岩石矿物和接触流体不匹配所发生的化学反应；②过大的流速和压力梯度造成的物理变化。通常情况下，矿物颗粒松散地附着在孔隙表面，与孔隙流体处于一种平衡状态。然而，随着化学、热动力学以及应力状态上的变化可能导致平衡状态被打破并且引发矿化度、速度、温度上的急剧变化，甚至包括颗粒从孔隙表面脱离和沉淀生成。在油气田开发生产过程中，孔隙表面和流体之间的平衡状态遭到破坏时，矿物成分将会溶解并在水相中产生不同的离子，微小颗粒会从孔隙释放进入流体。这些颗粒和离子进入流体中就成为可动微粒，进而造成严重的储层伤害问题。

美国岩芯公司总结了全世界约 4000 口井的资料，得出了各作业环节地层损害严重性的相对规律和排序(表 19-2)。显然，微粒运移不仅在各种作业阶段都可能发生，而且是最具普遍性的损害者，其次是乳化堵塞和水锁，最后是润湿反转和结垢。需要指出表中所列的 12 种损害的每一种都至少在某 1～2 种作业条件下出现 4 个“*”，所不同的只是这些 4 个“*”的出现与发生机会有多有少。

表 19-2　建井和油藏开采的各个不同阶段地层损害严重性的相对大小(据 Amaefule et al.,1988)

问题类型	建井阶段				油藏开采阶段		
	钻井固井	完井	修井	增产	钻杆测试 DST	一次采油	注液开采
固相颗粒堵塞	****	**	***	—	*	—	—
微粒运移	***	****	***	****	****	***	***
黏土膨胀	****	**	***	—	—	—	**
乳化水堵塞/水锁	***	****	**	****	*	****	****
润湿反转	**	***	***	****	—	—	****
相对渗透率下降	***	***	****	***	—	**	—
有机结垢	*	*	***	****	—	****	—
无机结垢	**	***	****	*	—	****	***
外来颗粒堵塞	—	****	***	***	—	—	****
次生矿物沉淀	—	—	—	****	—	—	***
细菌堵塞	**	**	**	—	—	**	****
出砂	—	***	*	****	—	***	**

注:* 越多表示该类损害越严重。

第二节　储层敏感性评价实验

储层敏感性是储层物理性质的一部分,是诊断和评价储层伤害的重要手段之一。为了预测储层所具有的这一性质,在钻井、采油施工作业之前,应选择合理的程序对储集层敏感性进行实验和评价。实验评价程序通常包括储集岩常规特性评价、潜在敏感性评价两大部分,前一部分的评价内容包括岩石成分、岩石物性、岩石结构等内容,在此不再赘述。储层潜在敏感性评价部分主要的实验包括速敏性实验、水敏性实验、盐敏性实验、酸敏性实验、碱敏性实验、应力敏感性实验、温度敏感性实验等内容,即通常所说的"七敏"实验(徐同台等,2003;许明标等,2016;卢渊等,2017)。敏感性评价所用的岩芯流动实验装置如图 19-6 所示。该实验装置主要由 9 个部分组成,适用于恒速与恒压条件下的储层敏感性评价实验[《储层敏感性流动实验评价方法》(SY/T 5358—2010)]。

一、速敏性评价实验

1. 概念及实验目的

当流体在油气层中流动,引起油气层中微粒运移并堵塞喉道,造成油气层渗透率下降的潜在可能性。微粒运移是外力作用下储层中最常见的运动形式,微粒运移的程度除与储集岩本身所含速敏性矿物有关外,还与外来流体的流速密切相关。当流体的流动速度增大到某一

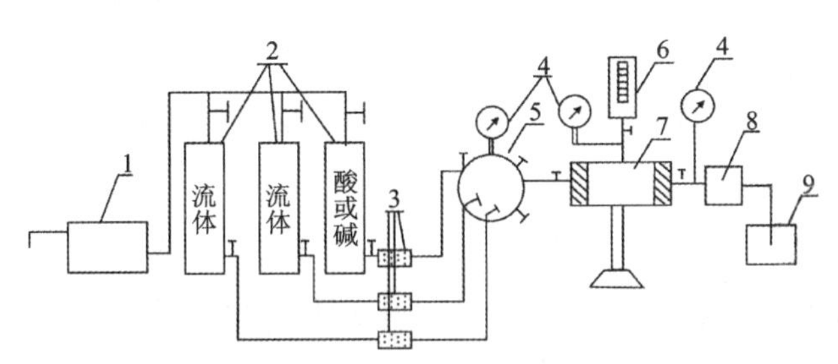

1. 高压驱替泵或高压气瓶；2. 高压容器；3. 过滤器；4. 压力计；5. 多通阀座；6. 环压泵；7. 岩芯夹持器；8. 回压阀；9. 出口流量计量

图 19-6 敏感性评价岩芯流动实验流程图

数值时，岩石的渗透率便随流速的增加而降低，引起渗透率明显下降时的流体流动速度称为该岩石的临界流速。

地层微粒来源主要包括：地层中原有的自由颗粒和可自由运移的黏土颗粒；受水动力冲击脱落的颗粒；由于黏土矿物水化膨胀、分散、脱落并参与运移的颗粒。这些颗粒将随流体的运动而运移至孔喉处，可能单个颗粒堵塞孔隙，或者几个颗粒架桥在孔喉处形成桥堵，并拦截后来的颗粒造成堵塞性损害。

主要实验目的包括找出流速作用导致微粒运移发生损害的临界速度，以及引起油气层损害的程度，为其他各种损害评价实验确定合理的实验流速（一般是 0.8 倍的临界速度），为确定合理的注采速度提供科学依据。

2. 实验过程及评价

在速敏实验之前，要对岩样的孔隙体积、绝对渗透率、初始渗透率及束缚水饱和度等进行测定。在实验过程中，首先以低流速向岩芯注入模拟地层水，测定压差、流量、流体黏度和温度，并计算流速及该流速下的渗透率值。然后根据岩芯具体情况按一定级差增大流速，并依次测量相应的渗透率值。根据所取得实验数据，绘制流速与渗透率关系曲线（图 19-7），即可对速敏性进行评价。

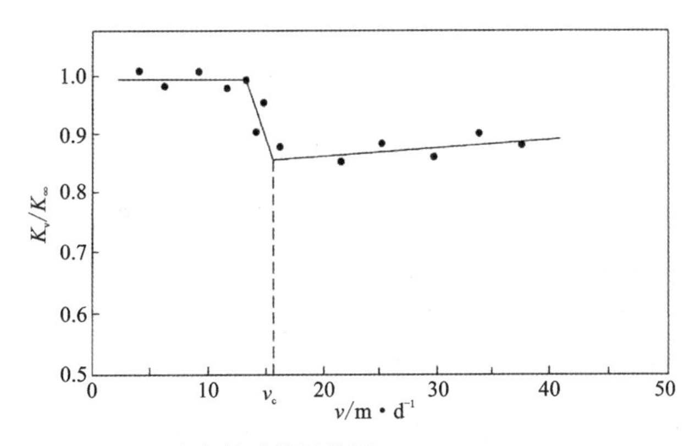

图 19-7 速度敏感性评价图（据戴启德和纪友亮，1998）

图中K_∞表示岩样未受损害前的克氏渗透率,即等效液体渗透率;K_v表示不同流速条件下的渗透率;V_c为临界流速;V_c除与岩石本身性质有关外,还与流动介质的性质有关,即同一岩样,用油或用水所测得的临界流速是不同的。因此,通常用模拟地层水为流动介质测定储集的临界流速。

速敏性对储层的损害可用V_c或K_v/K_∞两个参数来表示。V_c愈小速敏性愈强,流体的流动速度可能引起的储层损害就愈大。K_v/K_∞称为速敏指数,它表示在不同流速下的储层速敏性。该参数愈小速敏性愈强。在临界流速条件下,所求得的K_V/K_∞值,可表示岩样的速敏程度。其评价指标见表19-3。

表19-3 岩样速敏程度评价指标

K_v/K_∞	$(-\infty,0.3)$	$[0.3,0.7]$	$(0.7,1)$	$(1,+\infty)$
速敏程度	强	中等	弱	无

在速敏实验中,流速大于临界流速之后,储集岩中的微粒开始在储集空间中运移,但并不一定都使渗透率降低,有时随着流速的增加,渗透率非但不降低,反而增高,表明部分堵塞喉道的微粒可能被流体带出,使喉道变粗、渗透率增大,这也是一种速度敏感性。

二、水敏性评价实验

1. 概念及实验目的

水敏性是指当相对淡水进入地层时,某些黏土矿物发生膨胀、分散、运移,从而减少或堵塞孔隙喉道,造成岩石渗透率改变(降低)的现象。在储集层被钻开之前,储集岩中的黏土矿物在地层水作用下达到了膨胀平衡。一旦储集岩被钻开或注入新流体,外来流体将改变地层水的化学成分及矿化度,已达到的膨胀平衡受到破坏,引起黏土矿物的重新膨胀、分散和运移,导致储层的渗透率下降。

2. 实验过程及评价

通常先用地层水或模拟地层水,再用50%矿化度模拟地层水(次地层水),最后用去离子水依次注入岩样,其注入速度应低于临界流速。测定岩芯对3种不同盐度的渗透率,值地层水测定的渗透率为K_f、次地层水测定的渗透率为K_{sf}、淡水测定的渗透率为K_w,绘制渗透率变化曲线、分析岩芯的水敏程度(图19-8)。

水敏性对储层的损害可用图示法或参数法来表示,常用的参数有$(K_\infty-K_w)/K_\infty$、K_w/K_∞等,水敏程度评价指标见表19-4,水敏程度愈强,储层的可能损害愈大。

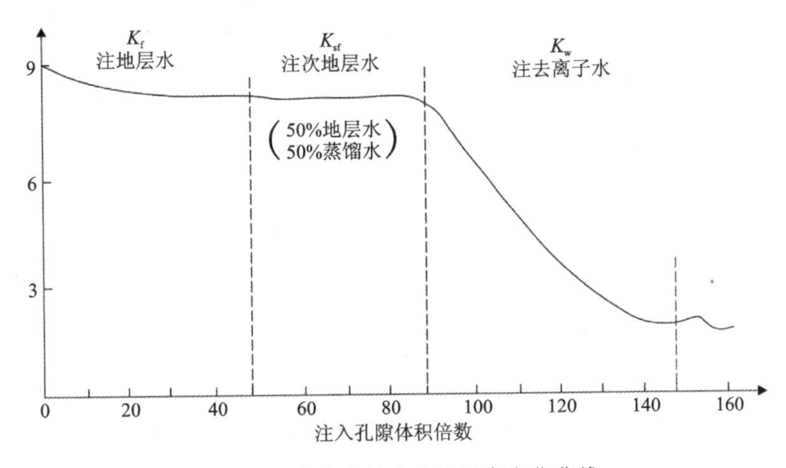

图 19-8　岩芯水敏实验渗透率变化曲线

表 19-4　岩芯水敏程度评价指标

K_v/K_∞	(−∞,0.2]	(0.2～0.4]	(0.4～0.6]	(0.6～0.8]	(0.8～1.0]
$(K_\infty-K_v)/K_\infty$	(0.7,+∞)	(0.55,0.7]	(0.45,0.55]	(0.3,0.45]	(−∞,0.3]
水敏程度	强	中偏强	中	中偏弱	弱

注：K_∞表示地层水条件下初始渗透率；K_v表示实验测定变化的渗透率。

三、盐敏性评价实验

1. 概念及实验目的

盐敏性是指不同矿化度的工作液体进入地层发生矿物析出变化，造成油气层孔喉堵塞，引起渗透率下降的潜在可能性。实验可以测试储集层对所接触流体盐度变化的敏感程度，找出引起黏土矿物水化膨胀而导致渗透率明显下降的临界矿化度。依据渗透率的变化及临界矿化度的大小，即可对岩芯的盐敏性进行评价。盐敏性与水敏性损害机理相似。

2. 实验过程及评价

该实验通常在水敏性实验的基础上进行，即根据水敏性实验的结果，选择对渗透率影响较大的矿化度范围，在此范围内，按一定级差配制不同矿化度的盐水，并由高矿化度到低矿化度依次将其注入岩芯，同时测定不同矿化度盐水通过岩芯时的渗透率值。将实验结果进行整理，以矿化度 C 为横坐标，以 K_v/K_∞ 为纵坐标作图，绘制渗透率变化曲线，当溶液矿化度递减至某值时，岩石渗透率下降幅度增大(通常要大于渗透率递减幅度的 5%)。这一矿化度 C_c 即为临界矿化度(图 19-9)。

根据临界矿化度值，可对储集岩的盐敏性进行评价，评价指标见表 19-5。

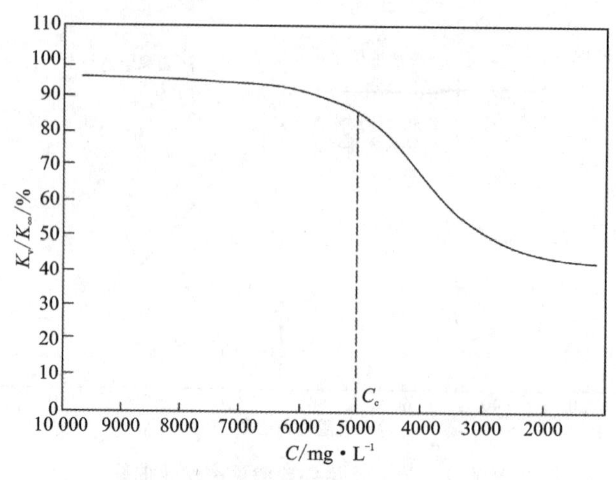

图 19-9　盐敏实验渗透率变化曲线

表 19-5　临界矿化度评价盐敏性指标

临界矿化度/mg·L^{-1}	(−∞,1000]	(1000,2500]	(2500,4000]	(4000,6000]	(6000,9000]	(9000,+∞)
盐敏程度	弱	中偏弱	中等	中偏强	强	极强

四、酸敏性评价实验

1. 概念及实验目的

酸敏指油气层与进入的酸性流体反应后产生沉淀或者释放出微粒,从而引起储层渗透率降低的潜在可能性。酸与岩石的反应过程中,会溶解岩石固体物质,同时可能生成沉淀的或溶解度很低的化合物,还可能由于胶结物被溶解而释放出固体颗粒,从而导致微粒运移。其结果是储集岩的孔隙、喉道缩小,甚至堵塞,使储层渗透率下降。

酸敏性实验的目的在于了解准备用于酸化的酸液是否会对储层产生损害及其损害的程度,以便优选酸液配方,寻求更有效的酸化处理方案。

2. 实验过程及评价

该实验通常包括酸溶实验、浸泡实验和流动酸敏实验。酸溶实验是将一定量的岩样,分别置于一系列不同浓度的各种酸液之中,在不同温度下,经过一定时间的反应,测定岩样的溶失率、残酸浓度、残酸中酸敏性离子的种类及含量。浸泡实验是将厚度约 5mm 的岩石样片,浸泡在不同浓度的各种酸液之中,观察浸泡前后岩片表面溶解、脱粒、分裂、解体等显微变化。通过上述两个实验,可以初步选择酸化处理方案中所用酸的种类及浓度。流动酸敏实验是模拟储层酸化可能对储层损害的实验。先正向测出岩样的地层水渗透值 K_f,然后在小于临界流速的条件下,将已配置好的一倍左右体积的酸液反向注入岩样,酸液与岩样反应 1～3h 后,再正向注入地层水排出残酸，测其渗透率 K_i。根据岩样与酸反应前后渗透率值的变化，即可判断岩样的酸敏程度（图 19-10）。

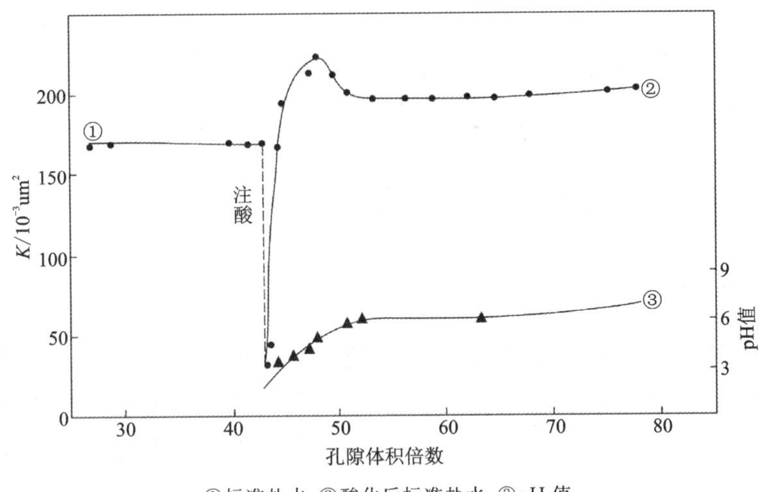

①标准盐水；②酸化后标准盐水；③pH 值

图 19-10　酸敏实验渗透率变化曲线

用参数 K_i/K_f 可判定岩样的酸敏程度，K_f 表示岩样与酸液反应之前，用模拟地层水或标准盐水测的岩样渗透率，K_i 则表示岩样与酸反应之后，用相同流体测的岩样渗透率。评价指标见表 19-6。

表 19-6　酸敏性对储层损害评价表

K_i/K_f	$[1,+\infty)$	$[0.7,1)$	$[0.3\sim0.7)$	$(-\infty,0.3)$
酸敏损害程度	无	弱	中等	强

五、碱敏性评价实验

1. 概念及实验目的

碱敏是指高 pH 值流体进入油层后（大部分钻井液的 pH 值介于 8～12 之间）导使油层中黏土矿物和颗粒矿物反应，使其分散、溶解，释放大量微粒，生成新的沉淀或胶状物质，从而造成油气层堵塞、渗透率下降的现象。此外，大量的 OH^- 与某些二价阳离子结合会生成不溶物，进一步造成储层的堵塞损害。因此，碱敏评价实验的目的是确定碱敏发生的临界 pH 值，以及建立由碱敏引起的储层损害程度标准。

2. 实验过程及评价

碱敏性实验与流动酸敏实验方法基本相同，将配制好的碱液（一般为不同 pH 的 KCl 溶液）注入岩样，测定岩样与碱反应前后的渗透率值 K_f、K_i。用渗透率的变化率 $(K_f-K_i)/K_f$ 值或 K_i/K_f，即可评价其碱敏性（表 19-7）。

表 19-7　岩芯碱敏程度评价标准

$(K_f-K_i)/K_f$	$(-\infty,0]$	$(0,0.3]$	$(0.3,0.7]$	$(0.7,+\infty]$
K_i/K_f	$[1,+\infty)$	$[0.7,1)$	$[0.3,0.7)$	$(-\infty,0.3)$
碱敏损害程度	无	弱	中等	强

六、应力敏感性评价实验

1. 概念及实验目的

应力敏感性是指岩石所受有效应力改变时，孔喉通道变形裂缝闭合或张开，导致储层岩石渗透率发生变化的现象。在油气藏的开采过程中，随着储层内部流体的产出，储层孔隙压力降低，储层岩石原有的受力平衡状态发生改变。根据岩石力学理论，从一个应力状态变到另一个应力状态必然会引起岩石的压缩或拉伸，即岩石发生弹性或塑性变形。同时，岩石的变形必然会引起岩石孔隙结构和孔隙体积的变化，如孔隙体积的缩小、孔隙喉道和裂缝的闭合等，这种变化将大大影响流体在其中的渗流。因此，岩石所承受的净应力改变所导致的储层渗流能力的变化是储层岩石的变形与流体渗流相互作用和相互影响的结果。应力敏感性评价实验的目的在于了解岩石所受净上覆压力改变时孔喉喉道变形、裂缝闭合或张开的过程，以及导致岩石渗流能力变化的程度。

2. 实验过程及评价

选择合适的实验岩芯，按照顺序选择有效应力实验点 σ_i 等于 2.5MPa、3.0MPa、5.0MPa、10.0MPa、20.0MPa、30.0MPa 和 50.0MPa。其中，2.5MPa 为初始有效应力实验点。在每个有效应力实验点上保持 30min，每次改变有效应力后待流量稳定时再进行气体渗透率测量。当有效应力升至 50.0MPa 后，按照设定的有效应力间隔，依次缓慢降低有效应力至初始有效应力点。应用下述公式计算应力敏感系数 S，评价应力敏感程度。

$$S=\left[1-\left(\frac{K}{K^*}\right)^{\frac{1}{3}}\right]/\lg\frac{\sigma'}{\sigma^*}$$

式中，σ^* 为初始有效应力值(MPa)，对应的渗透率值为 K^*；σ' 为其他各有效应力(MPa)，对应的渗透率为 K；S 为应力敏感系数。评价指标见表 19-8。

表 19-8　岩芯碱敏程度评价标准

应力敏感系数(S)	$S<0.30$	$0.30\leqslant S\leqslant0.70$	$0.70<S\leqslant1.0$	$S>1.0$
敏感程度	弱	中等	强	极强

七、温度敏感性评价实验

1.概念及实验目的

温度敏感性是指储层温度升高后引起储层岩石的体积膨胀、孔隙压缩，从而引起储层渗透率发生变化的现象。因此需要进行温度敏感性实验评价温度的变化引起储层渗透率变化的情况。

2.实验过程及评价

选择合适的实验岩芯，并设置合理的实验温度点 $T_1,T_2,T_3,T_4,T_5,\cdots,T_i$（从 T_1 到 T_i 温度依次升高），其中 T_1 为地层温度。对岩芯加热使其温度升至 T_1，测得渗透率 K_1，然后按照顺序升温到 T_i，并分别测试不同温度条件下的渗透率（改变实验温度后，保持温度至少 2h 后测得渗透率）。利用下述公式确定临界温度

$$\frac{K_{i-1}-K_i}{K_{i-1}}\times 100\%\geqslant 5\% \tag{19-1}$$

式中，K_{i-1} 为 T_{i-1} 温度对应的渗透率；K_i 为 T_i 温度对应的渗透率；T_{i-1} 为临界温度。

通过温度敏感性指数确定温度敏感损害程度，即

$$D_T=\frac{K_{max}-K_{min}}{K_{max}}\times 100\% \tag{19-2}$$

式中，D_T 为温度敏感性指数（%）；K_{max} 为温度系列中测得的岩芯最大渗透率；K_{min} 为温度系列中测得的岩芯最小渗透率。评价指标见表 19-9。

表 19-9　温度敏感程度评价标准

温度敏感系数	$D_T\leqslant 5$	$5<D_T\leqslant 30$	$30<D_T\leqslant 50$	$50<D_T\leqslant 70$	$D_T>70$
敏感程度	无	弱	中偏弱	中偏强	强

第三节　储层水淹级别划分

注水油田开发过程必然经历含水率从无到有，并逐渐增大的过程，在这一过程中产油量变化经历 3 个必然阶段：开始上升阶段、稳定阶段、后期下降阶段。图 19-11 表示油田开发早期、中期、晚期阶段含水率和产油量的变化规律。正因为如此，常规油田的开发通常以含水率（ϕ_w）的大小为标准来划分和描述水淹层级别，并在实际应用过程中经常分为 4 个水淹层级别：油层（未水淹层）$\phi_w\leqslant 10\%$，弱水淹层 ϕ_w 在 10%～40%之间，中水淹层 ϕ_w 在 40%～80%之间，强水淹层 $\phi_w>80\%$。但是，由于油田情况千差万别，尤其是对于开发晚期油田、低渗油藏、稠油油藏、缝洞型储层油藏等非常规油藏而言，储层水淹级别的划分和水淹特征要考虑油田实际。

孤岛油田由于开发周期长，资料丰富，水淹程度高，储层结构变化规律大，油层特高渗等

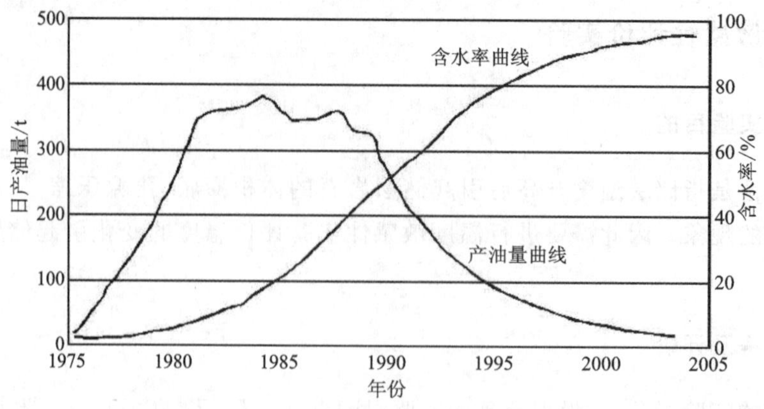

图 19-11 某油田开发阶段综合含水率和日产油量随时间的变化曲线示意图

特点，划分出 6 个水淹层级别分别是油层($\phi_w \leqslant 10\%$)、弱水淹($10\% < \phi_w \leqslant 40\%$)、中水淹($40\% < \phi_w \leqslant 60\%$)、较强水淹($60\% < \phi_w \leqslant 80\%$)、强水淹($80\% < \phi_w \leqslant 90\%$)、特强水淹($\phi_w > 90\%$)。孤岛油田主力储层的水淹过程可以定性地划分为 3 个阶段：①1990 年以前；②1990—1994 年；③1994 年以来。然后依据自然电位基线偏移、自然电位幅度、地层电阻率、感应电导率和微电极测井曲线的变化特征对水淹层进行定性判别(表 19-10)。

表 19-10 孤岛油田馆上段水淹层测井响应特征(宋万超，2003)

测井响应特征	油层	弱水淹层	中水淹层	较强水淹层	强水淹层	特强水淹层
自然电位基线偏移	不偏移	平均偏移量较小	偏移且平均偏移量较大	偏移且平均偏移量最大	平均偏移量较大偶见正偏移	平均偏移量有所减小，有正偏移
自然电位幅度	负异常幅度最大	负异常幅度大	比弱水淹层的幅度有所减小	负异常幅度明显减小	负异常，且幅度小	负异常，且幅度小，偶见正异常
地层电阻率	数值大于 20Ω·m，且曲线平滑	数值较大，一般 15～25Ω·m，锯齿和尖峰曲线	10～20Ω·m，曲线尖峰状且电阻率>20Ω·m	R_t=5～15Ω·m，尖峰幅度减小，曲线开始圆滑	数值减小，一般 5～15Ω·m，尖峰不明显	数值小，一般 3～12Ω·m，形态圆滑
感应电导率	数值一般小于 150m·Ω^{-1}，且形态平直	数值较小，一般 80～210m·Ω^{-1}，曲线圆滑	数值增大，一般 9～220m·Ω^{-1}，有尖峰和锯齿	数值增幅较大一般 110～250m·Ω^{-1}，尖峰变	一般 140～260m·Ω^{-1}，有突出的圆峰	数值最大，可达 190～310m·Ω^{-1}，形态圆滑
微电极测井曲线的变化特征	幅度差最大，一般大于 1.5Ω·m	比油层的幅度差减小	幅度差减小明显	幅度差较小	幅度差小	幅度差最小

孤岛油田主力储层的不同水淹级别有如下特征(宋万超,2003):

(1)油层。油层未被水淹,或水淹程度相当轻。因此自然电位基线基本不发生偏移,其异常幅度较大,电阻率值较大,感应电导率曲线直、小且平滑,微电极幅度差大。在研究区,纯油层绝大多数出现在1990年以前,而1990年以后出现纯油层的情况较少。同时纯油层绝大部分分布在河床亚相的边滩微相、心滩微相,而在其他相带较少出现。

(2)弱水淹层。弱水淹层的自然电位基线的负向偏移出现的概率最大,且偏移量也较小,自然电位负异常幅度减小,电阻率减小。反映在感应电导率曲线上数值有所增大,厚层砂岩的感应曲线形态由平滑向圆滑过渡,而薄层砂岩则可能出现圆峰微电极幅度差有所减小。从时间上看,1989—1991年出现的概率最大,1992年以后较少出现,弱水淹层在边滩微相出现的概率最大,这说明注入水道先沿孔隙喉道半径大的、储层物性好的方向水淹。

(3)中水淹层。中水淹期自然电位异常比弱水淹期小,电阻率减小,尖峰明显,感应电导率数值增大,锯齿化明显,微电极幅度差减小。从时间上看,1990—1991年出现的概率最大,1992年以后仍时有出现,沉积相带以边滩微相占绝对多数,中水淹层情况在本区出现的概率最小,时间持续最短。

(4)较强水淹层。自然电位基线向负向偏移较大,同时其异常幅度减小,与油层相比,电阻率明显降低,感应电导率数值增大,形态变尖,微电极幅度差减小。从时间上看,1990—1993年出现的概率最大,1989年以前几乎没有出现,沉积相带以边滩微相为主,同时有相当一部分天然堤微相储层被水淹,证明随着注水过程进行,注入水已逐步向物性差的储层注入开始驱替差储层中的油。

(5)强水淹层。自然电位基线偏移幅度较大,偶尔出现正向偏移,同时,自然电位的幅度减小,电阻率数值更小,呈尖峰状,微电极幅度差减小明显。从时间上看,1990—1994年出现的概率最大,沉积相带以边滩微相为主,天然堤微相比例增加。

(6)特强水淹层。含水率大于90%的为特强水淹层,此时由于水淹程度较强,自然电位基线偏移量有所减少,自然电位的异常幅度明显减少,甚至出现正异常。从时间上看,1993年以后出现的概率较大。相带仍以边滩为主,但天然堤微相占有相当比例,说明注入水已经将大部分较差储层中的油驱替出来了。

除了定性分析水淹级别之外,采用单井测井和测试、实验室测试、井间测试、动态分析等技术方法可以做到定量分析剩余油饱和度,进而确定水淹程度。

第四节 水淹后储层参数变化规律

一、储层参数变化机理分析

1.储层结构变化机理

水驱油层结构及物性变化总体上说是由注入水与油藏地下流体和岩石相互进行的水岩作用引起的,是油层伤害的一种形式。主要机理是储层中黏土矿物的水化、膨胀、分散、迁移,以及其他各种类型的地层微粒迁移的结果。在外力的作用下,地层微粒和黏土矿物迁移出地层进入井筒,则使油层孔渗和喉道增加,若微粒迁移堵塞喉道则使物性和喉道变差。另外,注入水冲刷溶蚀作用强烈会增加孔喉通道,而化学沉淀又会造成渗透率和喉道降低。因此,从机理上讲储层变化是物理、化学和物理化学等综合作用的产物。

由于储层的非均质性,注入水微观渗流过程主要是沿渗流阻力小的大通道流动,对微粒的冲刷和溶蚀主要发生在大孔喉内,而沉淀和堵塞作用主要发生在小孔喉道内,作用结果则使高渗大孔喉变得越大,低渗小喉道则变得越小,产生更加强烈的微观非均质性。上一节古近系储层水淹后的物性和结构变化充分体现了这一规律。

2. 储层结构变化影响因素

总体上看储层结构变化规律是由其内部因素和外部因素共同决定的。储层岩石矿物学特征、孔隙结构、流体特征等都是影响和决定储层变化的内在因素,内部因素起主导作用。外部因素主要是注入水性质、流动参数、温压条件等。总结上述典型油田实例,反映储层结构的变化总体受储层年代、埋深、原始物性条件、成岩作用强度、砂体类型、非均质性、微粒类型含量、水淹时间、含水率等综合因素影响。这些因素归纳起来见表 19-11。

表 19-11 影响储层结构变化规律的主要因素

影响方面	具体因素	变化规律
原始地层条件	地层时代、岩性、成分、粒度、泥质含量	老地层、细砂岩,储层水淹结构变差
成岩作用强度	埋深、自生黏土矿物、压实强度、矿物溶解	强成岩作用、高黏土矿物,储层水淹结构会变差
砂体宏观特性	砂体厚度、面积、连通性、夹层展布、流动单元质量	大厚度、大面积、均质储层,储层水淹物性增加
岩石物理特性	微观孔隙结构、岩石物理相、物性方向性、物性分布	高孔、高渗储层物性变好,而细粒低渗储层会变差
地层压力流体	流体性质、注入流体量、采油速度	高速度、大流量储层结构变化大
注采井情况	井组类型、井距大小、完井方式、采油工艺	多种采油措施增加储层污染,改变储层结构
生产阶段	生产时间、水淹情况、含水率	晚期高含水后储层结构变化大

主要的几个控制因素简述如下。

1)储层特征与储层变化的关系

总体上,老地层、细砂岩,储层水淹结构变差;强成岩作用、高黏土矿物,储层水淹结构会变差;薄层、强非均质性储层,储层水淹物性和储层结构变差。其中关键因素是原始储层的物性高低和储层所具有的各类敏感性矿物的多少,尤其是各类黏土矿物和其他地层微粒的多少。高孔、高渗储层物性变好,而细粒低渗储层会变差。

2)注入水与岩石和地层流体的相互作用

(1)注入水对黏土矿物和其他微粒的影响。对于高孔渗地层而言,由于储层内黏土矿物和其他微粒的机械搬运及聚散作用,储层孔隙直径大,喉道较粗,水淹后储层的黏土矿物相对含量大大减少,使孔道干净、畅通,孔隙直径扩大,储层孔隙度和渗透率也随之增大。冲刷出去的微粒以井筒沙粒形式出现,如港西油田含水率与产出原油中含沙率关系就能反映地层微粒不断被带出的变化(图 19-12)。

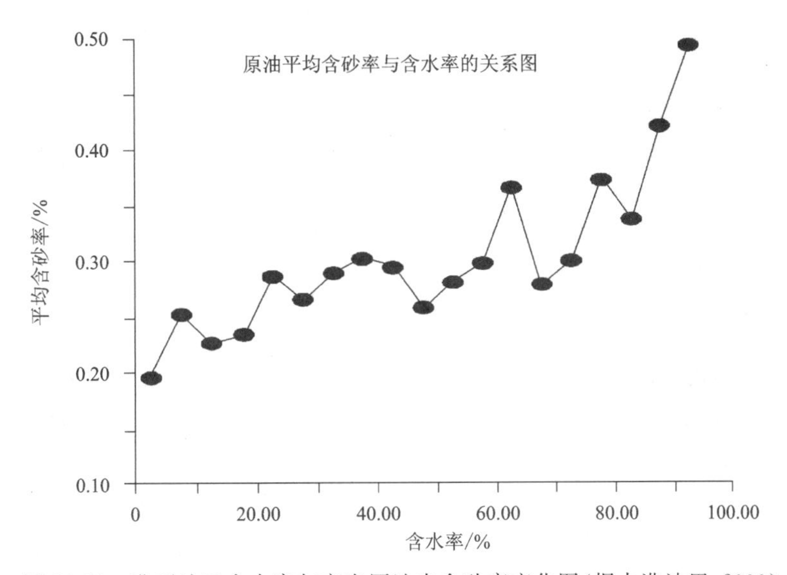

图 19-12 港西油田含水率与产出原油中含砂率变化图(据大港油田,2000)

(2)碳酸盐及其他盐类的溶解和沉淀作用。注入水进入油层后,打破了原来的化学平衡状态,储层中的碳酸盐或其他盐类可能会与注入水发生一些化学反应,发生溶解或沉淀作用,造成孔喉变大或减少。

(3)注入水中杂质对孔隙的影响。注入水为污水会含有多种杂质和细菌,注入水中悬浮固体含量和粒径都大于标准值。注入水水质超标,所含的机械杂质和大量超标细菌(铁细菌、硫酸盐还原菌和腐生菌均超过标准值)会造成储层堵塞。

(4)注水温度对油层孔隙的影响。由于注入水的温度一般比地层水温度低,当注入水在井底附近形成的低温区的温度低于析蜡温度时,油层中出现析蜡现象,从而缩小甚至堵塞一些孔道,造成油层损害。

二、水淹后储层参数变化实例分析

1. 新近系储层油田(孤岛、港西油田)

我国东部新近系油田主力油层为馆陶组和明化镇组,储层类型以未胶结松散、高孔高渗、细粒岩性为特色。该类储层在东部油田中尤其是渤海湾盆地内广泛发育,在胜利、大港等油田形成了诸如孤岛油田、港西油田等大型整装油田。孤岛油田和港西油田的注水实践表明,储层泥质含量、粒度中值、孔隙度、渗透率、含油饱和度、含砂率、原油物理性质等指标在开发早期、中期和晚期之间发生了巨大变化,最明显的变化主要表现为:①渗透率成百倍的增加,可以增加500%以上;②泥质含量急剧减少;③含油饱和度明显减少;④原油黏度和密度增加明显。

但是由于受岩石原始渗透性的影响,不同粒度的岩石变化程度不同,总体上细粒岩石变化不明显,甚至有减少渗透性的趋势。

孤岛油田是胜利油田于20世纪60年代末投入开发的特大型整装油田,储层类型以河流相储层为主,目前含水率98%,达到特高含水阶段。从开发初期、中高含水期到特高含水期的3个开发阶段储层系列参数(如孔隙度 φ、渗透率 K、粒度中值 M_d、泥质含量 V_{sh}、束缚水饱和度 S_{wi}等)均有不同程度的变化(图19-13、图19-14)。这些变化与采油措施有关,但内在根本原因是储层较疏松,后期出砂严重,改变了油层物性参数,同时影响着对油田剩余油分布的认识。以下主要依据孤岛采油厂的资料介绍该区动态储层的变化。

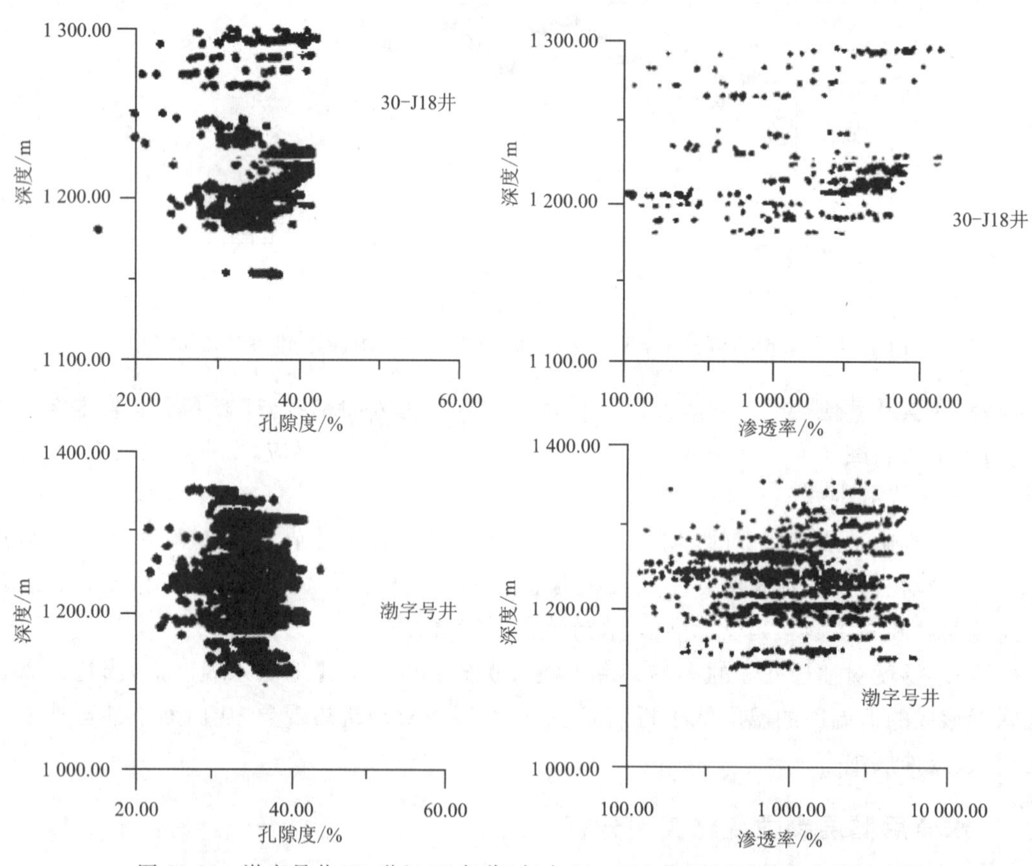

图19-13 渤字号井(20世纪70年代)与中30—J18井(95年)物性变化对比图

孤岛油田开发初期以1972年的3口取芯井为代表;中、高含水期以1984—1988年的4口取芯井为代表;特高含水期以1991年的1口密闭取芯井为代表。用实验室分析的孔、渗、饱、粒度常规分析数据资料,以及开发初期的毛管压力等与测井资料结合进行数据统计回归分析,求得各个时期的回归方程,用求出的各时期的参数进行比较,可以观察储层参数之间的变化。

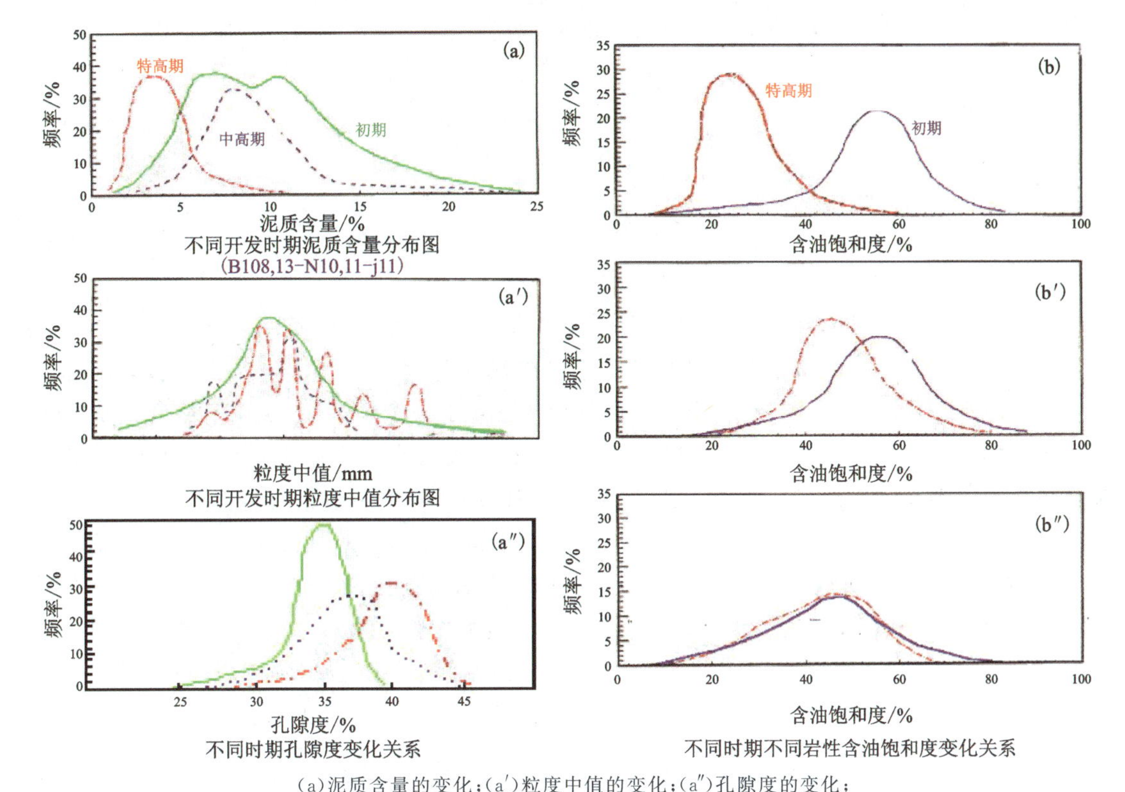

(a)泥质含量的变化;(a′)粒度中值的变化;(a″)孔隙度的变化;

(b)～(b″)含油饱和度在不同岩性(中砂岩、细砂岩、粉砂岩)储层中的变化

图 19-14　孤岛油田开发早期、中期、晚期储层结构水淹变化规律图

孤岛油田不同时间的储层参数方程如下。

(1)孔隙度。

高含水后期变化较小,可通用以下公式

$$\varphi = \frac{\Delta t - 180}{440} \times \frac{1}{1.68 - 0.000\,176 \times H} \tag{19-3}$$

式中,φ 为孔隙度;Δt 为声波时差(μs/m);H 为油层深度(m)。

(2)粒度中值。

开发初期:

$$M_d = 1/[6.036\,998 + 1\,354.99 \times \Delta sp \times \ln\varphi - 1\,887.892 \times \varphi \times \ln\varphi \times \Delta sp + 662.733\,2 \times \Delta sp \times (\ln\varphi)^2] \tag{19-4}$$

$$\Delta sp = \frac{sp - sp_{\min}}{sp_{\max} - sp_{\min}} \tag{19-5}$$

中高含水期:

$$M_d = \mathrm{EXP}[-1.764\,474 - 24.316\,7 \times \ln\varphi \times (1/\varphi) \times \Delta sp - 8.992\,694 \times \Delta sp \times (1/\varphi)^2] \tag{19-6}$$

特高含水期:

$$M_d = \mathrm{EXP}[-1.764\,474 - 24.316\,7 \times \ln\varphi \times (1/\varphi) \times \Delta sp - 8.992\,694 \times \Delta sp \times (1/\varphi)^2] \tag{19-7}$$

式中,M_d 为粒度中值(mm);Δsp 为自然电位值(mv)。

(3)渗透率。

开发初期:

$$\lg K = 7.28 + 5.51 \times \lg\varphi + 2.11 \times \lg M_d \tag{19-8}$$

中高含水期:

$$\lg K = 8.032 + 7.6 \times \lg\varphi + 1.61 \times \lg M_d \tag{19-9}$$

特高含水期:

$$\lg K = 3.405\,512\,066 - 17.226\,16 \times \varphi \times M_d \times \lg M_d \tag{19-10}$$

统计分析表明,中、高含水期物性参数发生了较大变化,特高含水期变化更大,含水80%左右时,中、高含水期与开发初期对比(11个井组22口井),Ng3砂层组孔隙度增大者占52.6%,粒度中值占63.16%,渗透率增大者占84.2%,束缚水饱和度降低者占78.9%,泥质含量减少者占100%;Ng4砂层组孔隙度增大者占76.9%,粒度中值增大者占72.7%,渗透率增大者占92.3%,束缚水饱和度降低者占92.3%,泥质含量减少者占100%。对比特高含水期(8个井组16口井),在综合含水88%以上对比时,Ng3砂层组孔隙度增大者占90%,粒度中值增大者占90%,渗透率增大者占100%,束缚水饱和度降低者占100%,泥质含量减少者占100%;Ng4砂层组孔隙度增大者占94.4%,粒度中值增大者占61.1%,渗透率增大者占100%,束缚水饱和度降低者占100%,泥质含量减少者占100%(表19-12、表19-13)。

表 19-12　孤岛油田储层参数变化数据表(含水率大于等于80%;中高含水期;22口井统计)

储层参数	开发初期		中、高含水期(1985—1989年)		增大或减小的平均值		增大或减小百分比/%	
	Ng3	Ng4	Ng3	Ng4	Ng3	Ng4	Ng3	Ng4
φ/%	37.15	35.54	36.95	37.03	−0.2	1.49	−0.54	4.19
M_d/mm	0.154 2	0.154 5	0.156 3	0.155 8	0.002 1	0.001 3	1.36	0.84
$K/10^{-3}\mu m^2$	1 640.8	1 356.0	3 177.1	3 180.9	1 536.3	1 824.9	93.63	134.6
S_{wi}/%	28.31	31.08	25.92	25.57	−2.39	−5.31	−8.44	−17.08
V_{sh}/%	7.84	7.823	5.96	5.977	−1.88	−18.46	−23.98	−23.60

表 19-13　孤岛油田储层参数变化数据表(含水率大于等于88%;特高含水期;16口井统计)

储层参数	开发初期		特高含水期 1990—1992年		增大或减小的平均值		增大或减小百分比/%	
	Ng3	Ng4	Ng3	Ng4	Ng3	Ng4	Ng3	Ng4
φ/%	34.63	34.43	36.52	36.24	1.89	1.81	5.46	5.26
M_d/mm	0.150 5	0.150 0	0.159 5	0.155 7	0.009	0.005 7	5.98	3.8
$K/10^{-3}\mu m^2$	1 111.7	1 085.8	1 6078	15 645.6	14 966.3	14 559.8	1346	1341
S_{wi}/%	32.95	33.35	19.06	19.51	−13.89	−13.84	−42.15	−41.50
V_{sh}/%	7.97	8.01	1.40	1.44	−6.57	−6.57	−82.43	−82.02

从表中可以看出，渗透率变化最大，开发初期和含水率80%以上对比，增大1倍左右；若与含水率88%以上相比，增大13倍。

渗透率的明显增大，从1991年钻的取芯井中11-J11也得到证实，Ng3、Ng4油层组取芯井段分析物性数据135块，渗透率样品共分析43块，没裂开的18块。其孔隙度变化范围为35.1%～40.8%，渗透率变化范围(8065～26 878)×$10^{-3}\mu m^2$。而1985—1988年中、高含水期的4口取芯井物性分析数据为：孔隙度变化范围为25%～40.3%，渗透率变化范围(43～6462)×$10^{-3}\mu m^2$。两者相比，特高含水期的渗透率比中高含水期增大3倍以上(图19-13)。

港西油田是大港油田主要高含水开发油田，主力储层为新近系馆陶组和明化镇组，其水淹前和水淹后储层结构变化规律与孤岛油田极为相似，它们同属松散、高孔高渗油田。数据反映出，越是粗粒高渗储层，水淹后其孔渗增加幅度越大，对应其泥质含量减少幅度也越大(图19-15，表19-14、表19-15)。

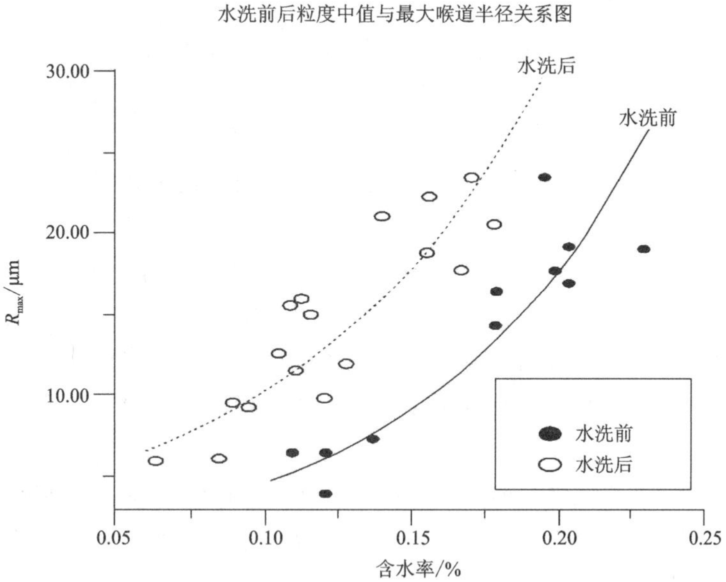

水洗前后粒度中值与最大喉道半径关系图

图19-15　港西油田水淹前和水淹后储层结构变化规律(数据来自大港油田研究中心，1991)

表19-14　港西开发区不同时期取芯资料分析储层物性统计表

层位	岩性	阶段	孔隙度/%	变化率/%	渗透率/$10^{-3}\mu m^2$	变化率%
馆陶组	粗砂	早期	32.81(11)	+2.16	1581(7)	+505.69
		中后期	33.52(10)		9576(3)	
	中砂	早期	32.18(251)	+1.21	1145(230)	+30.04
		中后期	32.57(50)		1489(36)	
	细砂	早期	33.60(479)	+0.80	938(380)	+16.84
		中后期	33.87(228)		1096(190)	
	粉砂	早期	25.59(141)	+0.55	262(122)	+11.50
		中后期	25.73(38)		292(27)	

表 19-15 港西同类储层不同开发时期泥质含量统计表

储层类型	开发阶段	最小值/%	最大值/%	平均值/%	数据个数	变化率/%
中砂岩	早期	7.25	34.75	18.04	177	−10.32
	中后期	10.04	22.78	16.25	9	
细砂岩	早期	5.60	48.20	22.76	1631	−5.27
	中后期	10.80	42.90	21.46	230	
粉砂岩	早期	11.50	86.70	36.10	455	−0.25
	中后期	25.19	63.40	36.01	43	

2. 古近系储层油田(双河、下二门油田)

古近系储层比新近系储层类型复杂,其成岩程度相对较高,岩石相对致密。由于储层在沉积相、岩性、岩石粒度、岩石物性、岩石结构、成岩作用等方面差异大,因此水淹后储层结构变化规律要复杂的多,导致储层非均质性增加。河南油田的双河油田和下二门油田都是注水开发 20 余年的砂岩油田,属扇三角洲沉积砂体,储层结构变化有较好的代表性,主要变化规律体现在以下几个方面:

(1)储层水驱后当粒度中值小于 0.5mm 时,储层孔隙度只有在大于特定值后才明显增加,当粒度中值大于 0.5mm 时,即为粗岩性,水驱后孔隙度和渗透率均呈增大趋势。

(2)注水开发后期 80%以上储层渗透率发生了变化,有变好和变差两个趋势,特别是中粗以上砂岩变好的幅度及比值大于细粉砂岩,且主力层系油层物性和孔隙结构朝好的方向转变。

(3)油层润湿性向亲水性增强的方向变化;后期储层相对渗透率具有束缚水饱和度较低、残余油饱和度低、两相流动范围变宽、种相渗曲线形态并存和异型曲线增多的特点。

(4)储层和流体性质双向复杂的变化导致一些常规测试、实验和解释技术失常,异常现象增多。

从两个古近系油田的储层孔喉结构变化分析结果(表 19-16、表 19-17)可知,开发后期孔喉变化及配置关系复杂,储集层在长期冲刷作用下,粗粒级砂岩中形成条带状大孔分布,差异溶解造成孔喉分布不均及两极分化加,使储集层非均质性更加严重。

表 19-16 下二门油田水淹前后储层孔喉配置关系

孔喉类型	中粗以上砂岩/%		细粉砂岩/%	
	后期	初期	后期	初期
粗喉	10.20	5.82	2.04	10.68
中喉	46.96	33.97	12.24	31.08
细喉	4.08	11.65	24.48	6.80

表 19-17 双河油田北块储集层开发后期与初期孔喉配置关系对比表

孔喉类型	河道砂/%				前缘砂/%				席状砂/%			
	中粗以上砂岩		细粉砂岩		中粗以上砂岩		细粉砂岩		中粗以上砂岩		细粉砂岩	
	后期	初期	后期	初期	后期	初期	后期	初期	后期	初期	后期	初期
粗喉	2.46	3.54	1.23	4.71	10.06	—	3.09	4.65	6.39	—	—	—
中喉	41.44	28.24	21.94	47.06	31.03	13.96	16.28	48.84	28.72	33.3	23.41	42.45
细喉	7.32	5.88	25.61	10.57	17.83	9.3	21.7	23.25	3.18	6.06	38.3	18.19

双河油田沉积相与孔隙结构和物性的关系，没有岩性与孔隙结构的关系明显（表 19-17）。各类喉道类型中细喉类型一般呈水淹后所占比例增加。中喉类型一般在中粗砂岩中水淹后所占比例明显增加，而细粉砂岩则明显减少。粗喉类型在水淹后普遍减少。

由静态特征和动态测试资料研究可知，主力层系各岩类比非主力层系物性及孔隙结构参数变化幅度大，而主力层系间变化幅度也有差异。由吸水剖面变化对比图可知（图 19-16），中粗砂岩吸水能力最好，呈直线上升趋势，变化幅度很大，可见高渗层和中粗砂岩层系是大孔道分布较多的地带。而渗透率与吸水强度的关系却复杂一些，渗透率小于 $1\mu m^2$ 的岩性总体上吸水强度逐渐减少，渗透率大于 $1\mu m^2$ 的岩性总体上吸水强度逐渐增大，但在渗透率大于 $5\mu m^2$ 的岩性其吸水强度后期有明显的减少趋势，这与该类大孔隙储层损害有关。

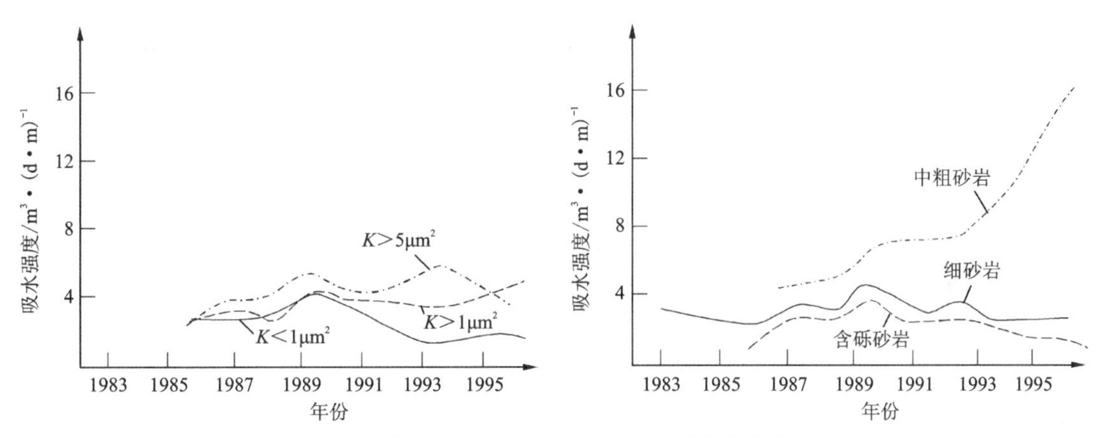

图 19-16 下二门油田渗透性储层(a)和不同岩性(b)吸水强度变化曲线图(据赵跃华等，1999)

3. 中生界储层油田(马岭油田)

马岭油田位于陕甘宁盆地南部，含油层为中生界侏罗系延安组，储层属于河流相沉积。通过室内试验并结合现场资料的分析，油层经长期注水冲刷后孔隙结构的变化相对单一，油层水淹后油层物性明显变差，渗透率平均下降 12.96%，孔隙度下降 0.44%（表 19-18、表 19-19）。主要认识有：①马岭油田油层水淹后渗透率大幅度下降；②水淹后油层孔隙结构变差；③引起水淹油层变化的内外因素是储油层含有引起储层伤害的黏土矿物，储层孔隙结构的非均质性，低矿化度的注入水是储层伤害的外在因素。

表 19-18　马岭油田注入水冲刷前后孔、渗变化(林光荣等,2001)

区块	原渗透率/$10^{-3}\mu m^2$	水淹渗透率/$10^{-3}\mu m^2$	渗透率增减率/%	原孔隙度/%	水淹孔隙度/%	孔隙度增减率/%
中区	225.70	219.70	−2.66	16.6	16.5	−0.14
南区	182.80	135.90	−25.70	16.3	16.0	−0.26
北区	156.00	142.00	−8.97	16.7	16.3	−0.40
全区	188.20	165.88	−11.90	16.5	16.3	−0.26

经过建模分析,确立了水淹前后物性关系式如表 19-19 所示。

表 19-19　马岭油田室内水驱前后 lg$K$-φ 的关系式(林光荣等,2001)

地区	水驱前	水驱后
北区	$\lg K=0.3155\varphi-3.7703$ $R=0.952$	$\lg K=0.3482\varphi-4.3854$ $R=0.915$
中区	$\lg K=0.172\varphi-0.5849$ $R=0.824$	$\lg K=0.2053\varphi-1.1142$ $R=0.896$
南区	$\lg K=0.2848\varphi-2.5366$ $R=0.957$	$\lg K=0.2488\varphi-2.1163$ $R=0.813$

主要参考文献

陈定宝，1981. 对四川海相碳酸盐岩储层的初步认识[J]. 天然气工业(3)：30-42，77.

陈丽华，2000. 油气储层研究技术[M]. 北京：石油工业出版社.

陈双全，曾联波，黄平，等，2016. 多尺度裂缝综合预测应用研究[J]. 应用地球物理，13(1)：80-92，219.

陈彦华，刘莺，1994. 成岩相：储集体预测的新途径[J]. 石油实验地质(3)：274-281.

崔景伟，邹才能，朱如凯，等，2012. 页岩孔隙研究新进展[J]. 地球科学进展，27(12)：1319-1325.

代瑞雪，冉崎，关旭，等，2017. 多尺度裂缝地震综合预测方法：以川中地区下寒武统龙王庙组气藏为例[J]. 天然气勘探与开发，40(2)：38-44.

戴启德，纪友亮，1996. 油气储层地质学[M]. 东营：中国石油大学出版社.

邓宏文，1995. 美国层序地层研究中的新学派：高分辨层序地层学[J]. 石油与天然气地质，16(2)：89-97.

邓宏文，王洪亮，祝永军，等，2002. 高分辨率层序地层学：原理及应用[M]. 北京：地质出版社.

邓运华，杨永才，杨婷，2021. 试论世界油气形成的三个体系[M]. 北京：科学出版社.

刁玉杰，2017. 神华 CCS 示范工程场地储层表征与 CO_2 运移规律研究[D]. 徐州：中国矿业大学.

丁圣，钟思瑛，周方喜，等，2012. 高邮凹陷成岩相约束下的低渗透储层物性参数测井解释模型[J]. 石油学报，33(6)：1012-1017.

董大忠，程克明，王世谦，等，2009. 页岩气资源评价方法及其在四川盆地的应用[J]. 天然气工业，29(5)：33-39.

窦伟坦，田景春，徐小蓉，等，2005. 陇东地区延长组长 6～长 8 油层组成岩相研究[J]. 成都理工大学学报(自然科学版)(2)：129-132.

窦之林，2000. 储层流动单元研究[M]. 北京：石油工业出版社.

杜业波，季汉成，朱筱敏，2006. 川西前陆盆地上三叠统须家河组成岩相研究[J]. 吉林大学学报(地球科学版)(3)：358-364.

樊世忠，陈元千，1987. 油气层保护[M]. 北京：石油工业出版社.

樊晓伊，姚光庆，杨振峰，等，2018. 准噶尔盆地车排子凸起多物源复杂沉积体系中的地震沉积学[J]. 地球科学,43(3):786-801.

方少仙,侯方浩,1998. 石油天然气储层地质学[M]. 东营:中国石油大学出版社.

T. D. 范高尔夫-拉特,1989. 裂缝油藏工程基础[M]. 陈钟祥,等译,北京:石油工业出版社.

郝石生,贾振远,1989. 碳酸盐岩油气形成和分布[M]. 北京:石油工业出版社.

郝石生,贾振远,1996. 碳酸盐岩与油气[M]. 北京:地质出版社.

何家雄,钟灿鸣,姚永坚,等,2020. 南海北部天然气水合物勘查试采及研究进展与勘探前景[J]. 海洋地质前沿,36(12):1-14.

侯贵廷,1994a. 分形地质统计学[J]. 地质地球化学(2):68-70.

侯贵廷,1994b. 裂缝的分形分析方法[J]. 应用基础与工程科学学报(4):299-305.

侯加根,马晓强,刘钰铭,等,2012. 缝洞型碳酸盐岩储层多类多尺度建模方法研究:以塔河油田四区奥陶系油藏为例[J]. 地学前缘,19(2):59-66.

胡向阳,袁向春,侯加根,等,2014. 多尺度岩溶相控碳酸盐岩缝洞型油藏储集体建模方法[J]. 石油学报,35(2):340-346.

胡永乐,2002. 低渗透油气田开发技术[M]. 北京:石油工业出版社.

黄诚,云露,曹自成,等,2022. 塔里木盆地顺北地区中—下奥陶统"断控"缝洞系统划分与形成机制[J]. 石油与天然气地质,43(1):54-68.

黄思静,2010. 碳酸盐岩的成岩作用[M]. 北京:地质出版社.

黄银涛,文力,姚光庆,等,2018. 莺歌海盆地东方区黄流组细粒厚层重力流砂体沉积特征[J]. 石油学报,39(3):290-303.

黄银涛,姚光庆,周锋德,2016. 莺歌海盆地黄流组浅海重力流砂体物源分析及油气地质意义[J]. 地球科学,41(9):1526-1538.

黄银涛,姚光庆,朱红涛,等,2016. 莺歌海盆地东方区黄流组重力流砂体的底流改造作用[J]. 石油学报,37(7):855-866.

黄银涛,周锋德,姚光庆,2013. 随机模拟及遗传神经网络方法预测煤层气资源量[J]. 地质科技情报,32(6):73-79.

纪友亮,2009. 油气储层地质学[M]. 北京:石油工业出版社.

纪友亮,2015. 油气储层地质学[M]. 2 版. 青岛:中国石油大学出版社.

贾承造,邹才能,李建忠,等,2012. 中国致密油评价标准、主要类型、基本特征及资源前景[J]. 石油学报,33(3):344-350.

贾振远,李之琪,1989. 碳酸盐岩沉积相和沉积环境[M]. 武汉:中国地质大学出版社.

姜平,张建光,姚光庆,等,2013. 涠西南凹陷 11-7 区块流沙港组沉积体系构成及演化特征[J]. 地质科技情报,32(2):97-104.

姜在兴,2010. 沉积学[M]. 3 版. 北京:中国石油工业出版社.

焦养泉,2015. 聚煤盆地沉积学. [M]. 武汉:中国地质大学出版社.

焦养泉,李祯,1995. 河道储层砂体中隔挡层的成因与分布规律[J]. 石油勘探与开发,22

(4):78-81.

克莱德 H.莫尔,2008.碳酸盐岩储层——层序地层格架中的成岩作用和孔隙演化[M].姚根顺等,译.北京:石油工业出版社.

赖锦,2013.碎屑岩储层成岩相研究现状及进展[J].地球科学进展,28(1):39-50.

赖锦,2014.库车坳陷巴什基奇克组致密砂岩气储层成岩相分析[J].天然气地球科学,25(7):1019-1032.

李爱芬,任晓霞,王桂娟,等,2015.核磁共振研究致密砂岩孔隙结构的方法及应用[J].中国石油大学学报(自然科学版),39(6):92-98.

李道品,1997.低渗透砂岩油田开发[M].北京:石油工业出版社.

李道品,1998.论低渗油藏开发的主要矛盾和改善途径[J].世界石油工业,5(10):44-47.

李乐,姚光庆,刘永河,等,2015.大港油田塘10井区沙河街组方沸石白云岩储层特征[J].石油学报,36(10):1210-1220.

李乐,姚光庆,2016.讨论:青藏高原北缘酒泉盆地青西凹陷白垩系湖相热水沉积原生白云岩[J].中国科学:地球科学,46(3):406-410.

李乐,姚光庆,刘永河,等,2015.塘沽地区沙河街组下部含云质泥岩主微量元素地球化学特征及地质意义[J].地球科学——中国地质大学学报,40(9):1480-1496.

李思田,1992.鄂尔多斯盆地东北部层序地层及沉积体系分析[M].北京:地质出版社.

李万伦,徐佳佳,贾凌霄,等,2022.玄武岩封存 CO_2 技术方法及其进展[J].水文地质工程地质,49(3):164-173.

李伟才,姚光庆,张建光,2009.一种新型广义水驱特征曲线的建立及其应用[J].新疆石油地质,30(3):381-383.

李伟才,姚光庆,周锋德,等,2011.低渗透油藏不同流动单元并联水驱油[J].石油学报,32(4):658-663.

李兴国,2000.陆相储层沉积微相与微型构造[M].北京:石油工业出版社.

李源,鲁新便,王莹莹,等,2016.塔河油田海西早期岩溶水文地貌特征及其演化[J].石油与天然气地质,37(5):674-683.

梁金强,王宏斌,苏新,等,2014.南海北部陆坡天然气水合物成藏条件及其控制因素[J].天然气工业,34(7):128-135.

林畅松,夏庆龙,施和生,等,2015.地貌演化、源-汇过程与盆地分析[J].地学前缘,22(1):9-20.

林春明,2019.沉积岩石学[M].北京:科学出版社.

林光荣,陈付星,邵创国,等,2001.马岭油田长期注水对油层孔隙结构的影响[J].西安石油学院学报(自然科学版),16(6):33-38.

刘建军,吴明洋,宋睿,等,2017.低渗透油藏储层多尺度裂缝的建模方法研究[J].西南石油大学学报(自然科学版),39(4):90-103.

刘天定,赵太平,李高仁,等,2012.利用核磁共振评价致密砂岩储层孔径分布的改进方法

[J]. 测井技术,36(2):119-123.

刘艳辉,李晓,李守定,等,2009. 盐岩地下储气库泥岩夹层分布与组构特性研究[J]. 岩土力学,30(12):3627-3632.

娄敏,杨香华,姚光庆,等,2020. 涠西南凹陷流三段储层成岩相分析与甜点储层预测[J]. 海洋地质与第四纪地质,40(3):171-184.

卢西亚,2011. 碳酸盐岩储层表征[M]. 2 版. 北京:石油工业出版社.

鲁新便,胡文革,汪彦,等,2015. 塔河地区碳酸盐岩断溶体油藏特征与开发实践[J]. 石油与天然气地质,36(3):347-355.

吕文雅,曾联波,陈双全,等,2021. 致密低渗透砂岩储层多尺度天然裂缝表征方法[J]. 地质论评,67(2):14.

吕晓光,李洁,2005. 油气储层表征技术[M]. 北京:石油工业出版社.

罗明高,1998. 定量储层地质学[M]. 北京:地质出版社.

罗群,姜振学,魏浩元,2019. 陆相断陷湖盆致密油成藏条件与富集机制[M]. 北京:石油工业出版社.

罗英俊,1996. 油田开发生产中的保护油层技术[M]. 北京:石油工业出版社.

罗蛰潭,王允诚,1986. 油气储集层的孔隙结构[M]. 北京:科学出版社.

马华兴,2021. 国内盐穴储气库发展现状初探[J]. 中国井矿盐,52(6):12-15.

马旭,田树宝,周少伟,等,2015. 特低渗透油藏动态毛管压力对水驱油效果影响分析[J]. 科学技术与工程(28):151-155.

马永生,梅冥相,陈小兵,等,1999. 碳酸盐岩储层沉积学[M]. 北京:地质出版社.

马勇新,黄银涛,姚光庆,等,2015,莺歌海盆地 DX 区黄流组超压对成岩作用的影响[J]. 地质科技情报,34(3):7-14.

马正,1982. 应用自然电位测井曲线解释沉积环境[J]. 石油与天然气地质,3(1):25-39.

穆龙新,赵国良,田中元,等,2009. 储层裂缝预测研究[M]. 北京:石油工业出版社.

宁伏龙,梁金强,吴能友,等,2020. 中国天然气水合物赋存特征[J]. 天然气工业,40(8):1-24+203.

潘建国,卫平生,蔡忠贤,等,2012. 塔中地区中—下奥陶统碳酸盐岩孔洞-裂缝储集系统划分及其特征[J]. 地球科学——中国地质大学学报,37(4):751-762.

庞雄,彭大钧,陈长民,等,2007. 三级"源-渠-汇"耦合研究珠江深水扇系统[J]. 地质学报(6):857-864.

蒲建,杨树合,何书梅,等,2002. 大张坨地下储气库数值模拟研究[J]. 石油与天然气地质(1):9-12.

强子同,1998. 碳酸盐岩储层地质学[M]. 东营:中国石油大学出版社.

邱振,邹才能,2020. 非常规油气沉积学:内涵与展望[J]. 沉积学报,38(1):1-27.

裘亦楠,1987. 碎屑岩储层沉积基础[M]. 北京:石油工业出版社.

裘亦楠,1991. 储层地质模型[J]. 石油学报,12(4):55-62.

裘亦楠,薛叔浩,应凤祥,1997. 中国陆相油气储集层[M]. 北京:石油工业出版社.

裘亦楠，薛叔浩，1997. 油气储层评价技术[M]. 北京：石油工业出版社.

冉启全，王拥军，孙圆辉，等，2011. 火山岩气藏储层表征技术[M]. 北京：科学出版社.

任韶然，2010. CO_2 地质埋存：国外示范工程及其对中国的启示[J]. 中国石油大学学报(自然科学版)，34(1)：93-98.

任双坡，姚光庆，毛文静，2016. 三角洲前缘水下分流河道薄层单砂体成因类型及其叠置模式：以古城油田泌浅10区核三段Ⅳ-Ⅵ油组为例[J]. 沉积学报，3：582-593.

桑树勋，陈世悦，刘焕杰，2001. 华北晚古生代成煤环境与成煤模式多样性研究[J]. 地质科学，36(2)：212-221.

沙茨英格，乔丹，2002. 储层表征新进展[M]. 宋新民，译. 北京：石油工业出版社.

盛和宜，1993. 辽河断陷湖盒的扇三角洲沉积[J]. 石油勘探与开发(3)：60-66.

石玉江，肖亮，毛志强，等，2011. 低渗透砂岩储层成岩相测井识别方法及其地质意义：以鄂尔多斯盆地姬塬地区长8段储层为例[J]. 石油学报，32(5)：820-828.

斯莱特，2013. 油气储层表征[M]. 北京：石油工业出版社.

宋惠珍，贾承造，2001. 欧阳建裂缝性储集层研究理论与方法：塔里木盆地碳酸盐岩储集层裂缝预测[M]. 北京：石油工业出版社.

宋万超，2003. 高含水期油田开发技术和方法[M]. 北京：地质出版社.

宋岩，罗群，姜振学，2021. 中国中西部致密油富集机理及其主控因素[J]. 石油勘探与开发，48(2)：1-12.

苏皓，雷征东，李俊超，等，2019. 储集层多尺度裂缝高效数值模拟模型[J]. 石油学报，40(5)：587-593，634.

苏丕波，沙志彬，常少英，等，2014. 珠江口盆地东部海域天然气水合物的成藏地质模式[J]. 天然气工业，34(6)：162-168.

苏现波，林晓英，2009. 煤层气地质学[M]. 北京：煤炭工业出版社.

孙龙德，刘合，何文渊，等，2021. 大庆古龙页岩油重大科学问题与研究路径探析[J]. 石油勘探与开发，48(3)：1-11.

孙龙德，邹才能，贾爱林，等，2019. 中国致密油气发展特征与方向[J]. 石油勘探与开发，46(6)：1015-1026.

孙爽，赵淑霞，侯加根，等，2019. 致密砂岩储层多尺度裂缝分级建模方法：以红河油田92井区长8储层为例[J]. 石油科学通报，4(1)：11-26.

孙永传，李蕙生，1986. 碎屑岩沉积环境与沉积相[M]. 北京：地质出版社.

孙永传，李忠，1996. 中国东部几个断陷盆地的成岩作用与成岩场[M]. 北京：科学出版社.

谭廷栋，1987. 裂缝性油气藏测井解释模型与评价方法[M]. 北京：石油工业出版社.

汤达祯，许浩，陶树，2016. 非常规地质能源概论[M]. 北京：石油工业出版社.

汤小燕，刘之的，王正国，2012. 基底潜山型火山岩储层表征技术[M]. 西安：陕西科学技术出版社.

唐泽尧，1980. 四川海相碳酸盐岩储层的类型和形成条件[J]. 石油勘探与开发(2)：23-35.

田树宝,雷刚,何顺利,等,2012.低渗透油藏毛细管压力动态效应[J].石油勘探与开发,39(3):378-384.

田志,肖立志,廖广志,等,2019.基于沉积过程的数字岩石建模方法研究[J].地球物理学报,62(1):248-259.

童亨茂,钱祥麟,1994.储层裂缝的研究和分析方法[J].石油大学学报:自然科学版,18(6):7.

王波,宁正福,2012.多孔介质微观模型重构方法研究[J].油气藏评价与开发,2(2):45-49,53.

王华,2008.层序地层学基本原理方法与应用[M].武汉:中国地质大学出版社.

王家豪,姚光庆,袁彩萍,2001.焉耆盆地宝浪油田宝北区块辫状河分流河道砂体储层宏观特征[J].现代地质,15(4):431-437.

王家豪,姚光庆,赵彦超,2004.浅水辫状河三角洲发育区短期基准面旋回划分及储层宏观特征分析[J].沉积学报,22(1):87-94.

王小军,杨智峰,郭旭光,等,2019.准噶尔盆地吉木萨尔凹陷页岩油勘探实践与展望[J].新疆石油地质,40(4):402-413.

王行信,周书欣,1992.砂岩储层粘土矿物与油层保护[M].北京:石油工业出版社.

王允诚,1992.裂缝性致密油气储集层[M].北京:地质出版社.

王允诚,2008.油气储层地质学[M].北京:地质出版社.

王招明,杨海军,王振宇,等,2010.塔里木盆地塔中地区奥陶系礁滩体储层地质特征[M].北京:石油工业出版社.

王振峰,2012.深水重要油气储层:琼东南盆地中央峡谷体系[J].沉积学报,30(4):646-653.

王振宇,李凌,谭秀成,等,2008.塔里木盆地奥陶系碳酸盐岩古岩溶类型识别[J].西南石油大学学报(自然科学版),30(5):11-16.

卫平生,蔡忠贤,潘建国,等,2018.世界典型碳酸盐岩油气田储层[M].北京:石油工业出版社.

魏忠元,姚光庆,何生,等,2008.伊通地堑岔路河断陷储层成岩演化史与成岩模式[J].地球科学——中国地质大学学报,33(2):1-8.

翁定为,雷群,胥云,等,2011.缝网压裂技术及其现场应用[J].石油学报,32(2):280-284.

吴能友,张海啟,杨胜雄,等,2007.南海神狐海域天然气水合物成藏系统初探[J].天然气工业(9):1-6+125.

吴胜和,2010.储层表征与建模[M].北京:石油工业出版社.

吴胜和,马晓芬,1996.煤系地层低渗透岩屑砂岩储层成因机理及储集特征[J].低渗透油气田,1(1):5.

吴胜和,熊琦华,1998.油气储层地质学[M].北京:石油工业出版社.

吴胜和,岳大力,刘建民,等,2008.地下古河道储层构型的层次建模研究[J].中国科学(D辑地球科学),38(S1):111-121.

吴时国，王吉亮，2018. 南海神狐海域天然气水合物试采成功后的思考[J]. 科学通报，63(1)：2-8.

吴时国，王秀娟，陈端新，等，2017. 天然气水合物地质概论[M]. 北京：科学出版社.

吴元燕，徐龙，张昌明，1996. 油气储层地质[M]. 北京：石油工业出版社.

谢丛姣，杨峰，龚斌，2019. 油气开发地质学[M]. 2 版. 武汉：中国地质大学出版社.

谢玉洪，刘力辉，2020. 地震沉积学新进展与新实践[M]. 北京：地质出版社.

谢玉洪，刘力辉，陈志宏，2010. 中国南海地震沉积学研究及其在岩性预测中的应用[M]. 北京：石油工业出版社.

熊琦华，彭仕宓，黄述旺，等，1994. 岩石物理相研究方法初探：以辽河凹陷冷东—雷家地区为例[J]. 石油学报，15(专刊)：68-74.

徐长贵，2013. 陆相断陷盆地源-汇时空耦合控砂原理：基本思想、概念体系及控砂模式[J]. 中国海上油气，25(4)：1-11.

徐长贵，杜晓峰，刘晓健，等，2020. 渤海海域太古界深埋变质岩潜山优质储集层形成机制与油气勘探意义[J]. 石油与天然气地质，41(2)：235-247，294.

徐长贵，杜晓峰，徐伟，等，2017. 沉积盆地"源-汇"系统研究新进展[J]. 石油与天然气地质，38(1)：1-11.

徐长贵，杜晓峰，朱红涛，2020. 陆相断陷盆地源汇系统控砂原理与应用[M]. 北京：科学出版社.

徐怀大，1997. 陆相层序地层学研究中的某些问题[J]. 石油与天然气地质，18(2)：83-89.

薛国勤，周锋德，姚光庆，等，2009. 宝浪油田宝北区块储层裂缝单元表征及预测[J]. 地质科技情报，2：72-76.

薛良清，Galloway W E，1991. 扇三角洲、辫状河三角洲与三角洲体系的分类[J]. 地质学报，(2)：141-152.

薛培华，1991. 河流点坝相储层模式概论[M]. 北京：石油工业出版社.

薛艳梅，夏东领，苏宗富，等，2014. 多信息融合分级裂缝建模[J]. 西南石油大学学报(自然科学版)，36(2)：57-63.

杨晓萍，赵文智，邹才能，等，2007. 低渗透储层成因机理及优质储层形成与分布[J]. 石油学报，(4)：57-61.

姚光庆，蔡忠贤，2005. 油气储层地质学原理与方法[M]. 武汉：中国地质大学出版社.

姚光庆，姜平，2021. 储层"源-径-汇-岩"系统分析的思路方法与应用[J]. 地球科学，46(8)：2934-2943.

姚光庆，李蕙生，1991. 南阳凹陷下第三系核桃园组砂岩中碳酸岩胶结物及其成因初探[J]. 地球科学，16(5)：549-556.

姚光庆，李乐，蔡明俊，等，2017. 湖相白云岩与致密白云岩储层[M]. 北京：科学出版社.

姚光庆，马正，赵彦超，1994a. 储层描述尺度与储层地质模型分级[J]. 石油实验地质，16(4)：403-408.

姚光庆，马正，赵彦超，等，1994b. 南海 HZ26-1 油田储层沉积特征研究[J]. 中国海上油气

(地质),8(6):387-393.

姚光庆,马正,赵彦超,等,1995.浅水三角洲分流河道砂体储层特征[J].石油学报,16(1):24-31.

姚光庆,孙尚如,2003.煤系粗粒低渗储层自生黏土矿物特征及其对储层特性的影响:以焉耆盆地侏罗系三工河组油层为例[J].石油与天然气地质,24(1):65-69.

姚光庆,孙尚如,周锋德,2004.非常规陆相沉积油气储层[M].武汉:中国地质大学出版社.

姚光庆,张建光,姜平,2012.涠西南凹陷11-7构造区流沙港组中深层有效储层下限厘定[J].地学前缘,19(2):102-109.

姚光庆,赵彦超,张森龙,1995.新民油田低渗细粒储集砂岩岩石物理相研究[J].地球科学,20(3):355-360.

姚光庆,周锋德,袁彩萍,2016.油气储层地质学实训教程[M].武汉:中国地质大学出版社.

姚悦,周江羽,雷振宇,等,2018.西沙海槽盆地强限制性中央峡谷水道地震相与内部结构的分段特征[J].沉积学报,36(4):787-795.

叶建良,秦叙文,谢文卫,等,2020.中国南海天然气水合物第二次试采主要进展[J].中国地质,47(3):557-568.

尤东华,李忠权,钱一雄,等,2010.自然伽马能谱测井对不同成因碳酸盐岩岩溶储层的响应:以塔里木盆地碳酸盐岩岩溶储层为例[J].石油天然气学报,32(1):264-267.

于兴河,2002.碎屑岩系油气储层沉积学[M].北京:石油工业出版社.

于兴河,2009.油气储层地质学基础[M].北京:石油工业出版社.

于兴河,2015.油气储层地质学基础[M].2版.北京:石油工业出版社.

于兴河,马兴祥,穆龙新,等,2004.辫状河储层地质模式及层次界面分析[M].北京:石油工业出版社.

于兴河,王建忠,梁金强,等,2014.南海北部陆坡天然气水合物沉积成藏特征[J].石油学报,35(2):253-264.

袁彩萍,姚光庆,徐思煌,等,2006.油气储层流动单元研究综述[J].地质科技情报,25(4):21-26.

袁明生,潘懋,童亨茂,等,2000.低渗透裂缝性油藏勘探[M].北京:石油工业出版社.

袁士义,宋新民,冉启全,2004.裂缝型油藏开发技术[M].北京:石油工业出版社.

岳大力,吴胜和,刘建民,2007.曲流河点坝地下储层构型精细解剖方法[J].石油学报,28(4):5.

云露,朱秀香,2022.一种新型圈闭:断控缝洞型圈闭[J].石油与天然气地质,43(1):34-42.

曾洪流,2011.地震沉积学在中国:回顾和展望[J].沉积学报,29(3):417-426.

曾洪流,赵贤正,朱筱敏,等,2015.隐性前积浅水曲流河三角洲地震沉积学特征:以渤海湾盆地冀中坳陷饶阳凹陷肃宁地区为例[J].石油勘探与开发,42(5):1.

张宝民,刘静江,2009.中国岩溶储集层分类与特征及相关的理论问题[J].石油勘探与开发,36(1):12-29.

张博全,王岫云,1989.油(气)层物理学[M].武汉:中国地质大学出版社.

张昌民,1992.储层研究中的层次分析法[J].石油与天然气地质,13(3):344-350.

张昌民,2017.高含水油田储层沉积学[M].北京:科学出版社.

张大伟,李玉喜,张金川,等,2012.全国页岩气资源潜力调查评价[M].北京:地质出版社.

张高信,1995.碳酸盐岩天然气储层地质学[M].北京:石油工业出版社.

张冠儒,2016.咸水层碳封存中 CO_2 迁移转化过程的数值模拟研究[D].咸阳:西北农林科技大学.

张光学,陈芳,沙志斌,等,2017.南海东北部天然气水合物成藏演化地质过程[J].地学前缘,24(4):15-23.

张光学,梁金强,陆敬安,等,2014.南海东北部陆坡天然气水合物藏特征[J].天然气工业,34(11):1-10.

张洪涛,张海启,祝有海,2007.中国天然气水合物调查研究现状及其进展[J].中国地质(6):953-961.

张建光,姚光庆,樊中海,等,2012.湖盆中心地带湖底扇砂体物源追踪及地质意义[J].吉林大学学报(地球科学版)(3):634-646.

张建光,姚光庆,魏忠元,等,2009.伊通地堑鹿乡断陷致密储层埋藏成岩作用与孔隙演化[J].地质科技情报,28(2):81-86.

张金川,徐波,聂海宽,等,2008.中国页岩气资源勘探潜力[J].天然气工业,28(6):136-140.

张金亮,张鹏辉,谢俊,等,2013.碎屑岩储集层成岩作用研究进展与展望[J].地球科学进展,28(9):957-967.

张凯逊,白国平,王权,等,2016.致密砂岩储集层成岩相的测井识别与评价:以冀中坳陷饶阳凹陷古近系沙河街组三段为例[J].古地理学报,18(6):921-938.

张绍槐,罗平亚,1993.保护储集层技术[M].北京:石油工业出版社.

张希明,2001.新疆塔河油田下奥陶统碳酸盐岩缝洞型油气藏特征[J].石油勘探与开发,28(5):17-22.

张一伟,熊琦华,1997.陆相油藏描述[M].北京:石油工业出版社.

赵澄林,刘孟慧,胡爱梅,等,1997.特殊油气储层[M].北京:石油工业出版社.

赵文智,胡素云,侯连华,2020.中国陆相页岩油类型资源潜力及与致密油的边界[J].石油勘探与开发,47(1):1-10.

赵文智,沈安江,潘文庆,等,2013.碳酸盐岩岩溶储层类型研究及对勘探的指导意义:以塔里木盆地岩溶储层为例[J].岩石学报,29(9):3213-3222.

赵贤正,周立宏,赵敏,等,2019.陆相页岩油工业化开发突破与实践:以渤海湾盆地沧东凹陷孔二段为例[J].中国石油勘探,24(5):589-600.

赵秀才,姚军,陶军,等,2007.基于模拟退火算法的数字岩芯建模方法[J].高校应用数学学报(A辑)(2):127-133.

赵耀,姚光庆,穆立华,等,2016.塘沽地区湖相白云岩储层裂缝特征及其控制因素[J].地球科学,41(2):252-264.

赵跃华,赵新军,翁大丽,等,1999.注水开发后期下二门油田储层特征[J].石油学报,20(1):43-50.

郑荣才,耿威,周刚,等,2007.鄂尔多斯盆地白豹地区长6砂岩成岩作用与成岩相研究[J].岩性油气藏(2):1-8.

支东明,唐勇,杨智峰,等,2019.准噶尔盆地吉木萨尔凹陷陆相页岩油地质特征与聚集机理[J].石油与天然气地质,40(3):524-534.

中国二氧化碳地质封存环境风险研究组,2018.中国二氧化碳地质封存环境风险评估[M].北京:化学工业出版社.

钟吉彬,阎荣辉,张海涛,等,2020.核磁共振横向弛豫时间谱分解法识别流体性质[J].石油勘探与开发,47(4):691-702.

周锋德,姚光庆,2006.低渗含裂缝储层流动单元控制地质建模研究[J].中南大学学报(自然版),37(1):149-154.

周锋德,姚光庆,唐仲华,2009.注二氧化碳和氮气提高煤层气采收率的经济评价及敏感性分析[J].中国煤层气(3):40-45.

周锋德,姚光庆,魏忠元,等,2006.低渗油气储层物理参数解释模型:以宝浪油田煤系粗粒低渗储层为例[J].地质科技情报,25(6):67-71.

周锋德,姚光庆,魏忠元,等,2010.伊通盆地岔路河断陷不同构造带成岩作用比较[J].地质科技情报(1):38-42.

周立宏,蒲秀刚,肖敦清,等,2018.渤海湾盆地沧东凹陷孔二段页岩油形成条件及富集主控因素[J].天然气地球科学,29(9):111-120.

朱红涛,徐长贵,朱筱敏,等,2017.陆相盆地源-汇系统要素耦合研究进展[J].地球科学,42(11):1851-1870.

朱如凯,白斌,袁选俊,等,2013.利用数字露头模型技术对曲流河三角洲沉积储层特征的研究[J].沉积学报,31(5):867-877.

朱如凯,邹才能,吴松涛,等,2019.中国陆相致密油形成机理与富集规律[J].石油与天然气地质,40(6):1168-1183.

朱筱敏,2008.沉积岩石学[M].北京:石油工业出版社.

祝有海,张永勤,方慧,等,2020.中国陆域天然气水合物调查研究主要进展[J].中国地质调查,7(4):1-9.

邹才能,2019.非常规油气勘探开发[M].北京:石油工业出版社.

邹才能,陶士振,侯连华,等,2011.非常规油气地质[M].北京:地质出版社.

邹才能,陶士振,薛叔浩,2005.“相控论”的内涵及其勘探意义[J].石油勘探与开发,32(6):7-12.

邹才能,陶士振,周慧,等,2008.成岩相的形成、分类与定量评价方法[J].石油勘探与开发,35(5):526-540

邹才能,熊波,薛华庆,等,2021a.新能源在碳中和中的地位与作用[J].石油勘探与开发,48(2):411-420.

邹才能,薛华庆,熊波,等,2021b.“碳中和”的内涵、创新与愿景[J].天然气工业,41(8):46-57.

邹才能,杨智,崔景伟,等,2013a.页岩油形成机制、地质特征及发展对策[J].石油勘探与开发,40(1):14-26.

邹才能,张国生,杨智,等,2013b.非常规油气概念、特征、潜力及技术:兼论非常规油气地质学[J].石油勘探与开发,40(4):385-399,454.

邹才能,朱如凯,白斌,等,2015.致密油与页岩油内涵、特征、潜力及挑战[J].矿物岩石地球化学通报,34(1):3-17,1-2.

邹才能,朱如凯,吴松涛,2012.常规与非常规油气富集类型、特征、机理及展望:以中国致密油和致密气为例[J].石油学报,33(2):173-187.

邹胜章,夏日元,刘莉,等,2016.塔河油田奥陶系岩溶储层垂向带发育特征及其识别标准[J].地质学报,90(9):2490-2501.

Wayne M A,2013.碳酸盐岩储层地质学:碳酸盐岩储层的识别、描述及表征[M].北京:石油工业出版社.

YIELDING G.等,1993.储层内小规模断裂的预测[J].国外油气勘探,5(5):625-637.

ALLEN P A,2008. From landscapes into geological history[J]. Nature,451(7176):274-276.

ALSHARHAN A S,1987. Geology and reservoir characteristics of carbonate buildup in giant Bu Hasa Oil Field,AbuDhabi,United Arab Emirates[J]. AAPG Bulletin,71(10):1304-1318.

AMBEGAOKAR V, HALPERIN BI, LANGER J S, 1971. Hopping conductivity in disordered systems[J]. Physical Review B⁻ ,4(8):2612-2620.

AMER M A,YING G,TAKASHI A,et al. ,2020. Blunt,Branko Bijeljic,Pore-scale X-ray imaging with measurement of relative permeability,capillary pressure and oil recovery in a mixed-wet micro-porous carbonate reservoir rock[J]. Fuel,268:117018.

APLIN A C,MACQUAKER J H S,2011. Mudstone diversity:origin and implications for source,seal,and reservoir properties in petroleum systems[J]. AAPG Bulletin,95(12):2031-2059.

ARCHIE G E,1942. The electrical resistivity log as an aid in determining some reservoir characteristics[J]. Transactions of the AIME,146(1):54-62.

ARTHUR M A,SAGEMAN B B,2005. Seal-level control on source-rock development:perspectives from the Holocene Black Sea,the Mid-Cretaceous western interior basin of North America,and the Late Devonian Appalachian basin[M]//Harris N B,Pradier B. The

Deposition of Organic Carbon-rich Sediments: Model, Mechanisms and Comsequences. SEPM Special Publication.

BAIRD G C, BRETT C E, 1991. Submarine erosion on the anoxic sea floor: stratinomic, palaeoenvironmental, and temporal significance of reworked pyrite-bone deposits [M]// Tyson, R V, Pearson T H, Modern and Ancient Continental Shelf Anoxia: Geological Society of London Special Publication.

BAREE R D, BAREE V L, CRIAG D P, 2009. Holistic Fracture Diagnostics: consistent Interpretation of Prefrac Injection Tests Using Multiple Analysis Methods [J]. SPE Production & Operations, 24(3): 396-406.

BELL K G, GOODMAN C, WHITEHEAD W L, 1940. Radioactive of sedimentary rocks and associated petroleum[J]. AAPG Bulletin, 24(9): 1529-1547.

BELYADI H, FATHI E, BELYADI F, 2017. Hydraulic Fracturing in Unconventional Reservoirs: Theories, Operations, and Economic Analysis[M]. United Stastes: Elsevier Inc.

BISWAL B, MANWART C, HILFER R, et al., 1999. Quantitative analysis of experimental and synthetic microstructures for sedimentary rock[J]. Physica A: Statistical Mechanics and its Applications, 273(3/4): 452-475.

BOGGS S J, 2006. Principles of Sedimentology and Stratigraphy[M]. (4th ed.) New Jersey: Pearson Prentice Hall.

BOWKER K A, 2007. Barnett shale gas production, Fort Worth Basin: issues and discussion[J]. AAPG Bulletin, 91(4): 523-533.

BRIDGE J S, AND TYE R S, 2000. Interpreting the dimensions of ancient fluvial channel bars, channels, and channel belts from wireline-logs and cores[J]. AAPG Bulletin, 84 (8): 1205-1228.

BRYANT S L, KING P R, MELLOR D W, 1993. Network model evaluation of permeability and spatial correlation in a real random sphere packing[J]. Transport in porous media, 11(1): 53-70.

BRYANT S, BLUNT M, 1992. Prediction of relative permeability in simple porous media[J]. Physical review A, 46(4): 2004.

BUDD D A, 2002. The relative roles of compaction and early cementation in the destruction of permeability in car-bonate grainstones; a case study from the paleogene of West-Central Florida, USA[J]. Journal of Sedi-mentary Research, 72(1): 116-128.

BUITING J J M, CLERKE E A, 2013. Permeability from porosimetry measurements: derivation for a tortuous and fractal tubular bundle[J]. Journal of petroleum Science and Engineering, 108: 267-278.

BURCHETTE T P, WRIGHT V P, 1992. Carbonate ramp depositional systems[J]. Sedimentary Geology, 79: 3-57.

CARR T R, WANG G, MCCLAIN T, 2013. Petrophysical analysis and sequence stratigraphy of the Utica Shale and Marcellus Shale, Appalachian Basin, USA [J]. International Petroleum Technology Conference,(3)26-28.

CHANDRA D,VISHAL V,2021. A critical review on pore to continuum scale imaging techniques for enhanced shale gas recovery[J]. Earth-Science Reviews,103638.

CHARLES W S, RICHARD F, 1986. Geology of tight gas reservoir [M]. Tulsa oklahoma:AAPG Studies in Geology.

CHEN D,SHI J Q,DURUCAN S,et al. ,2014. Gas and water relative permeability in different coals: model match and new insights[J]. International Journal of Coal Geology, 122:37-49.

CHEN X J,YAO G Q,2017. An improved model for permeability estimation of tight porous media based on fractal geometry and modified Hagen-Poiseuille flow[J]. Fuel,210: 748-757.

CHEN X J, YAO G Q, CAI J C, et al. , 2017. Fractal and multifractal analysis of different hydraulic flow units based on micro-CT images[J]. Journal of Natural Gas Science and Engineering(48):145-156.

CHEN X J,YAO G Q,HERRERO-BERVERA E,et al. ,2018. A new model of pore structure typing based on fractal geometry[J]. Marine and Petroleum Geology,98:291-305.

CHENG W,JIN Y,CHEN M,2015. Experimental study of step-displacement hydraulic fracturing on naturally fractured shale outcrops[J]. Journal of Geophysics and Engineering, 12(4):714-723.

CHOQUETTE P W, PRAY L C, 1970. Geologic nomenclature and classification of porosity in sedimentary carbonates [J]. AAPG bulletin,54(2):207-250.

CHOW C K,KANEKO T,1972. Automatic boundary detection of the left ventricle from cineangiograms[J]. Computers and Biomedical Research,5(4):388-410.

CLARK J D, PICKERING T, 1996. Architectural elements and growth patterns of submarine channels: application to hydrocarbon exploration [J]. AAPG Bulletin, 80(2): 194-221.

COLEMAN J M,PRIOR D B,1981. Deltaic environments of deposition,in Sandstone depositional environments[J]. AAPG Bulletin Memoir (31):139-169.

CORNELL D, KATZ D L, 1953. Flow of gases through consolidated media [J]. Industrial and Engineering Chemistry,45:2145-2155.

COLLINSON J D,1977. Vertical sequence and sand body shape in alluvial sequences [J]. Fluvial Sedimentology(5):577-586.

COLEMAN J M,WRIGHT L D,1975. Modern river deltas:variability of processes and sand bodies[J]. Houston Geological Society(1):99-149.

CROSS T A,2000. Stratigraphic controls on reservoir attributes in continental strata [J]. Earth Science Frontiers,7(4):322-350.

CUNNINGHAM K J, SUKOP M C, HUANG H, et al., 2009. Prominence of ichnologically influenced macroporosity in the karst Biscayne aquifer: Stratiform "super-K" zones [J]. Geological Society of America Bulletin, 121(1/2): 164-180.

CURTIS J B, 2002. Fractured Shale-Gas Systems [J]. AAPG Bulletin, 86 (11): 1921-1938.

DA WANG Y, SHABANINEJAD M, ARMSTRONG R T, et al., 2021. Deep neural networks for improving physical accuracy of 2D and 3D multi-mineral segmentation of rock micro-CT images[J]. Applied Soft Computing, 104: 107185.

DAMSLETH E, TJOLSEN C B, OMRE H, et al., 1992. A two-stage stochastic model applied to a North Sea reservoir[J]. Journal of Petroleum Technology, 44(5): 402-408.

DASTIDAR R, SONDERGELD C H, RAI C S, 2007. An improved empirical permeability estimator from mercury injection for tight clastic rocks[J]. Petrophysics, 48 (3): 186-187.

DAVIES D K, 1991. Reservoir models for meandering and strdight fluvial channels[J]. GCAGS, Houston, Texas, 41: 152-174.

DONG D, WANG Y, LI X, et al., 2016. Breakthrough and prospect of shale gas exploration and development in China[J]. Natural Gas Industry, 3: 12-26.

DOWEY P J, TAYLOR K G, 2017. Extensive authigenic quartz overgrowths in the gas-bearing Haynesville-Bossier Shale, USA[J]. Sedimentary Geology, 356: 15-25.

DROSTE J B, SHAVER R H, 1975. Jeffersonville limestone (middle devonian) of indiana: stratigraphy, sedimentation, and relation to silurian reef-bearing rocks [J]. AAPG Bulletin, 59(3): 393-412.

DUNHAM R J, 1962. Classification of carbonates rocks according to depositional texture [R]. AAPG Memoir, 1: 108-121.

DURAND C, BROSSE E, CEREPI A, 2001. Effect of pore-lining chlorite on petrophysical properties of low-resistivity sandstone reservoirs[J]. SPE Reservoir Evaluation & Engineering, 4(3): 231-239.

EBANKS W J, 1987. Flow unit concept-integrated approach to reservoir description for engineering projects[J]. AAPG Annual Meeting, AAPG Bulletin, 71(5): 551-552.

EHRENBERG S N, 2005. Growth, demise, and dolomitization of Miocene carbonate platforms on the Marion Plateau, offshore NE Australia [J]. Journal of Sedimentary Research, 76(1): 91-116.

ENOS P, SAWATSKY L H, 1981. Pore Networks in Holocene Carbonate Sediments [J]. Journal of Sedimentary Re-search, 51(3): 961-986.

ESCHRICHT N, HOINKIS E, MÄDLER F, et al., 2005. Knowledge-based reconstruction of random porous media[J]. Journal of colloid and interface science, 291(1): 201-213.

ESMAEILI S, SARMA H, HARDING T, et al., 2019. Correlations for effect of temperature on oil/water relative permeability in clastic reservoirs[J]. Fuel, 246:93-103.

FENG J, TENG Q, HE X, et al., 2018. Accelerating multi-point statistics reconstruction method for porous media via deep learning[J]. Acta Materialia, 159:296-308.

FORD D C, AND WILLIAMS P W, 2007. Karst Hydrogeology and Geomorphology [M]. Chichester: Wiley.

FOSSEN H, 2010. Structural Geology [M]. Cambridge, UK: Cambridge University Press.

FRITZ R D, WILSON J L, YUREWICZ D A, 1993. Paleokarst related hydrocarbon reservoirs[M]. New Orleans: SEPM Core Workshop.

FU M, SONG R C, XIE Y H, et al., 2016. Diagenesis and reservoir quality of overpressured deep-water sandstone following inorganic carbon dioxide accumulation: Upper Miocene Huangliu Formation, Yinggehai Basin, South China Sea[J]. Marine and Petroleum Geology, 77:954-972.

GALLOWAY W E, 1975. Process framework for describing the morphologic and stratigraphic evolution of deltaic depositional systems[J]. Houston Geological Society(1): 87-98.

GALLOWAY W E, 1977. Catahoula Formation of the Texas Coastal Plain: depositional systems, composition, structural development, ground-water flow history, and uranium distribution[R]. Texas University, Austin (USA): Bureau of Economic Geology.

GALE J F W, REED R M, HOLDER J, 2007. Natural fractures in the Barnett Shale and their importance for hydraulic fracture treatments[J]. AAPG Bulletin, 91(4): 603-622.

GARZANTI E, ANDÒ S, PADOAN M, et al., 2015. The modern Nile sediment system: Processes and products[J]. Quaternary Science Reviews, 130: 9-56.

GARZANTI E, 2019. Petrographic classification of sand and sandstone [J]. Earth-science Reviews, 192: 545-563.

GARZANTI E, 2016. From static to dynamic provenance analysis—sedimentary petrology upgraded[J]. Sedimentary Geology, 336: 3-13.

GAUTHIER B D M, GARCIA M, DANIEL J M, 2002. Integrated fractural reservoir characterization: a case study in aNorth Africa field [J]. SPE reservoir evaluation & engineering, 5(4): 284-294.

GRINESTAFF G, BARDEN C, MILLER J, et al., 2020. Evaluation of eagle ford cyclic gas injection EOR: field results and economics[C]//SPE Improved Oil Recovery Conference: 18-22.

GUO T, LIU R, 2013. Implications from marine shale gas exploration breakthrough in complicated structural area at high thermal stage: taking longmaxi formation in Well JY1 as an Example[J]. Natural Gas Geoscience, 24(4): 643-651.

HALAFAWI I M, AVRAM I L, 2019. Wellbore instability prediction and performance analysis using poroelastic modeling[J]. Journal of Oil, Gas and Petrochemical Sciences, 2(2): 93-106.

HALDORSEN H H, DAMSLETH E, 1993. Challenges in reservoir characterization[J]. AAPG Bulletin, 77(4): 541-551.

HANDFORD, 1988. Review of carbonate sand-belt deposition of ooid grainstones and application to Mississippian reservoir, Damme field, southwestern Kansas [J]. AAPG Bulletin, 72(10): 1184-1199.

HARRIS P T, WHITEWAY T, 2011. Global distribution of large submarine canyons: Geomorphic differences between active and passive continental margins[J]. Marine Geology, 285(1-4): 69-86.

HEARN C L, HOBSON J P, Fowler M L, 1986. Reservoir characterization for simulation, Hartog Draw Field[M]. Orlando, Florida: Academic Press, INC.

HENRY W P, VENKATARATHNAM K, LIU H, 2019. An overview of deep-water turbidite deposition [J]. Acta Sedimentologica Sinica, 37(5): 879-903.

HICKMAN S H, ZOBACK M D, 1983. The interpretation of hydraulic fracturing pressure-time data from in situ stress determination [M]. Washington, D. C.: National Academy Press.

HILL D G, NELSON C R, 2000. Gas productive fractured Shales-An Overview and Update[J]. Gas TIPS, 6(2): 4-13.

HOLBROOK P W, MAGGIORI D A, HENSLEY R, 1995. Real-Time Pore Pressure and fracture gradient evaluation in all sedimentary lithologies[J]. SPE Formation Evaluation, 10(4): 215-222.

HUANG Y T, YAO G Q, FAN X Y, 2019. Sedimentary characteristics of shallow-marine fans of the Huangliu Formation in the Yinggehai Basin, China [J]. Marine and Petroleum Geology, 110: 403-419.

HUNT A G, 2001. Applications of percolation theory to porous media with distributed local conductances, Adv[J]. Water Resour, 24: 279-307.

HUNTOON P W, 1995. Hydrogeologie characteristics and deforestation of the stone forest karst aquifers of South China[J]. Groundwater, 30(2): 167-176.

JARVIE D M, 2012. Shale resource systems for oil and gas: Part 1-Shale-gas resource systems. BREYER J A, ed. Shale reservoirs-Gaint resources for the 21st century[J]. AAPG Memoir 97: 69-87.

JENSON F, RAEL H, 2012. Stochastic modeling & petrophysical analysis of unconventional shales: spraberry-wolfcamp example[J]. Fugro-Jason White Paper: 1-7.

JIA Y, CAO Y, WANG H et al., 2021. Influence of multiphase carbonate cementations on the Eocene delta sandstones of the Bohai Bay Basin, China [J]. Journal of Petroleum

Science and Engineering,205:108866.

JIAN F X,1994. A genetic approach to the prediction of petrophysical properties[J]. Journal of Petroleum Geology,17(1):71-88.

JONES B, 2004. Petrography and significance of zoned dolomite cements from the cayman formation(Miocene) of cayman brac,British West Indies[J]. Journal of Sedimentary Research,74(1):95-109.

KEIM S A,LUXBACHER K D,KARMIS M A,2011. Numerical study on optimization of multilateral horizontal wellbore patterns for coalbed methane production in Southern Shanxi Province,China[J]. International Journal of Coal Geology,86(4):306-317.

KIM T,HWANG S,JANG S,2016. Petrophysical approach for estimating porosity,clay volume,and water saturation in gas-bearing shale:a case study from the Horn River Basin, Canada[J]. Austrian Journal of Earth Sciences,109(2):289-208.

KLIMCHOUK A, 2009. Morphogenesis of hypogenic caves [J]. Geomorphology, 106 (1):100-117.

KUZYK Z Z A,GOÑI M A,STERN G A,et al. ,2008. Sources,pathways and sinks of particulate organic matter in Hudson Bay: evidence from lignin distributions [J]. Marine Chemistry,112(3/4):215-229.

LAI J,WANG G,RAN Y,et al. ,2016. Impact of diagenesis on the reservoir quality of tight oil sandstones:The case of Upper Triassic Yanchang Formation Chang 7 oil layers in Ordos Basin,China[J]. Journal of Petroleum Science and Engineering,145:54-65.

LAI J, FAN X, LIU B, et al. , 2018. Review of diagenetic facies in tight sandstones: diagenesis,diagenetic minerals,and prediction via well logs[J]. Earth-Science Reviews,185: 234-258.

LAI J,JIN F,XUE C L,et al. ,2020. Qualitative and quantitative prediction of diagenetic facies via well logs[J]. Marine and Petroleum Geology,120:104486.

LAKE L W,CARROLL H B,1986. Reservoir characterization[M]. Orlando,Florida: Academic Press,INC.

LANGFORD F F,BLANC-VALLERON M M,1990. Interpreting Rock-Eval pyrolysis data using graphs of pyrolizable hydrocarbons vs. total organic carbon[J]. AAPG Bulletin,74 (6):799-804.

LAZAR O R, BOHACS K M, MACQUAKER J H S, et al. , 2015. Capturing key attributes of fine-grained sedimentary rocks in outcrops, cores, and thin sections: nomenclature and description guidelines [J]. Journal of Sedimentary Research, 85 (3): 230-246.

LAUBACH S E, BAUMGARDNER R W, MONSON E R, et al. , 1988. Fracture detection in low-permeability reservoir sandstone:a comparison of BHTV and FMS Logs to Core[J]. SPE Annual Technical Conference and Exhibition,(11):2-5.

LAWAN A Y, et al., 2021. Sedimentological and diagenetic controls on the reservoir quality of marginal marine sandstones buried to moderate depths and temperatures: Brent Province, UK North Sea[J]. Marine and Petroleum Geology, 128: 104993.

LEE S H, KHARGHORIA A, GUPTA A D, 2002. Electrofacies characterization and permeability prediction in complex reservoirs[J]. SPE Reservoir Evaluation & Engineering, 5(3): 237-248.

LEMAY M, GRIMAUD J, COJAN I, et al., 2020. Geomorphic variability of submarine channelized systems along continental margins: comparison with fluvial meandering channels [J]. Marine and Petroleum Geology, 115: 104295.

LEMAY M, GRIMAUD J L, COJAN I, et al., 2020. Geomorphic variability of submarine channelized systems along continental margins: Comparison with fluvial meandering channels[J]. Marine and Petroleum Geology, 115: 104295.

LI C, LV C, CHEN G, et al., 2017. Source and sink characteristics of the continental slope-parallel Central Canyon in the Qiongdongnan Basin on the northern margin of the South China Sea[J]. Journal of Asian Earth Sciences, 134: 1-12.

LI J G, YANG X C, MAFFEI C, et al., 2018. Applying independent component analysis on Sentinel-2 imagery to characterise geomorphological responses to an extreme flood event near the non-vegetated Río Colorado terminus, Salar de Uyuni, Bolivia[J]. Remote Sensing, 10: 725.

LI S, HAN R, DU Y, et al., 2020. Quantitative characterization of diagenetic reservoir facies of the Karamay alluvial fan in the Junggar Basin, western China [J]. Journal of Petroleum Science and Engineering, 188: 106921.

LI Y, LI H, CHEN S, et al., 2017. Capillarity characters measurement and effects analysis in different permeability formations during waterflooding [J]. Fuel, 194 (15): 129-143.

LI Y, LIU C, LI H, et al., 2020. A comprehensive modelling investigation of dynamic capillary effect during non-equilibrium flow in tight porous media[J]. Journal of Hydrology, 584(3): 124709.

LOUCKS R G, 1999. Paleocave carbonate reservoirs: origins, burial depth modifications, spatial complexity, and reservoir implications [J]. AAPG Bulletin, 83: 1795-1834.

LOUCKS R G, REED R M, RUPPEL S C, et al., 2009. Morphology, genesis, and distribution of nanometer-scale pores in siliceous mudstones of the Mississippian Barnett Shale[J]. Journal of Sedimentary Research, 79(12): 848-861.

LOUCKS R G, REED R M, RUPPEL S C, et al., 2012. Spectrum of pore types and networks in mudrocks and a descriptive classification for matrix-related mudrock pores[J]. AAPG Bulletin, 96(6): 1071-1098.

LUCIA F J, 1983. Petrophysical parameters estimated from visual descriptions of carbonate rocks:a field classification of carbonate pore space[J]. J. Petroleum Technol,35:629-637.

LUCIA F J,1995. Rock-fabric/petrophysical classification of carbonate pore space for reservoir characterization[J]. AAPG Bulletin,79:1275-1300.

LYNCH F L, 1996. Mineral/water interaction, fluid flow, andFrio sandstones diagenesis:evidence from the rock[J]. AAPG Bulletin,80(4):486-504.

LÖHR S C,BARUCH E T,HALL P A,et al. ,2015. Is organic pore development in gas shales influenced by the primary porosity and structure of thermal immature organic matter? [J]. Organic Geochemistry,87:119-132.

MIALL A D, 1977. Fluvial sedimentology: an historical review [J]. Fluvial Sedimentology(5):1-47.

MIALL A D, 1985. Architectural-element analysis: a new method of facies analysis applied to fluvial deposits[J]. Earth-Science Reviews,22(4):261-308.

MIALL A D,1988. Principles of sedimentary basin analysis[M]. 2nd ed. New York: Springer.

MIALL A D,1988. Reservoir heterogeneities in fluvial sandstones:Lesson from outcrop studies[J]. AAPG Bulletin,72(6):682-697.

MILLIKEN K L,RUDNICKI M,AWWILLER D N,et al. ,2013. Organic matter-hosted pore system, Marcellus Formation (Devonian), Pennsylvania [J]. AAPG Bulletin, 97 (2): 177-200.

MOGI K,1972. Effect of the triaxial stress system on fracture and flow of rocks[J]. Physics of the Earth and Planetary Interiors,5:318-324.

MORGAN J T,GORDON D T,1970. Influence of pore geometry on water-oil relative permeability[J]. Journal of Petroleum Technology,22(10):1-199.

MORAD S, KETZER J M, DE ROS L F, 2013. Linking diagenesis to sequence stratigraphy: an integrated tool for understanding and predicting reservoir quality distribution[J]. Linking Diagenesis to Sequence Stratigraphy:1-36.

MUTTI E, RICCI L F, 1978. Turbidites of the northern Apennines: introduction to facies analysis[J]. International Geology Review,20(2):125-166.

NOORUDDIN H A, HOSSAIN M E, AL-YOUSEF H, et al. , 2014. Comparison of permeability models using mercury injection capillary pressure data on carbonate rock samples[J]. Journal of Petroleum Science and Engineering,121:9-22.

ODLING N E, GILLESPIE P A, BOURGINE B, et al. , 1999. Variations in fracture system geometry and their implications for fluid flow in fractured hydrocarbon reservoirs [J]. Petroleum Geoscience,5:373-384.

OKABE H,BLUNT M J,2005. Pore space reconstruction using multiple-point statistics [J]. Journal of petroleum science and engineering,46(1/2):121-137.

OKUNUWADJE S E, BOWDEN S A, MACDONALD D I M, 2020. Diagenesis and reservoir quality in high-resolution sandstone sequences: An example from the Middle Jurassic Ravenscar sandstones, Yorkshire Coast UK[J]. Marine and Petroleum Geology, 118:104426.

OREN P E, BAKKE S, ARNTZEN O J, 1998. Extending predictive capabilities to network model[J]. SPE Journal, 3(4): 324-336.

PALMER A N, 1991. Origin and morphology of limestone caves[J]. Geological Society of America Bulletin, 103:1-21.

PALMER I, 2009. Permeability changes in coal: analytical modeling[J]. International Journal of Coal Geology, 77:119-126.

PEAKALL J, SUMNER E J, 2015. Submarine channel flow processes and deposits: a process-product perspective[J]. Geomorphology, 244:95-120.

PICKERING K, STOW D, WATSON M, et al., 1986. Deep-water facies, processes and models: a review and classification scheme for modern and ancient sediments[J]. Earth-Science Reviews, 23(2):75-174.

PILOTTI M, 2000. Reconstruction of clastic porous media[J]. Transport in Porous Media, 41(3):359-364.

PITTMAN E D, 1992. Relationship of porosity and permeability to various parameters derived from mercury injection-capillary pressure curves for sandstone[J]. AAPG Bulletin, 76(2):191-198.

PRATS M, 1981. Effect of burial history on the subsurface horizontal stresses of formations having different material Properties[J]. SPE Journal, 21(6):658-662.

PU X, A X Z, B J W, et al., 2020. Reservoirs properties of slump-type sub-lacustrine fans and their main control factors in first member of Paleogene Shahejie Formation in Binhai area, Bohai Bay Basin, China[J]. Petroleum Exploration and Development, 47(5):977-989.

PURCELL W R, 1949. Capillary pressures: their measurements using mercury and the calculation of permeability therefrom[J]. Trans. AIME, 186:39-48.

RASHID F, GLOVER P W J, LORINCZI P, et al., 2015. Permeability prediction in tight carbonate rocks using capillary pressure measurements[J]. Mar Pet Geol, 68:50-536.

READ J F, 1985. Carbonate platform facies models[J]. AAPG Bulletin, 69(1): 1-21.

READING H G, RICHARDS M, 1994. Turbidite systems in deep-water basin margins classified by grain size and feeder system[J]. AAPG Bulletin, 78:792-822.

REIS Á F C, BEZERRA F H R, FERREIRA J M, et al., 2013. Stress magnitude and orientation in the Potiguar Basin, Brazil: Implications on faulting style and reactivation[J]. Journal of Geophysical Research: Solid Earth, 118:5550-5563.

REN S P, YAO G Q, ZHANG Y, 2019. High-resolution geostatistical modeling of an intensively drilled heavy oil reservoir, the BQ 10 Block, Biyang Sag, Nanxiang Basin, China

[J]. Marine and Petroleum Geology,104:404-422.

REN S, GRAGG S, ZHANG Y, et al., 2018. Borehole characterization of hydraulic properties and groundwater flow in a crystalline fractured aquifer of a headwater mountain watershed, Laramie Range, Wyoming[J]. Journal of Hydrology,561:780-795.

REN S, GRAGG S, ZHANG Y, et al., 2018. Hydraulic characterization of a crystalline fractured aquifer in a headwater watershed of Laramie Range, Wyoming[J]. Journal of hydrology,56(1):780-795.

RIEKE H H, 1972. Selected lectures on petroleum exploration[J]. Earth Science Reviews,8(2):237-237.

ROBINSON J W, PETER J, 1997. Mccabe, sandstone-body and shale-body dimensions in a braided fluvial system: salt wash sandstone member(Morrison Formation), Garfield County [J]. Utah, AAPG Bulletin,81(8):1267-1289.

RODRIGUES C F, LEMOS DE S M J, 2002. Themeasurement of coal porosity with different gases[J]. International Journal of Coal Geology,48(3):245-251.

SALLERA H, HENDERSON N, 2001. Distribution of porosity and permeability in platform dolomites: insight from the Permian of west Texas: Reply [J]. AAPG Bulletin,82 (8):1528-1550.

SCHEMBRE J, TANG G Q, KOVSCEK A, 2006. Wettability alteration and oil recovery by water imbibition at elevated temperatures[J]. Journal of Petroleum Science and Engineering,52(1):131-48.

SCHERER M, 1987. Parameters influencing porosity in sandstones: A model for sandstone porosity prediction[J]. AAPG Bulletin,71(5):485-491.

SCHMIDT V, MCDONALD D A, 1979. The role of secondary porosity in the course of sandstone diagenesis[J]. SEPM Special publication,26:175-207.

SCHUTTER S R, 2003. Hydrocarbon occurrence and exploration in and around igneous rocks[J]. Geological Society, London, Special Publications,214(1):7-33.

SHANMUGAM G, 2003. Deep-marine tidal bottom currents and their reworked sands in modern and ancient submarine canyons[J]. Marine & Petroleum Geology,20(5):471-491.

SHANMUGAM G, 2016. Submarine fans: a critical retrospective(1950—2015) [J]. Journal of Paleogeography,5(2):110-184.

SHANMUGAM G, MOIOLA R J, 1988. Submarine fans: characteristics, models, classification, and reservoir potential[J]. Earth-Science Reviews,24(6):383-428.

SHANMUGAM G, 2000. 50 years of the turbidite paradigm (1950s—1990s): deep-water processes and facies models—a critical perspective[J]. Marine and petroleum Geology, 17(2):285-342.

SHENG J L, HUANG T, YE Z Y, et al., 2019. Evaluation of van Genuchten-Mualem model on the relative permeability for unsaturated flow in aperture-based fractures[J].

Journal of Hydrology,576:315-324.

SHI J Q, DURUCAN S, 2005. A model for changes in coalbed permeability during primary and enhanced methane recovery[J]. SPE Reservoir Evaluation & Engineering,8(4): 291-299.

SLATT R M,RODRIGUEZ N D,2012. Comparative sequence stratigraphy and organic geochemistry of gas shales:commonality or coincidence? [J]. Journal of Natural Gas Science and Engineering,8:68-84.

SONG Y,KAUSIK R,2019. NMR application in unconventional shale reservoirs:a new porous media research frontier[J]. Progress in Nuclear Magnetic Resonance Spectroscopy, 112-113:17-33.

STEPHEN E L, 1997, A method to detect natural fracture strike in sandstones[J]. AAPG Bulletin,81(4):604-623.

STOW D A V, MAYALL M, 2000. Deep-water sedimentary systems: new models for the 21st century[J]. Marine and Petroleum Geology,17(2):125-135.

STRIJKER G,BERTOTTI G,LUTHI S M,2012. Multi-scale fracture networkanalysis from an outcrop analogue: a case study from the Cambro-Ordovician clastic succession in Petra,Jordan[J]. Marine and Petroleum Geology,38(1):104-116.

SUN S Q,1995. Dolomite reservoirs;porosity evolution and reservoir characteristics[J]. AAPG Bulletin,79(2):186-204.

SURDAM R C,CROSSEY L J,HAGEN et al. ,1989. Organic-inorganic interactions and sandstone diagenesis[J]. AAPG Bulletin,77(1):1-23.

SØMME T O,HELLAND-HANSEN W,MARTINSEN O J,et al. ,2009. Relationships between morphological and sedimentological parameters in source-to-sink systems: a basis for predicting semi-quantitative characteristics in subsurface systems[J]. Basin Research,21 (4):361-387.

TAHMASEBI P, KAMRAVA S, BAI T, et al. , 2020. Machine learning in geo-and environmental sciences:from small to large scale[J]. Advances in Water Resources,103619.

TAHMASEBI P,SAHIMI M,ANDRADE J E,2017. Image-based modeling of granular porous media[J]. Geophysical Research Letters,44(10):4738-4746.

TANG J,WU K,2018. A 3D model for simulation of weak interface slippage for fracture height containment in shale reservoirs[J]. International Journal of Solids and Structures, 144-145:248-264.

THOMEER J H M, 1983. Air permeability as a function of three pore-network parameters[J]. Journal of Petroleum Technology,35(4):809-814.

TIWARI P,DEO M,LIN C L,et al. ,2013. Characterization of oil shale pore structure before and after pyrolysis by using X-ray micro CT[J]. Fuel,107:547-554.

TOSHIHIRO S, DENIS M O, ILLANGASEKARE H, 2010. Direct quantification of dynamic effects in capillary pressure for drainage-wetting cycles[J]. Vadose Zone Journal, 9 (2): 424-437.

TUCKER, WRIGHT, 1990. Carbonate sedimentology [M]. oxforal: Blackwell Science Ltd.

UNDERWOOD C A, COOKE M L, SIMO J A, et al., 2003. Stratigraphic controls on vertical fracture patterns in Silurian dolomite, northeastern Wisconsin[J]. AAPG, 87(1): 121-142.

VERNIK L, NUR A, 1992. Utrasonic velocity and anisotropy of hydrocarbon source rocks[J]. Geophysics, 57(5): 727-735.

VOGEL H J, ROTH K, 2001. Quantitative morphology and network representation of soil pore structure[J]. Advances in Water Resources, 24(3/4): 233-242.

WALKER R G, 1978. Deep-water sandstone facies and ancient submarine fans; models for exploration for stratigraphic traps[J]. AAPG Bulletin, 62(6): 239-263.

WANG F, JIAO L, ZHAO J, et al., 2019. A more generalized model for relative permeability prediction in unsaturated fractal porous media [J]. Journal of Natural Gas Science and Engineering, 67: 82-92.

WANG G, 2020. Deformation of Organic Matter (OM) and its effect on OM-hosted Pores in Mudrocks[J]. AAPG Bulletin, 104(1): 21-36.

WANG G, CARR T R, 2012a. Marcellus shale lithofacies prediction by multiclass neural network classification in the Appalachian Basin [J]. Mathematical Geosciences, 44 (8): 975-1004.

WANG G, CARR T R, 2012b. Methodology of organic-rich shale lithofacies identification and prediction: a case study from marcellus shale in the Appalachian Basin[J]. Computers & Geosciences, 49: 151-163.

WANG G, CARR T R, 2013. Organic-rich Marcellus Shale lithofacies modeling and distribution pattern analysis in the Appalachian Basin [J]. AAPG Bulletin, 97 (12): 2173-2205.

WANG G, JU Y, BAO Y, et al., 2014. Coal-bearing organic shale geological evaluation of Huainan-Huaibei Coalfield, China[J]. Energy & Fuels, 28: 5031-5042.

WANG G, JU Y, YAN Z G, et al., 2015. Pore structure characteristics of coal-bearing shale by fluid invasion methods: a case study in Huainan-Huaibei Coalfield of China[J]. Marine and Petroleum Geology, 62: 1-13.

WANG G, LONG S, JU Y, et al., 2018. Application of horizontal wells in 3D shale reservoir modeling: a case study of Longmaxi-Wufeng Shale in fuling gas field, Sichuan Basin [J]. AAPG Bulletin, 102(11): 2333-2354.

WANG G, LONG S, PENG Y, et al., 2020. Characteristics of organic matter particles and organic pores of shale gas reservoirs: a case study of Longmaxi-Wufeng Shale, Eastern

Sichuan Basin[J]. Minerals,20(2):137-164.

WANG J,CAO Y,LIU K,et al.,2017. Identification of sedimentary-diagenetic facies and reservoir porosity and permeability prediction:an example from the Eocene beach-bar sandstone in the Dongying Depression,China[J]. Marine and Petroleum Geology,82:69-84.

WANG Z, LUO X R, LEI Y H, et al., 2020. Impact of detrital composition and diagenesis on the heterogeneity and quality of low-permeability to tight sandstone reservoirs:an example of the Upper Triassic Yanchang Formation in Southeastern Ordos Basin[J]. Journal of Petroleum Science and Engineering,195:107596.

WHITE C D, BARTON M D, 1999. Translating outcrop data to flow models, with applications to the ferron sandstone[J]. SPE Reservoir Evaluation&Enginering, 2(4): 341-350.

WIDERA M,2014. What are cleats? Preliminary studies from the Konin lignite mine, Miocene of central Poland[J]. Geologos,20(1):3-12.

WILLIAMS P W, 1983. The role of the subcutaneous zone in karst hydrology [J]. Journal of hydrology,61:45-67.

WILSON J L,1975. Carbonate facies in geologic history[M]. New York:Spring-Verlag.

WINSAUER W O,SHEARIN H M,MASSON P H,et al.,1952. Resistivity of brine-saturated sands in relation to pore geometry,Bulletin of the[J]. American Association of Petroleum Geologists,36:253-277.

WIRTH R,2009. Focused Ion Beam(FIB) combined with SEM and TEM:advanced analytical tools for studies of chemical composition,microstructure and crystal structure in geomaterials on a nanometre scale[J]. Chemical Geology,261(3/4):217-229.

WOODY ROBERT E,GREGG J M,LEONARD F,1960. Koederitz. Effect of texture on petrophysical properties of dolomite: evidence from the Cambrian- Ordovician of southeastern Missouri[J]. AAPG Bulletin,80(1):119-132.

WORTHINGTON P F, 1975. Quantitative geophysical investigations of granular aquifers[J]. Geophys Surv,2(3):66-313.

WU Y Q,LIN CH Y,REN L H,et al.,2021. Formation and diagenetic characteristics of tight sandstones in closed to semi-closed systems:typical example from the Permian Sulige gas field[J]. Journal of Petroleum Science and Engineering. 199:108248.

WU Y,LIN C,REN L,et al.,2018. Reconstruction of 3D porous media using multiple-point statistics based on a 3D training image[J]. Journal of Natural Gas Science and Engineering,51:129-140.

XI K L,CAO Y C,JENS J,et al.,2015. Diagenesis and reservoir quality of the Lower Cretaceous Quantou Formation tight sandstones in the southern Songliao Basin,China[J]. Sedimentary Geology,330:90-107.

XI K L,CAO Y C,LIU K Y,et al.,2019. Diagenesis of tight sandstone reservoirs in the

Upper Triassic Yanchang Formation, southwestern Ordos Basin, China[J]. Marine and Petroleum Geology,99:548-562.

XIAO D,JIANG S,THUL D,et al. ,2018. Impacts of clay on pore structure,storage and percolation of tight sandstones from the Songliao Basin, China: implications for genetic classification of tight sandstone reservoirs[J]. Fuel,211:390-404.

XIE D L,YAO S P,CAO J,et al. ,2021. Diagenetic alteration and geochemical evolution during sandstones bleaching of deep red-bed induced by methane migration in petroliferous basins[J]. Marine and Petroleum Geology,127:104940.

XIONG Y, et al. , 2020. Diagenetic differentiation in the Ordovician Majiagou Formation,Ordos Basin,China:Facies,geochemical and reservoir heterogeneity constraints [J]. Journal of Petroleum Science and Engineering,191:107179.

YAO G Q,LI L,CAI M J,et al. ,2017. Mechanisms of salinization in a middle Eocene lake in the Tanggu area of the Huanghua Depression[J]. Marineand PetroleumGeology,86: 155-167.

YU H,WANG Z,REZAEE R,et al. ,2018. Porosity estimation in kerogen-bearing shale gas reservoirs[J]. Journal of Natural Gas Science and Engineering,52:575-581.

ZENGER D H,RADKE B M,MATHIS R L,1980. On the formation and occurence of saddle dolomite; discussion and re-ply[J]. Jourmal of Sedimentary Research, 50(4): 1149-1168.

ZHANG C, CHENG Y, ZHANG C M, 2017. An improved method for predicting permeability by combining electrical measurements and mercury injection capillary pressure data[J]. Journal of Geophys and Engineering,14(1):132-42.

ZHANG C,SHAN W,WANG X,2018. Quantitative evaluation of organic porosity and inorganic porosity in shale gas reservoirs using logging data[J]. Energy Sources,41(7):315-330.

ZHANG H,JIANG Y,ZHOU K,et al. ,2020. Connectivity of pores in shale reservoirs and its implications for the development of shale gas: a case study of the Lower Silurian Longmaxi Formation in the southern Sichuan Basin[J]. Natural Gas Industry B,7(4): 348-357.

ZHANG J,2011. Pore pressure prediction from well logs: methods, modifications, and new Approaches[J]. Earth-Science Reviews,108(1/2):50-63.

ZHANG R, LIU S, WANG Y, 2017. Fractal evolution under in situ pressure and sorption conditions for coal and shale[J]. Scientific Reports,7:1-11.

ZHANG Z,CAI Z X,2021. Permeability prediction of carbonate rocks based on digital image analysis and rock typing using random forest algorithm[J]. Energy & Fuel,35:11271-11284.

ZHAO X B, YAO G Q, CHEN X J, et al. , 2022. Diagenetic facies classification and characterization of a high-temperature and high-pressure tight gas sandstone reservoir:a case study in the Ledong area,Yinggehai Basin[J]. MPG,105665.

ZHOU F D,YAO G Q,2015. Stephen Tyson,Impact of geological modeling processes on spatial coalbed methane resource estimation[J]. International Journal of Coal Geology,146:14-27.

ZHOU F, 2014. A study on predicting coalbed methane production depending on reservoir properties[J]. Geosystem Engineering,17(2):89-94.

ZHOU F, ALLINSON G, WANG J, et al., 2012. Stochastic modelling of coalbed methane resources:A case study in Southeast Qinshui Basin,China[J]. International journal of coal geology,99:16-26.

ZHOU F,FERNANDES G,LUFT J,2019. Impact of in-seam drilling performance on coal seam gas production and remaining gas distribution[J]. The APPEA Journal,59(1):328-342.

ZHOU F,FREDERICKS L,LUFT J,et al.,2020. A case study of mapping igneous sill distribution in coal measures using borehole and 3D seismic data[J]. International Journal of Coal Geology,227(103531):1-15.

ZHOU F,GUAN Z,2016. Impact of geological modeling processes on spatial coalbed methane resource estimation[J]. Journal of Natural Gas Science and Engineering,146:14-27.

ZHOU F,HOU W,ALLINSON G,et al.,2013. A feasibility study of ECBM recovery and CO_2 storage for a producing CBM field in Southeast Qinshui Basin, China [J]. International Journal of Greenhouse Gas Control,19:26-40.

ZHOU F,HUSSAIN F,GUO Z,et al.,2013. Adsorption/desorption characteristics for methane,nitrogen and carbon dioxide of coal samples from Southeast Qinshui Basin,China [J]. Energy Exploration & Exploitation,31(4):645-665.

ZHOU F, SHIELDS D, TYSON S, et al., 2018. Comparison of sequential indicator simulation,object modelling and multiple-point statistics in reproducing channel geometries and continuity in 2D with two different spaced conditional datasets[J]. Journal of Petroleum Science and Engineering,166:718-730.

ZHOU F,YAO G,TYSON S,2015. Impact of geological modeling processes on spatial coalbed methane resource estimation[J]. International Journal of Coal Geology,146:14-27.

ZHU L, ZHANG C, GUO C, et al., 2018. Calculating the total porosity of shale reservoirs by combining conventional logging and elemental logging to eliminate the effects of gas saturation[J]. Petrophysics,59:162-184.

ZOBACK M D,2010. Reservoir geomechanics[M]. Cambridge:Cambridge University Press.

ZOBACK M D, BARTON C A, BRUDY M, et al., 2003. Determination of stress orientation and magnitude in deep wells[J]. International Journal of Rock Mechanics &

Mining Sciences,40:1049-1076.

ZOBACK M D, KOHLI A H, 2019. Unconventional reservoir geomechanics[M]. Cambridge:Cambridge University Press.

ZOU C,TAO S Z,ZHOU H,et al. ,2008. Genesis,classification,and evaluation method of diagenetic facies[J]. Petroleum Exploration and Development Online,35(5):526-540.